ZHENKONG
GANZAO

# 冷冻真空干燥

刘 军 彭润玲 谢元华 主编

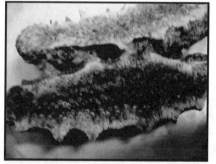
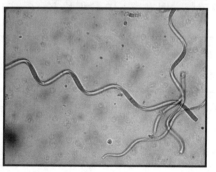

化学工业出版社

·北 京·

本书在介绍冷冻干燥基本原理的基础上，较系统地介绍了各种类型冷冻干燥设备的设计，典型物料的冷冻干燥工艺，综述了国内外有关冷冻干燥节能降耗方面的研究工作。书中既有系统的理论知识，又有丰富的实践技术。

本书共分为6篇。第1篇为概论，包括第1章冷冻真空干燥技术简介和第2章冷冻真空干燥技术基础；第2篇为冷冻真空干燥原理，包括第3章冷冻过程的传热传质和第4章真空干燥过程的传热传质；第3篇为冷冻真空干燥设备，包括第5章冷冻真空干燥机简介和第6章冷冻真空干燥机的设计；第4篇为冷冻真空干燥过程参数测量与物料特性分析，包括第7章冷冻真空干燥过程参数测量和第8章冻干物料热物理特性的分析；第5篇为冷冻真空干燥工艺，包括第9章生物制品和生物组织冻干技术、第10章药用材料及原料的冻干技术、第11章食品冻干技术和第12章溶液冻干技术制备无机纳米粉体材料；第6篇为冷冻真空干燥技术展望，包括第13章冷冻真空干燥技术的发展趋势和第14章冷冻真空干燥技术的节能途径。

本书可作为从事冷冻真空干燥生产的工人、技术人员、科技工作者以及相关专业大学本科学生、硕士生、博士生的参考资料。

**图书在版编目（CIP）数据**

冷冻真空干燥/刘军，彭润玲，谢元华主编. —北京：
化学工业出版社，2015.9
ISBN 978-7-122-24949-4

Ⅰ.①冷… Ⅱ.①刘… ②彭… ③谢… Ⅲ.①真空
干燥 Ⅳ.①TQ028.6

中国版本图书馆 CIP 数据核字（2015）第 195220 号

---

| | | |
|---|---|---|
| 责任编辑：戴燕红 | | 文字编辑：刘砚哲 |
| 责任校对：边　涛 | | 装帧设计：刘剑宁 |

---

出版发行：化学工业出版社（北京市东城区青年湖南街 13 号　邮政编码 100011）
印　　刷：北京永鑫印刷有限公司
装　　订：三河市宇新装订厂
787mm×1092mm　1/16　印张 21¼　字数 585 千字　2016 年 1 月北京第 1 版第 1 次印刷

---

购书咨询：010-64518888（传真：010-64519686）　售后服务：010-64518899
网　　址：http://www.cip.com.cn
凡购买本书，如有缺损质量问题，本社销售中心负责调换。

---

定　　价：98.00 元

# 前　言

　　冷冻真空干燥，通常被称为真空冷冻干燥，冷冻干燥，简称冻干。其实从冷冻干燥原理和冷冻干燥过程来看，"冷冻真空干燥"是最科学的名称。因为冻干过程一般是先将物料冷冻，然后抽真空才能实现的干燥过程，而不是先抽真空后冷冻的干燥过程。

　　冷冻真空干燥是一种古老而又现代的先进干燥技术。现在已经在食品、医药、生物制品和纳米粉体材料制备等工业领域实现了广泛的应用。近年来，在低温低压下，微纳尺度的传热传质理论研究有了长足发展和进步，成为了一个热门领域，这就进一步完善了冷冻真空干燥技术的基础理论。

　　我们从大学本科开始就从事冷冻真空干燥机的设计工作，在做硕士、博士论文期间一直跟随导师从事冷冻真空干燥的实验研究和理论研究工作，发表过一些论文，曾经做出过一定的成绩。我们还翻译了德国人厄特延和黑斯利撰写的"冷冻干燥"专著，2005年4月由化学工业出版社出版了。编写本专著的目的是想将我们多年学习的知识、研究工作的经验，做出的一点成绩，归纳、整理、总结出来，为从事冷冻真空干燥生产的工人、技术人员、科技工作者提供一些参考资料，也可为从事冷冻真空干燥研究工作的大学本科学生、硕士生、博士生提供学习方便，与他们共同努力，为推动冷冻真空干燥事业的发展、进步、完善做出应有的贡献。

　　冷冻真空干燥技术包括冷冻真空干燥设备、工艺、理论三部分内容。冷冻真空干燥设备涉及机械、制冷、真空、流体、仪表、控制等专业知识；冷冻真空干燥工艺涉及物料特性、保护剂、添加剂、赋形剂等知识，单就物料特性而言，又包括液态、固态物料，生物材料、药材、食材、化工原料等；冷冻真空干燥理论主要是低温、低压下的传热传质过程的描述，因为冻干物料的种类繁多，理论研究遇到的问题难度也相当大。目前，冷冻真空干燥理论研究还不够成熟。想要在一本书中全面解决这些问题，显然超出了我们的能力，本书只是在介绍冻干基本原理的基础上，较系统地介绍了各种类型冻干设备的设计，典型物料的冻干工艺，综述了国内外有关冻干节能降耗方面的研究工作。书中既有基本知识、基础理论，又有实践知识、实际技能，属于边缘学科领域中的应用科技类的书籍。

　　本书共分为6篇。第1篇为概论，包括第1章冷冻真空干燥技术简介和第2章冷冻真空干燥技术基础；第2篇为冷冻真空干燥原理，包括第3章冷冻过程的传热传质和第4章真空干燥过程的传热传质；第3篇为冷冻真空干燥设备，包括第5章冷冻真空干燥机简介和第6章冷冻真空干燥机的设计；第4篇为冷冻真空干燥过程参数测量与物料特性分析，包括第7章冷冻真空干燥过程参数测量和第8章冻干物料热物理特性的分析；第5篇为冷冻真空干燥工艺，包括第9章生物制品和生物组织冻干技术、第10章药用材料及原料的冻干技术、第11章食品冻干技术和第12章溶液冻干技术制备无机纳米粉体材料；第6篇为冷冻真空干燥技术展望，包括第13章冷冻真空干燥技术的发展趋势和第14章冷冻真空干燥技术的节能途径。其中第1~3篇由西安工业大学彭润玲博士撰写，第4、6篇由东北大学谢元华博士撰写，第5篇由沈阳大学刘军博士撰写。邀请冷冻干燥领域专家、东北大学博士生导师徐成海教授审稿。为本书编写工作作出贡献的还有张世伟、邹惠芬、郑文利、王德喜等博士，李春青、王琼先、余风强、高雅杰、赵雨霞、张茜、陈海峰等硕士。

在本书的撰写和审稿过程中得到了很多人的关心、支持和帮助，尤其是得到了我们的导师徐成海教授在总体上的把握和在细节上的指导，在此深致谢意。书中引用了其他研究者的成果，在此表示感谢！

由于编审人员水平有限，本书涉及的知识面又很广，如果书中有疏漏、不妥之处，恳请各界读者指正。

作者
2015 年 2 月 4 日

# 目　　录

# 第4篇 冷冻真空干燥过程参数测量与物料特性分析

# 第5篇 冷冻真空干燥工艺

# 第 1 篇 概 论

冷冻真空干燥（简称冻干）是先将湿物料冻结到共晶点温度以下，使水分变成固态的冰，然后通过抽真空将物料中的水分由固态直接升华为气态而排出物料之外的一种干燥方法。

## 1 冷冻真空干燥技术简介

冷冻真空干燥是一门古老的现代技术[1]。说它古老是因为它的出现比较早，发展历史坎坷；说它现代是因为它在 20 世纪 90 年代开始，其应用进入了高科技领域；说它是现代技术是因为它从 20 世纪 90 年代开始，已加入现代高新技术领域的例列。人体各器官的保存和再植是现代医学研究的课题之一。营养保健食品是现代人们生活的追求。航天飞机用的超轻隔热陶瓷，是现代科学的热门话题之一。低温超导材料等纳米级超细微粉的制备等，都需要冷冻真空干燥技术与设备。

### 1.1 冻干技术在国际上的发展概况

冷冻真空干燥技术大约出现在 1811 年，当时用于生物体的脱水。1813 年美国人 W. H. 沃拉斯顿（Wollaston）发现水的饱和蒸气压与水的温度有关：在真空条件下，水容易汽化，水在汽化时将导致温度的降低。根据这一发现，沙克尔（Shackell）于 1909 年试验用冷冻干燥的方法保存菌种、病毒和血清，取得较好的效果，使真空冷冻干燥技术得到了实际的应用。

最早使用冻干法制作生物标本的人是阿特曼（Altmann）。他于 1890 年采用冻干法干燥生物体的器官和组织，制成既能保持原来生物的组织结构，又能长期贮藏的生物标本，供人们在显微镜下观察，以便于学习和研究。1900 年 Shackell 开始用冻干法干燥血清和细菌，经 9 年的努力，于 1909 年获得成功，并且在 American Journal Physiology 上发表了他的冻干实验报告。这是冻干技术应用发表最早的论文。1911 年，D. L. Harris 和 L. F. Shackell 把狂犬病脑组织冻干；1912 年，Carrel 最先提出采用冻干技术保存器官组织，供外科移植用的设想；1921 年，H. F. Swift 提出了保存菌株用的标准冻干方法。

第一台商业用冻干机的问世在 1935 年，W. J. Elser 等在冻干机上最先采用了低温冷阱，从而改变了用真空泵直接抽水蒸气的方法；首次在冻干机上采用主动加热的办法，使升华过程得到强化，干燥时间得到缩短，因而可用于生产。这时冻干产品扩展到药品，主要有培养基、荷尔蒙和维生素等。1940 年冻干人血浆开始进入市场。1942 年第二次世界大战期间，由于输血的需要，必须发展血液制品。同时，抗生素的需要量也急剧增加，促使冻干技术在医药工业中得到了迅速的发展。最早把冻干血浆、血清提供给临床使用的是美国宾州大学医学系的 E. W. Flosdorf 和 S. Mudd。在 1941 年 12 月珍珠港事件爆发、美国参战之后的 6 个月，在纽约召开了 American Human Seium Association 年会。基于因德军侵占使法国血库遭到破坏的事实，会上做出了冻干血浆紧急军用筹集的决议，促使美国红十字会实施这一计划，于 1942 年冷冻真空干燥技术应用在医药工业。1943 年在英国和丹麦制成并开始使用大型食品冻干机。冷阱设在冻干箱内，是现在这种冻干设备的原型。1944 年 Wyckoff 和 Logcdin 采用双管干冰阱，使捕水器温度降低，捕水效果更好，从而又开发出在外侧直接与多歧管连接的装置，成为现在歧管式冻干机最早的原型。用这种设备生产出冻干的盘尼西林和血浆。在日本，陆军军医中校内藤良一主持了所谓防疫研究。实际上是在冻干细菌，为细菌战做准备。在 1939～1943 年间进行了免疫补体、血清、血浆、细菌、病毒等冻干研究，并于 1943 年将多歧管冻干机成功地改制成箱式冻干机。

冻干法加工和贮藏食品很早就被人类所利用。古代斯堪的纳维亚人（Vikings）利用北冰洋干爽寒冷的空气生产一种脆鱼（Klip-fish），南美的古印第安人利用自然条件冻干生产一种称为 Chuno 的马铃薯淀粉。对食品进行冻干研究始于 1930 年，Flosdorf 在实验室里进行了食品的冻干实验。1934 年，英国人 Kidd 利用热泵原理冻干食品，并且申报了专利。世界上最原始的食品冻干设备于 1943 年出现在丹麦。对食品冻干的系统研究始于 20 世纪 50 年代。其中规模最大的是英国食品部于 1950～1960 年提出在苏格兰 Aberdeen 试验工厂进行的研究，研究成果中最为著名的是加速冻干法（AFD）。20 世纪 60～70 年代，国外对食品冻干的研究非常活跃，仅 1966 年，美国就公布了 36 项食品冻干专利。1985 年日本有 25 家公司生产冻干食品，其销售额达 1700 亿日元。1992 年日本冻干食品的年生产量为 7000t。

冻干技术在材料科学中的应用是最近几十年的事情。从查到的资料看，最早发表文章的是 Y. S. Kim 和 F. R. Monforte，于 1971 年写出了用冻干法生产透光性氧化铝的文章。20 世纪 90 年代，随着纳米科技（NST）的迅速崛起，制备纳米级超细微粉的各种方法应运而生，冻干法也占得一席之地。

随着冻干技术应用的推广，对冻干理论和工艺的研究也逐渐兴旺起来。1944 年，弗洛斯道夫（Flosdorf）出版了世界上第一部有关冷冻干燥技术和理论的专著。1951 年和 1958 年先后在伦敦召开了第一届和第二届以真空冷冻干燥为主题的专题讨论会。1963 年，美国最先制定了 GMP（Good Manu-factoring Practice）冻干药品的生产标准。1969 年，世界各国纷纷制定 GMP 计划，国际贸易组织共同决定 GMP 标准[2]。

有关描述真空冷冻干燥数学模型的研究方面，许多人提出了各种各样的理论。提出最早和应用最广的模型是桑德尔（Sandll）和金（King）的冰界面均匀向后移动模型（The Uniformly Retreating Ice Front Model），简称 URIF 模型，属于稳态模型。其主要思想是热量通过干燥层和冷冻层传导到升华界面，冰升华得以进行，产生的水蒸气通过多孔的干燥层，在真空室内扩散，最后被真空泵抽到捕水器内被捕集。随着升华的进行，冰界面向冻结层均匀地退却，在其后产生多孔的干燥层。这种模型描述液态和固态物料的冻干过程是有效的。但是，实际的干燥过程是非稳态的。为更接近于实际情况，1968 年，D. Z. Dyre 和 J. E. Sunderland 又提出了准稳态模型。第三种模型是利奇菲尔德（Litchfield）和利亚皮斯（Liapis）于 1979 年提出来的，称为解吸-升华模型。在该模型中，认为冷冻层的冰升华和干燥层的吸附水解吸是同时进行的。前两种模型对于占物料含水量中 75%～90% 的自由水的升华是比较准确的。还有一部分结合水，它们以物理吸附和化学吸附的方式存在着。虽然它们的比例较小，但把它们从物料中移出需要很长的时间。在冻干过程中，冻干物料的温度不断升高，在冰升华的同时，干燥层所吸附的水也会同时解吸。

## 1.2　冻干技术在国内的发展概况

新中国成立前，我国的冻干技术与设备都是进口的，既没有从事冻干技术研究的大专院校和科研院所，也没有冻干设计人员和制造工厂。新中国成立后，由于我国受帝国主义势力的封锁，被迫走自力更生的道路。1951 年在上海由葛学煊工程师最先设计成功冻干机，并于 1953 年由上海合众、五昌机器厂和上海医疗器械厂分工制造，20 世纪 50 年代共生产 10 套。当时由于质量差，能耗大，没有发展起来。直到 1972 年以后，由上海医用分析仪器厂、天津实验仪器厂、南京药机厂等，仿制了国外一批手动的中、小型冻干机。1975 年，华中工学院林秀诚、赵鹤皋和湖北省生物药品厂共同研制成功冻干面积为 $37.4m^2$ 的大型冻干机，这是我国自主研制的第一台能在冻干机内加塞的冻干机。据不完全统计，到 1985 年，我国虽然已生产大约 350 台冻干机，但其性能和功能仍不能满足市场要求。

我国冻干食品的发展起步较晚，20 世纪 60 年代后期才开始在北京、上海等地建起了一些试验性的冻干设备。1967 年，旅大冷冻食品厂制成一台日产 500kg 的冻干装置。20 世纪 70 年代中期上海梅林食品厂建立了年产 300t 的冻干食品生产车间，但当时由于没有实行对外开放政策，冻干产品没有打入国际市场，最终因效益不佳而停产。进入 20 世纪 80 年代以后，冻干食品的生产在我国有了较大发展，青岛第二食品厂率先引进日本的冻干设备，成立大洋公司，生产冻干葱、姜片等产品，主要销往日本。紧接着，宁夏寒利冰食品有限公司引进丹麦 Atlas 公司生产的冻干设备，相继生产出冻干蔬菜、水果、肉类及调味品等产品，产品主要用于出口创汇，取得了良好的经济效益。

20 世纪 30 年代，国内生物学家开始用盐水冷冻，吸水剂的办法，在蒸发皿内抽真空，冻干菌种保存待用。20 世纪 50 年代初期，哈尔滨、郑州和南昌等地的兽药厂开始生产畜用冻干疫苗，武汉、兰州等地生产人用冻干疫苗。此时对保存菌、毒种和疫苗生产用的保护剂进行了大量的实验研究工作。对细菌、病毒的特性，生长条件和培养年龄，细菌浓度、病毒滴度等进行了研究。到 20 世纪 60 年代之后，研究工作已经深入到真空度、冻干速度、干燥温度、残余水分、保存条件等对产品质量的影响。到 20 世纪 80 年代，我国的六大生物制品研究所和很多药厂都能大批量地生产多种病毒和疫苗，为我国人民的健康与畜牧业的发展做出了贡献。

20 世纪 80 年代初期，中国科技大学和天津石油化工公司利用冻干技术开发出新型高比表面积钙钛矿型催化剂。我国是利用冻干技术制备纳米材料较早的国家之一。早在 1988 年陈祖耀就在低温物理学报和硅酸盐通报上发表文章，讨论用冻干技术制备超细氧化物铁粉的方法。

在高等教育方面，华中科技大学于 1983 年由导师陈志远开始招收攻读冷冻干燥研究方向的硕士研究生，1985 年由博士生导师程尚模开始招收冻干方向的博士研究生，1988 年发表了冻干过程传热传质研究的博士论文。随后，上海理工大学华泽钊、华南理工大学陈焕欣、东北农业大学王成芝、东北大学徐成海、浙江大学、西安交大、中国医科大学等几十所高校相继培养出硕士、博士研究生。1990 年由华中理工大学出版社出版了赵鹤皋、林秀诚编著的高等学校适用教材《冷冻干燥技术》一书，在高校中率先为本科生开设了冻干课程。在此之后，徐成海、华泽钊、高福成、孙企达、钱应璞、史勤伟等相继出版了 9 本有关冻干技术方面的书籍。近几年发展较快，已有十几所院校培养了近几百名研究生[2]。

在国际学术交流方面，1985 年华中科技大学郑贤德赴日本东京，参加国际制冷学会冷冻干燥委员会学术会议。武汉生物制品研究所陈畴、华中科技大学郑贤德、中国兽药监察所张伦照等，先后在武汉召开中德冷冻干燥技术交流会，随后由意大利 Edwards、丹麦 Atlas、日本共和真空株式会社等与中国共同召开过学术交流，均不同程度地促进了国内冻干技术的发展。每两年召开一次的国际干燥学术交流会上，中国也先后发表了有关冻干技术的论文。

国内学术交流也比较多，由中国制冷学会举办的全国冷冻干燥技术交流会进行了 11 届，1979 年在广东江门市召开的第 1 届冻干学术交流会，2012 年在烟台召开了第 11 届冻干学术交流会。由中国真空学会、中国化工学会、中国农机学会等召开的学术会议上，都有冻干技术方面的论文发表。

近几年来，国内在冻干设备及冻干工艺和冻干产品上发展非常迅速。生产医药用冻干机的工厂，由十年前的几家，发展到现在的十几家。医药用冻干机的水平也有很大的提高，全部执行了

GMP标准，基本上都设置了自动清洗装置（CIP），可在真空条件下对小瓶自动加塞，对安瓿的自动溶封等。1998年以前，我国生产的冻干机没有在线灭菌功能，1998年以后，上海东富龙、远东、北京的天利、速原等公司生产的冻干机基本上都带有在线灭菌（SIP）功能。现代先进的冻干设备不仅能满足各种冻干工艺加工的要求，绝大部分还采用计算机进行自动控制，从冻干机的运行程序的设定、执行、修改，冻干过程中温度、真空度、时间、含水量等主要参数的采集、显示、存储、控制，配套设备的运转、安全保护、故障处理等均能自动进行。在工艺上发明了为改善加热条件，缩短冻干周期的循环压力法，调压升华法和监控干燥结束的压力检查法，露点法[3]。冻干工艺、冻干理论的研究逐渐受到重视。食品和药品冻干品种在增加，并且正在研究最佳工艺。近几年每年都有四五十篇有关冻干的论文发表。东北大学徐成海等人在国家自然科学基金资助下研究角膜的冻干工艺和保护剂，皮肤的冻干工艺和保护剂等都取得了可喜的成绩。上海理工大学华泽钊等人在国家自然科学基金的资助下研究血液制品的冻干，并将微CT技术应用到检测冷冻真空干燥过程中来[4]。2006年1月华泽钊在科学出版社出版了专著《冷冻干燥新技术》，为冻干理论的研究做出了新的贡献[5]。

## 1.3 冷冻真空干燥技术的特点和难点

（1）冷冻真空干燥技术的特点

① 在低温下干燥，能使蛋白质、微生物之类容易产生变性的物料，在干燥过程中不产生变性，保持原有的生物活力；

② 低温下干燥，可减小热敏产品的变性；能保持物料的原有的色、香、味、形状不变；

③ 低温下干燥时，物质中的一些挥发性成分损失很小；

④ 干燥在低压下进行，使易氧化的物质得到了保护，同时因低温缺氧能灭菌或抑制某些细菌的活动，从而使产品的性状不变；

⑤ 冻干产品表面积增加，具有很好的速溶性和快速复水性；

⑥ 能排除95%～99%以上的水分，使干燥后产品能长期保存而不致变质；

⑦ 冷冻真空干燥可以实现环境保护，常被称为"绿色干燥"；

⑧ 冷冻真空干燥的主要缺点是设备的投资和运转费用较高。

（2）冷冻真空干燥技术的难点

① 被冻干物料的特性难以测量，不同性质的物料冻干工艺是不一样的，特别是药品和生物制品，为保持其药效和生物制品的活性，需要加入不同的保护剂、添加剂和赋形剂，如何选择品种、配方，控制加入量和加入时间，这是很难掌握的问题。

② 冻干过程参数的在线测量，特别是含水量的测定，升华速率的测量，升华干燥与解析干燥阶段的区分，冻干终点的判断等都还没有很好解决。

③ 对于被冻干物料，冻干工艺是不同的，预冻温度、预冻速率、预冻时间；升华干燥温度、速率、时间；解析干燥温度、速率、时间；解析干燥温度、速率时间等都需要通过实验确定。

④ 冻干过程的理论研究还不成熟，各种理论模型描述冻干过程都有缺欠，特别是一些假设条件与实际情况之间的差距难以判断；传热传质过程的进行无法测量，难以验证，模拟结果的正确性难以认知；宏观传热传质理论在许多场合难以应用，微纳尺度的传热传质理论、超常传热传质理论还不够成熟，理论研究的难点很多。

⑤ 冻干技术耗能较大是公认的问题，节能降耗如何开展，机械设计、制造尽量降低成本，冻干过程尽量节省时间、降低能耗，目前方法有限。这是影响冻干技术发展和应用的重要环节。

## 1.4 冷冻真空干燥的基本过程

冷冻真空干燥过程主要分为冷冻、升华干燥和解析干燥三个阶段。

冷冻真空干燥过程的第一步就是预冻结。预冻结是将物料中的自由水固化，使干燥后产品与干燥前有相同的形态，防止抽真空干燥时起泡、浓缩、收缩和溶质移动等不可逆变化产生，减少因温度下降引起的物质可溶性降低和生命特性的变化。冻结过程关键的技术参数是冻结速率、冻结温度和冻结时间，这些参数不仅影响干燥过程所需时间、能耗，还影响到产品的质量。

升华干燥也称第一阶段干燥。是将冻结后的产品，通过抽真空使其冰晶直接升华成水蒸气逸出物料，从而使产品脱水干燥，升华干燥过程中还要不断加热，补充水蒸气所需的升华热。干燥是从物料外表面开始逐步向内推移的，冰晶升华后残留下的孔隙便成为升华水蒸气的逸出通道。已干燥层和冻结部分的分界面称为升华界面。当全部冰晶除去时，第一阶段干燥就完成了。

解析干燥也称第二阶段干燥。在第一阶段干燥结束后，在干燥物质的毛细管壁和极性基团上还吸附有一部分水分，这些水分是未被冻结的。当它们达到一定含量，就为微生物的生长繁殖和某些化学反应提供了条件。实验证明：即使是单分子层吸附下的低含水量，也可成为某些化合物的溶液，产生与水溶液相同的移动性和反应性。为了改善产品的贮存稳定性，延长其保存期，需要除去这些水分。这就是解析干燥的目的。由于吸附水的吸附能量高，如果不给它们提供足够高的能量，它们就不可能从吸附中解析出来。因此这个阶段产品的温度应足够高，只要控制在崩解温度以下即可。同时，为了使解析出来的水蒸气有足够高的推动力逸出产品，必须使产品内外形成较大的蒸汽压差，因此该阶段箱内必须是高真空。第二阶段干燥后，产品内残余水分的含量视产品种类和要求而定。目前终点判断方法有压力升高法、温度趋近法、称重法等[6]。

图 1-1 给出了典型的冻干工艺过程曲线[7]。

## 1.5 冷冻真空干燥技术的主要应用

（1）生物制品的冷冻真空干燥

我们亲手做过生物制品冷冻真空干燥的品种有皮肤、角膜、海参、螺旋藻等；从文献中看到其他人做过的冻干产品有心瓣膜、活菌、活毒、骨骼、各种疫苗、血液制品等。生物制品的冻干要求保持产品的活性，活菌、活毒等微生物冷冻真空干燥后的存活率要求在80%以上，以便于应用。因此，对冻干工艺要求严格，预冻温度、速率、时间的控制很不容易，保护剂配方、剂量、加入时间和加入方法非常关键，不同的人可能采用不同的配方，达到的效果可能相同。一般各种保护剂的配方都是互相保密的。

（2）药材和药品的冷冻真空干燥

我们亲自做过的品种有人参、山药、纳豆激酶、北冬虫夏草、林蛙油、鹿茸等；从文献中看到其他人做过的品种有各种粉针制剂、中草药制剂、抗生素、布洛芬、脂质体和其他纳米颗粒等。药材和药品需要长期保存，针剂需要速溶，防止氧化，避免污染杂菌，保持药效的长久稳定。这些要求都需要通过冷冻真空干燥技术来实现。药材和药品的冷冻真空干燥工艺要求也很严格，寻找合适的冻干保护剂、添加剂、赋形剂都很困难，升华干燥阶段的温度控制、加热速率控制都很关键，严格防止塌陷。

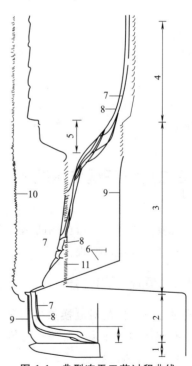

**图 1-1 典型冻干工艺过程曲线**

1—搁板的预冷；2—产品的冷冻；
3—抽真空和主干燥（MD）；4—第二阶段干燥（SD）；5—由 MD 向 SD 阶段的转变；$T_{sh}$升到产品所能承受的最高温度；6—利用 BTM 测得的 $T_{ice}$；7—产品中的温度传感器 RTD；8—产品中温度传感器 Th；9—搁板的温度（$T_{sh}$）；10—冷凝器温度；11—干燥室压力（$p_{ch}$）

（3）食品的冷冻真空干燥

我们亲自做过的食品有菠菜、香蕉粉、鸡蛋粉、山楂粉、库尔勒香梨等；从文献上查到其他人做过的品种有咖啡、茶叶、大蒜、香葱、鱼肉、海藻、水果、蔬菜、调料、豆腐、魔芋胶、蜂王浆、方便食品等。食品种类繁多，形状、性质相差较大，冻干工艺需要在实验中确定。冻干食品时间较长、耗能较多、价格较高，应该合理选择冻干参数，优化冻干过程，降低冻干成本，根据市场需要，选择性价比较高的食品做冷冻真空干燥。

（4）采用冷冻真空干燥法制备超细微粉材料

我们做过的微粉材料有纳米氧化铝陶瓷粉、氧化铜纳米微粉、氢氧化铜纳米微粉、氢氧化镍粉体、银纳米粉体等；从文献上可以查得到很多用冻干法制备纳米粉体的材料。

（5）冷冻真空干燥在其他领域的应用

冷冻真空干燥除了在生物制品、药品、食品和纳米材料制备方面的应用之外，还可以干燥潮湿的木制文物、古画、受潮湿的书籍、稿件等，冻干法处理的这些产品能恢复物品的原样；还可以干燥动植物标本，使标本长期保存，栩栩如生；医疗事业做实验用的、具有毒害物质的动物尸体采用冷冻干燥法的处理，可以实现环保等。

## 参 考 文 献

[1] 徐成海，张世伟，关奎之. 真空干燥 [M]. 北京：化学工业出版社，2004，1.

[2] 赵鹤皋，何国庚，郑贤德，等. 真空冷冻干燥的发展历史与未来的研究 [C] // 第八届全国冷冻干燥学术交流会论文集，2005.

[3] 徐成海，张世伟，彭润玲，等. 真空冷冻干燥的现状与展望（一）[J]. 真空，2008，45（2）：1-11.

[4] 肖鑫，陶乐仁，习德成，等. 冻干红细胞干燥过程及冻干样品的微 CT 实验分析 [J]. 中国医学物理学杂志，2007，24（1）：12-14.

[5] 华泽钊. 冷冻干燥新技术 [M]. 北京：科学出版社，2006.

[6] 徐成海. 真空干燥技术 [M]. 北京：化学工业出版社，2012.

[7] ［德］G. W. 厄特延，［德］P. 黑斯利. 冷冻干燥 [M]. 徐成海等译. 北京：化学工业出版社，2004.

# 2 冷冻真空干燥技术基础

冷冻真空干燥技术所应用的基础理论主要包括两个方面：一是低温低压下的传热传质；二是真空（低压）环境的特性。

## 2.1 低压下的传热

在低压下气体的对流换热可以忽略。在冷冻真空干燥技术中气体的导热、物体间的辐射换热、多孔固体的导热是经常遇到的传热现象。

### 2.1.1 气体的导热

气体中存在温度梯度就会出现导热现象。导热通量与温度梯度成正比，热量从高温流向低温方向。导热通量可用傅里叶定律描述[1]

$$q = -k \frac{\mathrm{d}T}{\mathrm{d}x} \tag{2-1}$$

式中，$q$ 为导热通量，表示单位时间内流过垂直于热流方向单位面积的热量，单位为 $W/m^2$；$k$ 为热导率，单位为 $W/(m \cdot K)$；$T$ 为热力学温度，单位为 K。

### 2.1.2 热辐射

热辐射是指物质对外发射波长 $0.1 \sim 100 \mu m$ 的"热射线"（电磁波）在空间传递能量的现象。热射线载运的辐射能称为辐射热。热辐射是不接触的传热方式，不依靠物质的中间作用，因此是真空中唯一能传递热量的方式。只要物体的温度高于绝对零度，任何物体都将随时向周围空间发射射线，但辐射的能力差别较大。如果热辐射能 $Q$ 投射到某一物体上时，总会有一部分 $Q_\alpha$ 被吸收，辐射能转化为该物体的内能；一部分 $Q_\rho$ 被反射；还可能有一部分 $Q_\tau$ 被折射，并且透射过去。这种吸收、反射、透射份额的大小是物质的性质，分别叫做该物体对外来辐射能的吸收比 $\alpha$、反射比 $\rho$、穿透比 $\tau$。或表示为 $\alpha = Q_\alpha/Q$，$\rho = Q_\rho/Q$，$\tau = Q_\tau/Q$。根据能量守恒的原则，自然有

$$\alpha + \rho + \tau = 1 \tag{2-2}$$

从物理意义可知，$\alpha$、$\rho$、$\tau$ 都不能为负值，每个量的值只能在 $0 \sim 1$ 的范围内。每个物体在不断发射辐射能的同时，还在不断吸收来自其他物体的辐射能。

凡能全部吸收外来辐射，即 $\alpha = 1$ 的物体称为绝对黑体，简称黑体。$\rho = 1$ 的物体称反射体，如果是高度磨光的平整表面，将出现遵守几何光学的入射角等于反射角的正反射的物体叫镜（反射）体；如果不遵守这种规则，例如粗糙表面所引起的弥漫性的乱反射（漫反射）的物体叫绝对白体，或简称白体。$\tau = 1$ 的物体称为绝对透热体或叫透热体。气体几乎不存在反射性，$\rho = 0$，于是 $\alpha + \tau = 1$，吸收性愈大，透明性则愈小，单原子气体和对称性双原子气体如氧、氢和干空气等的 $\tau_r \approx 1$，这类气体差不多都不吸收辐射能。空气中混杂水蒸气、$CO_2$ 和尘埃时，就变成有吸收性的介质。吸收性气体能发射辐射能。

热辐射性质是计算辐射换热的基础。在工程上通常遇到的温度范围内，对辐射换热起作用的，主要是红外线。对于红外线，固体和液体实际上都是不透明体，无论吸收或者发射射线都只限于表面和深度不到 1mm 的表面薄层。对于金属，这个薄层的厚度甚至不到 $1\mu m$。一般工程材料的穿透比 $\tau = 0$，亦即表面的吸收比 $\alpha$ 和同一表面在同一温度下的反射比 $\rho$ 之间的关系为 $\alpha + \rho = 1$。任何固体和液体的表面基本上都能向真空或气体发射连续的能谱。

### 2.1.3 辐射传热

玻耳兹曼用热力学方法证明黑体的辐射力为

$$E_b = \sigma_b T^4 \tag{2-3}$$

黑度为 $\varepsilon$ 的物体辐射力为

$$E = \varepsilon \sigma_b T^4 \tag{2-4}$$

这就是斯忒藩-玻耳兹曼定律，式中，$\sigma_b$ 叫做斯忒藩-玻耳兹曼常量，直接测定值为 $5.67 \times 10^{-8} W/(m^2 \cdot K^4)$，或 $4.96 \times 10^{-8} kcal/(m^2 \cdot K^4)$。

两个物体如果处在真空里，或者由温度为 $T_f$ 的透明介质例如干空气所隔开，且两个物体的表面温度不同，当 $T_1 > T_2$ 时，其相互辐射的结果为表面温度为 $T_1$ 的物体发射出去的辐射热超过了来自表面温度为 $T_2$ 的物体的辐射热，则引起辐射换热的热流量为[2]

$$\Phi_{12} = \varepsilon_{12} \sigma_b (T_1^4 - T_2^4) A_1 \varphi_{1,2} \tag{2-5}$$

式中，$\Phi_{12}$ 为辐射换热的热流量，单位为 W；$\varepsilon_{12}$ 是两物体黑度的函数，称为物体 1 与 2 的综合黑度，通常取 $\varepsilon_{12} = \varepsilon_1 \varepsilon_2$；$A_1$ 为物体 1 的表面积，单位为 $m^2$；$\varphi_{1,2}$ 为物体 1 对物体 2 的角系数（有时称为辐射形状系数），代表物体 1 的表面向外发射出去的辐射热量中，能投射到物体体表面上的份额，它是一个只与两物体的相对位置、形状及大小有关的纯几何参量，相当于从物体 1 的表面到物体 2 表面可见领域的视域系数。

### 2.1.4 微波加热

在真空干燥设备中经常用到微波加热。微波是指频率在 $0.3 \sim 300 GHz$ 之间，或者说波长在

$1\times10^{-3}\sim1m$ 之间的超高频电磁波，电磁波波长大于 1mm 为无线电波，小于 1mm 为光波。微波在传输过程中遇到不同种类的物质，也会产生反射、透射和吸收现象，产生各种现象的强弱依赖于物质本身的性质。

微波在绝缘体（或称电介质）间传输时，能够产生微波的穿透、反射和吸收。根据物质穿透常数的不同，微波的穿透深度、反射系数、吸收系数不同。玻璃的相对介电常数为 5.5～7，陶瓷为 5.7～6.3，这些物质吸收微波的能力较小。而水在 3000MHz 时的相对介电常数为 77，具有较强吸收微波的能力，在微波加热过程中，能够把微波能量转换成热能。因此，微波加热常用到干燥过程中。

水是带有极性的分子，即水的正电荷中心与负电荷中心不重合，具有一永久偶极矩，也就是具有极性的分子。在无电场情况下，总偶极矩等于零，不对外呈现极性。当处于电磁波的交变电场中时，每个极性分子都有向电场方向转向的特性，电磁强度越强，转向越强烈。由于是交变电场，极性分子的转向也跟着变换，在变向过程中会产生摩擦损耗，把一部分电磁波能量转化为分子热运动的能量，这种摩擦生热的损耗称为介质损耗，这就是微波加热的原理。

## 2.2 低压下的传质

### 2.2.1 气体中的扩散

扩散是指一种物质通过分子迁移注入并弥漫于另一种物质中去的过程。混合气体当其组成不均匀时，即当气体中某一组分有浓度差时，就会出现扩散现象。在扩散过程中，扩散物质总是从浓度高的地方向浓度低的地方迁移。浓度梯度是扩散的推动力。气体的某一组分在浓度梯度作用下产生运动，在单位时间内通过同运动方向垂直的单位面积该组分的物质量，称为该组分的扩散通量。

扩散过程可分为稳态扩散和非稳态扩散两种类型。由浓度梯度引起的扩散过程将导致浓度梯度逐渐减小，最后达到平衡，这样的扩散过程称为非稳态扩散。例如不均匀的气体静止一段时间之后就会变成混合均匀的气体。如果人为地在混合气体中对某一组分保持恒定的梯度，即在某一处将该组分的恒定的流量不断加入，而在另一处对该组分以恒定的流量不断抽出，于是混合气体各处的组成及状态就会不随时间而变化，这样的扩散过程称为稳态扩散。

### 2.2.2 固体中的质量传递

气体、液体和固体在固体中的扩散是传质操作中的重要现象。如固体干燥、固体催化剂的吸收和催化反应，流体通过多孔固体的扩散等现象，均属固体中的质量传递过程。

固体中传质过程分为两种类型，一种是与固体本身结构无关的扩散；另一种是与固体本身的结构和孔隙有关的多孔固体的扩散。

### 2.2.3 相际传质

物质由一相进入另一相的传质过程称为相际传质。在工程实际中，常遇到的相际传质如蒸发、吸收、干燥、萃取等过程。

所谓相，一般指物系中具有相同的物理性质和化学性质的相对均匀部分。相与相之间存在着分界面。在相界面上，宏观物理、化学性质发生"突跃"变化。由两相互不相溶或部分相溶组成的物系亦是两相系统。还有气、液、固三相共存系统，例如水蒸气、水和冰共存系统。

相际传热时，两相间常用固体壁隔开；而相际传质时，两个相总是直接接触。扩散物由一相的主体通过相界面扩散到另一相的主体中去。在每一相中传质的驱动力是该相的主体浓度和该相在界面处的浓度之差。相际传质的总驱动力并不是两相主体浓度之差，而是任一相的主体浓度与它和另一相主体浓度平衡时的该相浓度之差。当两相处于不平衡状态时，才可能进行相际传质，偏离平衡状态越远，相际传质的驱动力越大。当两相达到平衡时，各相内不存在浓度梯度，扩散停止，传质速率为零。

在相际传质时，忽略相界面阻力的条件下，其传质阻力为两相传质阻力之和。

### 2.2.4 传质系数

气体扩散系数可以根据 Fick 定律[3]

$$D = -N_d \big/ \frac{dn}{dx} \tag{2-6}$$

式中，$D$ 为扩散系数，$m^2/s$；$N_d$ 为扩散通量，表示单位时间内通过单位面积的分子数，$m^{-2} \cdot s^{-1}$；$n$ 为该组分的分子密度，$m^{-3}$。

扩散系数 $D$ 与运动黏度 $\nu = \eta/\rho$（$\eta$ 为内摩擦系数，$\rho$ 为密度）和导温系数 $\alpha = \lambda/(\rho \cdot c_p)$（$\lambda$ 为热导率，$c_p$ 为比定压热容）的量纲相同。$D$、$\nu$、$\alpha$ 描述的是质量传递，动量传递和热量传递的输运性质，常称为质量扩散系数、动量扩散系数和热量扩散系数。

扩散系数可通过查表、实验测定、理论或经验公式计算得到。

固体和相间传质系数都有相应的计算方法和公式，需要使用时可以去查相应的资料。

## 2.3 真空环境的特性

真空是指在给定空间内，气体分子密度低于该地区大气压下的气体分子密度的气体状态。真空状态下气体的稀薄程度称为真空度。真空度是用压力表测量的，国际单位制中压力的单位是帕斯卡（Pa），1Pa 的压力就是 1$m^2$ 面积上作用 1N 的力，即 1Pa$=$1N/$m^2$。1 标准大气压（1atm）近似等于 $1.013 \times 10^5$Pa。

在各种文献中压力的单位除了用 Pa 之外，还有用 Torr（托）、bar（巴），kgf/$cm^2$ 等单位表示的，均为非法定单位，其换算关系见表 2-1[4]。

表 2-1 几种压力单位换算

| 单位 | 帕斯卡 | 巴 | 标准大气压 | 托 | 千克力/厘米² | 磅力/英寸² |
|------|--------|-----|-----------|-----|-------------|-----------|
| 符号 | Pa | bar | atm | Torr | kgf/cm² | lbf/m² |
| Pa | 1 | $10^{-5}$ | $9.869 \times 10^{-6}$ | $7.501 \times 10^{-3}$ | $1.020 \times 10^{-5}$ | $1.450 \times 10^{-4}$ |
| bar | $10^5$ | 1 | $9.869 \times 10^{-1}$ | $7.501 \times 10^2$ | 1.020 | $1.450 \times 10^1$ |
| atm | $1.013 \times 10^5$ | 1.013 | 1 | $1.600 \times 10^2$ | 1.033 | $1.470 \times 10^1$ |
| Torr | $1.333 \times 10^2$ | $1.333 \times 10^{-3}$ | $1.316 \times 10^{-3}$ | 1 | $1.360 \times 10^{-3}$ | $1.934 \times 10^{-2}$ |
| kgf/cm² | $9.800 \times 10^4$ | $9.800 \times 10^{-1}$ | $9.700 \times 10^{-1}$ | $7.400 \times 10^2$ | 1 | $1.422 \times 10^1$ |
| lbf/m² | $6.900 \times 10^3$ | $6.900 \times 10^{-2}$ | $6.800 \times 10^{-2}$ | $5.200 \times 10^1$ | $7.000 \times 10^{-2}$ | 1 |

在真空度较低（压力高于 100Pa）的情况下，化工行业常用真空度的百分数作为测量单位，它与压力单位的换算关系如式（2-7）和式（2-8）所示：

$$\delta(\%) = \frac{1 \times 10^5 - p}{1 \times 10^5} \times 100\% \tag{2-7}$$

$$p = 1 \times 10^5 \text{Pa} (1 - \delta) \tag{2-8}$$

式中，压力 $p$ 的单位为 Pa；$\delta$ 为真空度的百分数。$p$ 与 $\delta$ 的对照值见表 2-2。

表 2-2 真空度百分数 $\delta$ 与压力 $p$ 的对照值

| 真空度百分数 $\delta$/% | 压力 $p$/Pa | 真空压力表读数/Pa | 真空度百分数 $\delta$/% | 压力 $p$/Pa | 真空压力表读数/Pa |
|------|------|------|------|------|------|
| 0 | 100000 | 0 | 85 | 15000 | 85000 |
| 10 | 90000 | 10000 | 90 | 10000 | 90000 |
| 20 | 80000 | 20000 | 95 | 5000 | 95000 |
| 30 | 70000 | 30000 | 96 | 4000 | 96000 |
| 40 | 60000 | 40000 | 97 | 3000 | 97000 |
| 50 | 50000 | 50000 | 98 | 2000 | 98000 |
| 60 | 40000 | 60000 | 99 | 1000 | 99000 |
| 70 | 30000 | 70000 | 99.5 | 500 | 99500 |
| 80 | 20000 | 80000 | 100 | 0 | 100000 |

在一定容积内，压力与该容积内所含气体分子数成正比。一个标准大气压为 $1.013\times10^5\,\text{Pa}$，气体分子密度为 $2.687\times10^{25}$ 个$/\text{m}^3$。真空状态下的气体分子密度 $n$ 可用下式求得：

$$n=\frac{2.687\times10^{25}}{1.033\times10^5}p=2.6\times10^{20}\,p \qquad (2\text{-}9)$$

式中，$n$ 为压力 $p$ 下的气体分子密度，单位为个$/\text{m}^3$；$p$ 为气体压力，单位为 Pa。

真空状态下的气体称为稀薄气体。气体的稀薄程度不仅与压力有关，还与盛装气体容器的定型尺寸有关，通常用无量纲数 $Kn$ 表示[5]。

$$Kn=\lambda_\text{m}/L \qquad (2\text{-}10)$$

式中，$Kn$ 称为克努森数；$\lambda_\text{m}$ 为气体分子平均自由程；$L$ 是容器的特征长度。

通常稀薄气体是指 $Kn>1$ 的情况。由此可知，稀薄气体的概念是相对的，容器特征长度越小，可以被看作稀薄气体的压力值越高。例如，大气压下气体分子平均自由程为 $7\times10^{-6}\,\text{cm}$，多孔材料的孔隙为 $10^{-5}\,\text{cm}$，只要压力稍低于大气压力，材料孔隙中的气体就可以看成是稀薄气体；而当压力降到 1.33Pa 时，气体分子平均自由程为 0.5cm，在直径为 1m 的容器内还算不上稀薄气体，只有当压力低到 $6.67\times10^{-3}\,\text{Pa}$ 时，才能看作稀薄气体。稀薄气体具有许多特性。

## 2.4 湿气体的性质

在干燥过程中，物料里的水分将汽化，变成蒸汽进入周围环境的气相中形成湿气体。设蒸汽为理论气体，则应符合理想气体状态方程：

$$p_\text{w}V_\text{w}=\frac{m_\text{w}}{M_\text{w}}R_\text{m}T \quad \text{或} \quad p_\text{w}V_\text{mw}=R_\text{m}T \qquad (2\text{-}11)$$

式中，$p_\text{w}$、$V_\text{w}$、$T$ 分别为蒸气压，体积和温度；$R_\text{m}$ 为气体常数；$M_\text{w}$、$m_\text{w}$ 分别为蒸汽的摩尔质量和质量；$V_\text{mw}$ 为气体的摩尔体积。

在低压下水的相变过程与常压下大体相同，但相变时的具体温度不同。例如在 1kPa 压力下，固态冰转化为液态水的温度略高于 0℃，而液态水转化为蒸汽的温度约为 6.3℃，可见降低压力后冰点变化不大，而沸点却大大降低了。可以想象，当压力降低到某一值时，沸点即与冰点重合，固态冰就可以不经液态而直接转化为气态，这时的压力称为三相点压力，相应的温度为三相点温度。水的三相点压力 $p_0=611.73\,\text{Pa}$，三相点温度 $T_0=0.0098℃$。在压力低于三相点压力时，固态冰直接转化为气汽态，称为升华。在升华时所吸收的热称为升华热。

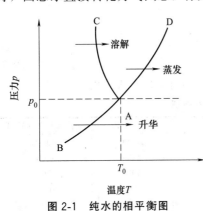

**图 2-1 纯水的相平衡图**

图 2-1 为纯水的相平衡图[6]。图中以压力为纵坐标，曲线 AB、AC、AD 把平面划分为三个区域，对应于水的三种不同的集聚态。它不能无限向上延伸，只能到 $2\times10^8\,\text{Pa}$ 和 $-20℃$ 左右的状态。再升高压力会产生不同结构的冰，相图复杂。曲线 AD 称为蒸发（汽化）曲线或冷凝曲线。线上水汽共存，是水汽两相的平衡状态。AD 线上的 D 点是临界点，该点为 $2.18\times10^7\,\text{Pa}$，温度 374℃，在此点上液态水不存在。曲线 AB 称为升华或凝聚曲线。线上冰汽共存，是冰汽两相的平衡状态。从理论上讲，AB 线可以延伸到绝对零度。真空冷冻干燥最基本的原理就在 AB 线上，故又称冷却升华干燥。AB 线也是固态冰的蒸气压曲线，它表明不同温度冰的蒸气压。由曲线可知，冰的蒸气压随温度降低而降低，具体数据见表 2-3。

表 2-3　不同温度下冰的饱和蒸气压

| 温度/℃ | −90 | −80 | −70 | −60 | −50 | −40 | −30 | −20 | −10 |
|---|---|---|---|---|---|---|---|---|---|
| 压力/Pa | $9.3 \times 10^{-3}$ | $5.3 \times 10^{-2}$ | 0.3 | 1.1 | 3.93 | 12.9 | 39.6 | 103.5 | 260.0 |
| 温度/℃ | 0 | +10 | +20 | +30 | +40 | +50 | +60 | +70 | +80 |
| 压力/Pa | 610.2 | $1.22 \times 10^2$ | $2.33 \times 10^3$ | $4.23 \times 10^3$ | $7.36 \times 10^3$ | $1.23 \times 10^4$ | $1.99 \times 10^4$ | $3.11 \times 10^4$ | $4.77 \times 10^4$ |

温度和压力都能影响冷冻真空干燥的效率。提高真空度的办法对加速干燥过程、提高干燥效率的影响是有限的。在压强较低时，为把真空度提高一个数量级，消耗的功率将会增加很大，设备也更复杂。如果维持一定的压强向系统输入必要的升华热，使升华过程持续进行，这种方法则是现实合理的。所以在真空冷冻干燥中一般采用向系统供应热量的方法。

一般物料中都含有大量的水分，同时还含有其他成分，结构很复杂。由于物料中的水分与纯水既有相同之处，也有不同之处，而真空干燥都是去除物料中的水分，因此研究物料中的水分是必要的。

## 2.5　湿物料的性质

不同的湿物料具有不同的物理、化学、结构力学、生物化学等性质。很难全面论述，这里仅以化工原料为主，讨论共性。

### 2.5.1　物料的湿含量

物料中湿含量可按两种方法定义。

干基（db）湿含量：

$$x = \frac{m_w}{m_d} \tag{2-12}$$

湿基（wb）湿含量：

$$w = \frac{m_w}{m_d + m_w} \tag{2-13}$$

式中，$m_w$ 和 $m_d$ 分别为湿物料中湿分质量和绝干物料质量；$m_d + m_w = m_m$ 为湿物料的质量。干基湿含量和湿基湿含量之间可互相换算，其关系为：

$$x = \frac{w}{1-w} \tag{2-14}$$

$$w = \frac{x}{1+x} \tag{2-15}$$

### 2.5.2　物料的分类

干燥过程中常见的物料种类很多。对物料有不同的分类方法，但迄今还不完善。这里，仅按照物料的吸水特征分类。

（1）非吸湿毛细孔物料　如砂子、碎矿石和聚合物颗粒等，其特征为：①具有明显可辨的孔隙，当完全被液体饱和时，孔隙被液体充满，完全干燥时，孔隙中充满空气；②可以忽略物理结合湿分，即物料是非吸水的；③物料在干燥期间不收缩。

（2）吸湿多孔物料　如黏土、木材和织物等，其特征为：①具有明显可辨的孔隙；②具有大量物理结合水；③在常压干燥条件下干燥时常出现收缩。

（3）胶体（无孔）物料　如肥皂、胶和食品等，其特征为：①无孔隙，湿分只能在表面汽化；②液体为物理结合。

上述分类仅适于湿分可在其内连续传递的物料。

### 2.5.3　物料和水分的结合形式

物料和水分的结合形式因物料结构而异，很难详尽列举。这里，根据空气相对湿度及物料湿含量的大小分别定义为：结合水和非结合水；平衡水分和自由水分。结合水是空气相对湿度为100％时物料的平衡水分。此时物料湿含量又称为最大吸湿湿含量，物料中超过此湿含量的水分称为非结合水分。对应于吸附等温线上任意点的湿含量称平衡水分，超过此湿含量的水分，称为自由水。几种水分的定义如图 2-2 所示。

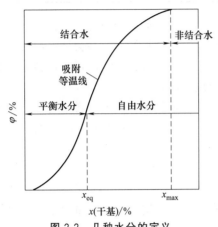

图 2-2　几种水分的定义

根据水分和物料结合能的大小，即从物料中排除 1mol 水所耗能量为基准，可区分水分和物料的不同结合形式，并以此作为分类依据。

恒温下自物料中排除 1mol 水，除需汽化潜热外，尚需附加的能量为：

$$E = -R_m T \ln\varphi \qquad (2-16)$$

式中，$E$ 为排除 1mol 水的附加能量，J/mol；$T$ 为物料温度，K；$\varphi = \dfrac{p}{p_s}$ 为相对湿度，其中 $p$ 为湿物料上方的平衡蒸气压，$p_s$ 为该温度下游离水的饱和蒸气压。

由上式可见，对于游离水，因 $p = p_s$，故 $E = 0$。对于和物料结合较牢固的水，因 $p < p_s$，故需附加能量 $E$ 才能将水从物料中排除。

Rebinder 根据水分与物料的结合能把水分和物料的结合形式分为 4 类。

(1) 化学结合水分　这种水分与物料的结合有准确的数量关系，结合得非常牢固，只有在化学作用或非常强烈的热处理（如煅烧）时才能将其除去。通常在干燥时不能排除化学结合水。例如，$CuSO_4 \cdot 5H_2O$ 在 25℃时，$p = 0.11kPa$，$p_s = 3.2kPa$，则 $E = 8.4 \times 10^3 J/mol$，即化学结合水的结合能大于 5000J/mol。

(2) 物理-化学结合水　这种水分与物料的结合无严格的数量关系，又称为吸附结合水。这种水分只有变成蒸气后，才能从物料中排除。其蒸气压可根据物料湿含量 $x$ 在吸附等温线上查取。这种水分的结合能大约为 3000J/mol。

(3) 物理-机械结合水分　毛细管中的水属于此类。半径为 $r$ 的毛细管，其弯月面上方的蒸气压 $p_r$ 可用 Kelvin 定律计算。

$$p_r = p_s \exp\left(-\frac{2\sigma}{r}\frac{v_1}{R_m T}\right) \qquad (2-17)$$

式中，$\sigma$ 为液体的表面张力；$r$ 为毛细管的半径；$R_m$ 为气体常数；$T$ 为液体温度；$v_1$ 为液体比容。

排除毛细管水分所需的能量为

$$E = \frac{2\sigma}{r}v_1 \qquad (2-18)$$

当 $2r = 10^{-10}$ m 时，$E = 5.3 \times 10^2 J/mol$，即排除这类水分的能量级为 100J/mol。

对于大毛细管（$r > 10^{-7}$m），$p_r$ 与 $p_s$ 几乎相等（只差 1％）。这种毛细管只有直接与水接触才能充满。

对于微毛细管（$r < 10^{-7}$m），可通过吸附湿空气中的水蒸气使微毛细管充满液体，但这种水分仍属游离水。水在毛细管中既可以液体形式，也可以蒸汽形式移动（水蒸气分子的自由行程平均为 $10^{-7}$m）。

(4) 可用机械方法（如过滤）除去的水分　留在物料细小容积骨架中的水分是生产过程中保留下来的。脱除这种水分只需克服流体流经物料骨架的流体阻力即可。

物理-化学结合水分和物理机械结合水分中有一部分难于脱除的结合水分。可用机械方法脱除的水分和存在于物料表面的大量水分属于自由水分。

物料和水分的不同结合形式，使排除水分耗费的能量不同。但这种分类方法并未指明水分从物料中排除的机理。

### 2.5.4　湿物料的结构特性和力学性质

如果湿物料为多孔结构，则常用下列参数来表示其结构特性。

(1) 孔隙率 $\varepsilon$　孔隙率是物料中的孔隙体积与物料总体积之比：

$$\varepsilon = V_\varepsilon / V_m \tag{2-19}$$

式中，$V_\varepsilon$ 为物料中总的孔隙体积，$m^3$；$V_m$ 为物料的总体积，$m^3$。

(2) 弯曲率 $\xi$　这是物料在组分传递方向的外形尺寸 $L$ 与组分在扩散过程中传递轨迹的长度 $L_D$ 之比

$$\xi = L / L_D \tag{2-20}$$

(3) 孔隙形状系数 $\delta$　它表示扩散通道形状和圆筒相比的偏差。

(4) 微孔半径的分布　图 2-3 表示与微孔半径相关的孔隙分布函数。最大微孔半径 $r_{max}$ 与物料中的孔隙率相对应。如果在物料中没有半径为 $r_1 \sim r_2$ 的微孔，则用一条平行于横坐标的直线表示。孔隙分布的微分曲线如图 2-4 所示。孔隙率随微孔半径变化的函数为 $f_v(r)$，物料中总孔隙体积为

$$\varepsilon_{max} = \int_{r_{min}}^{r_{max}} \frac{d\varepsilon}{dr} dr = \int_{r_{min}}^{r_{max}} f_v(r) dr \tag{2-21}$$

已知 $\varepsilon_{max}$ 后，在已知液体密度时便可计算单位体积物料中的最大湿含量 $x_{max}$。

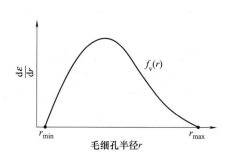

图 2-3　孔径-孔隙率曲线

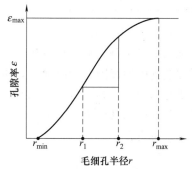

图 2-4　孔隙分布微分曲线

微孔孔径分布可由 Kelvin-Thompson 方程求取：

$$r = \frac{2\sigma V_M \cos\gamma}{R_m T \ln(1/\varphi)} \tag{2-22}$$

式中，$\sigma$ 为液体的表面张力，$N/m$；$V_M$ 为液体的分子体积；$\gamma$ 为液体的润湿角；$\varphi$ 为环境的相对湿度。

在一定的相对湿度环境中，与之平衡的物料湿含量 $x$ 可在解吸等温线上查得，而被液体充满的半径为 $r$ 的孔隙体积为

$$V = x / \rho \tag{2-23}$$

式中，$\rho$ 为液体的密度。

由此可用式（2-22）计算相应微孔的半径 $r$。选取不同的 $\varphi$ 值，可计算出相应的 $V$ 值及 $r$ 值。由此可得 $V = f_v(r)$ 函数，并利用图解求导可得孔隙尺寸分布的微分曲线。

## 2.6 干燥收缩及干燥应力

### 2.6.1 干燥收缩

在干燥时湿物料的体积会收缩。若收缩是各向异性的，则被干燥物料可能因收缩而卷曲或开裂。物料收缩时的容积常常是平均含水量的线性函数：

$$V = V_0(1 + \beta x) \tag{2-24}$$

式中，$\beta$ 为体积收缩系数；$V_0$ 为绝干物料的体积。

虽然收缩往往是各向异性的，但常简化为线性收缩，则有：

$$L = L_0(1 + \beta x)^{1/3} \approx L_0(1 + \gamma x) \tag{2-25}$$

式中，$\gamma = \dfrac{1}{3}\beta$ 称为线性收缩系数；$L_0$ 为绝干物料在某方向的线性尺寸。

物料的线性收缩系数在不同方向常有不同的值。例如，含复合纤维的毛细管物料或木材，在干燥时顺其木纹方向、切线方向或半径方向收缩率不同。顺木纹方向的收缩可以忽略，而切线方向的收缩方向是半径方向的两倍。又如皮革在干燥时，其厚度方向的收缩系数是长度方向的 3 倍。一些物料的线性收缩系数列于表 2-4 中[7]。

线性收缩系数与物料种类、湿含量、干燥温度及速度都有关，常呈现不同的规律性。

**表 2-4 几种物料的线性收缩系数 γ**

| 物料 | γ | 物料 | γ |
|---|---|---|---|
| 生通心粉制品 | 0.91 | 磨碎的泥煤 | 0.12 |
| 黏土（Kotly） | 0.70 | 铬鞣小牛皮（法向） | 0.23 |
| 黏土（Kuchino） | 0.48 | 铬鞣小牛皮（长度方向） | 0.07 |
| 小麦粉 | 0.47 | | |

### 2.6.2 干燥应力

金属材料可分为脆性材料和塑性材料。脆性材料在加载到断裂时无明显的残余变形，而塑性材料加载到弹性极限后会出现较大的塑性变形，直到断裂极限。湿物料一般在弹性与塑性变形之间无明显的分界。其应力-应变曲线可不断延伸到极限载荷，直至试件断裂为止。对此可用两条直线近似地表示其应力-应变的全过程。一条表示弹性变形，另一条表示塑性变形，如图 2-5 所示。于是可得：

$$\sigma = E\varepsilon; \varepsilon < \varepsilon_e \tag{2-26}$$

$$\sigma - \sigma_0 = E_1\varepsilon; \varepsilon > \varepsilon_e \tag{2-27}$$

式中，$E$ 为弹性变形的弹性模数，kPa；$E_1$ 为弹-塑性变形的相当弹性模数，kPa；$\sigma$ 和 $\sigma_0$ 为干燥应力。

弹性限度与湿含量有关，水分的存在有增塑作用。例如，高岭土湿含量大于 30% 具有弹-塑性质，但较干的高岭土是脆性的。由于物料在干燥时会收缩，限制收缩会产生应力，称为干燥应力。

$$\sigma - \sigma_0 = E_1(\gamma x) \tag{2-28}$$

干燥应力显然和物料中的湿含量梯度变化有关。现以一无限大的湿物料薄板为例，说明干燥应力的计算方法。

该薄板在两面干燥时，在板厚方向的湿含量曲线呈抛物线形

$$x = x_{max} - \left(\frac{y}{R}\right)^2 (x_{max} - x_1) \tag{2-29}$$

式中，$R$ 为薄板厚度；$y$ 为该点距中性面的距离；$x_{max}$ 为板对称面（即中性面）上的最大湿含量；$x_1$ 为板表面的湿含量。

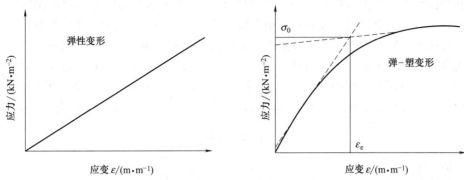

图 2-5 湿物料的应力-应变关系

此时的自由收缩 $\delta$（m/m）可由线性收缩系数 $\gamma$ 计算

$$\delta = \frac{\gamma}{1+\gamma x_0}\left[(x_0+x_{\max})+\left(\frac{y}{R}\right)^2(x_{\max}-x_s)\right] \tag{2-30}$$

式中，$x_0$ 为干燥前薄板的平均湿含量；$x_s$ 为与 $y$ 对应处的湿含量。

假设此无限大薄板不发生弯曲，则因薄板表面至中心（$y=R$ 至 $y=0$）湿含量差别的增大，其自由收缩逐渐变小。由于板截面上各点的自由变形不同，就会产生干燥应力

$$\sigma = E(\zeta-\delta) \tag{2-31}$$

式中，$\sigma$ 为干燥应力；$\delta$ 为自由收缩率；$\zeta$ 为各点的实际收缩率。

由于干燥应力为内应力，而内应力之和必须为零，故有：

$$\int_0^R E(\zeta-\delta)\mathrm{d}y=0 \tag{2-32}$$

假设 $x_{\max}-x_s$ 差值较小时，弹性模数为常量，则将式（2-30）代入式（2-32）积分可得：

$$\zeta = \frac{x}{1+\gamma x_0}\left[(x_0-x_{\max})+\frac{1}{3}(x_{\max}-x_1)\right] \tag{2-33}$$

将式（2-33）代入式（2-3）中，可得薄板内任意一点的干燥应力：

板表面处
$$\sigma_1 = -\frac{2}{3}\frac{\gamma E}{(1+\gamma x_0)}\Delta x \tag{2-34}$$

板中心处
$$\sigma_0 = +\frac{1}{3}\frac{\gamma E}{(1+\gamma x_0)}\Delta x \tag{2-35}$$

式中
$$\Delta x = x_{\max}-x_1$$

由此可见，板表面应力的绝对值比板中心处的大 1 倍，此应力超过弹性极限就会引起永久变形。如果应力超过强度极限，则物料将在表面开裂。

物料在干燥时的表面开裂也可能是由剪应力造成的。剪应力与剪应变的关系为

$$\tau_0 = E_s\frac{\mathrm{d}L}{\mathrm{d}y} \tag{2-36}$$

式中，$E_s$ 为湿物料的剪切弹性模数，kPa。

由此可得表面开裂的条件为：

$$\tau_s = \frac{\gamma_s E_s L_0}{1+\gamma_s x_0}\left(\frac{\mathrm{d}x}{\mathrm{d}y}\right)_{y=R} \geqslant \tau_b \tag{2-37}$$

式中，$\gamma_s$ 为线性剪切系数（与线性收缩系数类似）；$\dfrac{\mathrm{d}x}{\mathrm{d}y}$ 为湿度梯度；其他符号和前面意义相同。

由式（2-33）可知，表面湿度梯度是产生剪应力的决定性因素。

 弹性物料彻底干燥后没有残余应力。弹-塑性物料如变形超过屈服点，则存在残余应力，此时一部分物料中有拉应力，另一部分物料中有压应力，而截面中拉应力、压应力的总和为零。

 研究大件成型物料在干燥过程中可能产生的应力是很重要的，进而寻找适宜的干燥条件以防止产品出现裂纹，这对干燥产品的质量至关重要。以上只是以无限大平板为例说明湿物料因干燥收缩引起的应力。对其他不规则形状的大型湿物料的应力-应变分析是一个较困难的力学问题，通常需采用有限元方法来求解。一般不考虑散粒状物料干燥中的应力-应变问题。

## 参 考 文 献

[1] 陈黟，吴味隆. 热工学 [M]. 第 3 版. 北京：高等教育出版社，2004.
[2] 王补宣. 工程传热传质学 [M]. 北京：科学出版社，1998.
[3] 李汝辉. 传质学基础 [M]. 北京：北京航空学院出版社，1987.
[4] 徐成海，巴德纯，于溥，达道安，张世伟. 真空工程技术 [M]. 北京：化学工业出版社，2006.
[5] 王晓冬，巴德纯，张世伟，张以忱. 真空技术 [M]. 北京：冶金工业出版社，2006.
[6] 徐成海，张世伟，关奎之. 真空干燥 [M]. 北京：化学工业出版社，2003.
[7] 徐成海，张世伟，谢元华，张志军. 真空低温技术与设备 [M]. 第 2 版. 北京：冶金工业出版社，2007.

# 第2篇　冷冻真空干燥原理

冷冻真空干燥的基本原理是在低温低压条件下的传热传质。由于被冻干物料性质、冻干方法和对冻干产品质量要求的不同，描述冻干过程的模型及其解法也不相同。随着研究的深入，有些问题宏观传热传质公式不能解决，从而发展了微纳尺度的传热传质；有些问题常规传热传质定律已经不能描述，于是出现了超常传热传质。通常情况冷冻真空干燥过程的三大阶段冷冻阶段，升华干燥阶段，解析干燥阶段需要分别描述。

## 3　冷冻过程的传热传质

对任何物料进行冷冻干燥，都要先将其冻结到共晶点温度以下。冷冻是冻干过程的必经之路。物料的冻结方法有冻干机内搁板冻结、抽真空自冻结和冷库冻结等，另外还有旋转冻结器冻结、流化床冻结和一些特殊的冻结技术，如分层冻结、反复冻结、粒状冻结和喷雾冻结等[1]。

冻干液态原料的生产用医药冻干机多采用干燥箱内搁板冻结，而冻干固态食品的冻干机多采用冻干机外冻结（冷库和冻结器）。搁板冻结和冰箱冷库冻结，是给物料提供冷量，通过降低传热物料温度，达到冻结目的，从宏观角度分析，没有传质，只有传热，从微观角度分析，生物材料内部会有因温度改变而引起的溶质的扩散。

抽真空自冻结是对含水的物料直接抽真空，随着压力的降低而蒸发量加大，由于外界不提供蒸发所需的热量，故吸收物料本身的热量自然降温而实现冻结。抽真空自冻结有静止抽真空自冻结和旋转抽真空自冻结两种方式。静止抽真空自冻结主要用于冻结固态物料，旋转抽真空自冻结主要用于液态物料的冻结，旋转离心的主要作用是不使液体产生沸腾而起泡。搁板冻结和冷库冻结这两种冻结方式都需要制冷系统，因此，增加了设备投资和运转费用；而抽真空自冻结搁板内不需要制冷管道，克服了上述缺点，同时在抽真空自冻结过程中还蒸发了一些水分[2]，从而可缩短后期的干燥时间[3,4]。

对于要求生物活性的材料，为了保存生物材料的活性，在冷冻时还需加入一定量的保护剂，使物料的冷冻过程热质传递过程更复杂。

### 3.1　冻干箱内的冻结过程

#### 3.1.1　冻干箱内搁板上物料预冷的传热模型

冻干箱内搁板上物料预冷阶段以热传导为主，传热的物理模型可简化成如图 3-1 所示。为简化计算做如下假定：

① 冷冻过程中冻结相变界面 S 均匀向物料内移动，传热是一维的，只沿 X 方向进行。

② 冷冻过程中相变界面 S 处温度不变，为共晶点温度。

③ 物料冻结前后各物性参数为常数，未冻结部分内有温差。

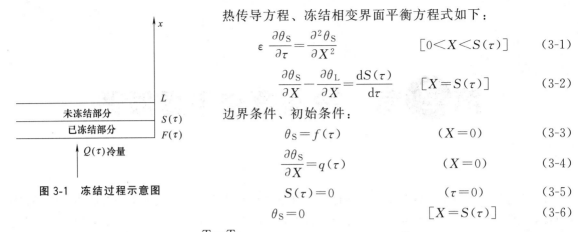

**图 3-1 冻结过程示意图**

热传导方程、冻结相变界面平衡方程式如下：

$$\varepsilon \frac{\partial \theta_S}{\partial \tau} = \frac{\partial^2 \theta_S}{\partial X^2} \qquad [0 < X < S(\tau)] \qquad (3\text{-}1)$$

$$\frac{\partial \theta_S}{\partial X} - \frac{\partial \theta_L}{\partial X} = \frac{dS(\tau)}{d\tau} \qquad [X = S(\tau)] \qquad (3\text{-}2)$$

边界条件、初始条件：

$$\theta_S = f(\tau) \qquad (X = 0) \qquad (3\text{-}3)$$

$$\frac{\partial \theta_S}{\partial X} = q(\tau) \qquad (X = 0) \qquad (3\text{-}4)$$

$$S(\tau) = 0 \qquad (\tau = 0) \qquad (3\text{-}5)$$

$$\theta_S = 0 \qquad [X = S(\tau)] \qquad (3\text{-}6)$$

式中，$\theta$ 为无量纲温度，$\theta = \dfrac{T - T_f}{T_r - T_f}$；$X$ 为无量纲坐标，$X = \dfrac{x}{L}$；$\varepsilon$ 为斯蒂芬（Stefan）常数，$\varepsilon = \dfrac{c(T_r - T_f)}{\gamma}$；$\tau$ 为无量纲时间，$\tau = \dfrac{\alpha t \varepsilon}{L^2}$；$S$ 为无量纲相变界面坐标，$S = \dfrac{s}{L}$；$L$ 为平板物料厚度；$T_f$ 为共晶点温度；$T_r$ 为参考温度；$\gamma$ 为潜热；$x$ 为坐标；$\alpha$ 为导温系数，$\alpha = \dfrac{\lambda}{\rho c}$；$\rho$ 为物料密度；$c$ 为物料比热容；$\lambda$ 为物料热导率；$S$ 为相界面坐标；$f(\tau)$ 为无量纲边界温度；$q(\tau)$ 为无量纲边界热流。

根据上面的模型，可求解冻结过程物料内部的温度分布和冷冻时间。

也可用式（3-7）近似计算冷冻时间[5]。

$$t_e = \Delta J / \Delta T \rho_g (d^2 / 2\lambda_g + d / K_{su}) \qquad (3\text{-}7)$$

$$t_e = \Delta J / \Delta T \rho_g (w + u) \qquad (3\text{-}7a)$$

式中，$t_e$ 为冷冻时间；$\Delta J$ 为初始冷冻点和最终温度之间的焓差；$\Delta T$ 为冷冻点和冷却介质之间的温度差；$d$ 为平行于有效热传递方向上产品的厚度；$\rho_g$ 为冷冻产品的密度；$\lambda_g$ 为冷冻产品的热导率；$K_{su}$ 为冷却介质和冻结区之间的表面传热系数。

焓值不太好查找，表 3-1 给出了一些数值。冰和已冻干产品的传热系数相对来说比较容易获得，但是，在不同时期，冷冻过程的表面传热系数 $K_{su}$ 和冻干过程总的传热系数 $K_{tot}$ 变化相当大。表 3-2 给出了一些由调查所得的相关数据。

**表 3-1 肉、鱼和蛋类产品的焓**

| 产品 | 含水量（质量分数）/% | 在不同温度下的焓/(kJ/kg) | | | | | |
| --- | --- | --- | --- | --- | --- | --- | --- |
| | | −30℃ | −20℃ | −10℃ | 0℃ | +5℃ | +20℃ |
| 牛肉，含 8%脂肪 | 74.0 | 19.2 | 41.5 | 72.4 | 298.5 | 314.8 | 368.4 |
| 鳕鱼 | 80.3 | 20.1 | 41.9 | 74.1 | 322.8 | 341.2 | 381.0 |
| 蛋清 | 86.5 | 18.4 | 38.5 | 64.5 | 351.3 | 370.5 | 427.1 |
| 整蛋 | 74.0 | 18.4 | 38.9 | 66.2 | 308.1 | 328.2 | 386.9 |

**表 3-2 表面传热系数，总传热系数和热导率**

| | |
| --- | --- |
| $K_{su}$ 气体到固体表面[kJ/(m²·h·℃)]：自然对流 | 17~21 |
| 层流 2m/s | 50 |
| 层流 5m/s | 100 |
| $K_{su}$ 冷冻时冻干设备搁板与装在小瓶或盘子里的产品之间[kJ/(m²·h·℃)] | 200~400 |
| $K_{su}$ 液体和固体表面之间[kJ/(m²·h·℃)]：管道内的油，层流 | 160~250 |
| LN₂ 滴到产品上① | 900 |
| 类似于水的液体 | 1600 |
| 温差<7℃ 1bar（1bar=10⁵Pa）的水 | 3600 |

续表

| $K_{tot}$ 真空条件下,冻干设备搁板和产品升华前沿之间, | |
|---|---|
| 　产品装在小瓶或盘子里 [kJ/(m²·h·℃)] | 60~130 |
| $\lambda$ 热导率[kJ/(m·h·℃)] | |
| $\lambda_g$ 冷冻产品(冰) | 5.9~6.3 |
| $\lambda_{tr}$ 已干产品 | 0.059~0.29 |

① Reinsert, A. P.：在快速冷冻和融化期间影响红细胞的因素。Ann. N. Y. Acade. Sci. 85, 576~594, 1960。

### 3.1.2　抽真空自冻结过程传热传质模型

在一个标准大气压下,水的沸点是 100℃,蒸发热是 2256.69J/g,而当压力降低到 613Pa 时,水的沸点是 0℃,蒸发热为 2499.52 J/g。相关数据见图 3-2[6]。

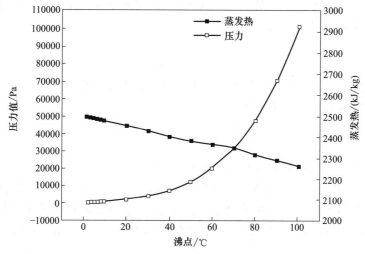

图 3-2　水的沸点与饱和蒸气压及蒸发热之间的关系曲线

通过图 3-2 分析可得,随着压力的降低,水的沸点温度降低,蒸发单位质量的水所消耗的热量反而增加。抽真空自冻结就是随着压力的降低,相应水的饱和蒸气压也降低,水从冻结物料表面迅速蒸发出来,由于外界不提供蒸发所需的热量,故吸收物料本身的热量自然降温而实现冻结。

大量实验研究与分析表明不同物料的抽真空自冻结,传热都是首先由传质(水分的汽化)引起的,传质越快,传热越快,传热是在物料内部进行,传质在物料表面进行,水分汽化吸收能量来自物料本身,导致物料温度降低,直至冻结。抽真空自冻结过程是复杂的相变传热传质过程,该过程涉及扩散、传热、传质、沸腾和相变等机理[7]。

张世伟等[8]利用从质量与能量守恒原理、热力学原理和气体动力学原理出发,建立了冻干机内液体真空蒸发冻结过程传热传质的耦合迁移过程。物理模型如图 3-3。

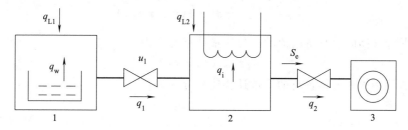

图 3-3　系统物理模型图

1—蒸发室；2—冷凝室；3—真空泵

（1）**液体温度与质量关系的热力学模型** 从溶液的温度变化角度考虑，真空蒸发冻结过程包括液体降温、液体冻结和固体降温三个阶段阶段。对于液体降温阶段，随着液体的蒸发，液体质量不断减少，剩余液体的温度也不断降低，直至达到其冻结温度。由于液体降温所放出的热量是依赖液体蒸发发时吸收的相变潜热所消耗，所以液体的降温速率完全取决于液体的蒸发速率。本模拟以集总参数法假设液体温度随时各处均匀，并且与容器保持一致，液体降温阶段温度与质量的关系式为

$$-(m_L c_L + m_C c_C)\frac{\mathrm{d}T}{\mathrm{d}\tau} = Q_s - \lambda_2\frac{\mathrm{d}m}{\mathrm{d}\tau} \tag{3-8}$$

当溶液的温度降低到对应浓度下的冰点温度时，进入真空蒸发冻结过程的第二阶段－冻结阶段。此时溶液继续蒸发不导致溶液温度进一步下降，而是使剩余溶液中的一部分凝结成固体。液体冻结段温度与质量的关系式为

$$-\frac{\mathrm{d}m}{\mathrm{d}t}\lambda_2 = \frac{\mathrm{d}m_i}{\mathrm{d}t}\lambda_1 \tag{3-9}$$

当液体完全冻结成固体之后，已冻结的冰继续升华，带走升华潜热使剩余部分的冰和容器继续降温。继续降温阶段温度与质量的关系是为

$$-\lambda_i\frac{\mathrm{d}m}{\mathrm{d}t} = (m_i c_i + m_C c_C)\frac{\mathrm{d}T}{\mathrm{d}t} \tag{3-10}$$

式中，$\lambda_2$ 为水溶液的汽化潜热，g/J；$c_L$ 为水溶液的比热容，J/(g·K)；$c_C$ 为容器的比热容，J/(g·K)；$T$ 为冻结前，任意时刻水或冰的温度，K；$m$ 为任意时刻水的质量，g；$m_C$ 为容器的折算质量，g；$Q_s$ 为水和容器的吸热速率；J/s；$\lambda_1$ 为水冻结时放出的溶解潜热，J/(g·K)；$m_i$ 为任意时刻冰的质量，g；$\lambda_i$ 为冰升华时吸收的升华潜热，J/(g·K)；$c_i$ 为冰的比热容，J/(g·K)。

（2）**真空室内的动力学模型** 液体的质量变化依赖于液体质量的蒸发，而液体蒸发的速率则取决于真空室内气体的压力平衡情况和向冷凝室的流动速率。真空室内的气体由永久气体和液体蒸发组成，二者的压力控制方程为

$$V_1\frac{\mathrm{d}p_{1a}}{\mathrm{d}t} = -q_{1a} + q_{L1} \tag{3-11}$$

$$V_1\frac{\mathrm{d}p_{1w}}{\mathrm{d}t} = -q_{1w} + q_w \tag{3-12}$$

从而可得出混合气体的总压力控制方程为

$$V_1\frac{\mathrm{d}p_1}{\mathrm{d}t} = -q_1 + q_w + q_{L1} \tag{3-13}$$

液体表面的蒸发速率为

$$q_w = \sqrt{\frac{kT_w}{2\pi m_0}}\alpha_1 A_w(p_w - p_{1w}) \tag{3-14}$$

真空室内混合气体向冷凝室内流动的总质量迁移速率为

$$q_1 = u_1(p_1 - p_2) \tag{3-15}$$

其中液体蒸气和永久气体各自的质量迁移速率分别为

$$q_{1w} = q_1\frac{p_{1w}}{p_1} \tag{3-16}$$

$$q_{1a} = q_1 - q_{1w} \tag{3-17}$$

另外水蒸气的流量与水蒸气的质量蒸发速率之间的关系为

$$\frac{\mathrm{d}m}{\mathrm{d}t} = \frac{m_0 q_{\mathrm{W}}}{k T_{\mathrm{W}}} \tag{3-18}$$

式中，$p_{1\mathrm{a}}$、$p_{1\mathrm{w}}$ 和 $p_1$ 分别为真空室的永久气体压力、水蒸气压力和总压力，Pa；$p_{\mathrm{W}}$ 为水蒸气的饱和蒸气压，Pa；$q_{\mathrm{L1}}$ 为真空室的漏气量；Pa·$\mathrm{m}^3$/s；$q_{1\mathrm{a}}$ 为真空室流向冷凝室的空气流量，Pa·$\mathrm{m}^3$/s；$q_{1\mathrm{w}}$ 为真空室流向冷凝室的水蒸气流量，Pa·$\mathrm{m}^3$/s；$q_1$ 为真空室流向冷凝室的总流量，Pa·$\mathrm{m}^3$/s；$q_{\mathrm{W}}$ 为水的蒸发率，Pa·$\mathrm{m}^3$/s；$k$ 为水分子蒸发潜热，$k = 1.381 \times 10^{-23}$ J/kg；$V_1$ 为真空室的有效体积，$\mathrm{m}^3$；$m_0$ 为水分子质量，$m_0 = 2.99 \times 10^{-26}$ kg；$T_{\mathrm{W}}$ 为水溶液的温度，K；$u_1$ 为真空室与冷凝室之间流导，$\mathrm{m}^3$/s；$A_{\mathrm{W}}$ 为水溶液的蒸发表面积，$\mathrm{m}^2$；$\alpha_1$ 为水的表面蒸发系数。

（3）冷凝室的动力学模型　由真空室流入冷凝室内的气体，其中永久气体和少量的蒸气被真空泵抽走，其余绝大部分液体蒸气则被冷阱盘管所凝附。冷凝室内永久气体和液体蒸汽的压力控制方程

$$V_2 \frac{\mathrm{d}p_{2\mathrm{a}}}{\mathrm{d}t} = q_{1\mathrm{a}} - q_{2\mathrm{a}} + q_{\mathrm{L2}} \tag{3-19}$$

$$V_2 \frac{\mathrm{d}p_{2\mathrm{w}}}{\mathrm{d}t} = q_{1\mathrm{w}} - q_{2\mathrm{w}} - q_{\mathrm{i}} \tag{3-20}$$

由上面两式可得出混合气体的总压力控制方程为

$$V_2 \frac{\mathrm{d}p_2}{\mathrm{d}t} = q_1 + q_{\mathrm{L2}} - q_{\mathrm{i}} - q_2 \tag{3-21}$$

液体蒸气在冷凝盘管上的凝结速率为

$$q_{\mathrm{i}} = \sqrt{\frac{k T_{\mathrm{V}}}{2\pi m_0}} \alpha_2 A_{\mathrm{i}} p_{2\mathrm{w}} - \sqrt{\frac{k T_{\mathrm{i}}}{2\pi m_0}} \alpha_2 A_{\mathrm{i}} p_{\mathrm{i}} \tag{3-22}$$

冷凝室内混合气体向真空泵流动的总质量迁移速率为

$$q_2 = S_{\mathrm{e}} p_2 \tag{3-23}$$

其中液体蒸气和永久气体的质量迁移速率分别为

$$q_{2\mathrm{w}} = S_{\mathrm{e}} p_{2\mathrm{w}} \tag{3-24}$$

$$q_{2\mathrm{a}} = S_{\mathrm{e}} p_{2\mathrm{a}} \tag{3-25}$$

其中真空泵在冷凝室抽气口处的有效抽速为

$$S_{\mathrm{e}} = \frac{S_{\mathrm{p}} u_2}{S_{\mathrm{p}} + u_2} \tag{3-26}$$

式中，$p_{2\mathrm{a}}$、$p_{2\mathrm{w}}$ 和 $p_2$ 分别为冷凝室内的永久气体压力、水蒸气压力和总压力，Pa；$p_{\mathrm{i}}$ 为冰的饱和蒸气压，Pa；$q_{\mathrm{L2}}$ 为冷凝室的漏气量，Pa·$\mathrm{m}^3$/s；$q_2$ 为真空室流向冷凝室的总流量，Pa·$\mathrm{m}^3$/s；$q_{\mathrm{i}}$ 为冷凝管的水蒸气凝结速率，Pa·$\mathrm{m}^3$/s；$q_{2\mathrm{w}}$ 为冷凝室与真空泵之间的水蒸气流量，Pa·$\mathrm{m}^3$/s；$q_{2\mathrm{a}}$ 为冷凝室与真空泵之间的空气流量，Pa·$\mathrm{m}^3$/s；$V_2$ 为冷凝室的有效体积，$\mathrm{m}^3$；$A_{\mathrm{i}}$ 为冷凝管的凝结表面积，$\mathrm{m}^2$；$T_{\mathrm{i}}$ 为凝结盘管的温度，K；$u_2$ 为冷阱与真空泵之间流导，$\mathrm{m}^3$/s；$S_{\mathrm{p}}$ 为真空泵的抽速，$\mathrm{m}^3$/s；$\alpha_2$ 为水在冷凝盘管上的凝结系数。

该模型采用的是平衡态理论，尚不能体现过冷、暴沸等非平衡过程的特性。还有待今后继续深入研究。

## 3.2　冷冻装置内的冻结过程

### 3.2.1　冷库内的冻结

冻干食品时，冷冻阶段通常在冷库内进行。运用 CFD 数值模拟理论，建立合理的冷库模型，

模拟冷库在瞬态启动机组预冷、停机除霜及冷库大门处开关门这三种情况对库内气流布置及流场参数（如温度、湿度、空气组成等）对冷冻过程的冷量分布、传热效率、产品的品质有着极为重要的作用，并可为冷库的优化设计提供理论基础。

典型的冷库的物理模型如图 3-4 所示[9]。

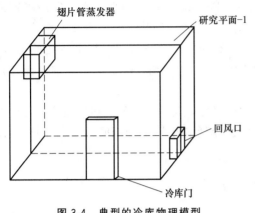

图 3-4　典型的冷库物理模型

数学模型一般采用工程上广泛使用的标准 $\kappa$-$\varepsilon$ 模型求解流动及换热问题，此模型共包含的 5 个控制方程，分别是连续性方程、动量守恒方程、能量守恒方程、湍动能 $\kappa$ 方程及湍动耗散率 $\varepsilon$ 方程。对于近壁处由于空气流动缓慢，呈贴壁状态，其流动有可能出现层流现象，所以对这一区域的气流采用壁面函数法处理[10]。

（1）标准 $\kappa$-$\varepsilon$ 模型　标准 $\kappa$-$\varepsilon$ 模型在推演过程中，采用了以下几项基本处理：

① 用湍动能 $\kappa$ 反映特征速度；$\kappa$ 是单位质量流体紊流脉动动能（$m^2/s^2$），定义为：

$$\kappa=\frac{1}{2}(\overline{u_1^2}+\overline{u_2^2}+\overline{u_3^2})=\frac{1}{2}\overline{u_1^2} \tag{3-27}$$

② 用湍动能耗散率 $\varepsilon$ 反映特征长度尺度；按照湍流脉动理论，湍流在传动过程中存在着耗散作用，湍流中单位质量流体脉动动能的耗散率 $\varepsilon(m^2/s^3)$，就是各向同性的小尺度涡的机械能转化为热能的速率，定义为：

$$\varepsilon=\frac{\mu}{\rho}\overline{\left(\frac{\partial u_i'}{\partial x_\kappa}\right)\left(\frac{\partial u_i'}{\partial x_\kappa}\right)} \tag{3-28}$$

式中，$\mu$ 为流体动力黏度，Pa·s；$\rho$ 为流体的密度，$kg/m^3$；$u_i$为时均速度 m/s。

③ 引进 $\mu_t$，$\mu_t$ 表示湍动黏度，$kg·m^{-1}·s^{-1}$，并用一个关系来表示 $\kappa$、$\varepsilon$ 和 $\mu_t$ 的关系：

$$\mu_t=C_\mu\rho\kappa^2/\varepsilon \tag{3-29}$$

式中，$C_\mu$ 为经验常数，通常取 0.09。

④ 利用 Boussinesq 假定进行简化。

（2）耗散率 $\varepsilon$　在由三维非稳态 Navier-Stokes 方程出发推导 $\varepsilon$ 方程的过程中，需要对推导过程中出现的复杂的项做出简化处理，引入下面关于 $\varepsilon$ 方程的模拟定义式：

$$\varepsilon=c_D\frac{\kappa^{\frac{3}{2}}}{l} \tag{3-30}$$

式中，$c_D$ 为经验常数。这一模拟定义式的得出可以如下理解：由较大的涡向较小的涡传递能量的速率对单位体积的流体正比于 $\rho\kappa$，而反比于传递时间。传递时间与湍流长度标尺 $l$ 成正比，而与脉动速度成反比。于是可有：

$$\rho\varepsilon\propto\rho\kappa\left(\frac{1}{\sqrt{\kappa}}\right)\propto\rho\kappa^{3/2}l \tag{3-31}$$

（3）壁面函数法　大量的试验证明，对于有固面的充分发展的湍流流动，沿壁面法线的不同距离上，可将流动划分为壁面区或核心区。壁面区又分为 3 个子层黏性底层、过渡层和对数律层。黏性底层的流动属于层流流动，在工程计算中将过渡层归入为对数律层，对数律层的流动处于充分发展的湍流状态。

在近壁区的流动与换热计算，可采用低 $Re$ 数 $\kappa$-$\varepsilon$ 模型或壁面函数法，采用低 $Re$ 数 $\kappa$-$\varepsilon$ 模型时，由于在黏性底层内的速度梯度与温度梯度都很大，因而要布置相当多的节点，有时多达20～

30 个（如图 3-5 所示），因而无论在计算时间与所需内存方面都比较多。为了在壁面附近不设置那么多的节点以节省内存，但又能得出具有一点准确度的数值结果，需对壁面附近的计算做特殊的处理，壁面函数法因此而产生。

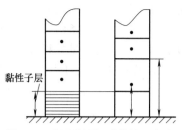

图 3-5　壁面附近区域的处理方法

用壁面函数法时，需与高 $Re$ 数 $K\text{-}\varepsilon$ 模型配合使用，针对各输运方程，联系壁值与内节点值的公式如下：

① 假设在所计算问题的壁面附近的对数律层，无量纲速度 $u^+$ 与距离 $y^+$ 的分布服从对数分布律。对数分布律为：

$$u^+ = \frac{u}{u_\tau} = \frac{1}{k}\ln y^+ + B = \frac{1}{k}\ln(Ey^+) \tag{3-32}$$

式中，$u$ 为流体的时均速度；$u_\tau$ 为壁面摩擦速度，$u_\tau = \sqrt{\tau_w/\rho}$；$k$ 为 von Karman 常数；$B$、$E$ 是与表面粗糙度有关的常数。对于光滑壁面有 $k=0.4$，$B=5.5$，$E=9.8$，壁面粗糙度的增加将使 $B$ 值减少。

在这一定义中只有时均值 $u$ 而无湍流参数，为了反映湍流脉动的影响需要把 $u^+$，$y^+$ 的定义做出扩展：

$$y^+ = \frac{\Delta y\,(C_\mu^{1/4}\kappa^{1/2})}{\mu} \tag{3-33}$$

式中，$\Delta y$ 是到壁面的距离，$C_\mu$ 为经验常数，其值为 0.09。

同时引入无量纲的温度：

$$T^+ = \frac{(T-T_w)\,(C_\mu^{1/4}\kappa^{1/2})}{(q_w/\rho c_p)} \tag{3-34}$$

式中，$T$ 为与壁面相邻的控制体积节点处的温度；$T_w$ 为壁面上的温度；$\rho$ 为流体的密度；$c_p$ 为流体的比热容；$q_w$ 为壁面上的热流密度。在这些定义式中，既引入了湍流参数 $k$，同时保留壁面切应力 $\tau_w$ 以及热流密度 $q_w$。

② 划分网格时，把第一个内节点 P 布置到对数分布律成立范围内，即配置到旺盛湍流区域。

③ 第一个内节点 P 与壁面之间区域的当量黏性系数 $\eta_t$ 及当量热导率按下式确定：

$$r_w = \eta_t \frac{u - u_w}{y} \tag{3-35}$$

$$q_w = \lambda_t \frac{T - T_w}{y} \tag{3-36}$$

其中，$q_w$ 由对数分布律所规定，$u_w$，$T_w$ 为壁面上的速度与温度。

④ 对第一个内节点 P 上的 $k$ 及 $\varepsilon$ 的确定方法做出选择。$k$ 值仍可按 $k$ 方程计算，其边界条件取为 $\left(\dfrac{\partial k}{\partial y}\right) = 0$（$y$ 为垂直于壁面的坐标）。如果第一个内节点设置在黏性支层内且离壁面足够近，自然可以取 $k_w = 0$ 作为边界条件。但是在壁面函数中，P 点置于黏性支层外，在这一个控制容积中，$k$ 的产生与耗散都较壁面的扩散要大得多，因而取 $\left(\dfrac{\partial k}{\partial y}\right) \approx 0$。至于壁面上的 $\varepsilon$ 值，取值为：

$$\varepsilon = \frac{C_\mu^{3/4} k^{3/2}}{k\Delta y} \tag{3-37}$$

（4）边界条件及初始化条件　初始条件与边界条件是控制方程有确定解的前提，控制方程与相应的初始条件、边界条件的组合构成对一个物理过程完整的数学描述。初始条件是所研究对象在过程开始时刻各个求解变量的空间分布情况。对于瞬态问题，必须给定初始条件。边界条件是在求解区域的边界上所求解的变量或其导数随地点和时间的变化规律。对于任何问题，都需要给定边界条件。

本文中，边界条件及初始条件主要是研究保鲜库内壁面及风机出口和回风口处的空气流动参数的情况，包括能量方程和动量方程。

① 冷风机出风口边界。具体边界条件如下：

a. 这里的 $k$ 值无实测值可依据，按照保鲜库的实际情况，取来流的平均动能的 $0.5\% \sim 1.5\%$。

b. 入口截面上的 $\varepsilon$ 可按：

$$\varepsilon = C_\mu \rho K^2 / \mu_t \tag{3-38}$$

其中常数 $C_\mu = 0.09$。$\mu_t$ 按下式计算。

$$\rho u L / \mu_t = 100 \sim 1000 \tag{3-39}$$

其中，$L$ 为特征长度，在这里取为送风口的宽度为 32cm；$u$ 为入口平均流速。

c. 速度值按试验测量结果赋值。

② 冷风机回口边界。回风口边界调节设为压力出口条件，假设回风口满足充分发展段湍流出口模型，则边界条件有：

a. 速度按试验结果赋值；

b. 紊流脉动动能 $\dfrac{\partial K}{\partial n} = 0$；

c. 脉动动能耗散 $\dfrac{\partial \varepsilon}{\partial n} = 0$；

d. 将 $k$、$\varepsilon$ 做局部单向化处理；

e. 温度 $\dfrac{\partial T}{\partial n} = 0$；

③ 固壁面。

a. 面平行的流速 $u$，在壁面上 $u = 0$，但其黏性系数按计算。在计算过程中，若 P 点落在黏性支层范围内，则仍取分子黏性之值。

$$\mu_t = \frac{y_P^+ \mu}{u_P^+} \tag{3-40}$$

$$y^+ = \frac{y(C_\mu^{1/4} K^{1/2})}{v} \tag{3-41}$$

$$u^+ = \frac{1}{k} \ln(E y^+) \tag{3-42}$$

其中，$\mu$ 为分子黏性系数，von Karman（冯卡门）常数 $k = 0.4 \sim 0.42$，$\ln(E)/k = B$，$B = 5.0 \sim 5.5$，$\dfrac{\partial T}{\partial n} = 0$

b. 与壁面垂直的速度 $v_w = 0$，由于在壁面附近 $\dfrac{\partial u}{\partial x} \approx 0$，根据连续方程，有 $\dfrac{\partial v}{\partial y} \approx 0$，这样就可以把固壁看做是"绝热型"的，即令壁面上与 $v$ 相应的扩散系数为零。

c. 脉动动能：取 $\left(\dfrac{\partial K}{\partial y}\right)_w \approx 0$，因而取壁面上 $K$ 的扩散系数为零。

d. 脉动动能耗散：采取指定第一个内节点上之值的做法，即 $\varepsilon_P$ 不是通过求解 $\varepsilon$ 方程计算出来的，而是按以下公式计算。

$$\varepsilon_P = \frac{C_\mu^{3/4} K_P^{3/2}}{k y_P} \tag{3-43}$$

e. 温度：边界上温度条件的处理与导热问题中一样，但壁面上的当量扩散系数则取：

$$k_i = \frac{y_P^+ \mu c_P}{\frac{\sigma_r}{k} \ln(Ey^+) + P\sigma_r} = \frac{y_P^+ \mu c_P}{\sigma_r [\ln(Ey^+)/k + P]}$$

其中：

$$P = 9\left(\frac{\sigma_L}{\sigma_r} - 1\right)\left(\frac{\sigma_L}{\sigma_r}\right)^{-1/4}$$

这里的 $\sigma_L$、$\sigma_r$ 分别是分子 Prandtl 数（即 $Pr$）及湍流数 Prandtl，取 $\sigma_L = 0.7$、$\sigma_r = 0.9$。

### 3.2.2　降温仪内角膜冻结过程的传热模型

2003 年邹惠芬[11] 以辐射和对流综合传热建立了角膜在降温仪内冷冻的传热能量平衡方程，可求解角膜降温过程其内的温度分布[12]。

将经过前处理后的角膜，采用两步法实施速率降温。简易降温仪如图 3-6 所示，降温仪内的温度场是由底部的液氮形成的。首先将角膜放在降温仪内的某一位置处，使角膜在 $10\sim20\min$ 内慢速降温到 $-20\,^\circ\mathrm{C}$ 左右，然后快速将角膜移到降温仪内的另一位置处，将角膜在 $3\sim5\min$ 内降到 $-100\,^\circ\mathrm{C}$ 以下。以上所说的两个位置，需要建立数学模型求解。

若不考虑冷冻过程细胞内外液间的相互作用，冷冻阶段可视为没有传质过程，只有传热过程。控制冷冻降温速率是用自制简易降温仪，调节放在广口杜瓦瓶中角膜与液氮表面之间的距离来实现的。液氮从表面蒸发，蒸气在杜瓦瓶内向瓶口流动过程中与盛角膜的磨口瓶之间有对流换热，液氮表面与盛角膜的磨口瓶之间有辐射换热，盛角膜的容器与角膜之间有热传导，是一种比较复杂的传热过程。

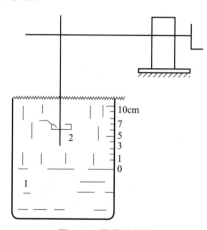

**图 3-6　简易降温仪**
1—液氮；2—角膜

从图 3-6 中可以看出：辐射传热可以看成是在两平行平板之间进行；对流传热可认为是自然对流换热；导热要通过玻璃瓶。这就是说，真正与角膜进行热交换的是装角膜的玻璃瓶。因此，可以认为是辐射和对流对玻璃瓶的综合传热，然后在通过玻璃瓶壁传给角膜。若其传热量为 $Q_1$，则其数学模型可用下式表示：

$$Q_1 = Q_c + Q_r \tag{3-44}$$

式中，$Q_c$ 为对流传热量，可按牛顿冷却公式计算：

$$Q_c = \alpha_c (t_1 - t_2) A \tag{3-45}$$

式中，$t_1$ 为玻璃瓶表面温度；$t_2$ 为液氮面温度；$A$ 为玻璃瓶表面积；$\alpha_c$ 为对流传热系数，在粗算时可借用层流，水平板（磨口瓶侧面圆柱传热忽略不计）热面朝下，冷面朝上的公式计算：

$$\alpha_c = 0.59\left(\frac{\Delta t}{L}\right)^{\frac{1}{5}} \tag{3-46}$$

式中，$L$ 为定形尺寸，$L = A/s$；$A$ 为磨口瓶底面积；$s$ 为周长；$\Delta t$ 为传热温差。

$$Q_r = \alpha_r (t_1 - t_2) A \tag{3-47}$$

式中，$Q_r$ 为辐射传热量；$\alpha_r$ 为辐射传热系数；其余符号同前。或可由下式求得：

$$\alpha_r = k_{12} \frac{\sigma(t_1^4 - t_2^4)}{t - t_r} \tag{3-48}$$

式中，$k_{12}$ 反映辐射面和吸收面几何形状和表面状态的影响；$\sigma$ 为斯忒藩-玻耳兹曼常数；$t_1$，

$t_2$ 为相应表面温度；$t$ 为平均温度；$t_r$ 为参考温度，通常取 $t_r = t_2 - \dfrac{t_1^4 - t_2^4}{4t_1^3}$。带保护剂一起冷冻，热量通过磨口瓶传导角膜的过程，

$$Q_s = \frac{t_1 - t_{n+1}}{\displaystyle\sum_{i=1}^{n} \frac{s_i}{\lambda_i A_i}} \tag{3-49}$$

式中，$\lambda$ 为热导率；$s$ 为厚度；$A$ 为导热面积。式中 $i$ 为从磨口瓶至角膜之间热传导经过的物质层数。

以眼角膜为研究对象，建立伴随着相变过程的能力方程：

$$\rho c \frac{\partial \theta}{\partial t} = k \left( \frac{\partial^2 \theta}{\partial r^2} + \frac{1}{r} \frac{\partial \theta}{\partial r} + \frac{\partial \theta}{\partial z} \right) + \rho L \frac{\partial f_s}{\partial t} \tag{3-50}$$

式中，$f_s$ 为相类率，$f_s = (\theta_1 - \theta)/(\theta - \theta_f)$；$L$ 为相变潜热。

初始条件：$t = 0$，$\theta_{角膜} = 4℃$

边界条件：

① 角膜的侧面及垂直于上皮和内皮的面，均认为是绝热的，即 $\partial \theta / \partial n = 0$

② 角膜的上皮和上皮表面属第三类边界条件：$-k \cdot \dfrac{\partial \theta}{\partial n} \mid_T = \alpha (\theta - \theta_f) \mid_T$。

### 3.2.3　生物组织冻结过程中的应力分析模型[13]

(1) 传热过程的描述　一维相变导热问题在球坐标系中的传热方程为

$$\frac{\partial^2 T}{\partial r^2} + \frac{2}{r} \frac{\partial T}{\partial r} = \frac{\rho c}{k} \frac{\partial T}{\partial t} \qquad s < r < R, t > 0 \tag{3-51}$$

边界条件：$T(R,t) = \begin{cases} f(t) \\ T_f \end{cases}$　$T(s,t) = T_0$；

初始条件：$T(r,0) = T_0$，$0 < r < R$。

相变界面上的能量平衡方程为

$$L\rho \frac{\mathrm{d}s(t)}{\mathrm{d}t} = k \frac{\partial T}{\partial r} \tag{3-52}$$

式中，$T$、$r$、$c$、$t$、$L$、$\rho$、$k$、$s$ 分别是温度、半径、比热容、时间、相变潜热、密度、热导率、相变位置。

(2) 冻结区应力计算　对于球对称问题，只有 3 个非零的应力分量：径向分量 $\sigma_r$ 和两个切向分量 $\sigma_t$，它们满足单元体在径向的平衡条件

$$\frac{\mathrm{d}\sigma_t}{\mathrm{d}r} + \frac{2}{r} (\sigma_r - \sigma_t) = 0$$

$$\varepsilon_t - \alpha T = \frac{1}{E} [\sigma_t - \nu (\sigma_r + \sigma_t)]$$

应力-应变关系

$$\varepsilon_r - \alpha T = \frac{1}{E} (\sigma_r - 2\nu\sigma_t) , \varepsilon_t - \alpha T = \frac{1}{E} [\sigma_t - \nu (\sigma_r + \sigma_t)] \tag{3-53}$$

几何方程

$$\varepsilon_r = \frac{\mathrm{d}u}{\mathrm{d}r} , \varepsilon_t = \frac{u}{r} \tag{3-54}$$

物理方程

$$\sigma_r = \frac{E}{(1+\nu)(1-2\nu)} [(1-\nu)\varepsilon_r + 2\nu\varepsilon_t - (1+\nu)\alpha T]$$

$$\sigma_t = \frac{E}{(1+\nu)(1-2\nu)} \left[ (\nu\varepsilon_r + \varepsilon_t) - (1+\nu)\alpha T \right] \tag{3-55}$$

式中，$\varepsilon_r$、$\varepsilon_t$、$E$、$\nu$、$u$、$\alpha$ 分别是径向应变、周向应变、弹性模量、泊松比、位移和线胀系数。

根据上述方程可得以位移表示的平衡微分方程

$$\frac{d}{dr} \left[ \frac{1}{r^2} \frac{d}{dr} (r^2 u) \right] = \frac{1-\nu}{1+\nu} \alpha \frac{dT}{dr} \tag{3-56}$$

该方程的解为：

$$u = \frac{1+\nu}{1-\nu} \alpha \frac{1}{r^2} \int_a^r T r^2 dr + C_1 r + \frac{C_2}{r^2} \tag{3-57}$$

这里 $C_1$、$C_2$ 是积分常数，可由边界条件确定；$a$ 是积分下限，对于中心为液体、外周为环状固体的冰球体，$a$ 为固液界面处的半径。联立上述方程得对应热应力的分量为：

$$\sigma_r = \frac{2\alpha E}{1-\nu} \frac{1}{r^3} \int_a^r T r^2 dr + \frac{E C_1}{1-2\nu} - \frac{2 E C_2}{1+\nu} \frac{1}{r^3} \tag{3-58}$$

$$\sigma_t = \frac{\alpha E}{1-\nu} \frac{1}{r^3} \int_a^r T r^2 dr + \frac{E C_1}{1-2\nu} - \frac{E C_2}{1+\nu} \frac{1}{r^3} - \frac{\alpha E T}{1-\nu} \tag{3-59}$$

用 $a$、$b$ 代表空心球的内半径和外半径，并由内外两表面上径向应力 $\sigma_r$ 为零的条件确定常数 $C_1$、$C_2$。将 $C_1$、$C_2$ 代入方程得：

$$\sigma_r = \frac{2\alpha E}{1-\nu} \left[ \frac{r^3 - a^3}{(b^3 - a^3) r^3} \int_a^r T r^2 dr - \frac{1}{r^3} \int_a^r T r^2 dr \right] \tag{3-60}$$

$$\sigma_t = \frac{2\alpha E}{1-\nu} \left[ \frac{2r^3 - a^3}{2(b^3 - a^3) r^3} \int_a^r T r^2 dr + \frac{1}{2r^3} \int_a^r T r^2 dr - \frac{1}{2} T \right] \tag{3-61}$$

## 3.3　微尺度冻结过程的传热传质

通常情况研究物料的冷冻过程（非抽真空自冻结），仅考虑热的传递，不考虑质的扩散。但实际上，对于生物材料来说，冰界面逼近细胞时，随着细胞外溶液中水分的凝固，细胞外溶液中溶质（例如盐溶液中的 NaCl）的浓度增加，使得细胞内外溶液通过细胞膜的渗透不平衡，从而引起细胞内外质的扩散，所以生物材料的冷冻过程，实际上是冰界面和细胞之间的耦合传热传质过程。

低温贮藏是当前有效的保存生物活性的方法，研究冷冻过程热质传递机理的人较多，已深入到微尺度领域。这些人关心的是冷冻过程对生物的活性造成的影响，冷冻对细胞和生命体的破坏作用机理是非常复杂的，目前尚无统一的理论，但一般认为主要是由机械效应和溶质效应引起的。

① 机械损伤效应。机械损伤效应是细胞内外冰晶生长而产生的机械力量引起的。一般冰晶越大，细胞膜越易破裂，从而造成细胞死亡；冰晶小对细胞膜的损伤也小。冰晶是纯水物质，故生物细胞冷冻过程中，细胞内外的冰晶形成首先是从纯水开始，冰晶的生长逐步造成电解质的浓缩。期间经历了纯水结冰、细胞质中盐浓度不断增高、胞内 pH 值和离子强度改变、潜在的不利化学反应发生率提高的变化过程。在冷冻过程中，不希望形成大的冰晶，对细胞膜系统造成的机械损伤是直接损伤膜结构，从而影响细胞的生理、代谢功能的正常发挥。

② 溶质损伤效应。溶质损伤效应是由于水的冻结使细胞间隙内的液体逐渐浓缩，从而使电解质的浓度显著增加。细胞内的蛋白质对电解质极为敏感，尤其是在高浓度的电解质存在时，会引起蛋白质变性，丧失其功能，增加了细胞死亡的可能性。此外，细胞内电解质浓度增加还会导致细胞脱水死亡。间隙液体浓度越高，引起细胞的破坏就越害。溶质损伤效应在冷冻的某一温度范围内最为明显。这个温度范围在水的冰点和该溶液的全部固化温度之间，若能以较高的速度越过这一温度范围，溶质损伤效应所产生的不良后果就能大大减弱。

　　另外，冷冻时，细胞内外形成冰晶的大小程度还会影响干燥的速率和干燥后产品的溶解速率。大的冰晶有利于干燥升华，小的冰晶则不然。但大的冰晶溶解慢，小的冰晶溶解快。冰晶越小，干燥后越能反映产品的原来结构。也就是说，避免体积过大的冰晶形成，是防止细胞损伤的关键所在。

　　综上所述，冷冻对生物细胞的致死损伤，无论是机械性的，还是溶质性的损伤效应，最为常见的是导致膜系统直接损伤。从机理讲，膜系统的损伤取决于膜融合和从液晶相向凝胶相转变的严重程度。通常膜融合的结果导致异形混合物的出现，膜的相变直接造成膜的透性增加。无论哪种损伤形式均使细胞内的物质和细胞外水溶性物质无控制地进行双向交换，这是细胞营养代谢中最忌讳的物质交换方式。但这种形式又是生物细胞冷冻时最易发生的。

　　动力学上，冰晶首先在细胞外形成，冰界面逼近细胞时，溶质（例如盐溶液中的 NaCl）残留在未冻结的细胞外溶液中。细胞外溶液中盐分的增加使得通过细胞膜的渗透不平衡。细胞通常情况通过以下两种方式之一克服其不平衡：①细胞内水分被运输到细胞外溶液中；②形成胞内冰，从而调节细胞内的渗透压。主要机理取决于冷却速度。在慢速冷却时，水有充足的时间溢出细胞，造成细胞严重脱水，阻止了冰晶的形成。另外，慢速冷冻过程引起的过渡收缩在快速复温或复水过程中会引起细胞结构的损伤[14,15]。在快速冷却时，水分没有充足的时间逃离细胞，从而水分被捕集在细胞内。减小细胞膜的通透性和降低温度使水分子的迁移率降低可使捕集加重[16]。在温度降低时，细胞内液过冷，捕集的水分冻结，从而形成胞内冰（IIF）[17]。胞内冰对细胞器官和细胞膜产生不可逆物理化学破坏。因此存在一个可使细胞存活的最优冷却速度，确定最优速率是低温贮藏和冻干保存非常关键的。

　　胞存活的最优冷却速度，确定最优速率是低温贮藏和冻干保存非常关键的。

　　下面是 2003 年 Mao 等人考虑细胞和冰界面之间的耦合传热传质、膜的传输特性和凝固界面的移动过程的情况下，建立的红细胞冷冻过程冰界面与细胞之间相互作用的数学模型[18]。物理模型如图 3-7 所示。

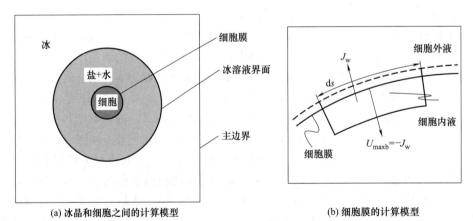

(a) 冰晶和细胞之间的计算模型　　　　　　　(b) 细胞膜的计算模型

图 3-7　模拟冰晶和单个细胞之间的传热传质的微尺度效应模型的示意图

　　细胞内外的组分和温度场的扩散方程为：

$$\frac{\partial c(\mathrm{NaCl})}{\partial t} = D_{1/s} \nabla^2 c(\mathrm{NaCl}) \tag{3-62}$$

$$\frac{\partial T}{\partial t} = \alpha_{1/s} \nabla^2 T \tag{3-63}$$

　　式中，$c(\mathrm{NaCl})$ 为盐溶液的浓度；$T$ 为温度；$t$ 为时间；$\alpha$ 和 $D$ 分别为热扩散系数和质扩散系数；下标 1 和 s 分别代表液相和固相。

温度和浓度场的耦合在冰-溶液界面处通过边界条件确定。在此处由相图将边界处的温度和成分联系起来。相图是由经验公式确定的[19]，考虑毛细管的影响后界面温度为：

$$T_{Li} = b_0 + b_1 c_{Li} + b_2 c_{Li}^2 + b_3 c_{Li}^3 + b_4 c_{Li}^4 - \frac{\gamma_{sl}(\theta)}{L} T_m \kappa \tag{3-64}$$

式中，$c$ 为盐的浓度，下标 Li 表示固体侧的；$T_m$ 为冰的熔点；$\kappa$ 为界面的曲率；$L$ 为熔化潜热；$\theta$ 为界面与水平方向之间的角度。所采用的模拟晶体生长的模型考虑了表面张力的各向异性，例如 $\gamma_{sl}(\theta) = \gamma_0[1 - 15\varepsilon\cos(m\theta)]$，其中 $\varepsilon$ 为各向异性度；$m$ 为对称度；$\gamma_0$ 为冰水界面的表面张力，N/m。公式（3-64）中包含的常数 $b_i$（$i = 1 \sim 4$）来自组分的浓度和温度之间的液相关系曲线。此研究中采用一阶浓度依赖关系，即式（3-64）中右边液相曲线是线性的。在冰-溶液界面处传热传质平衡方程为

$$(1-p)c_{Li}V_N = D_s\left(\frac{\partial c(NaCl)}{\partial n}\right)_s - D_1\left(\frac{\partial c(NaCl)}{\partial n}\right)_1 \tag{3-65}$$

$$LV_N = k_s\left(\frac{\partial T}{\partial n}\right)_s - k_1\left(\frac{\partial T}{\partial n}\right)_1 \tag{3-66}$$

式中，$p$ 为分配系数；$V_N$ 为冰界面沿法线方向的移动速度；$n$ 为法线方向；$k_1$ 为液体热导率；$k_s$ 固体热导率。液相的热导率 $k_1$ 与水溶液中盐的浓度有关，且随着盐溶解的增加而减小。液相热导率随浓度场的变化可认为在浓度 $c(NaCl) = 0$ 和初始浓度 $c(NaCl) = c_0$ 之间呈线性变化而求得。

细胞膜是区分细胞内外的边界，细胞内外两侧组分的平衡方程为：

$$D(NaCl)_e \cdot \left(\frac{\partial c(NaCl)}{\partial n}\right)_e = c(NaCl)_e J_w \tag{3-67}$$

$$D(NaCl)_i \cdot \left(\frac{\partial c(NaCl)}{\partial n}\right)_i = c(NaCl)_i J_w \tag{3-68}$$

式中，下标 e 和 i 分别为细胞外介质和内介质。

来自细胞的水流量根据渗透性由 Darcy 定律给出：

$$J_w = RTL_p[c(NaCl)_e - c(NaCl)_i] \tag{3-69}$$

式中，$L_p$ 为细胞膜对水的半透性，由压力确定。细胞膜允许水通过，但不允许盐通过。细胞膜对水的半透性 $L_p$ 随温度的降低而减小，温度依赖关系符合阿伦尼乌斯（Arrhenius）形式：

$$L_p = L_{pg}\exp[-E_a(1/T - 1/T_g)R]$$

式中，$T_g$ 为参考温度；$L_{pg}$ 为温度为 $T_g$ 时细胞膜对水的半透性；$E_a$ 为活化能；$R$ 为普适气体常数。

式（3-62）、式（3-63）给出了红细胞冷冻过程中组分和热传输的微尺度模型。溶液中固相和液相区的溶质和温度场利用相变界面处组分和热平衡确定，即式（3-65）和式（3-66）。相图由式（3-64）确定，用来联系界面温度和组分浓度。计算中界面的厚度忽略不计，认为是无限薄的，物料特性的跃变，如质扩散系数、热扩散系数、溶质的分割系数都被准确的合在一体。这种计算水溶液凝固方法耦合了单个细胞周围的传热传质。红细胞的物理模型是由半透膜包围的盐溶液组成。刚开始，整个细胞静止在等压盐溶液中，由公式（3-69）可知，水通过细胞膜的流量由膜的通透性和浓度差控制。通过膜的渗透量由文献［20］中 sharp-interface 方法获得。细胞内外的热质传递主要取决于固液边界和细胞膜处的边界条件。

用式（3-69）可确定水通过细胞膜的传输速率，假定细胞内外溶液的组分混合均匀，细胞外液与冰界面平衡，则细胞外盐浓度的计算可用液体模型［基于式（3-64）］：$c(NaCl)_e = (T -$

$b_0)/b_1$，细胞内的浓度由公式 $c(NaCl)_i = c_0 V_0/V$ 给出，其中 $c_0$ 和 $V_0$ 分别为等压条件下盐的浓度和细胞的体积。每一瞬时细胞的体积可通过求解微分方程（3-70）确定：

$$\frac{dV}{dt} = -SJ_w \tag{3-70}$$

利用上述模型可确定以不同速率和温度冷冻红细胞过程细胞内外的温度场合浓度场，以及细胞的体积与冰界面之间的相互作用关系。

**参 考 文 献**

［1］ 赵鹤皋，郑晓东，黄良瑾，等. 冷冻干燥技术与设备［M］. 武汉：华中科技大学出版社，2005.

［2］ L'Vov B V，Ugolkov V L. The self-cooling effect in the process of dehydration of $Li_2SO_4 \cdot H_2O$，$CaSO_4 \cdot 2H_2O$ and $CuSO_4 \cdot 5H_2O$ in vacuum. Journal of Thermal Analysis and Calorimetry，2003，74：697-708.

［3］ Lashkov V，Petrova A V，Safin R G. Application of the Luikov Approximate Solutions to Mathematical Description of the Process of Self-Freezing of Materials by Decreasing Pressure. Journal of Engineering Physics and Thermophysics，2002，75（5）：1048 - 1053.

［4］ van Loon W A M，LinssenJ P H，Legger A，et al. Study of a new energy efficient process for French fries production. Eur Food Res Technol . 2005，221（6）.

［5］ ［德］G.-W. 厄特延，［德］P. 黑斯利 . 冷冻干燥. 徐成海，彭润玲等译. 北京：化学工业出版社，2005.

［6］ 同华，吴双. 真空预冷技术的研究发展概况［J］. 制冷与空调，2004，4：6-10.

［7］ 彭润玲. 几种生物材料冻干过程传热传质特性的研究［D］. 沈阳：东北大学，2008，3.

［8］ 张世伟，徐成海，刘军. 液体真空蒸发冻结过程的热力学理论与实验研究//上海：第九届全国冷冻干燥学术交流会论文集，2008，12：30-36.

［9］ 钟晓晖，翟玉玲，勾星君，周树光. 小型冷库内部融霜与预冷过程的数值模拟［J］. 工程热物理学报，2011，32（12）：2013-2015.

［10］ 杨磊. 微型保鲜库气体流场的数值模拟与试验研究［D］. 南京：南京农业大学，2008.9：6-16.

［11］ 邹惠芬. 角膜冻干过程传热传质理论的研究［D］. 沈阳：东北大学，2003，4.

［12］ 邹惠芬，徐成海. 角膜在冷冻过程中的传热分析［J］. 东北大学学报，2002（2）：178-180.

［13］ 徐红艳，华泽钊，张洁. 生物组织冻结过程中的应力分析［J］. 真空与低温，2000（2）：98-103.

［14］ Meryman H T. Osmotic stress as a mechanism of freezing Injury［J］. Cryobiology，1971，8：489-500.

［15］ Steponkus P L. Gordon-Kamm W J，Cryoinjury of isolated protoplasts：a consequence of dehydration or the fraction of suspended medium that is frozen［J］.Cryo-Lett，1985，6：217-226.

［16］ Mazur P，Kinetics of water loss from cells at subzero temperatures and the likelihood of intracellular freezing［J］. J. Gen. Physiol，1963，47：347-369.

［17］ Mazur P. The role of intracellular freezing in the death of cells cooled at supra-optimal rates［J］. Cryobiology，1977，14：251-272.

［18］ L. Mao，H. S. Udaykumar，Simulation of micro-scale interaction between ice and biological cells. International Journal of Heat and Mass Transfer. J. 2003，46：5123-5136.

［19］ Udaykumar H S，Mittal R，Shyy W. Computation of solid-liquid phase fronts in the sharp interface limit on fixed grids［J］. J. Comput，Phys，1999，153：535-574.

［20］ K. Wollhoöver，Ch. Körber，M. W. Scheiwe，U. Hartmann，Unidirectional freezing of binary aqueous solutions：an analysis of transient diffusion of heat and mass. Int. J. Heat Mass Transfer 1985，28：761-769.

# 4 真空干燥过程的传热传质

冻干过程的传热传质应包括干燥过程中物料内水分的固-气相变及物料内的传热传质；被冻干物料外、冻干机内非稳态温度场和稀薄气体流动的理论；捕水器内水蒸气的气-固相变理论等。目前，就第一部分内容国内外研究得较多，下面主要针对第一部分做一详细阐述。

## 4.1 传统的冻干理论

传统的冻干理论都是基于 1967 年桑德尔（Sandall）和金（King）等的提出的冷冻干燥冰界面均匀后移稳态模型（The Uniformly Retreating Ice Model 简称 URIF 模型)[1]建立的一维稳态模型。该模型将被冻干物料分成已干层和冻结层，假设已干层和冻结层内都是均质的，其特点是：简单，所需参数少，求解容易，能较好地模拟形状单一、组织结构均匀的物料的升华干燥过程，应用也比较广泛，但不够精确，主要应用在对于质量要求不是很高的食品的冻干。

### 4.1.1 直角坐标系下的模型

（1）平板状物料 产品形状若可简化为一块无限宽、厚度为 $d$ 的平板，主干燥阶段热质传递的物理模型可简化，如图 4-1 所示[2]。

传热能量平衡方程：

$$\frac{\partial T_{\mathrm{II}}}{\partial t}=\alpha_{\mathrm{IIe}}\frac{\partial^2 T_{\mathrm{II}}}{\partial x^2} \quad [t\geqslant 0,H(t)\leqslant x\leqslant L] \quad (4\text{-}1)$$

传质连续方程：

$$\frac{\partial c_{\mathrm{I}}}{\partial t}=D_{\mathrm{Ie}}\frac{\partial^2 c_{\mathrm{I}}}{\partial x^2} \quad [t\geqslant 0,0\leqslant x\leqslant H(t)] \quad (4\text{-}2)$$

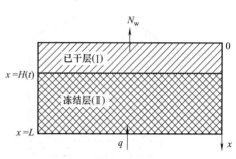

图 4-1 平板状物料的冻干过程传热传质示意图

该模型适用于冻结成平板状的液状物料[3]和片状固体物料[4]。

式中，$T_{\mathrm{II}}$ 为冻结层的温度，K；$\alpha_{\mathrm{IIe}}$ 为冻结层的热扩散系数，$\mathrm{m^2/s}$；$D_{\mathrm{Ie}}$ 为已干层的有效扩散系数 $\mathrm{m^2/s}$；$c_{\mathrm{I}}$ 为已干层内水蒸气的质量浓度，$\mathrm{kg/m^3}$。

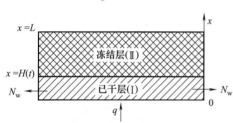

图 4-2 散装颗粒状物料的冻干过程传热传质示意图

（2）散状颗粒状物料 产品若是散状颗粒状物料，主干燥阶段热质传递的物理模型可简化，如图 4-2 所示[5]。

传热能量平衡方程：

$$\frac{\partial T_{\mathrm{I}}}{\partial t}=\alpha_{\mathrm{Ie}}\frac{\partial^2 T_{\mathrm{I}}}{\partial x^2} \quad [t\geqslant 0,0\leqslant x\leqslant H(t)] \quad (4\text{-}3)$$

传质连续方程：

$$\frac{\partial c_{\mathrm{I}}}{\partial t}=D_{\mathrm{Ie}}\frac{\partial^2 c_{\mathrm{I}}}{\partial x^2} \quad [t\geqslant 0,0\leqslant x\leqslant H(t)] \quad (4\text{-}4)$$

式中，$T_{\mathrm{I}}$ 为已干层的温度，K；$\alpha_{\mathrm{Ie}}$ 为已干层有效热扩散系数，$\mathrm{m^2/s}$；其余同上。

该模型适用于散状颗粒状物料，例如冻结粒状咖啡萃取物的求解比较准确[6]。

### 4.1.2 圆柱坐标系下的模型

（1）圆柱体物料 产品形状可以简化成圆柱体的物料，主干燥阶段热质传递的物理模型可简化成如图 4-3 所示[2]。传热能量平衡方程：

$$\frac{\partial T_{\mathrm{I}}}{\partial t}=\alpha_{\mathrm{Ie}}\left(\frac{\partial^2 T_{\mathrm{I}}}{\partial r^2}+\frac{1}{r}\frac{\partial T_{\mathrm{I}}}{\partial r}\right) \quad [t\geqslant 0,H(t)\leqslant r\leqslant R]$$

$$(4\text{-}5)$$

传质连续方程

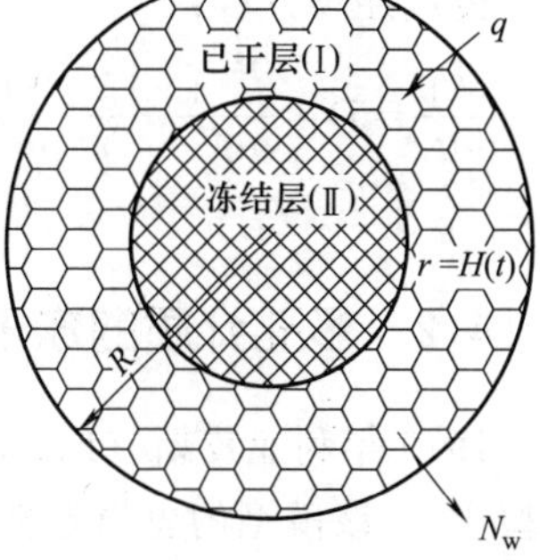

图 4-3 圆柱坐标系下的生物材料冻干过程传热传质示意图

$$\frac{\partial c_{\mathrm{I}}}{\partial t} = D_{\mathrm{I\,e}} \frac{\partial^2 c_{\mathrm{I}}}{\partial r^2} \qquad [t \geqslant 0, H(t) \leqslant r \leqslant R] \qquad (4\text{-}6)$$

该模型适合于可以简化成圆柱形状的物料的冻干,例如人参[7]、骨骼、蒜薹[8]等。

(2) 长颈瓶装液态物料　长颈瓶装液态物料在冷冻时高速旋转,使液态产品冻结在瓶壁上,主干燥阶段热质传递的物理模型可简化,如图 4-4 所示[9]。

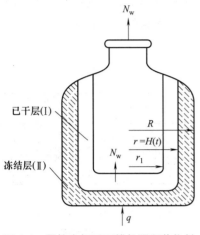

**图 4-4　圆柱坐标系下的长颈瓶装物料冻干过程传热传质示意图**

传热能量平衡方程:

$$\frac{\partial T_{\mathrm{II}}}{\partial t} = \alpha_{\mathrm{II\,e}} \left( \frac{\partial^2 T_{\mathrm{II}}}{\partial r^2} + \frac{1}{r} \frac{\partial T_{\mathrm{II}}}{\partial r} \right) \qquad [t \geqslant 0, H(t) \leqslant r \leqslant R] \qquad (4\text{-}7)$$

传质连续方程:

$$\frac{\partial c_{\mathrm{I}}}{\partial t} = D_{\mathrm{I\,e}} \frac{\partial^2 c_{\mathrm{I}}}{\partial r^2} \qquad [t \geqslant 0, r_1 \leqslant r \leqslant H(t)] \qquad (4\text{-}8)$$

### 4.1.3　球坐标系下的模型

(1) 球状物料　产品形状可简化成球体的物料,主干燥阶段热质传递的物理模型可简化,如图 4-3 所示,图中 $r$ 和 $R$ 表示球半径。

传热能量平衡方程:

$$\frac{\partial T_{\mathrm{I}}}{\partial t} = \alpha_{\mathrm{I\,e}} \left( \frac{\partial^2 T_{\mathrm{I}}}{\partial r^2} + \frac{2}{r} \frac{\partial T_{\mathrm{I}}}{\partial r} \right) \qquad [t \geqslant 0, H(t) \leqslant r \leqslant R] \qquad (4\text{-}9)$$

传质连续方程:

$$\frac{\partial c_{\mathrm{I}}}{\partial t} = D_{\mathrm{I\,e}} \frac{\partial^2 c_{\mathrm{I}}}{\partial r^2} + \frac{2}{r} \frac{\partial c_{\mathrm{I}}}{\partial r} \qquad [t \geqslant 0, H(t) \leqslant r \leqslant R] \qquad (4\text{-}10)$$

该模型适合于可简化成球状的物料,例如草莓、动物标本等。

(2) 球形长颈瓶装物料　球形长颈瓶装液态物料在冷冻时高速旋转,使液态产品冻结在瓶壁上,主干燥阶段热质传递的物理模型可简化,如图 4-5 所示[10]。

传热能量平衡方程:

$$\frac{\partial T_{\mathrm{II}}}{\partial t} = \alpha_{\mathrm{II\,e}} \left( \frac{\partial^2 T_{\mathrm{II}}}{\partial r^2} + \frac{2}{r} \frac{\partial T_{\mathrm{II}}}{\partial r} \right) \qquad [t \geqslant 0, H(t) \leqslant r \leqslant R] \qquad (4\text{-}11)$$

传质连续方程:

$$\frac{\partial c_{\mathrm{I}}}{\partial t} = D_{\mathrm{I\,e}} \frac{\partial^2 c_{\mathrm{I}}}{\partial r^2} + \frac{2}{r} \frac{\partial c_{\mathrm{I}}}{\partial r} \qquad [t \geqslant 0, r_1 \leqslant r \leqslant H(t)] \qquad (4\text{-}12)$$

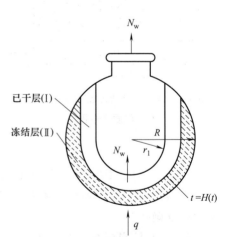

**图 4-5　球坐标系下的长颈瓶装物料冻干过程传热传质示意图**

## 4.2　多孔介质的冻干理论

1979 年利亚皮斯 (Liapis) 和利奇菲尔德 (Litchfield) 等提出了冷冻干燥过程的升华-解析模型[11]。该模型的思想是把已干层当做多孔介质,利用多孔介质内热质传递理论建立已干层内的热质传递模型。该模型的特点是:简化条件相对来说比较少,能较好地模拟冻干过程,与实际情况比较接近,但求解较困难,所需物性参数较多。近年来有不少学者在此基础又做了进一步改进，多数是为了提高药品的质量和干燥速率而建的模型。

#### 4.2.1　一维升华-解析模型

一维升华-解析模型（1979 年 Liapis 和 Litchfield 提出的）[11]，在主干燥过程传热传质的物理模型如图 4-6 所示。已干区（Ⅰ）和冻结区（Ⅱ）非稳态能量传热平衡方程为：

$$\rho_{\mathrm{Ie}}\frac{\partial T_{\mathrm{I}}}{\partial t}=\alpha_{\mathrm{Ie}}\frac{\partial^2 T_{\mathrm{I}}}{\partial x^2}-\frac{N_t c_{pg}}{\rho_{\mathrm{Ie}}c_{p\mathrm{Ie}}}\frac{\partial T_{\mathrm{I}}}{\partial x}-\frac{Tc_{pg}}{\rho_{\mathrm{Ie}}c_{p\mathrm{Ie}}}\frac{\partial N_t}{\partial x}+\frac{\Delta H_v \rho_{\mathrm{I}}}{\rho_{\mathrm{Ie}}c_{p\mathrm{Ie}}}\frac{\partial c_{sw}}{\partial t}\ [t\geqslant 0,0\leqslant x\leqslant H(t)]$$

$$\tag{4-13}$$

$$\frac{\partial T_{\mathrm{II}}}{\partial t}=\alpha_{\mathrm{II}}\frac{\partial^2 T_{\mathrm{II}}}{\partial x^2}\qquad\qquad [t\geqslant 0,H(t)\leqslant x\leqslant L]\tag{4-14}$$

传质连续方程为：

$$\frac{\varepsilon M_{\mathrm{W}}}{R_g}\frac{\partial}{\partial t}\left(\frac{p_{\mathrm{w}}}{T_{\mathrm{I}}}\right)=-\frac{\partial N_{\mathrm{w}}}{\partial x}-\rho_{\mathrm{I}}\frac{\partial c_{sw}}{\partial t}\qquad [t\geqslant 0,0\leqslant x\leqslant H(t)]\tag{4-15}$$

$$\frac{\varepsilon M_{\mathrm{in}}}{R_g}\left(\frac{p_{\mathrm{in}}}{T_{\mathrm{I}}}\right)=-\frac{\partial N_{\mathrm{in}}}{\partial x}\qquad\qquad [t\geqslant 0,0\leqslant x\leqslant H(t)]\tag{4-16}$$

$$\frac{\partial c_{sw}}{\partial t}=-k_g c_{sw}\qquad\qquad [t\geqslant 0,0\leqslant x\leqslant H(t)]\tag{4-17}$$

式中，$N_t$ 为总的质量流，$kg/(m^2\cdot s)$；$c_{pg}$ 为气体的比热容，$J/(kg\cdot K)$；$\rho_{\mathrm{Ie}}$ 为已干层的有效密度，$kg/m^3$；$c_{p\mathrm{Ie}}$ 为已干层有效比热容，$J/(kg\cdot K)$；$c_{sw}$ 为结合水浓度，kg 水/kg 固体；$\rho_{\mathrm{I}}$ 为已干层密度，$kg/m^3$；$\Delta H$ 为潜热，$J/kg$；$\varepsilon$ 为已干层的孔隙率（无量纲）；$M_{\mathrm{W}}$ 为水蒸气分子量，$kg/mol$；$R_g$ 为理想气体常数，$J/(mol\cdot K)$；$p_{\mathrm{w}}$ 为水蒸气分压，Pa；$N_{\mathrm{w}}$ 为水蒸气质量流，$kg/(m^2\cdot s)$；$M_{\mathrm{in}}$ 为惰性气体分子量，$kg/mol$；$N_{\mathrm{in}}$ 为惰性气体质量流，$kg/(m^2\cdot s)$；$p_{\mathrm{in}}$ 为惰性气体分压，Pa；$k_g$ 为解析过程的内部传质系数，$s^{-1}$；$H(t)$ 为 $t$ 时刻移动冰界面的尺寸，$m$；$\Delta H_v$ 为结合水解吸潜热，$J/kg$。

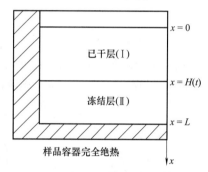

图 4-6　冻干过程传热传质示意图

该模型适合于可简化成平板状的物料，例如牛奶的冻干。

#### 4.2.2　二维轴对称升华-解析模型

二维轴对称解析升华模型（1997 年 Mascarenhas 等人提出的）[12]，在主干燥过程传热传质的物理模型如图 4-7 所示。已干区（Ⅰ）和冻结区（Ⅱ）非稳态传热能量平衡方程为：

$$\frac{\partial T_{\mathrm{I}}}{\partial t}=\frac{k_{\mathrm{Ie}}}{\rho_{\mathrm{Ie}}c_{p\mathrm{Ie}}}\left[\frac{\partial}{\partial x}\frac{\partial T_{\mathrm{I}}}{\partial x}+\frac{1}{r}\frac{\partial}{\partial y}\left(r\frac{\partial T_{\mathrm{I}}}{\partial y}\right)\right]-\frac{c_{pg}}{\rho_{\mathrm{Ie}}c_{p\mathrm{Ie}}}\left[\frac{\partial(N_{tx}T_{\mathrm{I}})}{\partial x}+\frac{1}{r}\frac{\partial(rN_{ty}T_{\mathrm{I}})}{\partial y}\right]+$$

$$\frac{\Delta H \rho_{\mathrm{I}}}{\rho_{\mathrm{Ie}}c_{p\mathrm{Ie}}}\frac{\partial c_{sw}}{\partial t}\qquad [t\geqslant 0,0\leqslant x\leqslant H(t)]\tag{4-18}$$

$$\frac{\partial T_{\mathrm{II}}}{\partial t}=\frac{k_{\mathrm{II}}}{\rho_{\mathrm{II}}c_{p\mathrm{II}}}\left[\frac{\partial}{\partial x}\frac{\partial T_{\mathrm{II}}}{\partial x}-\frac{1}{r}\frac{\partial}{\partial y}\left(r\frac{\partial T_{\mathrm{II}}}{\partial y}\right)\right]\qquad [t\geqslant 0,H(t)\leqslant x\leqslant L]\tag{4-19}$$

传质连续方程为：

$$\varepsilon\frac{\partial c_{p\mathrm{w}}}{\partial t}+\rho_{\mathrm{I}}\frac{\partial c_{sw}}{\partial t}+\nabla\cdot N_{\mathrm{w}}=0\qquad [t\geqslant 0,0\leqslant x\leqslant H(t)]\tag{4-20}$$

$$\varepsilon\frac{\partial c_{p\mathrm{in}}}{\partial t}+\nabla\cdot N_{\mathrm{in}}=0\qquad [t\geqslant 0,0\leqslant x\leqslant H(t)]\tag{4-21}$$

$$\frac{\partial c_{sw}}{\partial t}=k_R(c_{sw}^*-c_{sw})\qquad [t\geqslant 0,0\leqslant x\leqslant H(t)]\tag{4-22}$$

式中，$k_{\mathrm{I\,e}}$ 为已干层有效热导率，$\mathrm{W/(K \cdot m)}$；$k_{\mathrm{II}}$ 为冻结层热导率，$\mathrm{W/(K \cdot m)}$；$c_{p\mathrm{w}}$ 为水蒸气的质量浓度，$\mathrm{kg/m^3}$；$c_{p\mathrm{in}}$ 为惰性气体的质量浓度，$\mathrm{kg/m^3}$；$c_{\mathrm{sw}}^{*}$ 为结合水平衡浓度，kg 水/kg 固体；$N_{\mathrm{tx}}$ 为 $x$ 方向总的质量流，$\mathrm{kg/(m^2 \cdot s)}$；$N_{\mathrm{ty}}$ 为 $y$ 方向总的质量流，$\mathrm{kg/(m^2 \cdot s)}$；其余符号同前。

图中 4-7 中 $q_{\mathrm{I}}$，$q_{\mathrm{II}}$ 和 $q_{\mathrm{III}}$ 为来自不同方向的热流，$\mathrm{W/m^2}$。

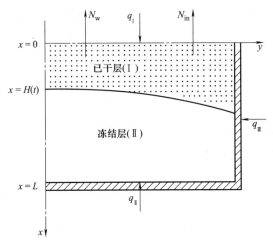

**图 4-7　二维升华解析模型传热传质示意图**

### 4.2.3　多维动态模型

实际为二维轴对称模型（1998 年 Sheehan 和 Liapis 提出的）[13]，干燥过程传热传质物理模型可简化成如图 4-8 所示。主干燥阶段在已干层和冻结层中传热能量平衡方程为：

$$\frac{\partial T_{\mathrm{I}}}{\partial t} = \alpha_{\mathrm{I\,e}} \left( \frac{\partial^2 T_{\mathrm{I}}}{\partial r^2} + \frac{1}{r}\frac{\partial T_{\mathrm{I}}}{\partial r} + \frac{\partial^2 T_{\mathrm{I}}}{\partial z^2} \right) - \frac{c_{p\mathrm{g}}}{\rho_{\mathrm{I\,e}} c_{p\mathrm{I\,e}}} \left( \frac{\partial (N_{\mathrm{t},z} T_{\mathrm{I}})}{\partial z} \right)$$
$$- \frac{c_{p\mathrm{g}}}{\rho_{\mathrm{I\,e}} c_{p\mathrm{I\,e}}} \left( \frac{1}{r}\frac{\partial (r N_{\mathrm{t},z} T_{\mathrm{I}})}{\partial r} \right) + \frac{\Delta H_{\mathrm{v}} \rho_{\mathrm{I}}}{\rho_{\mathrm{I\,e}} c_{p\mathrm{I\,e}}} \left( \frac{\partial c_{\mathrm{sw}}}{\partial t} \right)$$
$$[t \geqslant 0, 0 \leqslant z \leqslant Z = H(t,r), 0 \leqslant r \leqslant R] \qquad (4\text{-}23)$$

$$\frac{\partial T_{\mathrm{II}}}{\partial t} = \alpha_{\mathrm{II}} \left( \frac{\partial^2 T_{\mathrm{II}}}{\partial r^2} + \frac{1}{r}\frac{\partial T_{\mathrm{II}}}{\partial r} + \frac{\partial^2 T_{\mathrm{II}}}{\partial z^2} \right) \qquad [t \geqslant 0, Z = H(t,r) \leqslant z \leqslant L, 0 \leqslant r \leqslant R] \quad (4\text{-}24)$$

传质连续方程为：

$$\frac{\varepsilon M_{\mathrm{w}}}{R_{\mathrm{g}} T_{\mathrm{I}}} \frac{\partial p_{\mathrm{w}}}{\partial t} = -\frac{1}{r}\frac{\partial (r N_{\mathrm{w},r})}{\partial r} - \frac{\partial N_{\mathrm{w},z}}{\partial z} - \rho_{\mathrm{I}}\frac{\partial c_{\mathrm{sw}}}{\partial t} \ [t \geqslant 0, 0 \leqslant z \leqslant Z = H(t,r), 0 \leqslant r \leqslant R]$$
$$(4\text{-}25)$$

$$\frac{\varepsilon M_{\mathrm{in}}}{R_{\mathrm{g}} T_{\mathrm{I}}} \frac{\partial p_{\mathrm{in}}}{\partial t} = -\frac{1}{r}\frac{\partial (r N_{\mathrm{in},r})}{\partial r} - \frac{\partial N_{\mathrm{in},z}}{\partial z} \qquad [t \geqslant 0, 0 \leqslant z \leqslant Z = H(t,r), 0 \leqslant r \leqslant R] \quad (4\text{-}26)$$

$$\frac{\partial c_{\mathrm{sw}}}{\partial t} = -k_{\mathrm{d}} c_{\mathrm{sw}} \qquad [t \geqslant 0, 0 \leqslant z \leqslant Z = H(t,r), 0 \leqslant r \leqslant R] \qquad (4\text{-}27)$$

二次干燥阶段传热传质平衡方程为：

$$\frac{\partial T_{\mathrm{I}}}{\partial t} = \alpha_{\mathrm{I\,e}} \left( \frac{\partial^2 T_{\mathrm{I}}}{\partial r^2} + \frac{1}{r}\frac{\partial T_{\mathrm{I}}}{\partial r} + \frac{\partial^2 T_{\mathrm{I}}}{\partial z^2} \right) - \frac{c_{p\mathrm{g}}}{\rho_{\mathrm{I\,e}} c_{p\mathrm{I\,e}}} \left( \frac{\partial (N_{\mathrm{t},z} T_{\mathrm{I}})}{\partial z} \right) -$$
$$\frac{c_{p\mathrm{g}}}{\rho_{\mathrm{I\,e}} c_{p\mathrm{I\,e}}} \left( \frac{1}{r}\frac{\partial (r N_{\mathrm{t},z} T_{\mathrm{I}})}{\partial r} \right) + \frac{\Delta H_{\mathrm{v}} \rho_{\mathrm{I}}}{\rho_{\mathrm{I\,e}} c_{p\mathrm{I\,e}}} \left( \frac{\partial c_{\mathrm{sw}}}{\partial t} \right)$$
$$[t \geqslant t_{Z=H(t,r)=L}, 0 \leqslant z \leqslant L, 0 \leqslant r \leqslant R] \qquad (4\text{-}28)$$

$$\frac{\varepsilon M_W}{R_g T_I}\frac{\partial p_w}{\partial t} = -\frac{1}{r}\frac{\partial (rN_{w,r})}{\partial r} - \frac{\partial N_{w,z}}{\partial z} - \rho_I\frac{\partial c_{sw}}{\partial t}$$

$$[t \geqslant t_{Z=H(t,r)=L}, 0 \leqslant z \leqslant L, 0 \leqslant r \leqslant R] \qquad (4\text{-}29)$$

$$\frac{\varepsilon M_{in}}{R_g T_I}\frac{\partial p_{in}}{\partial t} = -\frac{1}{r}\frac{\partial (rN_{in,r})}{\partial r} - \frac{\partial N_{in,z}}{\partial z}$$

$$[t \geqslant t_{Z=H(t,r)=L}, 0 \leqslant z \leqslant L, 0 \leqslant r \leqslant R] \qquad (4\text{-}30)$$

式中，$H(t,r)$ 为半径为 $r$ 时的 $H(t)$；$Z$ 为移动冰界面到达 $z$ 处的值；$N_{t,z}$ 为 $z$ 方向总的质量流，$kg/(m^2 \cdot s)$；$N_{w,r}$ 和 $N_{w,z}$ 分别为 $r$ 和 $z$ 方向水蒸气的质量流，$kg/(m^2 \cdot s)$；$N_{in,r}$ 和 $N_{in,z}$ 分为 $r$ 和 $z$ 方向惰性气体的质量流，$kg/(m^2 \cdot s)$；其余符号同前。

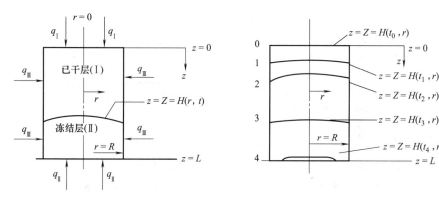

(a) 小瓶中冻干物料的示意图　　　　　(b) 冻干过程升华界面的移动情况

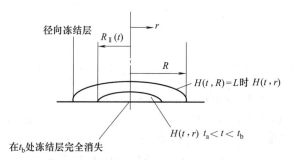

(c) 冻结层呈放射状分布

**图 4-8　多维动态模型传热传质示意图**

上述模型只是对于单个小瓶来说，如果对排列在搁板上的多个小瓶来说，可以认为对小瓶的供热是排列位置的函数，同样可以使用。该模型的优点是能提供小瓶中已干层中结合水的浓度和温度的动力学行为的定量分布。

### 4.2.4　考虑瓶塞和室壁温度影响的二维轴对称非稳态模型

考虑瓶塞和室壁温度影响的二维轴对称非稳态模型[14]的物理模型如图 4-9 所示。数学模型与 1998 年 Sheehan 和 Liapis 提出的多维动态模型相同，即与式（4-23）～式（4-30）相同，只是确定边界条件 $q_I$、$q_{II}$、$q_{III}$ 时考虑了瓶塞和干燥室壁温度的影响。

### 4.2.5　考虑平底弯曲影响的二维轴对称非稳态模型

2005 年 Suling Zhai 等提出的考虑平底弯曲影响的二维轴对称非稳态模型的物理模型如图 4-10 所示[15]。主干燥阶段传热能量平衡方程为

$$\frac{\partial}{\partial t}(\rho_g c_{pg} T_g) = \nabla(k_g \nabla T_g) \qquad (4\text{-}31)$$

(a) 带瓶塞的小瓶的模型

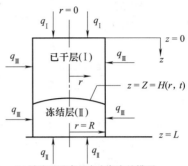

(b) 被冻干的产品在小瓶中的模型

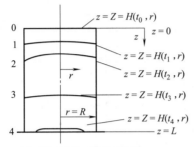

(c) 观察到的升华界面的移动情况

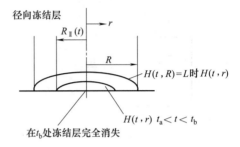

(d) 冻结层呈放射状分布

图 4-9　考虑瓶塞和室壁温度影响的二维轴对称非稳态模型的传热传质示意图

$$\frac{\partial}{\partial t}(\rho_{ice} c_{pice} T_{ice}) = \nabla(k_{ice} \nabla T_{ice}) \tag{4-32}$$

传质连续方程为

$$N_{wt} = -\frac{M_w}{R_g T}(k_1 \nabla p_s + k_2 p_s \nabla p) = \frac{1}{T}[h_1(p_s - p_c) + h_2 p_s(p_s - p)] \tag{4-33}$$

式中，$\rho_g$ 为玻璃瓶的密度，$kg/m^3$；$c_{pg}$ 为玻璃瓶的比热容，$J/(kg \cdot K)$；$T_g$ 为玻璃瓶的温度，$K$；$k_g$ 为玻璃瓶的热导率，$W/(K \cdot m)$；$\rho_{ice}$ 为冰的密度，$kg/m^3$；$c_{pice}$ 为冰的比热容，$J/(kg \cdot K)$；$T_{ice}$ 为冰的温度，$K$；$k_{ice}$ 为冰的热导率，$W/(K \cdot m)$；$M_w$ 为水蒸气分子量，$kg/mol$；$R_g$ 为理想气体常数，$J/(mol \cdot K)$；$p_s$ 和 $p_c$ 分别表示升华界面和冷凝器表面标准水蒸气压力，$Pa$；$p$ 为干燥室的内总压力，$Pa$；$N_{wt}$ 为水蒸气总的质量流，$kg/(m^2 \cdot s)$；$k_1$ 和 $k_2$ 分别为体扩散和自扩散常数；$h_1$ 和 $h_2$ 分别为扩散和对流传质系数，$m/s$。

图 4-10 中，$C_{gap}$ 为玻璃瓶底的弯曲孔隙的高度，$mm$。

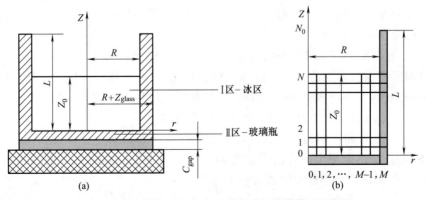

图 4-10　表示圆柱形小瓶内冰升华过程的横截面示意图
$Z_0$ 为冰最初的高度，$L$ 和 $R$ 分别为玻璃瓶的高度和半径

4.2.6　微波冻干一维圆柱坐标下的双升华面模型

图 4-11 为简化的具有电介质核圆柱多孔介质微波冷冻干燥的双升华界面模型的一维圆柱坐标物理模型[16,17]。对具有电介质核的多孔介质微波冷冻干燥过程，物料将被内外同时加热，因而可能产生 2 个升华界面。一方面，物料外层的冰吸收微波能而升华，形成第一升华界面；另一方面，由于电介质核较冰的损耗系数大，微波能主要被其吸收并传导至物料层使冰升华，从而形成第二升华界面。因此，多孔介质内部将出现 2 个干区、冰区和电介质核 4 个区域（见图 4-11）。

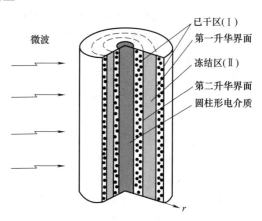

微波

已干区（Ⅰ）
第一升华面
冻结区（Ⅱ）
第二升华面
圆柱形电介质

$r$

图 4-11　具有电介质核圆柱多孔介质微波
冷冻干燥过程的传热传质示意图

已干区传热能量平衡方程：

$$\frac{\partial \rho c_p T_{\mathrm{I}}}{\partial t} = \nabla \cdot (\lambda \nabla T) + q \qquad (4\text{-}34)$$

传质连续方程：

$$\frac{\partial \varepsilon \rho_w}{\partial t} = \nabla \cdot N_{\mathrm{II}w} \qquad (4\text{-}35)$$

冻结区传热能量平衡方程：

$$\frac{\partial \rho c_p T_{\mathrm{II}}}{\partial t} = \nabla \cdot (\lambda \nabla T_{\mathrm{II}}) - I \cdot \Delta H_s + q - \frac{\partial (c_{pw} T_{\mathrm{II}} N_{\mathrm{II}w})}{\partial r} \qquad (4\text{-}36)$$

传质连续方程：

$$\frac{\partial}{\partial t} [(1-S)\varepsilon \rho_w] = -\nabla N_{\mathrm{II}w} + I \qquad (4\text{-}37)$$

式中，$\lambda$ 为热导率，W/(m·K)；$I$ 升华源强度，(kg·m³)/s；$\Delta H_s$ 为升华潜热，J/kg；$q$ 为微波能吸收强度，J/(s·m³)，$S$ 为饱和度；其余符号同前。

# 4.3　微纳尺度冻干过程的传热传质

以往的研究大都是研究宏观参数，如压力、温度和物料的宏观尺寸等对冻干过程热质传递的影响，物料微观结构的影响忽略不计或被简化，因此，只是对于均质的液态物料和结构单一固态物料比较适用。对于一般生物材料，冻干过程已干层多孔介质实际上不是均匀的，而是具有分形的特点[18]。然而分形多孔介质中的扩散已不再满足欧式空间的 Fick 定律，扩散速率较欧式空间减慢了[19]，扩散系数不是常数，与扩散距离还有关。已干层分形特征如何确定，以及怎么影响冻干过程热质传递，都是有待研究的问题。

从考虑生物材料的微观结构出发，根据已干层的显微照片分析生物材料已干层多孔介质的分形特性，确定已干层多孔介质的分形维数和谱维数，推导分形多孔介质中气体扩散方程，然后在 1998 年 Sheehan 和 Liapis 提出的非稳态轴对称模型的基础上建立了考虑了已干层的分形特点的生物材料冻干过程热质传递的模型，即惰性气体和水蒸气在已干层中的连续方程采用的是分形多孔介质中的扩散方程[20]，扩散系数随已干层厚度的增加呈指数下降。为了验证模型的正确性，以螺旋藻为研究对象，用 Jacquin 等[21,22]的方法根据螺旋藻已干层的显微照片确定螺旋藻已干层分形维数，用张东晖等人[23]的方法求分形多孔介质的谱维数。模型的求解借助 Matlab 和 Fluent 软件，模拟了螺旋藻的冻干过程。

### 4.3.1 分形多孔介质中气体扩散方程的推导

通常流体的扩散满足 Fick 定律，固相中的扩散也常常沿袭流体扩散过程的处理方法。如果气体的分子直径自由程远大于微孔直径，则分子对孔壁的碰撞要比分子之间的相互碰撞频繁得多。其微孔内的扩散阻力主要来自分子对孔壁的碰撞，这就是克努森扩散，传统的冻干模型已干层中水蒸气和惰性气体的扩散都是按传统的欧氏空间的克努森扩散处理的，但对于生物材料已干层中的孔隙一般都具有分形的特征，使气体在其中的扩散也具有分形的特点，下面从确定已干层分形特征入手，来推导已干层分形多孔介质中的气体扩散方程。

### 4.3.2 已干层多孔介质结构特性

生物材料冻干过程已干层多孔介质的结构特性是影响冻干过程传热传质的很重要的一个因素。当孔隙具有分形特点时，多孔介质中的热质传递不仅与为孔隙率有关，还与孔隙的大小和排列有关，与孔隙的分形维数和谱维数有关。

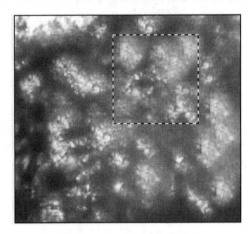

**图 4-12　螺旋藻已干层显微照片**

（1）孔隙率的确定　与计算机所产生的图像不同，实验图噪声比较大，不便于直接利用软件对图像进行数字处理。图 4-12 为螺旋藻已干层显微照片，在分析图像之前，需要恰当地处理图像，目的就是减少噪声，使图像主要信息表达更加清楚。把彩色图像利用 matlab 图像处理[24]转换为黑白图像（二值图）时，要给出黑与白的分界值，即像素的颜色阈值，低于阈值的像素定义为白色，代表孔隙，否则为黑色，代表固体物料。转化工具为 Matlab 的 im2bw 命令。

图 4-12 为螺旋藻已干层显微照片，当颜色阈值取 0.35 时，图 4-12 对应的二值图如图 4-13 所示，考虑到在显微镜下观测螺旋藻已干层结构时有一定的厚度，固体物料有重叠，为了使处理后的图像更接近实际结构，这里阈值取偏小值 0.35。在 Matlab 中二值图是用 1 和 0 的逻辑矩阵存储的，0 为黑，1 为白，且很容易对矩阵进行各种运算。通过统计矩阵中 0 和 1 的数可得螺旋藻已干层孔隙率为 0.83。

**图 4-13　图 4-12 经 Matlab 图像处理后的二值图**

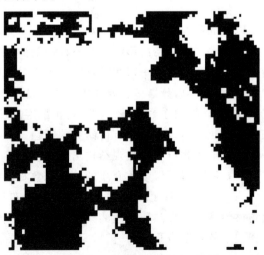

**图 4-14　图 4-12 中选中小图 Matlab 图像处理后的二值图**

（2）分形维数的确定　多孔介质孔隙分形维数的计算采用常规的盒子法[25]，即用等分的正方形网格覆盖所读入的图像，网格单元的尺度为 $r$。然后检测每个网格单元中 0 和 1 的值，统计标记为 1 的单元数 $N(r)$。$N(r)$ 和 $1/r$ 分别取成对数后，在以 $\ln N(r)$ 为 $Y$ 轴坐标，以 $\ln(1/r)$ 为 $X$ 轴的坐标上产生一个点，$r$ 从两个像素开始，以一个像素为步长逐步增加，对应每一个 $r$ 值，重复上述过程，得到一系列这样的点，再根据这些点拟合成一直线，其斜率即为分形维数。为了减小计算量，取图 4-12 一小部分进行计算，选中的小图对应的二值图 4-13 所示。按这种方法计算的图 4-14 的所示多孔介质的分形维数的结果见图 4-15，图中离散点用上述方法得到，计算中，覆盖网格分别取 $5\times5\sim14\times14$。回归直线方程为

$$y = 6.93 + 1.722x \tag{4-38}$$

相关系数为 0.99628，其斜率即孔隙分形维数 $d_f = 1.722$。

（3）谱维数的确定

Anderson[26,27] 等通过分形网格的模拟，得到时间 $t$ 内，物质粒子所访问过的不同格子数 $Din(t)$ 与谱维数 $d$ 存在下述关系：

$$Din(t) \propto t^{d/2} \tag{4-39}$$

根据此式，就可以计算得到分形结构的谱维数 $d$。具体过程为从分形结构中某一孔隙格子处发出一个物质粒子，物质粒子在分形结构中的孔隙中各自随机行走，计算时采用近似的蚂蚁行走模型。如果行走到的格子以前没有访问过，那么就在独立访问过的格子数总和中加 1 [$Din(t) = Din(t)+1$]；如果行走到的格子以前访问过，那么就在访问过的格子数总和中加 1（$Null = Null+1$）；如果行走碰到分形结构的边界，那么行走终止，再在上面初始处发出一个物质粒子，由于是随机行走，此粒子的行走轨迹与刚才是不同的，最后对某时刻 $Din(t)$ 求平均值，得到一组 [$Din(t)$, $t$] 对应值，取对数坐标，可以看到两者是直线关系，由式（4-39）可知，直线的斜率就是 $d/2$。谱维数与孔隙分形维数有很大关联，孔隙分形维数越小，意味着分形结构中孔隙的比例少，相同时间内，粒子行走越狭窄，重复过的弯路越多，其所经过的不同格子数越少，那么谱维数也就相应小一些。对于孔隙分形维数相同的分形结构，如果孔隙分布排列不一样，两者之间的谱维数值一定也会有差别。

从图 4-14 分形多孔介质中孔隙部分任取一点，依次发出 1000 个物质粒子，覆盖网格取 $40\times40$，由上面的测定方法统计计算的结果见图 4-16 中的离散点，回归直线方程为：

$$y = 0.28947 + 0.67405x \tag{4-40}$$

直线斜率为 0.67405，从而可得孔隙的谱维数 $d = 1.348$。

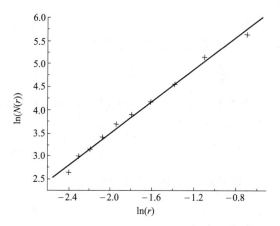

图 4-15　图 4-14 所示多孔介质分形维数的计算结果

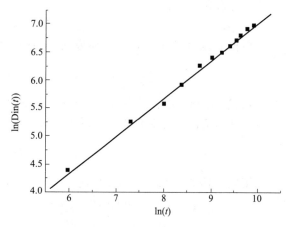

图 4-16　图 4-14 中孔隙的谱维数的计算结果

### 4.3.3 分形多孔介质中的扩散系数

扩散系数的实质是单位时间粒子所传输的空间，在普通扩散过程中，随机行走的平均平方距离与时间成正比的关系[19]：

$$<r^2(t)> \propto t \tag{4-41}$$

式中，$<r^2(t)>$ 为随机行走的平均平方距离。在分形多孔介质中，由张东晖[23]等人的研究可知，平均平方距离和时间存在指数关系，

$$<r^2(t)> \propto t^\alpha \tag{4-42}$$

$\alpha$ 被称为与分形布朗运动相关联的行走维数，Orbach[28]等发现

$$\alpha = \frac{d}{2d_f} \tag{4-43}$$

由此也可看到：谱维数是分形介质静态结构和动态特性的一个中间桥梁。

在处理具有分形特征介质的扩散系数时，一般都是在普通的扩散系数上加上分形特征的修正，由张东晖[19]等人的模拟结果可知，分形多孔介质中的扩散系数已不是常数，而是随径向距离的增大而呈指数下降：

$$D_{df}(r) = D_0 r^{-\theta} \tag{4-44}$$

式中，$D_0$ 为欧氏空间的扩散系数；$D_{df}$ 为分形结构中的扩散系数；$r$ 为扩散的距离；$\theta$ 为分形指数，与多孔介质分形维数 $d_f$ 和谱维数 $d$ 有关，由张东晖等人的推导可知 $\theta = 2(d_f - d)/d$。这实际表明：在分形结构中随着扩散径向距离的增大，扩散变得越来越困难，这是由于分形结构孔隙分布的不均匀性造成的。

### 4.3.4 分形多孔介质中气体扩散方程

通常流体的扩散满足 Fick 定律，固相中的扩散也常常沿袭出流体扩散过程的处理方法。但分形多孔介质中非均匀孔隙的复杂性，若仍沿用传统方法描述，将与实际情况相差太大。

根据文献可知，若用 $\rho(r, t)$ 表示扩散概率密度，在 $d$ 维欧氏空间的一般扩散方程具有如下形式：

$$\frac{\partial \rho(r,t)}{\partial t} = \frac{D_0}{r^{d_f-1}} \times \frac{\partial}{\partial r} \left[ r^{d_f-1} \frac{\partial \rho(r,t)}{\partial r} \right] \tag{4-45}$$

若用 $M(r, t)$ 表示时刻 $t$，在 $r + dr$ 之间的球壳中的扩散概率，用 $N(r, t)$ 表示总的径向概率，也表示单位时间流过的物质流量，即通量。则概率守恒的连续方程可写为：

$$\frac{\partial M(r,t)}{\partial t} = \frac{\partial N(r,t)}{\partial r} \tag{4-46}$$

在分形介质中：

$$M(r,t) \propto r^{d_f-1} \rho(r,t) \tag{4-47}$$

根据 Fick 扩散定律，在 $d$ 维欧氏空间中，物质流与概率流之间满足如下关系：

$$N(r,t) = -D_0 r^{d_f-1} \frac{\partial \rho(r,t)}{\partial r} \tag{4-48}$$

把式（4-48）中扩散系数 $D_0$ 用分形介质中的扩散系数代替 $D_{df}(r)$，空间维数 $d$ 用分形维数代替，从而给出了分形介质中质量流量与概率密度之间类似的关系式：

$$N(r,t) = -D_{df}(r) r^{d_f-1} \frac{\partial \rho(r,t)}{\partial r} \tag{4-48a}$$

把式（4-46）和式（4-48a）代入式（4-45）中，可得分形介质中的扩散方程：

$$\frac{\partial \rho(r,t)}{\partial t} = \frac{1}{r^{d_f-1}} \times \frac{\partial}{\partial r} \left[ D_{df}(r) r^{d_f-1} \frac{\partial \rho(r,t)}{\partial r} \right] \tag{4-49}$$

比较式（4-45）和式（4-49），可以看出，分形介质中扩散方程和欧式空间扩散方程的区别

在于，空间维数 $d$ 用分形维数代替，扩散系数用分形多孔介质中的扩散系数，由于分形介质中的扩散系数不是常数，与扩散距离有关，扩散系数不能提到偏微分号外边。

把式（4-44）代入式（4-49），可得分形多孔介质中的扩散方程为：

$$\frac{\partial \rho(r,t)}{\partial t} = \frac{D_0}{r^{d_f-1}} \times \frac{\partial}{\partial r}\left[r^{d_f-1}r^{-\theta}\frac{\partial \rho(r,t)}{\partial r}\right] \tag{4-50}$$

### 4.3.5 冻干模型的建立

模拟螺旋藻在如图 4-17 所示的小盘中的冻干过程，在建立热质耦合平衡方程时做了如下假设：

① 升华界面厚度被认为是无穷小；

② 假设只有水蒸气和惰性气体两种混合物流过已干层；

③ 在升华界面处，水蒸气的分压和冰相平衡；

④ 在已干层中气相和固相处于热平衡状态，且分形对传热的影响忽略不计；

⑤ 冻结区被认为是均质的，热导率、密度、比热容均为常数，溶解气体忽略不计；

⑥ 物料尺寸的变化忽略不计。

下面所建的数学模型是在 1998 年 Sheehan 建立的二维轴对称模型基础上建立的[13]，只是水蒸气和惰性气体的质量流量根据分形多孔介质中的扩散方程进行了修改，在修改的过程中将扩散系数改为分形多孔介质中的扩散系数，考虑到若将欧式空间的维数改为分形维数，方程的求解太困难，因为螺旋藻已干层分形维数为 $d_f = 1.722$，比较接近 2，所以仍沿用欧式空间的维数 2，没做修改。

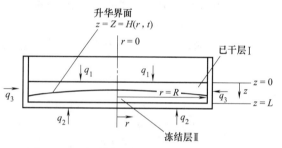

**图 4-17 玻璃皿中螺旋藻冻干过程示意图**

（1）主干燥阶段数学模型

① 传质方程。已干层分形多孔介质中的传质连续方程如下：

$$\frac{M_W}{R_{Ig}T_I}\frac{\partial p_w}{\partial t} = -\frac{1}{r}\frac{\partial\left[r(R-r)^{-\theta}N_{w,r}\right]}{\partial r} - \frac{\partial(z^{-\theta}N_{w,z})}{\partial z} - \rho_I\frac{\partial c_{sw}}{\partial t}$$

$$[t\geqslant 0, 0\leqslant z\leqslant Z=H(t,r), 0\leqslant r\leqslant R] \tag{4-51}$$

$$\frac{M_{in}}{R_{Ig}T_I}\frac{\partial p_{in}}{\partial t} = -\frac{1}{r}\frac{\partial\left[r(R-r)^{-\theta}N_{in,r}\right]}{\partial r} - \frac{\partial z^{-\theta}N_{in,z}}{\partial z}$$

$$[t\geqslant 0, 0\leqslant z\leqslant Z=H(t,r), 0\leqslant r\leqslant R] \tag{4-52}$$

式中

$$\frac{\partial c_{sw}}{\partial t} = k_d(c_{sw}^* - c_{sw}) \quad [t\geqslant 0, 0\leqslant z\leqslant Z=H(t,r), 0\leqslant r\leqslant R] \tag{4-53}$$

$$N_w = -\frac{M_W}{R_g T_I}(k_1\nabla p_w - k_2\nabla p_t) \tag{4-54}$$

$$N_{in} = -\frac{M_{in}}{R_g T_I}(k_3\nabla p_{in} - k_4\nabla p_{in}) \tag{4-55}$$

② 传热方程。主干燥阶段已干层中热质耦合的能量平衡方程，其中传质相与分形指数有关：

$$\frac{\partial T_I}{\partial t} = \frac{k_{Ie}}{\rho_{Ie}c_{pIe}}\left(\frac{\partial^2 T_I}{\partial^2 r} + \frac{1}{r}\frac{\partial T_I}{\partial r} + \frac{\partial^2 T_I}{\partial^2 z}\right) - \frac{c_{pg}}{\rho_{Ie}c_{pIe}}\left\{\frac{\partial(z^{-\theta}N_{t,z}T_I)}{\partial z} + \frac{1}{r}\frac{\partial\left[r(R-r)^{-\theta}N_{t,r}T_I\right]}{\partial r}\right\}$$

$$+ \frac{\Delta H_v\rho_I}{\rho_{Ie}c_{pIe}}\frac{\partial c_{sw}}{\partial t} \quad [t\geqslant 0, 0\leqslant z\leqslant Z=H(t,r), 0\leqslant r\leqslant R] \tag{4-56}$$

冻结层中能量平衡方程：

$$\frac{\partial T_{\mathrm{II}}}{\partial t}=\frac{k_{\mathrm{II}}}{\rho_{\mathrm{II}}c_{p\mathrm{II}}}\left[\frac{\partial}{\partial x}\frac{\partial T_{\mathrm{II}}}{\partial x}-\frac{1}{r}\frac{\partial}{\partial y}\left(r\frac{\partial T_{\mathrm{II}}}{\partial y}\right)\right]$$
$$[t\geqslant 0,Z=H(t,r)\leqslant z\leqslant L,0\leqslant r\leqslant R] \tag{4-57}$$

（2）升华界面的轨迹　升华界面的移动根据升华界面处的热质耦合能量平衡条件确定，能量平衡条件为：

$$\left(k_{\mathrm{II}}\frac{\partial T_{\mathrm{II}}}{\partial z}-k_{\mathrm{Ie}}\frac{\partial T_{\mathrm{I}}}{\partial z}\right)-\left(k_{\mathrm{II}}\frac{\partial T_{\mathrm{II}}}{\partial r}-k_{\mathrm{Ie}}\frac{\partial T_{\mathrm{I}}}{\partial r}\right)\left(\frac{\partial H}{\partial r}\right)+v_n(\rho_{\mathrm{II}}c_{p\mathrm{II}}T_{\mathrm{II}}-\rho_{\mathrm{I}}c_{p\mathrm{I}}T_{\mathrm{I}})=$$
$$-(c_{p\mathrm{g}}T_{\mathrm{I}}+\Delta H_s)\left[z^{-\theta}N_{\mathrm{w},z}-\frac{\partial H}{\partial r}(R-r)^{-\theta}N_{\mathrm{w},r}\right]$$
$$z=Z=H(t,r),(0\leqslant r\leqslant R) \tag{4-58}$$

式中，

$$v_n=-\frac{n^{-\theta}N_{wn}}{\rho_{\mathrm{II}}-\rho_{\mathrm{I}}} \tag{4-59}$$

（3）二次干燥阶段数学模型　传热能量平衡和传质连续方程：

$$\frac{\partial T_{\mathrm{I}}}{\partial t}=\frac{k_{\mathrm{Ie}}}{\rho_{\mathrm{Ie}}c_{p\mathrm{Ie}}}\left(\frac{\partial^2 T_{\mathrm{I}}}{\partial^2 r}+\frac{1}{r}\frac{\partial T_{\mathrm{I}}}{\partial r}+\frac{\partial^2 T_{\mathrm{I}}}{\partial^2 z}\right)-\frac{c_{p\mathrm{g}}}{\rho_{\mathrm{Ie}}c_{p\mathrm{Ie}}}\left\{\frac{\partial(z^{-\theta}N_{\mathrm{t},z}T_{\mathrm{I}})}{\partial z}+\frac{1}{r}\frac{\partial[r(R-r)^{-\theta}N_{\mathrm{t},r}T_{\mathrm{I}}]}{\partial r}\right\}$$
$$+\frac{\Delta H_{\mathrm{v}}\rho_{\mathrm{I}}}{\rho_{\mathrm{Ie}}c_{p\mathrm{Ie}}}\frac{\partial c_{sw}}{\partial t}\quad[t\geqslant t_{z=Z(t,r)=L},0\leqslant z\leqslant L,0\leqslant r\leqslant R] \tag{4-60}$$

$$\frac{M_{\mathrm{W}}}{R_{\mathrm{I}g}T_{\mathrm{I}}}\frac{\partial p_{\mathrm{w}}}{\partial t}=-\frac{1}{r}\frac{\partial[r(R-r)^{-\theta}N_{\mathrm{w},r}]}{\partial r}-\frac{\partial(z^{-\theta}N_{\mathrm{w},z})}{\partial z}-\rho_{\mathrm{I}}\frac{\partial c_{sw}}{\partial t}$$
$$[t\geqslant t_{z=Z(t,r)=L},0\leqslant z\leqslant L,0\leqslant r\leqslant R] \tag{4-61}$$

$$\frac{M_{\mathrm{in}}}{R_{\mathrm{I}g}T_{\mathrm{I}}}\frac{\partial p_{\mathrm{in}}}{\partial t}=-\frac{1}{r}\frac{\partial[r(R-r)^{-\theta}N_{\mathrm{in},r}]}{\partial r}-\frac{\partial z^{-\theta}N_{\mathrm{in},z}}{\partial z}$$
$$[t\geqslant t_{z=Z(t,r)=L},0\leqslant z\leqslant L,0\leqslant r\leqslant R] \tag{4-62}$$

结合水的移除用方程（4-63）表示：

$$\frac{\partial c_{sw}}{\partial t}=k_{\mathrm{d}}(c_{sw}^{*}-c_{sw}) \tag{4-63}$$

### 4.3.6　初始条件和边界条件

（1）主干燥阶段初始条件和边界条件　也就是方程（4-51）～方程（4-57）的初始条件和边界条件。

① 初始条件。当 $t=0$ 时，

$$T_{\mathrm{I}}=T_{\mathrm{II}}=T^0 \qquad (0\leqslant z\leqslant L,0\leqslant r\leqslant R) \tag{4-64}$$

$$p_{\mathrm{w}}=p_{\mathrm{w}}^0 \qquad [0\leqslant z\leqslant Z=H(0,r),0\leqslant r\leqslant R] \tag{4-65}$$

$$p_{\mathrm{in}}=p_{\mathrm{in}}^0 \qquad [0\leqslant z\leqslant Z=H(0,r),0\leqslant r\leqslant R] \tag{4-66}$$

$$c_{sw}=c_{sw}^0 \qquad (0\leqslant z\leqslant L,0\leqslant r\leqslant R) \tag{4-67}$$

② 边界条件。当 $t>0$ 时：

a. 已干层（Ⅰ区）的温度：

$$k_{\mathrm{Ie}}\frac{\partial T_{\mathrm{I}}}{\partial z}\bigg|_{z=0}=q_1 \qquad (z=0,0\leqslant r\leqslant R) \tag{4-68}$$

$q_1$ 为来自已干层顶部的热量

$$q_1=\delta F_{\mathrm{up}}(T_{\mathrm{up}}^4-T_{\mathrm{I}}^4)\big|_{z=0} \tag{4-69}$$

$$\frac{\partial T_1}{\partial r}\bigg|_{r=0}=0 \qquad [0\leqslant z\leqslant Z=H(t,r),r=0] \tag{4-70}$$

$$k_{\mathrm{I\,e}}\frac{\partial T_{\mathrm{I}}}{\partial r}\bigg|_{r=R}=q_3 \qquad [0\leqslant z\leqslant Z=H(t,r),r=R] \tag{4-71}$$

$q_3$ 为来自瓶壁的热，通过下式确定：

$$q_3=\frac{k_{\mathrm{glass}}(T_{\mathrm{glass}}-T_{\mathrm{I}})}{R\ln\dfrac{R+\delta}{R}} \tag{4-72}$$

b. 冻结层（Ⅱ区）的温度

$$\frac{\partial T_{\mathrm{II}}}{\partial r}\bigg|_{r=0}=0 \qquad [Z=H(t,r)\leqslant z\leqslant L,r=0] \tag{4-73}$$

$$k_{\mathrm{II}}\frac{\partial T_{\mathrm{II}}}{\partial z}\bigg|_{r=R}=q_3 \qquad [Z=H(t,r)\leqslant z\leqslant L,r=R] \tag{4-74}$$

$$k_{\mathrm{II}}\frac{\partial T_{\mathrm{II}}}{\partial z}\bigg|_{z=L}=q_2 \qquad (z=L,0\leqslant r\leqslant R) \tag{4-75}$$

$q_2$ 为来自搁板的热量：

$$q_2=h_{\mathrm{v}}(T_{\mathrm{lp}}-T_{\mathrm{glass}}) \tag{4-76}$$

c. 已干层中水蒸气和惰性气体的分压（Ⅰ区）：

$$p_{\mathrm{w}}\big|_{z=0}=p_{\mathrm{w}}^0 \qquad (z=0,0\leqslant r\leqslant R) \tag{4-77}$$

$$p_{\mathrm{in}}\big|_{z=0}=p_{\mathrm{in}}^0 \qquad (z=0,0\leqslant r\leqslant R) \tag{4-78}$$

$$p_{\mathrm{w}}\big|_{z=Z=H(t,r)}=\gamma(T\big|_{z=Z=H(t,r)})=133.3224\exp\{-2445.5646/T_z+8.23121\log_{10}(T_z)$$
$$-0.0167006T_z+1.20514\times10^{-5}(T_z)^2-6.757169\}$$
$$[0\leqslant z\leqslant Z=H(t,r),0\leqslant r\leqslant R] \tag{4-79}$$

$$\frac{\partial p_{\mathrm{in}}}{\partial z}\bigg|_{z=Z=H(t,r)}=0 \qquad [0\leqslant z\leqslant Z=H(t,r),0\leqslant r\leqslant R] \tag{4-80}$$

$$\frac{\partial p_{\mathrm{w}}}{\partial r}\bigg|_{r=0}=0 \qquad [0\leqslant z\leqslant Z=H(t,r),r=0] \tag{4-81}$$

$$\frac{\partial p_{\mathrm{in}}}{\partial r}\bigg|_{r=0}=0 \qquad [0\leqslant z\leqslant Z=H(t,r),r=0] \tag{4-82}$$

$$\frac{\partial p_{\mathrm{w}}}{\partial r}\bigg|_{r=R}=0 \qquad [0\leqslant z\leqslant Z=H(t,r),r=R] \tag{4-83}$$

$$\frac{\partial p_{\mathrm{in}}}{\partial r}\bigg|_{r=R}=0 \qquad [0\leqslant z\leqslant Z=H(t,r),r=R] \tag{4-84}$$

（2）二次干燥阶段初始条件和边界条件　也就是式（4-60）～式（4-63）的初始条件和边界条件。

① 初始条件。式（4-60）～式（4-63）的初始条件是主干燥阶段结束时的条件，即 $t=t_{z=Z(t,r)=L}$ 时表示移动界面消失时的条件，通常情况也代表二次阶段的开始。

② 边界条件。当 $t\geqslant t_{z=Z(t,r)=L}$ 时，

$$k_{\mathrm{I\,e}}\frac{\partial T_{\mathrm{I}}}{\partial z}\bigg|_{z=0}=q_1 \qquad (z=0,0\leqslant r\leqslant R) \tag{4-85}$$

$q_1$ 为来自已干层顶部的热量：

$$q_1=\delta F_{\mathrm{up}}(T_{\mathrm{up}}^4-T_{\mathrm{I}}^4)\big|_{z=0} \tag{4-86}$$

$$k_{\mathrm{I\,e}}\frac{\partial T_{\mathrm{I}}}{\partial z}\bigg|_{z=L}=q_2 \qquad (z=L,0\leqslant r\leqslant R) \tag{4-87}$$

$q_2$ 为来自搁板的热量：

$$q_2 = h_v (T_{lp} - T_{glass}) \tag{4-88}$$

$$\left. \frac{\partial T_1}{\partial r} \right|_{r=0} = 0 \qquad (0 \leqslant z \leqslant Z = L, r = 0) \tag{4-89}$$

$$k_{Ie} \left. \frac{\partial T_I}{\partial r} \right|_{r=R} = q_3 \qquad (0 \leqslant z \leqslant Z = L, r = R) \tag{4-90}$$

热流 $q_3$ 为来自瓶壁的热，通过下式确定：

$$q_3 = \frac{k_{glass}(T_{glass} - T_I)}{R \ln \dfrac{R+\delta}{R}} \tag{4-91}$$

已干层中水蒸气和惰性气体的分压

$$p_w |_{z=0} = p_w^0 \qquad (z=0, 0 \leqslant r \leqslant R) \tag{4-92}$$

$$p_{in} |_{z=0} = p_{in}^0 \qquad (z=0, 0 \leqslant r \leqslant R) \tag{4-93}$$

$$\left. \frac{\partial p_w}{\partial z} \right|_{z=L} = 0 \qquad (z=L, 0 \leqslant r \leqslant R) \tag{4-94}$$

$$\left. \frac{\partial p_{in}}{\partial z} \right|_{z=L} = 0 \qquad (z=L, 0 \leqslant r \leqslant R) \tag{4-95}$$

$$\left. \frac{\partial p_w}{\partial r} \right|_{r=0} = 0 \qquad (0 \leqslant z \leqslant L, r=0) \tag{4-96}$$

$$\left. \frac{\partial p_{in}}{\partial r} \right|_{r=0} = 0 \qquad (0 \leqslant z \leqslant L, r=0) \tag{4-97}$$

$$\left. \frac{\partial p_w}{\partial r} \right|_{r=R} = 0 \qquad (0 \leqslant z \leqslant L, r=R) \tag{4-98}$$

$$\left. \frac{\partial p_{in}}{\partial r} \right|_{r=R} = 0 \qquad (0 \leqslant z \leqslant L, r=R) \tag{4-99}$$

## 参 考 文 献

[1] Sandall C. O., King C. J., Wilke C. R. The relationship between transport properties and rate of freeze-drying of poultry meat [J]. AIChE Journal, 1967, 13: 428-438.

[2] 徐成海, 张世伟, 关奎之. 真空干燥 [M]. 北京: 化学工业出版社, 2004. 172-174.

[3] Kumagai H, Nakamura K, Yano T. Rate analysis for freeze drying of a liquid foods by a modified uniformly retreating ice front model [J]. Agric Biol Chem 1991, 55 (3): 737-741.

[4] James P. George, Datta A K. Development and validation of heat and mass transfer models for freeze-drying of vegetable slices [J]. Journal of Food Engineering, 2 002, 52: 89-93.

[5] Georg-Wilhelm Oetjen, Peter Haseley, Freeze drying [M]. Wiley-VCH GmbH & Co. KGaA, 2002.

[6] Ferguson W J, Lewis R W, Toemcesy L A. A finite element analysis of freeze-drying of a coffee sample [J]. Compute Methods. Appl Mech Eng 1993, 108 (3/4): 341-349.

[7] 徐成海. 人参真空冷冻干燥工艺的研究 [J]. 真空, 1994, 1: 6-11.

[8] 张晋陆, 吴立业. 蒜苔冻干试验及其传热传质模型研究 [J]. 粮油食品科技, 1999, 7 (2): 27-29.

[9] Nastai J. F. A parabolic cylindrical Stefan problem in vacuum freeze drying of random solids [J]. Int. Comm. Heat Mass Transfer 2003, 30 (1): 93-104.

[10] Nastai J. F., Witkiewicz K. A parabolic spherical moving boundary problem in vacuum freeze drying of random solids [J]. Int. Comm. Heat Mass Transfer 2004, 31 (4): 549-560.

[11] Liapis A I, Litchfield R J. Numerical solution of moving boundary transport problems in finite media by orthogonal colloca-tion [J]. Computers aof Heat and Mass Transfer, 2005, 48: 1675-1687.

[12] Mascarenhas W J, Akay H U, Pikal M J. A computational model for finite element analysis of the freeze-drying process

　　　　［J］. Comput Methods Appl Mech Engrg 1997，148：105-124.

[13]　Sheehan P，Liapis A I. Modeling of the primary and secondary drying stages of the freeze drying of pharmaceutical products in vials：numerical results obtained from the solution of a dynamic and spatially multi-dimensional lyophilization model for different operational policies ［J］. Biotechnology and Bioengineering，1998，60（6）：712-728.

[14]　Gan K H，Bruttini R，Crosser O K，et al. Freeze-drying of pharmaceuticals in vials on trays：effects of drying chamber wall temperature and tray side on lyophilization performance ［J］. International Journal of Heat and Mass Transfer，2005，48：1675-1687.

[15]　Zhai S L，Su H Y，Richard Taylor，et al. Pure ice sublimation within vials in a laboratory lyophiliser：comparison of theory with experiment ［J］. Chemical Engineering Science，2005，60：1167-1176.

[16]　吴宏伟，陶智，陈国华，等. 具有电介质核圆柱多孔介质微波冷冻干燥过程的双升华界面模型［J］. 化工学报，2004，55（6）：869-875.

[17]　TAO Z，WU H W，CHEN G H，et al. Numerical simulation of conjugate heat and mass transfer process within cylindrical porous media with cylindrical dielectric cores in microwave freeze-drying ［J］. International Journal of Heat and Mass Transfer，2005，48：561-572.

[18]　刘永忠，陈三强，孙皓. 冻干物料孔隙特性表征的分形模型与分形维数［J］. 农业工程学报，2004，20（6）：41-44.

[19]　张东晖，施明恒，金峰，等. 分形多孔介质的粒子扩散特点（Ⅰ）. 工程热物理学报 2004，25（5）：822-824.

[20]　刘代俊. 分形理论在化学工程中的应用 ［M］. 北京：化学工业出版社，2006.

[21]　Jacquin C. G. ；Adler P. M. Fractal Porous Media Ⅱ：Geometry of Porous Geological Structures. Transport in Porous Media 1987，2：571-596.

[22]　何立群，张永锋，罗大为，等. 生命材料低温保护剂溶液二维降温结晶过程中的分形特征 ［J］. 自然科学进展，2002，11：1167-1171.

[23]　张东晖，施明恒，金峰等. 分形多孔介质的粒子扩散特点（Ⅱ）. 工程热物理学报，2004，25（5），822-824.

[24]　王家文，曹宇. Matlab6. 5 图形图像处理 ［M］. 北京：国防工业出版社，2004（5）：166-183.

[25]　Forouton pour K，et al. Advances in the implementation of the box-counting method of the fratal dimension estimation. ［J］. Applied Mathematics Comutation，1999，105：195-203.

[26]　Anderson A N，MeBratney A B，FitzPatrick. E A. Soil mass，surface and spectral Dimension estimating fractal dimensions from thin section ［J］. Soil . Sci. Am. J.，1996，60（7）：962-969.

[27]　Gouyet J F. Quantification of fungal morphology gaseous transport and microbial dynamics in soil：an integrated framework utilisng fractal geometry ［J］. Geoderma，1993，56（1）：157-172.

[28]　Orbach R. Dynamics of fractal networks ［J］. Science，1987，231：814-819.

# 第③篇 冷冻真空干燥设备

冷冻真空干燥设备简称冻干机，它是实现冻干工艺必备的装置。冻干工艺对冻干机的要求主要有：实用性、安全性、可靠性和先进性。设计和制造冻干机时需要考虑节能、环保、降低成本，维修容易、使用方便。生物制品和医药用冻干机所生产的产品价值很高，在冻干过程中一旦出现故障，造成的损失严重，因此要求冻干机有很好的可靠性。冻干过程的监控非常重要，为保证冻干产品的质量，测量和控制元件需要有较高的精度。

## 5 冷冻真空干燥机简介

### 5.1 冻干机的组成

冻干机的组成如图 5-1 所示，主要包括真空冷冻干燥箱（简称冻干箱）1，真空系统（包括

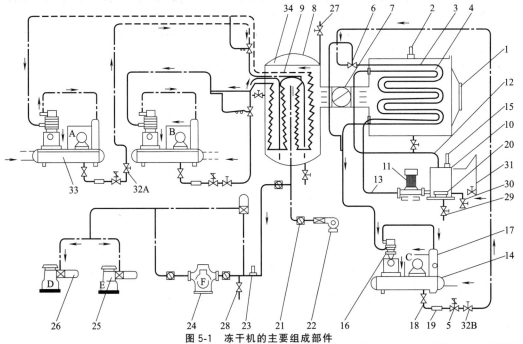

**图 5-1 冻干机的主要组成部件**

1—冻干箱；2—真空规管；3—制冷循环管；4—加温油循环管；5—电磁阀；6—膨胀阀；7—φ200 蝶阀；8—水汽凝结器；9—冷凝管；10—油箱；11—油泵；12—出油管；13—进油管；14—冷却水管；15—油温控制铂电阻；16—制冷压缩机；17—油分离器；18—出液口；19—过滤器；20—加热器；21—φ50 蝶阀；22—热风机；23—电磁真空阀；24—罗茨泵；25—旋转真空泵；26—电磁带放气截止阀；27—φ25 隔膜阀；28—φ10 隔膜阀；29—放油阀；30—放水阀；31—冷却水电磁阀；32A—手阀；32B—不锈钢针型阀；33—贮液器；34—化霜喷水管；A、B、C—制冷机组；D、E、F—真空泵组

2、7、8、21、23、24、25、26、27、28、34)、制冷系统（包括 3、5、6、9、14、16、17、18、19、32A、32B、33)、加热系统（包括 4、10、11、12、13、15、20、22、29、30、31)、还有在图中没有画出的液压系统、自动控制系统、气动系统、清洗系统和消毒灭菌系统、化霜系统取样系统、称重系统、水分在线测量系统、观察照相系统等几大部分组成[1]。

## 5.2　冻干机的分类

冻干机有许多种，根据不同分类方法，冻干机大致可以分成以下几大类：

### 5.2.1　按冻干面积的大小

按冻干面积大小可以分成（m²）0.1、0.2、0.3、0.5、1、3、5、10、15、20、25、30、50、75、100 等多种。通常 0.1～0.3m² 为小型实验用冻干机；0.5～5m² 为中型试验用冻干机；50m² 以上为大型冻干设备。

（1）实验用冻干机　实验用冻干机追求的性能指标是体积小、重量轻、功能多、性能稳定、测试系统准确度高、最好是一机多用，能适应多种物料的冻干实验。小型实验室冻干机由一个带真空泵和小型冷阱的基本单元及一些附件组成，在带保温的冷阱圆筒体内有制冷管道，圆筒体有一个透明的聚丙烯盖，圆筒体做成真空密封并与真空泵相连，基本单元安装有真空仪表和温度仪表，并有控制开关、放水阀和放气阀等。

基本单元可与其他附件进行不同的组合，以适应不同产品的冻干，例如与带钟罩的多歧管组合可冻干盛放在烧瓶内的产品，与带压塞机构的板层和钟罩组合可冻干小瓶，与离心附件和钟罩组合可冻干安瓿等。图 5-2 给出的是 4 种不同结构的台式实验用冻干机示意图。图 5-2 中（a）和

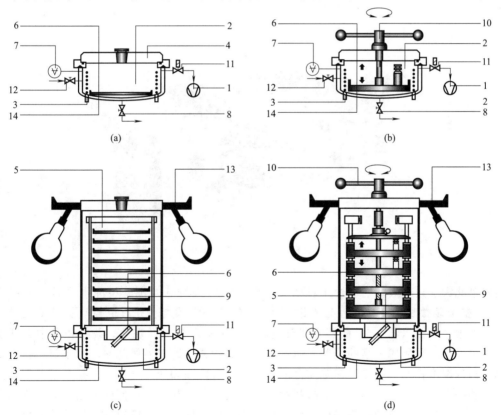

(a)　　　　　　　　　　　　　(b)

(c)　　　　　　　　　　　　　(d)

**图 5-2　小型实验用冻干机的结构**

1—真空泵；2—冷凝腔；3—冷凝器；4—有机玻璃盖；5—有机玻璃干燥室；6—电加热搁板；7—真空控测器；
8—化霜放水阀；9—机动中间阀；10—密封压盖装置；11—压力控制阀；12—微通气阀；13—橡胶阀；14—绝缘层

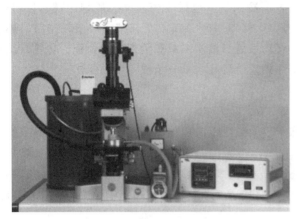

图 5-3 带低温显微镜的实验用冻干机照片

（b）为单腔结构，在无菌条件下，预冻和干燥均在冷凝腔中进行；（c）和（d）为双腔结构，预冻在低温冰箱或旋冻器中进行，干燥在冷凝腔的上方干燥室内进行，下腔只用做捕水器。（a）和（c）结构适于盘装物料的干燥；（b）和（d）结构适合西林瓶装物料的干燥，并带有压盖机构；（c）和（d）结构还可以在干燥室外部接装烧瓶，对旋冻在瓶内壁的物料进行干燥，这时烧瓶作为容器接在干燥箱外的歧管上，烧瓶中的物料靠室温加热，很难控制加热温度[2]。

德国生产了一种可以观察和拍照冻结与干燥过程的实验用冻干机，如图 5-3 所示。

英国 Biopharma 科技有限公司推出了最新版的紧凑型冷冻干燥显微镜系统 LYOSTAT 2，该显微镜系统允许用户通过一个 RS232 串口连接到 PC 机上，在观测上可以采用显微镜，或拥有 PC 用相机和影像撷取程式与制度，冻干系统采用的是液氮制冷，冷却速度较快，工作温度范围 $-196 \sim +125℃$，并且已经达到 400 倍的放大倍数，采用 $100 \ \Omega$ 铂电阻传感器的温度监测/控制（德国工业标准 A 级 $0.1 ℃$），在显微镜的选择上采用的是奥林巴斯-51 显微镜，能将实时图像、样品温度和箱内的压力显示在屏幕上，图 5-4 为 LYOSTAT 2 整体图形。

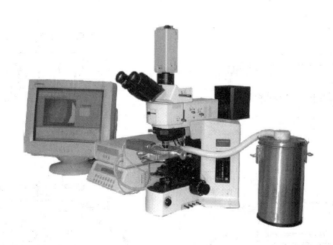

图 5-4 LYOSTAT 2 系统

国内东北大学过程装备与环境工程研究所张世伟等人研制的实验型冻干显微镜的组成如图 5-5 所示，整个显微观测仪器包括观测室、制冷系统、真空系统、计算机控制及测试记录系统等组成。该冻干显微镜（图 5-6）能够实现对被观测物料的显微图像观察，载物托盘中央开设有透光小孔，可以使下部照射上来的透射光通过，用于对物料的透射显微观察。冻干显微镜能对物料进行宽量程的温度控制。在显微镜载物台上方，设置有冷冻和加热部件，包括上下两层加热制冷板状部件和一个气体喷嘴，均绝热地与载物台相连接。冷冻和加热部件的作用是对被观测物料实施降温冻结、加热升温或为物料提供相变潜热，通过改变供热、制冷速率，反馈控制物料温度变化速率。控制与测试系统全部采用计算机数据传输与控制技术。整个仪器的操作可以全部实现自动控制。测试的温度、压力和图像数据可以全部在计算机上显示和存储[3]。

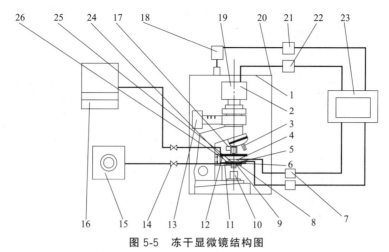

**图 5-5　冻干显微镜结构图**

1—真空（观测）室；2—显微镜；3—物镜镜头；4—被观测物料及容器；5—测温热电偶；6—载物托盘；7—温度数据处理器；

8—显微镜载物台；9—支架；10—显微镜下光源；11—下层加热制冷板；12—上层加热制冷板；13—显微镜上光源；

14—真空阀；15—真空泵；16—常规制冷机系统；17—卷绕式屏蔽机构；18—真空规管；19—CCD图像采集器；

20—观测室门；21—压力（真空度）数据处理器；22—图像数据处理器；23—计算机控制与测试系统；

24—板内制冷液通道；25—被观测物料及容器；26—显微镜载物台玻璃

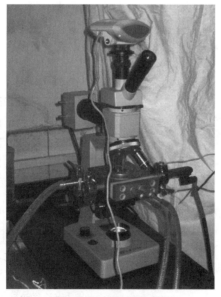

**图 5-6　冻干显微镜照片**

（2）中型试验用冻干机　用于工艺研究的试验设备和中试型设备，应支持共晶点测试系统、冻干曲线记录软件、称重系统等工艺研究工具，是进行工程化条件探索、冻干质量控制探索的有力工具。

图 5-7 所示为中试或小批量生产用冻干机，适合于从实验室向大批量生产的过渡，做工艺研究用。这种冻干机多设计成整体式，采用积木块式结构，将所有部件安装轮轴，搬运方便。冻干机的性能与自动化的程度，可根据用户需要确定。图 5-8 所示的冻干机有手动和自动控制两套系统，可以按设定冻干曲线自动运行，并能记录和打印运行情况。搁板温度达－60℃，冷阱温度达－70℃，预冻和干燥都能在冻干机中完成。

有些产品需要在冻干过程中取样分析化验，提供干燥过程中的各种信息。图 5-8 所示为一种对瓶装物料取样的机械手。为了在冻干过程中能准确地掌握产品的含水量，有些实验用冻干机设置了为样品称重装置。典型结构如图 5-9 所示。

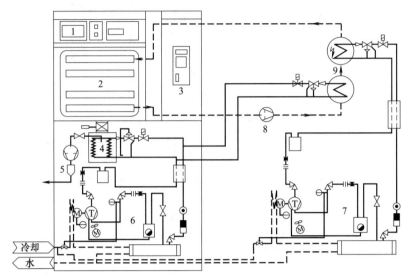

**图 5-7　中型试验用冻干机的结构**

1—过程材料；2—带搁板的干燥箱；3—控制部分；4—冷凝器；5—带有废气过滤器的真泵；

6—冷凝器制冷的制冷机；7—搁板制冷的制冷机；8—盐水循环泵；9—换热器

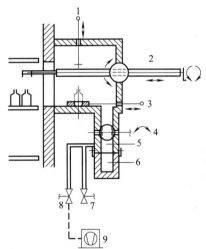

**图 5-8　机械手示意**（包括一个真空锁）

1—塞瓶工具；2—机械手臂；3—推瓶杆；

4—球阀旋杆；5—出口通道；

6—小瓶的出口容器；7—放气阀；

8—真空阀；9—真空泵

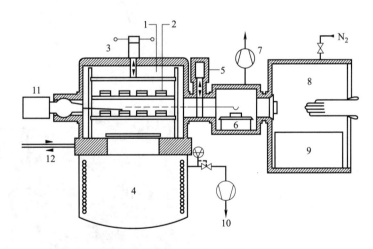

**图 5-9　样品称重的冻干机典型结构**

1—带有可调搁板的真空室；2—带有探针的容器；3—搁板升降架；

4—冷凝器；5—闸门；6—隔离室内的天平；7—为隔离室抽真空

的真空泵；8—手套箱；9—Karl Fishcher 测量系统；10—控制压

力的真空泵；11—控制器；12—调节的介质

　　图 5-10 为实验室工艺型冻干机，采用 LSC 操作面板，支持搁板加热，支持 30 个冻干程序，每个程序可 15 步控制。还可支持 LC-1 共晶点测试系统、LL-1 冻干曲线记录软件、称重系统等工艺研究工具，是进行工程化条件探索、冻干质量控制探索的有力工具。LSC 型冻干机支持冻干量 4～24kg，不仅可满足实验室需求，还可提供小型中试研究。

## 5.2.2　按冻干机的用途

　　按冻干机的用途可以分成食品用冻干机、药品用冻干机、实验用冻干机等。

（1）食品用冻干机 图 5-11 是沈阳航天新阳速冻设备制造有限公司 LG 系列冷冻干燥设备，该系列冷冻干燥设备是集热力、真空、制冷、压力容器制造和自动控制技术等领域所积累的经验基础上，消化吸收了国际上同类设备领先技术而研制的。它采用了内置式交替工作的水汽捕集器、满液式循环供冷系统、按加速升华理论设计的加热和水汽捕集系统以及负压蒸汽融冰等先进技术。

图 5-10 实验室工艺型冻干机

图 5-11 LG 系列冷冻干燥设备

（沈阳航天新阳速冻设备制造有限公司）

国产冻干设备中，只有 ZDG160 型冻干机给出了能耗指标：单位面积上最大热负荷 1.5kW/m²；单位脱水能耗：制冷系统 1.2kW/kg，真空系统 0.3kW/kg。

图 5-12 为大型冻干机的结构。该设备采用水蒸气喷射泵为真空抽签系统，可以直接抽出水蒸气。

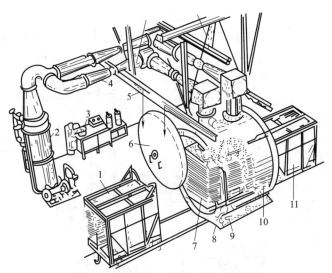

图 5-12 冻干食品用大型冻干机结构

1—物料盘；2—前级抽气机组；3—液压操作台；4—水蒸气喷射泵；5—门移动小车；6—门；

7—加热板；8—门预紧装置；9—液压系统；10—干燥室；11—物料车

（2）医药用冻干机[4] 医药用冷冻真空干燥必须符合 GMP（Good Manufacturing Practice）

的有关要求，其目的是要保证药品生产质量整批均匀一致，冻干设备还必须达到可以在线清洗（Cleaning in place 简写 CIP）、在线灭菌（Sterilizing in place，简写 SIP）的要求，其目的是保证药品清洁卫生，不染杂菌。对直接接触药品的设备材质和加工精度也有要求，一般要求采用 304或 316 不锈钢；进入干燥系统的热空气须要精密过滤，$1m^3$ 空气中 $\geqslant 0.5\mu m$ 的尘埃粒子不得超过 3500 个，活微生物数 $\leqslant 1$；冻干箱内表面及搁板表面粗糙度 $Ra < 0.75\mu m$，冻干箱所有内角采用圆弧形，利于清洗，不准有死角积液，搁板表面平整度 $\pm 1mm/m$。药品冻干需要经过实验研究、中试生产、批量生产和大量生产几个过程。实验研究采用 5.2.1 节介绍的实验型冻干机，中试生产采用小型冻干机，批量生产从节能、省时等方面考虑，最好选用连续式生产的冻干机。冻干药品离不开冻干机，合理选用冻干机，可以在保证药品质量的前提下，达到既经济又实用的效果。

中国制药装备行业协会曾在 2004 年发布《冷冻真空干燥机》医药行业标准，并在 2012 年进行了修改。标准中规定：

① 产品形式　冷凝器有立式或卧式，板层制冷应为间冷式，整机分手动和自动程序控制，搁板分固定式或移动式，机内可用蒸汽灭菌或无灭菌装置，采用水冷冷却。

② 基本参数　冻干箱内搁板总面积 $\leqslant 12m^2$，搁板间距 $\leqslant 0.12m$，搁板温度在 $-50\sim 60℃$ 范围内；冷凝器捕水能力 $\geqslant 10kg/m^2$，空载最低温度 $\leqslant -60℃$。

③ 冻干机的工作条件　环境温度 $5\sim 35℃$，冷却水温度不高于 $20℃$，相对湿度不大于 $80\%$，供电电源 $380V\pm 5\%$ 或 $220V\pm 10\%$，频率 $50Hz\pm 2\%$，周围空气无导电尘埃及爆炸性气体和腐蚀性气体存在。

④ 灭菌系统工作条件　蒸汽表压力 $0.11MPa$，温度 $121℃$，保持 $20min$。

⑤ 操作要求：a. 空载运行时，搁板温度从室温降至 $-40℃$ 时间不大于 2h，冷凝器从室温降至 $-50℃$ 时间不大于 1.5h；搁板从 $-50℃$ 升温至 $+60℃$ 的时间不应大于 3h，板层温差不超过 $\pm 1.5℃$；空载极限真空度高于 5Pa；干燥箱内达到 5Pa 后，保压 0.5h，静态漏气率不大于 $0.025Pa\cdot m^3/s$。b. 满载运行时，制品升华全过程中冷凝器温度 $\leqslant -40℃$，此时，干燥箱内的压力应 $\leqslant 30Pa$。

⑥ 冻干机的其他要求　自动控制程序正确无误，准确执行设定的冻干曲线；自动加塞功能正常，不合格率 $\leqslant 0.3\%$；冻干机的水电、温度、真空度故障报警系统工作正常；冻干机安全可

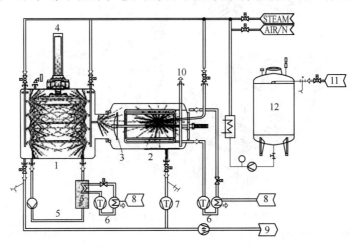

**图 5-13　CIP 原理**

1—干燥室；2—冷凝器；3—干燥室与冷凝器间的阀门；4—液压制动系统；5—硅油回路；6—冷却系统；
7—真空系统；8—冷却水；9—废水；10—排气真空泵；11—CIP 液体进口；12—CIP 液体容器

靠，绝缘电阻不小于 $1.0M\Omega$，电气设备必须经受频率为 $50Hz$，正弦交流电压 $1500V$，历时 $1min$ 的耐压试验。

新标准还增加了保温材料的要求，无菌过滤器的要求，控制系统的权限设置，控制系统工艺参数的要求，在位清洗的要求，在位灭菌的要求和水汽捕集器的真空泄漏率。

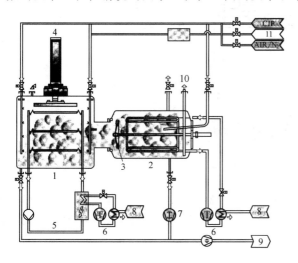

图 5-14　SIP 原理

1—干燥箱；2—冷凝器；3—干燥箱-冷凝器阀门；
4—液力加塞系统；5—硅油回路；6—冷却系统；
7—真空系统；8—冷却水；9—废水；
10—排气；11—蒸汽进口

图 5-15　可对药瓶加塞冷冻干燥设备

(Lyoflex 04®，BOC Edwards BV，NL-5107
NE Dongen，The Netherlands) 搁板面积 $4000cm^2$，
搁板温度 $T_{sh}=-50\sim+70℃$，药瓶有加
盖装置，$T_{co}$ 降到 $-65℃$

生产型药用冻干机都有清洗系统（CIP），消毒灭菌系统（SIP），其原理分别如图 5-13 和图 5-14 所示。

图 5-15 中，表示一个带有机玻璃门的圆柱形干燥箱和一个对药瓶加塞的液压系统。

### 5.2.3　按冻干机的生产方式

按生产方式可以分成间歇式、周期式、连续式。

（1）间歇式冻干机　目前国内还很少有连续式冻干设备，仍然以周期（间歇）式为主，图 5-16 所示为丹麦生产的 RAY 系列周期式冻干设备的布置情况，可作为间歇式冻干机整体设计时参考。

（2）连续式冻干机　为提高冻干产品的产量，节约能源，国外发展连续式冻干设备的速度快，医药和食品冻干领域都有应用。图 5-17 为隧道式连续冻干机，其结构简单，运转过程一目了然，难点是料车通过真空闸阀时容易产生振动，致使物料从料车上跌落，影响闸阀密封。

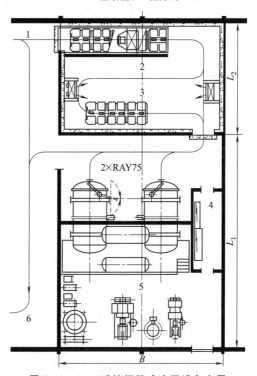

图 5-16　RAY 系统间歇式冻干设备布置

1—小车装料；2—冻结隧道；3—冻料贮存；
4—控制室；5—机房；6—小车卸料

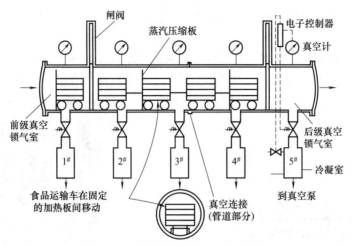

图 5-17　长圆筒形隧道式连续冻干机

图 5-18 所示为一种连续生产的医药用冻干机，其冷凝器、制冷系统、真空系统安装在楼下机房内，其上一层楼是无菌室，分装料、进料和卸料室，冻干机内能自动压盖，实现无菌化、自动化生产，保证产品质量。

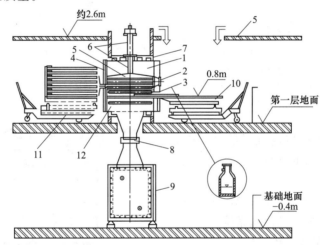

图 5-18　一种新型医药用冻干机

1—干燥室；2—观察窗；3—自动小门通道；4—全开大门；5—加塞装置；6—密封装置；7—加强筋和灭菌后的
冷却水管；8—蝶阀；9—捕水器；10—加料装置；11—卸料装置；12—搁板

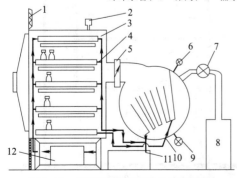

图 5-19　中型医药用冻干机典型结构
1—无菌室墙壁；2—真空计；3—冻干箱；4—搁板；
5—蝶阀；6—除霜水进口；7—电磁放气阀；
8—真空泵；9—排水口；10—水汽凝结器；
11—制冷系统；12—加热系统

### 5.2.4　按捕水器的安放位置

按捕水器安放的位置可以分为在冻干箱内还是箱外两种结构。

（1）捕水器按放在箱外　捕水器放在箱外的典型结构如图 5-19 所示。为提高产量，有时将两个冻干箱和两个捕水器共用一套制冷和真空系统。为提高可靠性，有时冻干箱和捕水器分用两套制冷系统和两套真空系统，各有优缺点。

（2）捕水器放在箱内　图 5-20 为一台拥有 $20m^2$冻干面积，液态氨冷冻的冻干机。其干燥箱和冷凝器在同一个真空室里，用阀板隔开，为水蒸气流动提供了最短的路径，冷凝器温度可达－100℃，搁板温度在－70～＋50℃之间，用运输车装卸料。

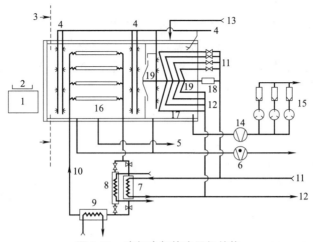

**图 5-20　液氨冷却的冻干机结构**

1—运输车；2—托盘中的产品；3—无菌室；4—CIP 系统；5—水出口；6—液环泵；7—用液氨冷却的盐水热交换器；
8—用 20℃水冷却热交换液体的热交换器；9—电加热热交换液体的热交换器；10—热交换流体循环；11—液氨入口；
12—氨气出口；13—除霜用的水；14—罗茨真空泵；15—3 个二机组；16—干燥箱；17—冷凝器；
18—冷凝器的金属板；19—干燥箱与冷凝器间的水力操作阀

### 5.2.5　其他分类方式

（1）按被冻干物料的冷冻方式可以分成：静态、动态、离心、滚动、旋转、喷雾、气流等；

（2）按采用的真空系统可以分成水环泵为主泵、旋片泵为主泵、水蒸气喷射泵为主泵等；

（3）按冻干箱内搁板上的加热方式可以分成传导加热、辐射加热；

（4）按加热用的工质可以分成采用蒸汽、油、水、氟利昂等；

（5）按被冻干物料冷冻地点可以分成冻干箱内还是冻干箱外。

## 5.3　冻干机的主要性能指标

中国制药装备行业协会发布过《冷冻真空干燥机医药行业标准》。2001 年国家机械工业联合会发布《真空冷冻干燥机机械行业标准（征求意见稿）》，在全国范围内推行 JB/T 10285—2001 食品冷冻干燥机标准。至今尚无完善统一的国家标准，这里介绍几项主要性能指标。

① 干燥箱空载极限压力：医药用冻干机为 2～3Pa，食品用冻干机为 5～15Pa。

② 干燥箱空载抽空时间：从大气压抽到 10Pa，医药用冻干机应小于等于 0.5h，食品用冻干机应小于等于 0.75h。

③ 干燥箱空载漏气率：医药用冻干机从 3Pa 开始，食品用冻干机从 10Pa 开始观测，观测 0.5h，其静态漏气率不大于 0.025Pa·m³/s。

④ 干燥箱空载降温速率：搁板温度 20℃±2℃降至－40℃的时间应不大于 2h。

⑤ 捕水器降温速率：从 20℃±2℃降至－50℃的时间应不大于 1h。

⑥ 冻干箱内板层温差与板内温差：医药用冻干机板层温度应控制在±1.5℃，板内温差为±1℃，食品冻干机可适当放宽。

⑦ 捕水器捕水能力：应不小于 10kg/m²。

⑧ 冻干机噪声：声压级噪声小型冻干机应不大于 83dB（A），中型≤85dB（A），大型≤90dB（A）。

⑨ 冻干机的控制系统应符合以下要求：应能显示各主要部件的工作状态；显示干燥箱内搁

板和制品的温度和真空度，捕水器温度；应能进行参数设定、修改和实时显示；应能显示断水、断电、超温、超压报警。

⑩ 冻干机的安全性能：整机绝缘电阻应不小于 $1M\Omega$。

医药用冻干机还要有自动加塞功能，加塞抽样合格率应大于 99%；蒸汽消毒灭菌的蒸汽气压为 0.11MPa，温度为 121℃，灭菌时间为 20min；冻干箱内表面保证能全部洗清，无死角积液。

**参 考 文 献**

[1] 徐成海，张世伟，关奎之. 真空干燥 [M]. 北京：化学工业出版社，2004：172-174.
[2] 徐成海，张世伟，彭润玲，张志军. 真空冷冻干燥的现状与展望 [J]. 真空，2008，45，（3）：1-12.
[3] 刘雪姣. 真空冷冻干燥法制备纳米碳酸钙粉体实验研究 [D]. 东北大学，2010，7：45-47.
[4] ［德］G. W. 厄特延，［德］P. 黑斯利. 冷冻干燥 [M]. 徐成海等译. 北京：化学工业出版社，2005.

# 6 冷冻真空干燥机的设计

## 6.1 冻干箱的设计

冻干箱或称冻干仓、冻干室，它是冻干机的核心部件。医药用冻干机的物料冷冻和干燥都在冻干箱内完成；食品用冻干机的物料预冻合格后也在冻干箱内完成真空干燥。为完成上述功能，冻干箱内需要有加热和（或）制冷的搁板，需要有热或冷液体的导入，有电极引入部件，有观察窗等部件。还有些冻干机的捕水器也布置在冻干箱内。图 6-1 给出了沈阳新阳速冻设备制造公司生产的食品用冻干机冻干箱的结构形式[1]。

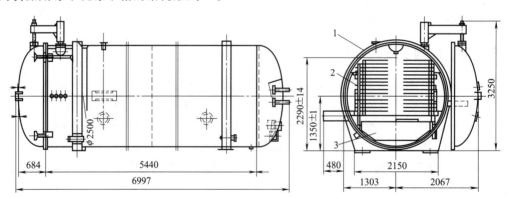

**图 6-1　食品冻干机冻干箱的典型结构**
1—冻干箱体；2—加热板总成；3—交替式捕水器

### 6.1.1 冻干箱的箱体设计

冻干箱的箱体是严格要求密封的外压容器，如果是带有消毒灭菌功能的冻干机，箱体还必须能承受内压。箱体有圆筒形和长方盒形两种。圆筒形省料，容易加工，承受内、外压能力强，但有效空间利用率低，大型食品冻干机多采用这种形状的箱体，特别是捕水器设置在箱体内，解决了空间利用率低的缺点。方形箱体外形美观，有效空间利用率高，在长方形盒式箱体外边采用加强筋，能解决承压能力问题，医药用冻干机多采用这种形状的箱体。无论哪种形状，在箱体设计时都要进行强度和稳定性计算，防止箱体变形。

冻干箱内温度场、压力场的均匀性也很重要，设计冻干箱时需要研究如何保证温度场的均匀性；研究抽真空系统的开口位置，以保证压力场的均匀性。最好要做温度场、压力场和气体流场的数学模拟，这将在第 14.2 节重点介绍。

（1）圆筒形箱体壁厚计算　圆筒形箱体只承受外压时，可按稳定条件计算，其壁厚为

$$S_0 = 1.25 D_i \left( \frac{p}{E_t} \frac{L}{D_B} \right)^{0.4} \tag{6-1}$$

式中，$S_0$ 为圆筒形箱体的计算壁厚，mm；$D_i$ 为圆筒内径，mm；$p$ 为外压设计压力，MPa；$L$ 为圆筒计算长度，mm，通常是相邻两加强筋之间长度；$E_t$ 为材料温度为 $t$ 时的弹性模量，MPa。

圆筒形箱体的实际壁厚 $S$ 为

$$S = S_0 + c \tag{6-2}$$

式中　$c$——壁厚附加量，mm。

$$c = c_1 + c_2 + c_3 \tag{6-3}$$

式中，$c_1$ 为钢板的最大负公差附加量，一般情况下取 $c_1 = 0.5$mm；$c_2$ 为腐蚀裕度，在冻干机设计中，一般取 $c_2 = 1$mm；$c_3$ 为封头冲压时的拉伸减薄量，一般取计算值的 10%，且不大于 4mm，不经冲压的筒体取 $c_3 = 0$。

式（6-3）的使用条件是：材料泊松系数 $\mu = 0.3$；$1 \leqslant \frac{L}{D_i} \leqslant 8$；$\left( \frac{p}{E_t} \cdot \frac{L}{D_i} \right)^{0.4} \leqslant 0.523$。

一般 $L/D_i$ 之值大于 5 时，建议设计加强圈。不大于 5 时，为了减少壁厚亦可设计加强圈。

（2）盒形箱体壁厚计算　盒形壳体壁厚可按矩形平板计算，板周边固定，受外压为 0.1MPa。

$$S = S_0 + c \tag{6-4}$$

$$S_0 = 0.224 B [\sigma]_w^{-\frac{1}{2}} \tag{6-5}$$

式中　$S$——壳体实际壁厚，cm；

　　　$S_0$——壳体计算壁厚，cm；

　　　$B$——矩形板的窄边长度，cm，见图 6-2；

　$[\sigma]_w$——材料弯曲时的许用应力，一般取简单拉伸压缩许用应力，MPa。

用蒸汽消毒的冻干机需进行内压试验，其试验压力不超过 0.2MPa。此时，应力应满足下式：

$$\sigma = \frac{0.5 B^2 p_c}{(S - c)^2} \leqslant 0.9 \sigma_s \tag{6-6}$$

式中　$p_c$——试验压力，MPa；

　　　$\sigma_s$——材料屈服限，MPa。

为减小壁厚，通常采用加强筋补强，加强筋类型如图 6-2 所示。此时，式（6-5）中 $B$ 值应以相应的值来代替。对于图 6-2（a）应以 $L$ 代替 $B$，图 6-2（b）应以 $b$ 代替 $B$，图 6-2（c）应以 $L$ 或 $b$ 两者中的较小者代替 $B$。

在计算加强筋时，假定被筋来分割的小平面所承受载荷的一半由一个加强筋来承受。每个筋受弯时的抗弯截面模量：

对于图 6-2（a），
$$W_p = \frac{B^2 L p}{2 K [\sigma]_w} \tag{6-7}$$

对于图 6-2（b），
$$W_p = \frac{L^2 B p}{2 K [\sigma]_w} \tag{6-8}$$

对于图 6-2（c），
$$W_p = \frac{B^2 L p}{4 K [\sigma]_w} \tag{6-9}$$

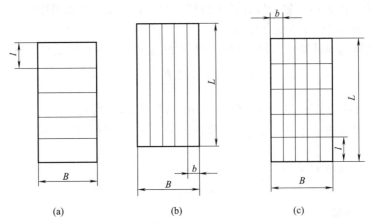

图 6-2　盒形箱体加强筋的类型

$$W_p = \frac{L^2 pb}{4K[\sigma]_w}$$

式中　$W_p$——加强筋的抗弯截面模量，$cm^3$；

　　　　$p$——设计压力，如做内压试验取 $p=0.196MPa$，如不做内压试验取 $p=0.098MPa$；

　　　　$K$——系数，与筋两端的固定方式有关，若为刚性固定（如与其他筋焊接）取 $K=12$，如非刚性固定，取 $K=8$。

　　求出截面模量后，即可确定加强筋的断面几何尺寸。选用型钢做加强筋，其截面模量在一般机械设计手册金属材料性能表中会给出来。所用型钢的截面模量必须等于或大于计算值。

　　（3）箱体的加工要求　医药用冻干机的箱体应采用优质 AISI304L 或 AISI316L 不锈钢制造，箱体内表面粗糙度 $Ra<0.75\mu m$，所有的箱内角均采用圆弧形，利于清洗。食品用冻干机的箱体可用 1Cr18Ni9Ti 不锈钢制造，也可用普通碳钢制造，但内表面需要做防锈处理，可喷涂不锈钢，也可喷涂瓷质油漆，要求喷涂时采用无毒材料，谨防有害物质造成食品污染。

### 6.1.2　冻干箱的箱门设计

　　医药用冻干箱的箱门与箱体应采用同种材料，表面粗糙度要求相同。箱体与箱门之间采用有转动和平动两个自由度的铰链连接，O 形或唇形硅橡胶圈密封，硅橡胶圈应能耐 $-50\sim150℃$ 的温度变化。箱门锁紧机构从老式设计的滑动机械装置逐渐过渡为全自动机械插销锁。如图 6-3 所示，分布在箱门周边的一系列气动销锁从侧面插入门框内，以防蒸汽消毒灭菌时泄漏。

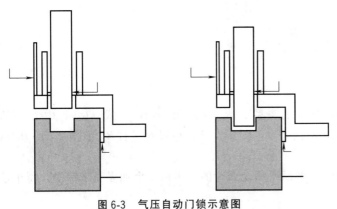

图 6-3　气压自动门锁示意图

　　食品用冻干机的箱门结构种类较多，圆形箱门以椭圆形封头为好，直径小的箱门也可采用平板；方形箱门也应设计成外突结构，小尺寸平板结构需设计加强筋。大型冻干机箱体与箱门分成两体，箱门可设计成落地式和吊挂式的各种结构。图 6-4 为两种落地式箱门结构，图（a）为两侧均可移动的箱门结构，装、卸料时将两侧箱门打开，用外部运送物料的吊车，将装有待干物料的托盘运送到干燥箱口，然后再把托盘插入干燥箱的搁板上，从干燥箱的另一侧顶出已干物料盘至吊车上运走；图（b）为箱门与搁板组件固定不动，箱体靠电动拉开，物料从搁板两侧装卸，因搁板全部裸露在外，便于清洗，适合于少量，多品种多样化的物料干燥。

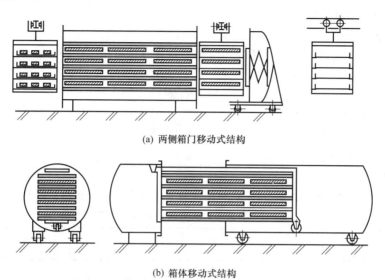

(a) 两侧箱门移动式结构

(b) 箱体移动式结构

图 6-4　落地式箱门结构示意图

图 6-5 给出两种吊挂式箱门结构，图 (a) 为箱门平移式结构，图 (b) 为旋转式箱门结构。这两种结构均用料车装托盘，连车带物料一起装入箱体内的搁板间，物料与搁板不接触，靠辐射加热。这种结构装卸料快捷，节省辅助时间。

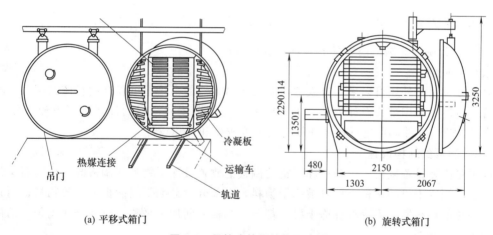

(a) 平移式箱门

(b) 旋转式箱门

图 6-5　吊挂式箱门结构示意图

圆形箱门多采用椭圆形封头，其壁厚可用下式计算：

$$S = \frac{KPD_i}{2[\sigma]_t \varphi - 0.5p} + C \tag{6-10}$$

$$K = \frac{1}{6}\left[2 + \left(\frac{D_i}{2h_i}\right)^2\right]$$

式中　$[\sigma]_t$——设计温度下材料的许用应力；MPa；

　　　$\varphi$——焊缝系数，$\varphi \leqslant 1.0$；

　　　$p$——设计内压力，MPa；

　　　$C$——壁厚附加量，mm；

$D_i$——箱体内径，mm；

$h_i$——封头内壁高度，mm；

$K$——应力增强系数；

$S$——壁厚 mm。

如果没有蒸汽消毒灭菌，只是单纯的外压容器，其壁厚可用下式计算：

$$[p] = \frac{0.0833E}{(R_i/S)^2} \tag{6-11}$$

式中 $[p]$——许用外压力，MPa；

$E$——材料弹性模量，MPa；

$R_i$——球形封头内半径，mm；

$S$——球壳厚度，mm。

对于椭圆形封头，取当量曲率半径 $R_i = KD_i$ 计算，系数 $K$ 由表6-1查得。

**表6-1 椭圆形封头当量曲半径折算表**

| $D_i/zh_i$ | 3.0 | 2.8 | 2.6 | 2.4 | 2.2 | 2.0 | 1.8 | 1.6 | 1.4 | 1.2 | 1.0 |
|---|---|---|---|---|---|---|---|---|---|---|---|
| $K$ | 1.36 | 1.27 | 1.18 | 1.08 | 0.99 | 0.9 | 0.81 | 0.73 | 0.65 | 0.57 | 0.5 |

如果有蒸汽消毒灭菌，对于正方形、矩形、椭圆形箱门，其壁厚可用下式计算：

$$S = D_c\sqrt{\frac{KZP}{[\sigma]_t\varphi}} + c \tag{6-12}$$

式中 $D_c$——封头有效直径，mm；

$K$——结构特征系数，可查压力容器设计手册；

$Z$——形状系数，$Z = 3.4 - 2.4\dfrac{a}{b}$，且 $Z \leqslant 2.5$；

$a$、$b$——分别为非圆形门短轴和长轴长度；mm；

其余符号同前。

除公式计算法之外还可以采用查表法，有关压力容器的书籍上可以查到相应的图表。随着计算机的普及应用，采用现代设计方法，如有限元素法做箱体和箱门的计算也很方便，如 SAP5、RCPV 和 ANSYS 软件都可进行箱体和箱门的强度校核和优化设计。

### 6.1.3 搁板的结构设计

在冻干箱内要设置搁板。医药用冻干机的搁板上放置被冻干物料，搁板既是冷冻器又是加热器；有些食品用冻干机的搁板上放置被冻干物料，大部分食品冻干机搁板上不放物料，而只是用作为辐射加热的加热器。无论哪种冻干机，都要求搁板表面加工平整，温度分布均匀，结构设计合理，便于加工制造。

搁板设计的关键技术是搁板内流体流道的位置、尺寸和搁板强度等的计算；制造的关键技术是加工流道的沟槽、焊接工艺、保证平整不变形、保证密封性能的方法等，这些内容都需要认真研究。

医药用冻干机搁板结构要根据降温和加热方式而定，通常有四种形式：直冷直热式、间冷间热式、直冷间热式和间冷直热式。

直冷式就是将搁板作为制冷系统中的蒸发器，制冷工质通过节流膨胀，直接进入搁板中蒸发制冷；直热式就是将加热器（例如电加热器）直接放入搁板中加热。直冷直热式的优点是冷、热效率高，结构简单，对于小型制冷机可用。直冷、直热式的缺点是降温和加热不均匀，不易调控，特别是加热不均匀危险较大，可产生局部过热使冻干产品变质，故直热式最好不采用。

间冷式是将制冷系统的蒸发器放在冻干箱的外面，制冷剂与冷媒（载冷剂）在蒸发器中进行热交换，再将冷媒用循环泵通入搁板中。间热式是在冻干箱外将热媒加热，再用循环泵将热媒打入搁板循环。目前采用间冷间热式的冻干机比较多。冷、热媒可用同一种介质，搁板比较简单；也可用不同介质，需两套介质流动管路，搁板结构复杂。

图 6-6 (a) 为几种不同的搁板结构，上图为直冷直热式，中间为直冷间热式，下图为间冷间热式。搁板的加工工艺在不断改革，现在的搁板多用 AISI316L 不锈钢材料制造，采用特殊空心夹板，强度高、密封性好。板层在长期热胀冷缩的工作条件下，不变形，不渗漏。其焊接工艺如图 6-6 (b) 所示。搁板表面要求平整、光滑，符合 GMP 要求，表面平整度 $\pm 1mm/m$，粗糙度 $Ra < 0.75\mu m$，板层厚度 20mm。搁板组件通过支架、滑轨安装在冻干箱内，由液压活塞带动做上下运动，便于清洗和进出料。最上一块搁板为温度补偿板，确保箱内制品的空间都处在相同的温度环境下。

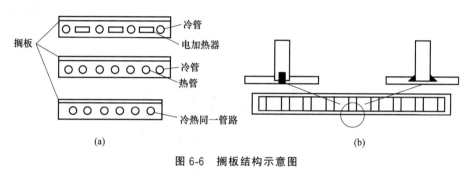

图 6-6　搁板结构示意图

现代大型食品冻干机的搁板多为轧制的铝型材，板内为长方形通道。为保证板面温度均匀，应使各流道内加热液体的流量一致。因此，在搁板端部焊接的集管中必须设置导流板，在导流板上打孔，通过改变导流板上的孔距来调节各流道中的流量，具体数据需要由实验决定。食品用冻干机多采用辐射加热，传热效率和温度均匀性与板面辐射率大小有关，一般对板面进行阳极氧化处理，使板面辐射率达 0.9 以上。搁板间距在 80～120mm 范围内。间距太大影响加热效率和均匀性；间距太小影响抽真空。最后都反映在影响干燥速率和产品的质量上。搁板组件通过滑道装入冻干箱内。

常规的冻干箱内的工件架搁物板是水平等间距平行摆放的，受搁物板间距限制，无法摆放体型较大的物料。为加工不同尺度规格的物料，往往被迫更换或调整工件架[2,3]。近年来，刘军[4]研究设计了一种搁板可以翻转的可变工件架，如图 6-7 所示。该工件架搁物板可以针对所冻干物料的形状、大小，来调节其结构布局，可以构成五层平行等间距水平摆放 [图 6-7 (a)]、三层平行等间距水平摆放 [图 6-7 (b)] 和五面包围正立方体形展开空间 [图 6-7 (c)] 三种结构形式。当以五面包围正立方体形展开空间结构形式工作时，该搁物架可以组成上下左右和后面都带有辐射制冷/加热板的整体展开空间，从而将整枝马鹿茸等大型物料悬挂于其中，顺利完成冻干工作，为实现在同一冻干机内完成不同尺度物料的冻干提供了一种快捷方便的关键部件结构。

#### 6.1.4　冻干箱上的其他部件

(1) 压盖装置　医药用冻干机冻干的药品有时需在冻干机内压盖（加塞），如图 6-8 所示，其动力来自液压系统，液压缸伸出的活塞杆要进入冻干箱内，为防止污染，在活塞杆外需装波纹管动密封或其他动密封结构。

(2) 观察窗的结构　冻干箱上还要求有观察窗；对于大、中型冻干机，在箱门和箱体上要分别设置观察窗，其位置应便于观察，采光好。否则，在冻干箱内应设置光源，以利于观察冻干制品情况。常用的观察窗有两种结构，图 6-9 是简易观察窗。其结构简单，造价便宜，但绝热性不好，玻璃上容易结露，致使观察不清晰；图 6-10 是圆筒式观察窗，在有机玻璃圆筒一端接上有

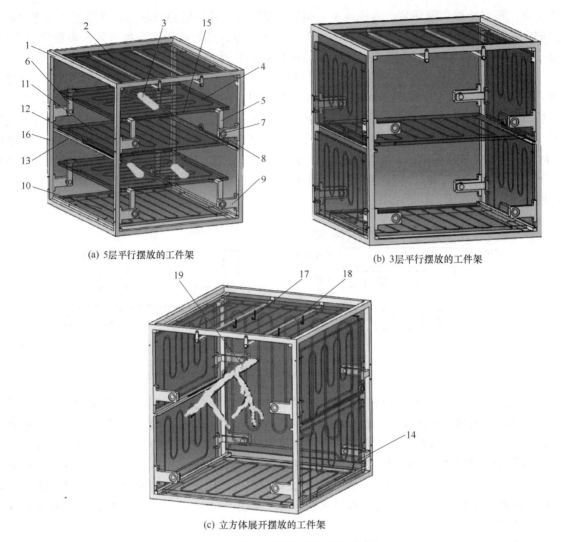

(a) 5层平行摆放的工件架

(b) 3层平行摆放的工件架

(c) 立方体展开摆放的工件架

**图6-7　一种搁板可以翻转的可变工件架**

1—工件架架体；2—顶层（第一层）搁物板；3—小型被冻干物料（梅花鹿茸、鹿茸切片等）；4—小搁物板（第二、四层）；
5—小搁物板前摆臂；6—小搁物板后摆臂；7—小搁物板回转轴；8—小搁物板回转轴承；9—小搁物板支撑臂；
10—底层（第五层）搁物板；11—中层搁物板（第三层）搁物板；12—中搁物板支撑轴承；13—中搁物板滑道；
14—导热介质连接软管；15—中搁物板定位销；16—小搁物板定位销；17—吊钩；
18—挂物架杆；19—大型被冻干物料（马鹿茸等）

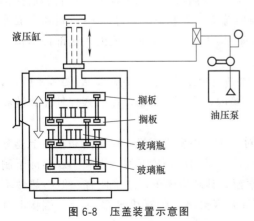

**图6-8　压盖装置示意图**

机玻璃板，另一端固定钢化玻璃，并用橡胶垫密封，在橡胶垫片处插入针头半筒内抽成真空，直到650Pa左右为止，以提高其保温性能，并在低温时观察清晰。此种结构可由化工厂承制。

（3）电极引入结构　冻干机工作时冻干箱内是真空状态，引入电极时应防止泄漏。为防止漏电，还应做好绝缘。冻干箱内，通常需要是多点测温和照明；如果是电加热还要有电加热器。这些地方都要有电极引入结构。图6-11给出了两种电极引入结构，其中图（b）为低压电极，可供设计时参考。

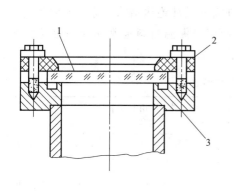

图 6-9　简易观察窗

1—玻璃；2—胶木板；3—密封圈

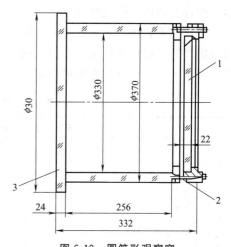

图 6-10　圆筒形观察窗

1—钢化玻璃；2—针头插入处；3—有机玻璃组件

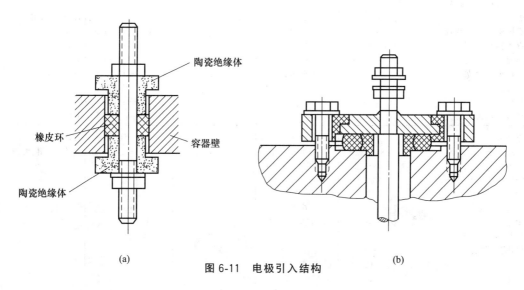

(a)　　　　　图 6-11　电极引入结构　　　　　(b)

（4）真空规管接头结构　冻干箱内要测真空度，在箱上必须设计真空规管接头。图 6-12 给

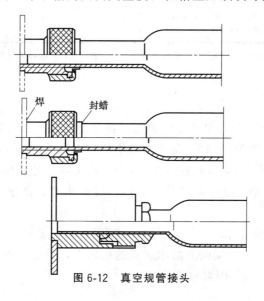

图 6-12　真空规管接头

出三种接头结构，供设计时参考。

（5）冻干箱绝热　为减少冻干箱的冷热损失，冻干箱外需要设计绝热结构。冻干箱壁外应有保温层和防潮层，最外侧是包皮。保温层厚度通过热计算确定。保温材料通常用聚氨酯泡沫塑料，现场发泡。几种保温绝热材料的性能列于表 6-2 供选用。

**表 6-2　常用绝热材料在大气压下的特性**

| 材料名称 | | 堆积密度 /(kg·m⁻³) | 有效热导率 /(W·m⁻³·K⁻¹) | 比热容 /(kJ·kg⁻¹·K⁻¹) | 吸水率 /% | 适用温度 范围/℃ | 产地 |
|---|---|---|---|---|---|---|---|
| 泡沫状材料及制品 | 软木板及管壳 | 150~200 | 0.041~0.07 | 约 2.1 | ≤50 | −60~150 | 西安、武昌、内乡、合肥 |
| | 软木颗粒(3~8mm) | 100~150 | 0.041~0.058 | 约 2.1 | | −60~150 | |
| | 浸沥青软木板 | 200~400 | 0.07~0.093 | 约 2.1 | | | |
| | 聚苯乙烯泡沫塑料(板. 管壳) | 20~50 | 0.029~0.046 | | | −80~75 | 南京、上海、天津、广州 |
| | 脲醛泡沫塑料 | 15 | 0.028~0.041 | | <12 | 60 以下 | 长春 |
| | 硬质聚氯乙烯泡沫塑料(板) | 40~45 | 0.035~0.043 | | <3 | | 上海、天津、大连 |
| | 聚氨酯泡沫塑料 | 24~40 | 0.041~0.046 | | | −30~130 | 北京、上海、大连 |
| | 泡沫混凝土 | 400~600 | 0.175~0.231 | 约 1.05 | | | 北京、上海、阳泉 |
| | 纤维状材料及其制品 | | | | | | |
| | 矿棉 | 100~130 | 0.032~0.046 | | | 200 以上 | 太原、石景山 |
| | 酚醛树脂矿棉板及管壳 | 150~180 | 0.042~0.502 | | <1 | 300 以下 | 太原 |
| | 沥青矿棉毡 | 135~160 | 0.049~0.052 | | | | 石景山 |
| | 玻璃棉 | 90~110 | 0.038 | | 约 2 | 400 以下 | 南京 |
| | 玻璃棉板及管壳 | 80~120 | 0.035~0.058 | | | −100~300 | 南京、苏州 |
| | 沥青玻璃棉毡 | 80~100 | 0.035+0.00016t | | | 250 以下 | 大连 |
| | 超细玻璃棉 | 18~22 | 0.0326 | | | −100~450 | 南通 |
| | 超细玻璃棉板及管壳 | 40~6 | 0.0326~0.035 | | | 350 以下 | 上海 |
| 粉末状材料及其制品 | 特级珠光砂 | <80 | 0.0185~0.029 | 约 0.67 | | −200~1100 | 大连、太原 |
| | 轻级珠光砂 | 80~120 | 0.029~0.046 | 0.67 | | −256~800 | 天津、沈阳、大连 |
| | 气凝胶 | 90~120 | 0.014~0.016 | | | | |
| | 硅胶粉 | 160~240 | 0.03~0.035 | | | | |
| | 石棉 | 300 | 0.133 | | | | |
| | 石棉砖 | 470 | 0.15 | | | | |
| | 硅藻土 | 500~750 | 0.175~0.24 | | | | |
| | 其他材料 | | | | | | |
| | 铝箔(有空气夹层) | 3~4 | 0.047~0.053 | 0.29 | | | |
| | 稻壳 | 127 | 0.12 | | | | |
| | 甘蔗板 | 240 | 0.057 | | | | |
| | 蛭石 | 150~250 | 0.105~0.14 | 0.92 | | | |
| | 蛭石沥青(1:1) | 470 | 0.085 | | | | |
| | 粒渣 | 500~600 | 0.116~0.175 | | | | |
| | 炉渣 | 800~1000 | 0.175~0.23 | 0.75 | | | |

注：表中所给数据系一般的数值范围，每种具体材料的特性数据可查阅生产厂的技术资料，或者用试验的方法来确定。

## 6.2　捕水器的设计

捕水器又称水汽凝结器，是专抽水蒸气的低温冷凝泵。1g 水在 133Pa 真空度下，体积接近 1000L。如果 1 台工作真空度为 133Pa，每小时升华量为 60kg 的冻干机，要求真空系统的抽气量相当于 $6×10^7$ L/h，需要有 600L/s 抽速的泵 28 台，这实际上是不可能实现的。因此，冻干机上的抽气系统，除采用水蒸气喷射泵之外，必须设置捕水器，以便抽除水蒸气，实现物料的干燥。

捕水器的性能应该包括捕水速率（kg/h），捕水能力（kg/m²），永久性气体的流导能力（L/s），功率消耗（kW/kg），冷凝面上结冰或霜的均匀性，制造成本和运转费用等。这些性能与制冷温度、结构和安装位置等因素有关。

### 6.2.1　对捕水器的要求

捕水器是真空容器，因此，要满足外压容器的强度要求，筒体多设计成圆筒形；若长径比满足表 6-3 的要求，则可不做计算，若超出了表 6-3 中的长径比规定，则要另做计算。

**表 6-3　长径比于壁厚之间的关系**

| 容器的长径比 | 不同公称直径下的筒体壁厚/mm | | | | | | | | | | | | |
| --- | --- | --- | --- | --- | --- | --- | --- | --- | --- | --- | --- | --- | --- |
| | 400mm | 500mm | 600mm | 700mm | 800mm | 900mm | 1000mm | 1200mm | 1400mm | 1600mm | 1800mm | 2000mm | 2200mm |
| 1 | 3 | 3 | 4 | 4 | 4 | 4.5 | 5 | 6 | 6 | 8 | 8 | 8 | 10 |
| 2 | 3 | 4 | 4 | 4.5 | 5 | 6 | 6 | 8 | 8 | 10 | 10 | 12 | 12 |
| 3 | 4 | 4 | 4.5 | 5 | 6 | 8 | 8 | 8 | 8 | 10 | 12 | 14 | 14 |
| 4 | 4 | 4.5 | 5 | 6 | 8 | 8 | 8 | 10 | 10 | 12 | 14 | 14 | 16 |
| 5 | 4 | 5 | 6 | 6 | 8 | 8 | 10 | 10 | 12 | 12 | 14 | 14 | 16 |

筒体和各连接部位的泄漏应满足真空密封的要求。通常与冻干箱的要求一样，静态漏气率应低于 $0.025\mathrm{Pa} \cdot \mathrm{m}^3/\mathrm{s}$。

捕水器是带气固相变的换热器。因此，要求换热效率高，用导热性能好的材料做冷凝表面，以减少换热损失。冰和霜都是热的不良导体，要求结冰层不能太厚，一般在 $5\sim10\mathrm{mm}$，以免因冰导热性能差而造成能源浪费。

捕水器是专抽水蒸气的冷凝泵，因此，要有足够的捕水面积，以保证实现冻干要求的捕水量。要有足够低的温度，以形成水蒸气从升华表面到冷凝表面间的压力差，两表面的温度差最好在 10℃左右。这样，既能保证使水蒸汽从冻干箱流向捕水器的动力，造成水蒸气流动，又能使冻干箱内有合理的真空度，实现良好的传热传质过程。捕水器内要有足够的空间，以使水蒸气在其中流动速度减慢，增加与冷凝面的碰撞概率，提高捕水能力。大型捕水器要设置折流板，以防气体短路，水蒸汽被真空泵抽走。冷凝表面之间应有足够距离，以保证不可凝气体的流导，便于抽真空。

### 6.2.2　捕水器的结构设计

捕水器的结构形式多种多样，冻干机上常用的捕水器可分为两大类，一类是管式换热器，另一类是板式换热器。图 6-13 是一种管式换热捕水器的典型结构。图 6-14 是其内部照片。图 6-15 为圆筒形板式捕水器结构[5]。

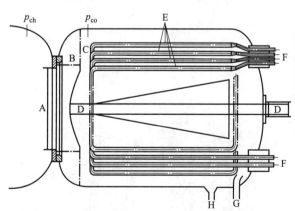

**图 6-13　一台冻干设备水汽凝结器的示意**

A—连接到冻干箱的口径；B—由 D 移动的圆柱面孔；
C—阀板和冷凝器之间的通道；D—阀板；
E—冷冻蛇形管的凝结表面；F—冷冻机
的入口和出口；G—连接到真空泵的管；
H—水蒸气凝结器融霜期间的放水孔；
$p_{\mathrm{ch}}$，$p_{\mathrm{co}}$—分别是干燥箱和冷凝器中的压力

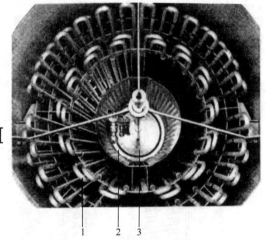

**图 6-14　冷凝器内部视图，表示两蒸发器**
（史特雷斯股份有限公司，D-50354）
1—由制冷剂直接冷却的冷凝器管，
如 R404A（见表 6-10）；
2—由液氨直接蒸发冷却的板
式蒸发器；3—蘑菇阀的阀板

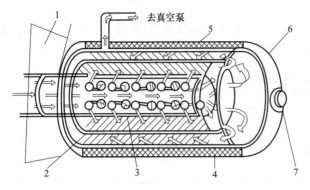

图 6-15 圆筒形板式捕水器结构

1—干燥器；2—水汽凝结器冷却板；3—水蒸气分配管；
4—保温层；5—水汽凝结器管壁；6—门；7—视镜

管式又可分为盘管（或螺旋管、蛇管式）和壳管（列管）式两种，前者主要用于小型冻干机，后者主要用于大型冻干机。板式又可分为平板和圆筒形组合板两种，后者结构复杂，但冷凝效率高。无论是管式还是板式，按捕水器外壳放置方式又可以有立式和卧式两类，小型冻干机多采用立式捕水器，大型冻干机多采用卧式捕水器。按捕水器是否安放在冻干箱内，又可分成内置式和外置式。

（1）盘管式捕水器的结构　图 6-16 为一种常用的小型捕水器的结构，立式安装，其特点是结构简单，制作方便，造价低。

但这种结构维修不方便，属于不可拆结构。图 6-17 为可拆结构，克服了维修不便的缺点。图 6-18为几种不可拆盘管进出口结构，盘管与壳体焊接固定。图 6-18（a）用于碳钢制作的壳体及盘管（蛇管）。在设计时必须保证图中 $B$ 的尺寸大于 $b+\delta$。图 6-18（b）用于不锈钢盘管（或铜管），容器壳为碳钢时，盘管进、出口与壳壁焊接处加一不锈钢管做过渡区，使该处焊接情况得到改善，短管长取大于等于 $1.5d$。

图 6-19 为常见的几种可拆的蛇管进出口结构及其密封形式：图 6-19（a）蛇管进、出口采用填料密封，蛇管端法兰可拆，拆卸时先将软铅吹掉或从管节与蛇管焊缝处割掉，在蛇管再次接装时又把它焊上。图 6-19（b）采用垫片密封。图 6-19（c）结构用于大直径设备。图 6-19（d）为图 6-19（a）节点 I 的两种结构。图 6-20 为盘管固定的几种形式。

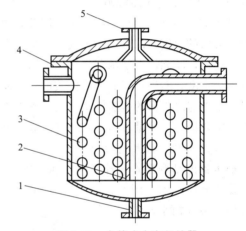

图 6-16　盘管式水汽凝结器

1—放水口；2—抽气口；3—盘管；
4—筒体；5—喷水口

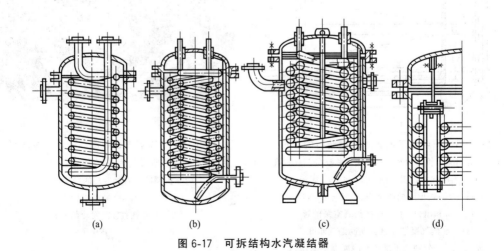

(a)　　　　　(b)　　　　　(c)　　　　　(d)

图 6-17　可拆结构水汽凝结器

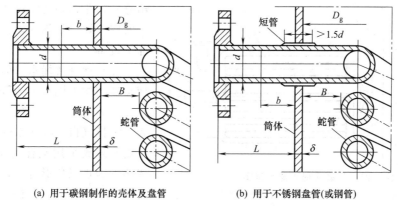

(a) 用于碳钢制作的壳体及盘管　　　　　　(b) 用于不锈钢盘管(或钢管)

图 6-18　不可拆盘管进出口结构

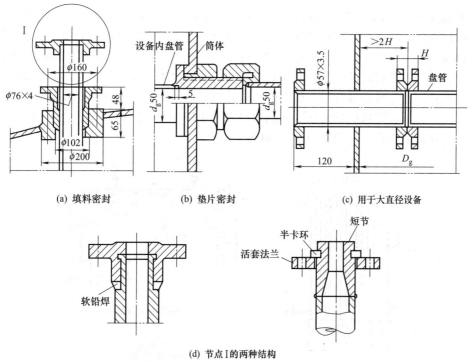

(a) 填料密封　　　　　(b) 垫片密封　　　　　(c) 用于大直径设备

(d) 节点 I 的两种结构

图 6-19　可拆盘管进出口结构及密封

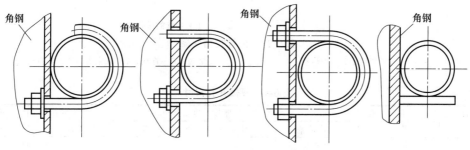

图 6-20　盘管固定的几种形式

最近几年，医药用冻干机上常用一种带隔离阀（蘑菇阀）的直联式捕水器，如图 6-21 所示。这种捕水器既有内置式捕水器的高通导能力，有利于抽出水蒸汽；又有外置式捕水器可以与干燥

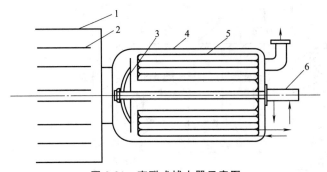

**图 6-21 直联式捕水器示意图**

1—冻干箱；2—搁板；3—蘑菇阀；4—捕水器外壳；

5—冷凝管；6—液压缸（或气缸）

箱分开，化霜和装卸料两不误，提高生产效率。缺点是阀杆较长，不适于大型冻干设备。

（2）列管式捕水器的设计 列管式捕水器结构如图 6-22 所示。它由端盖、外壳、管板、传热管、折流板、压力表、吸排气口、进入水阀等组成。一般端盖与外壳采用螺栓连接和垫圈密封。传热管为正三角形排列，为保证结霜厚度在 10mm 左右，且能有良好的通导能力，两管外壁之间的距离应不小于 25mm。管板与传热管之间可采用图 6-23 所示的焊接和胀接形式。焊接法具有耐高温、耐高压、工艺简单等优点，但也存在管板与传热管之间隙易腐蚀的缺点。其间隙可参照表 6-3 确定。传热管突出管板的长度 $L_2$ 推荐值为：当管径 $d_0 \leqslant 25mm$ 时，取 $L_2 = 0.5 \sim 1mm$；当管径 $d_0 > 25mm$ 时，取 $L_2 = 3 \sim 5mm$。胀接法是目前最常用的一种，它是利用胀管器，使伸到管板孔中的传热管端部直径扩大，紧紧地贴在管板孔壁上，达到密封坚固连接的目的。管板上的孔有孔壁开槽或不开槽两种。孔壁开槽可以增加连接强度和紧密性，因为胀管后产生塑性变形的管壁嵌入小槽中，所以在操作压力 $p < 6 \times 10^5 Pa$ 时，管板的管孔应开槽。管孔尺寸参见图 6-23 和表 6-4。

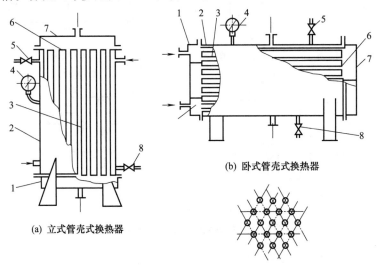

（a）立式管壳式换热器

（b）卧式管壳式换热器

（c）列管的排列方式

**图 6-22 列管式捕水器**

1—端盖Ⅰ；2—外壳；3—传热管；4—压力表；5—安全阀；6—管板；7—端盖Ⅱ；8—放油阀

**表 6-4 管板开孔尺寸**

| 管子外径 $d_0$/mm | 管板孔径 $d_0$/mm | | 胀接长度 $L_1$/mm | | 管子伸出长度 $L_2$/mm | 槽深度 $K$/mm |
| --- | --- | --- | --- | --- | --- | --- |
| | 孔径 | 允许偏差 | $B \leqslant 50$ | $B > 50$ | | |
| 19 | 19.4 | +0.2 | | | $3^{+2}$ | 0.5 |
| 25 | 25.4 | +0.2 | $B-3$ | 50 | $3^{+2}$ | 0.5 |
| 38 | 38.5 | +0.3 | | | $4^{+2}$ | 0.6 |
| 57 | 57.7 | +0.4 | | | $5^{+2}$ | 0.8 |

注：B 为管板的实际厚度。

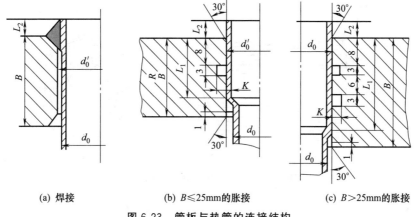

|（a）焊接 | （b）$B \leqslant 25\mathrm{mm}$的胀接 | （c）$B > 25\mathrm{mm}$的胀接 |

**图 6-23　管板与热管的连接结构**

通常，制冷剂在管内流动（管程），水蒸气和部分空气在管外流动（壳程）。管内一般总是分成几个流程，流程的划分是借助于端盖上搁板来实现的［见图 6-22（b）］。为使水蒸气与管外壁多次接触以增加捕水率，壳内可设折流板。折流板有圆缺和环盘两种，如图 6-24 所示。

图 6-25 为一种内置式列管捕水器的结构，其结构紧凑，占地面积小。

（3）板式捕水器的结构　图 6-26 为平板式捕水器的结构示意图。在板内布置有制冷管道。

（4）短圆管环式捕水器[6]　王曙光等设计的短圆管环式捕水器结构尺寸如图 6-27 所示，其制冷供液段由 4 圈供液环形管组成，总供液分 4 路分别供给供液环形管，制冷剂回气端由对应的 4 圈回汽环形管组成。相对应的每一圈供液环形管及回汽环形

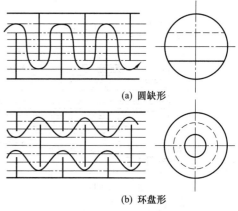

（a）圆缺形

（b）环盘形

**图 6-24　折流板种类**

管由对根凝结短管相连。顺着水蒸气的流动方向，水蒸气逐渐减少，因而水汽凝结器设计成前大后小的锥形结构。该种结构的捕水器因凝结管外水蒸气流动阻力小，凝结管内制冷剂流动阻力小以及凝结管表面结霜均匀，使得制冷系统蒸发温度提高，制冷系统的制冷量提高，能效比提高。

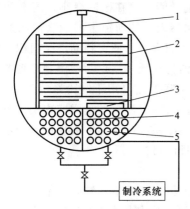

**图 6-25　一种内置式列管捕水器的结构**

1—物料车；2—加热板；3—仓盖；

4—隔板；5—冷凝管

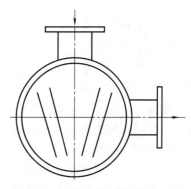

**图 6-26　平板式捕水器结构示意图**

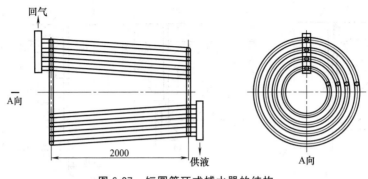

图 6-27　短圆管环式捕水器的结构

（5）变通导能力捕水器的结构　一般捕水器空载运行时，气体的通导能力是不变的，工作以后，由于捕水器入口处的冷却管壁首先接触到水蒸气而结成冰或霜，占据了被抽气体通过的空

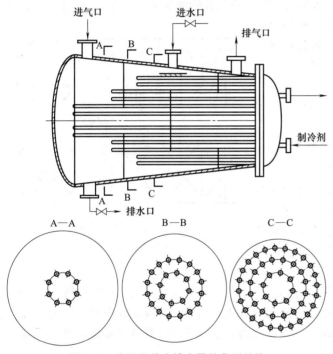

图 6-28　变通导能力捕水器的典型结构

间，影响了被抽气体的通过，造成捕水器内后面的冷凝管捕集不到或很少捕集到水蒸气，致使捕集水蒸气的效率低，浪费能源，使捕水器结构庞大，浪费金属材料，而且占地面积较大；捕水器的冷凝管表面结霜，霜的密度低，导热性能不好，影响水蒸气的捕集，化霜需要专门热源，王德喜等人就这些问题，研制了变通导能力的捕水器系统，捕水器典型结构如图 6-28 所示。

这种结构的捕水器，在空载时，捕水器内气体通道横截面积由前向后是由大到小变化的，因此，通导能力也是变化的；工作时，随着被抽水蒸气在捕水器内前段冷凝管上的凝结，气体通过的通道横截面积不断减少，通导能力也在不断变小，逐渐使得捕水器内气体通道上前后气体的通导能

力趋于一致。因此，不会影响捕水器内后面冷凝管的捕水蒸气能力。致使在相同冷凝面积的情况下，捕水器的捕水量增加了，捕水蒸汽的效率提高了，冷量消耗降低了。化霜使用制冷系统中从冷凝器内流出来的冷却水，温度较高，经过喷淋化霜后，水温降低，再用于制冷系统的冷凝器，冷却制冷工质，循环使用，充分利用了冷却水从冷凝器里带出来的热源，使化霜速冻快，节省时间、节省热量；从捕水器化霜出来的水温度降低，再应用到制冷系统冷凝器中去用做冷却水，实现了废水再利用，热能再利用。从而可达到高效、节能、减排的目标。

### 6.2.3　捕水器的设计计算

一般捕水器都采用直冷式结构，它在制冷系统中属于蒸发器；在真空系统除抽水蒸气外，还要让其他气体通过，可以算做是通过永久性气体的管道。因此，对捕水器的设计计算应该包括热计算、流动阻力计算、结构尺寸计算几部分。

（1）捕水器所需面积的计算　水蒸气在冷凝面上成霜，霜有两个重要特性：一是密度；二是

热导率。这两个数值又都与霜的结构有关，霜的结构与冷面温度有关，不同冷面温度产生不同结晶形状的霜。随着温度上升，成霜结构致密；随着霜层的逐渐增厚，霜表面温度升高，结霜密度增大；由于温差的存在，为水蒸气通过表层扩散传质提供了动力，内部的霜结构会逐渐致密。

Hayashi 给出了在常压情况下，霜的密度和冷凝面温度的函数关系

$$\rho = 650e^{0.271} T_s \tag{6-13}$$

式中，$\rho$ 为霜的密度，$kg \cdot m^3$；$T_s$ 为霜层表面温度，℃。该式仅适用在 $0 \sim -25℃$，空气流速为 $2 \sim 6m/s$ 范围。真空状态下霜层密度应该比常压低一些，低于 $-25℃$ 时，霜层密度也应该低一些，具体数值还无人公布，设计水蒸气凝结器时一般取 $\rho = 600 \sim 900kg/m^3$。

R. A. 弗黑尔给出了霜的热导率 $\lambda$ 和温度 $T_s$ 之间关系的曲线，为便于计算，对该曲线进行线性模拟，得出计算公式。该曲线呈对数二次形式，设 $\lg\lambda = a(\lg T_s)^2 + b(\lg T_s) + c$，由曲线查得

$$\begin{cases} \lg 0.26 = a(\lg 200)^2 + b\lg 200 + c \\ \lg 0.4 = a(\lg 230)^2 + b\lg 230 + c \\ \lg 0.56 = a(\lg 273)^2 + b\lg 273 + c \end{cases}$$

解得 $a = -5.819$，$b = 30$，$c = -38.803$

$$\lg \lambda = -5.819(\lg T_s)^2 + 30\lg T_s - 38.803 \tag{6-14}$$

当温度分布为 $T_k$（凝结面温度），$T_s$（霜层表面温度）时，生成霜的热导率取平均值，即

$$\bar{\lambda} = \frac{1}{T_s - T_k} \int_{T_k}^{T_s} f(T) dT \tag{6-15}$$

表 6-5 给出了几种不同温度下霜层的热导率和晶粒形状。

表 6-5　不同冷面温度下霜的晶粒形状和热导率

| 冷面温度 /℃ | 晶粒形状 | 热导率 $\lambda/(W \cdot K^{-1} \cdot m^{-1})$ | 冷面温度 /℃ | 晶粒形状 | 热导率 $\lambda/(W \cdot K^{-1} \cdot m^{-1})$ |
|---|---|---|---|---|---|
| $0 \sim -4$ | 层状 | $\sim 0.56$ | $-10 \sim -20$ | 树枝状 | $0.52 \sim 0.48$ |
| $-4 \sim -10$ | 针状 | $0.56 \sim 0.52$ | $-20 \sim -40$ | 细棱状 | $0.48 \sim 0.40$ |

水汽凝结器内是非稳态流场，目前还没有一种合理的计算冷凝面积的方法。这里推荐一种凝霜过程的静态计算法。在水蒸气的凝结过程中，随着霜层厚度的增加，相对于基底温度 $T_k$，霜的表面温度 $T_s$ 增加，温度差 $\Delta T$ 应满足下式

$$\Delta T = T_s - T_k = \frac{s}{\lambda A_k}(Q_1 + Q_2) \tag{6-16}$$

式中　$Q_1$——水汽凝结时放出的热量，W；
　　　$Q_2$——周围环境传入的热量，W；
　　　$A_k$——冷凝面面积，$m^2$；
　　　$s$——霜层厚度，m。

假设霜层厚度达到设计最大值 $s = s_{max}$ 后，将不再结霜，凝结速率将趋于零值，霜层的温度 $\Delta T$ 经过一段时间稳定后，传入热流中 $Q_1$ 将趋于零，$Q_2$ 占主导地位，则式（6-16）可写成

$$\Delta T = \frac{s_{max}}{\lambda A_k} Q_2 \tag{6-17}$$

$$s_{max} = \frac{G}{A_k \rho} \tag{6-18}$$

式中，$G$ 为最大结霜量，kg。将式（6-18）代入式（6-17）

$$A_k = \left( \frac{G}{\Delta T \rho \lambda} Q_2 \right)^{\frac{1}{2}} \tag{6-19}$$

对国内、外一些中型冻干机考查结果表明，水汽凝结器冷凝面积与冻干室内搁板的面积有关，两面积比为（3～4）：1。

（2）盘管式捕水器的设计计算　盘管式捕水器属于间壁式换热器，其热计算用传热方程和热平衡方程如下：

$$Q = KF\theta \tag{6-20}$$

$$Q = m_h c_h (t_{hi} - t_{ho}) = m_c c_c (t_{co} - t_{ci}) \tag{6-21}$$

式中　$K$——传热系数，$W/(m^2 \cdot K)$；

　　　$F$——传热面积，$m^2$；

　　　$\theta$——传热温差，K；

$m_h$，$m_c$——两流体的质量流量，kg/s；

$c_h$，$c_c$——两流体的比热容，$kJ/(kg \cdot K)$。

对于如图 6-29 所示的换热管，管内流体进、出口温度 $t_{ci}$、$t_{co}$，管外流体进出口温度为 $t_{hi}$、$t_{ho}$，管壁厚 $\delta$、热导率 $\lambda$，管外流体与管壁的放热系数 $\alpha_h$，管内、外污垢层热阻分别为 $\gamma_i$ 和 $\gamma_0$，则管内外流体间的传热系数若按管外表面积为计算基准时为

$$K = \frac{1}{\frac{1}{\alpha_h} + \gamma_0 + \frac{\delta}{\lambda} + \left( \gamma_i + \frac{1}{a_i} \right) \frac{d_2}{d_1}} \tag{6-22}$$

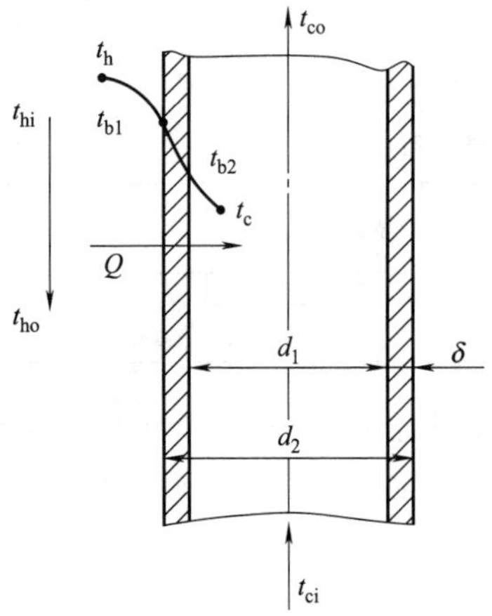

**图 6-29　通过换热管壁的换热**

流体流速对 $\alpha$ 和 $K$ 值均有影响，一般对液体管程选 0.3～0.8m/s，壳程 0.2～1.5m/s，气体管程选 3～10m/s，壳程 2～15m/s。根据流体性质确定流速后，可按下式求得管直径：

$$d_i = \left( \frac{V_s}{\frac{\pi}{4} w} \right)^{\frac{1}{2}} \tag{6-23}$$

式中　$d_i$——蛇管的内径，m；

　　　$V_s$——体积流量，$m^3/s$；

　　　$w$——流体速度，m/s。

蛇管的长度也不能太长，可做成几个并联的同心圆管组，组数为

$$m = \frac{V_s}{\frac{\pi}{4} d_i^2 w} \tag{6-24}$$

每组长 $l_i$ 为

$$l_i = \frac{F}{m_1 \pi d_0} \tag{6-25}$$

式中，$d_0$ 为蛇管外径，m。每圈蛇管长度 $l$ 为

$$l = \sqrt{(\pi D_n)^2 + h^2} \tag{6-26}$$

式中　$D_n$——蛇管圈中心直径，m；

　　　$h$——蛇管间距，m；

$n$——每组蛇管的圈数。

$$n = l_i / l \tag{6-27}$$

每组蛇管的高度 $H$（见图 6-30）为

$$H = (n-1)h \tag{6-28}$$

图 6-31 所示蛇管内、外圈间距 $t$ 一般取（2～3）$d$，同组中间距 $h$ 取（1.5～2）$d$，蛇管的最外圈离容器内壁面的距离取 100～200mm，故蛇管中心圆的直径 $D_n$ 为

$$D_n = D - (200\sim400\text{mm}) \tag{6-29}$$

式中，$D$ 为容器内径。蛇管中心圆直径不能小于 $8d$。

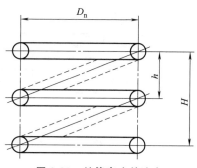

**图 6-30　蛇管高度的确定**

盘管式捕水器的设计步骤应该是：确定流体物理数据；热负荷计算；流体进入蛇管内、外的选择；初算平均温度；选取管内流速，确定管径；计算传热系数 $K$ 值；初算传热面积 $F$；选取管间距 $h$ 和内外管间距 $t$；确定壳体直径，蛇管圈数及高度；校核传热系数 $K$、平均温差 $\Delta t_m$、传热面积 $F$。

（3）列管式捕水器的设计计算　图 6-32 为外置式捕水器结构示意图。其设计计算采用半经验半理论法。列管上最大结霜厚度可由霜层稳态热平衡方程导出

$$\delta_{\max} = \left[ \frac{2k_f(T_f - T_w)\tau}{\rho_f \gamma} \right]^{\frac{1}{2}} \tag{6-30}$$

式中　$\delta_{\max}$——最大结霜厚度，m；

　　　　$k_f$——霜层热导率，W/(m·K)；

　　　　$T_f$——霜层表面温度，K；

　　　　$T_w$——冷壁面温度，K；

　　　　$\rho_f$——霜的密度，kg/m³；

　　　　$\tau$——时间，s；

　　　　$\gamma$——霜的凝华热，J/kg。

捕水器冷壁面积的最小面积为

$$A_{\min} = \frac{M_{\min}}{\rho_f \delta_{\min}} \tag{6-31}$$

式中　$M_{\min}$——最小捕水量，kg。

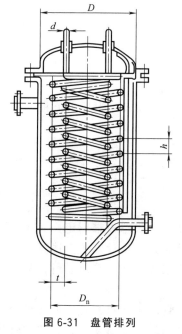

**图 6-31　盘管排列**

由于 $\rho_f$ 难定，$\delta_{\min}$ 是经验值，$A_{\min}$ 也很难准确求出，根据经验，常取 $A_{\min} \leqslant (1\sim3)A$，$A_{\min} > 0.6A$，其中 $A$ 为搁板面积。

若取冷壁管外径为 $d$（m），冷壁管常度 $L$（m）为

$$L = \frac{A_{\min}}{\pi d} \tag{6-32}$$

假如每根管子的长度取 $L_1$（m），则所需冷管的根数为 $N = L/L_1$。管子在管板上按正三角形排列，如图 6-33 所示。图中 $S$ 为管间距，设计时先按经验取 $S = 86 \sim 95\text{mm}$，然后按变流导最小截面法校核。

变流导是指从入口附近到出口附近的各折流板缺口处气体的流导是逐渐变小的，即折流板的面积变大，而不是等面积的；最小截面是指出口附近折流板的缺口面积最小。折流板缺口处的面积为

$$F_1 = \frac{1}{2} R^2 \theta - \frac{1}{2} b \sqrt{R^2 - \left(\frac{b}{2}\right)^2} \approx \frac{2}{3} bh \tag{6-33}$$

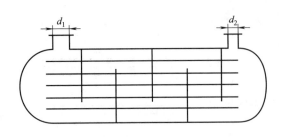

图 6-32 外置式捕水器结构示意图

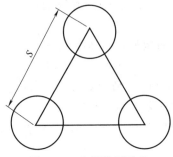

图 6-33 冷管排列形式

式中各符号所示意义见图 6-34。图中弓形面积内所包含的管数为 $n$，管子及其外部最大结霜所占面积为

$$F_2 = \frac{\pi(d + 2\delta_{max})^2}{4} \cdot n$$

折流板缺口处气体通过的最小面积为

$$F_{min} = F_1 - F_2 \tag{6-34}$$

$$F_{min} \geqslant 2\frac{\pi d_2^2}{4} \geqslant 0.5\pi d_2^2 \geqslant 1.57d_2^2 \tag{6-35}$$

式中 $d_2$——捕水器出口直径，m，通常等于所选主真空泵的入口直径。

以 $F_{min}$ 为基础，往捕水器入口方向递推，缺口面积逐渐增加，直到入口附近折流板的缺口面积 $F_{min}$ 值符合下式为止

$$F_{min} \leqslant \frac{\pi D^2}{8} \tag{6-36}$$

式中 $D$——捕水器外壳内径尺寸，m。

当捕水器管数、管间距确定之后，$D$ 值即可确定。

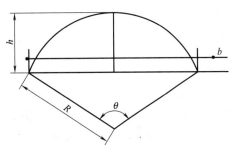

图 6-34 折流板缺口形式

因为捕水器内气体流动状态很难判定，又伴随着气固相变过程，其流导能力很难计算，上述算法避开了流导能力的计算，在工程设计中简单易行，基本上能满足要求。

早期捕水器的凝霜管多用铜材光管，近几年随着加工工艺的改进，多采用轧制铝材翅片管，这种管材凝霜面积大，重量轻，成本低，但化霜时易存水，应注意设计截面形状。医药用冻干机捕水器管材应该用不锈钢管。

（4）捕水器的效率 由于冷凝表面与霜层表面有温差 $\Delta T$，这就相当于随着霜层增厚，冷凝表面温度升高，冷凝效率降低。为提高水汽凝结器的效率，必须用降低制冷剂的蒸发温度来补偿。一般取 $\Delta T = 5 \sim 10℃$，有些场合甚至取 $10 \sim 20℃$。为弥补 $\Delta T$ 的影响，设计水汽凝结器时常考虑：①选择低的冷凝表面温度，但会给设备增加成本；②采用刮板式冷凝器，将在冷凝面上结成的霜及时除掉，这种设备结构复杂，但对连续式冻干机还是有用的；③双冷凝器交替工作系统，可使霜层及时除掉以防结霜太厚；④设法增大冷凝器表面积。

在真空条件下对冷凝的观察表明，冷凝霜的物理性状随冷凝温度和冻干室的真空度而变化。在 -20℃ 时，凝结成的是白色不透明的霜。如果空气的分压强较高，将在冷凝器与水蒸气最先接触的部分形成霜，冷凝表面的霜层是不均匀的。如果在室内空气的分压强低，霜将形成在冷凝器

的全部低温表面。这就是说空气分压强的变化，将影响冷凝器的有效冷凝表面积。为了提高冷凝器的凝结效率，系统内空气的分压必须维持在较低的水平。

（5）捕水器管内流体的流动阻力计算　气体（马赫数 $Ma \leqslant 0.2$ 时）和液体介质流经换热器时的流动阻力（即所需要的压头）可以表示为

$$p = p_f + p_p + p_a + p_{fp} \tag{6-37}$$

式中等号右边各项分别为沿程摩擦阻力、局部阻力、流体加速阻力及流体静液柱阻力。

对于捕水器管内流体的流动阻力，可以用经验公式简化计算。螺旋管式捕水器，管内流体流动阻力可用下式计算

$$p = \frac{1}{2}\rho^2 v \xi \frac{L}{d_i} \beta \tag{6-38}$$

式中　$\rho$、$v$——流体的密度和平均比容；

　　　　$\xi$——沿程阻力系数，其计算公式可查流体力学有关书籍；

　　$L$、$d_i$——管道长度和内径；

　　　　$\beta$——阻力修正系数，与螺旋管半径和管径比值 $r_s/d$ 有关查图 6-35。

壳管式捕水器管内流动阻力有两种算法。如果在管内不发生相变（丹麦 Atlas 的捕水器），其管内流动阻力可用下式计算

$$p = \frac{1}{2}\rho\omega^2 \left[ \xi N \frac{L}{d_i} + 1.5(N+1) \right] n \tag{6-39}$$

式中　$\rho$、$\omega$——流体的密度和流速；

　　　　$\xi$——摩擦阻力系数；

　　　　$N$——流程数；

　　$L$、$d_i$——单根管长度和内径；

　　　　$n$——单个流程的管子数。

如果在管内是气液两相流（干式蒸发器），管内流动阻力可用下式计算

$$p = \frac{1}{2}\rho^2 v_S \xi \frac{L}{d_i} n(2-5)\varphi_R \tag{6-40}$$

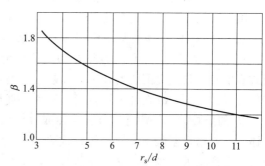

图 6-35　螺旋管内阻力修正系数

式中　$\rho$——流体密度；

　　　$v_S$——饱和蒸汽单相流体的比容；

$L$、$d_i$、$n$——分别为管长、内径和管的数目；

　　　$\varphi_R$——两相流动的阻力换算系数；

　　　$\xi$——摩擦阻力系数。

若饱和蒸汽单相流动时的雷诺数为 $Re_s$，则 $\xi$ 可按下式计算：

$$\xi = 0.3146/\sqrt[4]{Re_s} \tag{6-41}$$

## 6.3　真空系统设计

一个完整的真空系统包括真空容器、真空泵、真空仪表、真空阀门和真空管道。冻干箱和捕水器是冻干机真空系统的大容器，真空泵通过抽空阀抽捕水器，再通过主阀抽冻干箱；在真空泵头和冻干箱及捕水器上均装有真空测量装置，以便测量系统的真空。

### 6.3.1　冻干机对真空系统的要求

容器耐压：冻干机的真空容器（冻干箱和捕水器）必须能抵抗大气的压力，带蒸汽灭菌的冻干箱和捕水器还需能承受蒸汽灭菌时的高压和高温。

抽空时间：在 0.5h 左右的时间使冻干箱抽空到 10Pa。这是对真空泵抽空能力的要求，需根据冻干箱和捕水器容积的大小选择真空泵的排气量。

极限真空：冻干箱的最高真空应能达到 $0.5\sim10$ Pa。这是对容器真空度的要求，一般选用双级旋片式真空泵，或油封式旋转泵再加罗茨泵。

冻干箱的漏率：冻干箱的漏率应能达到 $5\times10^{-2}$ Pa·L/s。系统密封性的要求：要求设计先进，焊接可靠，加工精密，装配仔细，选用高性能的真空阀门和部件等。符合 GMP 的要求：真空系统中冻干箱和捕水器及关联的部件需使用不锈钢制造；密封材料要使用聚四氟乙烯、硅橡胶或医用橡胶；希望是洁净的抽空系统，不对冻干箱的产品产生任何污染。

### 6.3.2　冻干设备中常用真空系统示例

目前冷冻真空干燥设备中常用的真空机组主要有罗茨泵机组、水环-大气真空泵机组等多种。现分别简介如下：

#### 6.3.2.1　罗茨真空泵机组

(1) 罗茨真空泵机组的组成类型及机组前级泵的选用原则　罗茨真空泵机组是以罗茨泵为主泵并选配不同的前级泵而组成的真空抽气装置。根据前级真空泵的不同，机组有下列几种类型，即罗茨-旋片泵机组；罗茨-滑阀泵机组；罗茨-水环泵机组以及双罗茨泵机组等。

罗茨泵机组所选配的前级泵应考虑如下原则：

① 如果被抽气体无特殊性，既无腐蚀性和毒性，又不是低蒸气压的气体，如洁净空气等，应首先考虑采用旋片式真空泵作为机组的前级泵。因为旋片式真空泵有大的压缩比和宽的工作压力范围，双级旋片式真空泵的工作压力范围从大气至 $1\times10^{-2}$ Pa，单级旋片式真空泵的工作压力范围从大气至 1Pa。即便是单级旋片真空泵作为一级罗茨机组的前级泵，其极限压力可达 $1\times10^{-1}$ Pa。这类配置由于机组有较宽的工作压力范围，所以经济性好，使用广泛。与此同样，滑阀式真空泵也是这类配置的首选前级泵，滑阀式真空泵因其对被抽气体中含少量杂质的敏感性低于旋片式真空泵，故在许多场合优于旋片式真空泵作为前级泵配置。

② 如果被抽气体成分带有腐蚀性或气体成分会裂解前级真空泵油，或者抽除较低蒸气压的气体，一般前级泵就不能使用旋片式真空泵和滑阀式真空泵，因为这类气体会对前级泵产生腐蚀，或会产生大量水蒸气凝结在前级泵，侵蚀泵油后使前级泵不能正常工作。在这种情况下，选择水环式真空泵为前级泵较为合适。一般水环式真空泵与一级、二级或三级罗茨泵组成的机组，其极限压力分别可达 650Pa、25Pa、1Pa。但是这类使用中有一个值得注意的问题是：常常遇到被抽的物质对环境有污染，则必须选择相适合的液体组成循环使用的封闭液环式真空泵，同时要配上工作液热交换冷却装置和液环真空泵出口气体与液体的分离装置。

③ 如果在一个封闭系统中抽除有毒气体，或是抽除并回收一些洁净气体，或者是抽除一个巨大容器中的气体将其输送至贮罐中，这类情况，旋片式和滑阀式真空泵及水环式真空泵均不能做罗茨泵的前级泵，比较理想的是选用气体循环冷却罗茨真空泵。因为该泵具有高压缩比及大压差特性，可直排大气，大大增加机组的排气量。一个两级罗茨泵加三级气体循环冷却罗茨真空泵的五级机组，其极限压力可达 $10^{-1}$ Pa，工作压力范围可从大气至 $5\times10^{-1}$ Pa。同时，气体循环冷却罗茨真空泵本身也可作为主抽泵，与水环真空泵组成机组，适合于②所述的一些高压差工况，使真空机组的可靠性更好。正因为气体循环冷却罗茨泵有这些特点，所以在目前罗茨真空泵机组中的使用越来越普遍。

④ 如果被抽系统要求提供无油、水蒸气污染的清洁真空环境，前级泵则应采用干式真空泵，可选择螺杆式、爪式或活塞式无油真空泵，罗茨泵也应选用无油污染的类型。这种配置方案既可解决单纯使用干式泵极限真空度低的问题，又能保持较大的抽速。

前级泵的选择自然还应考虑选择多大的抽速来匹配与主泵罗茨泵的级比，以适应被抽容器大小和达到工作压力所需时间的要求。

（2）罗茨旋片真空泵机组 上海真空泵厂生产的罗茨旋片泵机组的结构外形如图 6-36 所示。

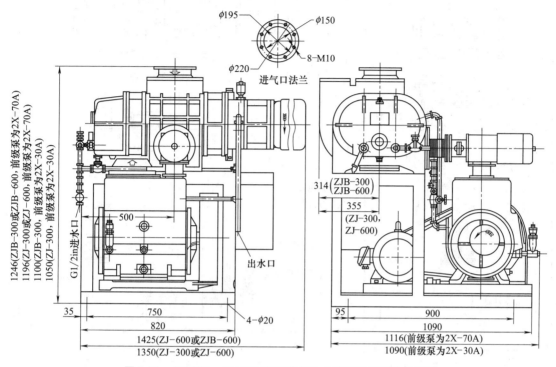

图 6-36 JZJ-300、JZJ-600 型罗茨旋片式真空泵机组结构简图

（3）罗茨滑阀泵机组 浙江真空设备厂生产的罗茨滑阀泵机组的外形结构如图 6-37 所示。

（4）罗茨水环泵机组 罗茨水环泵真空机组是由罗茨泵和水环泵串联而成，它不但可以抽吸一般性气体，还可以抽吸含有大量水蒸气或少量灰尘的气体。与油封旋片式机械泵相比，不存在泵油的污染问题；与水环泵相比，具有真空度高及高真空工作时抽气速率较大等特点。因此作为真空干燥设备上的抽气系统是比较理想的一种设备。上海真空泵厂生产的 JZJS 型二级罗茨水环泵机组的结构外形如图 6-38 所示。

图 6-37 罗茨滑阀泵机组的外形结构

### 6.3.2.2 水环-大气真空泵机组

水环-大气真空泵机组主要应用于真空干燥、真空浓缩、真空浸渍、钢液脱气等工业生产中，山东淄博真空设备厂生产的该种机组的结构外形如图 6-39 所示。

### 6.3.3 真空系统设计与计算

对于冻干设备，真空系统设计计算的目的就是依据干燥室的实际需要，设计配置出能够满足冻干工艺要求的真空系统。计算的内容包括：按照干燥室所要求的极限真空、工作真空和气体负荷，确定选取主泵的类型和规格型号；依据气体连续性原理为主泵配置合适规格型号的前级泵；在初步设计出捕水器和连接管道、阀门等附件组成的系统具体结构之后，校核验算系统所能达到

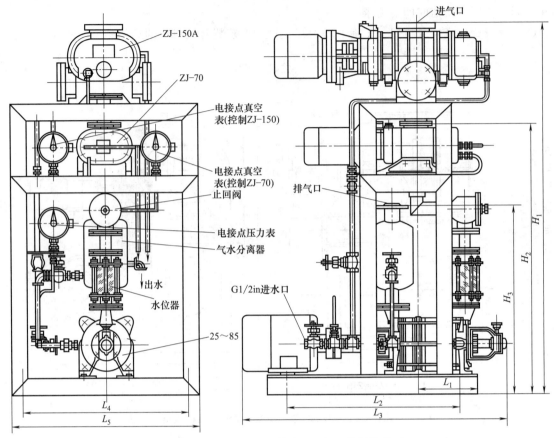

图 6-38 JZJS 型二级罗茨水环泵机组的结构外形

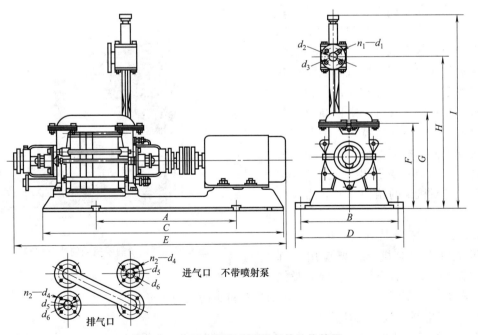

图 6-39 水环大气真空泵机组的结构简图

的极限真空度和工作真空度，以及达到某一指定压力所需要的抽气时间，是否满足设计要求，这其中又涉及气体在管路中的流动状态判别、管路的流导计算和有效抽速计算等内容。

6.3.3.1 真空系统设计的已知条件和基本要求

设计冻干机的真空系统时，通常是把真空室（干燥室和捕水器）作为已知的被抽容器，然后确定能够满足工艺要求的抽气系统，在进行真空系统设计之前应首先掌握如下已知条件：

① 真空室的工艺参数，应包括工作真空度、极限真空度和抽气时间（包括预抽真空时间和达到极限真空度的时间）等。

② 真空室的结构参数，包括真空干燥室的容积；暴露在真空室内的表面面积以及多孔放气材料的总质量。

③ 真空室的气体负荷，主要包括真空室内的大气；真空室及室内构件的表面放气；真空室的漏气；工艺过程中被干燥物料的放气（设计计算的时候一般认为冻干过程物料升华的水蒸气被捕水器凝结而不是被真空泵抽走，不可凝气体被真空泵抽走）等。

从真空角度考虑，在设计抽气系统的具体结构时应满足如下基本要求：

① 为提高抽气系统的通导能力，系统中各元件间的管道应短而粗、少弯曲，主泵和真空室间的管道直径不应小于主泵吸气口的直径。

② 系统应本着串联可以提高极限真空度、并联可以提高抽气速率的原则，组合各泵间的抽气程序。

③ 为了保证系统的密封性能，被抽系统的总漏气率须限制在允许漏气率范围之内，尽量提高设备的制造水平。

④ 为了防止机械泵振动和返油，在机械泵入口处应设置缓振软管和放气阀，为节省能源、缩短工作周期，对大型真空系统应配置维持泵。

⑤ 为实现系统的自动操作和安全运转，在抽气系统和水冷系统上应分别设置真空继电器和水压继电器，真空系统也可考虑选用微机程序控制。

⑥ 真空系统建成后应便于测量和检漏，为迅速找到漏孔，应进行分段检漏，因此每一个用阀门封闭的空间至少应设置一个测量点，以便于测量和检漏。真空计测量规管的位置应选在没有水套的位置上，而且应使规管直立，最好不要横放。

6.3.3.2 真空系统的设计程序

真空系统一般的设计计算程序为：

① 计算真空室内的总放气量；

② 确定真空室的有效抽气速率；

③ 对复杂真空系统首先粗选主泵和粗配主泵的前级泵；

④ 按要求配置阀门、捕集器、除尘器等相关元件；

⑤ 绘制真空系统草图，确定真空系统各部位尺寸，为精算系统创造条件；

⑥ 精算各真空泵，包括真空度和抽气时间的计算，确认是否满足给定的参数要求，如果达不到要求应重新选泵和配泵，直到满足已定的参数要求为止；

⑦ 绘制真空系统装配图并拆出零件图；

⑧ 绘制施工图纸。

6.3.3.3 真空系统设计中的主要参数计算

（1）真空室的气体负荷 真空室内的气体总负荷是真空系统计算中最重要的依据之一。除了初始时充满真空室和管道内的容积性气体之外，气体负荷主要还包括：

① 工艺过程放气 $Q_g$（Pa·m³/s）。干燥过程中被干燥物料所放出的气体流量，包括物料中所含永久气体的放出和水蒸气的蒸发，通常是真空系统的主要气体负荷。$Q_g$ 的计算，尤其是物料中所含的永久气体部分，通常是建立在试验数据的基础之上的；被干燥物料中放出水蒸气的流量可近似由下式计算：

$$Q_g = \frac{m_w R_w T}{\tau} \tag{6-42}$$

式中　$m_w$——物料在干燥过程中蒸发出的水的质量，kg；

　　　$R_w$——水蒸气的气体常数，$R_w = 461.9 J/(kg \cdot K)$；

　　　　$T$——真空干燥室的气体温度，K；

　　　　$\tau$——物料的干燥处理时间，s。

对于处于稳恒作业下的连续式真空干燥设备，这一放气量在干燥过程中可作为恒定值处理；对周期性作业的干燥设备，$Q_g$还应乘以一个大于1的放气不均匀性系数。

② 真空室内放气 $Q_f$（Pa·m³/s）。包括真空室内壁及构件表面解吸出来的气体流量和室内多孔材料的出气流量。这一气体负荷的放气流量除了与材料的性质有关外，还与表面的清洁程度、温度和所经历的抽气历程有很大关系，很难准确计算。在真空手册中，通常给出一些常用材料单位面积表面放气速率的经验计算公式和某些指定条件下的实验数据，可供参考。但一般而言，表面放气负荷仅在高真空区域和较高温度下才会有明显影响，在普通真空干燥设备的工作真空度下以及连续性作业的真空干燥设备中，是可以忽略不计的。

③ 真空室的漏气 $Q_L$（Pa·m³/s）。主要是通过真空室动密封和静密封部位的漏气以及通过壳体渗透到室内的气体。漏气的大小既可以直接用漏气速率来表示，也可以用真空室的压强增长率（压升率，Pa/s）来表示，后者乘以真空室的总容积（m³）即为前者。任何真空室在设计时都要规定其总漏气速率，国内真空干燥设备一般规定允许漏率在 $10 \sim 10^{-2}$ Pa·m³/s 的范围内。

真空室内气体总负荷应等于上述各项气体负荷之和。但在不同抽气阶段中并非各项负荷都要考虑计入。例如在真空室空载抽极限真空时，气体负荷就只有室内材料放气和漏气，而不考虑工艺过程放气；连续式真空干燥设备在稳恒作业阶段时，只须考虑工艺过程放气。

（2）真空室的极限真空

$$p_j = p_0 + \frac{Q_0}{S_p} \tag{6-43}$$

式中，$p_j$ 为真空室所能达到的极限真空 Pa；$p_0$ 为真空泵的极限真空 Pa；$Q_0$ 为空载时，长期抽气后真空室的气体负荷（包括漏气、材料表面出气等），Pa·m³/s；$S_p$ 为真空室抽气口附近泵的有效抽速 m³/s。真空室的极限真空总是低于真空抽气机组的极限真空，两者之差取决于 $Q_0/S_p$，在 $S_p$ 一定的条件下，真空室的极限真空正比于真空室的漏气和出气。

（3）真空室的工作压力

$$p_g = p_j + \frac{Q_g}{S_p} = p_0 + \frac{Q_0}{S_p} + \frac{Q_g}{S_p} \tag{6-44}$$

式中，$p_g$ 为真空室工作压力 Pa；$Q_g$ 为工艺生产过程真空室的气体负荷 Pa·m³/s。

从经济方面考虑，工作压力最好选在主泵最大抽速（见 6.1.2 节泵的抽气特性曲线）附近的压力值。通常选在高于极限压力一个数量级。

### 6.3.3.4　流量与流导的计算

（1）稀薄气体的流动状态　被抽气体沿管道流向泵时，由于受到管道阻力，会使真空泵的抽气速率产生一定的损失。其损失的大小不仅与管道的几何尺寸有关，而且也与气体的性质及气体的流动状态（压强）有关。低压下气体在管道中的流动状态与常压时不同，流动状态可分为四种：湍流、黏滞流、黏滞-分子流和分子流。

真空系统中的真空泵从大气开始工作后，被抽气体在动压差的作用下而产生了流动。这种流动在开始抽气的一段时间内，气体交错而混乱地沿管道流动，有时会出现旋涡，人们称气流的这种流动状态为湍流。

经过一段时间抽气后，管道中的气体即转入有规律地流动状态。此时旋涡已经消失，各部分气体互不干扰地按其确定的轨迹流动，这种流动状态称为黏滞流。黏滞流发生在低真空区域或中真空区域，在这两个区域中，气体分子密度还比较高，因而分子间的碰撞仍然比较频繁，此时因碰撞所引起的内摩擦力是决定气体运动规律的主要因素。由于真空干燥设备所要求的真空工艺条件大多在此压强范围内，因此这一真空区域将是本书所介绍的重点。

随着抽气过程的继续进行，在真空系统进入到高真空区域时，系统中的气体分子密度越来越小，气体分子热运动的平均自由程不断增大，以致使分子间的相互碰撞与分子同器壁之间的碰撞之比可以忽略，这时气体又进入了被称之为分子流的流动状态。决定这种流动状态的主要特征是分子与器壁的碰撞。由于冻干设备中的真空系统大部分不在这一区域内工作，因此本书对此种流动的流导计算将不予讨论。

介于黏滞流和分子流中间的黏滞-分子流，一般均发生在中真空这一区段内，目前尚没有较成熟的理论，在计算时大都使用由试验得出的经验公式。

（2）气体流动状态的判别　在进行管道流导的计算时，首先要判别气体的流动状态，然后再利用不同流动状态下的相应公式进行计算。

判别气体流动状态的方法较多，较为普遍采用的方法是用管道直径 $D$ 与气体分子的平均自由程 $\lambda$ 之比来确定，即：

$$\frac{D}{\lambda} > 100 \qquad 黏滞流 \tag{6-45}$$

$$3 < \frac{D}{\lambda} < 100 \qquad 黏滞\text{-}分子流 \tag{6-46}$$

$$\frac{D}{\lambda} < 3 \qquad 分子流 \tag{6-47}$$

对于 20℃ 的空气，可以用管道中的平均压强（$\bar{p}$）与管道直径（$D$）之积来判别，即：

$$D\bar{p} \geqslant 0.65 \quad (\text{Pa} \cdot \text{m}) \qquad 黏滞流 \tag{6-48}$$

$$D\bar{p} \leqslant 0.02 \quad (\text{Pa} \cdot \text{m}) \qquad 分子流 \tag{6-49}$$

$$0.02 < D\bar{p} < 0.65 \quad (\text{Pa} \cdot \text{m}) \qquad 黏滞\text{-}分子流 \tag{6-50}$$

$$\bar{p} = \frac{p_1 + p_2}{2}$$

式中　$D$——管道直径，m；

　　　$\bar{p}$——管道中的平均压强，Pa；

　　　$p_1$——管道入口压强；

　　　$p_2$——管道出口压强。

（3）流导　气体沿管道流动时，由于管道的几何形状不同，其通过气体的能力也不同。我们把管道通过气体的能力叫做流导。

实验证明，各种流动状态下，管道通过的气体流量与管道两端压差成正比，即

$$Q \propto (p_1 - p_2)$$

如果写成恒等式，则

$$Q = U(p_1 - p_2) \tag{6-51}$$

式中比例系数 $U$ 即为管道流导。当气体流量的单位采用 Pa·m³/s、压强的单位采用 Pa 时，流导的单位是 m³/s。如果将上式（6-51）改写成：

$$U = \frac{Q}{p_1 - p_2} \tag{6-52}$$

可见，流导的物理意义是：表示管道两端压强降落单位值时，管道所能通过的气体流量。

管道并联，见图 6-40（a）。一端压强为 $p_1$，另一端压强为 $p_2$；通过第一个管道的流量为 $Q_1$，通过第二个管道的流量为 $Q_2$。由式（6-51）得

$$Q_1 = U_1(p_1 - p_2)$$
$$Q_2 = U_2(p_1 - p_2)$$

总流量等于两个管道流量之和

$$Q = Q_1 + Q_2 = (U_1 + U_2)(p_1 - p_2)$$

因而，管路总流导为

$$U = U_1 + U_2 \tag{6-53}$$

若有许多管道并联，则总流导

$$U = U_1 + U_2 + U_3 + \cdots \tag{6-54}$$

管道串联，见图 6-40（b）。管路中各截面流量相等，即

$$Q = U(p_1 - p_3) = U_1(p_1 - p_2) = U_2(p_2 - p_3) \tag{6-55}$$

消去 $p_3$ 并简化，则

$$\frac{1}{U} = \frac{1}{U_1} + \frac{1}{U_2} \tag{6-56}$$

如果有多段管道串联，则总流导

$$\frac{1}{U} = \frac{1}{U_1} + \frac{1}{U_2} + \frac{1}{U_3} + \cdots \tag{6-57}$$

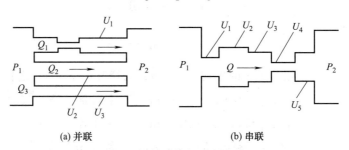

(a) 并联　　　　　　　(b) 串联

图 6-40　管道的并联及串联

（4）真空技术的基本方程及泵的利用效率　真空泵通过管道接到真空室之后，抽速因受到管道影响，在管道中各截面处是不同的。在真空室排气口处的抽速叫做真空泵的有效抽速。有效抽速要小于泵的实际抽速。

利用管道各截面流量恒等关系，可以导出有效抽速与泵的名义抽速及管道流导的关系：

$$\frac{1}{S_p} = \frac{1}{S} + \frac{1}{U} \quad 或 \quad S_p = \frac{SU}{S + U} \tag{6-58}$$

式中　$S_p$——真空泵的有效抽速，$m^3/s$；

　　　$S$——泵的名义抽速，简称泵抽速，$m^3/s$；

　　　$U$——泵与真空室之间管道流导，$m^3/s$，此流导中包括真空元件（阀、障板、阱）的流导。式（6-58）确定了真空系统三个重要参量：有效抽速、泵抽速、流导之间的关系，是真空技术中的基本方程之一。

把泵的有效抽速与泵的名义抽速之比，叫做真空泵的利用系数。由式（6-58）可以得出利用系数公式，即

$$K_s = \frac{S_p}{S} = \frac{U}{S} \Big/ \left(1 + \frac{U}{S}\right) \tag{6-59}$$

式中，$K_S$为泵的利用系数，$K_S$值越高，说明泵的利用效率高，即越经济。在设计真空系统时，应该设法提高$K_S$值。一般，高真空管道，泵的抽速损失不应大于$40\%\sim60\%$，低真空管道，其损失允许$5\%\sim10\%$。

由式（6-59）可见，$K_S$是$U/S$的函数，这种函数关系可以利用图 6-41 表示。由图可见，泵的利用系数为$50\%$时，则$U/S=1$，意味着管道的流导值与泵抽速相等；若$K_S=80\%$，则$U/S_P=4$，表示流导值是泵抽速的四倍。可知，要得到高的利用系数，则必须增大流导值，设计时增大流导的办法是选用短而粗的管道。

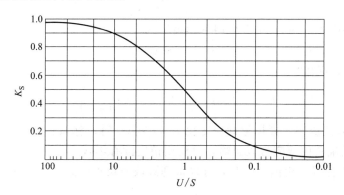

图 6-41　泵的利用系数 $K_S$ 与 $U/S$ 的关系

（5）黏滞流下孔及管道的流导计算

① 孔的流量与流导。孔总是有一定厚度的，通常把$L/D<0.01$的短管可以看做孔。

若孔一侧压强为$p_1$，另一侧为$p_2$，且$p_1>p_2$，这时，气体由$p_1$侧流向$p_2$侧。当$p_1$保持不变，而$p_2$逐渐降低时，将使气体流量和流速不断增加，直至流速达到音速以后，再进一步降低$p_2$，则流速和流量也不会增加了，此时$p_2/p_1$的压强比，称做临界压强比。其值

$$r_c=\frac{p_2}{p_1}=\left(\frac{2}{\kappa+1}\right)^{\kappa/\kappa-1} \tag{6-60}$$

式中　$\kappa$——比热容比，$\kappa=\dfrac{c_p}{c_V}$；

　　$c_p$——比定压热容；

　　$c_V$——比定容热容；

单原子气体$\kappa=1.66$，$r_c=0.488$；空气等双原子气体$\gamma=1.4$，$r_c=0.525$；三原子及多原子气体$\gamma=1.3$，$r_c=0.513$。

当$p_2/p_1\geqslant r_c$时，根据绝热膨胀原理，得到通过孔的气体流量：

$$Q_n=Ap_1r^{\frac{1}{\kappa}}\sqrt{\frac{2\kappa}{\kappa+1}\frac{RT}{M}(1-\kappa^{\frac{\kappa-1}{\kappa}})} \tag{6-61}$$

及孔的流导

$$U_{c.n}=\frac{Q_n}{p_1-p_2} \tag{6-62}$$

式中　$p_1$——高压端压强，Pa；

　　$p_2$——低压端压强，Pa；

　　$A$——孔面积，$m^2$；

　　$T$——气体温度，K；

　　$R$——气体常数，8.3143J/(K·mol)；

$M$——气体分子摩尔质量，kg/mol；

$r$——压强比，$r=\dfrac{p_2}{p_1}$。

对于 20℃的空气，其临界压强比 $r_c=0.525$。因而，$p_2/p_1\leqslant0.525$ 时流量最大，其值

$$Q_{n最大}=200Ap_1 \tag{6-63}$$

此时的流导

$$U_{c,n最大}=\frac{200A}{1-r} \tag{6-64}$$

当 $r\leqslant0.1$ 时，则式（6-64）可近似用下式表示：

$$U_{c,n最大}\approx200A \tag{6-65}$$

若 $1\geqslant r>0.525$，则流导

$$U_{c,n}=766r^{0.712}\sqrt{1-r^{0.288}}\left(\frac{A}{1-r}\right) \tag{6-66}$$

② 圆形截面长管的流导。管长与直径之比 $L/D>100$ 时，称做长管。由于管道比较长，在进行流导计算时，两端孔的效应可以忽略，对使用精度没有影响。

a. 圆截面长管的流导。由泊谡叶公式可以得到圆截面长管的流导

$$U_n=\frac{\pi}{128\eta}\frac{D^4}{L}\bar{p} \tag{6-67}$$

$$\bar{p}=\frac{p_1+p_2}{2}$$

式中　$D$——管道直径，m；

　　$L$——管道长度，m；

　　$\eta$——气体动黏滞系数，N·s/m²；

　　$\bar{p}$——管道中气体平均压强，Pa；

　　$p_1$——入口压强；

　　$p_2$——出口压强。

对于 20℃的空气，$\eta=1.829\times10^{-5}$N·s/m²，则

$$U_{n,20℃}=1.34\times10^3\frac{D^4}{L}\bar{p} \tag{6-68}$$

式中各量的单位同式（6-67）。

b. 同轴圆筒之间（环形管道）的流导。同轴圆筒内筒半径为 $R_i$，外筒半径为 $R_o$，长为 $L$，则流导

$$U_n=\frac{\pi}{8\eta}\frac{\bar{p}}{L}\left[R_o^4-R_i^4-\frac{(R_o^2-R_i^2)^2}{\ln\left(\dfrac{R_o}{R_i}\right)}\right] \tag{6-69}$$

式中各量的单位同式（6-67）。

c. 椭圆形截面管道的流导。椭圆形管道长半轴为 $a$，短半轴为 $b$，管长为 $L$，其流导

$$U_n=\frac{\pi}{4\eta}\frac{\bar{p}}{L}\frac{a^3b^3}{a^2+b^2} \tag{6-70}$$

式中各量的单位同式（6-67）。

③ 圆形截面短管的流导。我们把 $L/D<20$ 的管道称为短管。真空系统的大多数管道都属于短管，计算短管流导时，需要考虑管道入口的影响。黏滞流时，管道入口附近的气流不是有规律

的层流，而是紊乱状态。考虑到这种紊乱区对气体流动的影响，则短管的流导

$$U_{短} = U_{长} \frac{1}{1+1.14\left(\dfrac{M}{8\pi\eta RT}\right)\left(\dfrac{Q}{L}\right)} \tag{6-71}$$

式中　$U_{长}$——以长管公式计算的管道流导，$m^3/s$；

$\quad\quad\ Q$——气体流量，$Pa \cdot m^3/s$。

其余各量意义及单位如前。

对于 20℃的空气，则

$$U_{短} = U_{长} \frac{1}{1+3.83\times10^{-1}\left(\dfrac{Q}{L}\right)} \tag{6-72}$$

式中各量的单位同前。

6.3.3.5　选泵与配泵

（1）主泵的选择

① 主泵的选择依据

a. 依据空载时真空室需要达到的极限真空度和干燥物料时所要求的工作压力选择主泵的类型。

b. 根据工艺生产中被干燥物料所放出的气体量、真空室内构件的放气量及系统的总漏气率选择主泵的大小。

主泵有效抽速的计算式为
$$S_p = \frac{Q}{p_g} \tag{6-73}$$

式中　$S_p$——泵在真空室出口处的有效抽速，$m^3/s$；

$\quad\quad\ p_g$——真空室要求的工作压力，$Pa$；

$\quad\quad\ Q$——真空室的总气体量，$Pa \cdot m^3/s$。

$$Q = 1.3(Q_g + Q_f + Q_1) \tag{6-74}$$

式中　$Q_g$——真空干燥工艺过程中产生的气体量；

$\quad\quad\ Q_f$——真空室及真空元件的放气量；

$\quad\quad\ Q_1$——真空室的总漏气量。

为使选泵有一定余量，应将各种气量之和乘 1.3 倍。

泵名义抽速的计算式为：

$$S = \frac{S_p U}{U - S_p} \tag{6-75}$$

式中　$S$——主泵的名义抽速，$m^3/s$；

$\quad\quad\ U$——主泵与真空室之间管道的流导，$m^3/s$；

$\quad\quad\ S_p$——真空室出口处泵的有效抽速，$m^3/s$。

c. 根据经济指标选取主泵。同样能满足工作压力和抽速要求的泵中，进行投资和日常维护运转费用对比，选取质优价廉的主泵。

② 特殊工况下真空机组的选配问题。机组设计中常会碰到一些特殊工况条件，设计中必须采用一定措施才能满足使用条件，常见的特殊工况及设计处理方法如下：

a. 抽除含有大量水蒸气的混合气体，或者类似具有较高蒸汽压的气体，如：乙醇、卤代烃等。抽除这类气体采用罗茨泵与水环泵的机组或者是罗茨泵与气冷直排大气罗茨泵的机组均可。但是，只要被抽气体成分不破坏前级泵油，抽除这类气体最经济的设计选择是罗茨泵与旋片泵组成的机组，在罗茨泵的进出口分别串联接冷却器，使大量过饱和蒸汽在冷却器中冷凝下来排走，

如果前级泵采用像 X-150 单级旋片真空泵这种热泵，机组适用性更强。

b. 对抽除高沸点物质的气体，如：丙三醇（$C_3H_8O_3$）等气体，为避免这类气体进入罗茨泵凝结沉积下来，必须提高罗茨泵的温度，如充入高温加热的氮气来提高泵温。但应防止转子因过热而卡死。

c. 最多见的特殊工况是抽除含有大量灰分或颗粒状杂质的气体，一般处理方法均应在机组入口前加装除尘器，除尘器的选择应根据气体含尘量多少和尘粒大小等因素，并应注意除尘器在结构设计上应保证既要达到除尘目的，又要减少通导能力的损失。

③ 低架式水蒸气喷射泵的选用。在冷冻真空干燥的设备上，抽出大量水蒸气时选用低架式水蒸气喷射泵也十分合适。典型低架式水蒸气喷射真空泵如图 6-42 所示。冻干机采用的水蒸气喷射真空泵至少应为 5 级泵，极限真空度为 3Pa。

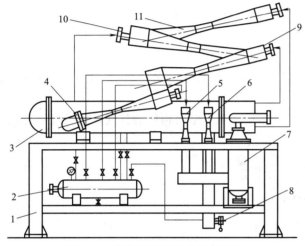

**图 6-42　低架式水蒸气喷射真空泵**

1—架体；2—汽包；3—号冷凝器；4—四级喷射器；5—五级喷射器 A；
6—五级喷射器 B；7—消音喷射器；8—引流喷射器；
9—三级喷射器；10—二级喷射器；11—级喷射器

水蒸气喷射真空泵的型号表示方法比较混乱，国内有标准规定（ZBJ 78007－87），但各生产厂家还都有自己的厂标，用户选型时应该注意。表 6-6 给出了国内生产水蒸气喷射泵的两个厂家与标准的比较。

从表中不难看出，表示水蒸气喷射泵抽气性能的单位与其他类真空泵不同，不是用体积抽速 L/s 或 $m^3/h$ 表示，而是用质量抽速 kg/h 表示，两者在标准状态下换算关系是 1kg/h 相当于 $2.17 \times 10^4 Pa \cdot L/s$。

从表中还可以看出，并不是所有水蒸气喷射泵给出的性能参数都是抽水蒸气的。冻干机的真空系统必须选具有抽水蒸气性能参数的水蒸气喷射真空泵。

水蒸气喷射泵的抽气特性受工作蒸汽压力波动的影响，使用不当还会出现返水现象，多级泵使用时要逐级启动，启动时间较长。为克服这些缺点，真空系统设计时应加设逆止阀和稳压罐，稳压罐的容积最好大于或等于真空室的容积。

**表 6-6　国内水蒸气喷射泵型号表示法比较**

| 标准 | 型号规定 | 各项含义及单位 |
| --- | --- | --- |
| ZBJ 78007－87 | ①②③－④/⑤－⑥ | ①泵级数②汉语拼音 P③吸入压力，kPa④抽气量，kg/h⑤工作蒸汽绝对压力，MPa⑥抽可凝性气体量，kg/h |
| 杭州真空设备厂标准 | ① ②－③/④－⑤ | ①汉语拼音 ZPB②抽气量，kg/h③吸入压力，mmHg④工作蒸汽压力，kg/cm²⑤表示抽气性质，Ⅰ抽不凝性气体，Ⅱ抽可凝性气体 |
| 西安向阳真空技术研究所 | ①②③－④ | ①泵级数②汉语拼音 ZP③被抽气体性质和抽气量，kg/h，仅一个数字表示抽干空气④泵入口压强 mmHg |

④ 可抽除水蒸气的真空机组的选择。在需要抽出大量水蒸气的真空干燥设备上，选用以罗茨泵为主泵的罗茨真空泵机组也是比较合适的。表 6-7 给出了几种能抽水蒸气的机组的性能，供

选用时参考。

表 6-7　几种能抽水蒸气的机组基本性能

| 机组类型 | 极限真空/Pa | 工作压强范围/Pa | 水蒸气耐压/Pa |
|---|---|---|---|
| 罗茨泵+双级水环泵+大气喷射泵 | 13 | $10^5(1.3\times10^4)\sim13$ | $10^5$ |
| 罗茨泵+罗茨泵+双级水环泵 | 1.3 | $10^5(2.5\times10^4)\sim13$ | $10^5$ |
| 罗茨泵+液环泵 | 13 | $10^5(1.3\times10^4)\sim13$ | $10^5$ |
| 罗茨泵+罗茨泵+液环泵 | $1.3\times10^{-1}$ | $10^5(2.5\times10^3)\sim1.3$ | $10^5$ |
| 三级罗茨泵+双级水环泵 | $10^{-1}$ | $10^5(1.3\times10^3)\sim1.3$ | $10^5$ |
| 三级罗茨泵+液环泵 | $10^{-2}$ | $10^5(1.3\times10^3)\sim1.3$ | $10^5$ |

注：表中括号部分表示最佳起始压强。

（2）为主泵配置前级泵

① 选配前级泵的原则。在主泵的类型、大小确定后，既可直接选用有关厂家生产的真空机组，也可自行设计真空系统。在自行设计真空系统时，选择前级泵时应遵循如下原则：

a. 要求前级泵能满足主泵工作时所要求的真空条件；

b. 在主泵允许的最大排气口压力下，所配前级泵必须能将主泵所排出的最大气体量抽走；

c. 如前级泵同时兼用预抽泵时，泵应满足预抽时间及预抽真空度的要求。

② 正确选配主泵与前级泵间的级比。罗茨泵有效抽速 $S_e$ 与所配前级泵实际抽速 $S_v$ 之比称为罗茨泵与前级泵之间的级比 $K_e$，合理选配级比是提高罗茨真空泵机组经济性能的关键，目前有关资料推荐其 $K_e$ 值为 $(2\sim10):1$，也有推荐为 $(2\sim5):1$ 的报道。

图 6-43 给出了给定级比的机组入口压强 $p$ 与罗茨泵效率 $\eta$ 的关系曲线。图中 $\eta$ 值为：

$$\eta=\frac{S_e K_{max}}{S_v+S_{th}} \tag{6-76}$$

式中，$K_{max}$ 为罗茨泵零流量时的最大压缩比；$S_{th}$ 为罗茨泵的理论抽速。从图 6-43 中可以看出，罗茨真空泵机组的效率随机组入口压力 $p$ 的增加而快速下降，级比 $K_e$ 值越大，下降越快。

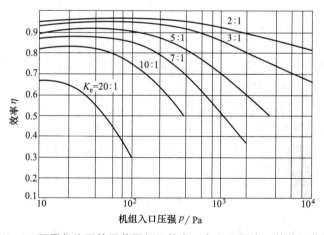

图 6-43　不同级比下的罗茨泵机组效率 $\eta$ 与入口压力 $p$ 的关系曲线

#### 6.3.3.6　抽气时间计算

（1）泵的抽速近似常量时的抽气时间计算

① 忽略漏放气时抽气时间的计算。在粗真空、低真空阶段，抽气时间计算时一般不考虑出气的影响。这是因为设备本身内表面出气量与设备中的容积气体负荷相比，可以忽略不计。若漏

放气量很小以至可以忽略时，真空设备从压力 $p_i$ 降到 $p$（Pa）所需要的抽气时间 $t$ 为：

$$t = \frac{V}{S_p} \ln \frac{p_i}{p} \tag{6-77}$$

式中　$t$——抽气时间，s；

　　　$V$——真空设备容积，$\text{m}^3$；

　　　$S_p$——泵在被抽容器出口处的有效抽速，按式（6-58）计算。

② 考虑漏放气时抽气时间的计算。在中真空、高真空阶段，若漏气量及工作气体负荷 $Q_0$ 很大以至不能忽略时，真空室所能达到的极限压力 $p_j$ 可按（6-43）式计算，或近似为

$$p_j = Q_0 / S_p \tag{6-78}$$

此时，真空设备从压力 $p_i$（Pa）降到 $p$（Pa）所需要的抽气时间为

$$t = \frac{V}{S_p} \ln \frac{p_i - p_j}{p - p_j} \tag{6-79}$$

式中各符号意义、单位同前。

③ 管道流导是变量时抽气时间的计算。当真空泵的实际抽速 $S$ 在较宽的压力范围内近似于常数，而泵与真空室间的管道流导 $U$ 却有较大变化时，先把真空设备工作压力范围划分几个区域，按每个区的平均压力计算流导，再按下式计算抽气时间：

$$t = \frac{V}{S} \ln \frac{p_1}{p_{n+1}} + V \left( \frac{1}{U_1} \ln \frac{p_1}{p_2} + \frac{1}{U_2} \ln \frac{p_2}{p_3} + \cdots + \frac{1}{U_n} \ln \frac{p_n}{p_{n+1}} \right) \tag{6-80}$$

式中，$p_1$ 为开始抽气时的压力，Pa；$p_{n+1}$ 为经 $t$ 时间抽气后的压力，Pa；，$U_1$ 为 $p_1$ 与 $p_2$ 压强区域间的计算流导；$U_2$ 为 $p_2$ 与 $p_3$ 压强区域间的计算流导，其余类推，单位均为 $\text{m}^3/\text{s}$；$p_2$、$p_3$、…、$p_n$ 分别为所分的压力区域各点压力，Pa，其余符号同前。

（2）泵的抽速为变量时的抽气时间计算　当真空泵的实际抽速在工作压力范围内有较大变化，而泵与真空室间的管道流导 $U$ 却近似于常数时，可先将泵的抽气特性曲线 $S = f(p)$ 曲线图划分为几个区域，取每个区域抽速的平均值，再按下式分段计算抽气时间：

$$t = \frac{V}{U} \ln \frac{p_1}{p_{n+1}} + V \left( \frac{1}{S_1} \ln \frac{p_1}{p_2} + \frac{1}{S_2} \ln \frac{p_2}{p_3} + \cdots + \frac{1}{S_n} \ln \frac{p_n}{p_{n+1}} \right) \tag{6-81}$$

式中　　　　　$t$——抽气时间，s；

　　　　　　　$V$——被抽容积，$\text{m}^3$；

　　　$S_1$、$S_2$——$p_1$ 与 $p_2$、$p_2$ 与 $p_3$ 之间泵抽速的平均值，$\text{m}^3/\text{s}$；

　　　　　　$p_1$——开始抽气时的压强，Pa；

　　　　　$p_{n+1}$——经 $t$ 时间抽气后的压力，Pa；

$p_2$、$p_3$、…、$p_n$——所分的几个压力区域中各点的压力，Pa。

（3）机械泵的抽气时间计算　真空室用机械泵从大气开始抽气时，在低真空区域内，机械泵抽速随真空度升高而下降。其抽气时间可用下式计算

$$t = K_q \frac{V}{S} \ln \frac{p_i}{p} \tag{6-82}$$

式中　$p_i$——开始抽气时的压力，Pa；

　　　$p$——经抽气时间 $t$ 后的压力，Pa；

　　　$K_q$——修正系数，与抽气终止时压力 $p$ 有关。

通常 $p = 10^5 \sim 10^4$ Pa 时，$K_q = 1$；当 $p = 10^4 \sim 10^3$ Pa 时，$K_q = 1.25$；$p = 10^3 \sim 10^2$ Pa 时，$K_q = 1.5$；当 $p = 10^2 \sim 10$ Pa 时，$K_q = 2$；当 $p = 1 \sim 10$ Pa 时，$K_q = 4$。

（4）水蒸气喷射泵的抽气时间计算　用蒸汽喷射泵把体积为 $V$ 的被抽容器压力由 $p_i$ 抽到 $p$

时所需的抽气时间 $t$，可采用下式计算：

$$t = \frac{0.4647 \cdot \alpha \cdot V \cdot (p_i - p)}{G_2 T} \qquad (6\text{-}83)$$

式中　$V$——被抽容器的容积，$m^3$；

$p_i$——蒸汽喷射泵工作前被抽容器的压强，mmHg；

$p$——蒸汽喷射泵工作经时间 $t$ 后的被抽容器内的压强，mmHg；

$G_2$——在压强 $p_i$ 下泵的排气量，kg/h；

$T$——被抽容器内的绝对温度，K；

$\alpha$——根据所用蒸汽喷射性能曲线而决定的系数。

图 6-44 给出了简单的 $\alpha$ 值换算表，这时假定 $p_i = p_i'$（$p_i'$ 是蒸汽喷射泵的最大排气压力），即抽气时间是从蒸汽喷射泵启动时算起。

若在排气时间内向被抽容器内所泄漏的平均空气量为 $A$（kg/h）时，则上式可写成：

$$t = 0.4647 \cdot \alpha \cdot V \cdot (p_i - p_i') / (G_2 - \alpha A) T \qquad (6\text{-}84)$$

从式（6-83）和式（6-84）中不难看出，要想缩短抽气时间，选择排气量较大的水蒸气喷射泵是有效的。

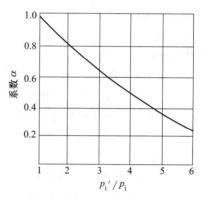

图 6-44　排气时间计算系数

## 6.4　制冷系统设计

制冷系统是冻干机上提供冷量的装置。冻干机上需冷量的地方主要是冻干箱和水汽凝结器。两者既可以用一套制冷系统，也可以用各自独立的两套制冷系统。通常，较大的冻干机都用两套各自独立的制冷系统，冻干箱上多用间冷式循环，水汽凝结器多用直冷式循环。

制冷系统所用制冷机的大小，按冻干箱耗冷量和水汽凝结器的耗冷量的计算值确定。制冷系统所用的制冷剂种类和制冷循环方式，应根据冻干物料所需的温度选择。

6.4.1　冻干箱耗冷量的计算

冻干箱只有在降温和保温两阶段需要冷量。降温阶段指搁板和被干燥的产品从室温降到冻结所需的最低温度的时间；保温阶段指搁板保持在上述最低温度下使产品冻牢所需的时间。由于后者的冷负荷远小于前者，在设计中可按前者的冷负荷选择制冷机。

6.4.1.1　降温时间和温度

降温时间的选定直接影响到制冷机大小的选配，所定的降温时间越短，需配制冷机的制冷能力越大。确定降温时间主要考虑以下几个因素：

① 应满足产品降温速率的要求。因降温速率对产品晶格的大小、活菌率、干燥速率等有直接影响。降温速度快，结晶细，干燥速率慢，细菌成活率高；反之则相反。在箱内搁板冻结时，所设计的冷冻干燥机必须首先满足产品冻干工艺的要求，才能生产优质产品。

② 冻干周期包括产品进箱、箱体降温、保温、升华、产品出箱等阶段，还有箱体清洗消毒、水汽凝结器化霜等辅助时间。因此降温时间也受整个冻干周期的限制。而冻干周期的确定应有利于组织生产。

③ 箱体降温与水汽凝结器所需的制冷机容量应综合考虑，使之可以共用或相互备用，以提高机器的安全可靠性。

一般搁板温度比产品的共晶点温度低 $5\sim10℃$。

6.4.1.2　降温阶段的耗冷量

（1）产品降温的冷负荷 $Q_1$

$$Q_1 = \left[ \sum m_{i1} c_{i1} (t_{c1} - t_{d1}) + m_x (c_x t_{c1} + c_d t_{d1}) \right] / \tau \tag{6-85}$$

式中　$m_{i1}$——托盘、瓶子、瓶塞等的质量，kg；

　　　$c_{i1}$——托盘、瓶子、瓶塞等的比热容，kJ/(kg·K)；

　　　$m_x$——产品质量，kg；

　　$c_x$、$c_d$——产品的液体比热容、固体比热容，一般可按水和冰的比热容计算；

　　　$t_{c1}$——产品的初温，℃；

　　　$t_{d1}$——产品的终温，℃；

　　　$\tau$——降温时间，s。

（2）箱内零件降温的冷负荷 $Q_2$

$$Q_2 = \sum m_{i2} c_{i2} (t_{c2} - t_{d2}) / \tau \tag{6-86}$$

式中　$m_{i2}$——搁板、液压板、导向杆等箱内零件的质量，kg；

　　　$c_{i2}$——搁板、液压板、导向杆等箱内零件的比热容，kJ/(kg·K)；

　　　$t_{c2}$——箱内零件的初温，℃；

　　　$t_{d2}$——箱内零件的终温，℃。

（3）载冷介质降温的冷负荷 $Q_3$

$$Q_3 = m_s c_s (t_{c3} - t_{d3}) / \tau \tag{6-87}$$

式中　$m_s$——载冷介质的质量，kg；

　　　$c_s$——载冷介质的比热容，kJ/(kg·K)；

　　　$t_{c3}$——载冷介质的初温，℃；

　　　$t_{d3}$——载冷介质的终温，℃。

（4）箱壁降温的冷负荷 $Q_4$

$$Q_4 = m_b c_b (t_{c4} - t_{d4}) / \tau \tag{6-88}$$

式中，$m_b$、$c_b$ 分别为箱壁（包括门）的质量，kg 和比热容，kJ/(kg·K)；$t_{c4}$、$t_{d4}$ 分别为箱壁的初温和终温，℃，估算时可取 $t_{d4}$ 略高于搁板温度 20~30℃。

（5）通过箱壁传入的冷损 $Q_5$

$$Q_5 = k F_p (t_h - t_4) \tag{6-89}$$

式中，$F_p$ 为箱壁内、外表面积的平均值，m²；$t_h$ 为环境温度，℃；$t_4$ 为箱内壁温度，℃，由于降温过程中箱内温度是连续下降的，估算时可假定为环境温度和箱内终温 $t_{d2}$ 的平均值，℃；$k$ 为传热系数，kW/(m²·K)，可按下式计算

$$k = \frac{1}{\dfrac{1}{\alpha_w} + \sum \dfrac{\delta_i}{\lambda_i}} \tag{6-90}$$

式中　$\alpha_w$——箱外对流换热系数，kW/(m²·K)，通常取 $\alpha_w = 8.7 \sim 11.6$ W/(m²·K)；

　　　$\lambda_i$——箱壁和绝热层的热导率，kW/(m²·K)；

　　　$\delta_i$——箱壁和绝热层的厚度。通常箱壁厚度按真空容器计算，绝热层厚度可按经验公式计算，若所用隔热材料传热系数为 0.035~0.058kW/(m²·K) 时，每取温差为 7~8℃，则隔热层厚定为 25mm。

（6）开门冷损耗 $Q_6$

若产品进箱前需空箱预冷时，需计算 $Q_6$

$$Q_6 = m_6 c_6 (t_{d6} - t_{c6}) / \tau \tag{6-91}$$

式中　$m_6$——箱门的质量，kg；

$c_6$——箱门的比热容，kJ/(kg·K)；

$t_{c6}$、$t_{d6}$——开门前和关门时箱门的温度，℃。

$t_{c6}$ 可假定比搁板温度高 20～30℃，$t_{d6}$ 可按下式计算

$$t_{d6} = t_{c6} + (t_h - t_{c6}) e^{-\frac{\alpha F_6}{m_6 c_6 \tau_k}} \qquad (6\text{-}92)$$

式中　$\tau_k$——开门时间，s；

$F_6$——箱门面积，$m^2$；

$\alpha$——箱门放热系数，kW/($m^2$·K)；

$t_h$——冻干箱环境温度，℃。

（7）载冷介质循环泵所消耗的冷量 $Q_7$

$$Q_7 = \eta N \qquad (6\text{-}93)$$

式中　$\eta$——循环泵效率；

$N$——循环泵的额定功率，kW。

（8）其他冷损耗 $Q_8$　如载冷介质容器、管道降温和冷损等，以全部冷负荷的 15% 计算。

当搁板直接冷却时，冷负荷中不计算 $Q_3$、$Q_7$、$Q_8$ 这三项。

### 6.4.2　捕水器耗冷量的计算

（1）捕水器材料降温耗冷量 $Q_1'$

$$Q_1' = \sum m_i c_i \Delta t / \tau \qquad (6\text{-}94)$$

式中　$m_i$——壳体、封头、换热管质量，kg；

$c_i$——壳体、封头、换热管的比热容，kJ/(kg·℃)；

$\Delta t$——温差，℃。

材料比热容随温度变化，计算时可取平均值。不可预见冷损系数时，可取

$$Q_1 = 1.2 \sum m_i c_i \Delta t / \tau \qquad (6\text{-}95)$$

（2）保温层传热耗冷量 $Q_2'$ 其算法同冻干箱。

（3）水蒸气凝结耗冷量 $Q_3'$　在干燥的不同阶段升华速率相差较大，升华水蒸气的温度也不一样，因此，单位时间的捕水量很难确定，霜层结构、密度、热导率都比较难确定，这里仅凭经验粗略计算。

一般认为水汽凝结器的表面温度应比物品的升华温度低 20～22℃，否则会影响升华干燥的速率，使升华的水汽量急剧下降。例如，冻干室内冻结产品的温度是 $-30$℃，相应的冰点饱和蒸气压为 37.9Pa，假定冷凝器表面温度为 $-40$℃，相应的饱和蒸气压为 12.9Pa，两表面压力差为 25Pa，物品表面与凝结器表面蒸气压之比 37.9/12.9≈3 倍。若保持冷凝温度 $-40$℃不变，而冻结产品的温度上升到 $-10$℃，这时冰的蒸汽压力为 259Pa，压差为 246Pa，压力差越大，水蒸气流的速度就越快，干燥进行得越迅速。同理，若维持产品冻结温度不变，降低冷凝面温度，将能得到同样的效果。为保证干燥速率，防止产品在升华时融化，降低冷凝面温度更好些，但运转费用高。由于升华是非稳态过程，近似计算误差大。

$$Q_3' = m_i c_i \Delta t_i + mr \qquad (6\text{-}96)$$

式中　$m_i$——不同干燥阶段水汽凝结器的捕水量，kg；

$c_i$——不同温度下水蒸汽的比热容和霜的比热容，kJ/(kg·℃)；

$\Delta t_i$——不同阶段水蒸气和霜的温差℃；

$m$——水气凝结器总捕水量，kg；

$r$——凝华热，$r = 3 \times 10^3$ kJ/kg。

水汽凝结器的耗冷量不能简单地看为 $Q_1'$、$Q_2'$ 和 $Q_3'$ 之和，因为这会使制冷系统变大，经济性差。从冻干过程可以知道，水汽凝结器的降温是在它开始捕集水蒸气之前进行的，而在干燥阶

段开始后耗冷主要是保温层传热和水蒸气凝华两部分，因此，可以把水汽凝结器的耗冷量分做两部分：降温耗冷量 $Q_g = Q_1' + Q_2'$；水汽凝华耗冷量 $Q_n = Q_2' + Q_3'$。选制冷系统时，取其中较大者，且适当加大。

### 6.4.3　制冷系统的选择

冻干设备上一般按制冷温度选制冷剂和制冷循环。一般单级压缩可制取 $-20 \sim -40℃$ 的低温，双级压缩可制取 $-40 \sim -70℃$ 的低温，复叠式制冷循环可得到 $-50 \sim -80℃$ 的低温。

#### 6.4.3.1　单级压缩氟利昂制冷系统

图 6-45 为一小型氟利昂制冷系统。压缩机 1 由电动机拖动，氟利昂制冷剂蒸气在其内进行压缩。高压气体经油分离器 2 将所携带的润滑油进行分离，然后进入水冷却冷凝器 3，在其中被冷凝为液体。液体氟利昂由冷凝器下部出液管经干燥过滤器 4（除去杂质和水分）、电磁阀 5，然后流经汽液热交换器 6。在其中被来自蒸发器的低温蒸气进一步冷却后，进入热力膨胀阀 7 节流降压。然后经分液头 8 送入蒸发器 9 并在其中吸热汽化。汽化后的低温氟利昂制冷剂蒸气，经热交换器 6 提高过热度后被压缩机吸入重新加压。

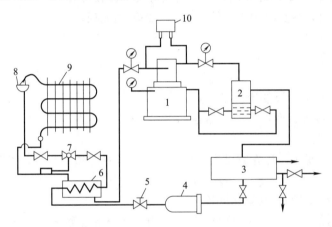

**图 6-45　单级压缩氟利昂制冷系统**

1—压缩机；2—油分离器；3—水冷却冷凝器；4—干燥过滤器；5—电磁阀；
6—汽液热交换器；7—热力膨胀阀；8—分液头；9—蒸发器；10—高低压力继电器

为了保证制冷系统运行时高压压力不致过高和低压压力不致过低，在系统中装有高低压力继电器 10。它的高压控制部分与压缩机排气管相连接，低压控制部分与压缩机吸气管相连接。当压缩机排气压力超过调定值时或压缩机吸气压力低于调定值时，均使压缩机停车，以免发生事故或浪费电能。

氟利昂系统中的热力膨胀阀前，一般都有干燥过滤器，以防止热力膨胀狭小断面处产生"冰塞"。此外，在封闭式压缩机中，也不致因制冷剂中混有水分而造成电机的烧毁。

装在冷凝器与蒸发器之间的电磁阀，可控制液体管路的启闭。当压缩机启机动时，电磁阀自动打开，液体制冷剂进入蒸发器；当压缩机停车时，电磁阀自动关闭，防止大量液体制冷剂流入蒸发器，以免压缩机再次启动时的液体冲缸事故。

系统中的热交换器，用来提高制冷剂蒸气的过热度和制冷剂液体的过冷度。这样一方面可以防止压缩机走潮车；另一方面可以提高制冷系统的效率。

装在蒸发器之前的热力膨胀阀，用来自动调节进入蒸发器的液体制冷剂量，并使制冷剂节流降压，由冷凝压力降低到蒸发压力。

设置在蒸发器之前的分液头，可以保证进入蒸发器各换热管的气液分配均匀，防止热交换效果不佳问题的发生。

#### 6.4.3.2　双级压缩氟利昂制冷系统

当蒸发温度低于 $-25℃$ 或压力比 $p_s/p_e \geqslant 8$ 同时考虑压力差 $p_s - p_e$，即当氨压缩机 $p_s - p_e \geqslant 12$，对氟利昂压缩机 $p_s - p_e \geqslant 8$ 时，应采用双级压缩制冷系统。

双级压缩制冷系统所采用的压缩机是由高压级压缩机和低压级压缩机组成。两级压缩之间的制冷剂蒸气，用水或液体制冷剂来实现中间冷却。因此，双级压缩制冷有两个优点：一是能获得较低的温度，在制取相同冷量的条件下，与单级相比所消耗的能量要少；二是在一个系统内可以得到两种不同的蒸发温度。

（1）双级压缩制冷系统的组成类型　由制冷系统的用途、压缩气体中间冷却方法、蒸发器数目及节流次数等的不同，双级压缩制冷系统有多种组成类型，如图 6-46 所示。

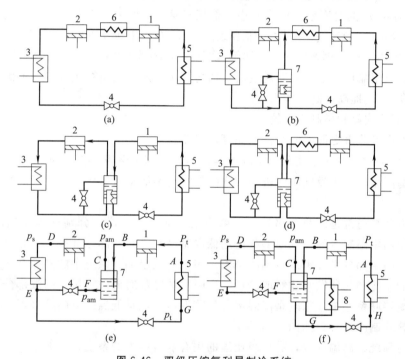

**图 6-46　双级压缩氟利昂制冷系统**

1—低压级压缩机；2—高压压缩机；3—冷凝器；4—节流阀；5—蒸发器；
6—水冷却器；7—中间冷却器；8—第二蒸发器

（2）一级节流双级压缩制冷系统　双级压缩制冷系统的蒸发温度低，压力比大，其措施是制冷剂的中间冷却和节流级数。因此，按节流级数分类，有一级节流双级压缩和两级节流双级压缩制冷系统。

如果制冷剂主循环中只有一个节流阀，则为一级节流系统，如图 6-46 中（a）～（e）。现以图 6-46（e）系统做简单介绍。

从图 6-46（e）中可以看出，压力 $p_e$ 和温度 $T_e$ 的制冷剂蒸气（点 A）被低压压缩机吸入，在压缩机中压力升高到中间压力 $p_{am}$（B 点），然后到中间冷却器冷却。在此产生的混合气体被高压压缩机吸入（C 点），并使压力升高到 $p_s$（D 点），接着在冷凝器中冷凝，放出的热量被冷却水带走。冷凝后的液态制冷剂分为两路（E 点），一小部分（F 点）；另一部分经主循环的节流阀节流后进入蒸发器（G 点），在此蒸发吸收热量，也就是制取冷量，以便冷却被冷却物。中间冷却器的输入包括两部分：一是低压缩机排出的压力为 $p_{am}$ 的制冷剂蒸气；二是将来自冷凝器的液态制冷剂节流为压力 $p_{am}$、温度 $T_{am}$ 液态制冷剂。而其输出（即高压压缩机输入）为压力 $p_{am}$ 和温度 $T_{am}$ 的制冷剂蒸气，由于采用温度为 $T_{am}$ 的液态制冷剂作为中间冷却器的冷却介质，故而有效地降低了高压压缩机吸入蒸气的温度。这样就保证了冷凝器输出的液态制冷剂温度的降低，最终实现蒸发温度低的要求，提高了制冷能力。

（3）两级节流双级压缩制冷系统　图 6-46（f）为两级节流双级压缩制冷系统。压力 $p_e$ 和温度 $T_e$ 的制冷剂蒸气（A 点）被低压压缩机吸入，升高压力到 $p_{am}$ 后（B 点），蒸气进入中间冷却器冷却。在此产生的混合气体温度为 $T_{am}$（C 点）进入高压压缩机。该混合气体在高压压缩机内升高压力到 $p_s$（D 点），接着进入冷凝器。在冷凝器中制冷剂蒸气冷凝为液体状态（E 点）。此后，液态制冷剂在第一节流阀内节流到 $p_{am}$ 的压力和 $T_{am}$ 的温度后（F 点），经中间冷却器分为两股液流：一股进入中压蒸发器（即图中第二蒸发器 8）蒸发制冷量 $Q_{02}$；另一股经第二节流阀节流到 $p_e$ 的压力和 $T_e$ 的温度后（H 点）进入低压蒸发器（即图中蒸发器 5）蒸发制取冷量 $Q_{01}$。

高压压缩机吸入的混合蒸气，其中包括低压级出来的蒸气、中间冷却器冷却前者所需蒸发产生的蒸气、中压蒸发器制取冷量 $Q_{02}$ 时产生的蒸气和第一次节流阀节流来自冷凝器的制冷剂而产生的蒸气。

由于吸入高压压缩机的制冷剂温度较低，加之两次节流，故而有效地降低了低压蒸发器内制冷剂的蒸发温度 $T_e$，提高了制冷能力。

### 6.4.3.3　复叠式氟利昂制冷系统

在制冷技术中若获得更低的温度，例如氨，当 $T_e = -65℃$，R-12，当 $T_e = -68℃$，R-22，当 $T_e = -75℃$ 以下时，双级压缩制冷系统就很难达到。因为蒸发器压力低于 $(0.10 \sim 0.15) \times 10^5$ Pa 时，活塞压缩机由于吸气阀门机构结构的限制而不能正常工作。为此，应当采用复叠式制冷系统。

复叠式制冷系统通常是由两个部分（也可由三个部分）组成，分别称为高温部分和低温部分。高温部分使用中温制冷剂，低温部分使用低温制冷剂，而每部分都是一个完整的单级或双级压缩制冷系统。高温部分系统中制冷剂的蒸发是用来使低温部分系统中的制冷剂冷凝，而只有低温部分系统中的制冷剂在蒸发时才制取冷量，即吸收被冷却对象的热量。高温部分和低温部分是用一个蒸发冷凝器联系起来，它既是高温部分的蒸发器，也是低温部分的冷凝器。两个单级压缩系统组成的复叠式制冷系统，如图 6-47 所示。

复叠式制冷系统的高温部分，有单级压缩的也有双级压缩的系统，一般采用中压制冷剂，例如氨、R-12、R-22 等。而低温部分按需要配置，也有单级压缩或双级压缩的系统。制冷剂采用高压制冷剂，例如 R-13、R-23、乙烷及乙烯等。

复叠式制冷系统的缺点是所消耗的功比多级压缩制冷系统大。这是由于蒸发冷凝器中有温差存在。但在实用上，因为每一系统均在有利的压力范围和温度范围下工作，故而压缩机的输气系数较大，所以复叠式比多级压缩式应用广泛。

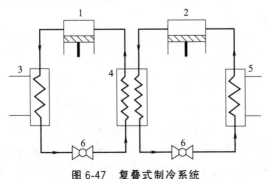

**图 6-47　复叠式制冷系统**

1—高温级压缩机；2—低温级压缩机；3—冷凝器；4—蒸发冷凝器；5—蒸发器；6—节流阀

#### 6.4.3.4　氨制冷系统

在大型食品冷冻干燥机上，经常采用氨制冷系统。有些食品厂为节省资金，采用冷库的制冷系统作为冻干机捕水器的制冷能源，多为液泵循环供液方式，图 6-48 为一种单级压缩氨泵供液制冷系统，从图可见，氨制冷系统比氟利昂制冷系统结构复杂，辅助设备较多。如果采用双级或复叠式制冷系统，将更加复杂。

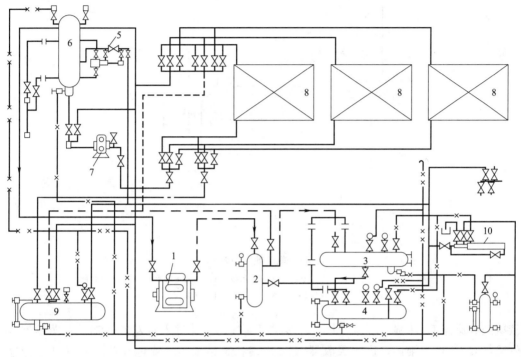

**图 6-48　单级压缩氨泵供液制冷系统**

1—压缩机；2—油分离器；3—冷凝器；4—高压贮液器；5—节流阀；
6—气液分离器；7—氨泵；8—蒸发器；9—集油器；10—空气分离器

图 6-49 给出的是氨吸收式制冷循环。从图可见，该制冷循环主要由 4 个热交换器组成，精馏塔 A，冷凝器 B，蒸发器 C 和吸收器 D。还有节流阀 I 和 F，回热器 E，溶液泵 G 等。这些元器件用管道、阀门等连接在一起，组成两个循环：制冷剂氨循环为 A→B→I→C→D→G→E→A；吸收剂（水）循环为 A→F→D→G→E→A。制冷剂循环与压缩式制冷循环是一样的。

蒸发器和吸收器处在低压侧，蒸发器内的压力由所希望的蒸发温度决定，稍低于被冷却介质的温度；吸收器内的压力稍低于蒸发压力，因为其间管道存在阻力，而且氨蒸气被溶液吸收时会产生一种类似于抽取作用的效果。冷凝器和发生器处于高压侧，冷凝器内的压力是由冷凝温度决定的，应高于冷凝介质的温度。发生器内的压力，经过管道阻力稍高于冷凝器内的压力。值得注意的是吸收器内较小的压力变化会引起溶液浓度较大的变化。

从图 6-49 可以看到，浓度为 $\xi_r$，质量为 $f(\mathrm{kg})$ 的浓溶液在点 1 进入精馏塔，在其中被加热，吸热 $Q_h$ 后部分蒸发，经过精馏产生浓度为 $\xi_d$ 的氨蒸气 $(1+R)\,\mathrm{kg}$，随后经过精馏段和回流冷凝器，使上升的氨气进一步精馏和分凝，浓度提高到 $\xi_R$，然后由塔顶点 5 排出。假设排出纯氨蒸气的质量为 1kg，回流冷凝器中冷凝 $R$ kg 回流液所放出的热量被冷却水带走，故在发生器底部（点 2）得到浓度为 $\xi_a$ 的稀溶液 $(f-1)\,(\mathrm{kg})$。

从精馏塔 A 到冷凝器 B 的纯氨蒸气，在等压等浓条件下冷凝成液体（点 6），冷凝时放出的热量 $Q_k$ 被冷却水带走。

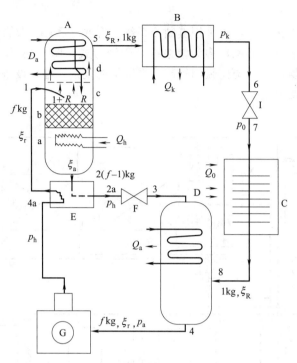

**图 6-49　氨吸收式制冷循环**

A—精馏塔（a—发生器；b—提馏段；c—精馏段；d—回流冷凝器）；B—冷凝器；
C—蒸发器；D—吸收器；E—热交换器；F,I—节流阀；G—溶液泵

　　液氨经节流阀 I，压强由 $p_k$ 降到 $p_0$，形成湿蒸气由点 7 进入蒸发器（C）。在蒸发器内，液氨蒸发吸热 $Q_0$ 从点 8 排出，进入吸收器（D）。其状态是湿蒸气或饱和蒸气，也可能是过热蒸气，这取决于被冷物体所要求的温度。从发生器 a 底部排出的浓度为 $\xi_a$ 的（$f-1$）（kg）稀溶液，经过交换器 E 后降温过冷到达点 2a，此时压强为 $p_h$。再经节流阀 F 降压为 $p_a$，经点 3 进入吸收器，吸收器同时吸收由蒸发器出来的 1kg 氨蒸气。形成 $f$（kg）浓度为 $\xi_r$ 的浓溶液（点 4），吸收过程中放出的热量 $Q_a$ 被冷却水带走。点 4 处浓溶液经溶液泵增压从 $p_a$ 提高到 $p_h$ 到达点 4a。再经热交换器 E 温度升高，最后从点 1 进入精馏塔 A，再循环。

### 6.4.4　制冷压缩机的选择

　　制冷系统中最主要的装置是压缩机，一般称它为主机。压缩机的形式主要有活塞式、离心式、螺杆式和刮片式。目前应用最广泛的是活塞式压缩机。活塞式压缩机，按所采用的制冷剂分类，有氨压缩机和氟利昂压缩机等。按压缩级数分类，有单级压缩机和双级压缩机。单级压缩即制冷剂蒸气由低压至高压只经过一次压缩；双级压缩即制冷剂蒸气由低压至高压连续经过两次压缩。按作用方式分类，有单作用压缩机和双作用压缩机。制冷剂蒸气仅在活塞的一侧进行压缩的称为单作用压缩机；制冷剂蒸气轮流在活塞两侧进行压缩的称为双作用压缩机。按制冷剂在气缸中的运动分类，有直流（顺流）式和非直流（逆流）式。所谓直流式即制冷剂蒸气的运动从吸气到排气都沿同一个方向进行；而非直流式则制冷剂蒸气在气缸内运动时，方向是变化的。按气缸中心线的位置分类，有卧式、立式、V 型、W 型和 S 型（扇形）压缩机等。

　　压缩机是用来压缩和输送制冷剂蒸气的，由电动机拖动，其基本形式都用一定符号表示。这些符号包括气缸数、制冷剂种类、气缸排列的形式、气缸直径等 4 个方面。表 6-8 列举几种不同型号的中、小型压缩机。

表 6-8　压缩机型号举例

| 压缩机型号 | 气缸数 | 制冷剂 | 气缸排列 | 气缸直径/mm | 备注 |
|---|---|---|---|---|---|
| 8AS12.5 | 8 | 氨 | S 型 | 125 | |
| 6AW17 | 6 | 氨 | W 型 | 170 | B-半封闭式 |
| 4AV10 | 4 | 氨 | V 型 | 100 | M-密装式 |
| 3FW5B | 3 | 氟利昂 | W 型 | 50 | |
| 2FM4 | 2 | 氟利昂 | | 40 | |

　　活塞式制冷压缩机的制冷量与制冷工况、压缩机型号及输气系数有关。

　　任一制冷系统的蒸发温度越高、冷凝温度越低，则制冷量越大。反之则越小。工程上为减少单位制冷量所消耗的功率，在满足使用条件的前提下，压缩机并不超过极限工作条件时，应尽量提高制冷系统的蒸发温度，降低冷凝温度，以便使制冷系统在最佳经济条件下工作。

　　我国活塞式制冷压缩机的极限工作条件，见表 6-9。

表 6-9　单级制冷压缩机的极限工作参数

| 制冷剂 | R-717 | R-12 | R-22 |
|---|---|---|---|
| 蒸发温度 $T_e$/℃ | 5～−30 | 10～−30 | 5～−40 |
| 冷凝温度 $T_s$/℃ | ≤40 | ≤50 | ≤40 |
| 压力比 $p_s/p_e$ | ≤8 | ≤10 | ≤10 |
| 压力差 $(p_s-p_e)/10^5$ Pa | ≤14 | ≤12 | ≤14 |
| 压缩机吸气温度 | $T_e+5\sim8$℃ | $T_e+15$℃ | $T_e+15$℃ |
| 压缩机排气温度/℃ | ≤145 | ≤125 | ≤145 |
| 安全阀开启压力/$10^5$ Pa | 16 | 14 | 16 |
| 油压比曲轴箱压力高/$10^5$ Pa | 1.5～3.0 | 1.5～3.0 | 1.5～3.0 |
| 油的温度/℃ | ≤70 | ≤70 | ≤70 |

　　通常，制冷压缩机样本上给出的制冷量是标准工况（蒸发温度−15℃）的制冷量，而在冻干箱和捕水器计算中得出的制冷量是实际工况的制冷量，两者是不同的。选择压缩机时应做变工况计算，或按实际需要的制冷量查压缩机样本上的特性曲线，找出相符的压缩机型号。

　　6.4.5　制冷系统其他元件的选择

　　(1) 冷凝器　冷凝器是将制冷压缩机排出的高温高压制冷剂蒸气的热量传递给冷却介质，并使制冷剂蒸气冷凝成液体的热交换设备。通常，冷凝器需按换热器进行设计计算。

　　(2) 热力膨胀阀（调节阀）　制冷系统中制冷剂的流量应与负荷变化相适应。制冷剂的流量控制通常采用热力膨胀阀、手动调节阀及毛细管 3 种。其中热力膨胀阀是氟利昂制冷系统中被广泛采用的主要部件之一。热力膨胀阀可按使用工质的种类和制冷量来选择其型号和大小。

　　(3) 电磁阀　电磁阀安装在贮液器（或冷凝器）与膨胀阀之间的液体管道上。在压缩机停车时，电磁阀立即关闭，切断贮液器至蒸发器的供液，不使大量制冷剂进入蒸发器，从而延长蒸发器的保温时间；同时可以避免压缩机再次启动时发生液击现象；此外，可用自动控制系统来控制制冷剂液体管道的启闭。电磁阀可按其控制的制冷剂压力和流量（制冷量）选择规格和型号。

　　(4) 油分离器　油分离器设置在制冷压缩机和冷凝器之间，目的是将制冷剂蒸气中的润滑油分离出来，以免因冷凝器传热面上形成油膜而影响传热效果。

　　氟利昂制冷系统中常用的油分离器有惯性式、离心式、填料式和过滤式等几种。惯性式油分离器利用蒸气在分离器筒体内速度的降低和运动方向的改变，使油滴依靠重力分离出来。离心式油分离器利用蒸气在分离器内沿螺旋状导向叶片流动，在离心力的作用下使油分离出来。填料式油分离器利用其筒体内设置的陶瓷环、金属切屑或金属丝网填料层阻挡和黏附油滴，将润滑油与制冷剂分离。过滤式油分离器利用过滤层滤掉油滴。

　　一般要求油分离器进排气管内气体流速为 10～25m/s，筒体内气体流速为 0.8～1.0m/s。据

此，油分离器的筒体直径可按下式确定

$$d = \sqrt{\frac{4 S_{mp} \lambda_t v_2}{\pi v_1 w}} = 1.13 \sqrt{\frac{S_{mp} \lambda_t v_2}{v_1 w}} \tag{6-97}$$

式中　$d$——油分离器筒体内径，m；

　　　$S_{mp}$——压缩机理论排气量，$m^3/s$；

　　　$\lambda_t$——压缩机输入系数；

　　　$v_1$——压缩机吸入气体的比容，$m^3/kg$；

　　　$v_2$——压缩机排出气体比容，$m^3/kg$；

　　　$w$——筒体内气体流速，m/s。

（5）集油器　集油器是收集油分离器、冷凝器、贮液器和蒸发器等底部润滑油的钢制筒状容器。集油器上设置高、低压进油管、放油管、回气管和压力表等。

（6）贮液器　贮液器在制冷系统中用来调节和稳定制冷剂循环量并贮存液态制冷剂。贮液器是一钢制圆筒体，其上设置进出液管、压力平衡管、压力表、安全阀、放空气阀和液面指示器等。

贮液器的容积可按下式确定

$$V = \left( \frac{1}{3} \sim \frac{1}{2} \right) \frac{Q_c v_s}{Q_0 \beta} \tag{6-98}$$

式中　$V$——贮液器容积，$m^3$；

　　　$Q_c$——在设计工况下的计算制冷量，kJ/h；

　　　$Q_0$——制冷剂单位制冷量，kJ/kg；

　　　$v_s$——冷凝温度下制冷剂液体比容，$m^2/kg$；

　　　$\beta$——液体充满度，一般取 0.8。

（7）过滤器和干燥器　过滤器按用途分为液体过滤器和气体过滤器。前者设置在调节阀前的制冷剂管道上，用来保护调节阀的密封性能（不致堵塞和失灵）；后者装在制冷压缩机吸入管道上，用来滤除制冷剂气体中的机械杂质及其他污物，防止其进入气缸而引起故障。氟利昂系统用过滤器的滤网采用 2～3 层铜丝制成，其网孔、液体过滤器为 0.1mm，气体过滤器为 0.2mm。过滤器滤网的表面积可根据制冷剂通过网孔的流带来确定，在选择时可按下列流带计算；网状气体过滤器的流速为 1～1.5m/s。网状液体过滤器的流速为 0.07～0.1m/s。干燥器是利用硅胶等吸附剂除去氟利昂制冷剂中水分的装置，以免在调节阀中产生冰塞。为了能较好地吸收水分且保证吸附剂不粉碎，干燥器中的流速应小于 0.03m/s。干燥器使用一段时间后，吸附剂需要再生或更换。

将干燥器和过滤器做成一件，称为干燥过滤器。

（8）气液热交换器　氟利昂气液热交换器装在氟利昂制冷系统的调节阀前的液体管道上。外壳是钢制圆筒，两端设有进、出气管，筒内有一组蛇形冷却管组。制冷剂液体由蛇形管一端进入，被冷却后从蛇形管另一端流出，送至热力膨胀阀或调节阀。来自蒸发器的制冷剂蒸汽由进行管进入筒体，与被冷却的液体进行热交换后，从出气管排出，吸入压缩机。这样，压缩机吸入的制冷剂为过热蒸汽，不但减少了有害过热，还可以防止压缩机走潮车。同时，由于制冷剂液体过冷，也提高了制冷剂的单位制冷量。

气液热交换器的传热面积应按传热计算结果确定。

6.4.6　制冷剂和载冷剂的选择

在制冷装置的蒸发器内蒸发并从被冷却物体中吸收热量，然后在冷凝器内将热量传递给周围介质（一般是水或空气）而本身液化的工作介质叫做制冷剂。制冷剂是实现人工制冷不可缺少的物质，它的性质直接关系到制冷装置的特性及运行管理。常用的制冷剂有水、氨、氟利昂及某些烃类化合物。

在间接制冷装置中，用来将制冷装置产生的冷量传递给被冷却物体的媒介物质叫做载冷剂（或称冷媒）。常用的载冷剂有空气、水、盐水和有机物。

#### 6.4.6.1　制冷剂

（1）制冷剂的一般分类　　根据制冷剂常温下在冷凝器中冷凝时的饱和压力 $p_s$ 和标准蒸发温度 $T_e$ 的高低，一般可分为低压高温制冷剂、中压中温制冷剂和高压低温制冷剂三大类见表 6-10。据此可由制冷装置的工作温度来选择制冷剂。标准蒸发温度高的宜用于制冷温度高的场合，标准蒸发温度低的宜用于制冷温度低的场合。

表 6-10　制冷剂的分类

| 类别 | 制冷剂 | 30℃时冷凝压力 $p_s/10^5$ Pa | 标准蒸发温度 $T_e/℃$ | 用途 |
|---|---|---|---|---|
| 低压高温制冷剂 | R-11,R-21,R-113,R-114 R-142 等 | ≤3 | ＞0 | 空调系统的离心式制冷压缩机 |
| 中压中温制冷剂 | 氨,R-22 R-404A, R-507A 等 | 2～20 | ≤0 | 活塞式制冷压缩机－50℃以上低温装置 |
| 高压低温制冷剂 | 甲烷;乙烷, 乙烯;R-23 R-508,R-508 等 | 20～70 | ≤－50 | 复式制冷装置－50℃以下低温装置 |

（2）对制冷剂的要求　　在热力学上对制冷剂的要求有以下几点。

① 在大气压力下制冷剂的蒸发温度低。

② 压力适中，在蒸发器内制冷剂的压力最好与大气压力相近并稍高于大气压力。因为当蒸发器中制冷剂的压力低于大气压力时，外部的空气就可能渗漏进去，降低制冷装置的制冷能力；若制冷剂的压力高于 12～15atm 时，增高了制冷设备承压能力的要求。

③ 单位容积的制冷能力（又称单位容积制冷量，记为 $Q_V$）。系指压缩机吸入一立方米的制冷蒸汽所能产生的冷量，其单位为 kJ/m³。通常要求制冷剂的单位容积制冷能力尽可能大。这样在制冷量一定时，可减少制冷剂的循环量，从而减小了压缩机的尺寸和质量。

④ 临界温度高，凝固温度低。临界温度高便于用一般冷却水和空气进行冷凝，凝固温度低易制取低的蒸发温度。

⑤ 绝热指数小。因为 $T_2 = T_1(p_2/p_1)^{(r-1)/r}$，可见，在初始温度和压力比相同的条件下，绝热指数 $r$ 越小则压缩终了的温度就越低，促使排气温度低、冷却水耗量少。

在物理化学性能方面，对制冷剂的要求：

① 冷剂的黏度和比重尽可能小，以便减小在制冷装置中流动时的阻力。

② 热导率和放热系数高。这样能提高蒸发器和冷凝器的传热效率并减少其传热面积。

③ 具有一定有吸水性。当制冷系统渗进极少水分时，不致在低温下产生"冰塞"而影响制冷系统正常运行。

④ 具有化学稳定性，不燃烧、不爆炸、高温下不分解。

⑤ 对金属不产生腐蚀作用。

此外，关于溶解于油的性质，应从两方面来分析：如制冷剂能和润滑油溶解在一起，其优点是为机件润滑创造良好条件，在蒸发器和冷凝器的热交换面积上不易形成油层阻碍传热；其缺点是蒸发温度有所提高。而微溶于油的制冷剂的优点是蒸发温度比较稳定，但在蒸发器和冷凝器的热交换面积上形成很难清除的油层，影响传热。

生理学方面要求对人体健康无损害，无毒性，无刺激臭味。在经济方面要求价格便宜，容易制造。

（3）常用制冷剂及其性质　氟利昂是饱和烃类类卤族（氟、氯、溴）的衍生物及其共沸混合物的总称。氟利昂的分子式为 $C_m H_n F_x Cl_y Br_z$，且有 $2m+2=n=x+y+z$ 的关系。氟利昂的简写符号为字母"R"，后面的数字依次为 $(m-1)(n+1)x$，若分子中含有溴原子时，则在后面写字母"B"和溴原子数。

氟利昂制冷剂大多数是无毒的，没有气味。在制冷技术的温度范围内不燃烧，没有爆炸危险，且热稳定性好。氟利昂的相对分子质量大、绝热指数小，凝固点低，对金属的润湿性好且不腐蚀。

氟利昂制冷剂的缺点是价格贵、渗透性强、易于泄漏；含有氯原子的氟利昂与明火接触时能分解出有毒的光气（$COCl_2$）；放热系数小，单位容积制冷量小、比重大，因而流动阻力大，在相同制冷量下的制冷剂循环量大；不能溶于水，必须保持干燥，并要求其含水量不超过一定值，例如 R-12 的含水量应不超过 0.0025%，否则低温系统容易形成"冰塞"。

甲烷、乙烷和丙烷常用做低温和中温制冷系统的制冷剂，其简写符号与氟利昂的编号法相同。例如，甲烷分子式为 $CH_4$（$m=1$，$n=4$，$x=0$），其简写符号为 R-50。

乙烯和丙烯也常用做低温和中温制冷系统的制冷剂，其简写符号中，字母"R"后面第一个数字是"1"，其余的数字组合法与氟利昂的相同。例如，乙烯的分子式为 $C_2 H_4$（$m=2$，$n=4$，$x=0$），其简写符号为 R-1150。

氨（$NH_3$）简写符号为 R717。氨作为制冷剂的优点是容易获得，价格低廉，压力适中，单位容积制冷量大，管道中流动阻力小，泄漏时容易发现。缺点是有刺激性臭味、有毒，易燃烧和爆炸，对铜及铜合金有腐蚀性作用。

常用制冷剂的有关性质见表 6-11，不同制冷剂有不同的性质，在选择制冷剂时应根据制冷系统的具体要求进行选择。同一种制冷剂在不同的温度、压力及其状态下，性质也不相同，在设计计算时应注意查阅有关数据。

表 6-11　常用制冷剂的性质

| 化学名称 | 符号 | 分子式 | 相对分子质量 | 标准蒸发温度 $T_e$/℃ | 临界温度 $T_c$/℃ | 临界压力 $p_c$/($\times 10^5$Pa) | 临界比容 $v_c$/(L/kg) | 凝固温度 $T_s$/℃ | 绝热指数 $k$ | 单位容积制冷量 $Q_V$/($\times 10^3$J/m³) |
|---|---|---|---|---|---|---|---|---|---|---|
| 二氯二氟甲烷 | R-12 | $CF_2Cl_2$ | 120.92 | −29.8 | 112.04 | 41.96 | 1.793 | −155.0 | 1.138(20℃) | 811.8[1] |
| 一氯三氟甲烷 | R-13 | $CF_3Cl$ | 104.47 | −81.5 | 28.78 | 39.44 | 1.721 | −180.0 | 1.15(10℃) | 973.0[2] |
| 四氟化碳 | R-14 | $CF_4$ | 88.01 | −128.0 | −45.5 | 38.2 | 1.580 | −184.0 | 1.22(−80℃) | 25380[2] |
| 一氯二氟甲烷 | R-22 | $CHF_2Cl$ | 86.48 | −40.8 | 96.0 | 50.33 | 1.905 | −160.0 | 1.194(10℃) | 1340[1] |
| 一氯二氟乙烯 | R-142 | $C_2H_3F_2Cl$ | 100.48 | −9.25 | 137.0 | 42.3 | 2.349 | −130.8 | 1.12(0℃) | 1231[3] |
| 73.8%的 R-12 和 26.2%的 R-115 的共沸混合物 | R-500 | | 99.29 | −33.3 | | 44.4 | 2.01 | −158.9 | 1.127(30℃) | 946.2[1] |
| 乙烷 | R-170 | $C_2H_6$ | 30.07 | −88.6 | 32.1 | 50.3 | 4.7 | −183.2 | 1.18(15.6℃) | 1319[2] |
| 丙烷 | R-290 | $C_3H_8$ | 44.1 | −42.17 | 96.8 | 43.4 | 4.46 | −187.1 | 1.13(15.6℃) | 1225[1] |
| 乙烯 | R-1150 | $C_2H_4$ | 28.05 | −103.7 | 9.5 | 51.6 | 4.62 | −169.5 | 1.22(15.6℃) | |
| 丙烯 | R-1270 | $C_3H_6$ | 42.08 | −47.7 | 91.4 | 46.9 | 4.28 | −185.0 | 1.15(15.6℃) | 1518[1] |
| 氨 | R717 | $NH_3$ | 17.03 | −33.3 | 132.4 | 114.17 | | −77.7 | 1.31(15.6℃) | |

① 蒸发温度为 −30℃，节流阀前温度为 10℃。

② 蒸发温度为 −80℃，节流阀前温度为 −60℃。

③ 蒸发温度为 0℃，节流阀前温度为 30℃。

（4）当前冻干机用制冷剂　目前冻干机用制冷剂根据冻干机的容量，用途的不同主要有 R22、R717、R404A 和 R507A 以及 R23、R508A、R508B 等。R22 在小型试验冻干机、中小型食品冻干机和医药用冻干机中均有使用，其使用场合一般在冻干温度相对较高的物料，R22 也是低温冻干机复叠式制冷系统高温级最常用的制冷剂；R717 主要应用于大型食品冻干机中，由于其有刺激性气味和毒性，在医药冻干机和实验冻干机中均不使用；R404A 和 R507A 是目前在小型实验冻干机和医药冻干机中应用最广的制冷剂，尤其是在冻干温度要求较低的场合时多采用 R404A 和 R507A；R23、R508A 和 R508B 均是作为低温冻干机复叠式制冷系统低温级用的制冷剂。

如前所述，R22 作为 HCFCs 物质，根据蒙特利尔议定书 2007 年修正案加速淘汰已无悬念。其目前较为成熟的代替物 R410A（GWP＝2100）和 R134（GWP＝1430）由于具有较高的温室气体效应值也将可能会受到进一步的管制。

R404A 由 R125/R143A/R134a 按 44.0/52.0/4.0 的比例混合而成近共沸混合制冷剂，沸点 −46.2℃，是在较低温度下用以替代含有 CFCs 物质的 R502 的理想代替物，研究表明相同工况条件下，R404A 在制冷量和效率等方面与 R502 相当，而压缩机的排气温度还比 R502 要低，目前已在过去采用 R502 甚至一些采用 R22 的冻干机中成功实现替代，但是 R404A 的组成成分均是高 GWP 物质，使得其总的 GWP＝3900，未来也将是受到重点管制的 HFCs 物质之一。

另外一种替代 R502 的物质是 R507A。R507A 是由 R125/R143a 按 50.0/50.0 的比例混合而成的共沸混合制冷剂，沸点 −46.7℃，热物理性质与 R502 比较接近，但相同工况下，其制冷效率略低，但其回热性能优越，采用回热循环有利于提高 R507A 的效率。目前它的应用场合与 R404A 一样。同样的，由于其组成成分均是高 GWP 物质，使其总的 GWP＝4000，未来也将是受到重点管制的 HFCs 物质之一。

R23 是所有 HFCs 物质中 GWP 值最高的，达 14800，是温室气体重点监控的物质。R508A 是由 R23/R116 按 39.0/61.0 的比例混合而成的共沸混合制冷剂，沸点在 −87.6℃；R508B 是由 R23/R116 按 46.0/54.0 的比例混合而成的共沸混合制冷剂，沸点在 −87.6℃。这两种物质均是用来替代 R13 的，但它们的 GWP 均为 13000，也是属于很高的 GWP 物质，其主要成分之一的 R23 是温室气体重点监控物质。

（5）未来冻干机用制冷剂分析　由上可知，目前冻干机用制冷剂均有可能受到各种协议的管制，虽然由于冻干机用制冷剂的使用量相对空调器和其他工商制冷空调产品的制冷剂使用量而言是很小的，受到管制的影响也较小，但在整个 HFCs 管制的大环境下，研究、探讨冻干机用制冷剂的替代，做到未雨绸缪，对于冻干机行业的发展是具有重要意义的。

目前，在房间空调器和商用空调机领域，R22 和 R410A 的主要替代方案有 R290 和 R32。研究表明 R32 本身是 R410A 的组成成分之一，但其 GWP 值（GWP＝675）要远小于 R410A（GWP＝2100）。研究表明 R32 替代 R22 和 R410A 时，热力性能和迁移性质良好，相同工况下制冷量比 R22 和 R410A 略高，效率则要低一些，主要缺点是排气温度远高于 R22 和 R410A，在空调领域是替代制冷剂的选项之一，并不适合较低温度条件要求的冻干机，但可作为复叠式制冷系统高温级制冷剂的选项之一。另外，R32 也具有可燃性，只是比 R290 的可燃性要弱一些。采用 R32 在商用空调领域替代 R22 和 R410A 已获得多边基金的资助。

R290 具有十分优异的热力性能和迁移性质，在相同工况条件下，制冷量略低于 R22 和 R410A，但制冷效率要搞 10％ 以上，这样不仅 R290 自身具有很低的 GWP（≈3），而且还具有十分显著的节能效益，另外 R290 的排气温度要低于 R22 和 R410A，但它用于低温条件下时，也具有良好的性能，是用于在冻干机中替代 R22、R404A 和 R507A 的极具竞争的替代物，它唯一的缺点是具有高的可燃性，如果应用于替代冻干机中的 R404A 和 R507A 时，必须采取必要措施防范和避免其燃烧的发生。采用 R290 在房间空调中替代 R22 和 R410A 已经获得多边基金的资助。

大型食品冻干机继续采用 R717（氨）作为制冷剂这是没有疑问的。另外一方面采用氨制冷剂的中小型制冷系统仍处在持续的研发之中。

在某些应用两级压缩制冷系统的冻干机中，也有可能使用 R717（氨）/R744（二氧化碳）两级复叠制冷系统。研究表明氨/二氧化碳两级复叠制冷系统在－50℃及以上温区，其制冷效率、制冷剂充灌量以及设备投资等方面均将比两级压缩制冷系统更优越。R717（氨）/R744（二氧化碳）两级复叠制冷系统已获得多边基金的资助。而在一些不适于氨使用的场合，R290/R744 也是其中一个较好的选择。

在低温冻干机领域，虽然二级复叠式制冷系统低温级制冷剂（R23、R508A、R508A 等）具有很高的 GWP 值，但是可供选择的制冷剂非常有限，适合于做两级重叠制冷系统低温级（可达－80℃）的制冷剂只有 R170（乙烷）。这是低温冻干机面临的困难。

由于臭氧层破坏和全球温室效应导致了两个管制合成制冷剂 CFCs、HCFCs 和 HFCs 物质的国际公约的签署，而随着蒙特利尔议定书在管制破坏臭氧层物质 CFCs 物质的巨大成功和加速淘汰 HCFCs 修正案的成功签署，加上全球温室效应日益严重和国际社会对温室气体排放的高度重视，这有可能使得目前常用的冻干机用制冷剂被蒙特利尔议定书管制，虽然目前难以确定冻干机用制冷剂的理想替代物，但自然制冷剂和一些低 GWP 值得合成制冷剂是相当具有竞争力的替代制冷剂，当然这其中还需解决安全性方面存在的问题。

#### 6.4.6.2　载冷剂

（1）对载冷剂的要求　通常对载冷剂有如下要求。

① 在循环系统的工作温度范围内载冷剂必须保持液体状态。其凝固点应比制冷剂的蒸发温度低。其沸点应高于可能达到的最高温度，沸点越高越好。

② 比热容大。比热大载冷量就大。在传递一定冷量时，比热大的载冷剂的流量小，可以减少输送载冷剂的循环泵的功率消耗。另一方面，当一定的流量运载一定的冷量时，比热大则温差小。一般情况下，在盐水溶液中盐浓度越大则比热容减小，或在一定浓度下，温度下降则比热容变小。在有机物液体，比热容随温度降低而减小。

③ 密度小。密度小则循环泵的功耗小。一般情况下，密度随温度降低而增大。

④ 黏度小。黏度小则循环泵的功耗小。一般黏度随温度下降而升高，随浓度增高而增大。

⑤ 化学稳定性好，在大气条件下不分解，不与空气中的氧化合，不改变其物理化学性质。

⑥ 不腐蚀设备、管道及其他附件。

⑦ 不燃烧，无爆炸危险，无毒，无刺激气味。

⑧ 来源充分，价格低。

（2）常用载冷剂的性质　空气做载冷剂虽然有较多的优点，但是由于它的比热容小，所以只有利用空气直接冷却时才采用它。水是一种较理想的载冷剂。它具有比热容大、密度小、不燃烧、不爆炸、无毒、化学稳定性好、对设备和管道腐蚀小、来源充分、价格低廉等优点。所以，在适应的温度范围以内，广泛采用水做载冷剂。但是，由于水的凝固点高，只能用做制取 0℃ 以上温度的载冷剂。

工作温度较低的载冷剂系统，一般都采用盐水溶液做载冷剂。常用和载冷剂的盐水溶液有氯化钙水溶液和氯化钠水溶液。

盐水的凝固点取决于盐水的浓度。浓度增高则凝固点降低，当浓度增高到冰盐合晶浓度时，凝固点下降到最低点（即冰盐合晶温度），此点相当于全部溶液冻结成一块整的冰盐结晶体。若浓度再增加，则凝固点反而升高。因此，作为载冷剂的盐水，其浓度应小于合晶浓度，适用的温度在合晶温度上。图 6-50 和图 6-51 示出氯化钠盐水和氯化钙盐水的凝固点与浓度的关系。图中冰盐合晶点左侧的曲线称做析冰线，右侧的曲线称做析盐线。

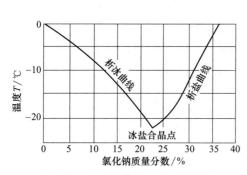

图 6-50　氯化钠盐水的凝固点曲线

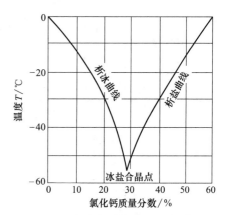

图 6-51　氯化钙盐水的凝固点曲线

　　浓度低于合晶点的盐溶液在降温过程中，在析冰线以上的温度范围内，盐溶液的浓度很稳定；降至该浓度所对应的凝固点（即析冰线上点对应温度）时，则开始有冰析出；继续降温，由于随着析出冰的增多溶液浓度增加，而凝固点下降，将一直继续到被冷却的盐溶液达到合晶点的温度为止。因为这时全部溶液将冻结成均匀的混合物体。

　　浓度高于合晶点的盐溶液在降温过程中，在析盐线以上的温度范围内，其浓度亦稳定不变；达到析盐线上点所对应温度时，则开始有盐析出；继续降温，溶液浓度逐渐减少直至合晶点。此时全部溶液冻结成均匀的混合物体。

　　浓度与合晶点相等的盐溶液在降温过程中，溶液中既无冰也无盐析出，但达到合晶温度时，盐溶液同时冻结成整块冰盐结晶体（也叫共晶体）。

　　不同的盐溶液有不同的冰盐合晶点。例如：浓度为 22.4% 的氯化钠水溶液的合晶点是 −22.2℃；浓度为 29.2% 的氯化钙水溶液的合金点是 −55℃。

　　作为载冷剂的盐水溶液的浓度应当适中，一般应使盐水溶液浓度相对应的凝固点较制冷剂的蒸发温度度低 6～8℃，而且此时的浓度应低于冰盐合晶点的浓度。例如，氯化钠冰盐合晶点温度为 −22.2℃，因而只有当制冷剂蒸发温度高于 −16℃ 时，才能采用氯化钠水溶液作为载冷剂。同理，氯化钙可用于制冷剂蒸发温度高于 −49℃ 的情况下。

　　盐水溶液作载冷剂的主要缺点是对金属有强烈腐蚀性，因而会腐蚀制冷设备。对金属的腐蚀作用强度与盐水中含氧量有关，而盐水中的氧气主要来自空气。要降低盐水溶液的腐蚀作用，就必须减少盐水溶液与空气接触的机会，所以用盐水做载冷剂的制冷系统一般都采用闭式系统。为了减轻盐水的腐蚀作用，还可以在盐水中加入一定量的防腐剂。防腐剂一般用重铬酸钠（$Na_2Cr_2O_7$）与氢氧化钠（$NaOH$）。加入防腐剂后，必须使盐水溶液呈弱碱性反应。

　　盐水在工作过程中，会因吸收空气中的水分而降低浓度，因此必须定期加盐。盐水的比热容随浓度增加而减小，随温度降低而减小。盐水的热导率随浓度增加而增大，随温度降低而减小。

　　可做载冷剂的有机物有二氯甲烷（$CH_2Cl_2$），三氯乙烯（$C_2HCl_3$），一氟三氯甲烷（$CFCl_3$）等。这类有机物凝固点都较低，适用于低温制冷装置。它们的沸点也较低，因此一般采用封闭式制冷系统。其中三氯乙烯的沸点较高（86.7℃），可用于敞开式制冷系统。

　　几种常用载冷剂的性质列于表 6-12。

表 6-12　常用载冷剂的性质

| 使用温度 /℃ | 化学名称 | 浓度/% | 密度(ρ) /(kg·m$^{-3}$) | 热导率(λ) /(W·m$^{-1}$·K$^{-1}$) | 定容比热容(c$_p$) /(kJ·kg$^{-1}$·K$^{-1}$) | 动力黏度(η) /(kPa·s) | 凝固温度 (T$_s$)/℃ |
|---|---|---|---|---|---|---|---|
| 0 | 氯化钙水溶液 | 12 | 1.111×10$^3$ | 0.528 | 3.465 | 2.5 | −7.2 |
| | 甲醇水溶液 | 15 | 0.979×10$^3$ | 0.494 | 4.1868 | 6.9 | −10.5 |
| | 乙二醇水溶液 | 25 | 1.03×10$^3$ | 0.511 | 3.834 | 3.8 | −10.6 |
| −10 | 氯化钙水溶液 | 20 | 1.188×10$^3$ | 0.501 | 3.041 | 4.9 | −15.0 |
| | 甲醇水溶液 | 22 | 0.97×10$^3$ | 0.461 | 4.066 | 7.7 | −17.8 |
| | 乙二醇水溶液 | 35 | 1.063×10$^3$ | 0.4726 | 3.561 | 7.3 | −17.8 |
| −20 | 氯化钙水溶液 | 25 | 1.253×10$^3$ | 0.4755 | 2.818 | 10.6 | −29.4 |
| | 甲醇水溶液 | 30 | 0.949×10$^3$ | 0.3878 | 3.813 | | −23.0 |
| | 乙二醇水溶液 | 45 | 1.080×10$^3$ | 0.441 | 3.312 | 2.1 | −26.6 |
| −35 | 氯化钙水溶液 | 30 | 1.312×10$^3$ | 0.441 | 2.641 | 27.2 | −50 |
| | 甲醇水溶液 | 40 | 0.963×10$^3$ | 0.326 | 3.50 | 12.2 | −42 |
| | 乙二醇水溶液 | 55 | 1.097×10$^3$ | 0.3725 | 2.975 | 90.0 | −41.6 |
| | 二氯甲烷 | 100 | 1.423×10$^3$ | 0.2038 | 1.164 | 8.0 | −96.7 |
| | 三氯乙烯 | 100 | 1.549×10$^3$ | 0.1503 | 0.9976 | 11.3 | −88 |
| | 一氟三氯甲烷 | 100 | 1.608×10$^3$ | 0.1316 | 0.817 | 8.8 | −111 |
| −50 | 二氯甲烷 | 100 | 1.450×10$^3$ | 0.1898 | 1.146 | 10.4 | −96.7 |
| | 三氯乙烯 | 100 | 1.578×10$^3$ | 0.1712 | 0.7282 | 19.0 | −88 |
| | 一氟三氯甲烷 | 100 | 1.641×10$^3$ | 0.1364 | 0.8125 | 12.5 | −111 |
| −70 | 二氯甲烷 | 100 | 1.478×10$^3$ | 0.2213 | 1.146 | 13.7 | −96.7 |
| | 三氯乙烯 | 100 | 1.590×10$^3$ | 0.1957 | 0.4567 | 34.0 | −88 |
| | 一氟三氯甲烷 | 100 | 1.660×10$^3$ | 0.1503 | 0.8340 | 21.5 | −111 |

## 6.5　加热系统的设计

加热系统是提供第一阶段升华干燥的升华潜热和第二阶段干燥蒸发热能量的装置。

被冻结的制品，不论其冻结体为大块、小块、颗粒、片状或其他任何形状，开始升华时总是在表面上进行的，这时升华的表面积就是冻结体的外表面。在升华进行过程中，水分逐渐逸出，留下不能升华的多孔固体状的基体，于是升华表面逐渐向内部退缩。在升华表面的外部形成已干层，内部为冻结层。冻结层内部的冰晶是不可能升华的，故升华表面是升华前沿。升华前沿所需供给的热能，相当于冰晶升华潜热。不论采用什么热源，也不论这些热量以什么样的方式传递，要达到水分升华的目的，这些热量最终必须不断地传递到升华表面上来。

### 6.5.1　热源

供给升华热的热源应能保证传热速率满足冻结层表面即达到尽可能高的蒸气压，又不致使其熔化。所以热源温度与传热率有关。

冷冻干燥中所采用的传热方式主要是传导和辐射。近年来在真空系统中也有采用循环压力法来实现强制对流传热的研究，但其效果还众说不一。在冻干机中，热量都是从搁板上传出来的，一般分直热式和间热式两种。直热式以电源为主；间热式用载热流体，热源有电、煤、天然气等。常用的辐射热源有近红外线、远红外线、微波等。

利用传导或辐射加热时，在被干燥的物料层中传热和传质的相对方向有所不同。从图6-52可见，辐射加热时被干燥物料的加热是通过外部辐射源向已干层表面照射来进行的。传到表面上的热量，以传导的方式通过已干层到达升华前沿，然后被正在升华的冰晶所吸收。升华出来的水蒸气通过已干层向外传递，达到外部空间。传热和传质的方向是相反的，内部冻结层的温度决定于传热和传质的平衡。一般辐射加热的特点是：随着干燥过程中升华表面向内退缩，已干层的厚度愈来愈厚，传热和传质阻力两者都同时增加，如图 6-52（a）所示。图 6-52（b）是接触加热时所发生的情况。在干燥进行中，热量通过冻结层的传导到达升华前沿，而升华了的水蒸气则透过已干层逸出到外部空间。因此，传热和传质的途径不一，而传递的方向是相同的。界面的温度也决定于传热和传质的平衡。随升华表面不断向内退缩，已干层就愈来愈厚，冻结层愈来愈薄，因而相应的传质阻力愈来愈大，传热的阻力愈来愈小。图 6-52（c）是微波加热的情形。微波加热时热量是在整个物料层内部发生的，冻结层要发热，已干层也要加热。但由于这两层的介电常数和介质损耗不同，发生在冻干层内的热量要多得多。内部发生的热量被升华中的水吸收，故所供之热量不需传递，传质是在已干层内，方向是相反的。

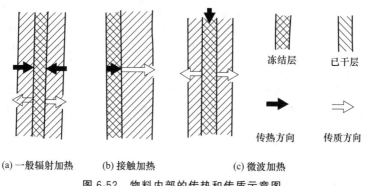

冻结层　　　已干层

传热方向　　　传质方向

(a) 一般辐射加热　　　(b) 接触加热　　　(c) 微波加热

**图 6-52　物料内部的传热和传质示意图**

### 6.5.2　供热方式

把热量从热源传递到物料的升华前沿，热量必须经过已干层或冻结层，同时升华出的水蒸气也要通过已干层才能排到外部空间。在真空条件下，经过这样的物料层供送大量的升华潜热，阻力是很大的，同时，经过这样的物料层排除升华的水蒸气，阻力也是很大的。因此需采取多种方式提高传热和传质效率。

升华热的供应，原则上以在维持物品预定升华温度下，使升华表面即具有尽可能高的水蒸气饱和压力而又不致有冰晶融化现象为最好。这时干燥速度最快。

（1）常用的加热板　间热式加热板的热量是由载热体从热源传递来的，加热板传递给制品所需的加热功率大致需要 $0.1W/g$。载热体多用水、蒸汽、矿物油和有机溶剂等。有些间冷间热式冻干机上，常用 R-11 和三氯乙烯等作为冷和热的载体。

图 6-53 给出加热板热媒循环系统示意图。热媒在热交换器中加热，用循环泵将热媒送到冻干箱的搁板内对物料加热。为使冻干结束后物料能及时冷却，利用阀门控制冷却水，适时通入搁板内实现调控温度。

（2）加热技术的改进　通常在真空状态下传热主要靠辐射和传导，传热效率低。近来出现了调压升压法，其基本原理是降低真空度以增加对流传热的效能。据研究，在压强大于 65Pa 时，对流的效能就明显了。所以在保证产品质量的条件下，降低真空度以增加对流传热，使升华面上温度提高得快些，升华速度增加。

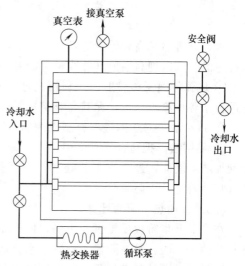

真空表　　接真空泵

安全阀

冷却水入口

冷却水出口

热交换器　　循环泵

**图 6-53　热媒循环系统示意图**

调节气压有多种方式，英国爱德华公司采用充入干燥无菌氮的方法；德国用真空泵间断运转法；日本用真空管道截面变化法。这些方法的共同特点是使冻干室气体压强处于不稳定状态，所以又叫改变真空度升华法和循环压力法[8]。

改变料盘的形状，增加物料与料盘之间的传热面积也是改进传热方法的一种。图 6-54 中装制品容器上有伸出的薄壁，其目的就在于增加传热面积。

改变传热的另一种方法是从根本上改变加热方式，取消加热板。据资料报道，美国陆军 Na-tick 实验室采用微波热进行升华加工制作升华食品压缩的新工艺，可使能耗降低到常规工艺的50%。美国某公司在升华干燥牛肉时，使用 915MHz 微波加热装置，将干燥周期由 22h 减到 2h。但介质加热（如微波加热）的方法一般不用于生物制品的冻干，以防止制品失去生命活力，降低制品质量。

（3）几种典型的供热方式　应用在食品工业真空冷冻干燥设备中的加热方法较多，大致可分为：辐射加热与吹冷空气相结合的方法，微波加热法；应用涂层输送带的辐射加热法；辐射和传导传热相串联的供热法；膨胀加热板的接触供热法等。

图 6-54 是辐射传热和传导传热相串联的供热装置示意图。这种传热方法的主要特点是辐射热先传给导热元件（物料容器壁），再传给被加热的物料。传导元件屏蔽直接来自辐射热能的热源。

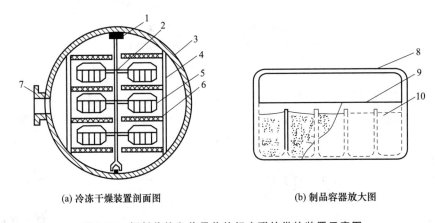

(a) 冷冻干燥装置剖面图　　　　　(b) 制品容器放大图

**图 6-54　辐射传热和传导传热相串联的供热装置示意图**

1—导轨；2—搁架；3—真空干燥室；4—辐射加热组件；5—制品容器；
6—加热板；7—接真空系统；8—机壳；9—端板；10—伸出薄壁

水、有机物和高分子物质具有很强的吸收红外辐射的能力，食品冻干采用红外辐射加热方式是合适的。可以把高辐射红外线材料涂敷到加热板表面上，涂敷的方法有如下几种。

① 电弧等离子体喷射法。利用高速等离子体气流夹带粉末状涂敷材料喷射到待涂敷表面，它适合于各种涂敷材料，尤其是难熔材料的涂敷。

② 烧结法。对于陶瓷材料制成的加热器可用此法。

③ 黏结法。把适合于真空中使用的黏结剂与粉末状涂敷材料均匀混合，然后直接刷涂或喷涂到加热器表面，经适当工艺处理，牢固黏结在一起。这种方法最简单，但应注意表面清洁处理，喷砂打毛，以防脱落。

### 6.5.3　加热负荷的计算

在产品升华阶段要提供升华热，使产品中的水分不断从被冻结的冰晶中升华直到干燥完毕。升华分两个阶段：第一阶段是指大量水分从冰晶升华的过程，这时升华温度低于其晶点温度。第二阶段是结晶水的扩散过程，其温度高于共晶点温度。通常按第一阶段热负荷确定加热功率。加

热量的大小取决于升华速率、箱体内部部件的质量和载热介质的质量。可按下式计算 $Q_h$

$$Q_h = KL\left(\frac{\mathrm{d}G}{\mathrm{d}\tau}\right)F_s \tag{6-99}$$

式中　$L$——水汽的升华热，kJ/kg；

　　　$F_s$——产品表面面积之和，$m^2$，对于散装产品 $F_s$ 取搁板有效面积，对于瓶装产品，约为搁板有效面积的 70%；

　$\left(\dfrac{\mathrm{d}G}{\mathrm{d}\tau}\right)$——产品中水汽的平均升华速率，一般取 $\left(\dfrac{\mathrm{d}G}{\mathrm{d}\tau}\right)=1\mathrm{kg/(m^2 \cdot h)}$；

　　　$K$——考虑下列因素的修正系数；平均升华速率与最大升华速率所需供热量之不同；水汽升华至水汽凝结器，掠过搁板要吸收部分热量；加热载热介质所需热量；加热箱壁和内部部件所需的热量。其中最后一项热量最大，其平均需热量按下式计算

$$q = \frac{\sum m_i c_i (t_{i2} - t_{i1})}{\tau_0} \tag{6-100}$$

式中　$m_i$——箱体各部件质量，kg；

　　　$c_i$——箱体各部件比热容，kJ/(kg·K)；

　$t_{i1}$、$t_{i2}$——分别为加热的初、终温度，℃；

　　　$\tau_0$——升华总时间，h。

其余 3 项热量小，可用 $(0.1\sim0.2)L\left(\dfrac{\mathrm{d}G}{\mathrm{d}\tau}\right)_m \cdot F_s$ 来考虑，则

$$K = (0.1\sim0.2)L\left(\frac{\mathrm{d}G}{\mathrm{d}\tau}\right)_m \cdot F_s + q \tag{6-101}$$

通过每平方米搁板电加热器加热功率为 $1.6\sim3.3\mathrm{kW}$，其值相差甚大，这主要因为升华速率不同。在式（6-99）中 $K$ 值常取为 $2.9\sim6$，大型冻干机取小值，小型冻干机取大值。

#### 6.5.4　热媒循环泵的选择

（1）流量的确定

$$W = \frac{Q}{\rho c \Delta t} \tag{6-102}$$

式中　$W$——热媒循环量，$m^3/h$；

　　　$Q$——需要的热媒传递的热量，W/h；

　　　$\rho$——热媒的密度，$kg/m^3$；

　　　$c$——热媒的比热容，W/(kg·℃)；

　　　$\Delta t$——热媒出入口温度差，℃。

（2）扬程的确定

$$H = 1.2(H_m + H_z) \tag{6-103}$$

式中　$H_z$——热媒的静液柱压力，闭式循环时 $H_z$ 取为零；

　　　$H_m$——热媒流动的摩擦阻力，主要来自加热器，搁板、管道和阀门等处的流动阻力。有关流动阻力的计算可根据加热系统的具体结构，参照流体力学的有关公式计算。

（3）泵所需功率的计算

$$N = \frac{G(P + P_u)}{\eta \rho} \tag{6-104}$$

式中　$G$——换热介质的质量流量，kg/h；

　　　$P$——换热器的阻力，N；

　　　$P_u$——外部管道阻力，N；

$\eta$——泵的效率；

$\rho$——介质密度，kg/m³。

## 6.6 冻干设备的自动化

### 6.6.1 冻干机控制系统的基本结构

冻干机的控制系统相当于冻干机的"大脑"，它是指挥冻干机各部件正常工作，控制工艺参数准确运行，保证冻干工艺过程按时完成的核心部分。常用的控制系统有手动控制、半自动控制、全自动控制、网络控制和智能控制等。前两种控制方式已经逐渐被淘汰，现阶段国内外生产的冻干机均已实现全自动控制，网络控制和智能控制正在兴起。国外冻干机以丹麦 Atlas 公司和美国 Hull 公司和德国 GEA lyophil 公司的控制系统比较先进。

#### 6.6.1.1 控制系统的基本功能

① 按制定好的冻干时序，控制真空系统上真空泵和阀门开启与关闭；开关制冷系统上的压缩机和阀门；开关加热系统上的电加热电源或流体加热的循环泵和阀门；开关液压系统上的泵和阀门；开关测量系统上各种仪表的电源，医药用冻干机通常还有压盖、化霜、清洗消毒等系统的控制，使各系统完成协调运行。

② 实时采集、显示和输出冻干机的运行状态和数据，使现场参数值随制定好的冻干工艺曲线趋势变化。

③ 随时存取和打印历史数据，能存储一定数量的冻干工艺曲线。

④ 对事故给出监测、报警和打印。

⑤ 保证设备安全运行，实现对产品质量和设备运行的保护。能实现自动和手动控制的切换。

#### 6.6.1.2 控制系统的基本结构

实现上述功能可采用不同的控制方式，包括不同的硬件配置和不同的软件程序，但其基本结构是大体相同的，图 6-55 给出一种控制系统原理结构图。上位机采用几台智能控制仪表和可编程控制器（PLC）和应急手操控制台组成，上、下位机之间用工业 RS-485 总线连接。PLC 本身具有独立的连锁保护和部分程控、定时功能，可配合手操台实现应急操作。

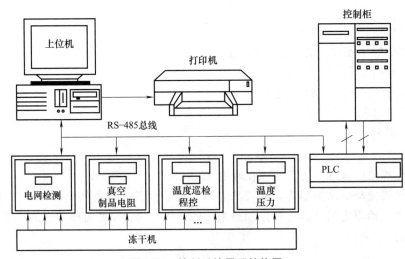

**图 6-55 控制系统原理结构图**

### 6.6.2 冻干机控制系统的硬件

目前，国内冷冻干燥机的控制系统采用的硬件一般有以下几种：继电器控制，单片机控制，可编程控制器及工业计算机控制。

（1）继电器控制　继电器（Relay）控制虽然价格便宜、性能价格比低，但存在继电器抖动、打弧、吸合不良等现象，使控制系统寿命短，可靠性差。因为它的自动控制功能是靠开关继电器的触点动作来实现，而触点动作一次需要几十毫秒，故控制速度慢，由于需要改变控制逻辑就要改变各开关和触点间的连线，故修改控制逻辑复杂、困难，同时体积大，耗能高。这些缺点使继电器控制越来越不适应自动化的发展，已很少使用。

（2）单片机控制　单片机（Single Chip Microcomputer）技术是 20 世纪 70 年代末 80 年代初发展起来的一门高新技术，现已在机电一体化等领域中得到迅速和广泛的应用。单片机控制系统是以单片机（CPU）为核心部件，扩展一些外部接口和设备，组成单片机工业控制机，主要用于工业过程控制。单片机控制利用通用 CPU 单片机，除外设（打印机、键盘、磁盘）外，还有很多外部通信、采集、多路分配管理、驱动控制等接口，而这些外设与接口完全由主机进行管理，必然造成主机负担过重，因而不适用于复杂控制系统。华中理工大学曾经设计的一套控制系统就是以计算机为上位机，下位机为单片机处理采集数据、驱动指示灯，并输出数据到 PLC，通过 PLC 报警、驱动电动阀。

（3）可编程控制器控制　可编程控制器（Programmable Logic Controller）控制相比较有很多优点，例如其可靠性高，抗干扰能力强；扩充方便、组合灵活、体积小、质量轻；控制程序可变，在产品或生产设备更新的情况下，不必改变硬件设备，只需改变冻干程序或冻干曲线就可以满足工艺要求；因此，不少国内厂家在冷冻干燥设备控制系统中采用可编程控制器。兰州大学设计的冻干机控制系统主要就是采用 OMRON PLC/C40P，PLC 控制开关量、模拟量及各泵电机、制冷加热阀，温度由子系统单片机 8032/EU818P15 按升温曲线控制。

但是可编程控制器也有缺点，主要是其软、硬件体系结构是封闭的而不是开放的：如专用总线、专家通信网络及协议都不通用，I/O 模块也不通用，甚至连机柜和电源模板亦不相同；编程语言虽多是梯形图，但组态、寻址、语言结构均不一致，因此各公司的 PLC 互不兼容。

（4）工业计算机控制　计算机控制系统的出现和发展是工业生产发展的需要，是工业自动化技术发展的趋势。它是以电子计算机为核心的测量和控制系统。整个计算机控制系统通常是由传感器、过程输入/输出设备、计算机以及执行机构等部分组成的。由系统对设备的各种工作状态进行实时数据采集、处理并对其实施控制，从而完成自动测控任务。

计算机控制系统的典型结构如图 6-56 所示。计算机控制系统分为操作指导控制系统、直接数字控制系统、监督计算机控制系统、分散控制系统，最常用的是直接数字控制系统，如图 6-57 所示。

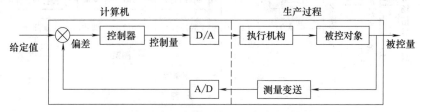

**图 6-56　过程计算机控制系统的典型结构**

直接数字控制（Direct Digital Control，简称 DDC）系统的构成如图 6-57 所示。计算机首先通过模拟量输入通道（A/D）和开关量输入通道（DI）实时采集数据，然后按照一定的控制规律进行计算，最后发出控制信息，并通过模拟量通道（D/A）和开关量输出通道（DO）直接控制生产过程。DDC 系统属于计算机闭环控制系统，是计算机在工业生产过程中最普遍的一种应用形式。DDC 系统中的计算机完成闭环控制，它不但能完全取代模拟调节器，实现多回路的控制调节，而且不需改变硬件，只通过改变程序就能实现各种复杂的控制。

计算机控制系统具有结构紧凑，功能强，维护简单，应变能力强和程序可移植等特点。这样

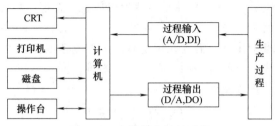

图 6-57　直接数字控制系统

的系统需要设计者有很好的编程能力。

除此之外，很多控制功能都是由计算机、单片机或 PLC 共同完成的。有的控制系统是由计算机作为上位机监视生产过程，单片机或 PLC 作为下位机采集数据、进行 PID 控制等。

无论采用哪种控制方式，冻干机控制系统的硬件均大同小异。图 6-58 是一种小型冻干机温度控制系统的硬件结构。图 6-59 是一种大型冻干机的硬件结构。从图中可以看出硬件组成都包括计算机、打印机、数据采集元件（包括真空计、温度传感器、变送器等）等。对于不同的控制系统，可选用不同规格、型号、容量和精度的硬件。

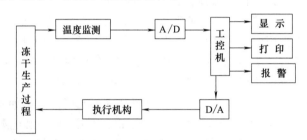

图 6-58　小型冻干机温控系统硬件的典型结构

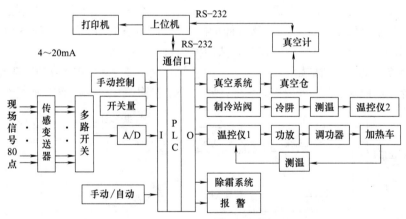

图 6-59　大型食品冻干机控制系统硬件典型结构

### 6.6.3　冻干机控制系统的软件

硬件是控制系统的命令执行机构，软件是发出命令的指挥中心，两者缺一不可，必须协调一致。例如，对应于图 6-59 的硬件结构，整个控制系统的可编程控制器（PLC）可以不依靠上位机独立工作，其程序框图如图 6-60 所示。而硬件中没有选用 PLC 的控制系统就不必编此程序。目前广泛应用于冻干设备控制系统的控制算法主要有 PID 控制、模糊控制。

#### 6.6.3.1　PID 控制与"组态王"检测系统

在模拟控制系统中，控制器常用控制律是 PID（比例积分和微分）控制。这种自动控制器原理简单，易于实现，有鲁棒性强和使用面广等优点。"组态王"是近年来较受用户欢迎的通用软件，它有先进的图形、动画功能，丰富的图库，构成应用系统方便、快捷、美观。通过"组态王"开发程序可以方便地实现控制系统的数据采集、存储、事件报警、趋势曲线显示等功能。使用"组态王"建立一个新程序的一般过程是：设计图形界面，构造数据库，建立动画连接，运行和调试。其中数据库是"组态王"最核心的部分。在数据库中存放的是变量的当前值，包括系统变量和用户自定义变量。变量的集合形象的称为"数据词典"，在数据词典中记录着所有用户可是用的详细信息。图 6-61 给出的是在冻干机检测系统中，应用组态王建立数据词典的一个例子。

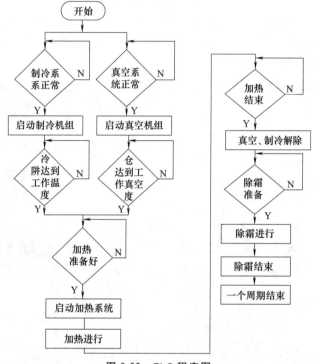

图 6-60　PLC 程序图

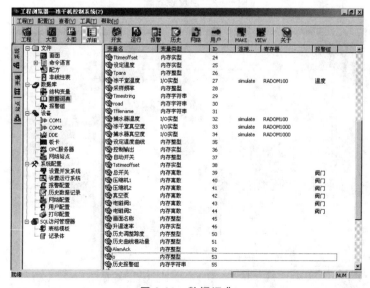

图 6-61　数据词典

"组态王"的命令语言是一段类似 C 语言的程序，通过程序可以增强应用程序的灵活性。命令语言包括应用程序命令语言、热键命令语言、事件命令语言和变量命令语言。应用命令语言可以在程序启动时、关闭时执行或者在程序运行期间定期执行。热键命令语言链接到工程人员指定的热键上，软件运行期间，工程人员随时按下热键都可以启动这段命令语言程序。事件命令语言可以规定在事件发生、存在和消失时分别执行的程序。离散变量名或表达式都可作为事件。数据改变命令语言只链接到变量或变量的域。在变量或变量的域值变化到超出数据字典中所定义的变化灵敏度时，它们被执行一次。画面命令语言可以在画面显示时执行，隐含时执行或者在画面存在期间定时执行。各种功能均可以在计算机的显示器上给出画面。

（1）工艺曲线跟踪 "组态王"中的工艺曲线可以反映实际测量值按设定曲线变化的情况，通过将实验数据在记事本编写成 .csv 文件，可实现设置曲线，调用曲线，打印工艺曲线的功能。如图 6-62 为一温度设定窗口，图 6-63 为一真空度设定曲线。

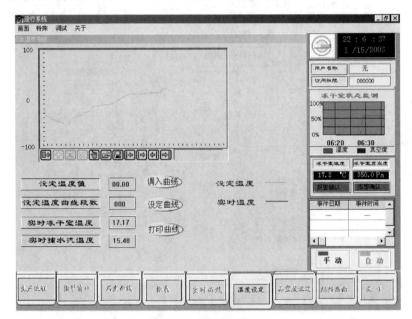

图 6-62　温度设定窗口

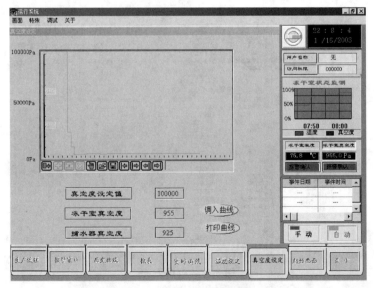

图 6-63　真空度设定窗口

（2）趋势曲线  "组态王"中趋势曲线分为实时趋势曲线和历史趋势曲线两种。由"组态王"工具菜单下的实时趋势曲线可以为监测系统建立实时显示温度和真空度的曲线，如图 6-64 是本系统的温度和真空度实时曲线显示画面，实时显示温度和真空度值，便于观察生产过程。右下角的棒图控件可以直观显示数据的变化情况，使观察者更加了解生产过程的情况。

通过使用"组态王"提供的函数可以扩展历史趋势曲线的作用，满足监控的要求。例如用函数 HTGetValue（）可以返回在一段时间内变量的最大值、最小值等，函数 HTGetValueAtScooter（）返回一个在指定的指示器位置、趋势所要求的类型的值。

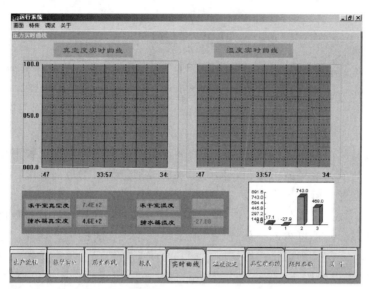

图 6-64  实时趋势曲线

（3）报警窗口  报警是每个控制系统不可缺少的一部分，只有通过对异常状态的报警和提示，才能保证生产的正常运行。

"组态王"自动对"变量定义"对话框中"变量报警定义"有效的数据变量进行监视。在变量定义时的"报警定义"属性卡片中可以为变量限定报警上下限，共分为低低、低、高、高高报

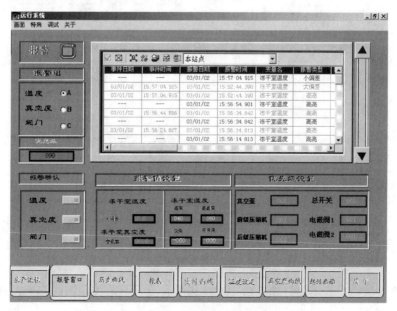

图 6-65  历史报警窗口

警和变化率、大小偏差等报警类型，报警窗口分为两种类型：实时报警窗口和历史报警窗口。图6-65 为一历史报警窗口。

优先级是报警事件重要程度的度量，数字 1 的级别最高，999 为最低级别，给每个要监视的变量规定一个报警优先级可以分层次管理报警事件。在"变量定义"对话框的"报警定义"属性中选择优先级。也可在"优先级设置"中设定各阀和泵开关状态的报警优先级。

在"组态王"报警窗口中报警值设置框中，偏差是以模拟量相对目标值（基准值）上下波动百分比来定义的，有小偏差和大偏差两种报警条件，当波动百分比小于小偏差或大于大偏差时，分别出现报警。

$$偏差 = \frac{当前值 - 目标值}{最大值 - 最小值} \times 100\%$$

由于偏差有正负，在偏差范围内相对目标值上下波动的模拟量最小分界值称为最小当前值，相对目标值上下波动的模拟量最大分界值称为最大当前值，则有：

$$最小当前值 = 目标值 - 偏差 \times (最大值 - 最小值)$$
$$最大当前值 = 目标值 + 偏差 \times (最大值 - 最小值)$$

利用大偏差报警就可以在设定值与实时值之间误差超限时报警。在报警窗口中可以现场输入高、低限和大偏差的值，这样就可以在不同的干燥阶段限定物料的最高温度，防止物料在升华干燥阶段高于共融点温度，解析干燥阶段高于物料崩解温度。

（4）数据报表　数据报表是既能反映生产过程中的数据、状态等，并对数据进行记录的一种重要形式，是生产过程必不可少的一部分。它既能反映系统实时的生产情况，也能对长期的生产过程进行统计、分析，使管理人员能够实时掌握和分析生产情况。单击按钮"打印实时报表"或"打印历史报表"就可以使用连接在工控机上的打印机打印出实时、历史报表。

"组态王"中的报表分为实时数据报表和历史数据报表两部分，图 6-66 为一控系统运行后的数据报表。在此窗口可以完成实时数据和历史数据报表的打印，还可以手动设置在历史数据报表显示的变量名称，有选择地显示数据。

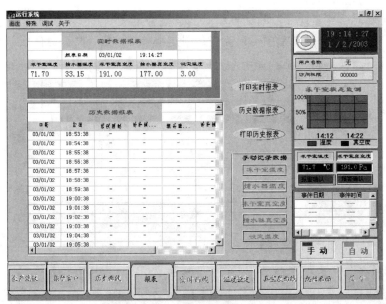

图 6-66　数据报表窗口

（5）模拟流程画面　为了更好地反映生产现场的状况，一般控制系统都要设计模拟生产流程的画面，如图 6-67 所示。

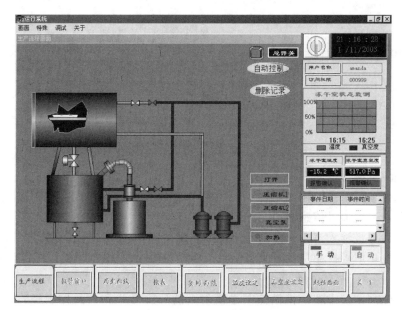

**图 6-67　生产流程窗口**

#### 6.6.3.2　模糊控制系统

采用传统控制理论来设计一个控制系统，需要知道被控对象精确的数学模型，然后再根据给定性能指标选择适当的控制规律，进行控制系统设计，然而，在许多情况下，被控对象精确的数学模型很难建立，有时甚至是不可能的。对于这类对象或过程难以进行自动控制。对于这些难于自动控制的生产过程，有经验的人员进行手动控制，可以达到满意的效果。总结人的控制行为，用语言描述人的控制决策，形成一系列条件语句和决策规则，进而设计一个控制器，利用计算机实现这些控制规则，并驱动冻干机对冻干过程进行控制，这就是模糊控制。

PID 控制只根据偏差大小来控制，模糊控制在考虑偏差大小的同时还考虑了偏差的变化方向，这无疑使控制的速度加快，从而达到更高的控制目标。

模糊控制属于计算机数字控制系统的一种形式，其组成类似于一般数字控制系统，可由四部分组成。

① 模糊控制器：它是以模糊逻辑推理为主要组成部分，同时又具有模糊化和去模糊功能的控制器。

② 输入/输出接口装置：模糊控制器通过输入/输出接口从被控对象获取数字信号量，并将模糊控制器决策的输出数字信号经过数模变换，将其转变为模拟信号，送给执行机构去控制被控对象，这一部分与 PID 控制部分相同。

③ 广义对象：包括被控对象和执行机构。被控对象可以是线性或非线性的、定常或时变的，也可以是单变量或多变量的、有时滞或无时滞的以及有强干扰的多种情况。

④ 传感器：传感器是将被控对象或各种过程的被控制量转换为电信号（模拟或数字）的一类装置。被控制量往往是非电量，如位移、速度、加速度、温度、压力、流量、浓度、湿度等。传感器在模糊控制系统中占有十分重要的地位，它的精度往往直接影响整个控制系统的精度，因此，在选择传感器时，应注意选择精度高且稳定性好的传感器。

模糊控制的基本原理如图 6-68 所示。它的核心部分为模糊控制器。模糊控制的过程分以下三个步骤：

（1）精确量的模糊化　精确量模糊化就是将基础变量论域上的确定量变换成基础变量论域上的模糊集的过程。常规控制都是用系统的实际输出值与设定值相比较，得到一个偏差值 $E$，控制

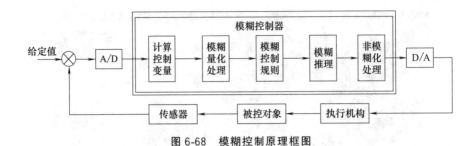

图 6-68　模糊控制原理框图

器根据这个偏差值及偏差值的变化率来决定如何对系统进行控制。无论是偏差还是偏差的变化率都是精确的输入值，要采用模糊控制技术就必须首先把它们转换成模糊集合的隶属函数。因此，要实现模糊控制就要先通过传感器和变送器把被控量转换成电量，在通过模/数转换器得到精确的数字量。精确输入量输入至模糊控制器后，首先要把这精确量转换成模糊集合的隶属函数，这就是精确量的模糊化或者模糊量化。其目的是把传感器的输入转换成知识库可以理解和操作的相应格式。

（2）模糊控制规则及推理　模糊控制是模仿人的思维方式和人的控制经验来实现的一种控制。根据有经验的操作者或者专家的经验制订出相应的控制规则即是模糊控制规则，它是模糊控制器的核心。为了能存入计算机，就必须对控制规则进行形式化处理，再模仿人的模糊逻辑推理过程确定推理方法，控制器根据制订的模糊控制规则和事先确定好的推理方法进行模糊推理，得到模糊输出量，即模糊输出隶属函数；这就是模糊控制规则的形成和推理。其目的是用模糊输入值去适配控制规则，为每个控制规则确定其适配的程度，并通过加权计算合并这些规则的输出。

（3）模糊量的去模糊。模糊量的去模糊就是将基础变量论域上的模糊集变换成基础变量论域上的确定值的过程。根据模糊逻辑推理得到的输出模糊隶属函数，用不同的方法找一个具有代表性的精确值作为控制量，就是模糊量的去模糊；其目的是把分布范围概括合并成单点的输出值，加到执行器上实现控制。

在冻干机上应用模糊控制系统，必须对模糊控制器及系统做开发性设计。包括模糊控制器的结构设计，参数精确量的模糊化，模糊控制算法设计，模糊量的去模糊化及对模糊控制系统软件设计等内容。

### 6.6.3.3　神经网络 PID 控制

神经网络以其很强的适用于复杂环境和多目标控制要求的自学能力，并能以任意精度逼近任意非线性连续的特性引起控制界的广泛关注。神经网络控制不需要精确的数学模型，因而是解决不确定性系统控制的一种有效途径。此外，神经网络以其高度并行的结构所带来的强容错性和适应性，适于处理给定系统的实时控制和动态控制，并且易于与传统的控制技术结合。但是，单独的神经网络控制也存在精度不高、收敛速度慢以及容易陷入局部极小等问题。如果把传统线性 PID 和神经网络控制结合起来，取长补短，可使系统的控制性能得到提高，是一种很实用的控制方法。神经网络 PID 控制将具有自学习、自适应的神经网络和常规 PID 控制有机地结合起来，对非线性对象、大惯性大滞后对象、数学模型不太清楚的对象以及时变参数对象都可以取得较好的控制效果，具有良好的鲁棒性。

冷冻干燥过程中，对于物料温度控制，由于被控对象具有较大的滞后，受到各种因素变化影响，已干层和冻结层的热导率、温度都不同，因而对象的传递函数具有非线性和时变特性。另外，由于物料的数量、种类不同而导致对象特性不同。以物料为被控对象的控制系统是一个时变、滞后的非线性系统，难以找到最佳的 PID 控制参数，采用常规 PID 控制很难取得较好的控制效果。梅宇等人研究了神经网络 PID 控制算法控制冻干物料温度。基于 BP 网络的 PID 控制系统控制器由两部分构成：常规 PID 控制器，直接对被控对象进行闭环控制，并且三个参数 $k_p$、$k_i$、$k_d$ 为在线调整方式。神经网络，根据系统的运行状态，调节 PID 控制器的参数，以期达到某种性能指标的最优化，使输出层神经元的输出状态对应于 PID 控制器的三个可调参数 $k_p$、$k_i$、$k_d$，通过神经网络的自学习、加权系数调整，使神经网络输出对应于某种最优控制下的 PID 控制器参数。增量式数字 PID 的控制算法：

$$u(k)=u(k-1)+\Delta u(k)$$

$$\Delta u(k)=k_p \cdot [e(k)-e(k-1)]+k_i \cdot e(k)+k_d \cdot [e(k)-2e(k-1)+e(k-2)] \quad (6\text{-}105)$$

式中，$k_p$、$k_i$、$k_d$ 分别为比例、积分、微分系数。

基于 BP 网络的 PID 控制器结构如图 6-69 所示，该控制器控制算法归纳如下：

① 确定 BP 网络的结构，即确定输入层节点数 $M$ 和隐含层节点数 $Q$，并给出各层加权系数的初值 $w_{ij}^{(1)}(0)$ 和 $w_{li}^{(2)}(0)$，选定学习速率 $\eta$ 和惯性系数 $\alpha$，此时 $k=1$；

② 采样得到 $r_{in}(k)$ 和 $y_{out}(k)$，计算该时刻误差 $e(k)=r_{in}(k)-y_{out}(k)$；

③ 计算神经网络各层神经元的输入、输出，输出层的输出即为 PID 控制器的三个可调参数 $k_p$、$k_i$、$k_d$；

④ 根据式（6-105）计算 PID 控制器的输出 $u(k)$；

⑤ 进行神经网络学习，在线调整加权系数 $w_{ij}^{(1)}(k)$ 和 $w_{li}^{(2)}(k)$，实现 PID 控制参数的自适应调整；

⑥ 置 $k=k+1$，返回到①。

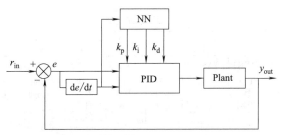

图 6-69　基于 BP 网络的 PID 控制器结构图

实验表明，神经网络 PID 控制算法能有效地控制以物料为被控对象的冻干机温度控制系统[10]。

2010 年李晓斌[11]等研究提出了基于自适应粒子群优化预测函数控制（Adaptive Particle Swarm Optimization algo-rithm-Predictive Functional Control，APSO-PFC）冻干温度的控制方法，该智能预测真空冷冻干燥温度控制方法优于原有的改进 PID 控制方法，APSO-PFC 控制方法控制的冻干温度控制误差在 $\pm 1\,℃$ 之间，优于原采用 PID 控制的 $\pm 2\,℃$ 误差，可很好地实现冻干温度的动态跟踪精确控制，提高冻干物品的质量。

近年来，对冻干设备自动化程度要求越来越高，测量精确度、安全联锁、监控、电子记录等要求也随之提高了。完善中的控制系统将也更加科学化、人性化。梁晓会[12]等人研制了嵌入式冷冻干燥机控制系统，可实现中型冻干机完成全自动冷冻干燥进程的全部功能需求。该控制系统的硬件组成如图 6-70 所示。

该控制系统的软件是基于 ADS 1.2 编程环境进行 EPCM-2940 主板的程序开发。程序编写依托于 $\mu C/OS\text{-}II$ 嵌入式实时操作系统内核，以任务调度的方式进行流程控制。其任务设置如图 6-71。为实现远程监控冷冻干燥机的正常运行，本设计的上位机与嵌入式主板之间通过标准以太网进行数据传输，保证了远距离传输的可靠性。通讯协议采用专为工业控制而制定的标准 Modbus/TCP 协议，Modbus/TCP 是运行在 TCP/IP 上的 Modbus 报文传输协议，在连接到

TCP/IP 以太网上的设备之间提供基于客户端/服务器模式的通信。Modbus/TCP 报文由 MBAP 报文头、功能代码和数据域组成。以 EPCM-2940 嵌入式主板作为服务器端（从机），设置相应的 IP 地址和端口号。上位机作为客户端（主机），监控程序的开发基于 MCGS 组态软件进行。MCGS 组态软件为用户提供了解决实际工程问题的完整方案和开发平台，支持标准的 Modbus/TCP 协议，能够完成对从机的实时数据采集、历史数据处理、流程控制、动画显示、趋势曲线和报表输出等功能。

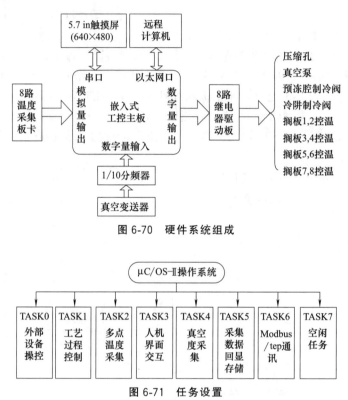

图 6-70　硬件系统组成

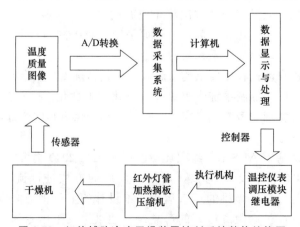

图 6-71　任务设置

该控制系统下位机基于 μC/OS-Ⅱ 实时操作系统开发的应用程序运行稳定、可靠，任务扩展性强；人机触控交互界面，操作直观、方便、反应迅速；上位机远程监控程序，操作简便、功能强，且界面友好、易于维护。

2013 年，曹智贤[13]等开发了红外辅助冷冻干燥装置控制系统，该控制系统的整体结构如图

图 6-72　红外辅助冷冻干燥装置控制系统整体结构图

6-72 所示。

　　整个控制系统是由数据采集系统、反馈控制系统、可控硅调压系统以及仪表温控系统 4 个系统组成。它们之间既独立工作，又相互联系，共同控制整个干燥过程。各系统及主要功能如图 6-73。该控制系统的软件框架构建如图 6-74。上位机软件的开发采用 LabVIEW 为开发平台，通过与下位机的通信，主要完成接受测量数据并绘制曲线、数据保存与历史数据查询，加热器件的加热温度和时间设置、压缩机和真空泵的开关设置等操作功能。该控制系统上位机操作界面如图 6-75 所示。

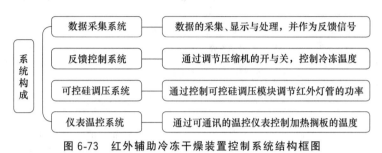

图 6-73　红外辅助冷冻干燥装置控制系统结构框图

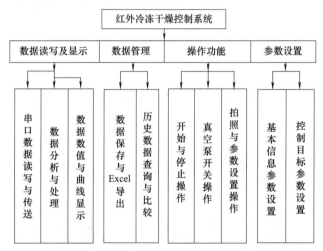

图 6-74　红外辅助冷冻干燥装置控制系统软件总体结构框图

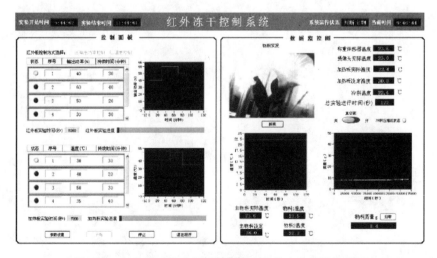

图 6-75　红外辅助冷冻干燥装置控制系统上位机操作界面

# 参 考 文 献

［1］ 徐成海，张世伟，关奎之. 真空干燥 ［M］. 北京：化学工业出版社，2004，1：221-228.

［2］ Paul Stewart, Youngstown, NY (US), Freeze dryer ［P］, Unite States Patent, 11/080, 596, 2005, 3, 15.

［3］ 张为民，康平，卢允庄. 食品真空冷冻干燥设备中网状托盘设计与研究 ［J］. 真空科学与技术学报，2012，6：453-456.

［4］ 刘军，张世伟，徐成海. 冻干机可变工件架的新设计 ［C］//第十一届全国冷冻干燥学术交流会论文集，烟台：2012，10：127-131.

［5］ ［德］G. -W. 厄特延，［德］P. 黑斯利. 冷冻干燥 ［M］徐成海，彭润玲，刘军等译. 北京：化学工业出版社，2005，4：117-118.

［6］ 王曙光，徐言生. 短管圆环式水汽凝结器设计与应用研究 ［J］. 食品工业，2008，2：71-74.

［7］ 何国庚，蔡德华，郑贤德，等. 制冷剂替代发展动态及其对冻干机的影响 ［C］//. 第十届全国冷冻干燥学术交流会论文集，上海：2010，10：6-12.

［8］ 王德喜，徐成海，张世伟，等. 循环压力法冻干兔角膜的实验研究 ［J］. 真空科学与技术，2002，22（6）：450-454.

［9］ 高亚洁. 真空冷冻干燥设备自动控制系统的研究 ［D］. 沈阳：东北大学，2003. 4.

［10］ 梅宇. 实验室用冻干机温度控制系统研究 ［D］. 沈阳：东北大学，2007，4：16-20.

［11］ 李晓斌，王海波. 真空冷冻干燥温度的智能预测控 ［J］. 计算机工程与应用，2010，46（30）：241-244.

［12］ 梁晓会，李如华，黄传伟，等. 嵌入式冷冻干燥机控制系统的研制 ［J］. 医疗卫生装备，2012，4：41-42.

［13］ 曹智贤，谢健，王瑾. 红外辅助冷冻干燥装置控制系统的研发 ［J］. 干燥技术与设备，2013，11（3）：60-66.

# 第❹篇　冷冻真空干燥过程参数测量与物料特性分析

## 7　冷冻真空干燥过程参数测量

### 7.1　真空度的测量

冻干设备需要在工作过程中精确地定量测量真空容器内气体的稀薄程度，即真空度，从而判定是否可以满足所规定的工艺要求，因此在真空系统中必须配备有合适的真空测量仪器，即真空计。冻干设备中常用的真空计有弹性元件真空计、电容式薄膜真空计、电阻真空计、热偶真空计和高压力热阴极电离真空计等[1]。

#### 7.1.1　弹性元件真空计

弹性元件真空计又称弹性元件真空表。在结构和外形上与工业用压力表类似，一般用于粗真空（$10^2 \sim 10^5$ Pa）的测量。其工作原理是利用弹性元件在压差作用下产生的弹性变形来指示真空度。根据变形弹性元件分类，该类真空表通常有弹簧管式、膜盒式和膜片式，其结构如图 7-1 所示。

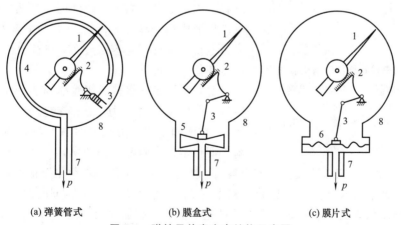

(a) 弹簧管式　　　　　(b) 膜盒式　　　　　(c) 膜片式

**图 7-1　弹性元件真空表结构示意图**

1—指针；2—齿轮传动机构；3—连杆；4—弹簧管；5—膜盒；6—膜片；7—螺纹接头；8—外壳

（1）结构与工作原理　弹簧管式真空表如图 7-1 （a）所示，由连通被测真空系统的螺纹接头 7、弹簧管 4、连杆 3、齿轮传动机构 2、指针 1 及外壳 8 等组成。测量时，弹簧管 4 外面为大气压，内部为被测压力，在内外压力差作用下，弹簧管变形，其末端发生位移，借助连杆 3 带动齿轮传动机构 2 使指针转动，以其在刻度盘上的位置指示被测系统的气体压力。

膜盒式和膜片式真空表的结构分别如图 7-1（b）和图 7-1（c）所示。膜盒 5 外面为大气压，内部为被测压力；膜片 6 一侧为大气压，另一侧为被测压力。在压差作用下，膜盒 5 或膜片 6 变形，其中心部位发生位移，借助连杆 3 带动齿轮传动机构 2 使指针转动，以其在刻度盘上的位置指示被测压力。

（2）性能及特点　弹性元件真空表性能稳定，其测量范围一般为 $10^2 \sim 10^5$ Pa，精度有 0.5 级、1.5 级和 2.5 级。在工业生产中有些设备需要既测量正压（高于一个大气压）也测量负压（低于一个大气压），因此制成的弹性元件压力真空表，在同一条表盘刻度上同时刻有正压力和真空度。如果需要实现真空自动控制，可选用表盘上设有限位触点的电接点式弹性元件真空表。

弹性元件真空表的主要特点如下：

① 测量结果是气体和蒸气的全压力，并与气体种类、成分及其性质无关；

② 反应速度快；

③ 结构牢固，使用方便；

④ 是绝对真空计，0.5 级以上的表可作为标准表。

### 7.1.2　电容式薄膜真空计

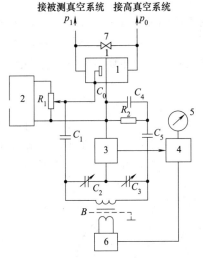

**图 7-2　零位法薄膜真空计的结构原理图**

1—薄膜真空规管；2—直流补偿电源；
3—低频放大器；4—相敏检波器；
5—输出表；6—低频振荡器；7—阀门

（1）结构及工作原理　根据弹性薄膜在压差作用下产生应变而引起电容变化的原理制成的真空计称为电容式薄膜真空计，它由电容薄膜规管和测量线路两部分组成。根据测量电容的不同方法，测量线路构成有偏位法和零位法两种。其中，零位法具有较高的测量精度。

零位法电容式薄膜真空计的一种电路结构如图 7-2 所示。它由电容式薄膜规管、测量电桥电路、直流补偿电源、低频振荡器、低频放大器、相敏检波器和指示仪表等组成。

电容式薄膜规管中间装着一张金属弹性膜片，其一侧有一固定电极，当膜片两侧的压差为零时，固定电极与膜片形成一个静态电容 $C_0$，它与电容 $C_1$ 串联后作为测量电桥的一臂，电容 $C_2$、$C_3$ 和 $C_4$ 与 $C_5$ 的串联电容作为其他三条桥臂。

金属弹性膜片将薄膜规管隔离成两个室，其内的气体压力分别为被测压力 $p_1$ 和参考压力 $p_b$（$p_b < 10^{-3}$ Pa）。在两侧主体压力相同时调节测量电桥电路使其平衡，即指示仪表归零；当被测压力 $p_1 > p_b$ 时，由于压力差（$p_1 - p_b$）使膜片发生应变而引起电容 $C_0$ 改变，破坏了测量电桥电路的平衡，指示仪表亦有相应的指示，调节直流补偿电源电压 $U$ 对电容 $C_0$ 充电，使其静电力与压差向等，电桥电路重新达到平衡，指示仪表又重新归零。根据补偿电压大小，就能得出被测压力 $p_1$；并且当 $p_1$ 远大于 $p_b$ 时测量结果就是绝对压力，即：

$$p_1 = kU^2 \tag{7-1}$$

式中，$p_1$ 为被测压力，Pa；$U$ 为补偿电压，V；$k$ 为规管常数。

（2）性能、特点及压强测量范围　电容式薄膜真空计性能稳定，响应时间快，抗过载能力强，结构牢固，使用方便，非常适合于对有氧、水蒸气及油蒸气等气体压力的测量。而且所测结果是气体与蒸汽的全压力，与气体种类无关。因此作为冷冻真空干燥设备中真空度测量的工具，是比较理想的一种真空计。表 7-1 给出了国产几种不同型号电容式薄膜真空计的使用范围，供读者参用。

表 7-1　几种不同型号电容式薄膜真空计的测量范围

| 型号 | 测量范围 | 型号 | 测量范围 |
|---|---|---|---|
| CPCA-110Z | 0.2Pa～0.2kPa | ZDM-1 | 0.2Pa～136.3Pa |
| CPCA-120Z | 1Pa～1kPa | ZDM-2 | 1Pa～1.363kPa |
| CPCA-130Z | 10Pa～10kPa | ZDM-3 | 10Pa～13.63kPa |
| CPCA-140Z | 10Pa～100kPa | ZDM-4 | 100Pa～136.3kPa |

### 7.1.3　电阻真空计

（1）结构及工作原理　电阻真空计是根据在低压力下气体分子热传导与压力有关的原理制成的真空测量仪表，主要由电阻真空规管和测量线路两部分组成。

图 7-3 为电阻真空计原理图。电阻规管中的一根张紧的金属丝通以电流 $I$ 加热，在热平衡时，金属丝产生的欧姆热 $R_W I^2$ 等于热丝引线传热量 $Q_L$、辐射传热量 $Q_R$ 和气体传热量 $Q_C$ 之和，即

$$R_W I^2 = Q_L + Q_R + Q_C$$

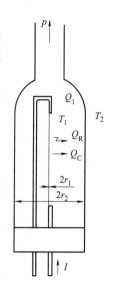

**图 7-3　电阻真空计原理图**

式中，$Q_C$ 在低压下与气体的压力有关，即气体分子对金属丝的冷却能力可以作为气体压力的指示，或者说热丝温度是气体压力的函数，$T_1 = f(p)$；同时，金属丝的电阻值又与其温度直接对应，所以可以根据热丝的电阻值 $R_W$ 来确定气体压力 $p$。

根据热丝温度的测量方法，电阻真空计有定温型和定电压型两大类：

① 定温型电阻真空计。定温型电阻真空计工作时保持规管热丝温度不变，当气体压力变化时，热丝的加热功率随之调节变化，保持热丝电阻不变，从而保持规管热丝温度恒定，通过测定加热功率来测量真空度。

② 定电压型电阻真空计。定电压型电阻真空计工作时保持规管热丝两端的电压不变，当气体压力变化时，热丝温度随之发生变化，从而导致电阻变化，通过测定热丝电阻即可测量真空度。

（2）性能及特点　电阻真空计性能稳定，其测量范围一般为 $10^{-1} \sim 10^3$ Pa。限制测量下限的主要因素是引线传热量 $Q_L$ 和辐射传热量 $Q_R$；限制测量上限的主要因素是真空度过低时气体热传导已与压力无关。采用热对流现象，即规管内利用气体对流传热，可使测量上限扩展至 0.1MPa。

电阻真空计的主要特点如下：①测量结果与气体种类、成分及其性质有关，其仪表刻度需经校准或利用等效氮气的相对灵敏度进行修正；②测量结果是气体密度的直接指示，而不是压力 $p$，因此是相对真空计；③环境温度和气体温度影响测量结果；④老化现象严重，必须经常校准；⑤结构简单，操作方便，热丝突然遇到大气亦不烧毁。

表 7-2 给出了常用电阻真空计的型号和测量范围。

表 7-2　常用电阻真空计的型号和测量范围

| 仪器型号 | 规管型号 | 测量范围 | 连接方式 |
|---|---|---|---|
| ZDR-Ⅰ | ZJ-52 金属规 | $3 \times 10^3 \sim 1 \times 10^{-1}$ | $\phi(18 \pm 0.1)$；DN16KF；DN16CF |
| ZDR-Ⅱ | ZJ-52 玻璃规 | $3 \times 10^3 \sim 1 \times 10^{-1}$ | $\phi(15.5 \pm 0.5)$ |
| ZDZ-6D | ZJ-52T 金属规 | $1 \times 10^5 \sim 1 \times 10^{-1}$ | $\phi(18 \pm 0.1)$；DN16KF；DN16CF |
| ZDZ-6S | ZJ-52T 玻璃规 | $1 \times 10^5 \sim 1 \times 10^{-1}$ | $\phi(15.5 \pm 0.5)$ |

### 7.1.4 热偶真空计

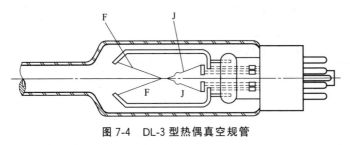

图 7-4 DL-3 型热偶真空规管

（1）结构及工作原理 热偶真空计通过热电偶直接测量热丝温度来反映气体压强变化，热电偶产生的热电势就用于表征规管内的压力。如图 7-4 所示，热偶真空规是由热偶、加热丝和管壳构成的。用一个恒定的电流给热丝 F 加热，F 的温度随压强变化，用热电偶 J-J 引出并测量 F 的温度，测出的热偶电动势就对应着当时的真空度。

（2）性能及特点 热偶真空计的量程为 $10^{-1} \sim 10^2$ Pa，图 7-5 给出 DL-3 型热偶式真空计的校准曲线，可以看出，指示读数与气体压强间的关系十分复杂，因此仪表指示盘的刻度通常是不均匀分布的。表 7-3 给出了常用热偶真空计的型号和测量范围。

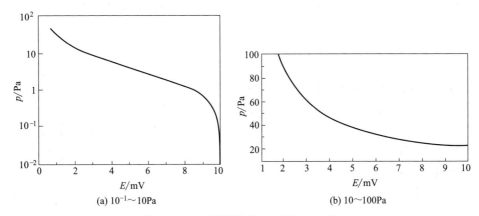

(a) $10^{-1} \sim 10$Pa      (b) $10 \sim 100$Pa

图 7-5 DL-3 型热偶真空计的校准曲线

表 7-3 常用热偶真空计的型号和测量范围

| 仪器型号 | 规管型号 | 测量范围 | 连接方式 |
|---|---|---|---|
| ZDO-Ⅰ<br>ZDO-Ⅲ<br>ZDO-54D | ZJ-51(DL-3) | $40 \sim 1 \times 10^{-1}$ | $\phi 15.5 \pm 0.5$ |
| | ZJ-53B 玻璃规 | $400 \sim 1 \times 10^{-5}$ | $\phi 15.5 \pm 0.5$ |
| | ZJ-54D 金属规 | $400 \sim 1 \times 10^{-1}$ | $\phi 18 \pm 0.1$；KF10；KF16 |
| | ZJ-56 金属规 | $65 \sim 1 \times 10^{-1}$ | $\phi 6$ |

### 7.1.5 高压力热阴极电离真空计

（1）工作原理 热阴极电离真空计主要由电离规管和测量线路两部分组成，如图 7-6 所示。

规管接被测真空系统，其内有三组主要电极，即热丝阴极 F、电子加速阳极 A 和离子收集极 C。在阴极 F 由其电源 $E_f$ 供电加热而发射电子的条件下，该发射电子在阳极 A 的电位 $V_a$ 作用下，加速飞行并获得能量。当高速电子与气体分子相碰撞时，使其电离产生正离子和二次电子。正离子被电位为 $V_c$ 的收集极接收而构成正离子流 $I_i$，并由电表指示。阴极发射电子和二次电子被阳极接收。构成阳极电子流 $I_e$，并由电表指示。当阴极发射的电子流远大于二次电子流时，正离子流

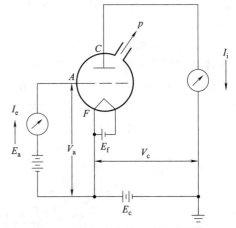

图 7-6 电离真空计工作原理电路

$I_i$ 值与规管参数、气体种类有关，与气体压力 $p$ 及阴极发射电子流 $I_e$ 成正比。故有：

$$I_i = KI_e p \tag{7-2}$$

式中，$I_i$ 为正离子流；$p$ 为气体压力；$I_e$ 为阴极发射电流；$K$ 为规管常数，由真空校准获得。

因此，在规管固定和已知阴极发射电流 $I_e$ 的条件下，可用正离子流 $I_i$ 表征气体压力 $p$。

普通型热阴极电离真空计的测量上限为 0.1Pa。高于此压力，离子流与气体压力之间的关系就严重偏离线性。为满足一些真空应用设备的需求，因此制成一类扩展测量上限的高压力热阴极电离真空计。

高压力热阴极电离真空计的工作原理与普通型相同，其规管主要改进的有采用抗氧化阴极和控制了二次电子流，因此，其测量上限可达 $10^2$Pa。国产的高压力热阴极电离真空规管有两种型号，即 DL-5 型和 DL-8 型。

（2）工作参数、性能及特点　表 7-4 为 DL-8 型电离规的工作参数。

高压力热阴极电离真空计性能稳定，其测量范围一般为 $10^{-4} \sim 10^2$Pa，特别适合于中真空范围的真空度测试。高压力热阴极电离真空计的主要特点有：

① 测量结果是气体和蒸汽的全压力，并与气体种类、成分和性质有关；

② 测量结果实质上是气体密度的指示，因此它为相对真空计；

③ 抗氧化阴极延长了规管的使用寿命；

④ 测量结果与温度有关，应注意其影响。

**表 7-4　DL-8 型电离规的工作参数**

| | 测量压力范围/Pa | $130 \sim 0.13$ | $0.13 \sim 1.3 \times 10^{-3}$ | $1.3 \times 10^{-3} \sim 1.3 \times 10^{-4}$ |
|---|---|---|---|---|
| 参数 | $V_a/V$ | 162 | 162 | 162 |
| | $V_f/V$ | 60 | 10 | 10 |
| | $V_s/V$ | 60 | 162 | 162 |
| | $V_c/V$ | 0 | 0 | 0 |
| | $I_e/\mu A$ | 4 | 50 | 500 |
| | $K/Pa^{-1}$ | $3.76 \times 10^{-3}$ | 0.376 | 4.14 |

## 7.2　冻干设备的检漏

一个理想的冻干设备真空室，应当不存在任何漏孔，不产生任何漏气现象。但是，就任何真空系统或真空容器而言，绝对不漏的现象是不可能的。特别是压力极低的情况下，随着漏气现象的影响不断加剧，真空度达不到预定要求，是一个相当普遍的问题。因此，检测真空系统或者真空容器存在的漏气部位，确定漏孔的大小，堵塞漏孔从而消除漏气现象，保证冻干过程的顺利进行，进而保证冻干产品的质量等就非常重要。冻干设备常用的检漏方法有静态升压检漏法、气泡检漏法、真空计检漏法、卤素检漏仪法和氦质谱检漏仪法[2,3]。

### 7.2.1　最大允许漏率

要求真空设备绝对不漏气不仅是不可能的，而且也是不合理的。只要漏孔漏率足够小，即漏入的气体量无害于真空设备的正常工作，就是允许的。真空设备正常工作所允许的最大漏气率，称为最大允许漏率，简称允许漏率，记为 $q_{Lp}$。此值不仅是设计的一项主要指标，也是检漏的依据。

漏孔漏率是指露点低于 $-25$℃ 的空气，入口压力为标准大气压（$10^5$Pa），出口压力低于 $10^3$Pa，温度为 23℃ $\pm 3$℃ 时，通过漏孔的流量，其单位为 Pa·m³/s。

对于动态真空系统来说，只要其平衡压力能达到所要求的真空度，这时即使存在着漏气，也是允许的（或者认为是不漏的）。设真空设备最大工作压力为 $p_{max}$，抽气系统对设备的有效抽速为 $S_e$，则真空设备的允许漏率为

$$q_{Lp} = 0.1 p_{max} S_e \qquad (7\text{-}3)$$

对于静态真空系统来说，则要求在一定的时间间隔内，系统内的压力能维持在所允许的真空度以下，同样可以认为系统是不漏的。如果要求容积为 $V$ 的静态系统，在时间 $\tau$ 内，起始压力为 $p_i$，而最高压力为 $p_{max}$，则其允许漏率为：

$$q_{Lp} = 0.1(p_{max} - p_i) V / \tau \qquad (7\text{-}4)$$

一些真空设备的最大允许漏率可参考表 7-5。

表 7-5 真空设备的最大允许漏率

| $q_{Lp}/(Pa \cdot m^3/s)$ | 设备 | $q_{Lp}/(Pa \cdot m^3/s)$ | 设备 |
| --- | --- | --- | --- |
| 10 | 真空过滤、真空成形 | $10^{-6}$ | 真空炉、真空镀膜 |
| 1 | 真空干燥、真空浸渍 | $10^{-7}$ | 真空冶金 |
| $10^{-1}$ | 真空脱气、真空浓缩 | $10^{-8}$ | 回旋加速器 |
| $10^{-2}$ | 真空蒸馏 | $10^{-10}$ | 宇宙空间模拟、真空绝热 |

### 7.2.2 静态升压检漏法

静态升压检漏法是将被检件抽成真空后，关闭阀门使被检件与抽气系统隔离，然后用真空计测量被检件中压力的变化，从而可与算出总漏率的方法。

假设被检件的放气可以忽略，其容积为 $V$，在时间间隔 $\Delta\tau$ 内所测到的压力上升为 $\Delta p$，那么总漏率 $q_{Lt}$ 为

$$q_{Lt} = V \cdot \Delta p / \Delta\tau \qquad (7\text{-}5)$$

如果被检件内有放气，有可能淹没漏气。为了减少放气的影响，在开始检漏之前应对被检件进行很好的清洗和干燥处理，可以在真空下加温烘烤，也可以用干燥氮气冲洗。在计算漏率时，一般应在压力随时间成线性上升段读取数据，因为此段放气已很缓慢，可以忽略。

### 7.2.3 气泡检漏法

气泡检漏法是在被检件内充入一定压力的试验气体，然后将被检件浸入或外表面涂满显示液体，如果有漏孔，气体便通过漏孔流出，并在漏孔处进入显示液体而形成的气泡。气泡形成地点就是漏孔的位置。根据气泡形成的速率、气泡大小及所用试验气体和显示液体的物理性质，可以大致估算出漏率的大小。

（1）水槽气泡检漏法　采用水槽内的水作为显示液体的气泡检漏法，称为水槽气泡检漏法。

将被检件内充入干燥空气或氮气（一般不宜采用管道压缩空气或气泵气，因为其中含有灰尘、油蒸气等污染物，污染试件且易堵塞漏孔）后，然后将其放入清洁的水槽中，当有漏孔存在时，气体就通过漏孔逸出形成气泡。漏孔对空气的漏气率可用下式近似估算：

$$q_L = \frac{1}{6} \pi d^3 n p_0 \frac{p_0^3}{p_{air}^2 - p_0^2} \qquad (7\text{-}6)$$

式中，$q_L$ 为漏孔对空气的漏气率，$Pa \cdot m^3/s$；$p_0$ 为大气压力，$Pa$；$p_{air}$ 为充入空气的绝对压力，$Pa$；$d$ 为气泡直径，$m$；$n$ 为气泡个数形成速率，$s^{-1}$。

用肉眼观察时，一般有三种情况：

① 气泡小，形成速率均匀，气泡持续时间长，其漏率范围大约是 $10^{-5} \sim 10^{-2} Pa \cdot m^3/s$；

② 随机的大小气泡混合出现，其漏率范围约为 $10^{-2} \sim 10^{-1} Pa \cdot m^3/s$；

③ 气泡大，形成速率快，持续时间短，其漏率范围约为 $10^{-1} \sim 1 Pa \cdot m^3/s$。

（2）皂膜气泡检验法　采用肥皂液为显示液体的气泡检漏法，称为皂膜气泡检验法。该法适用于被检件尺寸较大，不能用水槽检漏的大型部件，壳体等。

将被检件内充入一定压力的实验气体后，在其表面可疑处涂抹肥皂液，当有漏孔时就在漏孔处出现肥皂泡。当漏孔很小时，形成的气泡很小就组成一堆白色的泡沫。观察时一定要细心，并要多观察一段时间。

此法最小可检漏孔漏率为 $10^{-6}$ Pa·$m^3$/s 数量级。

（3）检漏时的注意事项

① 根据被检件的机械强度选定充入气体的压力；

② 检漏前要对被检件进行认真的清洁处理，去掉焊渣、油污和灰尘，以便疏通漏孔；

③ 工作场地要光线充足，水要清洁透明（或肥皂液要稀稠适当）；

④ 要认真区分真漏和虚漏（表面吸附气体形成的气泡），如发现漏孔，要及时做好标记，经复查确认是漏孔后进行补焊；

⑤ 如使用氢气时，要特别注意安全。

### 7.2.4　真空计检漏法

在真空系统正常抽气工作已达到动态平衡时，利用各种相对真空计的读数与被测气体种类有关的性质，使用真空设备上已有的真空计进行检漏的方法统称为真空计检漏法。

（1）**热传导真空计法**　热传导真空计（电阻真空计和热偶真空计）是利用低压力下气体热传导与压力有关的性质来测量真空度的。其指示不仅与压力有关，而且还与气体种类有关。当示漏物质通过漏孔进入真空设备时，不但改变了其内的压力，也改变了其中的气体成分，使热传导真空计指示发生变化，据此可检示漏孔的存在。并且从仪表指示的改变值估算出漏率的大小。这种方法最小可检漏率一般 $1 \times 10^{-6}$ Pa·$m^3$/s。

（2）**电离真空计检漏法**　电离真空计是利用气体电离后产生的离子流大小来反映压力的，不同气体的电离电位不同，所以电离计的指示与气体种类有关。当将示漏物质施于可疑处时，如有漏孔，示漏物质通过漏孔进入被检设备，引起其中气体成分改变，离子流就相应地发生变化，据此可检示漏孔的存在。并且根据变化量的大小来估算出漏率的大小。这种方法最小可检漏率可达 $10^{-8}$ Pa·$m^3$/s。

（3）**示漏物质及检漏注意事项**　真空计检漏法的示漏物质有气体和有机溶剂两类，常用的有氢、二氧化碳、丁烷、丙酮、乙醇、乙醚等。一般来说，气体比有机溶剂好。真空计检漏法的注意事项有：

① 被检件内必须达到动态平衡后才能进行检漏。否则，因其压力变化，将影响仪表的指示，而且要反复验证。

② 真空计本身电子线路要稳定，规管温度也要稳定，以免出现虚假漏气信号。

③ 热传导真空计惰性较大，要观察足够长的时间。电离真空计，要防止高频电场和强磁场的干扰。

### 7.2.5　卤素检漏仪法

（1）**工作原理**　当铂被加热到 800℃ 以上时，其表面就有正离子发射，在卤素气氛中这种正离子发射将急剧增加，这就是所谓的卤素效应。卤素检漏仪就是基于卤素效应制成的，其工作原理如图 7-7 所示。它由检漏管和测量线路两部分组成。检漏管是只二极管，其发射极 F 和收集极 C 都是用铂制成的。当发射极 F 加热至高温而发射正离子，被收集极 C 接收产生离子流。该本底电流由测量线路中指示表 μA 指示出来。若有漏孔

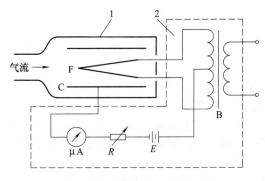

**图 7-7　卤素检漏仪工作原理图**

1—检漏管；2—测量线路；B—变压器；C—收集极；
E—直流电源；F—发射极；R—可变电阻；μA—指示仪表

时，示漏气体（即卤素气体）经过漏孔进入检漏管，产生卤素效应使正离子流急剧增大，由指示仪表 $\mu A$ 指示出来。据此便可确定漏孔位置，并可据指示变化值粗略估计漏率大小。

根据使用条件不同，卤素检漏仪分为两类：检漏管和被检系统相连的为固定式卤素检漏仪；不与被检系统连接的为携带式卤素检漏仪。前者在检漏时需要将被检系统抽到 $10^{-1} \sim 10\text{Pa}$ 的真空度，示漏气体（卤素气体）通过漏孔进入系统并流入检漏管。后者则要求被检系统预先充以高于一个大气压的示漏气体，仪器探头（检漏管）在大气中工作，将通过漏孔漏到外面来的示漏气体由探头检示出来。

卤素检漏仪的最小可检漏率可达 $10^{-10}\text{Pa}\cdot\text{m}^3/\text{s}$。示漏气体采用氟利昂、氯仿、碘仿、四氯化碳等卤素化合物，其中以氟利昂-12（$CCl_2F_2$）效果最好。

（2）使用及应注意事项
① 被检件预先需要进行清洁、干燥处理；
② 卤素气体比空气重，进行检漏时，必须先从被检件下部开始；
③ 探头（携带式）或喷枪（固定式）的移动速度要适当，一般应小于 $3\text{cm/s}$；
④ 探头或喷枪喷吹示漏气体在一处停留时间不要过长，以防检漏管中毒（即本底信号过大，致使无法检漏）；

⑤ 检漏现场通风良好。

### 7.2.6 氦质谱检漏仪法

（1）工作原理 采用氦气作为示漏气体的检漏仪器，称为氦质谱检漏仪。目前的氦质谱检漏仪基本上都是磁偏转型的，主要由抽气系统、质谱室、电气线路三大部分组成，其工作原理如图7-8所示。检漏时，若有漏孔，氦气通过漏孔进入被检件，并由仪器抽气系统Ⅰ抽进质谱室Ⅱ。在质谱室内的离子源6中电离成氦离子，并被加速电场（电压为 $U$）加速飞入均匀磁场（磁感应强度为 $B$）的分析器7。在磁场力作用下，氦离子以回转半径为 $R$ 轨迹偏转，并被收集器9接收。由收集器输出的离子流，输入电气线路Ⅲ，并由其输出表10指示，据此可以确定漏气和计算漏率。根据施加氦气的位置，并也可确定漏孔位置。

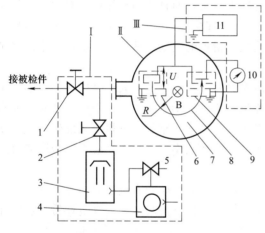

**图7-8 磁偏转型氦质谱检漏仪工作原理**
Ⅰ—抽气系统；Ⅱ—质谱室；Ⅲ—电气线路
1—节流阀；2—控制阀；3—油扩散泵；4—机械泵；
5—三通阀；6—离子源；7—分析器；8—离子束；
9—收集器；10—输出表；11—直流电源

离子束偏转半径可按下式计算：

$$R = \frac{1.44 \times 10^{-4}}{B}\sqrt{\frac{M}{Z}U} \tag{7-7}$$

式中，$R$ 为偏转半径，m；$M/Z$ 为质荷比，即离子质量数与电荷数之比；$B$ 为磁感应强度，$T$；$U$ 为加速电压，V。

采用氦气为示漏气体，一价氦离子的 $M/Z = 4$，当磁场强度 $B$ 一定时，调节加速电压 $U$，可保证只有氦离子被收集器接收，并输出信号最大，此时的加速电压称为氦峰。

（2）使用及注意事项 利用氦质谱检漏仪对被检件检漏，有许多种方法，归纳起来，可分为漏率灵敏度法和标准漏孔比对法两种（卤素检漏仪与此相同）。

如果已知一漏孔漏率（通常为标准漏孔的标称漏率 $q_{L0}$），可以测出检漏仪的漏率灵敏度 $q_{Lmin}$。据此可计算检漏中被检漏孔漏率为

$$q_L = \frac{I - I_0}{2I_n} \cdot \frac{p_0}{p(\text{He})} \cdot q_{L\min} \tag{7-8}$$

式中，$q_L$ 为被检漏孔漏率；$q_{L\min}$ 为仪器在检漏条件下的漏率灵敏度；$I$ 为氦气信号；$I_0$ 为仪器本底；$I_n$ 为仪器噪声；$p_0$ 为标准大气压（$1.01 \times 10^5 \text{Pa}$）；$p$（He）为被检漏孔进气端氦气压力。

以相等的氦气压力 $p$（He）对被检漏孔和标准漏孔进气端施氦，比较其仪器指示即可知被检漏孔漏率 $q_L$，即：

$$q_L = \frac{\Delta I_L}{\Delta I_{L0}} q_{L0} \tag{7-9}$$

式中，$q_{L0}$ 为标准漏孔的标称漏率；$\Delta I_L$ 为被检漏孔的仪器指示变化值；$\Delta I_{L0}$ 为标准漏孔的仪器指示变化值。

使用氦质谱检漏仪检漏时应注意下列事项：

① 被检件预先需进行清洗、干燥处理；

② 氦气轻，检漏时必须先从被检件上部开始，逐渐向下部检查，由靠近检漏仪处逐渐向远处检查；

③ 检出的漏孔应复查；

④ 场地要有良好的通风条件；

⑤ 注意调试氦峰，确保检漏仪的加速电压为最佳值。

## 7.3　冻干过程物料含水量的测量及冻干结束的判断

### 7.3.1　冻干过程中物料含水量的测量

（1）称重法　这是一种古老的方法，也是直接测量法。在冻干箱内设置称重机构，小冻干机内可以设置天平，大型冻干机内可以设置地秤或吊秤，实现边抽真空边观察重量的变化。这种方法的优点是简单易学；缺点是不够准确。

（2）取样法　在抽真空干燥过程中，通过设置在冻干机上的装置，取出样品，在大气环境下测量产品的含水量。这种方法比较麻烦，但是比较准确。取出的样品可以用直接称重法，也可以用水分测量仪测量。图 7-9 是一种常用的水分测量仪，称为卤素快速水分测定仪，它是一种新型快速的水分检测仪器，其原理为利用热重分析法。图 7-9 为美国 OHAUS MB45 型卤素水分测定仪，其测量精度可达 0.001g/0.01%。

图 7-9　美国 OHAUS MB45 型卤素水分测定仪

（3）在线测量法[4]　冻干过程水分在线测量是一种最准确、快速、经济的测量方法，只可惜目前还没有上市的产品。

### 7.3.2　冻干结束的判断

冻干过程结束的判断很重要，它涉及到冻干产品的质量、产量和经济效益。但是，到目前为止，还没有科学的仪器和方法。现有的判断方法还是经验法，不够准确。

（1）温度判断法　在冻干过程中通常都需要测量搁板温度和物料温度，并且绘出温度曲线。当测出的搁板温度与物料温度相接近时，即可以认为干燥过程接近结束。

（2）压力判断法　在冻干过程中应该不断的测量冻干箱内的压力（真空度），当测得的压力长时间稳定不变（根据冻干产品的品种、数量不同，通常在 1～2 个小时即可），认为冻干过程可以结束。

（3）湿度判断法　这是一种理论上可行，但实际操作比较困难的方法。这种方法需要在冻干箱内装上湿度计，测出冻干箱内气氛的湿度，进而判断干燥工艺是否可以结束。

参 考 文 献

[1] 徐成海，张世伟，谢元华，张志军. 真空低温技术与设备 [M]. 第 2 版. 北京：冶金工业出版社，2007.
[2] 徐成海，巴德纯，于溥，达道安，张世伟. 真空工程技术 [M]. 北京：化学工业出版社，2006.
[3] 王晓冬，巴德纯，张世伟，张以忱. 真空技术 [M]. 北京：冶金工业出版社，2006.
[4] 崔清亮，郭玉明，郑德聪. 冷冻干燥物料水分在线测量系统设计与试验 [J]. 农业机械学报，2008，39（4）：91-96.

# 8 冻干物料热物理特性的分析

## 8.1 共晶点和熔融点温度的测量

溶液的导电是靠带电离子在溶液中定向移动来进行的。在溶液冻结过程中，离子的漂移率随温度的下降而逐渐降低，使电阻增大。只要还有液体存在，电流就可流动。但一旦全部冻结成固体，带电离子不能移动，电阻就会突然增大。根据电阻由小突然变大这一现象，就可测出溶液的共晶点。反之，当冻结物料的温度升高时，物料的电阻值会突然减小，这一过程可用于测定物料的熔融点温度。

### 8.1.1 简易自制测量装置

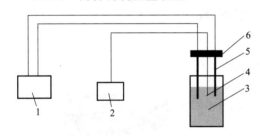

东北大学自制的共晶点和熔融点测试装置如图 8-1 所示。物料的制冷和加热在冻干机搁板上进行。不锈钢电极直径为 2.5mm，长度为 20mm。两电极间的距离为 15mm，插入物料的深度 10mm，电极间需要夹紧装置，以避免电极与物料接触不良。测温热电偶的测量端位于两电极的中间部位。电极和热电偶装配后，将物料置于冷冻干燥机内的搁板上，降低搁板温度，冻结物料，测量物料的电阻与温度间的变化关系，用相应软件如 Origin 处理测得的数据，求出其一阶导数曲线，可找出电阻突变点，从而确定物料共晶点温度。升高搁板温度，测量物料升温过程电阻和温度的变化关系，用相应软件如 Origin 处理测得的数据，求出其一阶导数曲线，找出电阻突变点，确定物料的熔融点温度[1]。

**图 8-1 共晶点和共熔点温度的测量装置**
1—电阻指示仪；2—温度指示仪；3—物料；
4—热电偶；5—不锈钢电极；6—夹紧装置

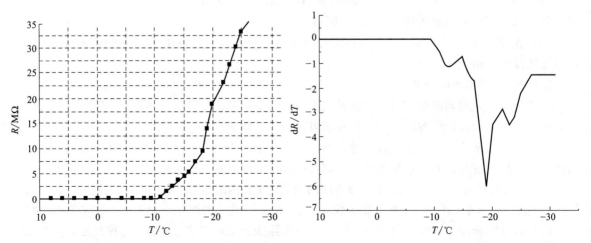

图 8-2 降温过程螺旋藻电阻与温度之间的关系曲线

图 8-3 图 8-2 的一阶导数曲线

　　用上述自制测量装置测得降温过程中螺旋藻电阻 $R$ 随温度 $T$ 的变化如图 8-2 所示，为使电阻突变的点显得更明显，对图 8-2 求一阶导数，得图 8-3，由图 8-3 可知，在 $-18℃$ 左右电阻的变化最快，由此可知螺旋藻的共晶点温度在 $-18℃$ 左右。

　　升温过程中螺旋藻的电阻 $R$ 随温度 $T$ 的变化如图 8-4 所示，图 8-4 一阶导数曲线如图 8-5。由图 8-5 可知，在 $-19\sim-7℃$ 左右电阻的变化最快，由此可知螺旋藻的熔融点温度在 $-19℃$ 左右。

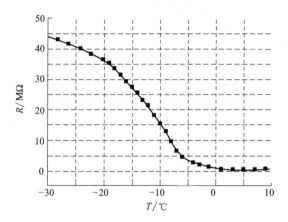

图 8-4　升温过程螺旋藻电阻与温度
之间的关系曲线

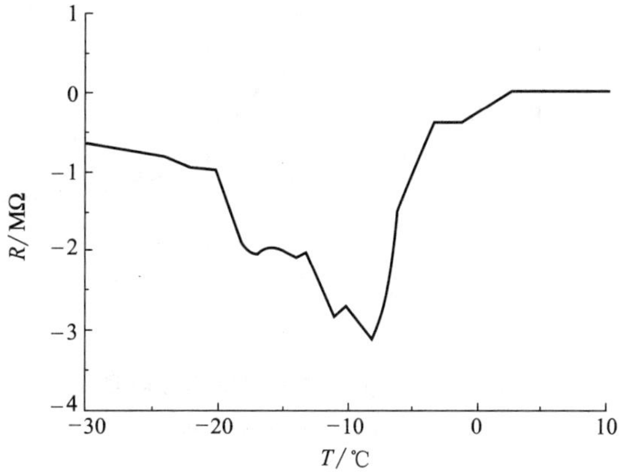

图 8-5　图 8-4 的一阶导数曲线

　　降温过程纳豆激酶溶液的电阻 $R$ 与温度 $T$ 之间的关系如图 8-6 所示，图 8-6 的一阶导数曲线如图 8-7 所示，分析图 8-6 和图 8-7 可知纳豆激酶溶液的共晶点温度在 $-23℃$ 左右。

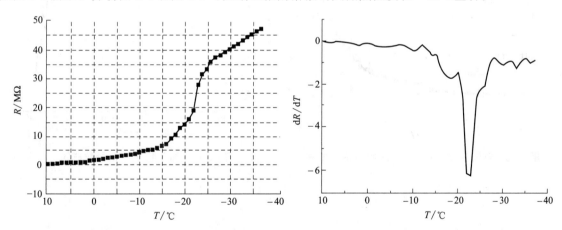

图 8-6　降温过程纳豆激酶溶液电阻与
温度之间的关系曲线

图 8-7　图 8-6 的一阶导数曲线

　　升温过程中纳豆激酶的电阻 $R$ 随温度 $T$ 的变化如图 8-8 所示，图 8-8 一阶导数曲线如图 8-9 所示，由图 8-9 可知，在 $-23\sim-15℃$ 变化较大，由此可知纳豆激酶溶液的熔融点温度在 $-23℃$ 左右。

　　降温过程鲜海参肉的电阻 $R$ 与温度 $T$ 之间的关系如图 8-10 所示，图 8-10 的一阶导数曲线如图 8-11。由图 8-11 可知鲜海参肉在 $-30℃$ 以后电阻增加非常快，分析图 8-11，在 $-35℃$ 以后，电阻值增量非常大，由此可知，鲜海参肉的共晶点在 $-35℃$ 左右。

　　海参打浆液（海参浆中加入等质量的水，搅匀），降温过程电阻 $R$ 和温度 $T$ 之间的关系曲线如图所示，图 8-12 的一阶导数曲线如图 8-13 所示。分析图 8-12 在 $-25℃$ 附近电阻的增加非常快，从图 8-13 可以看出－25℃附近海参打浆液的电阻增量最大，由此可知海参打浆液的共晶点温度在－25℃左右，比新鲜海参肉的共晶点温度提高了 10℃左右。因此，如果只是为了保存海参的营养成分，则海参打浆液比整个海参易于冻干。

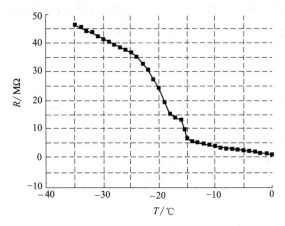

图 8-8　升温过程纳豆激酶溶液电阻
与温度之间的关系曲线

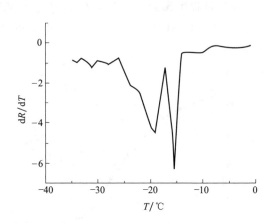

图 8-9　图 8-8 的一阶导数曲线

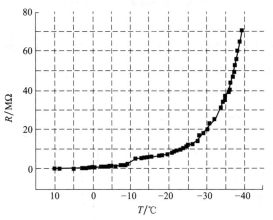

图 8-10　鲜海参肉电阻与温度之间的关系曲线

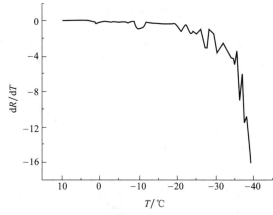

图 8-11　图 8-10 的一阶导数曲线

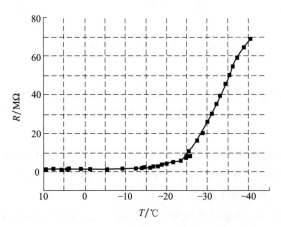

图 8-12　海参打浆液电阻与温度之间的关系曲线

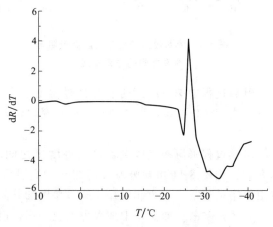

图 8-13　图 8-12 的一阶导数曲线

降温过程海参浓缩液电阻随温度的变化关系如图 8-14，图 8-14 的一阶导数曲线如图 8-15 所示。分析图 8-15，海参浓缩液的电阻在 $-30℃$ 附近增加非常快，从图 8-15 可以看出海参浓缩液电阻的增量在 $-30℃$ 最大，由此可知海参浓缩液的共晶点温度应该在 $-30℃$ 左右。

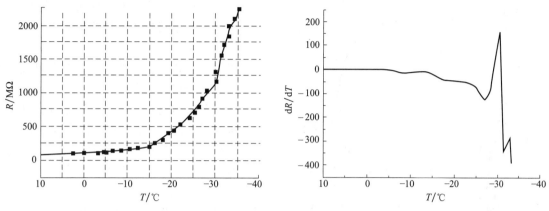

图 8-14　海参浓缩液电阻与温度之间的关系曲线　　　　图 8-15　图 8-14 的一阶导数曲线

### 8.1.2　史特雷斯股份有限公司电阻法测量仪[2]

德国史特雷斯股份有限公司电阻法测量仪如图 8-16 所示，是一台测量 $\lg R = f(T)$ 和计算 $d(\lg R)/dT$ 的仪器。

测量原理如图 8-17 所示，样品用 $LN_2$ 冷却，用电加热。两个电极浸没在样品中，样品装小瓶里。

图 8-16　电阻法测量仪 AW2

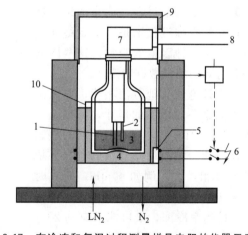

图 8-17　在冷冻和复温过程测量样品电阻的仪器示意图
1—铂电极；2—产品中温度传感器；3—样品；
4—传热介质；5—传热介质中的温度传感器；
6—电阻加热；7—高度绝缘传感器探头；
8—屏蔽电缆；9—电磁防护罩；10—小瓶托架

下面是用该装置测量不同物料的共晶点和熔融点，与其余方法的比较，从而得出电阻测量法的特点及其影响其准确性的因素。

盐溶液（0.9％NaCl），通常情况会表现出共晶温度，但是在冷却过程，由于过冷程度和冷却速率的影响，有可能发生在较低的温度：例如，当以 1℃/min 的速率冷却时共晶点温度在 $-24.1℃$（六次测量的平均值），标准偏差（SA）为 1.2℃；以 3℃/min 时共晶点温度为 $-30.2℃$，SA 为 2.3℃。复温时可能与预期温度比较接近：加热速率为 1℃/min 时希望的共晶

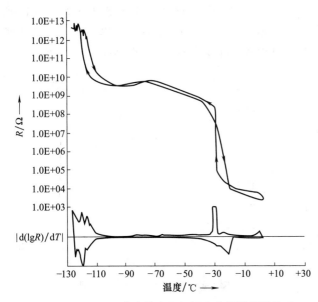

**图 8-18　1% NaCl 溶液的电阻与温度之间的函数关系**
冷却速率 3℃/min，复温速率 3℃/min，
一阶导数 d (lgR)/dT 测量到−120℃

点温度为−21.5℃，SA 为 0.5℃；加热速率为 3℃/min 时希望的共晶点温度在−21.3℃。图 8-18 表示以 3℃/min 的速率降到−120℃时的完整曲线图。在−80℃以下可推测晶体结构的变化是可逆的。电阻高于 $1×10^{12}$ Ω 以上的测量是不准确的，由于传感器及电缆的电阻大约为 $10^{12}$ Ω。在冷却到−28/−30℃时可观察到结晶推迟（见图 8-19），在复温时也有可能从−28℃开始。图 8-20 是 0.9% NaCl 溶液在以 1℃/min 的速率冷却时的典型曲线（所有复温曲线的速率都是 3℃/min），图 8-21 表示一阶导数的放大。图 8-22 给出的是 22 组 0.9% NaCl 溶液以 1℃/min 从−10℃降到−70℃时测得平均值及每一温度时的最大和最小值。电阻的变化包括六个组，一组十个，在每一温度时电阻值的频率分布（图 8-23）反映了在冷冻和复

温过程中非常不同或相同的结构变化：如果以 1℃/min 的速率将此溶液冷却到−30℃时，产品的电阻会有很显著的变化，在−40℃时会增加，到−50℃以下只能是适当的统计性预测。产品的冷冻过程不是一个始终如一的过程，它受多种因素的影响，这些因素只能通过有效的统计数据确定。

　　与后面讨论的其他方法相比，电阻测量法的优点之一是样品的尺寸，特别是其厚度为 10～15mm。这与通常使用的盛装药品的小瓶的装填高度是一致的。如果块状物的厚度相当大，例如 40mm，研究时应选择相应的冷冻速率。别指望搁板以 1℃/min 的速率冷冻，很可能只有 0.2℃/min 或 0.3℃/min。因此，对这些厚度的产品应以不同速率，例如 0.15℃/min，0.25℃/min 和 0.35℃/min 进行试验。

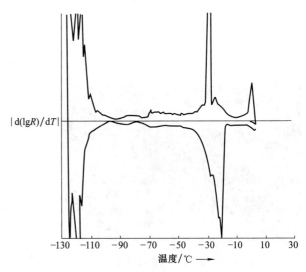

**图 8-19　图 8-18 的一阶导数曲线（线性放大大约 5 倍）**

　　从图 8-18～图 8-21 可以看出，导数曲线在确定变化温度时很有用，因为 lgR 的斜率更准确。放大的导数曲线可能会有一些波动，这些波动可忽略不计。主要的变化位置仍然可清楚地找到。

　　如果装在小瓶内的产品是在搁板上冷冻，能量大多数是从小瓶底部流过来的，而不是瓶壁。为了模拟这种条件，样品瓶壁可以用一层材料（例如玻璃纤维材料）与传热介质隔离开来，冷却和复温行为的区别可从图 8-24 和图 8-25 所示的例子中看出来。图 8-26 所示隔热的影响对这种产品来说是非常典型的。悬浮液在转变点 1 和 2 过冷两次。同样，转变点 3 是过冷和结晶的混合物。在复温过程，没发现转变点，因为水分已经被最大可能地冻结。产品在大约−12℃时开始熔化。

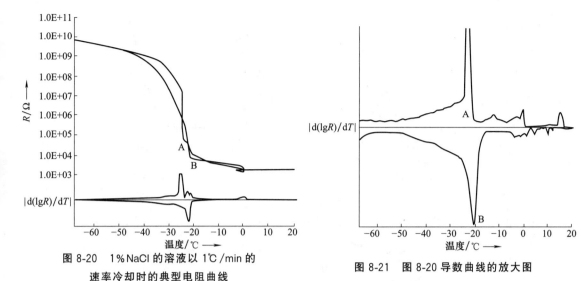

图 8-20　1%NaCl 的溶液以 1℃/min 的

速率冷却时的典型电阻曲线

冷却过程变化点 A 在－24.5℃，复温过程变化点 B 在－21.8℃

图 8-21　图 8-20 导数曲线的放大图

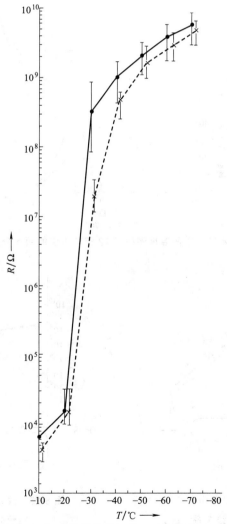

图 8-22　22 组 1%NaCl 溶液（以 1℃/min 速率冷却）从－10℃ 降到－70℃ 时测得的电阻平均值的曲线

实线—冷却过程；虚线—复温；垂直短线—偏差

●冷却过程测得电阻的平均值；×复温过程测得电阻的平均值

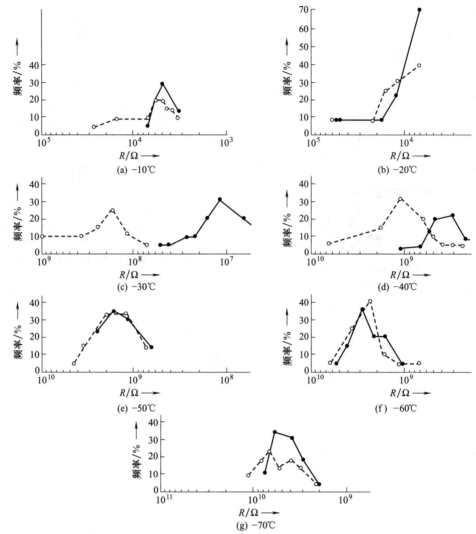

图 8-23　不同温度测得的 22 组电阻值的频率分布

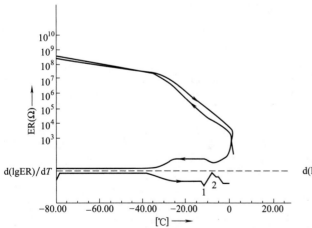

图 8-24　冷却和复温过程中药品
的电阻与温度的函数关系

注：冷却速率 1℃/min，复温速率 3℃/min。

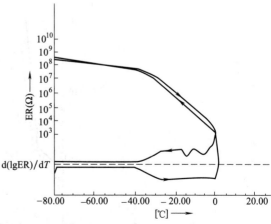

图 8-25　改动条件后，冷却与复温过程
中药品电阻与温度的关系

瓶壁用塑料带隔热到产品的盛装高度之外，电阻的
测量同图 8-24 一样。因此热量大部分通过瓶底传递

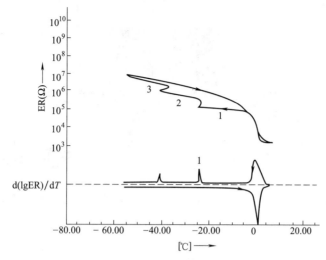

**图 8-26　冷却和加热过程中悬浮液电阻与温度的函数关系**

冷却速率 0.8℃/min，加热速率 3℃/min。小瓶隔热同图 8-25 描述的一样

## 8.2　冻干过程的分析与观察

### 8.2.1　低温显微镜

Hsu 等[3]将重组 CD4-IgG（CD4-免疫球蛋白 G）用四级串联的帕耳帖组件冷却至－60℃，用一架低温显微镜观察到了它的再结晶过程。他的观察室也可以被抽成真空而用于冷冻干燥研究。

Willemer[4]将多次由低温显微镜获得的照片与电阻测量的结果进行了比较，低温显微镜的结构如图 8-27 所示。复杂产品的电阻测量有时很难解释清楚。图 8-28 所示的是某种病毒的低温保护溶液的电阻-温度曲线。冷却到－10℃，部分溶液冻结，然后过冷到约－46℃，在－65℃左右时溶液结晶。在溶液复温过程中，在－32.5℃左右时，电阻值变化迅速。用低温显微镜获得的照片显示出，在－40℃时，已被干燥和冷冻的两部分都呈现出均匀的组织结构（如图 8-29）。而在－30℃时，这两部分都呈现出了黑色和灰色混合的区域，这表明，一些冰已经融化，并且扩散到了已干燥的部分。在这种情况下，通过改变 CPA 的浓度以及选择一个最佳的冷却速度，电阻测量可以认为是一种比较迅速的研究不同 CPA 的影响的方法。最终选择的浓度和冷却速度的组合可以用低温显微镜来测试。图 8-30 所示的是在冷冻、热处理过程中以及在干燥前，一种药品在低温显微镜下的结构变化。图 8-30～图 8-32 所示的是来自同一实验中，同一样品的不同部分以及在不同的实验阶段的细节照片。图 8-30 中，（a）是快速冷却过程中，约在－25℃时样品的照片，（b）是第一次从－50℃加热到约－35℃的照片，（c）是再次被冷却到－50℃时的照片。在图（a）中，大部分晶体（颜色较深处）均匀地分布在浓缩的非晶固体（颜色较亮处）中间。在图（b）中，晶体有所生长，浓缩物中的水分也已经结晶。在图（c）中，晶体与玻璃状杂质的边界清晰可见，特别是在图中右上角更明显。图 8-31 所示的是在一些具有可比性的温度下，样品另外的一个部分，即靠近样品边界的显微照片：（a）约在－23℃，（b）第一次加热时，约在－30℃，（c）再次冷却到－60℃。图（b）中，晶体已有所生长，但其大致结构没有太大的变化，特别是在图的左上角部分。在图（c）中，晶体与玻璃状物质的边界更加清晰。图 8-32 所示的是样品的第三部分：（a）冷却到－65℃之后的照片，（b）热处理后，再次冷却到－60℃，然后在－40℃开始冻干。同样，热处理并未使整体结构有所改变，但是晶体结构更加清晰，这表明玻璃相和晶体之间的水分子已经迁移到晶体中。图 8-30～图 8-32 中的照片说明，快速冷却不能使整个

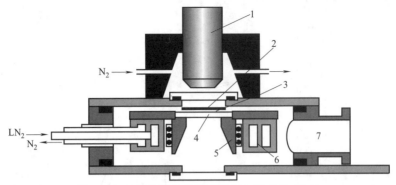

图 8-27　显微镜结构简图（引自文献［7］图 1）

1—显微镜物镜；2—盖玻片；3—样品；4—样品支架；5—电热元件；6—带液氮接口的冷却室；7—真空系统接口

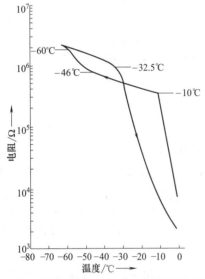

图 8-28　某病毒保护溶液在冷却和复温过程中的温度-电阻曲线（引自文献［4］图 7）

溶液先从−10℃过冷至约−46℃，且在−60～−65℃冻结。在复温过程中，约−33℃时，电阻明显降低。这种样品应该在 $T_{ice}=-40℃$ 或稍高的温度下冻干

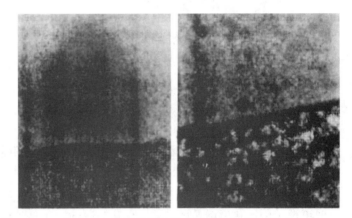

图 8-29　缓慢升温过程（引自文献［7］图 8）

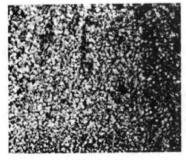
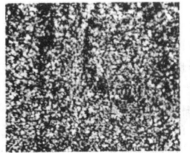
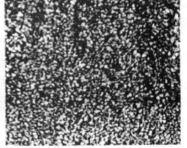

(a) 冷却至−24℃　　(b) 冷却至−54℃以后，并在−36℃时热处理(TT)　　(c) 再次冷却至−55℃以后

图 8-30　以 4℃/min 冷冻的药用低温显微镜拍得的照片

（德国，Hürth，史特雷斯股份有限公司）

样品的各个部分形成均匀的组织结构，因为它会受到边界效应的影响。但是，在样品的所有部分都观察到了热处理的影响。图 8-33 所示的是，从冷却结束温度（−60℃）上升到开始干燥温度

（-42℃）时，不经热处理对晶体生长的影响。值得注意的是，在自动向低温搁板上装载产品时出现的现象。第一次装载药瓶中的产品与后来装载的，例如 2～3h 后装载的，产品有不同的结构。

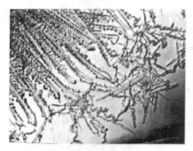

(a) 冷却至约-24℃时　　　　　(b) 冷却至-54℃以后,并在-36℃热处理　　　　　(c) 再次冷却至-60℃

**图 8-31　与图 8-30 相同，表示样品的不同部分（靠近底部）的显微照片**

（德国，Hürth，史特雷斯股份有限公司）

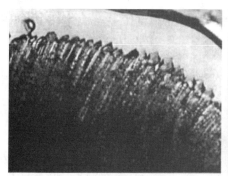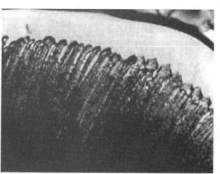

(a) 冷冻至-64℃之后　　　　　(b) 热处理后,在约-45℃开始干燥

**图 8-32　同图 8-30，表示样品第三部分的显微照片**

（德国，Hürth，史特雷斯股份有限公司）

(a) 已冷却至-60℃　　　(b) 在干燥过程，当加热到-48℃时，图中可见没冻结的水再次结晶　　　(c) -42℃时，组织结构中软化的部分，特别是图中左下角的部分和新形成的晶体，已经开始消失

**图 8-33　药品（不同于图 8-30）不进行热处理，在冷却速率约为 4℃/min 的冷却过程中低温显微镜下的照片**

（德国，Hürth，Courtesy 史特雷斯股份有限公司）

　　低温显微镜研究的优点是有可以显示样品组织结构变化过程的照片，而且，冻结的产品可以在大多数的设备中被冷冻干燥。产品层很薄，因此可以被迅速冷冻。所以，产品在复温和干燥过程中所表现出的性状特征与快速冷冻过程的相一致。因为产品层很薄，故模拟热处理的过程很困难。然而，实验表明，从此项研究中获得的临界温度是有价值的，特别是获得冷冻速率相对缓慢时产品的电阻值。

　　Nunner[5] 使用一台特殊的低温显微镜拍摄到了 0.9％ 的 NaCl 溶液在 360s 内直接冷冻到稳定树枝状冰晶结构的过程中冰晶边界面变化的照片（如图 8-34）。在冰晶的表面可见因浓缩而集中起来的 NaCl（黑色边界）。

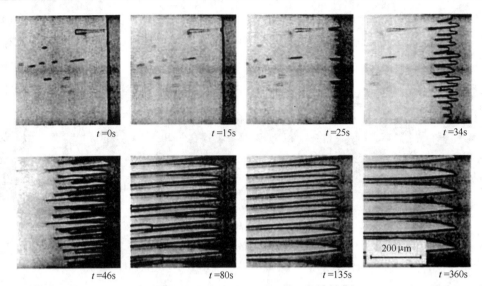

**图 8-34　从（$t=0$s）开始经由不稳定相（$t=34$s）到树枝状结构的过程冰晶边界面变化的照片**

0.9％NaCl 溶液，在一具有温度梯度为 67K/cm 的温度场内直接冷冻。
样品以 15μm/s 的速率通过此温度场，以进行有方向性的冷却

Cosman 等人[6]描述了一台可以定量评价照片的低温显微镜，该装置有如下四个显著特点：

① 温度的产生、测量和控制是由程序控制的；

② 显微照片可以存档，以备后用；

③ 文档可部分地用于自动图像识别；

④ 如果冷冻过程可以用数学的方法描述，而且细胞的行为可以预测，则用上述方法可以减少数据量。

图 8-35 表示的低温显微镜系统的布置图。通过使用热传导性非常优良的蓝宝石观察窗和使用液氮冷却系统，作者实现了以每分钟几百度的冷却速率冷却到−60℃，而且在温度为 0℃ 时，样品内的温度梯度达到了 0.1℃/mm。

下面用三个例子来说明使用这种显微镜系统如何进行冷冻过程的定量研究和存档。图 8-36 表示的是被分离的老鼠胰岛细胞的体积与温度的函数关系曲线。如图 8-37 所示，细胞膜对水和 CPA 的渗透性的不同对细胞的冷冻是非常重要的。

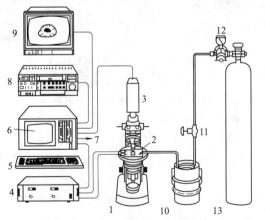

**图 8-35　低温显微镜研究系统的示意图**

1—显微镜；2—制冷机；3—摄像机；4—温度控制器；5—键盘；
6—菜单显示器；7—打印机接口；8—录像机；9—电视显示器；
10—盛装液氮的杜瓦瓶；11—计量阀；12—减压器；13—氮气瓶

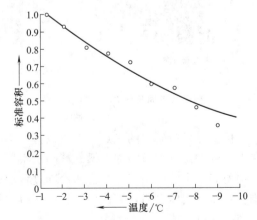

**图 8-36　被隔离的老鼠胰岛细胞的容积
与温度的函数关系（引自文献［6］图 4）**

　　将猕猴卵母细胞置入体积分数 10％的二甲基亚砜溶液（DMSO）后其体积几乎减少到原来的三分之一，这是因为水能从细胞里扩散到周围环境中去，而二甲基亚砜却不能扩散到细胞内（测量温度为 23℃）。

　　细胞损坏的原因在于细胞内冰晶成核。图 8-38 表示在不同冷却速率下，有多少老鼠卵母细胞内发现胞内冰与温度之间的函数关系曲线。老鼠肝细胞在以大约 40℃/min 的速率冷却到 −21℃ 的过程中没有发现胞内冰，然而，当以 140℃/min 速率冷却时几乎所有的细胞内都存在冰，这是因为水没有足够的时间扩散到周围环境就被冻结在细胞内。图 8-38 也说明细胞内冰晶成核是由绝对温度和冷却速率决定的：在大约 −25℃，以 5℃/min 速率冷却几乎所有的细胞内都有冰，然而，以 3.5℃/min 速率冷却，大约 20％的细胞内没有冰。

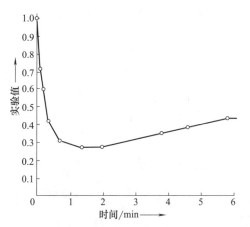

图 8-37　猕猴卵母细胞置于 10％的二甲基亚砜溶液后容积与时间的函数关系（引自文献 [6] 图 6）

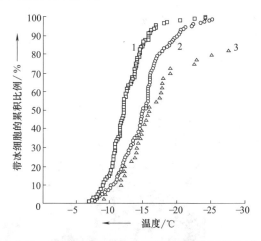

图 8-38　以三种不同冷却速率冷却老鼠卵母细胞时，形成胞内冰的细胞的累积量与温度的函数关系

1—卵母细胞以 120℃/min 的速率冷却；
2—卵母细胞以 5℃/min 的速率冷却；
3—卵母细胞以 3.5℃/min 的速率冷却

(a) 1％海藻糖溶液，1℃/min，表层切面

(b) 1％海藻糖溶液，150℃/min，中心切面

(c) 1％海藻糖溶液，1℃/min，最上面的切面

(d) 1％甘露醇溶液，1℃/min，表明糖结晶

图 8-39

(e)血清，150℃/min，表面形态类似于血浆

图 8-39　用扫描电子显微镜获得的不同冻干产品的照片

Dawson 和 Hockley[7]利用扫描电子显微镜（SEM）表明了海藻糖和甘露醇溶液的快速冷冻（150℃/min）和慢速冷冻（1℃/min）时结构上的差异。图 8-39 表示 1%海藻糖溶液被（a）慢速和（b）快速冷冻时中心部位的表面结构。慢速冷冻样品（c）浓缩的固体表面上产生裂缝，然而，快速冷冻的样品的结构却是均匀的纤维状。图 8-40 表示慢速和快速冷冻 1%乳糖时其中心部位粗糙的（a）和精细的（b）结构。在图 8-41（a）中可发现海藻糖溶液崩塌的部分，图（b）表示干燥后产品在潮湿的环境下贮存 6 个月以后的结构。图片表明不同的冷冻速率导致不同的结构，且有可能使固体浓缩在表面上，在干燥过程使干燥速率降低，残余水分含量增加。

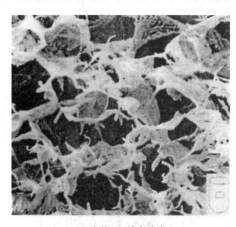

(a) 以1℃/min速率冷冻

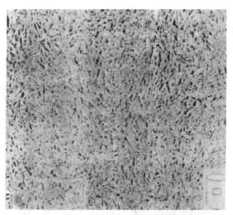

(b) 以150℃/min速率冷冻

图 8-40　利用扫描电子显微镜获得的 1%乳糖溶液的照片

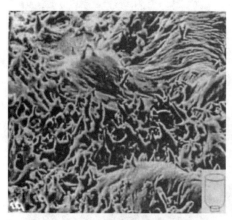

(a) 从产品底部崩塌的产品

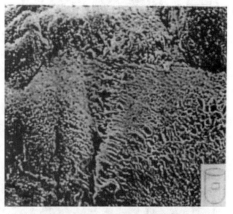

(b) 在+20℃具有高湿度和在特别高的温度下贮存6个月以后收缩产品的结构

图 8-41　利用扫描电子显微镜获得小瓶中冻干后的海藻糖溶液的照片

### 8.2.2　差示扫描量热法

差示扫描量热法（DSC）是比较两种不同的热流：一种流向或来自研究的样品，另一种流向或来自测量范围之内的没有相变的物质，例如制造玻璃用的沙子。图 8-42 和图 8-43 表示的是调整了的 DSC™ 系统的部分立体剖视图，图 8-44 表示用于 DSC 测量的商用仪器。

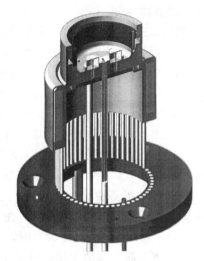

图 8-42　在调制的 DSC® (MDSC) 过程中用于
发射技术中 DSC 室的立体剖视图（美国，特拉华
州，纽卡斯尔，TA 仪器公司）

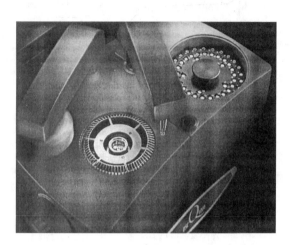

图 8-43　自动样品操纵器（美国，特拉华州，
纽卡斯尔，TA 仪器公司）

在工作期间左边机械手臂盖及腔室和烘箱，
样品臂位于探针盘

Gatlin[8]不仅用 DSC 测量了甘露醇和头孢唑啉钠的 $T_g'$ 值，而且还得知结晶时放出的能量与复温速率有关（图 8-45）。通过将加热速率外推至零，计算出了甘露醇和头孢唑啉钠的结晶能量分别为 13.5kJ/mol 和 39.1kJ/mol，这些数据与其他方法测得的值是一致的。在一定的假设条件下，计算出甘露醇和头孢唑啉钠的反应能量分别为 335kJ/mol 和 260kJ/mol。DeLuca[9]得到的数据略有不同：在 0.625℃/min 的加热速率下，他发现甘露醇和头孢唑啉钠的反应能量分别为 16.3kJ/mol 和 48.1kJ/mol。

图 8-44　调制的 DSC® 仪器，Q1000 型，
详细资料见图 8-42 和图 8-43
（美国，特拉华州，纽卡斯尔，TA 仪器公司）

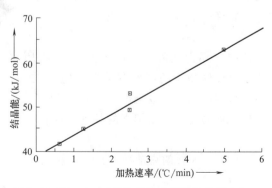

图 8-45　用 DSC 测得的头孢唑啉钠的结晶能与加
热速率的函数关系（引自文献［11］图 2）

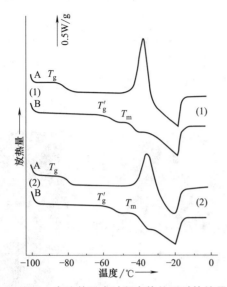

**图8-46 在冰的形成过程有热处理时的结果**

（1）60%的果糖溶液；（2）60%葡萄糖溶液。
（A）以30℃/min速率冷却到 −100℃以后，当以 5℃/min速率复温时用DSC测得的曲线。$T_g$分别 为大约−85℃和−88℃。两种溶液分别在大约−48℃和 −44℃时，随着冰开始融化（冷冻阶段只有部分水结 晶）有明显的结晶。（B）冷却到−100℃以后，以 10℃/min速率加热到−48℃，在此温度保持15min （热处理），然后再次以10℃/min速率冷却到−100℃， 复温时用DSC测得曲线（B）。在热处理过程可冻 结的水全部结晶，$T_g'$分别上升到−58℃和−57℃。 在复温过程中都未发现结晶。（引自文献［11］的图2）

头孢唑啉钠在非晶态是不稳定的。 Takeda[10] 阐述了一种能保证头孢唑啉钠完全结 晶的方法，即在 0℃头孢唑啉钠过饱和溶液中加 入微晶的头孢唑啉钠。这样得到的产品不会含 有非晶态或准晶态的成分。

Roos[11] 利用DSC测量了果糖和葡萄糖的$T_g'$ 且说明了热处理对此值的影响。图8-46中用DSC 测得的曲线表示的是60%的溶液以30℃/min速 率冷却到−100℃，以10℃/min速率复温到 −48℃，然后又以10℃/min速率冷却到−100℃ 的情况。非退火产品的$T_g$分别为−85℃和大约 −88℃。在−50℃附近，两种溶液中，未冻结水 的结晶可视为放热过程（曲线A）。如果复温在大 约−48℃被中断，且产品在此温度下保持大约 15min（热处理），而后再冷却到−100℃，在加热 过程测得曲线B：$T_g'$升高到大约−57℃时，结晶 放热消失，可冻结水都被冻结为冰。温度$T_m$值 是产品开始软化的初始温度。

### 8.2.3 核磁共振

核磁共振（NMR）是一种非常灵敏的分析方 法。它能用来研究在冷冻糖类、蛋白质水溶液及 咖啡萃取物的过程中水的行为方式。用NMR有可 能确定水是否与其他分子（例如：蛋白质）结合 和能否冻结，以及在从低于和高于$T_g$的较低的温 度开始的加热过程，崩塌温度是如何影响未冻结水和高度浓缩溶液的玻璃体的变化。

NMR分光镜（图8-47所示为一种商 用装置）利用了一些原子核具有非常不同 于质子、氢原子核，以及$^{13}C$、$^{31}P$、$^{14}N$和 $^{33}S$中的磁矩这一事实。正如量子力学所描 述的那样，外部磁场分成不同的能级。其 尺寸及宽度由公式（8-1）确定。

$$\Delta E = \mu_B g H_{eff} \qquad (8-1)$$

式中，$\mu_B$为核磁子；$g$为常数（与所 给原子核磁性质量的特性有关）；$H_{eff}$是原 子所在位置磁场的有效强度。

转化能力可用电磁辐射的频率描述：

**图8-47 NMR分析仪，Minispec系列，**
**测量范围为−100～+200℃**

（德国，Rheinstetten，布鲁克光谱仪器公司）

$$\Delta E = hf \qquad (8-2)$$

式中，$h$为普朗克常数；$f$为辐射频率。

或者

$$\Delta E = hc/\lambda$$

式中，$c$为光速；$\lambda$为波长。

不同能级间的能量的差异取决于外部磁场的磁场强度。用60MHz、100MHz或270MHz的频率利用 NMF 法测量质子，磁场强度必须为 $14.1 \times 10^3 Gs$，$23.5 \times 10^3 Gs$，$63.4 \times 10^3 Gs$。最后一个值只有用超导磁体才有可能达到。虽然其他原子核的磁矩均小于质子的，但仍需要更高的磁场强度。根据电磁定律，原子核的磁矩是由旋转电荷产生的。这种旋转在量子力学中用原子核的自旋（S）描述。自旋只能是不连续的，定义的能级与磁场方向平行或垂直（$S = \pm 1/2$）。如果 $S$ 在跃迁时不改变（$\Delta S = 0$）且自旋的发射沿着磁场 $\pm 1$（$\Delta S_z = \pm 1$）方向变化，才有可能发生（其发生具有一定的偶然性）跃迁，例如到更高的能级（吸收）。如果带有磁矩的样品在外磁场中用超短波发射，只有规定波长和能量的射线可被吸收。这个波长在给定的外磁场下表征独立的原子核的特性。

在分子的中心部分（例如质子），外部磁场的变化因数表征分子的特性。独立的质子的共振频率的位移在某种程度上取决于质子所在的化合物的特性。这种位移叫共振频率的化学位移（在给定的外部磁场条件下）。

化学位移比较小，例如对于质子为所用频率的 $30 \times 10^{-6}$，如果所用频率为 $100 MHz$（$10^8 Hz$），$10 \times 10^{-6}$ 就是 $10^3 Hz$。这种位移通常情况是无法绝对地测量的，但是可与参考物质的已知频率相比，例如四甲基硅烷（TMS）质子。共振面积与引起共振的原子核的数量成正比。

除了共振线的化学位移之外，在一定条件下，共振线有可能分为两条或更多条。这反映了磁场中周围原子核中两个或多个相邻原子自旋方向的影响。所分的大小叫耦合常数 $J$，$J$ 表示原子核间影响的质量，而分成的线的数量和强度表示受到影响的原子核的数量。由于原子核所处位置磁场虽然是常数，但有轻微的变化，所以，NMR 频谱的线不是无穷小的，而是有一定宽度的。在高频脉冲停止以后，早期的平衡通过磁噪声和系统的弛缓过程恢复。Bloch 用两个特性数：$t_{SGR}$（自旋-晶格弛缓时间）和 $t_{SSR}$（自旋-自旋弛缓时间）将有可能的两种弛缓过程联系起来。谐振谱线宽的一半是在顶峰值 $1/t_{SSR}$ 的一半时测得的。如图 8-48 所示，对于非常小的分子相关时间 $t_c$，$t_{SGR}$ 和 $t_{SSR}$ 是相同的。相关时间为分子穿过与自身直径相同的距离时所需的时间；这是对分子运动的测量。

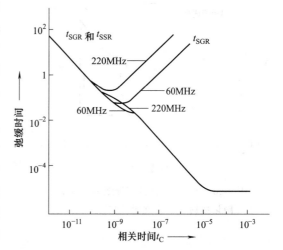

图 8-48　不同发生频率下，弛缓时间与分子相关时间的函数关系

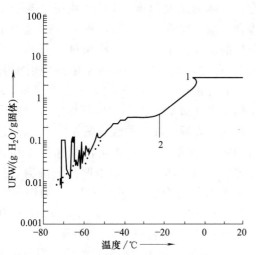

图 8-49　含 25% 固体的咖啡萃取物的冷冻和融化曲线（引自文献 [11] 图 2）

1—过度冷却；2—崩塌温度

Nagashima 和 Suzuki[11] 利用 NMR 说明了 UFW、$T_c$、冷却速率和冷冻之前的浓度之间的相互关系。测量了 UFW 的量（$gH_2O/g$ 干燥物质），例如含 25% 固体的咖啡萃取物（图 8-49），在 $-20$℃，UFW 的含量 $\sim 30\%$（$0.3g/g$），但是在 $-50$℃时降到 $0.1g/g$。在 $-20$℃以上 UFW 的量增加得相当快。在 $-20$℃以上冻干时，结构会崩塌。作者证明，甘露醇快速冷冻（$3 \sim 5$℃/min）后，在复温过程中可看到甘露醇的结晶。UFW 增加到

50%，而后水结晶，UFW 减少到只有百分之几。测得的结晶温度与利用 DSC 所测得的其他报告一致（例如，Hatley[4]）。在慢速冷冻过程，甘露醇结晶，且没有滞后现象（图 8-50）。图 8-51 表示了日本豆面酱油 UFW 的关系曲线。在−50℃，浓度为 52.7%时，UFW 大约为 5 个计量单位，然而浓度为 26.4%时，普通产品中的 UFW 大约为 2 个计量单位，浓度为 13.2%时，只有大约 0.6 个计量单位的 UFW 不冻结。

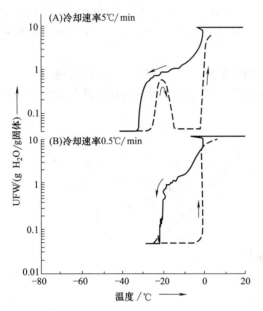

图 8-50  9.1% D-甘露醇溶液的冷冻和
融化曲线（引自文献[11]图 4）

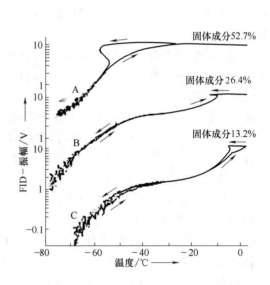

图 8-51  日本豆面酱油 UFW 的含量（A）
和两种稀释了的溶液（B 和 C）与温度的函
数关系。（引自文献[11]图 5）

### 8.2.4 热力学分析

Carrington 等人[12]利用热力学分析（TMA）研究了 30%质量分数果糖、蔗糖和葡萄糖在有和没有羧甲基纤维素钠（CMC）存在时冰的结晶温度。TMA 被用来测量冷冻和复温过程样品的膨胀，利用 DSC 也做了类似的研究。用 TMA 测得果糖在有和没有 CMC 存在，以 5℃/min 的速率冷冻时的具有代表性的结果如图 8-52 所示。图 8-53 表示的是由 TMA 确定的 30%蔗糖溶液慢速冷冻和热处理后的加热曲线。图 8-54 表示的是由 DSC 确定的 30%蔗糖溶液慢速冷冻和热处理后的加热曲线。比较由两种方法测得的关于蔗糖的两个温度 $T_{r1}$ 和 $T_{r2}$（如图 8-53

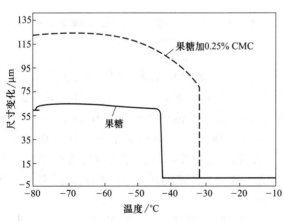

图 8-52  30%果糖溶液冷冻过程尺寸的
变化与温度的函数关系
注：冷却速率 5℃/min

和图 8-54 所示），$T_{r1} \approx -60℃$（TMA）和−41.2℃（DSC），$T_{r2} \approx -35℃$（TMA）和−32.6℃（DSC），很明显，正如作者所讨论的那样，有很多因素影响最后所得的数据。

TMA 测量对解释在加热冷冻的甘露醇和其他立体异构体溶液过程中，小玻璃瓶的破裂是很有用的[13]。例如，甘露醇在−25℃以上体积比标准 1 型无色玻璃扩大 30 倍。小玻璃瓶是否破坏主要取决于填充物的体积及浓度，例如，当装满 3%的甘露醇时，10%~40%的玻璃瓶子被破坏。

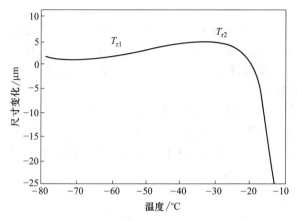

图 8-53　30％蔗糖溶液复热过程尺寸的
变化与温度的函数关系

注：慢速冷却至−80℃，热处理到−35℃，
再到 2℃/min 速率加热

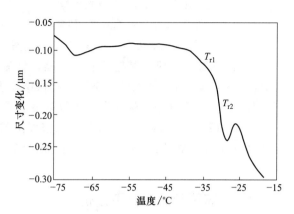

图 8-54　在 30％蔗糖溶液复热过程热
流与 DSC 温度记录图

注：先以 5℃/min 冷却到−80℃，热处理到−35℃，
再到 5℃/min 加热

### 8.2.5　介电分析

Pearson 和 Smith 通过三个例子解释了 DEA 的优点是可提供最优的冻干工艺。① 结合水（两个氢键）和吸附水（一个氢键）的弛豫特性不同可用来确定冻干的结束，当吸附水解吸和结合水仍然存在时认为冻干结束。②物质的介质响应与晶体的尺寸和水合程度有关。③赋形剂的玻璃体形成特性和它的分子的流动性（黏性）与温度和水合密切相关。电介质的研究表明了糖溶液玻璃体形成的非阿伦尼乌斯（non-Arrhennius）行为，在温度或水合有微小变化时，黏性的变化将达好几个数量级。

Morris 等人[14]建议利用电介分析法（DEA）可预测双组分物质的崩塌温度。DEA 的基本情况已解释清楚了。"发射频率"（TOF）是确定崩塌温度最好的分析方法。图 8-55 表示介质损耗因子与频率之间的函数关系曲线。作者称此曲线最低点的频率为 TOF。如图 8-56 所示 TOF 随着温度的变化而变化。两直线的交叉点可确定崩塌温度。用 TOF 预测的 10％的蔗糖、10％海藻糖、10％山梨糖醇以及 11％的 Azactam™溶液的崩塌温度稍低于冻干显微镜观察得的崩塌温度，偏差分别为−3℃，−1.4℃，2.2℃和 0.7℃。

Smith 等人[15]认为介电弛缓频谱学提供了一种研究聚合物和蛋白质结构特性的方法，其中，还提供了含水量和水的状态信息。

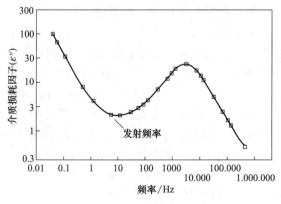

图 8-55　在温度给定的情况下介质损耗因子
和频率的关系曲线

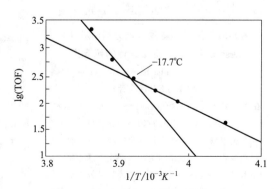

图 8-56　lg（TOF）对于 1/K 的崩塌曲线。两条
直线的交点确定系统的崩塌温度

### 8.2.6 X射线衍射学-拉曼光谱学

Cavatur 和 Suryanarayanan[16]研制了一种低温 X 射线粉末衍射（XRD）技术，用于研究冻结水溶液中溶质的固体状态。在冻结的乙氧萘青霉素钠溶液（质量分数 22％）中，未发现共晶结晶。在－4℃热处理可引起溶液的结晶，且随热处理时间而增加，另外两种产品的研究表明，XRD 在不干涉其他事件的情况下，可提供结晶程度的信息。

Sane 等人[17]利用拉曼光谱学用数量表示了冷冻干燥和喷射干燥过程结构的变化。单克隆抗体类（例如 RhuMAbVEGF）在没有低温保护剂的情况下，经历二次结构变化。增加低温保护剂的摩尔比率可完全保护其结构。利用拉曼光谱学观察到干燥蛋白质的长期稳定性是与结构变化相关的。

## 8.3 冻干产品的质量分析

### 8.3.1 残余水分的测量

产品残余水分的测量应除去从周围环境中吸收的水分。将干燥产品装入其他容器时，或称量的时候都应该在充满干燥气体的箱子或隔离器中进行。

箱子应该能容纳 $P_2O_5$，或可用干燥气体清洗。在隔离器中进行的时候应带上固定在隔离器上的手套。干燥气体中用来称量的天平需要做一些调整以避免静电荷，这有可能导致相当大的错误。

#### 8.3.1.1 重量分析法

正如美国食品和药品操作规范第 21 项 610.13 条[18]中所说的，在前几年，这种方法成为强制性的规范。被称的样品存储在温度在＋20～＋30℃之间的干燥室中，连同 $P_2O_5$ 被反复称量直到质量不变为止。样品的最小量应该大于 100mg，若有必要可取自多个小瓶。较高的温度可使达到质量不变的时间缩短，但是会引起更多的结合水解吸甚至使产品变质。利用这种方法，在＋20～＋30℃时，发现水很少被凝固到固体上。

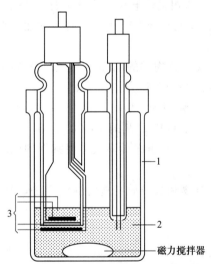

**图 8-57 用于测量残余水分（RM）的 Messzelle DL 36 型库仑计的示意图**

（瑞士，Schwerzenbach，Mettler-Toledo DL36 型 KF 库仑计）

在滴定室（1），从含有碘的分析物（2）中电解产生碘（3）。滴定室中的水和碘发生反应，当水分用尽的时候，会产生少量剩余的碘，这可被专门的电极发现，将导致碘的生产被停止。滴定室中水的量和所需的电荷可由库仑计的读数计算出。通过一个闸可将固体引入滴定室，或水在加热室被解吸出来由气流带入滴定室。10μg 的样品其读数可准确到 0.1μg

#### 8.3.1.2 Karl Fischer（KF）法

利用这种方法被称量的干产品被溶解在甲醇中，用 Karl Fischer 溶液滴定直到颜色由棕色变为黄色。视觉观察可由电流计代替，当滴定结束时，电流突然增加，这种方法样品的重量可比重量分析法减小 2～4 倍。为了完全地避免视觉观察产生的误差，利用电解可产生碘，用库仑定律计算水的含量。这种仪器（如图 8-57）在商业上是可得到的。用这种方法可测得的水的最小量为 10μg。Wekx 和 De Klejin[19]说明了如何使 Karl Fischer 法被直接使用于小瓶装的已干产品。Karl Fischer 法不能直接用于在 Karl Fischer 试剂中能和碘起反应或不能溶于甲醇或水分无法被甲醇吸取的产品。Karl Fischer 仪器如图 8-58 所示。

#### 8.3.1.3 热重分析法

热重分析法（TG，TG/MS）是在程序控温下，测量物质的质量随温度（或时间）的变化关系，用来研究材料的热稳定性和组分。检测质量最常用的办法就是天平。热重分析仪如图 8-59 所示。May 等人[18]描述了在称量过程中，如何区分质谱仪的读数是解吸出来的水的还是挥发性物质的，挥发性物质有可能来自残余溶剂或部分产品的分解。

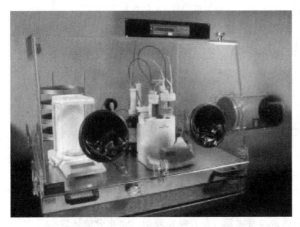

图 8-58　Mettler-Toledo DL38 型 Karl Fischer 仪器的照片
（德国 Hürth，史特雷斯）

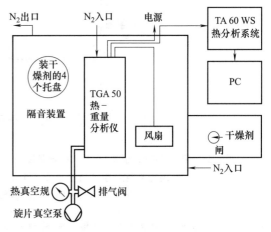

图 8-59　热重分析仪的示意图和照片 （Shimadzu
TGA 50）

（德国，Hürth，史特雷斯）

当前卤素快速水分测定仪是一种新型快速的水分检测仪器，其原理就是利用热重分析法。

May 等人[20]用 TG，TG/MS，KF 法和一种命名为"蒸气压湿度测量法"（VPM）的新型测量方法研究了 α-干扰素和美国标准百日咳疫苗的残余水分（RM）。VPM 测量密闭小瓶中物料上面的空间中水的蒸气压。来自红外二极管的光线穿过小瓶到达图像探测器。小瓶的温度从室温以固定的速率冷却到−55℃。当水蒸气冷凝的时候，由于凝结物使光束变暗，从而改变图像探测器的信号。凝结温度可转化为压力，从而可计算出顶部空间中水的微观图。图8-60表示 X-干扰素的 TG 值。抽取的三种不同样品中，发现 RM 的平均值为 1.15％±0.15％。利用 KF 法发现一种样品中的 RM 为 1.28％。图 8-61 表示百日咳疫苗样品 9 的相应数据。水的最终解吸温度和开始分解的温度由重量随时间变化的函数的导数曲线确定（％/min）；当导数曲线偏离水平线时可认为水的解吸结束。在表 8-1 总结了不同方法获得的结果。VMP 不能提供关于产品 RM 的信息。该方法可重复测量同样的小瓶在一段时间内产品上空的水分，从而确定水分的变化量。

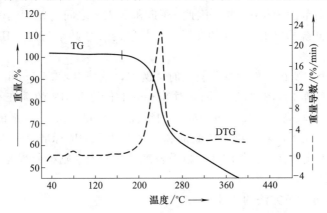

图 8-60　利用热重分析法 （TG） 和重量随时间变化的函数的导数曲线 （DTG） （％/min） 测得的冻干的 α-
干扰素的重量 （％） 与温度的函数关系 （引自文献 [20] 图1）

假定水的解吸结束点标为 （＋），利用 TG 测得的 RM 为 0.98％～1.28％，利用 Karl Fischer 测得的 RM 为 1.28％

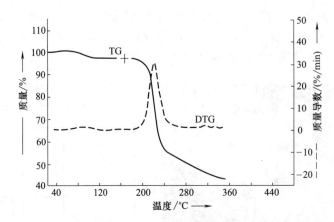

图 8-61　利用热重分析法（TG）和质量随时间变化的函数的导数曲线（DTG）（%/min）测得冻干的美国标准百日咳疫苗样品 9 的重量（%）与温度的函数关系。水的解吸结束点标为（＋）。利用 TG 测得的 RM 为 4.75%，（引自文献［20］图 3）

表 8-1　利用 KF，TG 和 VPM 法测得 α-干扰素和美国标准百日咳疫苗的残余水分的比较

| 产品 | | 利用 KF 测得的 RM/% | 利用 TG 测得的 RM/% | 瓶中物料上空中的水分/（mg/瓶） |
|---|---|---|---|---|
| α-干扰素 | 样品 A | 1.28 | 1.19 | 2.05 |
| | 样品 B | | 0.98 | 6.67 |
| | 样品 C | | 1.28 | 4.76 |
| 百日咳疫苗 | 样品 8 | | 2.44 | 9.50 |
| | 样品 9 | | 4.75 | 26.00 |

#### 8.3.1.4　红外光谱学

Lin 和 Hsu[21]描述了用近红外线（NIR）光谱学确定密封的玻璃瓶中蛋白质类药品的残余水分的方法。研究了五种蛋白质：人类单克隆抗体重组细胞（ruhMAb）E25、ruhMAb HER2、ruhMAb CD11a、TNKase 和 rt-PA。在小瓶壁的水平位置上加入适量的 MilliQ 水可使残余水分的量增加，使水蒸气扩散到已干产品。一般情况下，1～2 天后可达到平衡状态。利用常用的三种数学工具来确定复杂光谱（不同成分的重合部分或它们之间的化学反应）。研究了下列因素对 IR 标准的影响结果：赋形剂的浓缩，块状产品的疏松度，厚度和直径以及赋形剂和蛋白质的比率。Karl Fischer 滴定数（也叫 RF）被用来作为与 NIR 数相比较的标准。

图 8-62 中（a）～（e）表示 5 种产品 RF 和 RNIF 之间的关系。Karl Fischer 滴定法依每日的操作者的不同其波动范围为 ±0.5%。因此，RF 和 RNIR 之间的差别≤0.5% 认为是较好的。在 30～100mg/mL 之间疏松度的变化≤0.5%。块状物的尺寸必须超过 NIR 的透深，否则测得的 RNIR 太小。

制剂成分允许有小的变化，然而变化较大时，例如，蔗糖由 42.5mmol/L 变为 170mmol/L，随着浓度的增加吸收率增加（图 8-63）。因此对 85mmol/L 的 RNIR 的标准不能用于蔗糖的浓度较低（42.5mmol/L）或较高（＞120mmol/L）的情况；在 5200cm⁻¹ 时水的信号随着产品信号的改变而变化。通常情况下，对于给定的制剂和产品尺寸 RNIR 标准是一定的。只有在 NIR 测量对于充足的被反射光线具有足够长的光程以及校准产品的光谱随组分浓度的改变没有被改变的情况下，变化才是允许的。

#### 8.3.1.5　残余水分测量方法的比较

干燥产品中的水以多种形式结合：如存在于表面的水，或多或少与干物质结合的水或以结晶水的形式存在着的水。因此，对于不同的物质，各种方法有可能会产生不同的结果。利用重量分析法和 Karl Fischer 滴定法测得的有些物质的 RM 值几乎是没什么不同的。May 等人[18]提供了

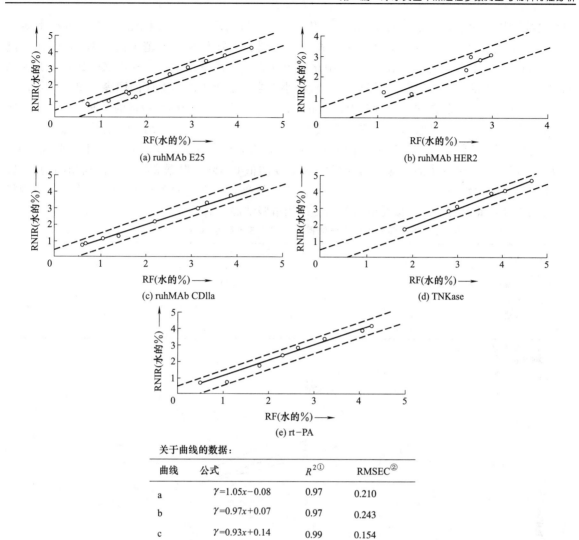

关于曲线的数据:

| 曲线 | 公式 | $R^{2①}$ | $RMSEC^②$ |
|---|---|---|---|
| a | $\gamma=1.05x-0.08$ | 0.97 | 0.210 |
| b | $\gamma=0.97x+0.07$ | 0.97 | 0.243 |
| c | $\gamma=0.93x+0.14$ | 0.99 | 0.154 |
| d | $\gamma=1.09x-0.20$ | 0.99 | 0.135 |
| e | $\gamma=0.99x+0.12$ | 0.987 | 0.212 |

① 决定系数(标准线性)
② 平方根偏差(标准的不确定性)

图 8-62　5 种产品 RF 和 RNIF 之间的关系（引自文献［21］图 1，点划线表示实线的 ±0.5% 的偏差）

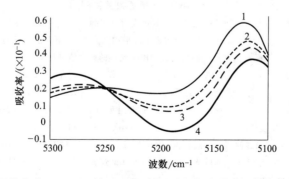

图 8-63　冻干的包含 0.8% RF 的 rhuMAb 的二阶导数光谱（引自文献［21］图 6）

所有的制剂都包含 40mg/mL ruhMAb E25，5mmol/L 组氨酸和 0.01% 的聚山梨醇酯 20。蔗糖浓度：曲线 1 为 42.5mmol/L；曲线 2 为 85mmol/L；曲线 3 为 120mmol/L；曲线 4 为 170mmol/L

四种这类物质的例子，但是如表 8-2 所示，利用重量分析法得到的 RM 值比 Karl Fischer 滴定法得到的小 0.3%～0.6%，然而，用热重分析方法得到的 RM 值在误差范围内与 Karl Fischer 滴定法得到的值是非常接近的。在图 8-64 中比较了在第二阶段干燥过程，利用 KF 测得的 RM 和利用 DR 值计算得到的 dW 值。用于 KF 测量的小瓶当时是封闭的，上面的图表示出了平均值以及误差条。同样的药品在同一台设备上，在相同的工艺条件和相同的装载量的情况下进行了三次试验过程。利用 KF 测得的 RM 值在 MD 转变为 SD 后以 ±1% 改变，约 21h 后减少为 ±0.5%。三次试验过程 dW 值都在 SD 阶段开始后以 ±0.5% 改变，在 21h 后小于 0.05%。上下曲线表明，到达最终温度后，进一步的干燥不可能再降低 RM 的值 0.5%。根据 dW 也可得到相同的信息：在 21h 后水的解吸可忽略，由于其小于 0.02%/h。此产品在所选的工艺条件下，用 KF 法测得1.5% 的水分在此温度下及可接受的时间内不能用解吸法除去。

表 8-2　利用四种不同方法测得的不同疫苗的残余水分的含量（RM）

| 检测方法 | 疫苗的 RM(%) 及其标准偏差 | | | |
| --- | --- | --- | --- | --- |
| | 风疹病毒 | 腮腺炎病毒 | 风疹和腮腺炎病毒 | 麻疹,腮腺炎和风疹病毒 |
| 重量分析法[①] | 0.42±0.18 | 1.10±0.40 | 0.41±0.26 | 0.18±0.14 |
| Karl Fischer 法[②] | 1.03±0.14 | 1.54±0.20 | 0.72+/−0.16 | 0.80±0.14 |
| TG-曲线法[②] | 1.26±0.16 | 1.54+/−0.15 | 0.76±0.12 | 0.76±0.11 |
| TG-保持在 60℃[②] | 1.17±0.20 | 1.53±0.17 | 0.74±0.13 | 0.70±0.08 |

① 5～12 测定的平均值。

② 平均值。

注：TG-曲线：利用给定温度过程的热重分析曲线。

　　TG-保持在 60℃：利用恒定的温度 60℃（摘自文献［18］表 1）。

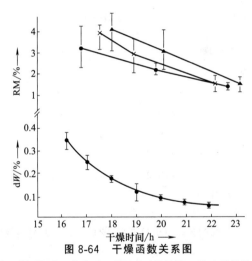

图 8-64　干燥函数关系图

上面的图：利用 KF 测得的 RM 与干燥时间的函数关系，利用当时封闭的 10 瓶中平均的 RM 值表示。从封闭的 10 瓶中抽取 5～7 瓶，每瓶取出 3～5 个样品进行分析。上图表示的平均值为 15 或更多次测量的平均值。偏差条并不是标准偏差；它们只是表示出了测得的最大值和最小值

●过程 1，平均 $T_{ice}=-38.56℃$，SA=0.38℃。（＋）过程 2，平均 $T_{ice}=-38.59℃$，SA=0.36℃。

［所有试验过程的平均 $T_{ice}=-38.58$，SA=0.02℃］

▲过程 3，平均 $T_{ice}=-38.52℃$，SA=0.39℃，三次试验过程的工艺参数均为：冷冻速率约为 0.9℃/min，

最终温度−50℃，d=10mm，$T_{sh,MD}=0℃$，$p_c=8Pa$，$T_{sh,SD}=40℃$。

下面的图：在第二阶段干燥过程由 DR 测量计算出的 dW 与干燥时间的函数关系。

●三次试验过程的平均 dW；偏差条，计算得到的 dW 的最小值和最大值。

### 8.3.2　冻干产品的质量及其变化

假设冻干本身是在最优条件下进行的，而且在冻干过程结束时产品达到了预期的质量，冻干产品在存储过程，其质量变化至少受三个因素的影响：残余水分，存储温度及混合在包装袋里的

气体。与其中一种因素有关的或在更多情况下与三种因素都有关的变化可分成以下四种情况：

① 在与水分子的重组过程发生的变化和/或溶解性；

② 干燥产品的化学反应；

③ 产品生物-医学活性的恶化；

④ 产品物理结构的变化，例如：由非晶形转变为部分或全部晶体结构的形式。

通常发生的变化可由这几种变化中的某几种解释。下面给出了几个典型例子。

Liu 和 Langer[22] 证明 BSA，卵清蛋白、葡萄糖、氧化酶和 $\beta$-乳球蛋白在 37℃ 时溶解性迅速减小，并且如果在已干产品中加入了 30％（质量分数）生理盐水缓冲液，则在 24h 内 97％ 的产品将变为非溶解性的。由于水分而引起的聚集归因于分子间的 S—S 键。对于给定的白蛋白，如果 RM 为最优值则可减少聚集。

Zhang 等人[23] 研究了在 keratonocyte 增长因子（KGF）重组过程重组介质对形成聚集的影响。若干添加剂可使聚集明显地减小，调节重组介质离子的强度发现也有类似的作用。优化重组条件可增加蛋白质可溶性的恢复；对于 KGF，蛋白质溶解性的恢复与本身的、单节显性的组成有关。此外，Zhang 等人[24] 还发现当用纯水重组时，白细胞素-2（Ⅰ）和核糖核酸酶（Ⅱ）在 +45℃ 的温度下存储时聚集相当大。如果在重组水中加入肝磷脂或磷酸盐可明显减少聚集的长度。Shalaev 等人[25] 研究了在 RM＜0.1％ 时，非晶形蔗糖对葡萄糖和果糖酸性催化转化作用。即使 RH＝0.1％，在 50℃ 冻干蔗糖时，例如带有柠檬酸，也得经受酸性催化转化。作者得出的结论是冻干带有蔗糖的酸性物质即使是 RM 很低也会产生能够进一步和其他成分起反应的物质。

Yoshika 等人[26] 利用 $^{17}O$ NMR 光谱学研究了在存储过程中 $\beta$-牛乳糖间的反应和水的迁移率有关。水分的增加也使自旋-格弛缓时间 $T_1$ 增加，相互之间的反应与 $T_1$ 的关系比 pH 值的关系还要紧密。设想可能是水的增加使酶周围的水的迁移增加，从而使酶的反应增加。带有少量水的冻干样品，也表现出比根据 pH 值和水的迁移率估计的还要快的反应速度，这可能是由冻干时所用的添加剂盐引起的。Yoshika 等人[27] 也使用了 NMR 光谱学，但用的是 $^1H$ 自旋-自旋弛缓时间 $T_2$。测得 BSA 和 $\gamma$-血球素的 $T_2$ 是随水合程度而变化的。冻干的 BSA 和 BGG 如果水分超过大约 0.2％（g/g）蛋白质，则对聚集变得敏感。蛋白质质子的 $T_2$ 在水分较低时就开始增加，且随水分的增加聚集也紧跟着增加。对于冻干的 BGG，在水分＞0.5g/g 蛋白质时蛋白质质子的聚集和 $T_2$ 都将减小。

Vromans 和 Schalks[28] 利用非晶形维库溴铵研究了水敏性药品的稳定性。在制剂中其分解主要取决于水的活度 $\alpha_w$ 而不是水分的多少。赋形剂的玻璃化不仅有低温保护作用，而且起稳定作用。Cleland 等人[29] 发现当蔗糖和蛋白质具有适当的分子比率时，在 40℃ 可稳定保存人类单克隆抗体重组细胞（ruhMAb HER2）33 个月。360∶1 的摩尔比率可成功地稳定蛋白质。这比通常的制剂中所用的等渗浓度低 3～4 倍。Souillac 等人[30] 比较了冻干和物理混合的 h-Dnase、rh-GH 和 rH-IGF-1 和甘露醇、蔗糖、海藻糖和右旋糖苷的熔。对物理混合物，发现熔与蛋白质的百分含量呈线性关系；对冻干的混合物此关系是非线性的。作者得出的结论是在冻干的混合物中蛋白质和碳水混合物之间会直接发生反应。

Hsu 等人[31] 发现已包装的产品也有可能发生分解。设想冻干结束时只具有单分子层的水，且不是均匀分布的，但是在有些位置分子可能连成串。在干燥和存储过程这些水提供最好的保护以防止变性。这点是由基因技术产生的两种产品证明的：太少的水，比单分子层还少，造成 tPA 和高铁血红蛋白在物理上的不稳定，然而较高含量的水却导致存储过程生物上的不稳定。

To 和 Flink[32] 以及 van Scoik 和 Carstensen[33] 阐述了四种变化的例子：依 To 和 Flink 的观点，非晶形到晶体的转变或者是因为存储温度 $T(T＞T_c)$ 太高，或者是因为吸收了水。（注：较多的水增加了非晶形固体的流动性，促进了晶体的成核和增长）。

Van Scoik 和 Carstensen 交流了他们关于蔗糖晶体成核和增长的经验。讨论了温度和残余水分这两个成核参数，建议用添加剂可停止、延缓或加速成核。用来清洗装有小瓶的干燥室的气体和加入产品的包装袋里的气体的影响尚且不清楚。只是氧气在多数情况下被排除。Spiess[34] 建议用干空气存储花椰菜和蓝莓，然而胡萝卜和辣椒粉应该存储在氧气含量 $<0.1 mgO_2/g$ 干物质的气体中。对于药品、病毒或细菌，无法给出普遍的建议，由于 CPA、添加剂的结构、缓冲剂的影响都应考虑。

所有气体的纯度也应该做详细说明，由于一定量的杂质对存储特性有可能起决定性的作用，例如从瓶塞中解吸出的气体。Greiff 和 Rightsel[35] 证明流行性感冒病毒在没有 CPA 的情况下当 RM 为 1.6％时在氮中的传染性保持得非常好。如果使用通常的存储温度，在氩中，传染性减小大约 10 倍，在氧气中减小 20 多倍。Corveleyn 和 Remon[36] 冻干了两种不同的包含 25mg 二氢氯噻的药片制剂。药品用 PVC/铝塑包装、聚偏二氯乙烯（PVDC）/铝塑包装、带干燥剂的密闭容器和非密闭容器在 60℃以三种 RH，45、60 和 85％存储。一个月后，除了包装在 PVDC/铝塑包装中的药片以外，其余药 RM 都由 2.7％增加到 6.8％。水分为 7.2％的制剂崩塌。PVDC/铝塑包装中药片的水分的增加或减少非常慢。用于包装冻干药片的材料没有一种能阻止水分的吸收和结构的崩塌。

### 8.4　冻干产品的贮藏与复水

#### 8.4.1　真空或充气包装

已干燥产品是一种疏松的多孔物质，有很大的内表面积。如果暴露于空气之中，就会吸收空气中的水分而潮解，增加产品的残余水分含量。其次，空气中的氧、二氧化碳与产品接触，一些活性基团就会很快与氧结合产生不可逆的氧化作用。此外，空气中如含有杂菌，还会污染产品。因此，在产品干燥后，最好能直接在真空箱内密封，使之不与外界空气接触。现在比较先进的冻干机都具有这种功能。因此，冻干产品的贮藏应该从第二阶段干燥结束以后开始。

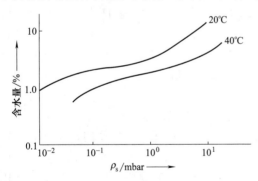

**图 8-65　血浆的解吸等温线**（摘自文献 [37] 图 9）

由解吸等温线可知，在平衡条件下，产品中吸附水分的量在给定温度下是水蒸气压力的函数，如图 8-65 所示。在给定温度下，在很短的时间内可近似认为是平衡状态，在第二阶段的工作压力应该小于平衡蒸气压，例如，当温度为 +40℃，预期残余水分小于 1％时，$p_{ch}$ 应该为几帕。如果产品（血浆）的温度只有 +20℃，则工作压力应该比 1Pa 还小。通常情况，延长干燥时间不能降低残余含水量——只有升高温度才能降低残余含水量。要想得到较低的含水量，吸湿性的产品应防止在干燥室中再次吸入已被干燥除去的水分。如果使用小瓶，应在干燥室中密封。如果是散装的物料或食品，干燥后应该往干燥室中充入干燥空气或惰性气体。在 +20℃，相对湿度为 70％时，空气中的水分约为 $1.3×10^{-2} g H_2O/L$。往体积为 200L 的干燥室充入该气体时，将引入 2.6g 的水蒸气。如果干燥室中有 300 个小瓶，每个小瓶装有固体含量为 10％的 $1cm^3$ 的物料，则残余含水量将增加约 9％。如果固体含量只有 1％，则残余含水量增加到 90％。充入气体的露点应该与第二阶段的最终压力相对应，例如，最终压力为 2Pa，气体的露点应为 -55℃，最小为应为 -50℃。

因此，冻干产品应在二次干燥结束后采用真空或充氮气包装，包装材料的渗透性差，贮藏运输过程应避光。

#### 8.4.2　冻干产品的复水

理论上，冻干制品复水后能恢复原有的性质和形状。实际上要让冻干后的产品完全恢复原有的特性，不仅受冷冻干燥过程会影响，复水条件也是很重要的，比如复水液，复水速率，复水温度，复水率等都会影响复水后制品的特性。如人红细胞、角膜等在冻干过程中，大部分水分都被除去，要恢复其基本生理功能，必须进行复水，为细胞创造一个与体内细胞生存环境基本相符的条件。牛肉，方便米饭，牡蛎、海参等冻干的食品在食用的时候应复水恢复其原有的形状，色泽及口感等。咖啡、青霉素等药品在使用的时候应能速溶。不同的物料复水条件和过程都不一样，通常用实验的方法确定。

## 参 考 文 献

[1]　彭润玲. 几种生物材料冻干过程传热传质特性的研究 [D]. 沈阳：东北大学，2008，3.

[2]　[德] G. -W. 厄特延 [德] P. 黑斯利，冷冻干燥 [M]. 徐成海，彭润玲，刘军等译. 北京：化学工业出版社，2005.

[3]　Hsu, C. C., Walsh, A. J., Nguyen, H. M., Overcashier, E. D., Koning -Bastiaan, H., Bailey, R., Nail, S. L.: Design and application of a low -temperature Peltier-cooling microscope stage. J. Pharm. Sci. 1996, 85: 70- 71.

[4]　Willemer, H. Comparison between measurements of electruical resistance and cryomicriscope vizualization of pharmaceutical products to be freeze-dried. ISL-FD, Lyophilization Conference, Amsterdam, 2002, 10.

[5]　Nunner, B. Gerichtete Erstarrung wassriger Losungen und Zellsuspensionen. Dissertation, Rheinisch-Westfalische Technische hochschule Aachen, 1993.

[6]　Cosman, M. D., Toner, M., Kandel, J., Cravalho, E. G.; An integrated cryomicroscopy system. Cryo-Letter, 1989, 10: 17-38.

[7]　Dawson, P. J., Hockley, D. J. Scanning electron microscopy (SEM) of freeze-dried preparations: relationship of morphology to freeze-drying parameters. In Developments in Biological Standardization, 1992, 74: 185-192.

[8]　Gatlin, L. A. Kinetics of a phase transition in a frozen solution. In Developments in Biological Standardization, 1992, 74: 93-104.

[9]　DeLuca, P. P. Phase transitions in frozen antibiotic solutions, pp. 87-92. International Institute of Refrigeration (IIR) (Comm. C1, Tokyo), 1985.

[10]　Takeda, T. Crystallization and subsequent freeze-drying of cephalothin sodium by seeding method. Yakugaku Zasshi, 109: 395-401. 1989.

[11]　Nagashima, N., Suzuki, E. Freezeing curve by broad-line pulsed NMR and freeze-drying, International Institute of Refrigeration (IIR) (Comm. C1, Tokyo), 1985: 65-70.

[12]　Carrington, A. K., Sahagian, M. E., Coff, H. D., et al. Ice crystallization temperatures of sugar/polyasaccharide solutions and their relationship to thermal events during warming. Cryo-Letters, 1994, 15: 235-244.

[13]　Willismd, N. A., Gugliemo, J. Thermal mechanical analysis of frozen solutions of mannitol and some related stereoisomeres : evidence of expansion during warming and correlation with vial breakage during lyophilization. PDA J. Parenteral Sic. Technol. 1993 , 47: 119-123.

[14]　Morris, K. R., Evans, S. A., Mackenzie, A. P., et al. Prediction of lyphile collapse temperatures by dielectric analysis. PDA J. Pharm. Sic. Technol. 1994, 48: 318-329.

[15]　Smith, G., Duffy, A. P., Shen, J., et al. Dielectrc relaxation spectroscopy and some applications in the pharmaceutical science. J. Pharm. Sic. 1995, 84: 1029-1044.

[16]　Cavatur, R. K., Suryanarayanan, R. Characterization of frozen aqueous solutions by low temperature X-ray powder diffractometry. Pharm. Res. 1998, 15: 194-199.

[17]　Sane, S., Mulkerrin, M., Hsu, Ch. Raman spectroscopic characterization of drying-induced structural changes in proteins: correlating the structural change with long-term stability. Book of Abstracts, 219th ACS National Meeting, San Francisco, March 26-30, 2000, BIOT _ 380. American Chemical Society. Washington, DC, 2000.

[18]　May, J. C., Wheeler, R. M., Etz, N., et al. Measurement of final container residual moisture in freeze-dried biological products. In Developments in Biological Standardization, 1992, 74: 153-164.

[19]　Wekx, J. P. H., De Klejin, J. P. The determination of water in freeze-dried pharmaceutical products by performing the Karl Fischer titration in the glass container itself. Drug Dev. Ind. Pharm. 1990, 16: 1465-1472.

[20]　May, J. C., Rey, L., Del Grosso, A., et al. TG, TG/MS: Applications to determination of residual moisture in pertussis vaccine and other freeze-dried biological products. In Proc. NATAS Annu. Conf. Thermal Anal. Appl., 2000, 28: 67-74.

[21] Lin, T. P., Hsu, Ch. C. Determination of residual moisture in lyophilized protein pharmaceuticals using a rapid and noninvasive method: near-infrared spectroscopy. PDA J. Pharm. Sic. Techonl. 2002, 56: 196-205.

[22] Liu, W. R., Langer, R. Moisture induced aggregation of lyophilized proteins in the solid state. Biotechnol. Bioeng. 1991, 37: 177-184.

[23] Zhang, M. Z., Wen, J., Arakewa, T., et al. A new strategy for enhancing the stability of lyophilized protein: the effect of the reconstitution medium on the keratinocyte growth factor. Pharm. Res. 1995, 12: 1447-1452.

[24] Zhang, M. Z., Pikal, K., Nguyen, T., et al. The effect of reconstitution medium on the aggregation of lyophilized recombinant interleulin-2 and ribonuclease A. Pharm. Res. 1996, 13: 643-646.

[25] Shalaev, E. Y., Lu, Q., Shalaeva, M., et al. Acid-catalyzed inversion of sucrose in the amorphous state at very low levels of residual water. Pharm. Res. 2000, 17: 366-370.

[26] Yoshika, S., Aso, Y., Izuutsu, K., et al. Stability of beta-galactosidase, a model protein drug, is related to water mobility as measured by oxygen-17 nuclaer magnetic resonance (NMR). Pharm. Res. 1993, 10: 103-108.

[27] Yoshika, S., Asu, Y., Kojima, Sh. Determination of molecular mobility of lyophilized bovine serum albumin and gamma-globulin by solid-state 1H NMR and relation to aggregation-susceptibility. Pharm. Res. 1996, 13: 926-930.

[28] Vromans, H., Schalks, E. J. M. Comparative and predictive evaluation of the stability different freeze dried formulations containing an amorphous, moisture-sensitive ingredient. Drug Dev. Ind. Pharm. 1994, 20: 757-768.

[29] Cleland, J. L., Lam, X., Kendrick, B., et al. A specific molar ratio of stabilizer to protein is required for storage stability of a lyophilized monoclonal antibody. J. Pharm. Sic. 2001, 90: 310-321.

[30] Souillac, P. O., Costantino, H. R., Middaugh, C. R., et al. Investigation of protein/carbohydrate interactions in the dried state. 1. Calorimetric studies. J. Pharm. Sic. 2002, 91: 206-216.

[31] Hsu, C. C., Ward, C. A., Pearlman, R., et al. Determining the optimum residual moisture in lyophilized protein pharmaceuticals. In Developments in Biological Standardization, 1992, 74: 255-271.

[32] To, E. C., Flink, J. M. collapse, a structural transition in freeze-dried carbohydrates. J. Food Technol. 1978, 13: 583-594.

[33] van Scoik, K. G. Garstensen, J. T. Nucleation phenomena in amorphous sucrose systems. Int. J. Phram. 1990, 58: 185-196.

[34] Spiess K. Verfahrensgrundlagen der Trocknung bei niedrigen Temperaturen. VDI-Bildungswerk BW, 1974, 2229: 5.

[35] Greiff, D., Rightsel, W. A. Stabilities of dried suspensions of influenza virus sealed in vacuum or under different gases. Appl. Microbiol. 1969, 17: 830-835.

[36] Corveleyn, S., Remon, J. P. Stability of freeze-dried tablets at different relative humidities. Drug Dev. Ind. Pharm. 1999, 25: 1005-1013.

[37] Willemer, H. Measurements of temperature, ice evaporation rates and residual moisture content in freeze-drying. In Developments in Biological Standardization, 1992, 74: 123-136.

# 第5篇  冷冻真空干燥工艺

## 9  生物制品和生物组织冻干技术

### 9.1  概述

冷冻真空干燥制品在升华干燥过程中，其物理结构不变，化学结构变化也很小，制品仍然保持原有的固体结构和形态，在升华干燥过程中，固体冰晶升华成水蒸气后在制品中留下孔隙，形成特有的海绵状多孔性结构，具有理想的速溶性和近乎完全的复水性，冷冻真空干燥过程在极低的温度和高真空的条件下进行的干燥加工，生物材料的热变性小，可以最大限度地保证材料的生物活性。制品在升华过程中温度保持在较低温度状态下（一般低于−25℃），因而对于那些不耐热者，诸如酶、抗生素、激素、核酸、血液和免疫制品等热敏性生物制品和生物组织的干燥尤为适宜。干燥的结果能排出97％～99％以上的水分，有利于生物物质的长期保存。物质干燥过程是在真空条件下进行的，故不易氧化[1]。实践证明，由于部分生物制品有特殊的化学、物理、生物不稳定性，冻干技术用于对它们的加工非常适合。

生物制品（如疫苗、菌种、病毒等）和生物组织（人体、动物体的器官等）的冻干与其他物品冻干工艺不同之处在于，它们在冻干过程中除了要达到一般物品冻干的指标要求外，在冻干过程中还要求不染菌、不变性，保留其生命力，保持生命活性，所以它们是所有冻干物品中工艺要求最为严格的。

疫苗、菌种、病毒等生物制品冻干后一般要制成注射剂，因此，总是先配成液态制剂，经冻干后封存，使用时加水还原成液态，供注射用[2]。冻干生物制品注射剂是直接注射到人、畜血液循环系统中的。药剂若有污染，轻者造成感染，重者危及生命。因此，生产的各个环节都要特别注意消毒灭菌，保证产品的"无菌"要求。因此要对包括从盛装容器（安瓿、瓶塞等）到分装机、冻干箱、操作环境等所有可能与制品接触者进行灭菌消毒。

对生物组织的低温冷冻，可能引起细胞损伤，造成细胞损害的主要因素是冷冻引起的细胞内脱水，其次是机械性挤压作用。显微镜下观察红细胞在盐水和水溶液内冷冻时，可见到透明的网状冰结晶内有暗红色的红细胞聚积物。冰结晶开始呈网状，然后形成管状，最后形成一大片冰结晶。这样，细胞就可能被冰结晶挤压而受损伤。将细胞组织在冷冻过程中所受损害减低到最低限度，使细胞处于"生机暂停状态"主要的方法是应用冷冻保护剂、控制冷却速度和复温速度，以提高细胞在低温保存后的活力。

除人血浆等少数含干物质多的原料可以直接冻干外，大多数生物制品在冻干时都需要添加某种物质，制成混合液后才能进行冻干。这种物质在干燥后起支撑作用，在冻干过程中起保护作用，因此称为保护剂。有时也称填充剂、赋形剂、缓冲剂等。

　　冷冻保护剂能防止冰结晶对细胞的损害，可能是冷冻保护剂使最低共熔点降低，从而减轻或避免冷却或复温过程中冰结晶对细胞的损伤。冷冻保护剂依据其能否通过细胞膜而分为穿透性保护剂与非穿透性保护剂。穿透性保护剂，如二甲基亚砜（DMSO）的作用是：①使细胞外液溶质浓度降低，冷却时细胞摄取溶质量减少，为 DMSO 所取代；②DMSO 进入细胞内，改变细胞内的过冷状态，使细胞内蒸发压接近细胞外，从而减轻细胞内脱水和细胞皱缩的速度与程度；③减少进入细胞内的阳离子量；④由于 DMSO 容易进出细胞，在复温时很少发生渗透性细胞肿胀。此外，业已证实 DMSO 是经皮肤真皮层断面穿透至皮肤内部，尤以在 4℃下 5～15min 穿透量最多。非穿透性保护剂，如羟乙基淀粉由于不能穿透细胞膜，仅使细胞外环境保持过冷状态，在特定温度下减低细胞外溶质浓度，延缓细胞破裂；或者在冷却前使细胞内脱水，减轻细胞内结晶[3]。冻干人用生物制品活菌菌苗、冻干活毒以及冻干其他生物制品通常所用的保护剂依次见表 9-1～表 9-3。

表 9-1　冻干活菌菌苗保护剂[4]

| 冻干制品 | 保护剂 | 冻干制品 | 保护剂 |
| --- | --- | --- | --- |
| 卡介苗 | (1)味精 1.5%，明胶 0.5%<br>(2)明胶 1%，蔗糖 8%<br>(3)味精 1%，明胶 1%，蔗糖 8% | 布氏菌苗 | 蔗糖 10%，明胶 1%，硫脲 1% |
| | | 口服痢疾活菌苗 | 蔗糖 5%，明胶 1%，味精 1%，硫脲 1%，尿素 0.25% |
| | | 流脑菌苗 | 乳糖 5% |

表 9-2　冻干活毒用保护剂

| 冻干制品 | 保护剂 | 冻干制品 | 保护剂 |
| --- | --- | --- | --- |
| 流感(活)疫苗 | 蔗糖 4%～6% | 减毒活风疹疫苗 | (1)明胶水解物 5%，蔗糖 4%，精氨酸 2.5% |
| 乙型脑炎疫苗 | 谷氨酸钠 0.3%，牛血清蛋白 0.11% | | (2)精氨酸 3%，蔗糖 5%，明胶 0.2%，谷氨酸钠 0.1% |
| 减毒麻疹活疫苗 | 乳糖 5%，谷氨酸钾 0.048%，人血清蛋白 0.2% | | |

表 9-3　冻干某些生物制品用保护剂

| 冻干制品 | 保护剂 |
| --- | --- |
| 乙型肝炎表面抗原诊断血球 | 蔗糖 10%，硫柳汞 0.01%，健康马血清 0.5%，健康兔血清 0.5% |
| 结核菌素 | 明胶 1%，乳糖 5% |
| 人白细胞干扰素 | 1%～2%人血白蛋白，2%甘氨酸 |
| 三磷酸腺苷(APT)/支 | 精氨酸 6mg |
| 胸腺肽 | 0.2%胸腺肽加 3.8%甘氨酸、0.2%明胶 |

## 9.2　菌种和疫苗的冻干

　　在众多的菌种保藏方法中，冷冻真空干燥法所提供的低温、真空条件，可使所保藏的菌种保藏更长的时间。例如，王永成等人对布氏菌株的冻干进行了研究[5]，将冻干保存了 14～19 年的 11 株布氏菌株接种、培养后，对其进行观察，全部存活。另有报道称冻干保存鼠疫菌 25 年。

　　而且在冻干菌株被使用时，只需提供水分使之复水即可再生，方便实际应用。冻干菌株保藏效果也较其他方法优越。

### 9.2.1　醋酸菌菌种的冻干

　　邵伟等人研究了醋酸菌菌种的冻干[6]。将 30℃培养 2～3 天的醋酸菌斜面，分别用 3mL 的 5%、10% 和 20% 的无菌脱脂牛奶洗下，制成菌悬液，充分混匀，用无菌吸管加入无菌安瓿管中。并将它们分 2 组分别置于 -30℃ 或 -60℃ 预冻 2h，然后取出进行冷冻干燥。

　　冷冻干燥机接通电源后，在温度降至 -40℃ 时，放入装有菌体的安瓿管，开启真空泵，冻干机经过 3～5min 温度降至 -55℃，待真空表读数稳定不变后，保持 4～8h，然后，将安瓿管封口保存。将经不同方式处理的醋酸菌保藏种置于 4～10℃保藏一年后取出，用无菌生理盐水溶解制成菌悬液，稀释成不同浓度，再分别涂布于 3 个培养皿，培养 72h 观察计数，取其平均值。预冻温度对冻干菌的影响见图 9-1。

图 9-1 表明，从细胞存活数的计数统计来看，－60℃预冻的效果相对要好。这是因为菌悬液在－30℃预冻时，其温度已降到冰点以下，但结冰不够坚实，真空干燥时易使菌悬液沸腾，菌体细胞受损失较多。而在－60℃预冻时，结冰速率大且坚实，细胞损伤较少。

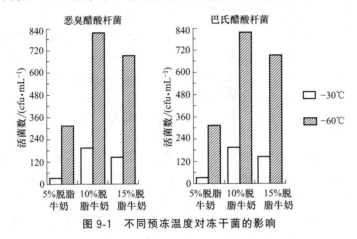

图 9-1　不同预冻温度对冻干菌的影响

图 9-2 是－60℃预冻并冻干的醋酸杆菌，经不同保藏方式，在不同保藏时间后的活菌数比较。

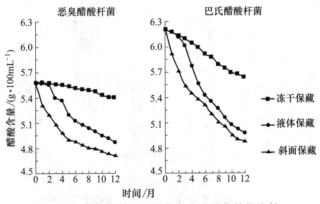

图 9-2　醋酸菌在不同保藏方式下保藏效果比较

图 9-2 表明，醋酸菌在一年的保藏期内，冻干保藏的菌种其产酸能力下降较少，基本能保持稳定，而斜面保藏和液体保藏的菌种其产酸能力下降梯度大。可见，用冷冻干燥法保藏的醋酸菌在保持产酸能力方面有明显的优势。

### 9.2.2　乳酸菌菌种的冻干

能从葡萄糖或乳糖的发酵过程中产生乳酸的细菌统称为乳酸菌，共有 200 多种。目前已被国内外生物学家所证实，肠内乳酸菌与健康长寿有着非常密切的直接关系。乳酸菌种在酸奶生产中是非常关键的物质，可以利用乳酸菌提高酿造和发酵食品的风味。乳酸菌冻干是将菌种速冻，然后在真空条件下升华，可以保持菌种的稳定结构和营养。冻干后，菌种酶化作用减弱，生物活性不变，常温下可贮存 3～5 年。加水后极易复原，复水率达 90% 以上。冷冻真空干燥乳酸菌发酵剂，具有活力强、用量少、污染低、品种多、方便储运等特点，已在欧美等发达国家得到广泛应用。

影响乳酸菌冻干效果的因素包括菌株、细胞大小形状、初始细胞浓度、降温速率、pH 值、保护剂、预冻温度、干燥条件、复水条件等，其中冻干保护剂系统的影响较突出。研究表明，乳酸菌冻干前加入适当的保护剂，可影响乳酸菌在冻干过程中的细胞存活率和保藏期间的细胞稳定性。乳酸菌冻干保护剂的保护效果与其化学结构有着密切的关系，其特征是具备三个以上的氢键，而且具有以适当方式存在的游离基团。

### 9.2.2.1 预冻方式对乳酸菌菌种冻干的影响

朱东升研究了预冻方式对冻干乳酸菌菌种活菌数的影响[7]。实验中分别研究了嗜酸乳杆菌、保加利亚乳杆菌和嗜热链球菌采用慢冻和液氮快冻后，冻干菌种活菌数与预冻方式的关系。具体实验方案为：将菌悬液盛入冷冻平皿中，将其先置 4℃ 冰箱平衡 30min 后，移入 −30℃ 冰箱 60min，然后置 −80℃ 冰箱 60min，进行普通预冻，再在冷冻真空干燥机上冷冻干燥 12h，密封保存于 4℃ 冰箱中。其余菌悬液先置于冰箱保存 30min 后，用 5mL、1mL、200μL、100μL 枪头滴定于盛有液氮的冷冻平皿中 10min，再在冷冻真空干燥机上冷冻干燥 12h，密封保存于 4℃ 冰箱中。实验设计冷冻真空干燥条件为：冻干室温度为 −60～70℃，压力为 6MPa。

研究结果表明，三种菌种用液氮快冻都比普通慢冻存活率高，如图 9-3 所示。分析原因为，液氮预冻的速度比普通预冻的速度快很多，这样可以使细胞内部的水渗出到细胞外面，而水在细胞内部凝结正是细胞死亡的致命原因。此外，同样是用液氮快冻，菌种液滴大小不同，其活菌数也不同，液滴小者活菌数高。当一定体积的菌液，由不同大小的液滴进行滴定，随总表面积增大，其存活率也增大。因为单位体积的菌液，其总表面积增大以后，水分的渗出速度也加快，所以存活率可以提高。

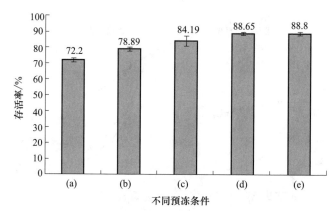

**图 9-3 不同预冻条件对嗜酸乳杆菌存活率的影响**

（a）普通预冻；（b）用 5mL 枪头滴定后液氮预冻；（c）用 1mL 枪头滴定后液氮预冻；
（d）用 200μL 枪头滴定后液氮预冻；（e）用 100μL 枪头滴定后液氮预冻

### 9.2.2.2 冷冻干燥保护剂对乳杆菌冻干的影响

刘丹等研究了瑞士乳杆菌的冻干[8]。将经过脱脂乳活化、培养基扩培并离心收集的瑞士乳杆菌菌泥与配制好的保护剂按 1∶1 的比例混合，确定冻干前的活菌数后，注入冻干管中。冻干管在 −75℃ 预冻 2h，然后在 60～120Pa 下冷冻干燥 32h，干燥后取出在 4℃ 下保藏。用无菌生理盐水使冻干菌复水，确定冻干后活菌数，计算活菌率。实验研究中分别使用了单一保护剂和复合保护剂，实验结果列于表 9-4 和表 9-5。

表 9-4 的数据表明，与对照组相比，加入保护剂后乳酸菌的存活率均有不同程度的提高，可见所选保护剂对乳酸菌都有一定的保护作用。其中以海藻糖的效果最为显著。与其他糖类相比，海藻糖的玻璃化相变温度高，更容易以玻璃态存在，对生物材料的稳定有很重要的意义。另外，生物体中的大分子均处于一层水膜包围保护中，这层水膜是维持其结构和功能必不可少的物质。

干燥时水膜被除去，可导致这些大分子物质发生不可逆转的变化。若有海藻糖做保护剂，海藻糖可在生物分子的失水部位与这些分子形成氢键，使其在缺水条件下仍能保持其原有结构，保持活性。表 9-5 中的数据表明，与单一保护剂相比，使用复合保护剂冻干乳酸菌存活率更高。实验数据还表明，保护剂中海藻糖的在 10.4% 左右时效果更好，海藻糖浓度过高可能会抑制菌的生长。经过优化，最佳的复合保护剂配比为 10.4% 海藻糖、11.2% 脱脂乳和 4% 谷氨酸钠。

表 9-4　单一保护剂对瑞士乳杆菌冻干存活率的影响

| 冻干保护剂 | 添加量/% | 冷冻干燥前活菌数/($\times 10^{10}$CFU/mL) | 冷冻干燥后活菌数/($\times 10^{10}$CFU/mL) | 存活率/% |
|---|---|---|---|---|
| 蒸馏水 | 0 | 160 | 2 | 1.2 |
| 蔗糖 | 5 | 160 | 16 | 10.0 |
| 蔗糖 | 10 | 160 | 25 | 15.6 |
| 蔗糖 | 20 | 160 | 20 | 12.5 |
| 乳糖 | 5 | 160 | 14 | 8.7 |
| 乳糖 | 10 | 160 | 30 | 18.7 |
| 乳糖 | 20 | 160 | 21 | 13.1 |
| 异麦芽糖浆 | 5 | 160 | 27 | 16.9 |
| 海藻糖 | 10 | 160 | 78 | 48.7 |
| 谷氨酸钠 | 5 | 160 | 47 | 29.4 |
| 大豆蛋白胨 | 10 | 160 | 37 | 23.1 |
| 脱脂奶粉 | 10 | 160 | 52 | 32.5 |
| 甘油 | 1 | 160 | 15 | 9.4 |
| 维生素 C | 0.02 | 60 | 17 | 10.6 |

表 9-5　复合保护剂对瑞士乳杆菌存活率的影响

| 实验号 | 海藻糖/% | 谷氨酸钠/% | 脱脂乳/% | 存活率/% |
|---|---|---|---|---|
| 1 | 8.000 | 4.400 | 9.600 | 67.4 |
| 2 | 8.800 | 5.200 | 12.00 | 71.2 |
| 3 | 9.600 | 6.000 | 8.800 | 76.5 |
| 4 | 10.40 | 4.000 | 11.20 | 86.7 |
| 5 | 11.20 | 4.800 | 8.000 | 74.4 |
| 6 | 12.00 | 5.600 | 10.40 | 66.0 |

### 9.2.3　冰核菌种冻干

20 世纪 90 年代初，朱红等发表了冰核菌种冻干的研究[9]。冰核细菌大量附生于植物表面，并在 $-2 \sim -5$℃ 以下具有很强的冰核作用，在人工降雨降雪、人工制冰和生物免疫学检测方法中有很高的应用价值。朱红等人对冰核菌种的 5 种保存方法进行了比较研究。其中 IHM4 菌株的实验结果列于表 9-6。

表 9-6　各种保存方法保存 3 年后 IHM4 菌种存活力和冰核活性比较

| 保存方法 | 保存温度/℃ | | | | | |
|---|---|---|---|---|---|---|
| | $-20$ | | | 4 | | |
| | 存活力 | 冰核活性($-3$℃) | | 存活力 | 冰核活性($-3$℃) | |
| | | $5 \times 10^8$(细菌 mL$^{-1}$) | $5 \times 10^6$(细菌 mL$^{-1}$) | | $5 \times 10^8$(细菌 mL$^{-1}$) | $5 \times 10^6$(细菌 mL$^{-1}$) |
| 冷冻干燥 | +++ | ++++ | ++++ | ++ | ++++ | ++++ |
| 10%甘油保存 | + | ++++ | + | — | — | — |
| 灭菌水保存 | +++ | ++++ | +++ | +++ | ++++ | + |
| 石蜡油覆盖 | — | — | + | ++++ | + |
| NAG 斜面保存 | — | — | + | ++++ | + |

表 9-6 数据表明，对于 IHM4 冰核菌种，考虑存活力和冰核活力两个因素，冷冻干燥保存与灭菌水保存效果相当。但冻干后更方便与储运，而灭菌水保存更为经济。该项研究没有给出具体的冻干工艺参数。

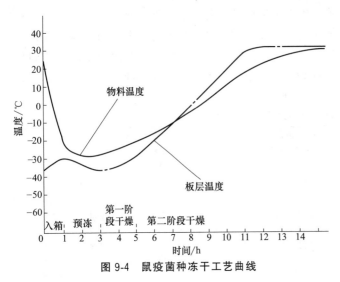

图 9-4　鼠疫菌种冻干工艺曲线

### 9.2.4　鼠疫菌种冻干

为长期有效保存鼠疫菌种，使其不失原有的生物学特性，郑星铭等早在 1997 年就进行了鼠疫菌种的冻干研究[10]，给出冻干工艺。活化的菌种接种于溶血赫氏琼脂斜面，28℃培养40h。将培养后的菌种研磨分散于 1.5mL 灭菌脱脂牛乳中，再分装在 10 支安瓿中，每支约 0.2mL、3～4mm 高。为确保鼠疫菌种不被抽出，防止污染环境，每支安瓿的管口用灭菌脱脂棉松塞。将安瓿竖立在专用铝盒内，送入已经降温至 −30℃的冻干箱内预冻。预冻 1h 后，继续降温至 2h 后达 −55℃。开启真空泵，升华干燥。干燥后加热升温至30℃，维持4～6h。工艺曲线见图9-4。菌种冻干后，放入带有吸湿剂的干燥罐内，抽真空后封口保存。郑星铭的研究报告中强调，冻结温度要低于牛乳的共晶点（−16℃）5～10℃，保证冻实。降温速率为 10～15℃/h。第一干燥阶段除去90%以上的水分。第二干燥阶段除去结合水，温度相对要高，但不可高于30℃，以免影响制品的稳定性和活性。

### 9.2.5　麻疹病毒冻干

麻疹病毒在液态下不稳定。多年的研究表明，麻疹病毒加入保护剂冻干后，稳定性明显改善。徐斌等通过正交实验研究了麻疹减毒活疫苗的冻干工艺[11]。首先用电阻法测定麻疹减毒活疫苗的共晶点温度为 −26℃。设计的正交实验因素水平见表 9-7。

实验研究中每次分装 1800 支、0.6mL/支麻疹减毒活疫苗进行冻干实验，然后对冻干制品进行水分、滴度、热稳定性检测，并计算干损率。实验研究的结果表明，优化的麻疹减毒活疫苗冻干工艺参数列于表 9-8。以优化的麻疹减毒活疫苗冻干工艺冻干的制品成型良好，干损率平均为1.36%，稳定性好，残余水分在 1.62%～1.67% 之间。优化的麻疹减毒活疫苗冻干工艺适合麻疹疫苗大规模生产。

表 9-7　麻疹病毒冻干正交实验因素水平表

| 因　　素 | 水　　平 | |
| --- | --- | --- |
| | 1 | 2 |
| A(预冻过程1) | 5～−25℃、0.5h | 5～−30℃、1h |
| B(预冻过程2) | −25～−40℃、1/60h | −30～−40℃、0.5h |
| C(预冻过程3) | −40℃、2.5h | −40℃、3h |
| D(升华干燥过程1) | −40～−20℃、1.5h、(0.16±0.02)mbar | −40～10℃、1.5h、(0.18±0.02)mbar |
| E(升华干燥过程2) | −20℃、8h、(0.16±0.02)mbar | 10℃、6h、(0.18±0.02)mbar |
| F(升华干燥过程3) | −20～30℃、5h、(0.16±0.02)mbar | 10～30℃、2h、(0.18±0.02)mbar |
| G(解析干燥过程) | 30℃、4h、0.015mbar | 30℃、6h、0.005mbar |

注：升华干燥 $E_2$ 过程，制品的温度始终控制在31℃以下。

表 9-8　麻疹减毒活疫苗的优化冻干工艺参数

| 冻干过程工艺参数 | 阶段 | 真空度/mbar | 温度/℃ | 时间/h | 温变速率/(℃/min) |
| --- | --- | --- | --- | --- | --- |
| 预冻 | 1 | | 5～−25 | 0.5 | |
| | 2 | | −25～−40 | 2.5 | >1 |
| | 3 | | −40 | 3 | |
| 升华干燥 | 1 | | −40～−20 | 1.5 | |
| | 2 | 0.16 | −20 | 8 | |
| | 3 | | −20～30 | 5 | |
| 解析干燥 | | 0.005 | 30 | 6 | |

### 9.2.6 猪丹毒疫苗冻干

猪丹毒疫苗主要用于生猪生产中防疫。早在 20 世纪 50 年代，就有兽医药企业对猪丹毒疫苗的冻干进行了生产试验，给出了冻干工艺。之后又不断对猪丹毒疫苗的冻干工艺进行改进。南京兽医生物药品厂在 70 年代给出的冻干工艺为：−35℃ 开始升华，1.5h 升至 35℃ 保持 14.5h，20mL 瓶装 7.5mL，干后菌存活率高达 89.8%。制品共融点在 −12℃ 左右，升华干燥 7h 后结束，疫苗温度约 −12℃。苗内大部分水分在 −10℃ 以下排除。14h 后苗温和箱温接近一致，冻干曲线如图 9-5 所示。升华干燥期间，苗温与箱温有很大温差（约 55℃），是制品在低温升华过程中排除大量的汽化热所致。解析干燥期间，供热主要用于排除菌苗中所含的少量水分，这一阶段供应相当多的热量，仅能排除有限的水分，是因为细胞内水分比细胞间的水分较难排除。研究表明，供热速度和温度的适应比装量多少、升华时间的长短具有更重要的意义。

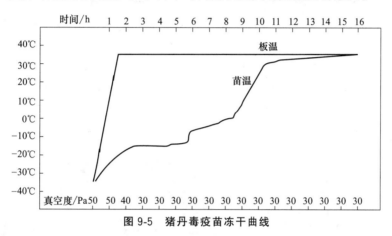

图 9-5　猪丹毒疫苗冻干曲线

### 9.2.7 猫泛白细胞减少症疫苗和"犬四联"弱毒疫苗冻干

猫泛白细胞减少症是猫细小病毒引起的猫的一种急性、致死性传染病，乳发病猫死亡率最高，目前尚无特效治疗药物，需靠疫苗预防。李六金等人研究了冻干猫泛白细胞减少症弱毒疫苗的冻干工艺[12]。将疫苗按表 9-9 配方配制，经 100℃ 恒温处理 10min，冷却到 4～8℃，分装 1mL/瓶，然后进行冻干。冻干工艺如图 9-6 所示。

表 9-9　猫瘟疫苗配方

| 成分 | 脱脂奶粉 | 三馏水 | 蔗糖 | 山梨醇 | 明胶 | 维生素 C | 谷氨酸钠 | 甘草酚钠 | 两性霉素 | $K_2HPO_4$ | $KH_2PO_4$ |
|------|---------|--------|------|--------|------|---------|---------|---------|---------|-----------|-----------|
| 含量/% | 10 | 80 | 5 | 5 | 0.2 | 0.5 | 0.106 | 0.2 | 0.0625 | 0.1315 | 0.0448 |

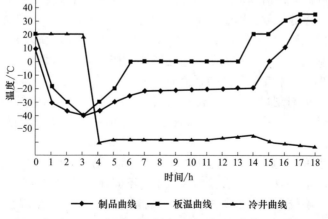

图 9-6　猫泛白细胞弱毒疫苗冻干工艺曲线

通过上述工艺制备的猫泛白细胞减少症弱毒疫苗产品，为乳白色海绵状疏松团块，易于脱壁，残余含水量为 3.0％～3.2％。加稀释液后迅速溶解，溶解后呈淡粉红色液体。经检测对比，冻干前后配苗毒液效价大致相同。肌肉注射给小白鼠和幼猫进行安全检验，结果被试动物全部键活。

冻干技术也可以用做混合疫苗的制备。李六金等人还研究了"犬四联"弱毒疫苗的冻干[13]。犬四联疫苗的配制按表 9-10 配方完成。

表 9-10　犬四联疫苗四种弱毒培养物的配比

| 病毒液名称 | $TCID_{50}$/mL | HA/0.025mL | 配比量/1mL |
| --- | --- | --- | --- |
| 犬瘟热 | $10^{-5.5}$ | 4 | 0.4 |
| 犬细小 | $10^{-6.0}$ | 512 | 0.2 |
| 犬腺病毒 | $10^{-6.0}$ | 1024 | 0.2 |
| 犬副流感 | $10^{-6.0}$ | 4 | 0.2 |

毒液配制好后，与稳定剂按 1∶1 比例混合并分装成 2mL/瓶。分装后的疫苗在 LGJ 型医用冷冻干燥机中冻干。

产品进箱后让冻干箱降温慢冻。预冻的最低温度−40℃，到达预定的−40℃后再保持 1.5h。预冻结束减压，并在 30min 左右使真空度达到 10Pa，直至冻干结束为止。当真空度达到 10Pa 之后开始加热。总的冻干时间为 20h。冻干曲线见图 9-7。

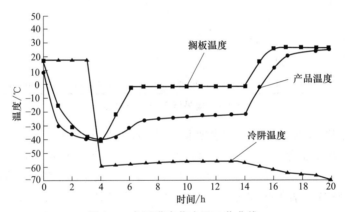

图 9-7　犬四联疫苗冻干工艺曲线

冻干后的犬四联疫苗产品呈微黄白色海绵状疏松团块，易与瓶壁脱离。加稀释液后迅速溶解成粉红色澄清液体。经检测，冻干后疫苗效价滴度比冻干前降低约 0.5～1.0 个滴度，属于正常范围。

### 9.2.8　甲型肝炎减毒活疫苗的冻干

液体剂型的甲型肝炎减毒活疫苗在市场上已经应用多年，并取得了较好的免疫保护效果，但疫苗需低温冻结保存，冷链运输。冻干的甲肝减毒疫苗，可方便于储运和使用。李光谱等研究了甲型肝炎减毒活疫苗的冻干[14]。甲型肝炎病毒 L-A-1 株第 23 代，在人胚肺二倍体细胞 ZBS 株上大量培养后，分别制成纯化苗（经冻融、高速离心、PEG6000 浓缩、氯仿抽提、Sephacryl S-400 柱色谱等提纯，PBS 缓冲液稀释，加适宜保护剂制成冻干疫苗）和未纯化苗（经冻融、超声、过滤等，加适宜保护剂制成冻干疫苗）。疫苗在 ALPHA I-6 冻干机中冻干。−50℃预冻，−50～30℃抽真空干燥 6h，−30～−20℃抽真空干燥 9h，−20～−5℃抽真空干燥 5h，−5～28℃抽真空干燥 10h。

甲型肝炎病毒属小 RNA 病毒，无脂蛋白包膜，一般不耐受冷冻干燥，解决无脂蛋白病毒冷冻干燥的问题需加入冻干保护剂。从实验结果看出，不同保护剂配方对冻干甲型肝炎减毒活疫苗冻干前后的病毒滴度影响较大，以山梨醇、蔗糖、脂肪酸盐（3％山梨醇、2％蔗糖、1％脂肪酸盐）配方为主的保护剂，保护效果最好，冻干前后疫苗病毒滴度下降均在 1.0 以内，放置 37℃ 1

周下降 0.5 以内，符合规程要求。

未纯化疫苗中可能含有各种破坏性的酶（蛋白酶、脂肪酶等），冻干后 37℃ 放置 1 周可能有一部分酶被激活，对病毒外壳结构和核酸 RNA 有破坏作用，纯化后无酶的影响，热稳定性较好。

## 9.3 皮肤的冻干

冻干皮肤在医学上的临床应用研究始于 20 世纪 50 年代。动物皮肤的冻干目的是用于对药物经皮肤渗透性的研究。由于透皮吸收给药新型的问世，药物经皮渗透性的研究正成为开发这类新型筛选药物的重要手段，由于大量长时间动物皮的需求，实际应用时常将待用皮放在冰箱里，可保存 1 周左右。时间再长，不但影响药理实验的稳定性，而且皮肤将变质。为增长皮肤保存期，可将动物皮肤冻干保存；人类皮肤冻干的目的是用于再植，为烧伤或外伤皮肤的病人植皮。

### 9.3.1 大鼠皮肤冻干工艺及药物渗透性实验

东北大学的郑文利博士早在 20 世纪末就进行了大鼠皮肤冻干的实验研究[15,16]。取活大鼠脱颈处死后，立即用电动去毛刀去其腹部鼠毛，剥离皮肤，除去皮下脂肪层、血管及残留物，用蒸馏水冲洗干净，制成不同尺寸的皮片，再用生理盐水冲洗数次备用。将制备好的大鼠皮放在速率降温仪中，以 $-5℃/min$、$-15℃/min$、$-30℃/min$ 三种不同速率降温至 $-30℃$。将三种不同降温速率预冻的大鼠皮，分别放入小型冻干机中抽真空，30min 后压力稳定在 120Pa，不主动加热，连续干燥 34h 后关机，充氮气后取出，用无菌塑料袋封装后，放在干燥器内保存。

将以不同预冻速率冻干的大鼠皮肤，经 10% 福尔马林固定，石蜡包埋制片，进行病理切片，切片厚度 4~5μm，HE 染色，再显微镜观察。新鲜大鼠皮组织切片如图 9-8 所示，以 5℃/min 速率预冻并冻干大鼠皮组织切片如图 9-9 所示。从图中可以看出冻干皮组织与新鲜皮组织相本相同，未见细胞破裂、上皮脱离、组织褶皱、细胞变性和细胞间隙增宽等异常，说明冻干皮组织结构未发生变化。其他速率预冻并冻干后的结果基本一致。

冻干大鼠皮角质细胞间隙脂流动性的电子自旋共振（ESR）测定：选用 5-噁唑氮氧自由基硬质酸（5-DSA）作为自旋转标记物，将新鲜的和三种不同预冻速率的冻干大鼠皮角质层样品泡在浓度为 $1 \times 10^{-4}$ mol/L 的 5-DSA 缓冲液（pH＝7.4）中 12h，保温 20℃，然后取出淋洗干净，37℃ 烘箱干燥 1h，分别放进电子自旋共振波谱仪样品管内，再置于腔中。ESR 测定条件：扫描宽度 200G，接收增益 $3.2 \times 10^4$，时间常数 20.48ms，微波功率 5.02mW，扫描时间 83.888s，调制频率 25.000kHz，调制幅度 0.947G。经 ESR 波谱分析得知，三种不同冻结速率预冻的冻干大鼠皮与新鲜大鼠皮各系数相比无显著差异，说明冻干大鼠皮肤未引起表皮细胞间脂质结构的变化，大鼠表皮角质细胞间脂质排列的有序性没有改变，流动性没有增加。

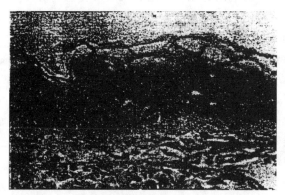

图 9-8 新鲜大鼠皮肤组织切片（HE×200）

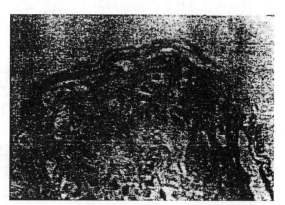

图 9-9 以 5℃/min 预冻速率冻干大鼠皮组织切片（HE×200）

实验采用尼莫地平为模型药物（一种脑血管扩张药），选用预冻速率为 15℃/min 的冻干大鼠皮和新鲜大鼠皮做药物渗透性实验，考察其组织结构有无变化。实验采用装置为 Valia-chien 水平扩散池。它是由两个等容积的玻璃半池组成，半池内径为 1.35cm，有效扩散面积为 1.43cm²，容积为 10mL。半池上方开口为取样口，池底有凹陷平台，起到固定搅拌的作用。实验时将皮肤固定在扩散池的两个半池之间，角质层面向供体池。水化 1h 后，供体池加入 10mL 尼莫地平的 30％丙二醇水过饱和溶液，接受池中加入 10mL 的 30％丙二醇水，置于 32℃温水浴中，磁力搅拌，定时取样并更换全部接收介质。样品经微孔滤膜（0.45nm）过滤，续滤液，样品进入高效液相测定。尼莫地平外含量测定采用高效液相色谱法紫外检测。色谱条件：色谱柱 Spherisorb 46mm×25cm，检测波长 237nm，流动相是甲醇/水（64/36），流速为 1.1mL/min，进样量 10μL。实验结果如表 9-11 所示。

表 9-11　正常皮肤和冻干皮肤对尼莫地平渗透量比较

| 样　品 | 不同时间尼莫地平渗透量(高效液相峰面积)/(mg/cm²) | | |
| --- | --- | --- | --- |
| | 9h | 10h | 12h |
| 新鲜皮肤 | 1215±570 | 1413±654 | 1818±908 |
| 冻干皮肤 | 1387±620 | 1518±756 | 2252±1024 |

表 9-11 中的数据表明，在渗透 9h、10h、12h 时，冻干皮肤与正常皮肤对药物尼莫地平的渗透量无显著性差异。可见，冻干的大鼠皮肤能够满足药理的实验要求，可用做透皮制剂的实验研究，可以长期贮存备用。

### 9.3.2　大鼠皮肤吹干与冻干比较研究

10 年后，西北大学的杨维[17]也进行了大鼠皮肤的冷冻干燥实验。他首先重点研究了浓度、孵育时间、孵育温度对大鼠皮肤冻干保护剂海藻糖负载量的影响。实验结果表明，大鼠皮肤对海藻糖的载入量的优化条件为：海藻糖浓度 800mmol/L，孵育温度 37℃，孵育时间为 7h。之后，皮肤组织分别进行冻干和吹干。

（1）冻干　皮肤组织在 37℃加载海藻糖，4℃加载 DMSO，将负载了海藻糖和 DMSO 的皮肤块放入冻存管内，冻存管放入程序冻存盒，置于−80℃冰箱冷冻。12h 后将冷冻的皮肤组织连同冻存管转入预冷的冻干机，去掉冻存管盖子。冷冻干燥机运行状态参数为：冷阱中温度−45℃，冷阱上方温度 0℃左右，真空度 10Pa，冻干时间设置 30h。先将皮肤样品置于冷阱中冻干 24h，然后在冷阱上方冻干 6h。先在冷阱中冻干是为了防止皮肤组织中固态的水分回融再结晶对组织产生冰晶损伤，组织中大部分游离水升华后转冷阱上方冻干，此时温度稍高可以进一步除去组织内部水分。

（2）吹干　皮肤组织在 37℃、800mmol/L 海藻糖培养液中孵育 7h 加载海藻糖，负载了海藻糖的皮肤用滤纸拭去表面残留液体，表皮朝下平展于玻璃培养皿中，培养皿敞口置于生物安全柜（打开送风开关）吹干。大鼠皮肤的吹干时间设置为 20～30h 可以将皮肤中水分去除较彻底，玻璃化状态良好。

经检测得知，刚冻干皮肤活性比刚吹干皮肤活性高 1/3，保存时间延长到 28d，冻干组皮肤活性与刚吹干组相当。冻干过程中，皮肤组织内水分先在 DMSO 保护下逐渐冻结，放入冻干机后固态水升华，由于海藻糖取代水分子的作用，干燥过程组织形态结构和活性不会发生变化，但在吹干过程中皮肤组织内水分由液态直接蒸发，原来包绕在细胞外的水膜以及和蛋白质等生物大分子结合的水分子可能还未完全被海藻糖取代就已蒸发。上述原因可能导致未保存的冻干皮肤活性高于吹干皮肤。干燥保存的皮肤活性开始降低速率较快，降到一定程度后降低速率减慢，所以保存一周后冻干组和吹干组皮肤活性没有统计学差异。

干燥保存的皮肤置于饱和湿度的恒温培养箱 37℃预水化 15min 后，皮肤依次用含

800mmol/Lm和 400mmol/Lm 海藻糖的 DMEM 培养液室温下孵育 15min，用不含海藻糖的无血清 DMEM 培养液漂洗 3 次以上，清除皮肤组织中残留的 DMSO 和海藻糖，最后转入无海藻糖的 DMEM 培养液中孵育 2h，进行形态观察。如图 9-10 所示。

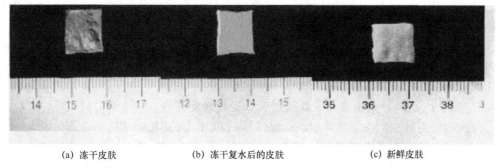

(a) 冻干皮肤　　　　　　　(b) 冻干复水后的皮肤　　　　　　(c) 新鲜皮肤

图 9-10　皮肤形态

冻干皮肤玻璃化状态良好，呈半透明状。复水后能够恢复到新鲜皮肤的大小和色泽。冻干皮肤角质层局部受损，而组织结构和细胞形态与新鲜皮肤组织没有差异。将冻干后复水的皮肤移植回自体大鼠，可存活 13d。

自体移植后冻干组皮肤存活时间较吹干组长，可能是由于吹干过程对皮肤组织产生的损伤较大。冻干组皮肤在 6d 皮下出现血红色区域可能是自体动物在移植皮下发生血管化，但后来有两处变成暗红色，而其他区域血红色减弱消失可能是血管化失败，而吹干组未出现血红色，可能根本就没有发生血管化。

通过 HE 染色和透射电镜对比分析新鲜皮肤和干燥皮肤组织结构和细胞结构。HE 染色结果显示干燥保存过程没有明显改变皮肤组织结构，也未影响皮肤组织的结构完整性。透射电镜结果说明干燥皮肤具有与新鲜皮肤无差别的细胞结构和胞外胶原结构，同时可观察到干燥皮肤细胞中结构正常的线粒体和平滑的核膜等细胞器。结构学观察结果证明干燥保存未对皮肤组织结构和细胞结构产生明显影响。

通过荧光标记和 MTT 活性分析研究干燥过程对皮肤活性影响。荧光标记结果表明，除毛囊处明显受损外冻干皮肤组织大部分区域在水化后能恢复活性。MTT 活性分析结果显示冻干和吹干皮肤仍能分别保持 58% 和 48% 的活性。

## 9.4　骨骼和骨髓干细胞的冻干

骨病和创伤引起的骨缺损或功能障碍是危害人类健康的主要原因之一[18]。骨组织工程的提出、建立和发展为从根本上解决骨缺损的修复、结构以及功能重建提供了新的途径，但目前的组织工程骨构建需要较长的时间且保存条件苛刻，不能达到"随取随用"的最终要求。1942 年古巴医生 Inclan 提出骨库概念，1950 年美国首先在马里兰州建立海军组织库。骨库的建立使临床异体骨移植成为可能。

### 9.4.1　冻干骨的生物性能

早期保存异体骨的方法主要是冷冻和冻干处理，而冻干骨更被看好，来源包括肋骨、髂骨、下颌骨。这一点在后来 Malinin 等的动物实验得到了证实。他们以 9 只狒狒为实验对象，将冷冻骨与冻干骨分别植于动物胫骨近端对称部位并做了组织学观察，结果发现冻干骨不仅可以诱导成骨，且成骨速度优于冷冻骨。Sewell 等分别在猴子下颌骨下缘两侧造成 17mm×5mm 的缺损，结果一侧接受异体冻干骨移植的 6 只猴子其下颌骨块处均获得愈合。Pike 和 Boyne 采用大段冻干骨和自体骨髓复合进行了狗和猴子下颌骨重建，证明异体冻干骨易于被宿主接受，但是 6 例实验中有 2 例与口腔穿通将自体骨冻干后植入狗的节段性骨缺损获得了成功，结果经统计学分析显示自体骨冻干前后的孔隙率、植入骨与宿主骨的愈合时间、新骨骨痂形成量、成骨后的力学强度等均无显著差异。

1990 年后，大段同种冻干异体骨移植研究继续发展，国内外众多学者分别进行了冷冻骨移植的临床实践，但整体来说大段异体骨移植还面临动物实验过少、临床工作不系统的问题，目前自体骨移植在矫形外科依然占据绝对主导地位。同时，随着骨库的蓬勃发展，以 Stevenson、Enneking 等为代表的一批学者做了大量基础和临床研究，大段同种异体骨移植在骨科得到了广泛和成功的应用。1993 年 Ellis 等采用冻干异体骨结合自体松质骨进行了 10 例下颌骨重建，随访 3.5 年 8 例获得成功，2 人出现并发症经过手术处理恢复良好。

通过对西南医院数百例冻干异体脱钙骨基质（FDBM）使用患者的随访观察，使用冷冻和冻干处理三个月以上的异体骨降低了原本的免疫活性，虽有抗原残留但可以忽略其不良作用。自 1965 年 Urist 率先研究同种异体冻干骨的成骨功能以来，冻干脱钙骨基质（FDBM）在临床应用逐渐广泛。FDBM 有良好的孔隙率及孔隙间连通率，同时还保留了一定的骨诱导能力，其表面拥有矿物沉淀的位点，能与启动和控制矿化的非胶原基质蛋白结合，因此还能促进矿物质的沉淀，促进骨生成。FDBM 是应用特殊工艺制备的生物骨替代材料，由于精细的骨小梁结构和内部孔隙被保存下来，同传统骨替代材料羟基磷灰石等相比具有较好的生物活性，近年被引入国内并很快应用于种植外科。Iwata 等总结了 FDBM 的优点：保留部分骨诱导成分，能常温贮存而基本不变质，可快速降解并被宿主骨替代，能长距离发挥骨传导作用。

我国解放军总医院口腔颌面外科许亦权等人的研究表明[19]，冷冻干燥骨具有骨抗原性更低、保存条件宽松的优点，是骨库另一常用异体骨保存方法。但有人提出冷冻干燥处理将异体骨中的水分在短时间内降低到 6％以下，造成骨胶原纤维发生微小裂隙，因此可以导致力学性能降低，也有人认为使用之前充分水化可以改善这一缺点。目前冷冻干燥法较多用于处理松质骨块，四肢大段承重部位骨不进行冷冻干燥处理，关于皮质骨接受冷冻干燥处理后力学性能特点的报道较少。许亦权的研究中采用的冷冻干燥骨试件测试前经过了 6h 水化，结果发现：与新鲜组相比，冷冻干燥组在抗压缩测试中最大载荷、最大位移降低，刚度升高，但是配对检验均无显著性意义，方差分析最大位移显著降低；在抗弯曲测试中冷冻干燥组的最大载荷降低 30％，刚度升高 41％，统计学差异显著。这一结果与冷冻组表现出的特点相似，统计结果也显示冷冻干燥组与冷冻组相比最大载荷、最大位移和刚度均无显著性差异。这说明经过冷冻干燥处理的犬下颌骨硬而脆，抗弯曲能力下降比抗压缩能力下降明显。像冷冻组一样，经过水化的冷冻干燥犬下颌骨仍然可以保持良好的外形并能提供较好的支持能力。

侯天勇进行了冻干组织工程骨（FTEB）与组织工程骨（TEB）活性比较研究[20]。取志愿者捐献的骨髓和骨组织分别培养（hBMSCs）和制备脱钙骨基质（DBM），取第 3 代 hBMSCs 与 DBM 复合构建 TEB，分别于体外孵育 3d、5d、7d、9d、12d、15d 经过低温干燥后得到冻干组织工程骨。将 FTEB、TEB 和 DBM 分别移植于 30 只 6 周龄 BALB/C 裸鼠皮下进行异位成骨实验。移植术后 4 周各种移植物未见明显钙化；术后 8 周、12 周，TEB 和 FTEB 移植裸鼠皮下可以实现较好的异位成骨。通过 X 线片评分、CT 值比较移植物钙化程度，TEB 和 FTEB 差异无统计学意义，而 DBM 未见明显钙化。HE 染色显示 TEB 和 FTEB 出现钙化，DBM 降解吸收。可见，FTEB 与 TEB 具有相似的成骨活性。

### 9.4.2 人体骨髓基质干细胞的冻干

骨髓中含有两类组织成分：造血干细胞及其分化的子代细胞和结缔组织（被称为基质）。在基质中有一种独立的细胞系-基质干细胞（MSCs）。它是一种成纤维细胞样的梭型贴壁细胞，与造血干细胞一样具有多分化潜能，因而日益受到人们的关注。在特定的条件下，骨髓基质干细胞可以分化形成成骨细胞、软骨细胞、成肌细胞和神经细胞。MSCs 易于获得、特性稳定，是组织工程中理想的种子细胞，有很好的应用前景。它的广泛应用使其保存问题备受关注。目前，多采用－196℃的深低温保存。杨鹏飞等人进行了人体骨髓基质干细胞冷冻干燥实验研究[21]。实验应用 Advantage 冷冻干燥机对加有保护剂的骨髓基质干细胞溶液进行冷冻干燥。在预冻结过程将其冻结到－40℃，时间为 1.5h。随后对样品进行干燥，整个冻干过程持续时间为 44h，冻干曲线如图 9-11 所示。

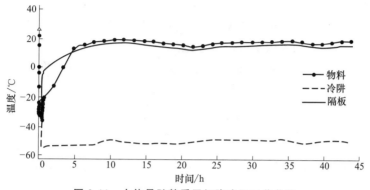

图 9-11　人体骨髓基质干细胞冻干工艺曲线

保护剂的组成、浓度、玻璃化转变温度以及冻干过程各因素都对细胞的存活率有影响。在实验条件下，30％聚乙烯吡咯烷酮＋20％海藻糖对细胞的保护效果较好，细胞成活率达到 16.40％，表明探索骨髓基质干细胞的冷冻干燥是有希望的。

## 9.5　动物眼角膜的冻干

理想的角膜保存方法要满足技术简单、最大限度地保持角膜组织的活性、保持生理状态下角膜厚度和结构、有利于手术操作等要求。现有的角膜保存技术中，除了最有代表性的 4℃湿房短期保存法外，还有受者血清保存法、器官培养保存法、甘油冷冻保存法、深低温冷冻保存法和无水氯化钙干燥保存法，这些方法都没能满足上述理想保存方法的要求。角膜冷冻真空干燥的目的是保持其活性，便于较长时间的贮存，使需求者能及时得到活性角膜，以便再植。

### 9.5.1　眼角膜的冻干工艺流程

冻干角膜保持活性的关键是冻干工艺，角膜的冻干工艺是一个复杂的过程，如图 9-12 所示。影响冻干效果的因素很多，如保护剂的配制、角膜的冷平衡、梯度降温、冻干室内压力变化、温度变化，冻干角膜复水等。东北大学的王德喜博士对角膜的冻干进行了系列研究[22]。研究中使用的是中国医科大学临床医院动物室提供的大耳白家兔，体重为 2～3kg。

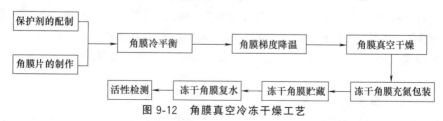

图 9-12　角膜真空冷冻干燥工艺

### 9.5.2　眼角膜冻结过程中的冷平衡

角膜在梯度降温过程中，要经受－150℃以下的低温损伤，在干燥过程中，要经受干燥应力的损伤，在没有保护剂保护情况下，经历如此损伤，角膜细胞很难保持活性。合理的选择和配制保护剂对角膜的保存至关重要。实验研究表明角膜由蔗糖、二甲基亚砜（DMSO）、20％安普莱士（人血清白蛋白）作为保护剂，冻干效果良好。

为了防止角膜在冻结过程中损伤，还要对角膜进行冷平衡处理。冷平衡保护剂的具体配比见表 9-12。具体操作过程：将无菌的角膜片先放入 1 号液，移入 4℃冰箱冷平衡 10min，然后用无菌镊子夹住巩膜边，将其移入 2 号液平衡 10min，依次在 3 号液、4 号液中各平衡 10min。冷平衡工艺如图 9-13 所示。在冷平衡过程中，保护剂中的 DMSO 通过角膜的细胞膜进入到细胞中，置换出其中部分水分，在达到动态平衡前，保护剂中 DMSO 浓度要高于细胞中 DMSO 浓度。角膜依次在不同浓度的保护剂中进行冷平衡，这样角膜中的水分就会不停地与保护剂中的 DMSO 进行置换，经过一段时间的传质，细胞中的水分将大量减少。由于细胞内水分溢出速度与 DMSO 的浓度有关，为防止细胞内水分溢出速度过快造成细胞的损伤，使角膜细胞有个适应过程，角膜冷平衡采取逐步递增 DMSO 浓度进行平衡。冷平衡处理后兔角膜内皮细胞经联合染色检测，结果与新鲜角膜无区别，说明冷平衡对角膜内皮细胞的活性无损伤，该冷平衡工艺可行。

表 9-12　角膜保护剂配方

| 保护剂种类 | 30 份，每份 2.5mL | | | |
| --- | --- | --- | --- | --- |
| | 1 号液 | 2 号液 | 3 号液 | 4 号液 |
| 20％白蛋白 | 2.45mL | 2.40mL | 2.35mL | 2.3125mL |
| 二甲基亚砜 | 0.05mL | 0.1mL | 0.15mL | 0.1875mL |
| 蔗糖/(g/L) | 0 | 5％ | 7.5％ | 10％ |

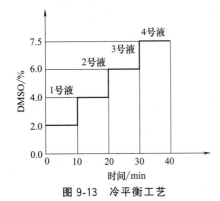

图 9-13　冷平衡工艺

待角膜在 4 号液平衡结束后，立即取出放入磨口玻璃瓶里，在降温仪中进行梯度降温。梯度降温目的是使细胞内的溶液冻结成玻璃态，以使角膜迅速越过对细胞冻伤最严重温度区（−30～−60℃）时，细胞不受伤害。采用两步法进行梯度降温，第一步角膜距液氮面 9cm，停留 10min，使角膜内部温度稳定在 −16～−20℃ 范围内，此阶段角膜的降温速率为 2～2.4℃/min；第二步角膜距液氮面 1.5cm，停留 10min，使角膜内部温度稳定在 −130～−150℃ 范围内，此阶段角膜的降温速率为 11～14℃/min。慢速降温时，细胞外的水易冻结成冰，电解质浓度升高，细胞内的水渗出细胞外，使细胞暴露在高浓度的溶质中，导致细胞膜蛋白复合体的破坏和膜的分解，造成溶质损伤。快速降温时，细胞内的水来不及渗出便结成冰，细胞内外同时有冰晶形成，容易刺破细胞造成机械损伤。这样必须快速慢速相结合，方可达到目的。由于冷平衡时，二甲基亚砜已经将细胞内的水分多数置换出去，在缓慢降温时，细胞内的溶质易形成玻璃态，可以避免溶质损伤。故可以先慢速降温，然后快速降温。两步法降温中，第一步慢速冷冻，将角膜温度慢速降至 −20℃，可以避免过快冷冻时角膜内冰晶形成所造成的损伤和过慢冷冻时细胞置于高浓度溶液下时间过长所造成的溶液损伤。第二步快速冷冻，角膜以很快的降温速率降至 −130℃ 以下，细胞内未冻溶液实现了非晶态固化，使细胞少受或不受损伤。

### 9.5.3　冻结眼角膜的真空干燥

角膜干燥前，先开启制冷机，分别对冻干室、捕集器制冷，当冻干室内温度降到 −20℃ 以下，捕集器内的温度降到 −35℃ 时，迅速地把经过梯度降温的角膜放到冻干室，立即启动真空泵。在干燥过程中根据需要，调节充气阀，向冻干室内充入氮气以调节冻干室内的压力，同时根据需要调节制冷阀保证角膜冻干过程中所需要的热量供给，在干燥初期，不需开启加热器，此阶段角膜干燥所需要的热量靠外部传入即可得到满足；当冻干室内温度达到 0℃ 时，开启加热器供给热量，但保证冻干室的温度不超过 9℃。冻干结束，关闭真空泵，对冻干角膜进行充氮包装。实验中发现，角膜在磨口玻璃瓶中的放置方式（图 9-14）对冻干角膜质量有一定的影响，试验表明，角膜悬于磨口玻璃瓶中，内皮细胞层朝下为最佳放置方式。如图 9-14（b）所示。

(a) 单面干燥　　(b) 内皮细胞层朝上双面干燥　　(c) 内皮细胞层朝下双面干燥

图 9-14　角膜在磨口玻璃瓶中的放置方式

角膜冻干过程热量的供给很容易满足，整个冻干过程可以视为传质控制过程，传质速率由细胞膜固有通导能力决定。干燥过程中，应根据干燥的不同程度，来确定冻干室内压力的高低以及所持续的时间，保证水蒸气由细胞膜孔隙溢出，且细胞膜内外压差始终很小，以减小对细胞的伤害。

由于角膜细胞很脆弱，在冻干过程中极易受到干燥应力、机械应力的损伤，冻干过程中低压时间过长或细胞膜内外压差过大，都会大大降低冻干角膜的成活率。变幅值、变周期的循环压力法应用于角膜的冻干，有利于角膜活性的提高。其根本原因是在整个干燥过程中，角膜细胞内外压差小，对角膜的损伤小。这主要来于两方面原因：一是通过控制冻干室内真空度的高低，以及循环时间的长短，使细胞内的蒸汽及时扩散到冻干室中，避免了细胞内饱和蒸气压过高，膜内外压差过大，造成细胞的损伤。当细胞内蒸气压较高时，开启充气阀向冻干室内充入氮气，在细胞膜外施加一压力，虽然此时传入细胞内的热量增多，使细胞内的蒸气压进一步升高，但此蒸气压的升高较细胞膜外压力的升高小得多，结果是细胞膜内外的净压差减小。然后，渐渐关闭充气阀，使冻干室内的真空度逐渐升高，这样角膜细胞内的蒸汽较平缓的通过细胞膜扩散到冻干室，减小了压差对细胞膜的损伤。当冻干室内真空度升高到一定程度，再逐渐充入氮气，传入的热量增多，开始了下一个周期。二是强化传热并促进外部传质，缩短冻干时间，从而减少了角膜内皮细胞受干燥应力损伤程度。具体工艺是冻干室内温度到 -25℃，真空度为 50Pa 时，开始第一次循环，温度每升高 5℃ 循环一次，循环 5 个周期，温度达到 0℃ 时，循环停止。压力-时间关系曲线见图 9-15。角膜的冻干工艺曲线如图 9-16。

图 9-17、图 9-18 分别为按上述工艺冻干角膜透射电镜检测结果、扫描电镜检测结果。从图 9-17、图 9-18 可以看出，冻干角膜的内皮细胞间连接紧密，细胞轮廓接近于六边形。细胞膜完整，细胞核膜完整，内皮细胞层与后弹力层连接紧密。这是因为整个冻干过程中，根据干燥的不同程度，来确定高室压、低室压以及所持续的时间，保证了水蒸气由细胞膜的孔隙溢出，即传质速率由细胞膜的固有通导能力决定，保证了细胞内外压差始终很小，减小了对细胞的伤害。

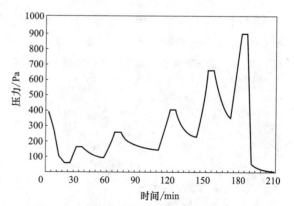

图 9-15　变幅值、变周期循环压力法冻干兔角膜压力-时间关系曲线

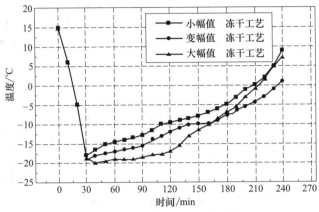

图 9-16　兔角膜的冻干工艺曲线

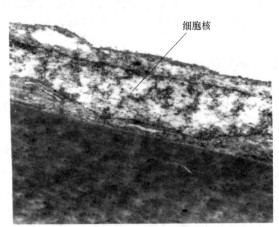

图 9-17　按变幅值循环压力法冻干兔
角膜透射电镜照片

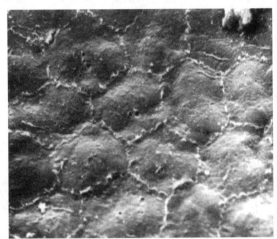

图 9-18　按变幅值循环压力法冻干兔
角膜扫描电镜照片

### 9.5.4　冻干角膜的贮存与复水

冻干后的角膜贮存不好，将失去生物活性。造成角膜贮藏损伤的因素：一是角膜的含水量，含水量大时，导致了膜与蛋白质流动性增加，加速了不良反应。二是氧化反应，因为被干角膜中各种碳氢链是不饱和的，遇氧发生氧化反应，导致了钙的通透性增加，造成了膜的破坏。三是光照反应，光照反应的损伤是通过其加快氧化反应体现出来的。通过上述分析及实验表明：冻干角膜的最佳存储条件：氮气封装，−20℃存储，避光保存。

角膜在冻干过程中，大部分水分都被除去，要恢复其基本生理功能，必须进行复水。为给细胞创造一个与体内细胞生存环境基本相符的条件，每种复水液中应提供细胞生存最基本的营养成分，但其内各成分的含量有所差异，因而对细胞的生长有不同的影响。通过实验，以兔血清＋1640 为复水液，在 20℃下，复水 15min 的效果最好。1640 是针对淋巴细胞培养设计的培养液，对其他种类细胞的培养液也适用，其中包含氨基酸、必要的维生素（如对氨基苯甲酸、生物素、

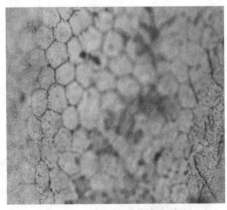

图 9-19　台盼蓝、茜素红染色
光学显微镜下的观察

肌醇等）、谷胱甘肽及葡萄糖、激素等对细胞有生长作用的物质。

对按上述冻干工艺冻干贮存 2 个月的家兔角膜进行复水，对复水后的角膜进行台盼蓝、茜素红染色，通过在光学显微镜下观察细胞的形态来说明细胞的活性，如图 9-19。可见内皮细胞大小较均匀，边界清晰，连接紧密，个别细胞核染色。

### 9.5.5　冻干-复水角膜的再植

王德喜的研究中还进行了冻干角膜的移植实验。将兔肌肉注射速眠新麻醉后，取下其左眼（待兔苏醒后，送回动物室喂养）的角膜进行冷冻真空干燥，干燥后充氮封装并做好标记（以保证移植的角膜为自体角膜）贮存在 −20℃ 环境下，保存 2 个月然后进行移植手术。冻干兔角膜自体移植实验共进行了 15 例，并与新鲜角膜移植进行了对比。其中 5 例，术后 1 天植片部分上皮水肿，前房存在，虹膜粘连；术后 1 周，虹膜粘连，植片、植床均混浊。另 10 例，两周后，仍全层透明，虹膜前房清晰可见，术后 3 周，植片、植床开始出现混浊，与新鲜角膜移植的结果相同。图 9-20 为冻干角膜自体移植 15 天后的照片。

更多的研究表明，兔角膜冻干、贮藏与再植工艺，也适合猫眼角膜。按此工艺冻干的猫眼角膜，效果很好。图 9-21 为冻干猫角膜移植手术后 14 天的照片。可见植片与植床均透明，前房存在。

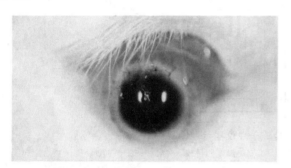

图 9-20　冻干兔角膜移植后 15 天照片

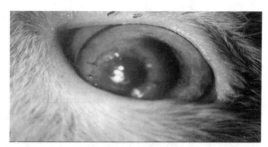

图 9-21　冻干猫眼角膜移植第 14 天的照片

## 9.6　心脏瓣膜的冻干

ALAIN C.[23] 进行了心脏瓣膜的冻干研究。ALAIN 提出瓣膜冻干应具备三项功能：第一，应该能够提供多孔结构，以便当使用瓣膜将其悬在介质中复水时，能允许纤维原细胞迅速进入瓣膜内部；第二，杀死异源细胞；第三，保持胶原质结构以保证瓣膜的机械强度。ALAIN 的实验研究中用的是猪的瓣膜，来自屠宰场。猪的平均年龄和重量分别是 18 周和 80kg。心脏瓣膜是在猪死后 2h 以内从心脏上切下来的，瓣膜片在磷酸盐缓冲液里洗涤三次。叶片在 4℃ 下存储超过 24h。实验中总共用到了 76 个叶片。

### 9.6.1　心脏瓣膜玻璃化温度的测定

将质量为 20～30mg 的一块瓣膜叶片密封在铝制器皿中，使用装配有液氮低温附件的 Perkin-Elmer DSC2 仪器测量。以 1.25K/min 的速度冷却到 173K，在以 40K/min 的加热速度过程中，记录温度，得到温度-热流图如图 9-22 所示。由图中数据得出，玻璃化转变温度 $T_g$ 为 −83℃。

### 9.6.2　冻干工艺对冻干心脏瓣膜性状的影响

心脏瓣膜的冻干实验是在一种实验型快速冻干仪器中进行的，其结构如图 9-23 所示。

将冷阱浸在硅树脂油的冷浴中冷却到 −70℃，用旋片泵维持真空度，用麦氏计来测量真空度，可以达到 0.005mmHg。

三个瓣膜叶片用一种单纤维尼龙丝系在一小块 PVC 塑料网上，装在一个 Falcon 塑料管中。

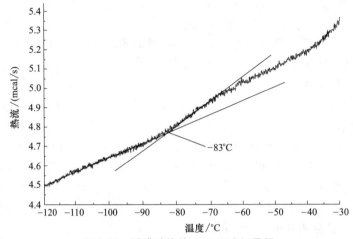

图 9-22　瓣膜叶片的 DSC 温度记录图

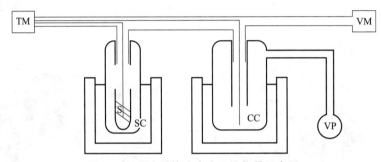

图 9-23　实验型快速冷冻干燥仪器示意图

S—样品，SC—冻干室，CC—冷阱，VP—真空泵，TM—温度测量仪，VM——真空度测量仪

大多数实验中，Falcon 塑料管浸在液氮或控制了温度的硅树脂油中，瓣膜叶片在冷空气环境下冷冻。冷却 Falcon 塑料管的冷浴的温度为 $-15℃$、$-40℃$、$-80℃$ 或者 $-196℃$。然后，将Falcon 塑料管从低温液体中取出，快速地放入冻干机的冻干箱里；少数实验中瓣膜叶片被直接浸入 $-60℃$ 或者 $-80℃$ 的酒精浴冷冻。样品的冻结速率数据列于表 9-13 中。在叶片角落里粘有一个与图表记录器相连接 0.12mm 的铜镍合金，用于测量温度。冻干室初始温度为室温22℃，然后通过浸在 $-20℃$ 或 $-30℃$ 的恒温浴里控制温度。之后，自然升温，此为非控制冻干。

真空干燥连续进行 3h，这时叶片温度稳定在室温（22℃）。通过 SEM 对这些叶片的部分进行检查显示出预期的多孔结构，如图 9-24 所示。孔是由冷冻中形成和干燥中驱除的冰晶体产生的。而且有一个规律，冷却速度越低孔越大［对比图 9-24（a）和（b）］，但不连续，每个样品也不一样［如图（b）的例子］。叶片的厚度与冷却速度有直接联系。因为大多数孔的尺寸显得比预期的要小得多，可以尝试着在干燥前对叶片熔化和再冷冻，这样可以提高冰孔的尺寸。其他更多的叶片以 6℃/min 的速度冷却，在温度为 37℃ 的水浴里熔化，然后以相同的速度再冷冻，三个以上再以 72℃/min 的速度冷却，但是它们产生了与仅仅经过一次冷冻的叶片相似的 SEM 外形。

表 9-13　瓣膜叶片典型的降温速率

| 冷冻方式 | 冷浴温度/℃ | 降温速率℃/min |
|---|---|---|
| Falcon 管 | $-15$ | 1 |
| | $-40$ | 5 |
| | $-60$ | 12 |
| | $-80$ | 20 |
| | $-196$ | 100 |
| 直接浸入酒精 | $-60$ | 140 |
| | $-80$ | 300 |

　　另一个问题就是稠密层的出现，许多样品表面很显然没有孔［见图（b）］；SEM 图片显示叶片表面是压实的，内部孔和外部很少连通［见图（c）］；在叶片物质内部同样出现了紧凑层［见图（d）］。这些现象显示了在干燥过程中发生了广泛的坍塌，可能是在干燥过程中温升较快造成的。在处理结束，叶片的含水量很少，很可能是发生了熔化和蒸发，而不是升华。因此后面进行了严格的控制冷冻干燥实验。

　　在控制冷冻干燥过程中，选择了两种冷冻方法：将 Falcon 试管放在 -40℃ 的冷浴里（平均冷却速度为 6.7℃/min），或者是放在 196℃ 的液氮里（平均冷却速度为 51℃/min）。将干燥烧瓶放在设定温度的冷浴里 6h，它的温度就被控制在 -20℃ 或 -30℃；6h 后关掉冷藏室，让浴温自动上升。测量的温升速度是 0.06～0.08℃/min，从 -20℃ 达到 0℃ 需要 5h，从 -30℃ 到达 0℃ 需要 6.3h。总的真空干燥时间需要 16h，最终温度为 5～11℃。每个实验方案冻干了三个叶片，然后经过 SEM 检验。从 8 个瓣膜里得到的 24 个叶片都经过相同的处理，在干燥处理过程中或结束后和再水化后测量水的含量。结果显示在 -30℃ 时的干燥速度是很慢的，20℃ 时尽管在那个阶段的最后将干燥时间从 6h 延长到 12h 可以保证水的含量很低，但是它对最后剩余水气没有影响。更多的研究是在为 -20℃ 或 -30℃ 温度下干燥 6h 的初始干燥后，再以 0.06℃/min 的加热速度进行第二次干燥，整个过程需要 16h。

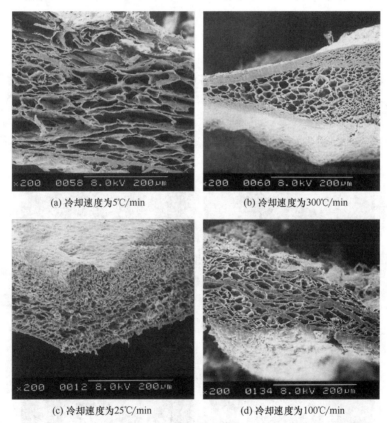

(a) 冷却速度为5℃/min　　　　　　　(b) 冷却速度为300℃/min

(c) 冷却速度为25℃/min　　　　　　　(d) 冷却速度为100℃/min

**图 9-24　非控制冷冻干燥的肺瓣膜叶片的扫描电子显微照片**

　　SEM 照片（见图 9-25）显示，-20℃ 干燥的叶片有更好的外观，多孔基体更统一，没有坍塌的区域和厚的、稠密的边界层。孔的尺度比非控制冷冻干燥的叶片看上去大很多［比较图 9-24（a）和图 9-24（b）与图 9-25（a）和图 9-25（b）］。冻结速率为 7℃/min 的叶片孔显得比 50℃/min 的叶片的孔稍大而且更均匀。-30℃ 干燥的叶片表面外壳更厚一些，显示了在第二个干燥阶段中已经发生了坍塌。这是由于在最初的温度为 -30℃ 干燥 6h 后，有更高的水含量。所以，起初干燥的温度最好是−20℃。但是，在两种情况下，表面都缺乏明显的与内部多孔基体相连通的孔。

为了确定从 SEM 检查得到的压痕数量，测量了冻干叶片的厚度和孔的尺寸。图 9-26 显示了对两种冷却速度的数据比较，一种是非控制快速干燥，另一种是−20℃的控制干燥。不考虑干燥方法的影响，快速冷冻后叶片变得更厚了；同样，不考虑冷却速度的影响，控制干燥的叶片也更厚了。假如避免了崩塌，对于两种冷却速度，沿着垂线方向从内流到外流表面的冰孔数量相似。对分别经过 1℃/min、5℃/min、25℃/min 冷却速度的冷冻，然后进行初始干燥温度为−20℃的冷冻干燥的叶片，通过 SEM 测量了其孔的截面积的分布。在两个垂直方向上进行了表面观察，第一个是半径方向，即从容器表面指向容器中心；第二个指定的切线方向与第一个方向成 90°，即它与容器表面的切线平行。结果如图 9-27 所示。可以看出冷却速度（1℃/min）低，冻干样品冰孔尺度分布广，而且在断面的两个方向上没有显著的差别；冷却速度快则冻干样品冰孔尺度分布窄，而且切线方向上比半径方向上孔径更大，也就是说，冰晶体形成于切线方向。经测量，在两种冷却速度下，大多数冰孔半径方向上面积为 $100 \sim 350 \mu m^2$，但是冷却速度为 5℃/min 的比 25℃/min 孔径稍长，样本的横断面积分别为 $400 \mu m^2$ 和 $200 \mu m^2$。冻干工艺为：以 5℃/min 的冷却速度，然后在−20℃真空干燥 6h，接着在缓慢的加热过程中进行二次干燥，得到的冻干多孔叶片残余水分为 8%～9%，内部孔的测量尺寸为 $100 \sim 350 \mu m^2$。这对横断面积为 $150 \sim 200 \mu m^2$ 的纤维原细胞提供了足够的通道。因此，在后来的所有研究中都采用了上述叶片冻干工艺。

SEM 未能回答的问题："内部冰孔与孔之间是互相连通，还是它们是独立封闭的？"为了回答这个问题，干燥前对叶片涂上荧光素，然后再用甲基安息香酸盐进行清洗后对它进行显微镜共焦扫描（CSM），结果显示它的结构与开放的塑料泡沫相似。不过，SEM 和 CSM 都暗示内部的多孔结构很少与表面联通。图 9-28（a）和（b）显示了 SEM 的外观，流入表面上的凹陷很小（10～20μm），显得与内部的多孔结构不连通。CSM 同样揭示了表面的口袋状结构，尽管横向连

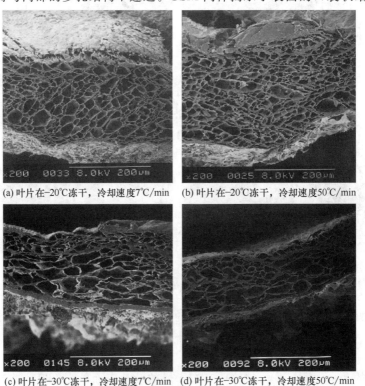

(a) 叶片在−20℃冻干，冷却速度7℃/min    (b) 叶片在−20℃冻干，冷却速度50℃/min

(c) 叶片在−30℃冻干，冷却速度7℃/min    (d) 叶片在−30℃冻干，冷却速度50℃/min

图 9-25　控制的冷冻干燥的肺瓣膜叶片电子显微镜扫描

通的可能性不能被完全排除，但是它们似乎是封闭。

然而，当叶片被放置在玻璃皿上，大部分流入表面朝上，用 1 根 8×20 号手术针就可以创造出三角形的穿孔，直径尺寸为 75～100$\mu$m［见图 9-28（c）和（d）］，穿透了流出表面，孔径小于 10$\mu$m。

ALAIN 的这项研究主要针对的是他提出的冻干瓣膜应具备的第一项功能：提供多孔结构，以便当使用瓣膜将其悬在介质中复水时，能允许纤维原细胞迅速进入瓣膜内部。

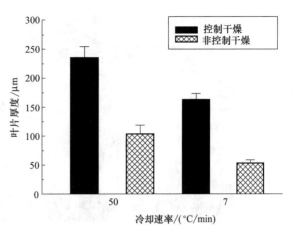

图 9-26　－20℃ 控制冷冻干燥或者自由冷冻干燥的叶片的厚度

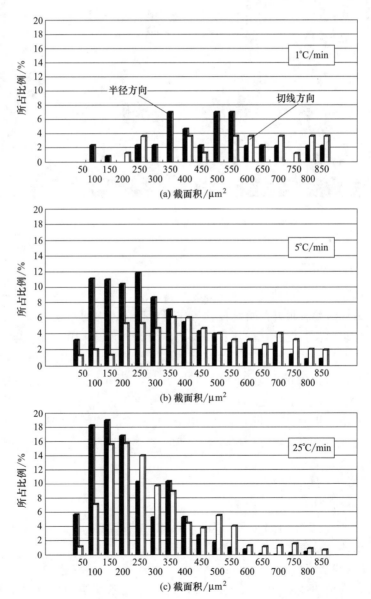

图 9-27　分别以 1℃/min、5℃/min 或 25℃/min 速度冷却在 －20℃ 时冷冻干燥的叶片里的冰孔截面积

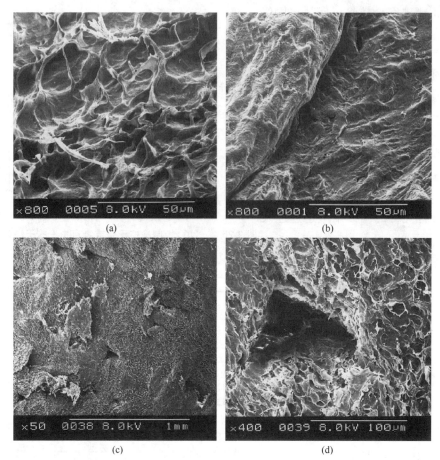

图 9-28　冷冻干燥叶片的内部和外部表面扫描电子显微镜照片

## 9.7　纳豆激酶的冻干

脉管栓塞、脑血栓中风、急性心肌梗死等心血管疾病，是当今社会中严重危害人们身体健康的主要疾病之一。纳豆激酶有很好的溶解血栓的作用，且在体内的半衰期长达 8 天，比目前盛行的纤溶酶类药品的半衰期长。此外，它还具有天然、无毒、无副作用，口服与注射同样有效，且作用迅速，可由细菌发酵生产等优点[24]，故而可望开发成为新型的防治血栓病的药物和保健品。纳豆激酶是纳豆菌经由大豆发酵制造出来的生物酶[25]，是由 275 个氨基酸残基组成的单链多肽[26]，在低于 40℃时活性相对稳定，高温时会失去活性[27]。冻干法是目前保存生物活性材料最方便有效的一种干燥方法[28]。通过开展纳豆激酶冻干研究，优化冻干工艺参数，可以减小冻干过程中纳豆激酶活性的损失，提高生产效率。西安工业大学的彭润玲博士完成了纳豆激酶的冷冻干燥研究[29]。

### 9.7.1　纳豆激酶物性参数的测定

#### 9.7.1.1　含水率的测定

利用 OHAUS 公司生产的 MB45 型水分测定仪测定纳豆激酶的含水率，取 3 次测量结果的平均值，确定实验用纳豆激酶溶液的含水率为 95.57%。

#### 9.7.1.2　共晶点和共熔点温度的测定

用电阻测定法，测量曲线见图 8-6～图 8-9，确定纳豆激酶溶液的共晶点和共熔点温度为 −23℃。

### 9.7.2　纳豆激酶冻结的实验

#### 9.7.2.1　纳豆激酶溶液的冻结

采用真空蒸发冻结的方法，将装有纳豆激酶溶液的料盘放在冻干箱的搁板上，只给捕水器制冷到$-40$℃之后，开启真空泵直接抽真空。随着压力降低，纳豆激酶溶液内的自由水分蒸发加剧，外界不提供蒸发潜热，吸收物料本身的热量自然降温而实现冻结。

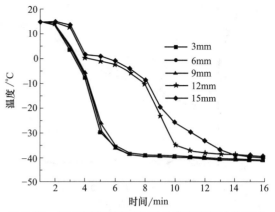

**图 9-29　纳豆激酶溶液厚度对抽真空自冻结的影响**

生物酶溶液装量厚度不同时，真空蒸发冻结过程中温度随时间的变化如图 9-29 所示，厚度小时，降温速率比较快，厚度较大时，降温速率较慢，但对最终冻结温度的影响不大，均低于$-34$℃的共晶点温度。

纳豆激酶溶液的厚度与降温速率之间的关系如图 9-30 所示，图中离散点为实测值，实线为回归方程曲线。回归方程为

$$c = 11.41608 - 0.50899h$$

式中，$c$ 为降温速率，℃/min；$h$ 为物料厚度，mm。相关系数 $R = 0.99691$，拟合效果显著。根据回归方程可求出物料不同厚度（3～15mm）时的降温速率。

真空度降到 500Pa 左右时，物料温度迅速下降，同时可观察到物料会起泡，甚至产生飞溅现象。另外在物料厚度超过 10mm 时，还会有二次沸腾现象。这是因为在 500Pa 左右，物料表面蒸发速率非常快，物料上层会先冻结，物料下层来不及冻结，但之后冻结层上空压力还在继续减小，冻结层上下压差产生的压力大于冻结层的强度极限时，会引起二次沸腾，蒸发加速，造成降温速率又一次突然增加，这一点从图 9-29 中也可以看出来。实验过程中还发现若将搁板温度预先降到$-10$℃，可大大减小因沸腾导致的飞溅现象。

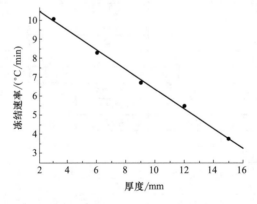

**图 9-30　纳豆激酶溶液厚度对抽真空自冻结速率影响**

#### 9.7.2.2　纳豆激酶溶液冻结物的干燥

上述纳豆激酶溶液采用真空蒸发冻结方法冻结后，继续抽真空，并用隔板加热，以补充升华热。图 9-31 中为装料厚度为 6mm 时，纳豆激酶溶液的抽真空冻结干燥过程典型的工艺曲线。

在纳豆激酶含水量为 95.57% 的条件下，采用表 9-14 所示四因素三水平的正交实验，得出的综合结果列于表 9-15 中。干燥后的纳豆激酶含水量最高为 4.64%。

从表 9-15 极差 $R_1$ 可看出，冻干过程中几个影响纳豆激酶活力的因素主次顺序是：控制温

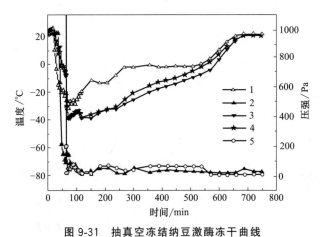

图 9-31 抽真空冻结纳豆激酶冻干曲线

1—搁板控制温度；2—冷阱温度；3,4—物料温度；5—真空度

度、冻结方式、真空室压力、物料厚度。试验 4 酶活力最高，工艺参数为控制温度 −5℃，装料厚度 6mm，抽真空冻结，真空室压力 10Pa，干燥时间 730min。从表 9-15 极差 $R_2$ 可看出，冻干过程中几个影响冻干总时间的因素主次顺序是：物料厚度、冻结方式、控制温度、真空室压力，实验 3 时间最短，但酶的活性不高，且一次加载的干燥量少，综合考虑试验 4 工艺最好。

纳豆激酶物料厚度较小时，适合抽真空冻结干燥，抽真空冻结速率快，不仅酶活率高，还节省了预冻时间，且预冻时纳豆激酶溶液内的自由水开始蒸发，干燥（浓缩）即已开始，缩短了总的干燥时间，提高了生产效率。

表 9-14 纳豆激酶溶液冻干正交实验表

| 水平 | 厚度/mm | 压力/Pa | 主干燥阶段控制温度/℃ | 冻结方式 |
|---|---|---|---|---|
| 1 | 3 | 10 | −10 | 搁板 |
| 2 | 6 | 20 | −5 | 冰箱 |
| 3 | 9 | 30 | 2 | 抽真空 |

表 9-15 纳豆激酶正交实验结果及极差分析

| 编号 | 厚度/mm | 压力/Pa | 控制温度/℃ | 冻结方式 | 酶活力 U/(10mg/mL) | 总冻干时间/min |
|---|---|---|---|---|---|---|
| 1 | 3 | 10 | −10 | 搁板 | 150.3 | 580 |
| 2 | 3 | 20 | −5 | 冰箱 | 137.5 | 450 |
| 3 | 3 | 30 | 2 | 抽真空 | 128.9 | 410 |
| 4 | 6 | 10 | −5 | 抽真空 | 152.5 | 730 |
| 5 | 6 | 20 | 2 | 搁板 | 130.5 | 800 |
| 6 | 6 | 30 | −10 | 冰箱 | 140.6 | 750 |
| 7 | 9 | 10 | 2 | 冰箱 | 138.2 | 1080 |
| 8 | 9 | 20 | −10 | 抽真空 | 148.2 | 1410 |
| 9 | 9 | 30 | −5 | 搁板 | 140.2 | 1320 |
| $k_1$ | 138.200 | 142.633 | 145.667 | 138.967 | | |
| $k_2$ | 141.200 | 138.733 | 143.733 | 138.100 | | |
| $k_3$ | 140.867 | 138.900 | 130.867 | 143.200 | | |
| 极差 $R_1$ | 3.000 | 3.9 | 14.8 | 5.1 | | |
| $k_1$ | 480.000 | 796.667 | 913.333 | 900.000 | | |
| $k_2$ | 760.000 | 886.667 | 833.333 | 760.000 | | |
| $k_3$ | 1270.000 | 830.000 | 763.333 | 850.000 | | |
| 极差 $R_2$ | 790.000 | 90 | 150.000 | 140.000 | | |

研发合理的冻干添加剂，如添加甘油、丙二醇、牛血清蛋白、明胶、海藻酸钠等有利于提高酶的热稳定性，可进一步提高酶的存活率，升高控制温度，减少干燥时间。

## 9.8 人血液制品的冻干

我国低温生物学研究的创建人华泽钊教授曾指出[30]，如果能将人的细胞（如红细胞等）进行成功的冷冻干燥，那么人们就可以将自己的细胞，通过冷冻干燥成为粉末，密封在玻璃瓶内，放在室温或冰箱中安全地保存数年或数十年。待急需时，只要复水就能复活使用。如果这种技术能获得成功，将具有十分重要的应用前景，并可望给临床医学带来重大的变革。所以，人血细胞冻干保存的研究现在仍然是冻干领域的焦点之一。近年来，上海理工大学和浙江大学的师生在这方面做了许多工作。

### 9.8.1 红细胞冻干

20 上个世纪后期，Goodrich[31~33] 连续报道了用含高聚物、碳水化合物和聚阴离子化合物的溶液做低温保护剂冻干红细胞的实验结果，验证了不同种类、不同相对分子质量、不同浓度的保护剂的保护效果。细胞悬液在温度 $-56℃$，压力小于 13Pa 的条件下，冻干 6~h 到 24h 使残余水分含量小于 3%。在 37℃，用含 25.5% 蔗糖的磷酸盐缓冲溶液复水，细胞恢复率达 65%，冻干复水后代谢酶维持正常的活性，血色素也维持正常的生理功能，与新鲜的红细胞类似。之后，Rindler[34,35] 等探讨了冻结速率、干燥温度以及保护剂对红细胞冻干存活率的影响。他们采用 HES 和麦芽糖做保护剂，冻干搁板温度控制在 $-5$~$-65℃$ 之间，结果发现在 $-35℃$ 冻干效果最好，麦芽糖的保护效果比海藻糖、蔗糖和葡萄糖好。冻干复水后的最高恢复率达到 47.9%。但他的冻结速率为 4200℃/min。关于冻干保存的红细胞复水后的人体输注实验，Weinsteind 等做了初步报道。他们采集 4 名健康志愿者的静脉血 400mL，4℃ 存放过夜，然后冷冻干燥保存。给献血者回输的当天将冻干红细胞复水，用放射性同位素标记红细胞后，取 20mL 在 5min 内输完。结果表明，冻干复水后的红细胞回输后未见临床不良反应，24h 后红细胞体内回收率为 85.2%±2.79%，红细胞半寿期为 31.0d±8.19d。目前人们对红细胞冻干的研究主要聚焦于冻干保护剂的筛选、导入以及冻干工艺的优化等。

#### 9.8.1.1 甘油对红细胞冻干的影响

吴正贞等人进行了甘油对冻干红细胞的保护作用的实验研究[36]。血液在 4℃ 下 1500r/min 离心 10min，弃上清，用等渗 PBS 缓冲液（9g NaCl，2g $Na_2HPO_4$，$0.142gKH_2PO_4$，定容至 1L，pH7.2）于相同条件下离心洗涤 3 次，最后用 PBS 缓冲液配制成压积比为 60%~65% 的红细胞悬浮液，置入 4℃ 冰箱备用。

甘油溶液用等渗 PBS 缓冲液配制，按照预定的体积比加入到洗涤后的红细胞悬液中，并混合均匀，使甘油的最终质量浓度分别为 100g/L、200g/L、300g/L、400g/L。加完后平衡 30min，2000r/min 离心 5min，去甘油。

按质量分数分别为 20% 蔗糖、20% PVP、7% 柠檬酸钠、10% 胎牛血清配制保护剂，使用时，将保护剂按预定的体积比加入到不同甘油浓度处理后的红细胞悬液中，并混合均匀，然后取 1mL 加入到 2.5mL 安瓿瓶中。

冻干实验是在经过改造的 Freezone2.5 型冻干机中进行的，改造后搁板可以通过手控在冻干室和冷阱中移动，以控制搁板温度和充分利用冷阱的冷量。实验前，开启冻干机，使冷阱降温，通过升降装置将吊架降至冷阱底部，使搁板在冷阱中进行预冷，当搁板温度降低至 $-70℃$ 后，将样品放于搁板上降温至 $-60℃$，此时监测得到悬液的降温速率约为 1.5℃/min，保持 1h，使之完全冻结。启动真空泵，待真空度稳定后，手动调节升降装置将吊架上移，保持一次干燥样品温度为 $-30℃$，真空度低于 10Pa，持续 30h。进入二次干燥后，进一步将吊架上移，使吊架离开冷阱，样品温度可保持在 10℃，持续 10h，冷阱

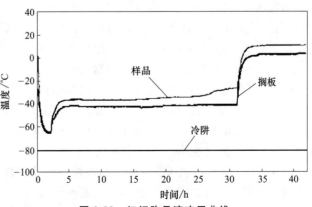

**图 9-32 红细胞悬液冻干曲线**

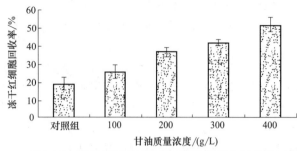

图 9-33 冻干红细胞回收率与甘油浓度之间关系

温度为 -84℃。冻干曲线见图 9-32。实验中，不同甘油浓度对冻干红细胞回收率的影响关系如图 9-33 所示。

由图 9-33 可见，采用甘油处理后，冻干红细胞回收率均高于未采用甘油处理对照组的红细胞的回收率，这是因为作为渗透性保护剂，甘油能很快进入细胞内，在冰点下能与细胞内外游离水牢固结合，使电解质深度降低，减少或避免蛋白变性。

从图中还可看到，红细胞回收率随着甘油浓度的增加逐渐提高，采用质量浓度 400g/L 的甘油处理的效果最好，红细胞的回收率达到 51.4%。实验过程中，用显微镜观察冻干前后的红细胞形态，如图 9-34 所示。

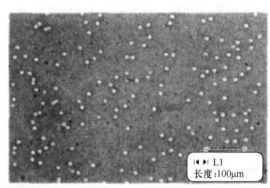

(a) 冻干前新鲜红细胞(×400)

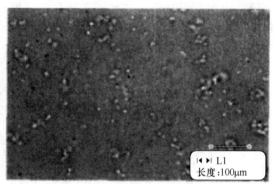

(b) 冻干-复水后的红细胞(×400)

图 9-34 红细胞冻干前后显微镜照片

由图 9-34 可见，就红细胞的形态而言，冻干前红胞形态规则，分布均匀，颜色透亮，细胞膜中包裹血红蛋白；冻干-复水后的红细胞虽然有部分聚集现象，但有部分红细胞具有完整的形态。更高浓度的甘油处理效果、干燥过程中甘油是否被抽除、复水洗涤后红细胞内的甘油残余量等问题还有待于进一步研究。

#### 9.8.1.2 海藻糖对红细胞冻干的影响

何晖等人研究了海藻糖载入的红细胞冻干[37]。全血在 4℃ 下用 0.9% NaCl 溶液洗涤 3 次，收集红细胞，用等渗 PBS 缓冲液 (pH 7.2) 配制压积比为 40%~50% 的红细胞悬液。向红细胞中分别加入不同浓度的葡萄糖 (20℃)，静置 20min 后离心，测量上清液渗透压 (作为胞内渗透压)，向获得的浓集红细胞中加入最终浓度为 4% 的海藻糖，静置 30min，计数和计算细胞平均体积，离心后测量溶液渗透压 (作为胞外渗透压)，检测海藻糖含量。

葡萄糖可以渗透进入细胞，红细胞在葡萄糖液中平衡后，胞内的渗透压溶液的渗透压相当，离心后在 4% 的海藻糖中平衡 30min。测量胞内、外的渗透压及胞内海藻糖的浓度，结果如表 9-16所示。从表中可看出，胞内海藻糖的浓度取决于胞内外之间渗透压差。当胞内外之间渗透压差为 295.8mmol/L 或 443.1mmol/L 时，胞内海藻糖浓度均低于 15mmol/L；当渗透压差为 1369.8mmol/L 时，胞内海藻糖增加到 43.2mmol/L。继续增加渗透压差，胞内海藻糖浓度达到 43.8mmol/L，这时渗透压差对胞内海藻糖浓度的增强作用已经不十分明显，表明海藻糖水平已达到饱含态势。高渗的葡萄糖使胞内的渗透压增加，细胞被压缩；当与低渗的海藻糖混合时，细胞在溶液重新达到平衡的过程中体积膨胀，并借助胞内外的渗透压差促使海藻糖渗透入胞内，这种现象与高渗情况下膜通透性变化有密切关系。

表 9-16　渗透压差对胞内海藻糖浓度的影响

| 葡萄糖的浓度/% | 胞内的渗透压/(mmol/L) | 胞外的渗透压/(mmol/L) | 胞内外之间渗透压差/(mmol/L) | 胞内海藻糖的浓度/(mmol/L) |
| --- | --- | --- | --- | --- |
| 8 | 392.5 | 96.7 | 295.8 | 8.5 |
| 10 | 541.2 | 98.1 | 443.1 | 13.6 |
| 15 | 832.7 | 95.6 | 737.1 | 26.9 |
| 20 | 1149.8 | 90.4 | 1059.4 | 34.6 |
| 25 | 1462.4 | 92.6 | 1369.8 | 43.2 |
| 28 | 1526.1 | 97.4 | 1428.7 | 43.8 |

选用 30% 聚乙烯吡咯烷酮、5% 胎牛血清、7% 檬酸钠以及 15% 海藻糖作为红细胞的保护液，将红细胞配制成冻干溶液，采用差示扫描量热仪（DSC）测定冻干溶液的玻璃化转变温度（$T_g'$）降温速率是 150℃/min，升温过程中的扫描速率为 20℃/min。图 9-35 是冻干溶液的差示量热扫描热流曲线，溶液的玻璃化转变温度为 −28.18℃。

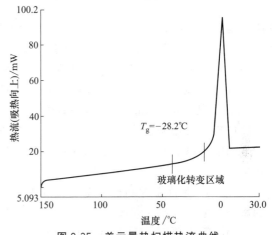

图 9-35　差示量热扫描热流曲线

取混匀的冻干悬液 1mL 加瓶瓶中，在 4℃ 下平衡 20min；以 10K/min 速率降温至 −60℃，恒温 2h 后快速置入冻干机中。升华干燥过程样品的温度低于 −40℃，持续 30h。解析干燥过程样品的温度低于 20℃，持续 1h。干燥箱内的真空度低于 10 Pa。冻干过程结束后样品放入真空密封袋，并保存于 4℃ 冰箱中。

对不同胞内海藻糖浓度红细胞冻干，检测其存活率，结果如图 9-36 所示。胞内不添加海藻糖时，细胞的存活率为 31.6%；当胞内海藻糖浓度增大到 8.5mmol/L 时，细胞的存活率没有明显变化，说明胞内海藻糖浓度过低或仅有胞外海藻糖对细胞的保护作用有限。当海藻糖浓度为 43.2mmol/L 时，细胞的存活率增加到 53.6%，与不添加海藻糖相比，细胞的存活率提高了 22%。

细胞的存活率不同可以用胞内海藻糖浓度的不同来解释，细胞的存活率的升高说明胞内海藻糖浓度同细胞在冻干不利条件下的抗逆耐受力呈正相关关系。当胞内海藻糖浓度为 43.8mmol/L 时，细胞的存活率增加却不明显，说明胞内海藻糖达到一定的浓度后对细胞的保护作用有限。考虑到胞内海藻糖浓度继续升高的幅度有限，认为 43.8mmol/L 为较佳的添加浓度。

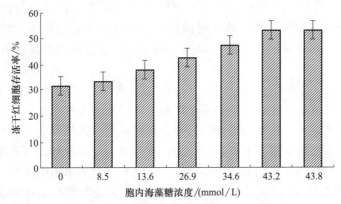

图 9-36　胞内海藻糖浓度对复水冻干红细胞活性的影响

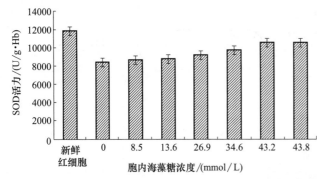

**图 9-37　胞内海藻糖浓度对复水冻干红细胞 SOD 活性的影响**

对冻干前后红细胞的 SOD 活力测定，结果如图 9-37 所示。从图中可以看出，胞内不添加海藻糖时，SOD 活力只有新鲜对照的 70%；胞内海藻糖浓度为 43.8mmol/L 时，SOD 活力与新鲜对照比较差别不明显，其他浓度的保护效果相对较差，这可能与不同胞内海藻糖浓度对红细胞 SOD 活力的保护作用大小不一样有关。

在冻结过程和干燥脱水过程中，红细胞膜是受到损伤的主要部位，复水后不能抵抗溶液渗透压急剧变化的冲击，易导致细胞膜破裂。以往的研究表明，红细胞首先在其 3～5 倍生理渗透压的溶液中平衡，逐渐过渡到等渗状态，可以有效地减小渗透压对膜的冲击。染色后光镜观察其形态，43.8mmol/L 的胞内海藻糖浓度的冻干红细胞复水后的形态如图 9-38 所示，从图中可以看到，细胞结构保持完整，表面均呈凹状，分布均匀。

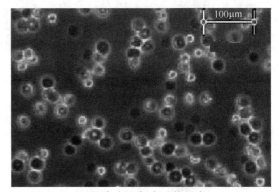

**图 9-38　红细胞冻干复水后的形态（200×）**

### 9.8.1.3　预冻温度和搁板温度对红细胞冻干的影响

权国波等人研究了预冻温度和冻干机搁板温度对冷冻干燥红细胞的影响[38]。进行了两组实验，第一组预冻温度分别为：−20℃，−35℃，−45℃，−80℃和−196℃，预冻 2h，再移入冻干机内抽真空干燥，冻干机搁板温度设定为−35℃，压力为 200mbar；第二组−80℃下预冻 2h，再移入冻干机内，在搁板温度分别为−20℃，−25℃，−30℃，−35℃，−40℃和−45℃下进行抽真空干燥。整个实验中冷阱温度为−50℃，真空压力为 200mbar。

第一组实验结果表明，当预冻温度等于或低于−20℃时，冻干后红细胞和血红蛋白回收率之间无显著差异，但当预冻温度为−196℃时，上清游离血红蛋白含量显著高于其他各组。第二组实验结果表明，当搁板温度等于或高于−25℃时，样品无法冻干。再水化后，除了−35℃组的游离血红蛋白浓度显著高于−30℃、−40℃和−45℃组外，其他指标 4 组之间无显著差异。但当洗涤至等渗后，−40℃和−45℃组的红细胞回收率显著高于−30℃和−35℃组，而血红蛋白回收率 4 组之间无显著差异。另外，−40℃和−45℃组的游离血红蛋白浓度显著高于−30℃和−35℃组。当搁板温度等于或高于 25℃时，冻干时间延长到 40h 仍不能完全冻干样品；当搁板温度等于或低于−30℃时，在一定时间内样品可以完全冻干，但随着搁板温度降低，冻干时间也相应延长。

分析实验结果认为，上述实验中，当预冻温度为−20℃时，尽管预冻温度没有达到体系的固化温度，但冻干效果仍然较好，这主要是由于体系最终要处于搁板温度下冻干，可以通过二次冷冻实现完全固化。通常，冻干机搁板温度远远高于预冻温度。如果预冻温度很低，那么当样品从该温度下移入冻干机搁板时，温度上升幅度很大，有明显的复温现象，这可能会造成样品二次结晶，从而对细胞造成机械损伤。如果预冻温度较高，由于降温速率相应降低，渗透性保护剂可以充分进入细胞内，而又有研究认为良性内源冰晶可以通过防止细胞脱水增加细胞对冷冻伤害的耐受性[39]，而且由于预冻温度和搁板温度之间的温差变小，红细胞可免受复温所造成的伤害。固化温度是溶液真正全部凝成固体的温度，它对红细胞的冻干效果有重要影响。保护体系的结冰过程和纯液体不同，纯液体有一个固定的结冰点，而由于保护体系含有大量不同种类溶质，它不是在某一固定温度下完全凝成固体，而是在某一温度时，晶体开始析出，随着温度的降低，晶体的数量不断增加，直到最后，溶液才全部凝结，所以保护体系并不是在某一固定温度凝结，而是在某一温度范围凝结，最终保护体系全部凝结成固体的温度才是体系的固化温度。上述实验中采用的冻干体系固化温度为 $-20℃$，如果要获得较好的冻干效果，必须使预冻温度低于 $-20\sim$ $-80℃$，而搁板温度等于或低于 $-30℃$。

#### 9.8.1.4　保护剂玻璃化状态对红细胞冻干的影响

权国波等人还研究了保护液的玻璃化状态对红细胞冷冻干燥保存后回收率的影响[40]。采用含有 7%（体积分数）二甲亚砜和 200g/L、300g/L、400g/L 或 500g/L 聚乙烯吡咯烷酮（PVP）的缓冲液作为保护液，进行保护液的玻璃化测试和红细胞的冻干保存实验。首先检测溶液的玻璃化状态，如果冷冻和解冻过程中任一过程出现白色冰晶即为非玻璃化溶液；再将浓集红细胞和不同的保护液按比例混匀，预冻后移入冻干机内进行冻干处理；冻干完毕后，快速水化样品，测定红细胞回收率、血红蛋白回收率和上清游离血红蛋白浓度，然后对冻干后红细胞形态进行电镜观察。结果表明：20%PVP+7%DMSO 和 30%PVP+7%DMSO 在冷冻和解冻过程中都出现白色冰晶；40%PVP+7%DMSO 在冷冻过程中无冰晶出现，但在解冻过程中出现冰晶；而 50%PVP+7%DMSO 在冷冻和解冻过程中均无冰晶出现。冻干红细胞再水化后，40%PVP+7%DMSO 的细胞回收率和血红蛋白回收率分别为 81.36% 和 77.54%，显著高于其他 3 组；另外 40%PVP+7%DMSO 的上清游离血红蛋白浓度也显著低于其他 3 组。研究表明：随着溶液中 PVP 浓度的升高，溶液的玻璃化程度也随之增加，同时冻干-再水化后红细胞的各项指标也随之改善，当溶液中 PVP 度为 40% 时，达最佳效果；但当进一步提高 PVP 浓度至 50% 时，溶液为玻璃化溶液，但结果反而不佳。保护液的玻璃化状态对红细胞冰冻干燥保存后回收率的影响应该从两个角度来考虑。一是溶液玻璃化程度，随着溶液玻璃化程度的加深，避免了深低温保存时红细胞受到的冰晶伤害和由于局部离子浓度过高而造成的化学伤害；二是真空干燥，对于抽真空干燥而言，由于大分子物质具有很强的亲水能力，所以随着溶液玻璃化程度的加深，样品水分的蒸发也变得越困难，从而可能影响冰冻干燥后红细胞的质量。

#### 9.8.2　血小板冻干

血小板是血液中的一种重要组成成分，它主要参与血栓形成和凝血过程[41]。在大量失血和化疗、放疗等处理后造成的血小板减少症患者的治疗过程中，需要进行血小板输注。因此，保证足够的血小板贮备和供应显得尤为重要。血小板的保存方式可以是①常温（22℃±2℃）保存，此条件下保存的血小板由于部分活性的丧失和微生物的污染，根据美国药品监督管理局规定最多只能保存 5 天；②冰冻保存，这种保存方法可以大大延长血小板的保存时间，临床实验证明冻-融血小板聚集功能仅为新鲜血小板的 50%～60%，而且需要笨重的存储设备。而冻干保存的血小板质量轻，便于储运，而且有望长期保存，有很好的应用前景。

早在 20 世纪 50 年代，人们就开始了对冻干血小板的研究。然而，在当时的研究中并没有得到人们所期望的实验结果。直到 70 年代末 80 年代初，Read 等发展了这项技术，并利用固定后冻干血小板保持了 vWF 受体活性的特点对人和动物血浆中的 vWF 进行检测。从此，对冻干血小板的研究又焕发出新的生机。1995 年 Read 等用多聚甲醛固定的方法提高血小板在冻干过程中的渗透稳定性[42]。这种方法的主要缺点是多聚甲醛与膜和蛋白质会发生不可逆的交联作用，改变血小板的化学结构，削弱正常的止血作用并导致免疫反应。此外这种冻干血小板必须反复冲洗以除去毒性固定剂，这会导致大量的恢复损失，因此这个方法目前还不能用于临床。2001 年 Wolkers 等人在冻干血小板的研究中取得了突破性的进展[43]。他们发现血小板在 37℃ 时，能通过液相内吞作用将不可渗透的海藻糖从细胞外环境有效地载入到细胞内部，4h内海藻糖的载入效率就超过 50%。将载入海藻糖浓度大于 15mmol/L 的血小板重悬于含海藻糖和白蛋白作冻干保护剂的缓冲液中，冻干至残余水含量为 3%～5%。经水蒸气预水合及复水后的血小板恢复率达到 85%，对凝血酶（1U/mL）、胶原蛋白（$2\mu g$/mL）、ADP（$20\mu mol$）和瑞斯托菌素（1.6mg/mL）的收缩反应与对照组的新鲜血小板几乎相同。傅立叶变换红外光谱学分析表明冻干复水后血小板的膜以及膜蛋白成分与新鲜血小板相似。目前，Wolkers 等已经将冻干复水的血小板浓度提高到 $1\times10^9\,mL^{-1}$，体积扩大到血库中标准血袋的单位，冻干的血小板在室温下至少保存 6 个月，复水后得到大于 85% 的恢复率。Bode 等人将冻干复水后的人血小板输注到免疫抑制的血小板缺少的兔模型体内[44]，在输注 1h 后进行止血时间和体内循环回收率的评价。实验结果表明输注冻干复水后的人血小板 1h 后的止血时间为 252s，与输注同样数量的新鲜人血小板后的止血时间没有统计学的差别。然而输注冻干复水后的血小板 1h 后体内循环的回收率为 43%～61%，低于同样条件下新鲜血小板 77% 的恢复率。他们的一些研究结果表明冻干复水后人血小板在体内循环过程中依然保持了部分功能。

### 9.8.2.1　保护剂对血小板冻干的影响

刘景汉等人对冷冻干燥保存血小板进行了实验研究[45]。实验为配伍设计为：5 份血小板，各准备 15mL。设对照组和 2 个实验组，对照组为新鲜富含血小板血浆，不进行任何处理。每份血小板分 3 个试管，2mL/管，分至各组，剩余的离心（2287g，15min），留取少量血小板血浆备用。冻干前进行了海藻糖负载处理。血小板中加入预处理液，实验组 1 含海藻糖 45mmol/L 和二甲基亚砜（DMSO）3%；实验组 2 含海藻糖 45mmol/L，DMSO3%，保达新（PGE1）$1\mu mol$/L，左旋精氨酸（L-Arg）5mmol/L，植酸钠（Phy）0.5mmol/L 和百维利肽（Bivaridin）$0.5\mu mol$/L。将各组样品混匀后，37℃ 水浴 4h，每 20min 振摇 1 次。经预处理后，厚度<1cm 的血小板悬液进行冻干。冻干的程序为：以 5℃/min 的速度从 22℃ 降至 -5℃；再以 2℃/min 从 -5℃ 降至 -60℃；-60℃ 以下维持 1h 以上；一级干燥，-30℃，1h，50mTorr；二级干燥，架上温度以 0.2℃/min 的速度从 -30℃ 升至 20℃，50mTorr。一级干燥和二级干燥之间采用快速直接升温，避免梯度升温。真空干燥完毕后，样品室温下在冻干机中至少放置 24h，然后用于试验或封装保存室温或 4℃ 放置。

冻干的血小板的预水化，在 37℃ 湿度饱和的密闭环境中水浴 4h，使水含量达 25% 左右。预水化处理后，再水化按 1:4 进入等渗的复水液/$H_2O$（3/1，体积比）中再水化。复水液含 NaCl 116.0mmol/L，枸橼酸钠 13.6mmol/L，$Na_2HPO_4$ 8.6mmol/L，$KH_2PO_4$ 1.6mmol/L，EDTA 0.9mmol/L，葡萄糖 11.1mmol/L，PGE1 1mol/L，L-Arg 5mmol/L，Phy 0.5mmol/L，Bivaridin $0.5\mu mol$/L，DMSO 3%，pH=6.8。

经冷冻干燥、再水化后，两个实验组血小板回收率分别为 53.67% 和 56.29%，实验组之间未见明显差异。凝血酶诱导的血小板聚集，冻干的血小板与新鲜血小板无明显差异；二磷酸腺苷（ADP）和丙基没食子酸 propylgallate 诱导的血小板聚集，冻干的血小板显著低于新鲜血小板，聚集抑制率均小于 50%。再水化后的冻干血小板实验组 1 CD62p 表达率高达 97.19%，实验组 2 CD62p 表达 42.36%，均显著高于对照组（4.18±3.91）；实验组间 CD62p 表达差别显著，实验组 2 显著低于实验组 1。实验组 1 CD62p 再表达率为 0.31%，实验组 2 CD62p 再表达率为 50.88%，显著高于实验组 1。两个实验组血小板 PAC-1 表达均较低，与对照组相比较无显著性差异；凝血酶作用后的 PAC-1 再表达及再表达率均与对照组接近，无明显差异。冻干的血小板再水化后仍保留良好的促凝血活性，与新鲜血小板无显著性差异，实验组间也未见明显差异。

周新丽等人研究了糖的浓度和种类对人血小板冷冻干燥保存的影响[46]。实验中选择了三种糖类保护剂，对其中的海藻糖还考查了不同浓度的作用。实验结果列于表 9-17 中。

表 9-17　冻干复水后血小板的恢复率

| 保护剂配方 | 血小板冻干保存的数值恢复率/% | 冻干保存的非活化血小板的恢复率/% |
|---|---|---|
| 1%海藻糖 | 74.2±9.2 | 59.4±8.5 |
| 5%海藻糖 | 83.2±4.8 | 66.8±6.6 |
| 10%海藻糖 | 88.4±5.2 | 74.9±6.5 |
| 15%海藻糖 | 91.8±4.6 | 82.0±3.8 |
| 20%海藻糖 | 93.0±5.3 | 85.7±3.4 |
| 20%蔗糖 | 83.5±3.1 | 71.0±5.4 |
| 20%乳糖 | 89.1±3.4 | 78.3±5.9 |
| 20%麦芽糖 | 91.1±6.9 | 81.4±4.8 |
| 20%葡萄糖 | 90.5±5.1 | 80.5±4.3 |

表 9-17 中数据表明，冻干复水后血小板的数值恢复率随海藻糖浓度的增加而增加．海藻糖质量分数增加到 20%时，冻干复水后血小板的最高数值恢复率达到 93.0%，非活化血小板的最高恢复率达到 85.7%，显著高于 1%和 5%海藻糖组；对于质量分数均为 20%不同种类的糖保护剂，非活化血小板的恢复率都达到 70%以上，20%海藻糖略优于其他几种糖，但它们之间没有显著性差异．之前的文献强调过海藻糖在非理想条件下，如高温、高湿度的环境，具有稳定干燥生物材料的特殊性能．但是，在理想条件下生物材料的干燥和贮存，糖种类之间的差别逐渐减小，海藻糖也没有体现出明显的特殊性能。

经扫描电镜观测，冻干复水后的血小板保持了完整的细胞结构，但与扁平圆盘状的新鲜血小板相比略呈球形，有些相邻的细胞出现相互融合的现象；冻干复水后的血小板对 1U/mL 凝血酶有较好的聚集功能，但是其聚集速度比新鲜血小板慢。

#### 9.8.2.2　冻结速率对血小板冻干的影响

周新丽等人也研究了冻结速率对血小板冻干保存的影响[47]．富含血小板的血浆在 480g 离心 15min，使血小板沉淀，弃去上层血浆。然后加适量生理盐水使之悬浮洗涤，在 480g 离心 10min 收集血小板，重复此操作两次。将洗涤后的血小板重悬于冻干缓冲液中，制成血小板浓度约 $0.2\times10^9$ 个/mL 的冻干悬液。冻干缓冲液以 9.5mmol/L HEPES，142.5mmol/L NaCl，4.8mmol/L KCl，1mmol/L $MgCl_2$ 做基准溶液，以 1%牛血清白蛋白（BSA）和 20%海藻糖做保护剂。

将血小板冻干悬液 1mL 等量分装至直径为 25mm 的玻璃瓶中，用如下三种冻结方式进行冻结，并通过布置在玻璃瓶底部中心的铜-康铜热电偶测量溶液的冻结速率。①梯度降温：玻璃瓶放在处于室温的冻干机搁板上，搁板以恒定的降温速率降至 −50℃，这种方法得到冻干悬液的冻结速率约为 0.5℃/min；②搁板预冷：玻璃瓶放在预冷至 −50℃的冻干机搁板上，这种方法得到冻干悬液的冻结速率约为 10℃/min；③液氮冻结：玻璃瓶直接浸入液氮中，这种方法得到冻干悬液的冻结速率约为 200℃/min。冻结溶液在冻结平衡温度下维持 1h 后进入干燥阶段。

干燥在自行研制开发的低温冷冻干燥装置中进行，开启冷阱制冷阀使冷阱温度降至 −60℃以下，开启真空泵使冻干室真空度达到 15Pa，搁板制冷停止，搁板温度升至 −38℃，维持这样的一次干燥条件 20h。此后，以 0.2℃/min 的加热速度使搁板温度升高至 20℃并维持在此温度直到二次干燥过程结束，这个过程共持续 8h。

三种冻结方法得到的降温过程曲线如图 9-39 所示。可以看出液氮冻结得到最快的冻结速率，完全检测不到冻结的相变阶段，说明它提供了足够快的冷却速率，相变潜热一产生就立刻被除去。梯度降温是最慢的冻结方式，产生很大的过冷度。三种冻结方法之间的差别非常明显。

血小板冻干悬液在冻结固化后，冰晶通常镶嵌在蛋白质和糖类形成的保护剂浓缩基质中，干燥过程中冰晶完全升华，原来被冰晶占据的位置就成了孔状结构，而蛋白质和糖类形成的保护剂浓缩基质就成了网状结构，血小板细胞包裹在保护剂浓缩基质中。因此，冻干样品横截面上孔的大小，可以间接反映出冻结过程中形成冰晶的大小。为了研究冻结速率对细胞外形成冰晶大小的影响，用放大500倍的扫描电镜观察冻干样品的横截面，如图9-40所示。保护剂浓缩基质的成分是1%牛血清白蛋白（BSA）和20%海藻糖，且$0.2\times10^9$个/mL血小板的加入不会影响冻干后保护剂基质的结构。图9-40（a）显示梯度降温的样品形成约$50\mu m$的冰晶，冰晶的大小和形状不均匀且生长方向杂乱；图9-40（b）显示搁板预冷的样品形成约$20\mu m$的冰晶，冰晶的大小和形状比较均匀且生长方向一致；图9-40（c）显示液氮冻结的样品形成约$10\mu m$的冰晶，冰晶大小和形状均匀且生长方向一致。

三种冻结速率下冻干的血小板在室温保存30天后复水，将血浆（PPP）：水＝1：1的复水溶液1mL在室温下直接加入每个冻干样品瓶中，轻轻振荡直到样品完全溶解于复水溶液中。冻干复水后的恢复率如图9-41所示。搁板预冷得到的恢复率最高为93.02%，其次是液氮冻结的恢复率，为83.59%，梯度降温的恢复率最低，为73.76%。

将搁板预冷方式冻结并干燥并复水后血小板的形态用扫描电镜进行观察并与新鲜血小板对照，如图9-42所示。新鲜血小板呈扁平的圆盘状［图9-42（a）］，复水后的血小板保持了完整的细胞结构，但在形态上有膨胀的趋势略呈球形，有些相邻的细胞出现相互融合的现象［图9-42（b）］，这说明冻干保存使血小板的形态发生了一定的改变。

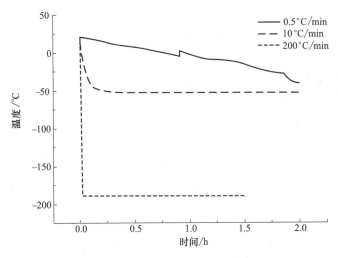

图9-39　三种冻结方式的降温曲线图

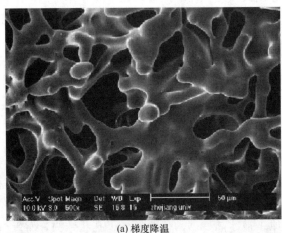

(a) 梯度降温

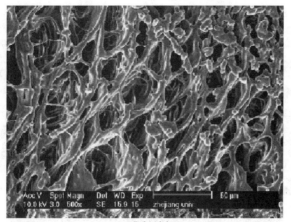
(b) 搁板预冷

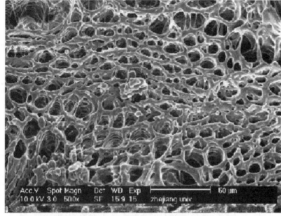
(c) 液氮冻结

图 9-40　冻干样品横截面的扫描电镜照片（500×）

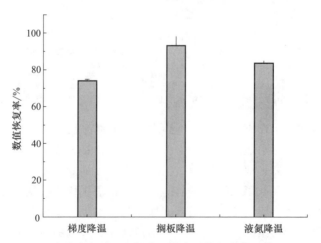

图 9-41　冻结速率对血小板冻干复水后恢复率的影响（$n=6$）

用对 1 U/mL 凝血酶的聚集曲线评价搁板预冷方式冻结并干燥的复水后的血小板的聚集功能，如图 9-43 所示。新鲜血小板的最大聚集率为 62%，坡度为 158 ［图 9-43(a)］，冻干复水后血小板的最大聚集率为 52%，坡度为 68 ［图 9-43(b)］。这说明冻干复水后的血小板维持了较好的聚集功能，但是其聚集速度比新鲜血小板慢。

周新丽等人的这项研究说明，除了保护剂系统对血小板冻干保存效果的影响较为突出外，冻

图 9-42　新鲜血小板（a）和冻干复水后血小板（b）的扫描电镜照片（5000X，比例标尺＝5μm）

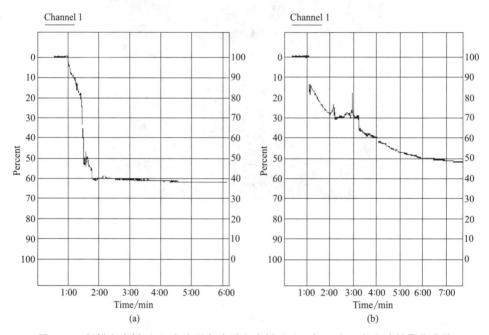

图 9-43　新鲜血小板（a）和冻干复水后血小板（b）对 1 U/mL 凝血酶的聚集曲线

结速率也是影响血小板冻干保存有效性的关键因素。实验结果表明，梯度降温的冻结方式产生的细胞外冰晶最大，得到冻干血小板的恢复率最低；搁板预冷的冻结方式产生的细胞外冰晶较小，得到冻干血小板的恢复率最高；液氮快速冻结反而会产生负面效应使冻干血小板恢复率下降。这可能是因为过快的冻结速率引起了细胞内冰晶的形成，抵消了快速冻结所带来的优势。此外，液氮冻结的样品在冻结结束后，要经历从液氮温度加热到一次干燥操作温度的过程，细胞外小冰晶在此过程中发生一定程度的再结晶，也是冻干血小板恢复率降低的一个原因。因此，正如低温保存存在最佳冻结速率一样，冻干保存也存在最佳冻结速率，过快或过慢的冷却速率都会导致细胞的损伤，降低存活率。在上述实验条件下，对血小板的冻干保存来说，最佳冻结速度约为 $10℃/min$。

### 9.8.2.3　超声波处理对血小板冻干的影响

2008 年浙江大学的张绍志教授研究了超声波对海藻糖载入人血小板过程的影响[48]。将浓度约 $1×10^9$ 个/mL 的人血小板在含 50mmol/L 海藻糖、100mmol/L NaCl、10mmol/L KCl，

10mmol/L EGTA、10mmol/L 咪唑的溶液中孵化，温度为 37℃，持续时间 4h。孵化期间对各试样分别施加 800kHz、不同强度和不同时间的超声波辐射，以不施加超声波辐射的血小板样品为对照组。采用蒽酮硫酸法和分光光度计测量糖含量，并据此计算渗入血小板的海藻糖浓度。结果表明，在超声波辐射强度 $I = 0.8W/cm^2$、辐射时间 1h 时海藻糖载入血小板的浓度最高，达 $(17.40 \pm 2.90)$ mmol/L，比对照组 $(11.27 \pm 2.53)$ mmol/L 高 54.3%。在光学显微镜下观察经超声波法载入海藻糖后的血小板，发现形态保持完好，与新鲜血小板形态几乎无差别，合适的超声波辐射能够有效强化海藻糖载入人血小板的过程。在张绍志研究的基础上，范菊莉于 2012 年研究了超声波预处理对血小板冻干的影响[49]。首先将富含血小板的血浆以 480g 离心 15min，使血小板沉淀，弃上层血浆。然后加适量生理盐水重悬，再以 480g 离心 10min 收集血小板，重复洗涤 3 次。洗涤后的血小板用孵化保护液配制成浓度约 $1 \times 10^9$ 个/mL 的血小板孵化悬浮液。将此血小板孵化悬浮液置于 37℃ 的恒温水浴中孵化 4h，同时对样品施加超声波辐射以达到强化海藻糖载入血小板的目的。为防止血小板聚集，孵化时每隔半小时振荡样品。实验装置如图9-44所示。采取 25kHz，$0.8W/cm^2$ 的超声波辐射 30min，并伴随 37℃ 孵化 4h，作为冻干前海藻糖载入血小板的预处理方案。经检测，此方案处理的血小板细胞内海藻糖浓度达到 $(28.9 \pm 4.48)$ mmol/L，与不施加超声波辐射的对照组的 $(13.2 \pm 1.27)$ mmol/L 相比，提高了 118.9%，两者存在显著性差异。

载糖处理后的血小板细胞经洗涤后用血小板冻干保护液重悬，调整细胞浓度至 $1 \times 10^9$ 个/mL 左右。取 1mL 血小板冻干悬浮液装入直径为 25mm 的玻璃瓶中，放入 −60℃ 低温冰箱冷冻 2h，将完全冻结的血小板样品取出，迅速置于冻干机的干燥箱内搁板上，冷冻干燥箱搁板预先冷却至 −40℃，冷阱预冷至 −80℃。加载样品后对冻干箱进行抽真空，整个干燥过程中冻干箱内真空度维持在 1Pa 左右。一次干燥开始，搁板温度控制在 −40℃，持续 20h；然后搁板温度以 0.2℃/min 升温至 20℃，开始二次干燥，持续约 10h 以上。冻干结束利用自动压盖系统将血小板玻璃样品瓶用橡皮塞密封。

冻干后的血小板样品在 25℃ 室温下用 50% 血浆溶液（体积比）直接复水。用 CELL-DYN1700 型血球计数仪对冻干前及复水后的血小板溶液进行计数，并测定其血小板分布宽度，其结果见表 9-18 和图 9-45。

由表 9-18 可以看出，经 25kHz，$0.8W/cm^2$ 的超声波辐射 30min 并孵化 4h 后的血小板数值减少率及 MPV 膨胀率与仅孵化的血小板无显著性差异。由图 9-45 可以看出，孵化后的血小板尺寸分布比孵化前血小板尺寸分布略宽，但仍较为集中，说明孵化对血小板尺寸分布宽度影响极

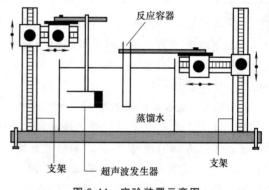

**图 9-44　实验装置示意图**

小，而且，经超声波辐射的血小板与不加超声波辐射仅孵化的血小板相比，其尺寸分布宽度曲线基本相同，这表明 30min 超声波（25kHz，$0.8W/cm^2$）辐射对血小板尺寸分布宽度基本无影响。

表 9-18　血小板数值减少率及 MPV 膨胀率

| 组别 | 血小板数值减少率/% | MPV 膨胀率/% |
| --- | --- | --- |
| 超声波处理组 | $9.1 \pm 2.41$ | $6.5 \pm 0.98$ |
| 对照组 | $8.0 \pm 0.98$ | $6.3 \pm 1.94$ |

将两组血小板进行冻干保存，复水后，对其进行血液学分析。表 9-19 给出了冻干复水后血

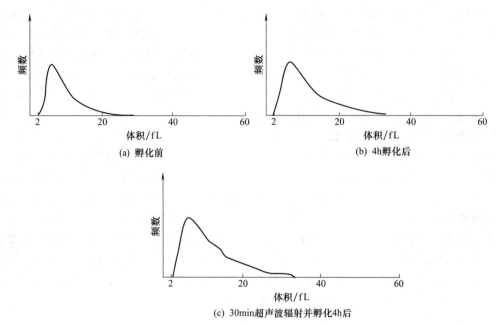

(a) 孵化前

(b) 4h孵化后

(c) 30min超声波辐射并孵化4h后

图 9-45　血小板尺寸分布曲线

小板的数值恢复率及血小板分布宽度值。由表 9-19 可以看出，经超声波辐射并孵化后冻干复水的血小板数值恢复率及 PDW 值与对照组无显著性差异。

表 9-19　冻干血小板数值恢复率及 PDW 值

| 组别 | 血小板数值恢复率/% | PDW/% |
| --- | --- | --- |
| 超声波处理组 | 83.3±4.88 | 18.9±1.55 |
| 对照组 | 80.8±4.54 | 18.1±1.15 |

尽管实验的超声波强化处理方法明显提高了海藻糖对血小板的载入量，但是，该处理后的胞内保护剂浓度的增加，并未显著提高血小板的冷冻干燥保存效果。这可能是由于冻干前血小板细胞内保护剂海藻糖的浓度存在一个最佳值，而并不是保护剂浓度越高越好。但这项研究表明，超声波载糖法用于血小板冻干预处理可行。

### 9.8.2.4　复水条件对血小板冻干的影响

除了冻干工艺和冻干保护剂之外，复水条件对冻干血液制品效果的影响也是显著的。范菊莉等人进行了这方面的研究[50]。之前已经有研究表明预复水步骤能有效帮助血小板的恢复，两个预复水温度 35℃ 和 37℃ 并不存在显著差别，作为复水溶液，50% 血浆溶液比 PBS 溶液具有更好的效果。范菊莉等人研究的是 4 种不同浓度（25%，50%，75% 和 100%）的血浆溶液作为复水溶液的影响，结果表明，对于这 4 种浓度的血浆溶液，75% 浓度的血浆溶液效果最好。

这些研究证明，用冷冻干燥法长期保存血小板有一定的可行性和应用前景，但仍需在血小板耐冻耐干机制方面进行深入的研究，同时进一步改进冻干保护剂的配方和优化冻干过程参数，使冻干血小板能够最大限度保持新鲜血小板的生理功能，实现临床应用。

### 9.8.3　脐带血的冻干

脐带血是胎儿娩出、脐带结扎并离断后残留在胎盘和脐带中的血液。近十几年的研究发现，脐带血中含有可以重建人体造血和免疫系统的造血干细胞，可用于造血干细胞移植，治疗多种疾病。因此，脐带血已成为造血干细胞的重要来源，特别是无血缘关系造血干细胞的来源。由于干细胞移植需要配型，非亲属之间的配型完全相同的概率极低，寻找供体非常困难，所以需要有大基数库存才有意义。婴儿出生时的脐带血须立即处理并保存，否则即成废物。目前，脐带血的保存采用的是低温冻存的方式。用深低温冰箱（－86℃）保存只能用于短期冻存，长久保存采用的方式是用程序降温后投入液氮中保存。用液氮保存程序繁杂，液氮消耗量较大，建立脐血库以及维持它营运的费用也高昂惊人。所以实现脐带血的冻干保存，意义远大于其他血液制品的冻干。

### 9.8.3.1　脐带血有核细胞的冻干

目前国外的报道中还没有脐带血的冻干文献，国内这方面的研究也是近几年才有的。首先是在 2003 年肖洪海完成了脐带血有核细胞冻干的实验研究[51,52]。将 6％的羟乙基淀粉（HES）25mL 加入 100mL 脐带血袋内完全混匀后经 500r/min 正置离心 500min，用压浆板压出富含有核细胞的血浆至一血浆转移袋内，再经 300r/min 正置离心 13min 后用自动压浆板压出血浆后收集富集脐带血的有核细胞 20mL。使用的冻干容器是容量约为 2.5mL 的安瓿瓶，每瓶中加入 1mL 有核细胞悬液，其配方如表 9-20 中所示。

表 9-20　11 种实验用的冻干保护剂配方

| 序号 \ 浓度 | PVP | HES | 蔗糖 | 葡萄糖 | 海藻糖 | 麦芽糖 |
|---|---|---|---|---|---|---|
| 1 | 30％ | | 20％ | | | |
| 2 | 30％ | | | 20％ | | |
| 3 | 30％ | | | | 20％ | |
| 4 | 40％ | | 20％ | | | |
| 5 | 40％ | | | 20％ | | |
| 6 | 40％ | | | | 20％ | |
| 7 | 30％ | | 40％ | | | |
| 9 | | 20％ | 20％ | | | |
| 10 | | 20％ | | 20％ | | |
| 11 | 40％ | | | | | 20％ |

注：1. 表中均为质量分数。
2. 按以上配置——PVP 或 HES 0.5mL 与 0.5mL 糖类均匀混合后加入到 1mL 分离好的脐带血有核细胞当中。

按表 9-20 中配方配置好有核细胞悬浮液，之后将安瓿瓶均匀布置在实验型冻干机搁板上。预冻结过程直接在冻干机搁板上进行。搁板温度最低可降至－40℃。悬液的降温速率为 2～3K/min。预冻结过程持续 3h，此时细胞悬液温度降低至－38℃。冷阱温度达到－40℃后，开启真空泵进入一次干燥过程，在整个一次干燥过程中搁板温度维持在－30℃。当升华界面完全消失并且细胞悬液温度达到－30℃，说明一次干燥已完成。此后提高搁板温度到 15℃，开始进入二次干燥阶段，直至整个冻干过程结束。一次干燥过程持续 38h，二次干燥过程持 11h，整个冻干过程持续时间为 52.5h，冻干曲线示于图 9-46。

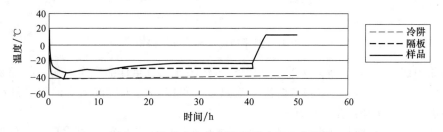

图 9-46　脐带血有核细胞悬液冻干工艺曲线

冻干后在每组样品中加入 1mL 的 PBS 复水，发现冻干后的有核细胞在 30s 内能够完全复水，复水性极好。复水后的细胞经 400 倍光学显微镜多次观察确定保护剂配方为 40％PVP＋20％蔗糖的实验组 4 冻干保护效果最好，其冻干后观察到的细胞数目约为新鲜样品细胞数目的 15％。选取实验组 4 的两个复水后样品，经 2000r/min 多次离心后分别在流式细胞仪上进行 PI

染色活性鉴别和 CD34$^+$ 抗体跟踪检测 CD34$^+$ 细胞。复水后有核细胞进行 PI 染色活性检测，有核细胞存活率为 55.67％，CD34$^+$ 抗体跟踪检测得到 CD34$^+$ 细胞占淋巴细胞的比率为 3.61％。

### 9.8.3.2 脐带血全血的冻干

考虑到对脐血的分离会造成有核细胞的大量流失，习德成等人在 2006 年对脐带血全血的冻干进行了初步探讨[53]。实验中以聚乙烯吡咯烷酮（PVP）、海藻糖等为冻干剂进行冻干实验，通过改变脐带血中冻干保护剂组分及浓度，比较冷冻干燥后全血中有核细胞的恢复率。保护剂的配方如表 9-21 所示。

表 9-21 冻干保护剂溶液的配方

| 序号 | PVP | 蔗糖 | 海藻糖 | 甘露醇 | 胎牛血清 |
|---|---|---|---|---|---|
| 1 | | | | | |
| 2 | 40％ | | 20％ | | |
| 3 | 40％ | 20％ | 20％ | | |
| 4 | 40％ | 20％ | | 10％ | |
| 5 | 40％ | | 10％ | 5％ | |
| 6 | 40％ | | 10％ | 10％ | |
| 7 | 40％ | | 20％ | 5％ | |
| 8 | 40％ | | 20％ | 10％ | |
| 9 | 40％ | | 20％ | 10％ | 10％ |
| 10 | 40％ | | 30％ | 5％ | |
| 11 | 40％ | | 30％ | 10％ | |

注：表中均为质量分数。

预冷在搁板上进行，冻干悬液的降温速率为 0.4～0.5K/min，整个冻结过程持续 2.5h，预冻到 -38℃。一次干燥时将搁板温度控制在 -30℃，当升华界面完全消失并且维持 1h 后，将搁板温度设定在 15℃，开始进入解析干燥阶段。当物料的温度恒定不变且持续一段时间后，整个干燥过程结束。一次干燥时间持续 15h，二次干燥时间持续 7h。冻干过程工艺曲线如图 9-47 所示。

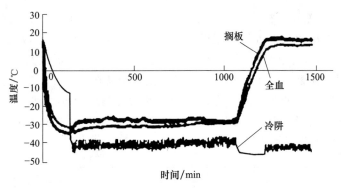

图 9-47 脐带血全血悬液冻干曲线

每瓶样品中注入 1mL 磷酸盐缓冲液（PBS），轻轻摇晃直至样品完全溶解。样品复水速度较慢，复水时间大约在 3～8min 左右。血液呈暗黑色，可能是由于血液当中的部分红细胞在冻干过程中发生破裂，产生血红蛋白的缘故。

图 9-48 是用细胞计数板计数的冻干前和不同冻干保护剂配方冻干-复水后有核细胞的数量和恢复率，全血样品冻干复水后的有核细胞恢复率最高为 68.392％，最低为 12.858％，未加入冻干保护剂的脐血样品冻干复水后的有核细胞恢复率仅为 8.047％。

图 9-48 表明，按照 40％PVP、30％海藻糖、10％甘露醇的配方配制保护剂，冻干脐带血全血，复水后有核细胞的恢复率能够达到 68.392％。样本在室温下放置三周后 PI 活性检仍然能够达到 89.08％，细胞的外形在显微镜下观察也比较完整。与肖洪海的实验结果相比，按同样的保

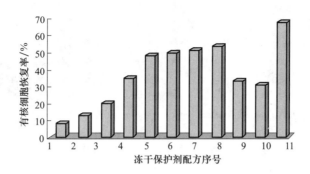

图 9-48　不同冻干保护剂下脐血全血冻干复水后有核细胞的恢复率情况

护剂配方做分离后的有核细胞的活性检测，则只有 52.68%。这说明全血中的其他成分在冻干的过程中可能会给有核细胞提供以往习惯的环境，血清等可能会给有核细胞提供营养，使得有核细胞的活性能够较大程度地保持。

## 9.9　精子的冻干

精子的长期保存在临床生殖医学、低温生物学、濒危物种保存、动物基因等研究中具有重要意义。深低温保存是目前最常用的精子保存方法，但该方法需要长期使用液氮和低温保存设备，这在一些地区是难以实现的，而且运输困难。冷冻干燥法由于样品能在 4℃下或室温中长期保存，不需液氮和低温装置，便于运输，近年来已成为精子长期保存研究的新热点。

冻干精子的成功受孕表明冻干过程对精子并不会产生毁灭性破坏[54~58]，部分干燥后的精子仍保留受精能力和染色体完整性。到目前为止，关于鼠、猪、牛、兔以及人类精子冻干的研究都有报道。老鼠和兔子的精子冻干复水后注射到卵细胞中能发育出后代来，而牛和猪等动物的精子冻干实验中，通过注射到卵细胞中能发育到胚泡状态。人的精子冻干后在 4℃下保存 12 个月后，注射到地鼠卵细胞中仍能形成雄原核。这些结果表明冻干过程对精子并不会产生毁灭性破坏，部分干燥后的精子仍保留受精能力和染色体完整性。

### 9.9.1　猪精子冻干

孟祥黔研究了猪精子的冻干[59]。将新鲜种猪的稀释精液离心处理分离，加入冷冻保护剂，调节精子浓度为 $3 \times 10^8 mL^{-1}$。将上述精子分装于 1.5mL 离心管中，放入 -40℃ 的冰箱中冷冻 6h。冻结后的精液在 7Pa 下冻干，温变速率为 0.03℃/min，温升 -40~-20℃，在 -20℃ 保持 1h，温升 -20~4℃，在 4℃ 保持 1h。然后真空封口（见图 9-49），于 4℃ 或 -20℃ 下保存。

冻干保存的精子经复水、孵育后，经检测得到的精子被分为 4 个等级，如图 9-50 所示。

A 级：顶体完整与尾部完整型

B 级：顶体膨胀与尾部完整或出现部分断裂

C 级：顶体破损、顶体脱落，尾部完整或出现部分断裂

D 级：只剩精子头部

孟祥黔的研究中使用了两种保护剂：海藻糖和 EDTA（乙二胺四乙酸）并与未添加保护剂的进行了对照实验。其实验结果表明添加 0.2mol/L 海藻糖和 50mmol/LEDTA 保护剂的均好于无保护剂的，添加海藻糖者略优于添加 EDTA 者，见图 9-51~图 9-53。

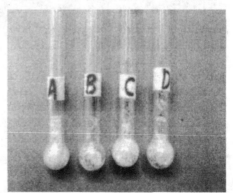

图 9-49　冻干封口保存的猪精子

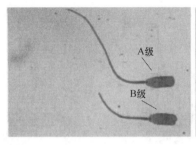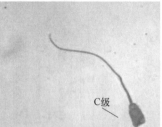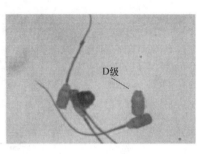

图 9-50　冻干、复水、孵化后的猪精子分级

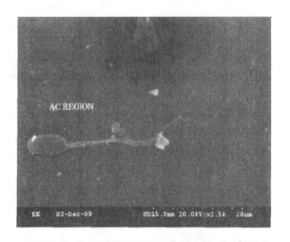

图 9-51　用海藻糖做保护剂冻干的猪精子图像
（帽状结构清晰可见，染色质颜色均一）

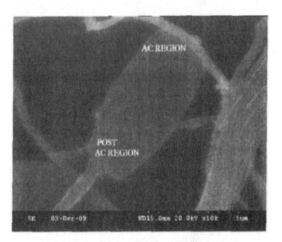

图 9-52　用 EDTA 做保护剂冻干的猪精子图像
（顶体清晰可见，颈部部分损伤）

冻干猪精子也在显微镜下进行了卵胞浆内单精子注射（ICSI）试验，如图 9-54 所示。

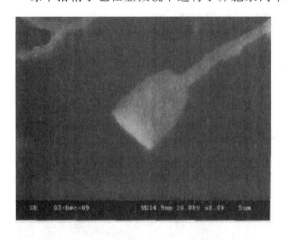

图 9-53　无保护剂冻干的猪精子图像（顶体脱落）

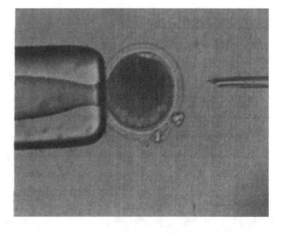

图 9-54　冻干猪精子 ICSI 实验

　　添加不同保护剂的冻干猪精子对 ICSI 后胚胎发育的影响的研究结果表明，加海藻糖保护剂冻干者雄原核形成率为 68.52%，高于 EDTA 的 64.59%，更显著高于未添加保护剂的 35.36%。

　　研究还表明，冻干前猪精子是否经过液氮急冻处理，与冻干结果没有显著影响；冻干后的猪精子在 4℃或 −20℃下保存，无明显差异；保存时间的影响也不显著。这项研究没有研究具体冻干参数对猪精子冻干结果的影响。

### 9.9.2　人精子冻干

舒志全进行了人精子冻干实验研究[60]。将四组加有保护剂的精子悬浮液分装到冻干瓶中，每瓶中加入 250μL。将冻干瓶浸在液氮中 30s，然后迅速放置到冻干机中已预冷至 −60℃ 的隔板上，开始冻干。冻干程序为：初级干燥隔板温度为 −50℃，时间为 420min，压力设定为 6.7Pa；次级干燥对应参数为 10℃，45min，6.7Pa，冷凝器温度为 −85℃。冻干结束后在氮气环境下将冻干瓶封盖并密封，然后放入 4℃ 冰箱中保存。冻干样品保存 4～5 周后检测。样品在 10℃ 下恒重，得出样品的残余含水量为 2%～3%。

温度降至大约 −10℃ 的临界值时，细胞内的水分结冰，冰晶形成引起的机械损伤会致细胞结构改变。−5℃ 左右，细胞内外的水分皆处于非结冰的超冷却状态；−5～−10℃ 之间，细胞外结冰，细胞内仍处于超冷状态。结冰使得细胞外渗透压增高，细胞脱水。此阶段降温要避免细胞内结冰，以保证细胞脱水的发生，又要避免细胞长时间暴露高渗环境，引起过度脱水。严重的脱水会产生溶液效应，导致细胞损伤。其原因是胞内大分子降解，细胞极度皱缩致膜不可逆的塌陷。此外，冰晶形成将细胞局限一个狭窄的空间内，其机械压力也会引起细胞损伤。最适宜的冷冻速度是尽快使细胞外结晶而细胞内不结晶。适宜的冷冻速率因物种而异，人精子冷冻以 1～10℃/min 为宜。

实验中在精子标本中分别加入四组冻干保护剂。

A 组——ETBS 组：50mmol/L EGTA［乙二醇双（2-氨基乙基醚）四乙酸］，10mmol/LTriS-HCl，0.5%（体积分数）二甲亚砜，50mmol/L NaCl；

B 组——ETBS＋海藻糖组：50mmol/L EGTA，5mmol/L TriS-HCl，0.5% 二甲亚砜，0.2mol/L 海藻糖；

C 组——ETBS＋蔗糖组：50mmol/L EGTA，5mmol/L TriS-HCl，0.5% 二甲亚砜，0.2mol/L 蔗糖；

D 组——ETBS＋海藻糖＋蛋黄组：50mmol/L EGTA，5mmol/L TriS-HCl，0.5% 二甲亚砜，0.1mol/L 海藻糖，10%（体积分数）蛋黄。

冻干保护剂事先经高温高压灭菌 15min，D 组灭菌后加入新鲜蛋黄。

用 DSC 法对四组保护剂进行的检测结果列于表 9-22。

**表 9-22　四种精子冻干保护剂相变温度的 DSC 检测结果**

| 项目 | | A 组/℃ | B 组/℃ | C 组/℃ | D 组/℃ |
|---|---|---|---|---|---|
| 结晶峰 | 起始点 | −10.6 | −11.0 | −17.6 | −11.1 |
| | 终止点 | −17.8 | −18.4 | −21.9 | −19.3 |
| 融化峰 | 起始点 | −3.8 | −5.6 | −6.0 | −4.5 |
| | 终止点 | 2.8 | 2.1 | 0.5 | 3.2 |
| 玻璃化转变 | 起始点 | 无玻璃化转变 | −42.4 | −44.3 | −46.6 |
| | 终止点 | | −39.5 | −41.4 | −43.4 |

以四步等体积法向每个冻干样品中加入 37℃ 的等渗 Tris-HCl 缓冲液（pH 为 8.2）进行复水，每步加入 250μL，轻摇样品使分散混匀（第一步加入后 10s 内样品即复水完全），每步之间间隔 3min 以使得渗透平衡。将悬浮液移至离心管中离心 10min，去除上清液后再加入 1mL 等渗 TriS-HCl 缓冲液重悬浮，再离心，如此洗涤三次。

冻干复水后精子的低渗膨胀实验显示，不同保护剂冻干的精子复水洗涤后低渗膨胀率差别较大，ETBS 组膨胀率为 4%，ETBS＋海藻糖组为 12%，ETBS＋蔗糖组为 14%，ETBS＋海藻糖＋蛋黄组为 36%。新鲜对照组精子为 96%。

沈大庆也进行了类似的实验研究[61]。沈大庆的冻干精子彗星实验表明，冻干后的各组精子

DNA 损伤情况和新鲜精子相比较差异无统计学意义，即以 ETBs、ETBS＋海藻糖、ETBs＋海藻糖＋蛋黄为冻干保护剂的均能有效保护人精子的 DNA 免受冻干过程的损伤。

冻干复水后精子形态的电镜照片如图 9-55 所示。由电镜照片可看出：三组保护剂中 ETBS 对精子结构的保护效果最差 [图 9-55 (a)]，多数精子尾部断裂并与头部分离，头部膜破损，部分精子头部膜破损非常厉害，胞内部分被裸露在外。在 ETBS＋海藻糖组中 [图 9-55 (b)]，部分精子头部保存较好，尾部虽未断裂，但部分包被剥落，轴丝露出。在 ETBS＋海藻糖＋蛋黄组中 [图 9-55 (c)]，由于蛋黄难以完全洗涤，所以仍有部分蛋黄残留，可以看到精子一般被包裹在蛋黄中。精子表面虽局部毛糙，但基本保存较好，尾部未发生断裂。图 9-55 (d) 为新鲜精子。

研究结果表明，在 ETBS 的基础上加入海藻糖能显著减小冻干精子膜和尾部破损比例，而将海藻糖和蛋黄结合使用时能更好地避免冻干后精子形态的破坏，提高低渗膨胀率。其中蛋黄不仅能减小精子在降温时受到的损伤，同时作为一种大分子物质，能为精子冻干提供框架结构，形成多孔介质。所以，用海藻糖和蛋黄修正的 ETBS 保护剂能更好防止精子结构在冻干过程中产生损伤。

图 9-55　不同保护剂冻干保存洗涤后精子和新鲜精子扫描电镜照片（图中标尺为 2μm）

舒志全的研究中进行了 ICSI 实验。将复水并洗涤后的冻干精子注射到雌性老鼠卵母细胞中，然后将注射了精子的卵母细胞转移到 CZB 溶液中 37℃下培养，24h 后检测，认为卵母细胞受精。

## 参 考 文 献

[1]　黎先发. 真空冷冻干燥技术在生物材料制备中的应用与进展 [J]. 西南科技大学学报，2004，19 (2)：117-121.

[2]　孙企达. 冷冻干燥超细粉体技术及应用 [M]. 北京：化学工业出版社，2006：219.

[3]　方之杨，吴中立，高学书，等. 烧伤理论与实践 [M]. 沈阳：辽宁科学技术出版社，1999：74.

[4]　张兆祥，晏继文，徐成海. 真空冷冻干燥与气调保鲜 [M]. 北京：中国民航出版社，1996：151.

[5]　王永成，李安娜. 冷冻干燥保存对布氏菌株性状及其毒力影响的观察 [J]. 中国地方病防治杂志，1989 (6)：370-371.

[6]　邵伟，熊泽，唐明. 醋酸菌菌种的冷冻干燥保藏研究 [J]. 中国酿造，2005 (11)：7-8.

[7]　朱东升. 乳酸菌冻干保活关键技术研究 [D]. 杭州：浙江大学，2010：19-23.

[8]　刘丹，潘道东. 瑞士乳杆菌冷冻干燥保护剂的研究 [J]. 食品科学，2006（9）：73-75.

[9]　朱红，孙福在，张永祥. 菌种保存方法对冰核细菌冰核活性的影响 [J]. 微生物学通报，1993（3）：137-139.

[10]　郑星铭，王丽. 鼠疫菌种的真空冷冻干燥保存 [J]. 地方病通报，1997（3）：11-13.

[11]　徐斌，王㲄，周园，等. 麻疹减毒活疫苗冻干工艺的优化 [J]. 中国生物制品学杂志，2010（12）：1343-1346.

[12]　李六金，贾满民，陈慧茹，等. 猫泛白细胞减少症弱毒冻干疫苗原子研制与探索最佳冻干曲线的研究 [J]. 中国动物检疫，2002（7）：23-25.

[13]　李六金，朱德生，贾满民，等. 解析"犬四联"弱毒疫苗质量与最佳冷冻干燥曲线的关系 [J]. 中国兽药杂志，2003（4）：47-49.

[14]　李光谱，刘景晔，王鹏富，等. 甲型肝炎减毒活疫苗冻干保护剂的研究 [J]. 中国生物制品学杂志，2002（6）：361-362.

[15]　郑文利，徐成海，邹惠芬. 冻干大鼠皮肤的实验研究 [C]. 上海：第六届全国冷冻干燥会议论文集，2000，11：51-53.

[16]　郑文利. 真空冷冻干燥理论及实验研究 [D]. 沈阳：东北大学，1999，12：78-91.

[17]　杨维. 皮肤组织干燥保存的研究 [D]. 西安：西北大学，2009，5：28-42.

[18]　刘杰，许建中. 骨冻干技术研究进展 [J]. 华南国防医学杂志，2008，22（2）：60-62.

[19]　许亦权，胡敏. 冷冻/冷冻干燥处理对犬下颌骨生物力学性能的影响 [J]. 口腔医学研究，2006，22（3）：232-235.

[20]　侯天勇. 冻干组织工程骨与组织工程骨成骨活性比较研究 [J]. 中国修复重建外科杂志，2010（7）：779-784.

[21]　杨鹏飞，程启康，王欣，等. 人体骨髓基质干细胞冷冻干燥的探索性实验 [J]. 制冷学报，2005（1）：19-23.

[22]　王德喜. 提高冻干角膜活性的实验研究 [D]. 沈阳：东北大学，2003.

[23]　ALAIN CURTIL，DAVID E. PEGG，ASHLEY WILSON. Freeze Drying of Cardiac Valves in Preparation for Cellular Repopolation [J]. CRYOBIOLOGY，1997，34：13-22.

[24]　郭文秀，邓承远，冯谦，等. 一种潜在的溶栓药物—纳豆激酶的研究进展 [J]. 中国微生态学杂志，2006，18（2）：156-158.

[25]　付利，杨志兴. 纳豆激酶的研究与应用 [J]. 生物工程进展，1995，15（5）：46-49.

[26]　Nakamura，T.，Youher，Y. Eiji，I. Nucleotides equence of the Subtilisin NAT，aprN，of Bacillus subtilis（natto）[J]. Biosci Biotech Biochem，1992，56（11）：1869-1871.

[27]　董明盛，江晓，刘诚，等. 纳豆激酶稳定性的研究 [J]. 食品与发酵工业，2000，27（4）：13-14.

[28]　Georg-Wilhelm Oetjen，Peter Haseley. Freeze drying [M]. Wiley-VCH GmbH & Co. KGaA，2002.

[29]　彭润玲，徐成海，寇巍. 纳豆激酶抽真空冷冻干燥的实验研究 [J]. 东北大学学报自然科学版，2008，29（8）：116-119.

[30]　华泽钊. 人体细胞的低温保存与冷冻干燥 [J]. 制冷技术，2007（2）：16-19.

[31]　Goodrich R P，Williams C M，Franco R S，et al. Lyophillization of red blood cells [J]. US Patant，1989（4）：874-890.

[32]　Sowemimo-Coker S O，Goodrich R P，Zerez C R，et al. Refrigerated storge of lyophilized and rehydrated lyophilized human red cells [J]. Transfusion，1993，33：322-329.

[33]　Goodrich R P，Sowemimo-Coker S O，Zerez C R，et al. Preservation of metabolic activity in lyophilized human erythrocyte [J]. Proc Natl Acad Sci USA，1995，89：967-971.

[34]　Rindler V，Luneberger S，Schwindke P，et al. Freeze-drying of red blood cells at ultra-low temperatures [J]. Cryobiology，1999，38：2-15.

[35]　Rindler V，Heschel I，Rau G. Freeze-drying of red blood cells：How useful are freeze/thaw experiments for optimization of the cooling rate [J]. Cryobiology，1999，39：228-235.

[36]　吴正贞，刘宝林，华泽钊. 甘油对人的红细胞冷冻干燥保存效果的影响 [J]. 真空，2006（1）：59-61.

[37]　何晖，刘宝林，华泽钊，等. 海藻糖载入红细胞及其冷冻干燥的实验研究 [J]. 细胞生物学杂志，2006，28：907-911.

[38]　权国波，韩颖，刘秀珍. 预冻温度和冻干机搁板温度对冷冻干燥红细胞的影响 [J]. 2004（3）：368-371.

[39]　Acker J P，McGann L E. Protective effect of intracellular ice during freezing [J]. Cryobiology，2003，46：197-202.

[40]　权国波，韩颖，刘秀珍，等. 保护液的玻璃化状态对红细胞冷冻干燥保存后回收率的影响 [J]. 中国实验血液学杂志，2003（3）：308-311.

[41]　曹伟，韩颖. 冷冻干燥保存血小板的研究进展 [J]. 中国输血杂志，2003（5）：361-363.

[42]　Read M S，Reddick R L，Bode A P，et al. Preservation of hemostatic and structural properties of rehydrated lyophilized platelets：potential for long-term storage of dried platelets for transfusion [J]. Proc Natl Acad Sci USA，1995，92：397-401.

[43]　Wolkers W F，Walker N J，Tablin F，et al. Human platelets loaded with trehalose survive freeze-drying [J]. Cryobiology，2001，42：79-87.

[44]　Bode A P，Blajchman M A，Bardossy L，etal. Hemostatic properties of human lyophilized platelets in a thrombocytopenic rabbitmodel and a simulated bleedingtime device [J]. Blood，1994，84：464.

[45] 刘景汉, 周俊, 王冬梅, 等. 冷冻干燥保存血小板的实验研究 [J]. 中国实验血液学杂志, 2007 (5): 1098-1101.

[46] 周新丽, 刘宝林, 张绍志. 糖的浓度和种类对人血小板冷冻干燥保存的影响 [J]. 上海理工大学学报, 2007 (6): 534-538.

[47] 周新丽, 祝宏, 张绍志, 等. 冻结速率对血小板冷冻干燥保存的影响 [J]. 细胞生物学杂志, 2006, 28: 481-485.

[48] 张绍志, 朱发明, 范菊莉, 等. 超声波用于海藻糖载入血小板 [J]. 细胞生物学杂志, 2008 (1): 121-124.

[49] 范菊莉, 张绍志, 徐梦洁. 超声波预处理的人血小板冻干保存实验 [J]. 南京航空航天大学学报, 2012 (3): 420-424.

[50] 范菊莉, 许先国, 张绍志. 冻干人血小板复水过程的优化研究 [J]. 科学通报, 2010, 17: 1738-1743.

[51] 肖洪海, 李军, 华泽initial. 人脐带血有核细胞冷冻干燥保存实验初步研究 [J]. 细胞生物学杂志, 2003, 6: 389-393.

[52] 肖洪海, 谷雪莲, 高才. 不同冻干保护剂对冷冻干燥脐带血玻璃化转变温度和冻干质量的影响 [C] //上海: 中国工程热物理学术会议, 2003: 761-764.

[53] 习德成, 陶乐仁, 肖鑫. 人脐带血全血冷冻干燥保存的初步研究 [J]. 真空, 2006 (2): 44-47.

[54] Hara H, Abdalla H, Kuwayama M. Procedure for bovine ICSI not sperm freeze-drying impairs the function of the microtubule-organizing center [J]. The journal of Reproduction and Development, 2011 (3): 428-432.

[55] Li M W, Willis B J, Griffey S M. Assessment of three generations of mice derived by ICSI using freeze-dried sperm [J]. Zygote, 2009 (3): 239-251.

[56] Trainor Amanda, Djan Esi, Koehne Amanda. Mutant mice derived by ICSI of evaporatively dried spermatozoa exhibit expected phenotype [J], Reproduction, 2012 (4): 449-453.

[57] Kaneko T, Kimura S, Nakagata N. Importance of primary culture conditions for the development of ratI CSI embryos and long-term preservation of freeze-dried sperm [J]. Cryobiology, 2009 (3): 293-297.

[58] 朱锦亮, 严阿勇, 陈学进, 等. 用冻干精子生产 ICSI 小鼠 [J], 农业生物技术学报, 2007 (1): 177-178.

[59] 孟祥黔. 猪精子冷冻干燥保存技术建立及显微注射受精的研究 [D]. 雅安: 四川农业大学, 2010: 17-27.

[60] 舒志全. 人的红细胞与精子冷冻干燥保存实验研究 [D]. 合肥: 中国科技大学, 2006: 110-114

[61] 沈大庆. 冷冻干燥保存法对人精子形态结构基 DNA 的影响研究 [D]. 青岛: 青岛大学, 2008.

# 10 药用材料及原料的冻干技术

为了制剂或进一步加工的需要, 大部分药用材料或药用原料都要经过干燥这一重要的加工过程。常用的药用材料或原料的传统干燥手段有: 日晒、风干、烘干、红外线干燥、微波干燥、真空干燥、太阳能集热器干燥等等。药用材料及原料的干燥, 除了与其他物料的干燥一样要求较彻底地除去水分, 便于长期保存及运输以外, 还要求干燥过程中不造成药材污染和成分损失及发生利于制药的变化。目前在实际生产中, 除了生物制品药用材料如酶、疫苗、菌种等采用冷冻真空干燥技术进行加工之外, 大部分药用材料及原料的干燥仍然采用上述传统干燥技术。与传统干燥方法相比, 药用材料及其原料的冷冻真空干燥具有非常突出的优点: 首先, 冷冻真空干燥是在低温下干燥, 能使被干燥药用材料或原料中的热敏性物质被保留下来, 而这些热敏性物质可能恰恰是发挥药效的关键性物质, 能使药材发挥最大的作用; 其次, 冷冻真空干燥是在低压下干燥, 被干燥药材不易氧化变质, 同时能因缺氧而灭菌或抑制某些细菌的活力, 保证药品的安全性并可能更大程度地延长药用材料及原料的贮存保质期; 第三, 冷冻真空干燥是在保证物料冻结的前提下物料被真空干燥, 冻结时被干燥的药用材料及原料可形成 "骨架" 式结构, 干燥后能保持原形, 形成多孔结构, 能保持药材颜色基本不变, 而且复水时, 由于多孔机构的存在, 冻干药材可迅速吸水还原成冻干前的状态, 这将可能使药材的进一步加工变得更为方便或更有利于药效的发挥。为此, 经冷冻真空干燥的药用材料及原料可能完全不同于传统加工技术处理的药材的化学成分、物理性状和生物功能等, 这或许将彻底颠覆传统干燥技术加工的药材的制剂方法、贮存及运输方式、药理作用以及评价标准, 甚至需要改变传统药剂的配方、配比。所以药用材料及原料冻干有值得研究的问题, 也有被广泛看好的应用前景。

目前对药用材料及其原料的冻干研究包括: 注射用丹参[1]、双黄连[2]、艾迪[3]、复方参芍[4]、天麻[5]、金银花[6]、白术[7]、连花粉针剂[8]、林蛙油[9,10]、通脉粉针剂[11]、生脉饮颗粒剂[12]、人参[13]、山药[14]、螺旋藻[15]、冬虫夏草[16]、鹿茸[17]以及各种脂质体等。

与其他物料的冷冻干燥一样，药用材料的冻干也存在设备昂贵、生产成本较高的现象。但是随着冷冻真空干燥技术水平的提高，设备的日益完善及国产化，药用材料冻干的生产成本也在逐渐降低，而其产品的高品质所附带的高价值也得到了市场的认可。在国际市场上，冻干的中草药的价格比传统干燥产品要高 4 倍左右。1998 年，我国冷冻真空干燥的东北吉林人参售价高达6000～6500 美元/t，仅日本进口就达 5000t[18]。

## 10.1　人参的冻干

人参为五加科多年生草本植物人参的根。人参古人曾称为"神草"，因为它功能神奇，能"起死回生"。主产于吉林、辽宁、黑龙江、朝鲜半岛等地，而以吉林抚松县产量最大，质量最好，因而称为吉林参。目前，人参有野生和栽培两种。野生人参以支大、浆足、纹细、芦（根茎）长、碗密，有圆芦及珍珠点者为佳。这种人参功效卓越，但生长时期长，价格也昂贵。人工栽培的人参，一般也要 6～9 年才能采收。比起野山参来，作用虽较弱，但价格要便宜得多。深受广大群众的喜爱。

现代研究表明，人参含有人参皂苷 I～VI，人参根部含有人参酸（系软脂酸、硬脂酸、油酸和亚油酸的混合物），植物甾醇，胆碱（0.1%～0.2%，是人参中降低血压的成分），各种氨基酸和肽类、葡萄糖、果糖、麦芽糖、蔗糖，几种人参三糖，果胶等糖类，维生素 B、烟酸、泛酸等[19]。

对于经常服用人参的人来说，人参的贮藏方法是个难题。因人参含有较多的糖类，容易受潮，久放易生霉变和虫蛀，从而影响其药用价值，给食者带来诸多的麻烦。因此，科学地贮藏人参十分重要。

人参的品种与加工方法：

红参：以优质鲜人参为原料，经刷洗、蒸制、烘干而成。

全须生晒参：以鲜人参为原料，刷洗后晒干或 40～50℃烘干。

保鲜参：以优质鲜人参为原料，洗刷后经过保鲜剂处理而成。

活性参：以优质鲜人参为原料，采用冷冻真空干燥技术加工而成。

除了活性参之外，其他传统的加工方法干燥的人参，药效受到影响，外观不好。红参用水蒸气蒸煮，人参中的挥发性物质——人参萜烯类等物质有 70%挥发掉。用冷冻真空干燥技术干燥人参，可使人参中的人参萜烯等其他挥发性成分不受损失，从而保全人参的全部有效成分。采用冷冻真空干燥方法加工人参，其成品参不仅形、色、气味优于生晒参和红参，而且可使生物性状和组织中内含物保持完整，有效成分含量高，因此，冷冻真空干燥法加工的人参有"活性参"之称。东北大学徐成海教授开展了人参冷冻干燥研究[13]。

10.1.1　人参的共晶点温度和热导率

10.1.1.1　人参的共晶点温度测定

根据阿伦尼乌斯（S. A. Arrhenius）的溶液电离学说，自制的共晶点温度测量装置。测量的方法是：将人参切去芦头和须根，切成长 100mm、直径 22mm 的试件，将两块大小相等的铜电极插入人参中，插入的深度相同，在其附近插入电阻温度计探头，放入低温箱冻结最低温度为－30℃，数字电阻表不断显示电阻值的变化，温度显示仪给出同时的温度。经数据处理，可得出阻值随温度的变化曲线图 10-1。根据图中曲线，取人参的共晶点温度为－10～－15℃。

10.1.1.2　人参的热导率测定

人参热导率是计算耗冷量、加热功率和冻干时间的重要参数。热导率与物料几何形状无关，

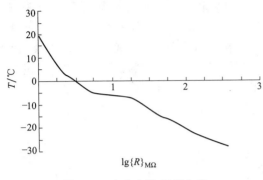

图 10-1　人参电阻-温度曲线

与物料的成分、内部结构、密度、温度有关。从冻干人参横切面的结构看，人参呈蜂窝状发散性孔隙结构，属于多孔微隙物质，采用平板稳态导热方法测量其热导率。人参热导率的测量装置如图 10-2 所示。炉体中水平放置着上、下两个方向散热的圆板形主加热器（直径为 100mm）和附加电热器，电加热器上、下两加热面采用铜板，以使表面温度保持均匀。加热板外侧分别紧贴着同样材质，同样尺寸的试样。两试样的外侧贴着冷却水套的冷却面，依靠恒温水浴供给冷水冷却。整个炉体及试样放置在带有绝缘层的外壳内，以减少散热损失。

采用热流量的计算公式为：

$$Q = \frac{k}{\delta} A \Delta T \tag{10-1}$$

式中，$k$ 为热导率；$A$ 为导热面积；$\delta$ 为导热层厚度；$\Delta T$ 为导热层上下面温差。

为使测量结果准确，必须保证通过试样的导热是一维稳态导热。为此，主、护加热器分别由各自的稳压电流供电。在主加热器上给定电压后，护加热器的电压值由一台温度自动跟踪控制仪控制，其简单的原理是：当护加热板的温度不一致时，由装在主、护加热板上的温差热电极给出偏差值，经温度自动跟踪仪给出一触发信号，使可控硅导通角正比于温差信号的大小，从而改变护加热板电压值，以改变护加热板的温度，最后达到主、护加热器表面温度相等。稳定平衡后，主、护加热器就不存在经向热流，保证这部分试样内的导热为一维稳定导热。主加热器放出的热量全部通过双向加热板和其相对的同样大小面积的试件部分传给冷却水，因此，计算热导率时，仅采用主加热器的电发热量 $Q$ 与主加热面相同直径的试样表面积 $F$，以及两侧的加热面、冷冻面的温度值。

经测试和计算得人参的热导率为 $0.041W/(m \cdot K)$。

### 10.1.2　人参冻干的工艺

人参真空冷冻干燥的工艺流程包括前处理、预冻、升华干燥、解析干燥、后处理。

#### 10.1.2.1　人参冻干前处理

在人参冻干前，将人参洗净、整形，选直径相当的人参，在人参上排银针。实验表明，这样处理的人参干燥彻底，外形美观，干燥时间短，节省能源。

#### 10.1.2.2　预冻

根据测得的人参共晶点温度为 $-15℃$，搁板温度控制在 $0 \sim -25℃$。实验证明，当温度高于此值时，冻干人参的表面有鼓泡、抽沟、收缩等不可逆现象。预冻时间与人参直

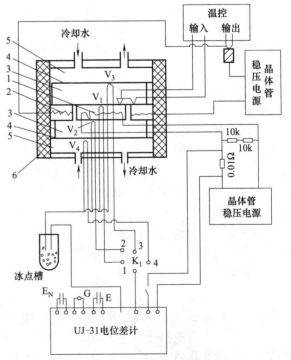

图 10-2　人参热导率测量装置简图

1—主加热器；2—辅加热器；3—试件；

4—冷却板；5—冷却水套；6—绝缘层

径大小有关，与冻干机性能有关。东北大学在自制 ZLG-1 型冻干机上，采有直冷直热式、复叠式制冷机组，最低温度可达－60℃，最高加热温度为 80℃。空载真空度为 15Pa。冻干面积为 0.216m²。实验中选用的是直径 30mm 左右六年生圆参，经多次实验观察，将人参从室温（约为 15℃）降到－20℃左右，人参的预冻时间为 3～4h，效果较好。

### 10.1.2.3 升华干燥

人参在升华干燥过程中，由于需要不断补充升华潜热，在保持升华界面温度低于共晶点温度的条件下，不断供给热量。随着干燥层的增厚，热阻增加，供给的热量也应有所增加。这时应注意人参的已冻干部分的温度必须低于人参的崩解温度，否则，产品将会熔化报废。实验认为人参的崩解温度在＋50℃左右。

人参的升华干燥时间受许多因素的影响，是一个传热、传质同时进行的复杂过程。在此过程中，传热处于控制地位，干燥时，人参冻干过程的状态模型如图 10-3 所示。热量从加热器传至人参表面以对流和辐射为主，因此，压强对传热量有影响。从人参表面到升华界面热量以热传导形式传入。由于人参是圆柱体，取坐标为柱坐标，在干燥层中取一微元控制体，如图 10-4 所示。

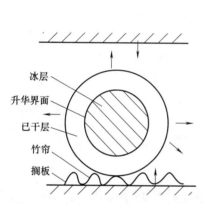

图 10-3　人参冻干过程的状态模型

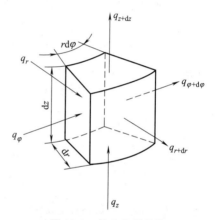

图 10-4　柱坐标微元体

进入控制体的热流：

$$q_r = -k\frac{\partial T}{\partial r}r\mathrm{d}\varphi\mathrm{d}z \tag{10-2}$$

$$q_z = -k\frac{\partial T}{\partial z}r\mathrm{d}r\mathrm{d}\varphi \tag{10-3}$$

$$q_\varphi = -k\frac{\partial T}{\partial \varphi}\frac{1}{r}\mathrm{d}r\mathrm{d}z \tag{10-4}$$

式中，$k$ 为人参的热导率，$kW/(m \cdot K)$。

流出控制体的热流

$$q_{r+\mathrm{d}r} = q_r + \frac{\partial q_r}{\partial r}\mathrm{d}r \tag{10-5}$$

$$q_{z+\mathrm{d}z} = q_z + \frac{\partial q_z}{\partial z}\mathrm{d}z \tag{10-6}$$

$$q_{\varphi+\mathrm{d}\varphi} = q_\varphi + \frac{\partial q_\varphi}{\partial \varphi}\mathrm{d}\varphi \tag{10-7}$$

控制体内物质的贮存能量：

$$E = \rho c_p \frac{\partial T}{\partial t}r\mathrm{d}\varphi\mathrm{d}z\mathrm{d}r \tag{10-8}$$

式中，$\rho$ 为人参的密度，$kg/m^3$；$c_p$ 为人参的比热容，$kJ/(kg \cdot K)$。

控制体内没有生成能量，整个微元控制体能量守恒，所以

$$q_r + q_z + q_\varphi - q_{r+dr} - q_{z+dz} - q_{\varphi+d\varphi} = E$$

将上述各式代入，设控制体的热导率各向同性，整理后得

$$\frac{1}{r}\frac{\partial}{\partial r}\left(r\frac{\partial T}{\partial r}\right) + \frac{1}{r^2}\frac{\partial^2 T}{\partial \varphi^2} + \frac{\partial^2 T}{\partial z^2} = \frac{\rho c_p}{k}\frac{\partial T}{\partial t} \tag{10-9}$$

当只考虑存在径向热流时，式（10-9）化简成

$$\frac{1}{r}\frac{\partial}{\partial r}\left(r\frac{\partial T}{\partial r}\right) = \frac{\rho c_p}{k}\frac{\partial T}{\partial t} \tag{10-10}$$

干燥过程中的传热传质具有相似的物理机理，热传导的推动力是温度差，传质的驱动力是压强差传质符合 Fick 定律：

$$G = -\frac{DM}{RT_m}\frac{\partial p}{\partial r} \tag{10-11}$$

式中，$G$ 为扩散速率；$D$ 为扩散系数；$M$ 为冰晶的摩尔质量；$T_m$ 为人参的升华界面温度；$R$ 为普适气体常数。

干燥过程中的传热、传质过程是相互影响的，随着升华的进行，多孔干燥层的增长，不仅要降低传质的效率，而且也延缓了冰界面上升华水蒸气逸出的速率。

根据上述分析，可建立起人参真空冷冻干燥的数学模型，再经数学推导，可整理出升华阶段所需要的时间 $t$ 为

$$t = \frac{r_0^2}{a}\left\{\exp\left[\frac{s(t)}{r_0}-1\right]\left(\frac{s(t)}{r_0}-2\right)\left(1+\frac{1}{b}\right) + 2\ln\left(3-\frac{s(t)}{r_0}\right) + \frac{s(t)}{r_0} - \frac{s^2(t)}{2b} + \frac{\exp\dfrac{s(t)-r_0}{r_0}}{b} + \frac{1}{2b} - 2\ln 2\right\} \tag{10-12}$$

式中，$a = \rho c_p/k$，称为导温系数；$b = c_p(T_i - T_m)/1.98\gamma$；$\gamma$ 为升华潜热；其余符号见图 10-5。

当 $s(t) = 0$ 时，所求 $t$ 的值即为升华时间。以直径为 39mm 的六年参为例，计算升华时间，具体数据为：$k = 0.041W/(m \cdot K)$，$c_p = 1800J/(kg \cdot K)$，$\rho = 403.6kg/m^3$，$T_i = 10℃$，$T_m = -15℃$，$\gamma = 2800kJ/kg$，$r_0 = 15mm$。采用式（10-10）升华干燥的时间 $T_i = 10℃$，$T_m = -15℃$，$\gamma = 2800kJ/kg$，$r_0 = 15mm$。采用式（10-12）可得升华干燥时间为 $t = 19.2h$，经实验测得，升华干燥时间为 20～22h 比较合适。

### 10.1.2.4　解析干燥

在升华干燥结束后，人参内部的毛细管壁还吸附了一部分水，这些水分是没冻结的，这些吸附水的吸附能量高，如果不给予足够的热量，它们不能解吸出来，因此这个阶段的物料温度应足够高，人参的最高温度是 50℃。为使水蒸气有足够的推动力逸出，应在人参内外形成较大的压差。因此，这阶段箱内应该有较高真空度。解析干燥时间控制在 8h 左右较好。

### 10.1.2.5　后处理

干燥结束后，应立即进行充氮或真空包装，因干燥后的人参吸水性强，应防止产品吸潮而变质。

根据以上的分析、计算、实验，得出人参冷冻真空干燥的工艺曲线如图 10-6 所示。

### 10.1.3　影响人参冻干的因素

上述冻干曲线是直径约为 30mm 的六年生人参的典型工艺曲线。对于不同大小的人参和不同性能的冻干机，冻干工艺曲线是有变化的，不能生搬硬套，应根据具体情况修正。为提高人参的冻干速率，还常采用预冻前加排银针法。这里进一步研究一下影响人参冻干的因素。

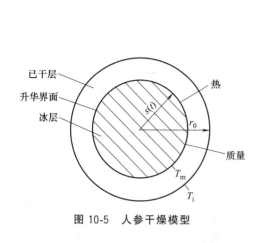

图 10-5　人参干燥模型

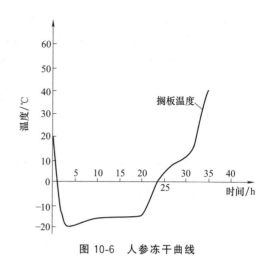

图 10-6　人参冻干曲线

#### 10.1.3.1　传热方式的影响

人参经过前处理后，分别放在冻干室的搁板与搁板上的竹帘之上，然后进行冻结、干燥处理。在干燥相同时间后取出观察，直接放在搁板上的人参，在靠近搁板侧抽缩已干，另一侧则未干透，折之不易断，断面上有糊精存在。放于竹帘上的人参干燥彻底，外形完美，和鲜参相差不大，折断有脆声，断面蜂窝状且洁白。造成这种现象的原因是人参的热导率近于绝热材料，直接放于搁板上，与搁板接触侧受热量大，热量传不上去，造成这部分冰晶融化，产生抽沟现象，而人参上部受热少，整个人参的热量分布不均匀，干燥速率亦不均匀。放于竹帘上靠对流和辐射供热量，四周热流均匀，分布在人参上的温度均匀，传热传质都比较均匀，所以干燥效果好。

#### 10.1.3.2　人参直径的影响

不同直径大小的人参，干燥时所需升华时间不同，随着半径的增大，时间呈平方曲线上升，因为人参的直径越大，所含冰的体积越大，不考虑人参长度影响，体积与半径 $r$ 的平方成正比，由此可见，进行人参冷冻干燥时，需要选择直径相当的人参同时干燥，不然在相同的升华时间内，有的已干燥完毕，有的升华还未完成，造成质量差异或不必要的能耗升高。因此，干燥不同直径的人参时，应调整升华阶段时间，选用不同的冻干曲线。

#### 10.1.3.3　冻干室内真空度的影响

人参冻干时的传质过程是水蒸气从冰表面升华，通过已干燥层的孔道，向真空室内逸出的过程。因此，冷冻界面与真空室内压差 $\Delta p$ 越大，则水蒸气的逸出速率越快。但真空室内压强太低，对于空间热对流不利，传给人参的热量减少，升华速率下降。如果真空室内的压强太高，$\Delta p$ 减小，传给人参的热量增多，会造成界面融化，干燥失败。权衡传热、传质的平衡关系，经过实验，冻干人参时冻干箱内的压强选择在 $13\sim133Pa$ 之间为好。采用循环压力法可提高人参的冻干速率。

#### 10.1.3.4　水汽冷凝器表面温度的影响

升华过程中产生的大量水蒸气是由水汽冷凝器排出的，水汽冷凝器的表面温度直接影响着冻干室内的真空度，影响人参的干燥速率。实验发现，水汽冷凝器的表面温度与升华界面的温度有关。水蒸气的流动取决于这两个温度所对应的饱和蒸汽压力之差，降低水汽冷凝器表面的温度可以提高水蒸汽的凝结速率，但是会增大设备的能耗和成本。实践证明水气冷凝器表面温度取 $-30℃$ 是经济可行的。

采用冷冻真空干燥技术加工的活性人参，经鉴定，活性参无论在质量和外形上都优于用传统方法加工的红参、生晒参、糖参等制品。在低温条件下加工而成的活性参，其组织细胞内含物保留较完整，可利用度较高。将活性参用低浓度醇白酒或蒸馏水浸泡，待具活性的细胞吸收水分后，可恢复鲜参状。由于活性参是在冷冻真空低温条件下脱水干燥的，鲜参所含酶未遭破坏，服用后易于消化吸收，可发挥更大的药效。采用冷冻真空干燥加工的活性参与烘干参成分对比见表10-1。

表 10-1 活性参与烘干参成分对比[19]

| 加工参种类 | 人参总皂苷含量/% | 氨基酸总量/% | 挥发油/% | 酶活性淀粉水解成麦芽糖/(mg/5min) |
|---|---|---|---|---|
| 烘干参 | 3.82 | 6.2353 | 0.046 | 6.78 |
| 活性参 | 3.96 | 6.7046 | 0.063 | 7.21 |

## 10.2 山药的冻干

山药别名怀山药、山芋，四川称白苔，湖南叫野白薯，杭州学名为白药子。山药是著名的薯蓣科药用植物。山药每百克鲜品中含水分82.6g，碳水化合物14.4g，蛋白质1.5g，维生素C 4mg、胡萝卜素0.02mg，以及钙、铁、胆碱、黏液汁、酶、薯芋皂苷等。山药的黏液富含糖、蛋白质，内有消化酵素，可增强人体的消化能力，但易受高温破坏而丧失其作用[20]。

山药贮存过程中要防止发霉变质，传统贮存方法主要是用硫黄粉熏后，晒干或炭火烘干。山药的加工方法及产品主要有：

① 去皮→切片→固化→烫漂-糖渍→烘干——山药脯
② 去皮→硫熏→脱水→预干→切段→晾干→上浆——山药干
③ 去皮→切片→固化→烫漂→烘干→粉碎——山药粉
④ 清洗→蒸烂→去皮→搓成泥→加入熟面→铺上澄沙、京糕→蒸制——山药糕[21]
⑤ 清洗→去皮→打浆→酶解→压滤→加入配料→造粒→干燥——固体饮料
⑥ 清洗→去皮→打浆→酶解→压滤→浓缩→调配——山药保健酒[22]

传统的加工工艺会造成山药营养成分损失大，而且经硫黄熏蒸后，含硫化学物质残留在产品中，会引起食品安全问题。冻干山药的目的是得到营养丰富，药效不变，能长期贮存运输的山药。这种山药除药用以外，可用作为保健食品和功能食品的添加剂，制成各种糕点、休闲食品供老人、儿童食用。

近年来，随着药用、保健食品和功能食品用量的增加，对山药原粉的需求量日渐增长，尤其是山药粉出口创汇，更引起有识之士的注意。为保持山药的药效和营养成分，便于长期贮存和运输，东北大学的徐成海教授等[14]在自行设计制造的ZLG-0.2型真空冷冻干燥机上进行了山药原粉冷冻真空干燥的实验研究。

### 10.2.1 山药粉的冻干实验

#### 10.2.1.1 冻干山药粉的工艺

冻干山药的目的是得到营养丰富新鲜的山药粉。冻干山药粉的工艺包括：前处理、预冻、升华干燥、解析干燥和后处理。前处理工序是选取新鲜优质山药，经清洗和去皮后切片。切好的山药片直接摆放在冻干箱的搁板上。冷冻、升华干燥和解析干燥全在冻干箱内进行。

#### 10.2.1.2 预冻

预冻可分速冻和慢冻两种。为使预冻过程中形成较大冰晶，以便给升华干燥创造良好的传质条件，实验中采用慢冻。将厚8mm左右的山药片铺放在冻干箱的搁板上，将一电阻温度计插入山药片中心，另一电阻温度计放在搁板表面上，关上冻干箱门，启动制冷系统，将山药片冷冻到共熔点温度以下（测得山药共熔点温度为−18～−20℃），保持一定时间，预冻即结束。预冻时间为2.5h，效果较好。

#### 10.2.1.3 升华干燥

升华干燥时，将制冷系统切换到水气凝结器上，待水气凝结器温度降至−20℃左右，即可开真空泵，对冻干箱抽真空。冻干箱真空度达到 20Pa 左右即可开始加热，这时一定要注意控制加热速率，应保持山药片内的温度在共熔点以下，以防止加热过快造成制品熔化。实验证明，真空度控制在 50Pa 左右时，传热、传质效果较好，升华速率较快。升华干燥时间为 8h。

#### 10.2.1.4　解析干燥

为保证产品质量，在解析干燥阶段搁板温度不要超过 50℃，山药片温度不要超过 40℃。解析干燥时间为 2.5h。曾试验提高搁板温度到 80℃，以便提高干燥速率，缩短干操时间，试验结果发现有少量硬结小块，颜色变黄，似有烧焦现象，造成质量下降。实验得出较好的冻干曲线如图 10-7 所示，总计冻干过程耗费时间 13h。

#### 10.2.1.5　冻干山药的传热传质模型

山药冻干的传热、传质模型采用传统的冰界面均匀退却模型（简称 URIF 模型），如图 10-8 所示。图中 $Q$ 为传热；$m$ 为传质；1 为干层；2 为移动冰界面；3 为冻结层，4 为搁板。由于山药片是通过垫一些小薄木片放在搁板上的，与 URIF 模型中假定下搁板（$x=b$）处是绝热的相近似，忽略了下搁板通过冰界面的冰层的导热。这种模型可采用直角坐标系来分析计算。

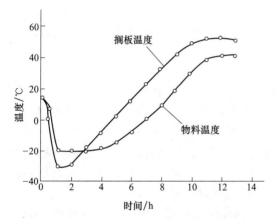

图 10-7　山药粉的冻干曲线

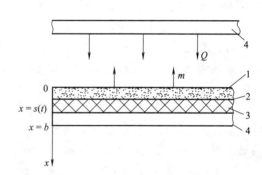

图 10-8　冻干山药粉 URIF 模型示意图

冰界面在任意时刻的位置（单位：m）
$$s(t)=\{4\alpha\lambda(T_w-T_s)t/[2\alpha\rho_1\gamma\varepsilon+\lambda(T_w-T_s)]\}^{1/2} \tag{10-13}$$

冰界面移动速度（单位：m/s）
$$ds/dt=\{\alpha\lambda(T_w-T_s)/[2\alpha\rho_i\gamma\varepsilon+\lambda(T_w-T_s)]\}^{1/2}\cdot t^{-1/2} \tag{10-14}$$

完成升华干燥的时间（单位：s）
$$t=b^2\rho_i\gamma\varepsilon/[2\lambda(T_w-T_s)]+b^2/(4a) \tag{10-15}$$

式中，$b$ 为山药厚度，实验中 $b=0.008$m；$\rho$ 为冷冻层冰的密度，$\rho=800$kg/m³；$\gamma$ 为冰升华潜热，$\gamma=2.8\times10^6$J/kg；$\varepsilon$ 为冻干物料孔隙率，定义为冻干物料孔隙体积与总体积之比，$\varepsilon=0.7$；$\lambda$ 为已干层热导率，$\lambda=0.03$W/(m·℃)[即 0.03J/(s·m·℃)]；$T_w$ 为干层外表面温度，$T_w=40$℃；$T_s$ 为升华界面温度，$T_s=-18$℃；$\alpha$ 为已干层导温系数，m²/s。

$$\alpha=\frac{\lambda}{c\rho} \tag{10-16}$$

式中，$c$ 为已干层比热容，$c=1800$J/kg；$\rho$ 为已干层密度，$\rho=350$kg/m³。经计算得 $\alpha=4.7\times10^{-8}$m²/s，$t=8.09$h。计算结果与实验值基本相符。

从式（10-15）、式（10-16）计算可知，山药的铺放厚度对升华干燥时间的影响很大。在其他参数相同的情况下，厚度从 8mm 增加到 10mm 时，所需升华干燥时间从 8.09h 增加到

12.65h。厚度仅增加 2 mm，升华干燥时间却增加了 4.5h。厚度从 8mm 减少到 5mm 时，所需升华干燥时间从 8.09h 减少到 3.17h。厚度减少 3mm，时间却减少了近 5h。此计算值与实验结果基本相符。随着厚度的增加，预冻时间和解析干燥时间也有所增加，但不如升华干燥时间增加得多。其主要原因是厚度对传热的阻力比传质的阻力小。

为减少传质阻力，可将山药片放置在带网的托盘里，从山药片的两侧同时抽除水蒸气，相当于山药片的厚度减小 1/2，升华干燥时间缩短 1/2，既提高了生产效率，又实现了节能。

#### 10.2.1.6　冻干山药粉的后处理

鲜山药经冻干后，不必人工粉碎，自动成粉。冻干后的山药极易吸潮，特别是山药粉，吸潮后能捏成团，压成块，容易变质。因此，冻干山药粉的贮运价值与冻干后处理密切相关。通常冻干产品出箱后，应该采用真空包装或真空充干燥氮气包装。在实验过程中没有及时真空包装的冻干山药在一夜之间就回潮了。采用磨口玻璃瓶，瓶中放入袋装干燥剂后存放，效果很好。

### 10.2.2　微波加热冻干山药片

河南省农科院农副产品加工研究所的王建安等人[23]完成了山药片的冻干，真空干燥过程中采用的是微波加热技术。

#### 10.2.2.1　山药片冻干工艺

山药片冻干实验是在郑州升华科技有限公司生产的真空微波冻干实验机上进行的。冻干工艺流程为：前处理→速冻→真空微波冷冻干燥→包装→检验→成品。

#### 10.2.2.2　冻干山药片的前处理

前处理过程包括选料、去皮、清洗、切片、护色、漂烫和冷却。选择未经浸水捆扎且无病虫害、无损伤、无斑疤的新鲜山药，去皮，修去斑疤，用清水漂洗干净，然后切片。切片时斜切，厚度在 2.5~3.5mm。

由于酶促褐变是导致山药漂烫及冻干加工过程中色泽变化的主要原因，所以在漂烫前要对山药片进行护色处理。护色是将山药浸入 0.3％维生素 C、0.5 柠檬酸、0.6％氯化钠溶液中浸泡，实验证明，山药在上述溶液中浸泡 2~3h 左右可得到色泽良好的产品。

冻干产品中的水分一般在 4％左右，而酶的活性在水分降到 1％以下时才会完全消失，所以冻干产品中酶仍然具有活性，所以在冻干前要进行灭酶处理。将护色后的山药片放入沸水中漂烫 3~5min，即可达到灭酶目的。把漂烫好的山药捞出放入盘中，均匀摊开，快速冷却并沥干水分。

#### 10.2.2.3　速冻

将沥干水并冷却后的山药片放入速冻库，在−38℃以下温度进行速冻 2~3h，直至山药片的中心温度达−30℃。冻结时速冻越快，冻结溶液内溶质的分布往往越趋均匀，产生的冰晶颗粒越小，干燥后的复水性越好。把速冻后的山药片均匀地装入真空罐中，封闭罐口（在物料装罐前，提前半小时开启罐内制冷设备，使罐内温度降低）。

#### 10.2.2.4　微波真空干燥

打开真空泵，经 30min 左右，罐内真空室压强达 90Pa 左右，物料温度降至−30℃，开启微波源，调节电场强度 $E$ 到 220V/cm，持续 3.5h，当物料内部水分已经除去 80％时，逐渐降低微波功率，经 4~5h，物料内部水分降至 5％以下，冻干结束。在微波加热过程中，物料温度不能超过山药的共晶点温度−20℃。

影响微波冻干速率的因素主要有三，一是山药片的厚度，随着物料厚度的增加，其冻干速率稍减慢；二是电场强度 $E$，在微波加热过程中，物料吸收的微波能量与电场强度 $E$ 的平方成正比，增大电场强度可明显提高物料的干燥速率，但是过分增大电场强度会导致物料升温过快，超过物料共晶点温度，引起冰晶局部融化，导致冻干失败；三是真空室压力，实验研究表明，在其他条件相同时，较高的真空室压力，可使冻干时间略有缩短。

对冻干前后山药的营养成分分析表明，微波冻干法加工的山药在保留营养成分上明显优于常规干燥加工的山药（见表10-2）。冻干后的山药片为白色，而且色泽基本一致。在口感方面，冻干山药片无异味、无纤维感觉，酥脆、爽口。在外观形态上，冻干山药片大小均匀，形态完整，不收缩。冻干山药片含水率小于5%，复水时间3min，复水率可达90%以上。微波冻干工艺还具有杀菌消毒功效，经检测，冻干山药片细菌总数≤105cfu/g，大肠菌群≤100cfu/g，致病菌不存在。冻干山药片可以在常温下贮运，保质期18个月。

表 10-2　冻干山药与常规干燥山药性质比较

| 序号 | 名称 | 微波冻干产品 | 现有常规干燥产品 |
| --- | --- | --- | --- |
| 1 | 各种营养成分的保留量 | 97% | 10% |
| 2 | 形状 | 外观完整、不收缩 | 收缩、外观严重变形 |
| 3 | 辅料 | 不需添加任何辅料 | 需加抗氧化剂等 |
| 4 | 复水性 | 复水率可达90%以上 | 复水率30%左右 |
| 5 | 适口性 | 香脆可口 | 生硬难咽、口感差 |

## 10.3　螺旋藻的冻干

东北大学的彭润玲博士进行了螺旋藻的冻干研究[15]。螺旋藻是一种具有完整细胞的微藻，是目前所发现的最优秀的纯天然蛋白质保健药品源之一，其内含有多种对提高人体免疫功能有效的生理活性成分，其中γ亚麻酸含量是已知生物中含量最高的，具有重要的保健功能，可作为治疗多种疾病的辅助药物。螺旋藻细胞表面及细胞体内含有大量水分，其有效成分多为热敏性物质，同时对氧也很敏感，因而干燥方法直接影响其干燥质量的好坏。目前较多采用的干燥方法有自然干燥、玻璃房温室晒干、热风循环烘箱干燥、喷雾干燥等，这些干燥方法干燥温度较高，导致蛋白质在高温时变性。研究螺旋藻的冻干，以提高其干燥品质，保持其干燥后的营养成分，并提供保存螺旋藻藻种的新方法，对于螺旋藻的应用具有重要意义。研究螺旋藻的冻干，以提高其干燥品质，保持其干燥后的营养成分为目标。彭润玲博士的研究，关注螺旋藻形态结构的变化，从降低干燥过程中的细胞损伤，提高螺旋藻干燥质量的角度出发，探索螺旋藻的冻干工艺参数。实验研究中所用螺旋藻如图10-9所示，由沈阳大学培养。

### 10.3.1　用 DSC 测定螺旋藻的共晶点

实验前将其用去离子水在 TDL-5A 低速大容量离心机中清洗，得含水量为93.91%螺旋藻。用 NETZSCH DSC 204 F1 型差示扫描量热仪在 $N_2$ 气氛下，以5.0K/min的速率从18℃冷却到－60℃，再以5.0K/min的速率从－60℃升温到20℃，得含水量为93.91%螺旋藻的DSC曲线如图10-10所示。

分析图10-10得螺旋藻共晶点温度约为－16℃，熔融点温度约为－1.5℃，凝固潜热和熔化潜热分别为260J/g和－268J/g。

### 10.3.2　螺旋藻冻干保护剂

糖类保护剂对微生物细胞的冻干脱水具有显著的保护作用，主要以"水置换的作用"达到保护膜系统的完整性；天然保护剂，如脱脂牛奶、血清、卵黄可以防止微生物细胞在预冻过程中膜脂蛋白分解变性[24]。使用适当比例

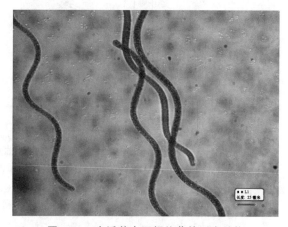

图 10-9　生活状态下螺旋藻的形态结构

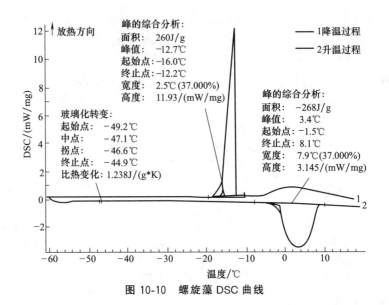

图 10-10　螺旋藻 DSC 曲线

的牛奶和糖类保护剂可使假丝酵母菌细胞的存活率从 0.2％提高到 30％～40％。因此，研究中选脱脂牛奶和葡聚糖为螺旋藻冻干保护剂进行了实验研究。

准确称量脱脂奶粉各 10g、5g、2.5g，按比例分别配置成浓度为 20％、10％、5％的脱脂牛奶保护剂；准确称量葡聚糖各 2g、1g、0.5g，按比例分别配置成浓度为 10％、5％、2.5％的葡聚糖保护剂；螺旋藻培养液（主要成分为 NaCl，浓度为 0.5mol/L）和按 1∶2 比例稀释的稀培养液（NaCl 浓度 0.25mol/L）。分装在直径为 60mm 的玻璃皿中，各装 5mL。

分别取 2mL 离心清洗后新鲜螺旋藻放入分装好的各种保护剂中，摇匀；将准备好的各种物料用冰箱预冻到－30℃，在 GLZ-0.4 冷冻干燥机上干燥，冻干过程冷阱温度、搁板温度、物料内部温度以及干燥室压力随时间的变化如图 10-11 所示。

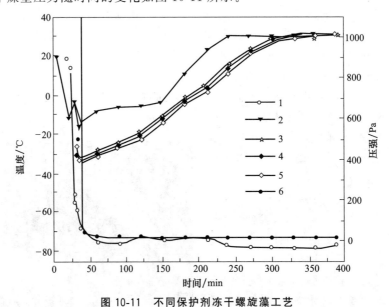

图 10-11　不同保护剂冻干螺旋藻工艺

1—冷阱温度；2—搁板温度；3—纯螺旋藻表面温度；4—5％葡聚糖保护剂的物料表面温度；
5—5％脱脂牛奶保护剂的物料表面温度；6—干燥箱压力

冻干后的螺旋藻真空封装，常温保存 10 天后，复水 10min，然后在 MaticAE31 倒置显微镜下观测其形态结构。

图 10-12 为用脱脂牛奶为保护剂冻干螺旋藻后的形态结构。当用不同浓度的脱脂牛奶为保护剂时，对螺旋藻的细胞形态结构都有一定的保护作用，特别是用浓度 10% 的脱脂牛奶为保护剂时螺旋藻的螺距不发生变化，完整性好，与新鲜螺旋藻的基本一致，但直径方向存在缩水。

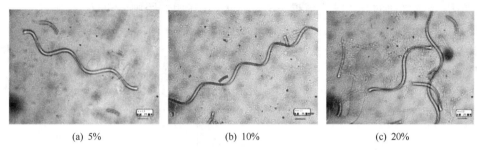

(a) 5%　　　　　　(b) 10%　　　　　　(c) 20%

图 10-12　用不同浓度脱脂牛奶为保护剂时冻干后螺旋藻的显微照片

图 10-13 为用葡聚糖为保护剂冻干螺旋藻后的形态结构。可以看出，葡聚糖在冻干过程中对螺旋藻细胞没有明显的保护作用，不适宜作为螺旋藻的冻干保护剂。

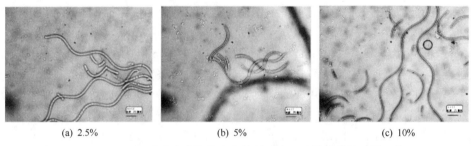

(a) 2.5%　　　　　　(b) 5%　　　　　　(c) 10%

图 10-13　用不同浓度葡聚糖为保护剂时冻干后螺旋藻的显微照片

图 10-14 (a) 为纯螺旋藻冰箱冻结冻干后的形态结构。与新鲜螺旋藻相比直径方向有明显的收缩，且破碎严重，完整性差。图 10-14 (b) 为 0.5mol/L 的 NaCl 培养液作为保护剂时螺旋藻冻干后的形态结构，完整性较好。图 10-14 (c) 为 0.25mol/L 的 NaCl 稀培养液作为保护剂时螺旋藻冻干后的形态结构，直径方向的收缩明显减少，几乎没有收缩，与新鲜螺旋藻的差不多，完整性也很好。

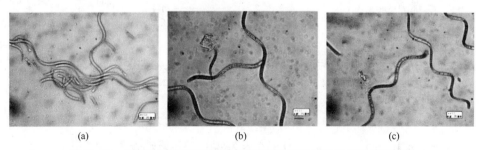

(a)　　　　　　(b)　　　　　　(c)

图 10-14　纯螺旋藻和带培养液的螺旋藻水箱冻结冻干后的显微照片

通过实验分析得出，10% 脱脂牛奶和稀培养液可作为螺旋藻的冻干保护剂。

### 10.3.3　螺旋藻冻干工艺

为了进一步研究保持螺旋藻形态结构不变，减少螺旋藻细胞结构的损伤和冻干总时间的冻干工艺，就保护剂和干燥工艺参数对螺旋藻形态结构和冻干总时间的影响进行正交实验。

衡量冻干产品的指标包括：螺旋藻体积收缩比、整体形态结构完整性系数和冻干过程总时间。

① 螺旋藻体积收缩比为 $S = d/d_0$，其中 $d_0$ 干燥前螺旋藻的直径，$\mu m$；$d$ 为干燥后螺旋藻的直径，$\mu m$。这里用直径比近似代替体积比，直径是用显微镜测得的，取 3 点平均值。体积收缩比越接近 1，说明冻干过程中螺旋藻细胞形态结构的变化越小，对细胞结构的损伤越小。

② 干燥后螺旋藻整体形态结构完整性系数，通过显微测量螺距和整体形态结构的变化给出，完整性系数为 0～1 之间的数，螺旋藻越完整，系数越接近 1，否则，相反。

③ 冻干过程总时间（min）。包括冷冻时间和干燥时间，总时间越短越好。

影响螺旋藻冻干过程的因素很多，取主要因素保护剂、冻结方式、物料厚度和主干燥阶段控制温度进行了四因素三水平的正交实验。实验设计如表 10-3。

表 10-3　螺旋藻正交实验表

| 因素名称 | 冻结方式 | 保护剂 | 厚度/mm | 控制温度/℃ |
|---|---|---|---|---|
| 水平 1 | 抽真空自冻结 | 无 | 3 | −10 |
| 水平 2 | 冰箱冷冻 | 稀培养液 | 5 | −5 |
| 水平 3 | 搁板降温 | 10%脱脂牛奶 | 10 | 0 |

螺旋藻装料厚度在 3～15mm 的范围内，当采用抽真空自冻结时，对最终冻结温度的影响不大，都在−30℃以下，远低于其共晶点温度，且螺旋藻在抽真空自冻结过程中没有爆沸现象，非常适合抽真空自冻结，所以冻结方式水平不仅采用了常用的冰箱冻结和搁板冻结，还采用了抽真空自冻结。

物料按装料厚度为 3mm、5mm、10mm 分装在直径为 60mm 的玻璃皿中。在 GLZ-0.4 冷冻干燥机上进行冻干实验，干燥箱工作压力为 15Pa。冰箱冻结的物料待物料温度冻结到−30℃以后放入冻干箱，搁板冻结的物料直接在冻干机上冻结，冻结到−30℃以后，开始抽真空。冻结后继续抽真空，直接进入升华干燥阶段，适时用搁板加热，以补充升华热。图 10-15 为螺旋藻抽真空自冻结干燥过程典型的工艺曲线。对应下面表 10-4 中的实验 2。

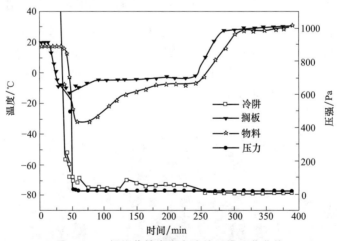

图 10-15　螺旋藻抽真空自冻结干燥工艺曲线

正交实验结果见表 10-4。冻干后的螺旋藻真空封装，常温保存 30 天，常温复水 10min，然后在 Matic AE31 数码显微镜下观测其形态结构，图 10-16 分别对应实验 1～9 的检测结果，用 Motic Images Advanced3.2 软件精确测量螺旋藻细胞的直径和螺距等，确定其完整性系数和收缩比。

利用正交设计助手，对各衡量指标的检测结果进行数据处理和各因素的效应分析。根据表 10-4 中级差 $R_1$ 可知，影响冻干后螺旋藻细胞收缩比的因素主次顺序是：保护剂，冻结方式，主干燥阶段搁板控制温度，物料厚度。根据各因素的效应曲线可知采用稀培养液为保护剂时，平均收缩比较大, 收缩小; 采用抽真空自冻结时, 平均收缩比最大, 收缩最小, 控制温度为 −5℃ 和 0℃ 时, 对收缩比的影响不大, 但当温度超过 5℃ 时, 收缩比明显减小, 细胞收缩严重, 由此可知主干燥控制温度不应该超过 0℃, 厚度的影响不明显。

表 10-4　螺旋藻冻干实验结果直观分析表

| 因素 | 冻结方式 | 保护剂 | 厚度/mm | 控制温度/℃ | 实验结果 | | |
| --- | --- | --- | --- | --- | --- | --- | --- |
| | | | | | 收缩比 | 完整性 | 总冻干时间/min |
| 实验 1 | 真空 | 无 | 3 | −10 | 0.85 | 0.86 | 240 |
| 实验 2 | 真空 | 稀培养液 | 5 | −5 | 0.93 | 0.95 | 380 |
| 实验 3 | 真空 | 10%脱脂牛奶 | 10 | 0 | 0.86 | 0.90 | 820 |
| 实验 4 | 冰箱 | 无 | 5 | 0 | 0.72 | 0.81 | 590 |
| 实验 5 | 冰箱 | 稀培养液 | 10 | −10 | 0.89 | 0.87 | 1100 |
| 实验 6 | 冰箱 | 10%脱脂牛奶 | 3 | −5 | 0.86 | 0.91 | 430 |
| 实验 7 | 搁板 | 无 | 10 | −5 | 0.80 | 0.70 | 920 |
| 实验 8 | 搁板 | 稀培养液 | 3 | 0 | 0.83 | 0.68 | 330 |
| 实验 9 | 搁板 | 10%脱脂牛奶 | 5 | −10 | 0.81 | 0.87 | 540 |
| 收缩比极差 $R_1$ | 0.067 | 0.093 | 0.030 | 0.060 | | | |
| 完整性极差 $R_2$ | 0.153 | 0.103 | 0.060 | 0.070 | | | |
| 冻干总时间极差 $R_3$ | 226.667 | 20.000 | 613.334 | 50.000 | | | |

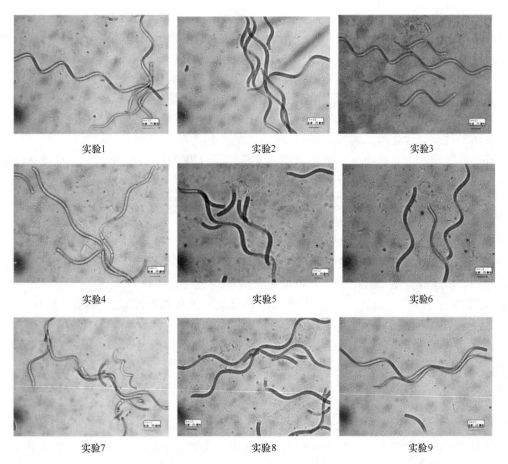

实验1　　　　　　　　实验2　　　　　　　　实验3

实验4　　　　　　　　实验5　　　　　　　　实验6

实验7　　　　　　　　实验8　　　　　　　　实验9

图 10-16　正交实验 1~9 冻干螺旋藻的显微照片

根据表 10-4 中级差 $R_2$ 可知，影响冻干后螺旋藻完整性的因素主次顺序是：冻结方式，保护剂，主干燥阶段搁板控制温度，物料厚度。根据各因素的效应曲线采用抽真空自冻结时，完整性最好，其次是冰箱，而采用搁板冻结完整性普遍不好；不同保护剂对完整性的影响是用 10% 脱脂牛奶时完整性普遍好，其次是稀培养液，不用保护剂时，完整性最不好；主干燥阶段控制温度越高，完整性越不好；装料厚度为 5mm 时，完整性最好，太薄或太厚都会影响其完整性。

通过以上分析可知实验 2 冻干后的螺旋藻细胞收缩比和完整性都比较好，有利于保存螺旋藻细胞的活性。对应的工艺参数：抽真空自冻结，稀培养液为保护剂，装料厚度为 5mm，搁板控制温度为 −5℃。

根据表 10-4 中级差 $R_3$ 可知，影响螺旋藻冻干总时间的因素主次顺序是：厚度，冷冻方式，搁板控制温度，保护剂。当厚度增加时，干燥总时间急剧增加，且非线性增加。采用冰箱冻结时，冻干所用总时间最长，采用抽真空自冻结方式时，总时间最短；当搁板控制温度升高时干燥时间减少。用不用保护剂对干燥时间的影响不大。

通过冻干实验检测得知，冻干后螺旋藻蛋白质的含量比烘干的高 19.1%，比晾干的高 17.3%；10% 脱脂牛奶和稀培养液在冻干过程中对保持螺旋藻形态结构的完整性有明显的保护作用；当螺旋藻采用稀培养液为保护剂，装料厚度为 5mm，抽真空自冻结，主干燥阶段搁板控制温度为 −5℃时，真空室压力 15Pa，冻干后螺旋藻细胞收缩小，完整性好，有利于保存其细胞活性；生产螺旋藻藻粉较好的工艺为：装料厚度为 5mm，抽真空自冻结，主干燥阶段搁板控制温度为 −5℃时，真空室压力 15Pa，干燥时间为 380min。

## 10.4  脂质体药物冻干

脂质体是由脂质双分子层组成的、内部为水相的闭合囊泡，具有生物膜的功能和特性。自 20 世纪 60 年代中期被命名以来，在推动生物膜的研究进展中，起着非常重要的作用。进入 20 世纪 70 年代，它开始作为药物等多种分子的载体，尝试用做临床诊断、治疗的研究。20 世纪 80 年代它进入了新型的生物工程领域，给市场提供了实用的脂质体产品。近 20 年来，对载药脂质体在药物传递系统中的研究有了较迅速的发展，已将脂质体用做抗癌药物的靶向载体，皮肤局部给药的载体，以及用做化妆品的添加剂[25]。

也有人称脂质体为类脂小球或液晶微囊。类脂双分子层厚度约 4nm。根据脂质体所包含类脂质双分子层的层数，脂质体可分为单室脂质体和多室脂质体。含有单一双分子层的泡囊称为单室脂质体或小单室脂质体，粒径约 $0.02 \sim 0.08 \mu m$；大单室脂质体为单层大泡囊，粒径在 $0.1 \sim 1 \mu m$ 之间；含有多层双分子层的泡囊称为多室脂质体，粒径在 $1 \sim 5 \mu m$ 之间。

脂质体可包封脂溶性药物或水溶性药物，药物被脂质体包封后有以下特点：

① 靶向性和淋巴定向性。脂质体可被巨噬细胞作为外界异物而吞噬，可治疗肿瘤和防止肿瘤扩散转移，以及肝寄生虫病、利什曼病等单核-巨噬细胞系统疾病。

② 缓释性。许多药物在体内由于迅速代谢或排泄，故作用时间短。将药物包封成脂质体，可减少肾排泄和代谢而延长药物在血液中的滞留时间。

③ 细胞亲和性与组织相容性。因脂质体是类似生物膜结构的泡囊，对正常细胞和组织无损害和抑制作用，有细胞亲和性与组织相容性，并可长时间吸附于靶细胞周围，使药物能充分向靶细胞靶组织渗透，还可通过融合进入细胞内，经溶酶体消化释放药物。

④ 降低药物毒性。药物被脂质体包封后，主要被单核-巨噬细胞系统的巨噬细胞所吞噬而摄取，且在肝、脾和骨髓等单核-巨噬细胞较丰富的器官中浓集，而使药物在心、肾中累积量比游离药物低得多，因此如将对心、肾有毒性的药物或对正常细胞有毒性的抗癌药包封成脂质体，可明显降低药物的毒性。

⑤ 提高药物稳定性。一些不稳定的药物被脂质体包封后受到脂质体双层膜的保护。有些口服易被胃酸破坏的药物，制成脂质体则可受保护而提高稳定性[26]。

液态的脂质体是一种混悬液乳剂，在贮存过程中可能发生化学和物理的变化，如磷脂会氧化和水解，生成短链的磷脂，并在膜中形成具有溶解性的衍生物；同时由于温度、光线等影响产生乳析、凝聚、融合、粒径变大等现象。为了延长贮存期，使脂质体物理、化学稳定性增加，可用冷冻干燥方法，把脂质体悬浮液制成冻干品。

1978 年 Vanleberghe 等首次报道采用冷冻干燥法提高脂质体的贮存稳定性。制成冻干脂质体可显著降低磷脂和药物的水解和氧化速度，同时，冻干保护剂也保持了脂质体膜结构的完整性，克服脂质体聚集、融合及药物渗漏等不稳定因素，显著提高贮存稳定性。目前，该法已成为较有前途的改善脂质体制剂长期稳定性的方法之一。脂质体冷冻干燥包括 3 个过程，即预冻、初步干燥及二次干燥。冻干脂质体可直接作为固体剂型如喷雾剂使用，也可用水或其他适宜溶媒水化重建成脂质体混悬液后使用。但预冻、干燥和复水等过程均不利于脂质体结构和功能的稳定。在冻干过程中，冰晶的形成、渗透压的改变、相分离及相转变等因素均可导致脂质体膜折叠、融合、破裂及药物渗漏。如在冻干前加入适宜的冻干保护剂，采用适当的工艺，则可大大减轻甚至消除冻干对脂质体的破坏，复水后脂质体的形态、粒径及包封率等均无显著变化[27]。

脂质体在冷冻干燥过程中损伤是不可避免的，特别在冻结过程中，冰晶的生长将损伤脂质体囊泡，从而影响冻干脂质体的质量。为了提高冻干品的质量，首先必须减少冻结过程中的冷冻损伤。一般而言，脂质体只有当悬浮物冻结在水的玻璃相中时，才能被冻结而不损坏。这要求加入冻干保护剂，例如甘露醇、葡聚糖、海藻糖等；还要求快速冻结（例如用液氮以 10℃/min 的速度降温)[28]。

### 10.4.1　脂质体溶液冻干过程中结晶对冻干品质影响

刘占杰和华泽钊等人进行了脂质体溶液冻干过程中结晶对冻干品质影响的研究[25]。

#### 10.4.1.1　实验装置

图 10-17 为实验装置示意图，主要由三部分组成：实验段（如图 10-18 所示）、低温显微镜系统；摄录像及计算机数据采集系统。

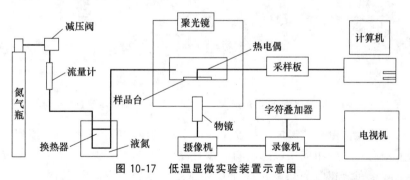

**图 10-17　低温显微实验装置示意图**

氮气瓶中的高压氮气经减压阀减压后，经置于液氮中的换热器冷却；当冷却的氮气拂过样品表面时，使样品降温冻结。通过调节氮气的流量可以获得不同的降温速率，由低温显微镜和摄录像机得到样品在不同降温速率下的结晶过程图像。试验样品被放置于二层载玻片之间，这样保证被冻结的试样厚度均匀，当低温氮气吹过上层载玻片表面时，试样即被降温而冻结，整个过程由摄像机捕捉并由录像机记录、电视机播放。同时利用贴在上层载玻片面上的热电偶可以得到相应的温度和降温速率。

实验段如图 10-18 所示。矩形框架由胶木材料加工制成，其上下两面是由光学玻璃构成以保证光束的通过。将样品置于载玻片上，盖上另一块载玻片，以防止样品被吹走，然后将其放于实验段中。在两块载玻片之间垫有直径为 0.05mm 的康铜丝（图 10-19），从而使载玻片之间形成一层均匀的厚度为 0.05mm 的样品薄膜。

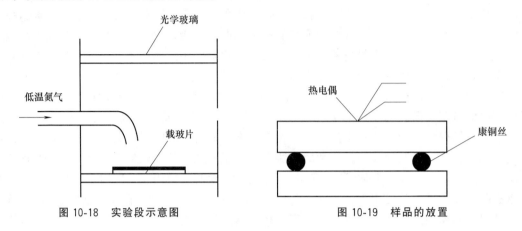

图 10-18　实验段示意图　　　　　　图 10-19　样品的放置

### 10.4.1.2　不同降温速率对脂质体悬浮液结晶的影响

利用自己研制的低温显微镜研究脂质体冻结过程中的冰晶生长图像。图 10-20 是海藻糖浓度为 0.05g/mL 的脂质体悬浮液的慢速降温过程的冰晶生长图像，从图中可以清晰地看出在此速率下形成的冰晶颗粒。图 10-21 是快速降温情况下的结晶图像，与图 10-20 相比，此时冰晶生长的速率非常快，在 1s 的时间内，冰晶已占据了显微镜的整个视野，冻结几乎是在一瞬间完成的。可以看到此时形成的冰晶非常细腻，用肉眼已看不到冰晶颗粒。

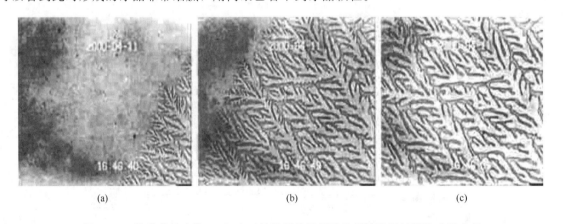

(a)　　　　　　　　　　(b)　　　　　　　　　　(c)

图 10-20　海藻糖浓度为 0.05g/mL 的脂质体悬浮液的慢速降温过程的冰晶生长

结晶过程可以认为是由晶核形成和晶粒生长两个过程组成的，分均相成核和异相成核。经乳化后的水溶液可避免发生异相成核，因此脂质体悬浮液的结晶属均相成核。均相成核的晶核形成是由于温度的下降，在液相内的热起伏即能量和密度的随机涨落，使其内的分子聚集而生成晶核，对于较稀的脂质体悬浮液则是水分子的聚集形成冰晶晶核。在通常的过冷度范围内，随着过冷度的增大，成核概率是随着增大的，在较高的冷却速率下，样品的温度下降快，样品的冻结前已经达到了较低的温度，因此具有较大的过冷度，成核概率高，生成了比慢速降温时更多的晶核；同时由于在单位体积内的晶核数量多，冰晶的生长空间变得相对狭小，这样就形成了图 10-21 所示的快速降温时的细腻的冰晶结构。

### 10.4.1.3　冻干保护剂浓度对脂质体悬浮液结晶的影响

图 10-22 是海藻糖浓度为 0.15g/mL 的脂质体悬浮液冻结时冰晶的形成过程。冻结过程的降温速率与图 10-21 所示的海藻糖浓度为 0.05g/mL 的脂质体悬浮液相当，由图可见这时晶体的生

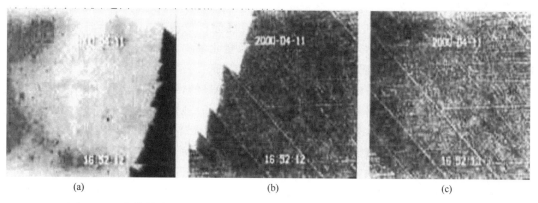

(a)　　　　　　　　　(b)　　　　　　　　　(c)

**图 10-21　海藻糖浓度为 0.05g/mL 的脂质体悬浮液的快速降温过程的冰晶生长**

长速率明显低于图 10-21 所示的海藻糖浓度为 0.05g/mL 的脂质体悬浮液。显然高浓度对冰晶的生长速率产生减慢的影响。

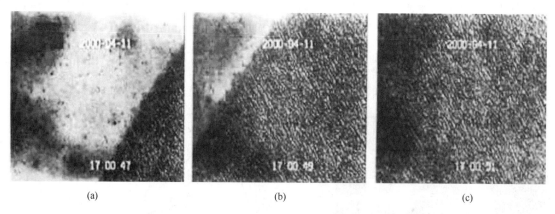

(a)　　　　　　　　　(b)　　　　　　　　　(c)

**图 10-22　海藻糖浓度为 0.15g/mL 的脂质体悬浮液的快速降温过程的冰晶生长**

　　从冰晶生长的动力学过程来说，晶体要生长，则水分子必须要穿过固液界面加入到晶格中。为达到这个目的，水分子就需要有适当的空间指向、位置及能量。对于水这种强极性分子，大部分是以水分子链的形式存在的，因此在固化时，冰晶的生长不仅存在单个分子的集合，同时还包含有水分子集团叠合，这就要求水分子集团也能有一个理想的状态，使其能加入到晶格中而不会在晶格内产生应力。如果大部分的水分子集团具有这种理想状态，冰晶就能快速生长。在高浓度的脂质体悬浮液中，大量的溶质分子的存在极大地干扰了水分子集团获得这种理想状态的能力，特别是在此时水分子较难获得理想的空间指向，产生的结果就是降低了晶体生长的速率。比较图 10-21 与图 10-22 所示的冰晶生长图像，可以看出随着脂质体悬浮液中海藻糖浓度的增大，冰晶生长速率降低。

### 10.4.1.4　冻结过程的冰晶生长与冻干品质量之间的关系

　　利用程序降温仪分别以 20℃/min 和 1℃/min 的降温速率把海藻糖浓度为 0.1g/mL 的脂质体冻结到 -65℃，然后在冻干机中冻干。上述不同降温速率的脂质体的冻干参数基本相同。冻干过程中真空度保持 10Pa，在第一阶段干燥过程中通过控制加热板温度防止脂质体温度过高；同时由于脂质体中的自由水比较容易除去，此时冷阱温度不需过低，在 -60℃ 左右即可。在第二阶段干燥过程中，脂质体中的结合水较难除去，为了缩短冻干时间，必须适当提高加热板温度，并降低冷阱温度到 -100℃ 左右，这样便可增加脂质体与冷阱表面间的水蒸气压力差，水蒸气的凝结速率也就越大。从图 10-23 所示不同降温速率的冻干脂质体外观可以看出，降温速率为 1℃/

min 的冻干脂质体产生塌陷和断裂，而降温速率为 20℃/min 的冻干脂质体外观较好。将不同降温速率的冻干脂质体复水后，利用 TSM 超细颗粒粒度分析仪测试冻干前后脂质体粒径，如图10-24 所示。降温速率为 20℃/min 的冻干脂质体粒径变化较小，而降温速率为 1℃/min 的冻干脂质体粒径比冻干前增大，并且分布范围变宽。

理论上在冻干过程中，样品中大的冰晶不仅能加快热量的传递，而且由于冰晶升华后形成大的孔洞，将有利于水蒸气的逸出。但在相似的加热板温度和冷阱温度下，在冻干过程中降温速率为 1℃/min 的脂质体冻干时间比降温速率为 20℃/min 的脂质体的冻干时间延长约 40min。一方面是由于慢速降温形成的表面浓缩层较厚，而在快速降温过程中，冰晶细且生长速率快，浓缩的脂质体来不及移动就被冻结，因此表面没有形成浓缩层。另一方面由于随着冻干过程的进行，大的冰晶升华后留下的孔洞较大，形成的网状骨架不能支承其本身的重量而塌陷，在表面形成硬壳，阻止水蒸气的逸出，从而恶化了传热传质，使冻干时间延长，同时也使脂质体的粒径增大，降低了冻干脂质体的临床应用效果。

快速降温的脂质体的冰晶比较细腻，表面没有浓缩层，并且冰晶升华后形成致密的网状结构，能够支承本身的重量而不塌陷，水蒸气能顺利逸出，因此快速降温不仅能减少冻干时间，而且冻干脂质体复水后囊泡的粒径变化较少。

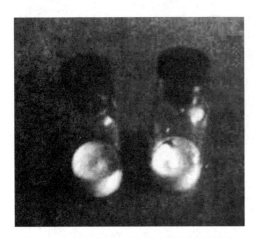

图 10-23　不同降温速率的冻干脂质体照片

（左：降温速率为 20℃/min 右：降温速率为 1℃/min）

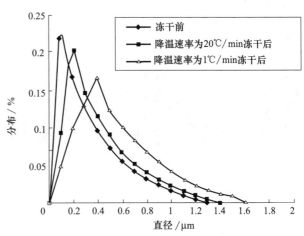

图 10-24　不同降温速率的脂质体冻干后粒径变化

### 10.4.2　冷冻方式和冻干保护剂对脂质体冻干药物粒径和包封率的影响

刘占杰等人[29]还研究了冷却方式对冻干脂质体药物的粒径和包封率影响。表 10-5 和表 10-6是不同保护剂和两种不同的冷冻方式对水溶性药物喃氟啶脂质体的包封率的影响。

表 10-5　喃氟啶脂质体药物冻干前后包封率的变化（一）

（以 20K/min 的降温速率直接冷却冻至 −65℃，再进行干燥）

| 保护剂 | 冻干前包封率/% | | | 保护剂 | 冻干后包封率/% | | |
| --- | --- | --- | --- | --- | --- | --- | --- |
| | 第一次 | 第二次 | 平均 | | 第一次 | 第二次 | 平均 |
| 10%葡萄糖 | 44.2 | 42.8 | 43.5 | 10%葡萄糖 | 26.9 | 23.1 | 25 |
| 10%蔗糖 | 49.8 | 52.8 | 51.3 | 10%蔗糖 | 44.5 | 49.3 | 46.9 |
| 10%甘露醇 | 50.2 | 48.4 | 49.3 | 10%甘露醇 | 45.8 | 45.0 | 45.4 |
| 10%海藻糖 | 60.6 | 57.8 | 59.2 | 10%海藻糖 | 58.2 | 55.8 | 57 |

到目前为止，除了最简单的细菌及微生物以外，绝大多数物质冻结时为了防止损伤都必须采用保护剂，如甘油、二甲亚砜（DMSO）、甲醇、乙二醇、二甲基乙酰胺、聚烯吡酮、羟乙基淀

粉（HES）、聚乙二醇（PEG）、糖类物质等。冻结不同物质需要不同类型的保护剂，而且浓度也不相同，但至今还没找到普遍的规律。对于脂质体的冻干，一般用糖类物质做保护剂。糖类保护剂在冻结过程中主要在以下几方面对脂质体具有保护作用：①通过冻干保护剂减少囊泡与囊泡之间的接触附着可以阻止融合，并可减少药物的泄漏。随着脂质体悬浮液的冻结和冰晶的生长，保护剂逐渐浓缩，并分布在脂质体囊泡周围，阻止囊泡之间的融合和药物的泄漏。②保护剂可以抑制冰晶的生长，从而减少冰晶对脂质体囊泡的损伤。③保护剂可以提高脂质体悬浮液的玻璃化转变温度，并在一定的降温速率下，使脂质体悬浮液实现部分玻璃化，避免了晶态固化，减少了在通常的平衡冻结方法中由于冰晶生长而引起的各种损伤。④在脂质体悬浮液冻结过程中，糖类保护剂使溶液的黏性增加，从而弱化了水的结晶过程，达到了保护的目的。不同种类和不同浓度的糖类保护剂对冻结过程中脂质体的保护效果不同。在葡萄糖、蔗糖、甘露醇、海藻糖四种保护剂中，海藻糖的保护效果最好，葡萄糖的保护效果最差。冻结前以海藻糖做保护剂的脂质体囊泡的粒径较小，并且冻结融化后脂质体囊泡的粒径变化小；冻结前以葡萄糖做保护剂的脂质体囊泡的粒径最大，并且冻结融化后脂质体囊泡的粒径变化也最大。出现这种情况的原因可能与保护剂的化学结构和物理特性有关，如糖类保护剂中羟基的数量、保护剂的黏度都可能影响脂质体囊泡的粒径。

表 10-6　喃氟啶脂质体药物冻干前后包封率的变化（二）

（先在冰箱内冻结至-18℃，然后以 20K/min 降至-65℃，再进行干燥）

| 保护剂 | 冻干前包封率/% | | | 保护剂 | 冻干后包封率/% | | |
|---|---|---|---|---|---|---|---|
| | 第一次 | 第二次 | 平均 | | 第一次 | 第二次 | 平均 |
| 10%葡萄糖 | 41.2 | 45.8 | 43.5 | 10%葡萄糖 | 19.8 | 21.0 | 20.4 |
| 10%蔗糖 | 52.6 | 50.0 | 51.3 | 10%蔗糖 | 31.9 | 29.3 | 30.6 |
| 10%甘露醇 | 48.7 | 49.9 | 49.3 | 10%甘露醇 | 37.2 | 42.2 | 39.7 |
| 10%海藻糖 | 58.1 | 60.3 | 59.2 | 10%海藻糖 | 38.4 | 43.0 | 40.7 |

　　表 10-5 是把喃氟啶脂质体以 20K/min 的降温速率直接冻结到-65℃再干燥；表 10-6 中是把喃氟啶脂质体先在冰箱中冻结到-18℃，恒温 12h，然后再按 20K/min 的降温速率冻结到-65℃再干燥。比较看出，表 10-5 的脂质体包封率变化小，而表 10-6 的脂质体包封率变化大。其机理是在冻结过程中快速降温，能使喃氟啶脂质体悬浮液最大程度实现玻璃化，从而减少冰晶对脂质体膜的破坏，降低了脂质体包封药物的泄露。而习惯上常用的方法是表 10-6 所示的方法，这种方法需做改进。上述实验也看出不同保护剂对包封率的影响也不同，这是与它们的玻璃化转变温度有关的。由于葡萄糖、蔗糖、甘露醇、海藻糖做保护剂的 5%～15%的脂质体，它们的悬浮液的玻璃化转变温度都低于-18℃，因此在此冻结过程中，不能使喃氟啶脂质体悬浮液实现部分玻璃化，喃氟啶脂质体双分子层结构受到了较大破坏，包封的药物泄漏量大，尽管后来也以 20K/min 的降温速率在杜瓦瓶中冻结到-65℃，但由于脂质体双分子层结构已经受到破坏，因此并不能减少药物的泄漏。

　　冻干前的脂质体囊泡平均粒径为 281nm，降温速率为 1K/min 的冻干脂质体重新复水后囊泡平均粒径为 456nm；而降温速率为 20K/min 的冻干脂质体的平均粒径为 298nm；粒径分布曲线如图 10-25 所示；冻干前后脂质体的粒径变化如表 10-7 所示。

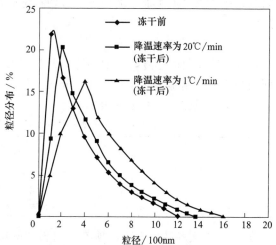

图 10-25　冻干前后脂质体粒径分布的变化

表 10-7　冻干前后脂质体粒径变化

| 粒径 | 冻干前 | 降温速率为 20K/min 冻干后 | 降温速率为 1K/min 冻干后 |
|---|---|---|---|
| 平均粒径/nm | 281 | 298 | 456 |
| 最大分布粒径/nm | 1300 | 1400 | 1600 |

### 10.4.3　苦参碱脂质体注射剂的冻干制备

郑建伟[30]研究了苦参碱脂质体注射剂的冻干制备，其工艺流程为：

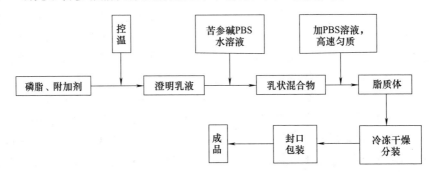

实验中以包封率、外观、粒度分布、平均粒径等作为考察指标，对冷冻干燥的预冻温度、预冻时间、冻干最终真空度等分别进行了考察。实验结果表明，预冻温度、预冻时间、到达真空度的时间及最终真空度等对包封率、外观、复水性、粒度分布、平均粒径等都有不同程度的影响。

#### 10.4.3.1　冷冻干燥预冻温度

实验中选择两个预冻温度：-18℃和-70℃。按相同的处方、相同的制备条件、不同的预冻温度制备苦参碱冻干脂质体注射剂，对产品包封率进行检测。实验结果见表 10-8。

表 10-8　不同预冻温度对苦参碱冻干脂质体注射剂制备的影响

| 预冻温度 　　因素 | 色泽 | 形状 | 复水性 | 稳定性 | 包封率 |
|---|---|---|---|---|---|
| -18℃ | 乳白色 | 饱满,疏松粉状 | 良好 | 不稳定,易分层 | 42% |
| -70℃ | 乳白色 | 饱满,疏松粉状 | 良好 | 稳定,不分层 | 82% |

表 10-8 中实验结果表明，在-70℃预冻温度条件下，其所得包封率明显高于-18℃。有文献研究表明，一般不同浓度蔗糖等作为保护剂的脂质体悬浮液其玻璃化转变温度范围都在-30～-45℃之间。所以，选择预冻温度应低于-45℃。实验中-18℃预冻温度制得的脂质体包封率大大低于-70℃预冻温度下制得的脂质体，是由于-18℃预冻温度高于一般脂质体溶液的玻璃化转变温度，在预冻时不能形成玻璃态，致使预冻时产生较多结晶而破坏脂质体膜，从而大大降低了包封率。

#### 10.4.3.2　预冻时间

根据预冻物料的厚度，一般预冻时间都需要 3～4h 才能使冻结完全。实验中按相同的处方、相同的制备条件制得脂质体悬浮液，分成三份，分别预冻 30min、6h、12h 到-70℃，再冷冻干燥制得冻干脂质体。其结果见表 10-9。

表 10-9　不同预冻时间对苦参碱冻干脂质体注射剂制备的影响

| 时间 　　因素 | 色泽 | 形状 | 复水性 | 包封率 |
|---|---|---|---|---|
| 30min | 乳白色 | 饱满,疏松粉状,有喷壁 | 还好,但仍有粘壁 | 58.0% |
| 6h | 乳白色 | 饱满,疏松粉状 | 良好,无粘壁 | 82.5% |
| 12h | 乳白色 | 饱满,疏松粉状 | 良好,无粘壁 | 81.3% |

表 10-9 中实验结果表明，预冻时间为 30min，样品冻结不完全，冰晶形成不稳定，易融解破裂，导致对脂质体膜的损伤，且冻干时易导致喷瓶，影响包封率及外观。而预冻 6h 和 12h 的

样品包封率没有明显的区别，都相对较高。从经济成本较多考虑，选择 6h 的预冻时间比较合理。

### 10.4.3.3　冻干真空度

脂质体冷冻干燥的效果还与两方面的因素有关：一是冻干机效率。冻干机的功能主要依赖于两个方面，即冷阱所能达到的最低温度和一定时间内冷阱的最大捕水能力；二是真空泵的工作效率。它也主要依赖于两个方面，即排气速度和最终真空度。表 10-10 是最终真空度对脂质体冻干的影响实验的结果。

表 10-10　最终真空度对苦参碱冻干脂质体注射剂制备的影响

| 因素<br>真空度 | 色泽 | 形状 | 复水性 | 稳定性 | 包封率 |
|---|---|---|---|---|---|
| <10Pa | 乳白色 | 饱满，疏松粉状 | 很好，不粘壁 | 稳定，不分层 | 55.6% |
| >10Pa | 乳白色 | 饱满，疏松粉状 | 还可，偶粘壁 | 不稳定，易分层 | 82.3% |

实验结果表明，在相同的处方条件下，包封率与真空泵的工作效率和所达到的真空度有关。若最终压强达到 10Pa 以下，包封率相对较高，能制得包封率符合药典要求的样品；若最终压强大于 10Pa，则包封率明显下降，样品包封率不符合药典要求。

### 10.4.3.4　表面活性剂的影响

由于所制备的是注射用药，所以实验中选用普流罗尼作为表面活性剂。在相同处方、相同制备条件下，分别选择表面活性剂在脂质体悬浮液中的质量百分含量依次为 0%、0.3%、0.6% 来考察表面活性剂对冻干脂质体制备的影响。实验结果如表 10-11。

表 10-11　表面活性剂对苦参碱冻干脂质体注射剂制备的影响

| 因素<br>活性剂用量 | 制备难易度 | 色泽形状 | 复水性 |
|---|---|---|---|
| 0 | 制备时没有气泡 | 乳白色　疏松饱满粉状 | 一般，易絮凝，分层 |
| 0.3% | 制备时气泡很少 | 乳白色　疏松饱满粉状 | 良好，很少气泡 |
| 0.6% | 制备时有大量气泡 | 乳白色　疏松饱满粉状 | 一般，气泡较多 |

## 10.5　冬虫夏草和林蛙油的冻干

### 10.5.1　冬虫夏草的冻干

冬虫夏草（又名蛹虫草）是我国名贵中药材之一。其主要成分有蛋白质、氨基酸、多种维生素，还含有微量元素、虫草酸、虫草素、虫草多糖和 SOD 酶等生物活性物质，具有增强肌体免疫能力和抗疲劳，抗肿瘤，以及补肾壮阳，润肌美容，延年益寿等明显医疗保健作用。

野生虫草的分布有其独特的气候条件和地理环境，生长区域和产量受到极大限制。野生虫草产量明显不能适应日益增长的虫草保健品开发的需求。因此，通过人工驯化，我国北方成功地养育了北冬虫夏草，其药用成分与冬虫夏草接近。

人工栽培的北冬虫夏草产量增大了，贮存和运输都成了问题。如果不及时加工，会很快腐烂变质。于是能保持其药效和营养成分，便于长期贮存和运输的真空冷冻干燥技术就成了加工北冬虫夏草的重要手段。东北大学的徐成海教授和张世伟教授进行了北冬虫夏草的冷冻真空干燥的实验研究[16]，取得了成功。实验装置采用的是自行设计制造的 ZLG-0.2 型冷冻干燥机。

冬虫夏草用测量电阻值变化的方法很难测出其共晶点温度。所以采用试探法，实验观测。经实物切片观测，北冬虫夏草的共晶点温度大约在 −15～−10℃。为保证冬虫夏草的组织不被破坏，采用速冻的方法，先将冻干室内搁板温度降至 −20℃，再将北冬虫夏草放入冻干箱内的搁板上，待 1h 后，搁板温度达 −36℃，制品温度为 −19℃。这时开真空泵，冻干箱停止制冷，水气凝结器继续制冷。经过 1.5h 后，对冻干箱搁板进行加热，控制其加热速度，直至搁板温度与物料温度相接近时认为冻干过程基本结束，停止加热，停真空泵，停制冷机，打开放气阀，取出冬虫夏草。整个冻干过程历时约 13h，其冻干试验曲线如图 10-26 所示。

每根冬虫夏草直径大约 1~3mm，干燥时可将若干根捆在一起，形成大约 10mm 直径的圆柱体，也可以分散铺放在搁板上，但厚度不要超过 15mm，太厚不利于干燥过程的传热传质，干燥速率下降。

升华干燥时间可用下式计算：

$$t = \frac{1}{2} \frac{\rho_0 r_0^2 \varepsilon L}{k(T_w - T_s)} \tag{10-17}$$

式中，$\rho_0$ 为干燥层密度，$kg/m^3$；$r_0$ 为圆柱形冻干物料的半径，mm；$\varepsilon$ 为冻干物料孔隙率，定义为冻干物料孔隙体积与总体积之比；$L$ 为冰升华潜热，大约为 $2.8 \times 10^{-6} J/kg$；$k$ 为已干层热导率，$W/(m \cdot K)$；$T_w$ 为干燥层外表面温度，K；$T_s$ 为升华界面温度，K。

北冬虫夏草的前处理和后处理都比较简单。前处理只要从培养基上采摘下来，即可放入冻干箱；后处理主要是真空包装或充氮气包装，甚至纸箱包装也耐贮藏。

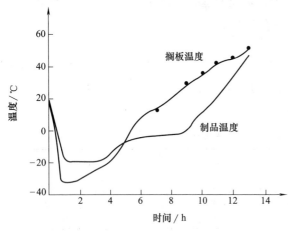

图 10-26　冻干北冬虫夏草试验曲线

根据计算，北冬虫夏草升华干燥时间可控制在 5h 之内，预冻需要 2h，第二阶段干燥需要 2h，整个工艺是时间在 9h 内即可完成。上述实验干燥时间长，是由于同时还干燥了其他物料。

沈阳大学的刘军教授研究了快速冻干北冬虫夏草的工艺[31]。用 GLZ-0.4 型冻干机，干燥 100g 鲜北虫草。具体工艺过程为：用 15℃清水将新鲜北虫草漂洗 2 次，去除杂物和灰尘，并在水中浸泡 5min。在冻干箱内的搁物板上铺上竹片作为隔热层，将北冬虫夏草从水中捞出，直接摆放在竹片上。为冷阱制冷，冷阱温度为 -40℃ 时，开启真空泵，为冷阱和冻干箱抽真空。10min 后，北冬虫夏草完成真空蒸发冻结，物料温度达约 -29℃。继续抽真空，冻干箱内压强为 20Pa，5 分钟后物料温度达到最低温度 -31.6℃。温度维持在 -31.6℃，10min 后开始逐渐上升。1h 后，为搁物板加热，控制冻干箱内搁板温度为 5~20℃，冻干箱内压强 10~25Pa。干燥 6h 后结束。测量冻干北虫草的含水率约为 2%。

### 10.5.2　林蛙油的冻干

中国林蛙是一种经济价值很高的药、食两用的珍贵两栖动物。林蛙油（林蛙的输卵管）具有滋阴补肾、强身益精之功效，被古今医家视为药效明显、营养滋补之佳品。

林蛙油中总磷脂含量为 0.96%。含有 12 种脂肪酸，其中 5 种为不饱和脂肪酸，占总含量的 58.22%，7 种为饱和脂肪酸。含粗蛋白质 13.33%，其中有 15 种氨基酸，10 种为人体必需的氨基酸。原糖的含量为 6.8%，多糖含量为 6.18%，总酸含量为 12.98%。林蛙油中还含有多种激素（雌二醇、孕酮、睾酮等）和多种脂溶性维生素（如维生素 A、维生素 D 和维生素 E 等）。

冻干林蛙油的目的是保证林蛙油的质量，提高其商品等级，便于长期贮运，增长货架寿命。一等林蛙油呈金黄色或黄白色，块大而整齐，有光泽而透明，干净无皮膜，无血筋及卵等其他杂物，干而不湿。东北大学的徐成海教授主持完成了林蛙油的冻干实验研究[10]。

林蛙油的冻干曲线如图 10-27 所示。冻干的前处理是将活蛙放在流水操作台上，去头后直接剥取输卵管，防止输卵管被血污，防止输卵管上的血管破裂，防止灰尘污染。冻干林蛙油的后处理可采用传统的真空充氮包装，以免回潮变色。

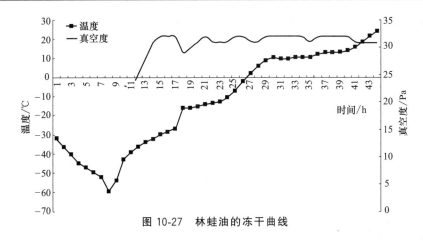

图 10-27　林蛙油的冻干曲线

## 10.6　鹿茸的冻干

鹿茸系梅花鹿或马鹿雄鹿未骨化密生茸毛的幼角。鹿茸是中药材的珍贵品种，每年在国际上单项贸易量很大，其中我国鹿茸出口占据重要地位。由于野生鹿是法定保护动物，所以，食用和药用的鹿产品都来自于人工养殖鹿。在中国、加拿大、新西兰等国家，都有规模化的养殖场。仅在我国东北地区，干燥鹿茸年产量就有几百吨。养鹿取茸业最先起源于我国。二战后，首先在我国开展鹿取茸，20 世纪 70 年代形成有相当规模的鹿产业群体出现。20 世纪 80 年代末期国际鹿茸市场形成，我国已为鹿茸出口做好了有效准备，一路领先，无竞争对手出现。到了 21 世纪初，国际市场竞争激烈，新西兰、加拿大、俄罗斯的鹿茸成为赢家。我国鹿茸失利的一个重要原因是产品结构存在老化，加工水平较低，因而削弱了竞争力[32]。

从鹿茸中提取得到的有机化合物有：胆固醇肉豆蔻酸酯、胆固醇油酸酯、胆固醇软脂酸酯、胆固醇硬脂酸酯、胆甾-5-烯-3β、7α-二醇、胆固醇、对羟基苯甲醛、对羟基苯酸、尿嘧啶、次黄嘌呤、肌酐、烟酸、脲、尿苷、对氨基苯甲醛、多糖类、磷脂类、多肽类、神经节苷脂及神经生长因子类物质，表皮生长因子，游离氨基酸、雌酮、雌二醇、睾酮等性激素。鹿茸中还含有铜、铁、锰、锌、硒、硫、钼、锡、钠、钾、镁、钴、钒、钛、钡等矿物质和微量元素，而这些元素与酶、辅酶、激素和维生素的活动过程密切相关[33~36]。

鹿茸药用的功效有：补益气血、温肾壮阳、强心复脉、化瘀生肌、强筋健骨、固崩止带、补肝益肾、强身抗老。在临床上应用于治疗：阳痿、慢性腹泻、遗尿症、再生障碍性贫血和血小板减少症、乳腺增生、脑部外伤和头颈剖外伤后遗症、原发性和直立性低血压、自主神经失调症、振动病、老年性骨质疏松症、更年期综合症及小儿发育不良等[35]。

鹿茸的价格较为昂贵，内含丰富的蛋白质、糖分及其他营养成分，贮存稍有不慎，极易发生虫蛀、霉烂和变质，轻则降低药效，重则失去药用价值。因此必须妥善处理和贮存。没有干透或是受了潮的鹿茸，会受虫蛀，使质地变轻，残缺不全。干燥后的鹿茸有利于保存、运输和利用。

鹿茸加工的主要目的是脱水、干燥、防腐、消毒、保形、保色，提高质量，利于保存。长期以来，我国鹿茸加工一直采用沸水煮炸和高温烘烤技术，一般需要 20～30d 甚至更长的加工时间[37,38]，还造成茸内有效成分活性物质遭到不同程度的流失和破坏[39,40]，使产品质量下降，常常出现破皮、空头、酸败、焦化、腐败变质等缺陷，影响药效，造成重大经济损失，影响我国鹿茸产品在国际市场上的竞争力。

研究表明，冻干鹿茸中营养成分含量和活性均好于传统方法加工的鹿茸。和传统的加工方法相比，鹿茸的冻干加工提高了鹿茸有效药用成分的含量，提高了鹿茸的药用价值，加工周期短，冻干茸具有更高的经济和药用价值，因此鹿茸冻干技术的完善和推广就显得十分迫切了。东北大学张世伟教授、研究生武越和沈阳大学刘军教授选用辽宁省铁岭市西丰县养殖梅花鹿的鲜鹿茸，进行了鹿茸冷冻干燥工艺的研究[17,41]。

为更好地开展鹿茸的冻干实验研究，首先对鹿茸的相关物性参数进行了实验测量。为了防止鹿茸中的血水等成分流失，保证实验数据的准确性，鹿茸被锯下来后，经过简单的封口处理即放入冰箱中冷冻保存，测量时样品的制备是在鹿茸冻结的情况下进行的。

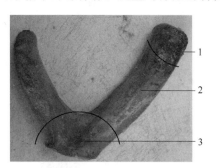

**图 10-28　鹿茸的部位分区**
1—顶部；2—中段；3—根部

### 10.6.1　水分测量

鹿茸的不同部位（顶部、中段、根部，见图 10-28）具有不同的组织结构、生物成分和药用价值，鹿茸的外部皮层组织与其内质组织也有很大差别，而且皮层组织是干燥过程中脱水阻力的主要来源，因此，实验中分别对皮层和内质的不同部分做了测量。

水分测量使用的是卤素水分测量仪（MB45，OHAUS Ltd. USA），设定的最终加热温度为80℃。水分测量结果见表 10-12。实验数据表明，水分在一只鹿茸内部的分布是不均匀的。比如，鹿茸皮层含水率明显低于其内质部分。内质部分除了根部的含水率与其骨化程度有关以外，中段和尖端的平均含水率与该段组织结构、含血量有直接关系。不同形状和尺度的鹿茸，其平均含水率也有明显差别。

**表 10-12　鹿茸不同部位的含水量**

| 鹿茸的部位 | | 含水量/% |
| --- | --- | --- |
| 内质 | 顶部 | 74.02～77.85 |
| | 中段 | 73.41～76.36 |
| | 根部 | 69.98～72.11 |
| 皮层 | | 68.81～71.02 |

### 10.6.2　共晶（熔）点温度测量

在冻干过程中，中段是决定鹿茸冻结与否的关键部位，为此，实验中对鹿茸的中段进行了共晶（熔）点温度测量。共晶（熔）点测量采用了两种方法。第一种方法是用自制的电阻共晶点温度测量仪。鹿茸冻结和融化过程的电阻温度曲线见图 10-29。

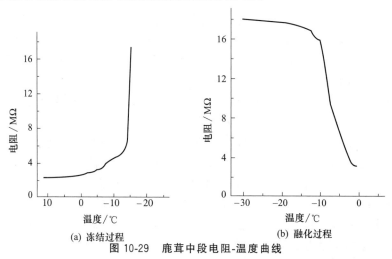

(a) 冻结过程　　　　　　　(b) 融化过程
**图 10-29　鹿茸中段电阻-温度曲线**

鹿茸共晶点温度测量的第二种方法是差式扫描量热仪（DSC，－Q100，TA，USA）法。使用专业软件（Universal Analysis，TA，USA）处理测量的数据，得到热流温度曲线，见图

10-30。以上两种测量方法得到的结果基本吻合。由图 10-29、图 10-30 中曲线可知，鹿茸共晶点温度在 $-18\sim-12℃$ 之间，确定平均值为 $-15℃$；而共熔点温度确定为 $-13℃$。

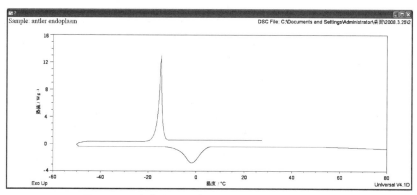

**图 10-30　鹿茸共晶（熔）点 DSC 测量的热流曲线**

### 10.6.3　鹿茸的冷冻真空干燥实验

根据实际需求分别开展了切片茸和整枝茸的冻干实验，很明显，切片茸的冻干节能省时，适用于直接用户；而整枝茸冻干更适合于商业化产品。冻干实验在 GLZ-0.4 冻干机中进行。鉴于在过高和过低的温度下，蛋白质容易变性，酶可能失活[42]，在冻干过程中限定了较低的升温速率，并确定干燥工艺中物料的温度不低于 $-25℃$、不高于 $45℃$，没有考虑节能和节时的工艺优化问题。

#### 10.6.3.1　切片鹿茸冻干工艺

切片鹿茸冻干的工艺流程包括：鲜茸清洗→切片装盘称重→预冻结→真空冷冻干燥→真空包装。

首先将鲜茸清洗。清洗时注意要将鲜茸锯口向上，用柔软的毛刷蘸温碱水（$40℃$）反复刷洗，再用清温水刷洗 2 次，最后用灭菌纱布擦干。清洗后将鹿茸切成厚度约为 4mm 的薄片，放入灭菌干燥的玻璃器皿中，对其进行称重。称重后的鹿茸片平铺在钢制方盘中，并送入冻干室置于搁板上，见图 10-31。

由于鹿茸的共晶点温度为 $-15℃$，而搁板与物料间的温度差为 $10\sim15℃$，所以搁板的温度被设定为 $-30℃$。冻结阶段耗时 1.5h，冻结的鹿茸片的温度约 $-25℃$。鹿茸的预冻结完成后，给冻干机的捕水器制冷。当捕水器的温度降低到 $-40℃$ 后，开启真空泵。当冻干室的压力降低到 40Pa 时，为搁板加热。此后，搁板的温度分段升高并保持一段时间，由冻干机按设定温度自动控制。具体温度与时间的关系见图 10-32 中的冻干曲线。当物料的温度持续升高，并接近搁板最终温度 $45℃$ 时，认为达到了冻干终点。此时关闭冻干室与冷阱之间的阀门一段时间，观察冻干室的

**图 10-31　鹿茸在冻干机的搁板上冻干的照片**

压力。若压力不再明显变化，则可以进一步证实冻干终点的达到。达到冻干终点后，为冻干室放气，开启箱门，取出干燥的鹿茸片，并称重和计算脱水率。顶部和中段鹿茸的脱水率分别为 81.5% 和 73.5%。经测量，冻干后鹿茸片的含水率约为 2%。将冻干后的鹿茸片真空包装，防止回潮，见图 10-33。真空包装的鹿茸片在常温下存放 3 年，没有变质。

#### 10.6.3.2　整枝鹿茸的冻干

整枝鹿茸的冻干是在 LGS-2 型冻干机上进行的。其工艺路线包括：鲜茸清洗→整支称重→

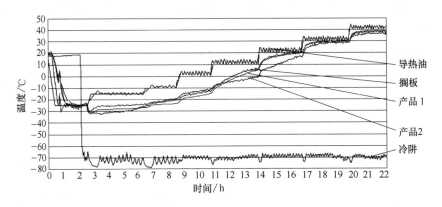

图 10-32　鹿茸片的冻干曲线

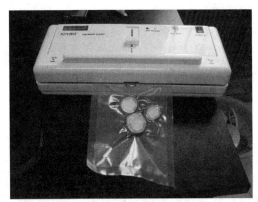

图 10-33　真空封装冻干鹿茸片

预冻结→真空冷冻干燥→真空包装。

选择品相好而且适度尺寸的整枝鹿茸并用软毛刷将其刷洗。考虑到整枝鹿茸冻干过程中，脱水阻力主要来自于鹿茸的皮层，所以在冻结的鹿茸顶部及中间段用钢针扎孔。孔深大于 2mm，孔距约 1cm，控制孔径小于 0.5mm 以防止影响产品的外观。经预处理后的鹿茸放回冰箱中冻结备用。

在冻干室的搁板上放置一个底面有绝热层保护的电子秤，并在电子秤盘的上表面铺一层竹片。当搁板的温度低于 -30℃ 时，将冻结的鹿茸摆放在竹片上，防止鹿茸与任何金属件接触。冷阱温度低于 -40℃ 时，开启真空泵，使冻干室的压力降低至 20~40Pa。冻干过程中，鹿茸的受热主要来自其上层搁板的热辐射。为防止鹿茸过热致使营养成分变质、失活和防止鹿茸内部的融化，严格控制了搁板的温度。搁板的温度以每 3.5h 升高 10℃ 的速率，由 -30℃ 升高到 80℃。由于在物料下面垫加了具有隔热作用的竹片，所以鹿茸的温度始终未高于 45℃。在此期间，为强化传热，当压力低于 10Pa 时，采用了循环压力法。循环周期内，压力升幅为 40~50Pa，保持 10~15min。共进行了约 10 个循环周期。冻干终点的判断是称重法。当电子秤的读数在 30min 内的变化值小于 1g 时，冻干终止。总的冻干时间为 40~60h，整枝鹿茸的脱水率为 50%~60%，因鹿茸的品种、成熟程度，贮存时间以及物理因素而各异。

10.6.4　冻干鹿茸性质检测及对比

为与传统方法干燥的鹿茸进行比较，并使比较的结果具有说服力，将同时采自同一只梅花鹿上的两枝鹿茸分别进行冷冻真空干燥和传统的煮炸、热风相结合干燥，分别得到两个干燥样品，依次标记为样品 FD（冻干）和 TD（传统干燥）。二者分别都进行了物理性状观察和化学成分检测，并比较了观察和检测结果。

10.6.4.1　样品化学成分分析与对比

分别用紫外分光光度计对样品中蛋白质含量、用氨基酸自动检测仪对样品中氨基酸含量进行定量分析。分析结果表明，样品 FD 中的水溶性蛋白质、醇溶性蛋白质和各种氨基酸的含量都不同程度地高于样品 TD 中的相应值，见表 10-13。

10.6.4.2　样品物理形貌观察与对比

从外观上看，样品 FD 的内质部分颜色是乳白的，组织结构密实且均匀。样品 TD 的内质部分是棕黄色的，有明显的孔隙和黑色的凝血点。对样品 FD 和 TD 的切片用生物显微镜（AP300，Motic Ltd.）进行了显微观察，图 10-34 是样品 FD、TD 相同放大倍数的显微图像照片，图中标尺长度为 $507\mu m$。图像显示，样品 FD 的内质是均匀的，没有明显的大孔隙，而样品 TD 的内质是多孔结构，孔的尺度为 $100\sim500\mu m$，且有许多凝血块（图中深色的小点，尺寸约几十微米）。

表 10-13　两种干燥鹿茸样品化学成分检测数据

| 成　　分 | 含量/% | | 成　　分 | 含量/% | |
|---|---|---|---|---|---|
| | 样品 FD | 样品 TD | | 样品 FD | 样品 TD |
| 水溶性蛋白质 | 19.27 | 12.49 | 丙氨酸 | 3.79 | 1.78 |
| 醇溶性蛋白质 | 4.17 | 4.59 | 亮氨酸 | 3.36 | 1.46 |
| 甘氨酸 | 8.00 | 4.18 | 丝氨酸 | 2.59 | 1.33 |
| 精氨酸 | 5.56 | 4.03 | 酪氨酸 | 2.53 | 1.12 |
| 谷氨酸 | 4.89 | 3.18 | 苯丙氨酸 | 1.77 | 0.54 |
| 脯氨酸 | 4.17 | 3.18 | 苏氨酸 | 1.14 | 0.61 |
| 天门冬氨酸 | 4.08 | 3.01 | 异亮氨酸 | 0.82 | 0.38 |
| 赖氨酸 | 4.01 | 2.15 | 组氨酸 | 0.71 | 0.35 |
| 缬氨酸 | 3.91 | 1.97 | | | |

(a) 样品FD

(b) 样品TD

图 10-34　样品 A 和 B 显微照片

通过显微观察和成分分析可知，冻干鹿茸与传统方法干燥的鹿茸在物理形貌和化学成分上均有明显差异，在常规观测和分析项目中前者优于后者。

上述完成的冻干实验中，出于保证鹿茸成分不发生变质的考虑，一直采用较低温度干燥，因此整个冻干时间比较长。更加节能节时的鹿茸冻干优化工艺正在开发；与之配套的、既可以干燥鹿茸片也可以干燥整枝鹿茸（包括较大体积的马鹿茸）的专用冻干机正在研制之中，其冻干箱内可变工件架的设计已经完成，申报了国家发明专利并获得授权[43]。

需要指出的是，冻干鹿茸的化学构成及生物活性可能与传统干燥鹿茸之间有较大差异，所以应该开展冻干鹿茸新成分的生物化学分析和药理实验，并重新研究冻干鹿茸的药理作用、药用方案（用法、用量）和评价标准。比如，冻干鹿茸中的生物酶仍可能保持着较高的活性，所以在贮藏方法、保质期限、使用方法上应予以重新考虑。

## 参 考 文 献

[1]　关昕. 注射用丹参化学对照品的制备、提取工艺及所用药材丹参质量标准研究 [D]. 沈阳：沈阳药科大学，2005.

[2]　钮旭升. 注射用双黄连指纹图谱的研究 [D]. 沈阳：沈阳药科大学，2005.

[3]　李清. 注射用艾迪（冻干）药学研究初探 [D]. 沈阳：沈阳药科大学，2006.

[4]　崔亚男. 复方参芍注射剂的初步研究 [D]. 沈阳：沈阳药科大学，2006.

[5] 王立群，徐蓓，校合香. 天麻不同加工方法的红外光谱指纹特征分析 [C] // 厦门：第十三届全国分子光谱学学术会议，2004：123-124.

[6] 彭菊艳. 采收时间和加工方法对金银花品质的影响 [D]. 咸阳：西北农林科技大学，2006.

[7] 敬应春，单俊杰，徐小军. 从白术总多糖中抗肿瘤有效成分的变化试论 GAP 的重要性 [J]. 中国新药杂志，2004（6）：511-514.

[8] 余超. 连花芳粉针制备工艺及质量标准研究 [D]. 北京：北京中医药大学，2004.

[9] 魏小川，马艳梅，王建富. 林蛙油真空冷冻干燥工艺研究 [J]. 食品科技，2006（9）：134-136.

[10] 徐成海，张世伟. 几种物料的冷冻干燥实验 [J]. 真空与低温，1998（3）：161-164.

[11] 王玉兰. 通脉粉针剂质量的化学研究 [D]. 北京：北京中医药大学，2004.

[12] 范玉玲，李森，孙黎. 冷冻干燥法和高速搅拌法制备生脉饮颗粒剂的研究 [J]. 科学技术与工程，2006，20：3272-3275.

[13] 徐成海，李春青，张树林. 真空冷冻干燥人参的物性测量 [J]. 武汉化工学院学报，1992（3/4）：47-51.

[14] 徐成海，张世伟，胡天玉. 山药真空冷冻干燥的实验研究 [J]. 真空科学与技术学报，1996（6）：449-452.

[15] 彭润玲. 几种生物材料冻干过程传热传质特性的研究 [D]. 沈阳：东北大学，2007，12：47-65.

[16] 徐成海，张世伟，喻漫陆. 冬虫夏草真空冷冻干燥的实验研究 [J]. 真空，1994（6）：34.

[17] 刘军，张世伟. 鹿茸冻干新工艺及性质 [J]. 真空科学与技术学报，2011（2）：229-233.

[18] 任迪峰，毛志怀，和丽. 真空冷冻干燥在中草药加工中的应用 [J]. 中国农业大学学报，2001（6）：38-41.

[19] 李树殿，崔淑娟，罗维莹，等. 活性人参有效成分的分析 [J]. 特产研究，1989（3）：43-45.

[20] 李树和. 蔬菜药用 70 例 [M]. 天津：天津科学技术出版社，2005，1：52.

[21] 宋立美，张俊华，李凤瑞，等. 山药加工技术 [J]. 保鲜与加工，2003（2）：22-23.

[22] 张添，徐宪菁，刘清华，等. 山药的综合开发利用 [J]. 粮油加工与食品机械，2002（10）：55-56.

[23] 王建安，黄纪念，王玉川. 微波真空冻干怀山药生产工艺的研究 [J]. 食品工业，2007（5）：35-36.

[24] 华泽钊. 冷冻干燥新技术 [M]，科学出版社，北京：科学出版社，2005：407-409.

[25] 刘占杰，华泽钊，陶乐仁，等. 脂质体悬浮液结晶对其冻干品质影响的研究 [J]. 青岛海洋大学学报，2001（4）：612-618.

[26] 毕殿洲. 药剂学 [M]. 北京：人民卫生出版社，2000，4：222-223.

[27] 王健，李明轩. 冷冻干燥对提高脂质体稳定性的研究概况 [J]. 中国医药工业杂志，2005（9）：576-580.

[28] 徐成海，彭润玲，刘军，等. 冷冻干燥 [M]. 化学工业出版社，2005，4：313.

[29] 刘占杰，肖洪海，苏树强，等. 冷却方式对冻干脂质体药物的粒径和包封率影响的实验研究 [J]. 工程热物理学报，2002（5）：599-601.

[30] 郑建伟. 苦参碱冻干脂质体注射剂的制剂学研究 [D]. 广州中医药大学，2005.

[31] 刘军，张世伟. 一种快速冻干冬虫夏草的方法：中国，201110070964. X [P]，2012-08-29.

[32] 周桂琴. 鹿茸 [M]. 天津：天津科技出版社，2005，1：47～51，183～184.

[33] Ran Zhou, Shufen Li. In Vitro Antioxidant Analysis and Characterisation of Antler Velvet Extract [J]. Food Chemistry, 2009, 114：1321-1327.

[34] J. E. Scott, E. E. Hughes. Chondroitin Sulphate from Fossilized Antlers [J]. Nature, 1981, 291：580-581.

[35] Hoon H. Sunwoo, Takuo Nakano, Robert J. Hudson. Chemical Composition of Antlers from Wapiti [J]. Journal of Agriculture Food Chemical, 1995, 43：2846-2849.

[36] 李和平. 中国茸鹿品种的鹿茸化学成分 [J]. 东北林业大学学报，2003，31（4）：26-28.

[37] 徐滋，于振清. "三倒" 带血鹿茸加工方案和操作 [J]. 特种经济动植物，2003（11）：38-40.

[38] 张荣，霍玉书，李永吉. 鹿茸的加工工艺与研究述要 [J]. 辽宁中医药大学学报，2007（3）：59-60.

[39] 田再民，张利增，龚学臣，等. 不同温度和时间对鲜鹿茸中 GSH 活性的影响 [J]. 湖北农业科学，2009，48（6）：1461-1463.

[40] 田再民，冯莎莎，武玉环，等. 不同温度和时间对鲜鹿茸中 SOD 活性的影响 [J]. 河北北方学院学报，2009，25（1）：49-52.

[41] 武越. 鹿茸冻干过程的特性研究 [D]. 沈阳：东北大学，2008.

[42] 陈立，马稚昱，许仲祥. 血粉蛋白质热变性温度变化规律的研究 [J]. 农业机械学报，2004，35（3）：102-108.

[43] 刘军，张世伟. 一种用于冻干鹿茸的冷冻干燥机可变工件架：中国，2010105786385 [P]. 2012-06-27.

# 11　食品冻干技术

食品的冻干技术起源于 20 世纪 30 年代[1]。1930 年 Flosdorf 开始了食品冻干实验，1940 年英国的 Fikidd 提出了食品冻干技术，1961 年英国 Aberdeen 实验工厂开始了工业生产，几乎在同一时期，美、日、德、荷兰、丹麦等国家相继建立了食品冻干加工厂。到了 21 世纪初，美国每年消费冻干食品 500 万吨，日本 160 万吨，法国 150 万吨。日本每年需花 1000 亿日元进口冻干食品。可见冻干食品的国际市场很大，而且正成为国际食品贸易的大宗贸易。全球的冻干食品产量已经从 70 年代的 20 多万吨上升到现在的数千万吨[2]。

我国食品冻干事业起步较晚，20 世纪 60 年代后期才在北京、上海等地开始实验研究，20 世纪 70 年代中期在上海等地建立了食品冻干车间。80 年代开始，食品冻干技术受到了国际市场的影响，渐渐热起来。21 世纪初，国内的冻干生产线已经拥有几十条，年产量约 2 万吨。目前，冻干食品在国内市场的交易量连年增加，年产量在千吨级以上的冻干食品加工基地在辽宁、吉林、黑龙江、内蒙古、河南、甘肃、陕西、宁夏、云南、山东、安徽、贵州、北京、上海等地纷纷建立。我国冻干食品的发展前景极其广阔，是大家的共识。

食品冻干与其他食品加工相比，具有许多独特的优点：

第一，食品是在真空且低温条件下干燥，食品不会发生氧化变质，并且因缺氧和冷冻会杀灭一些细菌或抑制某些细菌的活力；

第二，食品在低温下干燥，使食品中的热敏成分能保留下来，可以最大限度地保存食品成分、味道和芳香；

第三，食品在冻结时能形成稳定的形状，干燥后能保持食品原有形状；

第四，食品在干燥过程中，由于内部冰晶升华，留下许多微孔结构，因而冻干食品可以迅速吸水复原，即复水性好，且复水速度快，多数在几秒至几十秒钟即可完成，复水后其品质与鲜品的形状、颜色、外观质地基本相同；

第五，冻干食品脱水彻底，重量轻，适合长途运输和长期保存，无须防腐剂，在常温下保质期多者可达三至五年。

随着人民生活水平的提高和生活节奏的加快，人们对食品的要求趋向营养、安全、快捷。同时一些从事特定工作，如航天、航海、登山、野外作业、各种考察队的人员也对食品有特殊的要求，加上对旅行食品、休闲食品的需求，因此，各类天然绿色食品、保健食品和方便食品应运而生。而冻干食品由于具有上述优点，能够满足人们对食品安全化、营养化和方便化的需求，从而受到现代社会各个层次人们的青睐。例如，冷冻干燥食品作为一种休闲食品，发达国家也是有较大的市场，他们称为 TV 食品，以水果脆片为主，这种新型食品以其浓郁的香味和果味著称，而且天然、营养，比之膨化或油炸的小食品有更高的品质和风味，在国内每年的需求量可达 2.5 万吨。而仅作为方便面辅料一项，我国每年就需要冻干食品 4 万吨。

另外作为食品原料的农、牧、渔等行业的产品，在进行冷冻干燥加工后，可大大增加收益。据 21 世纪初的资料介绍，外商收购我国冻干食品每公斤价格在那时已经达到：羊肉 180 元、牛肉 130 元，胡萝卜 130 元、大葱 140 元、枸杞 240 元、菠菜 160 元、百合 200 元、草莓 180 元、青辣椒 190 元、红辣椒 210 元、蒜苗 130 元等，而外商购回后销售价格更会翻番[3]。由此可见，食品冻干技术能够使生产者和消费者双方都受益。美国、日本等工业发达国家有资料统计，近一半快速食品已采用冻干工艺生产[4]。随着我国人民生活水平的日益提高，冻干食品的市场也越来越广泛。

冻干食品技术的研究与冻干食品市场的繁华相互促进，对食品冻干的研究方兴未艾。被研究的冻干对象已经从高价值的食品扩展到普通食品，主要包括：

蔬菜：蕨菜、胡萝卜、竹笋、香葱、葱、豌豆、香菜、甘蓝、甘蔗汁、马铃薯、绿豆芽、菠菜、油豆角、西芹。

蘑菇：金针菇、长根菇、香菇、草菇、花菇。

水果：猕猴桃、苹果、柿子、草莓、香蕉、荔枝、哈密瓜、山楂、桃。

肉蛋：牛肉、牦牛肉、鸡蛋、鹌鹑蛋。

海产品：鱼类、扇贝、牡蛎、海参。

方便食品：米饭、馄饨、水饺、鱼香肉丝、木须肉、叉烧肉。

其他食品：大蒜、豆腐、香芋、板栗、红薯叶、薤头、魔芋、速溶茶。

其中许多食品的冻干技术已经成熟，被广泛应用于实际生产中。食品冻干的生产流程主要有：前处理、速冻、真空干燥和后处理。前处理的工作分粗处理和精处理，对于蔬菜粗处理主要是对原料进行挑选、去皮、洗泥等；而精处理主要是进一步清洗、切割或粉碎、漂烫、甩干、装盘等。冻干过程有 3 个阶段：物料冻结、升华干燥和解析干燥。后处理主要是挑选、筛选、包装入库。

## 11.1 草莓冻干

草莓为蔷薇科植物，原产于南美洲，有较高的经济价值，其品种有 2000 多。草莓果实鲜红艳丽、柔嫩多汁、酸甜适口、浓郁芳香，有"水果皇后"之誉，生食是佳品，加工为成品后，亦别具风味，如草莓酱、草莓冰淇淋、草莓罐头等。

草莓含有蛋白质、果糖、蔗糖、葡萄糖、柠檬酸、苹果酸、氨基酸、胡萝卜素、膳食纤维、各种维生素及钙、钾和多种微量元素等物质。较突出的是草莓含有大量维生素 C（每百克草莓中含维生素 C 50～120mg），其含量比西瓜、苹果、葡萄高 10 倍左右。中国医学认为，草莓性凉味酸，无毒，具有健脾解酒、清热解暑、生津止渴、清肺化痰、健胃润脾、补血利尿止泻等功效。草莓还是鞣酸含量丰富的植物，在体内可阻止致癌化学物质的吸收，具有防癌作用。草莓中维生素 C 含量高，日本有"草莓是活的维生素 C 结晶"、"每天吃一颗草莓对美容健身大有裨益"、"每天吃 10 颗草莓延年益寿"等说法。草莓对头发、皮肤有健美作用，美国把草莓列为十大美容食品之一，德国把草莓誉为"神奇之果"。[5]

草莓的采摘期短，但是，由于其独特的柔软多汁，极易损伤和腐烂，在常温条件下不易贮藏。所以，贮存问题是影响草莓生产和销售的关键。过去的贮存方法有：

① 将果实摊放在果盘内，厚度在 9～12cm。装好后置于通风阴凉处散热，贮藏温度为 0～0.5℃，空气相对湿度为 85%～95%，期间应避免翻动，运输时注意防震和通风。在此条件下可贮 5～7 天。

② 将洗净的浆果，在热水中或沸水中烫一下，然后迅速在流动的清水中冷却、分散、加糖、包装，在 -25～-23℃速冻，冻结后，在 -18℃的低温冷库中可贮存 18 个月。

这两种贮存方法既条件严格，又不容易保证保持草莓的天然品质。而冻干草莓不改变草莓的颜色、外观而且保存了草莓的营养价值。新鲜草莓含糖 3.19%～6.56%，柠檬酸 10～18mg/100g，苹果酸 1～3mg/100g，维生素 C 平均为 80mg/100g，这些成分在冻干前后并无明显变化，如维生素 C 冻干前测得为 57.5mg/100g，冻干后为 55.0mg/100g，保存率 96%，这是其他方法所做不到的。冻干草莓复水性好，易回复原状。草莓脱水干燥后，只有原来重量的 15% 左右，经过真空硬包装后，便于长期存贮和运输。我国幅员辽阔，草莓虽种植面积广，但那些艰苦、边远地区的部队、居民等由于新鲜草莓的不便运输和不耐存贮很难享用。而冻干草莓保鲜、便于存贮、运输，是宇航、登山、航海、探险等特殊场合的食用佳品，还可以加工出口。为此，草莓的干燥保存成为重要的选择。目前，草莓冷冻干燥的研究有许多，有草莓粉的冻干、草莓片的冻干、草莓丁的冻干以及草莓整体冻干。

### 11.1.1 草莓粉的冻干

在各种草莓冻干的研究中，草莓粉冻干的研究最多。河北农业大学的王伟[5]进行了系统的研究。

草莓粉的冻干工艺流程包括：

选取新鲜草莓→清洗→切片→蒸汽漂烫→湿法超微粉碎（打浆、调制、胶磨）→杀菌→冷冻真空干燥→打散→包装

#### 11.1.1.1　草莓清洗

选择新鲜、成熟适度、优质草莓，除去柄叶及杂质，用流水冲洗 2～3 遍，沥干后将草莓在 100mg/L 的 $NaClO_2$ 溶液中浸泡 2min，以杀灭草莓表面的霉菌，用流水清洗 3 遍，去除草莓表面残留的 $NaClO_2$，沥干。

#### 11.1.1.2　护色工艺

果蔬在加工贮藏中的变色主要有两种类型，即酶促褐变及色素物质的损失和变色。

（1）漂烫工艺　多酚氧化酶（PPO）和过氧化物酶（POD）是草莓中两种主要的氧化酶，其中多酚氧化酶（PPO）是引起冷冻草莓褐变的主要酶类，过氧化物酶（POD）与冷冻草莓的风味流失有直接关系。有研究表明，草莓在冻结过程中，PPO 和 POD 活性均有不同程度的升高，将直接影响草莓的色泽和风味。在冷冻真空干燥生产草莓粉加工中，应当采用漂烫的方法使 PPO 和 POD 失活。漂烫一般分三种：热水漂烫、蒸汽漂烫和微波漂烫。对草莓色素和营养成分影响较小且成本较低的是蒸汽漂烫。

草莓切片厚度为 2.5cm，漂烫时间为 1min 或 2min 时，可以有效地提高维生素 C 保留率；当草莓切片厚度为 2.5cm、2cm、1.5cm、1cm，漂烫时间为 1min 或 2min 时，有利于减少草莓中总糖的损失。在漂烫条件和 POD 活性的关系上，当草莓切片厚度为 2.5cm 时，要使 POD 完全失活，漂烫时间必须达到 3min。综合考虑漂烫工艺条件与营养成分保留、POD 活性的关系，漂烫工艺参数为：草莓切片厚度 2.5cm，漂烫时间 3min 比较合适。

（2）护色剂的选择　草莓红色素是草莓中富含的一种天然色素，安全性高，着色自然，有特殊的芳香气味，但对热不稳定，易氧化退色。护色工艺条件为 EDTA-2Na 浓度为 0.04%，调整草莓浆 pH 值为 2.5 比较合适。

#### 11.1.1.3　湿法超微粉碎工艺

采用干法粉碎生产草莓粉时，如果粉碎过程中环境相对湿度控制不当，会使草莓粉含水量升高，在贮藏过程中易发生颜色的劣变和营养成分的损失，影响其贮藏性能。若采用湿法粉碎，则可以在草莓浆中添加适宜的助干剂，有助于提高冻干草莓粉的干燥速率，并且可以阻止冻干草莓粉在打散过程中吸湿受潮，提高冻干草莓粉的抗湿性，降低冻干草莓粉产品的含水量。

从图 11-1 可以看出，适宜的胶磨次数为 2 次，此时，冻干草莓粉过筛率较高，草莓粉粒度均一性较好，且草莓粉中的维生素 C 和总糖保留率也较高。

草莓中含糖较多，会导致干燥速率较低，冻干草莓粉产品的含水量较高。为提高干燥速率，降低草莓粉产品的含水量，在打浆过程中添加麦芽糊精、CMC 和 $\beta$-环糊精作为助干剂，助干剂的加入还有利

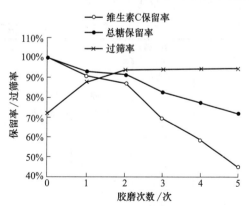

图 11-1　胶磨次数对总糖、维生素 C 保留率及过筛率的影响

于改善冻干草莓粉的物理性质，提高产品复水率，从而得到品质优良的冻干草莓粉产品。从优化工艺的角度考虑，在胶磨过程中向草莓浆中添加 50%～75% 的麦芽糊精和 0.4%～0.6% 的 CMC 比较合适。

#### 11.1.1.4　巴氏杀菌工艺

由于杀菌温度过高会造成草莓营养物质及色素物质的过多损耗，所以采用巴氏杀菌法，在胶磨后、冻干前对草莓浆进行杀菌处理。

实验表明，草莓浆在 60～70℃ 范围内处理 30min，其色泽、香气、状态均无不良变化，而 75℃ 以上的各处理，草莓浆随温度的升高品质开始逐渐劣变。为尽量缩短杀菌时间，所以选择 70℃ 作为巴氏杀菌温度。

当巴氏杀菌时间为 15～20min 时，可以达到较好的杀菌效果。为了减少因长时间加热对草莓浆营养成分造成的破坏，应选择尽量短的杀菌时间，所以巴氏杀菌的时间为 15min 比较合适。

#### 11.1.1.5　草莓浆冷冻真空干燥工艺

（1）预冻工艺　在冷冻真空干燥工艺中，共晶点温度与预冻温度的选择密切相关，由于预处理过程中护色剂和助干剂等溶质的加入，导致共晶点温度降低，所以一般选择预冻温度应比共晶点低 5～10℃。草莓共晶点为 −15～−13℃[6]。实验表明，预冻工艺的较优参数为：装填厚度 10.83mm，预冻时间为 4.70h，预冻温度为 −26.33℃。此时，冻干速率在理论上最大。

（2）冷冻真空干燥工艺　预冻温度 −26℃，LG-0.2 冷冻真空干燥机冷阱的固有温度为 −50℃，查不同温度下冰晶表面的饱和蒸汽压力，在 −26℃ 时，冰晶表面的饱和蒸汽压力为 53.32～66.65Pa，−50℃ 时，冰晶表面的饱和蒸汽压力为 2.67～4.00Pa。当干燥室工作压力在 4.00～66.65Pa 时，可保证水蒸气扩散的顺利进行。

升华干燥阶段主要去除的是草莓浆中的自由水，可以通过抽真空降压和升高温度来达到升华干燥的目的。加热时，加热量是关键，既保证冻结草莓浆的温度低于冰晶融解的温度，又要保证已干草莓粉的温度低于焦化温度。花色苷是影响草莓色泽的主要因素，进而影响到冻干草莓粉产品的品质，为了避免其分解，一般加工中热处理不超过 60℃。

在实践中，获得较高的真空度所需要的成本远远高于加热升温所需要的成本，所以采用提高加热隔板终温的方法完成解析干燥。一般认为 110℃ 是花色苷分解的最高温度，为尽量避免草莓红色素的分解，解析干燥加热板的温度要远低于这个温度。

选择以上三个因素为研究对象，以维生素 C 保留率、总糖保留率、干燥速率和制品含水量为测定指标，进行正交试验。表 11-1 为正交实验数据表。

**表 11-1　草莓浆冻结物冷冻真空干燥工艺正交实验数据**

| 试验号 | A 工作压力 /Pa | B 升华温度 /℃ | C 解析温度 /℃ | D 空列 | 总糖保留率 /% | 维生素 C 保留率 /% | 干燥速率 /(%/h) | 含水量 /% |
|---|---|---|---|---|---|---|---|---|
| 1 | 1(25) | 1(50) | 1(65) | 1 | 85.6 | 72.8 | 3.92 | 4.00 |
| 2 | 1 | 2(55) | 2(70) | 2 | 86.0 | 70.8 | 4.52 | 4.24 |
| 3 | 1 | 3(60) | 3(75) | 3 | 82.4 | 68.0 | 3.96 | 4.68 |
| 4 | 2(45) | 1 | 2 | 3 | 86.8 | 72.8 | 5.32 | 3.24 |
| 5 | 2 | 2 | 3 | 1 | 85.6 | 71.2 | 5.64 | 3.28 |
| 6 | 2 | 3 | 1 | 2 | 86.4 | 70.4 | 5.28 | 3.48 |
| 7 | 3(65) | 1 | 3 | 2 | 80.4 | 67.6 | 4.68 | 3.88 |
| 8 | 3 | 2 | 1 | 3 | 85.2 | 72.4 | 4.96 | 3.60 |
| 9 | 3 | 3 | 2 | 1 | 79.6 | 66.4 | 5.20 | 4.40 |

考虑到实际生产中的需要和草莓粉品质的要求，为了提高冷冻真空干燥草莓粉的品质，降低冻干草莓粉的含水量，加快干燥速率，使干燥更彻底，应当选择的干燥工艺条件是：工作压力 45Pa，升华温度 55℃，解析温度 65℃。

草莓浆冻干工艺曲线和冻干过程中水分含量变化曲线如图 11-2 和图 11-3 所示。

从草莓粉冻干曲线可以看出，当干燥室工作压力维持在 45Pa 左右时，物料温度在干燥过程

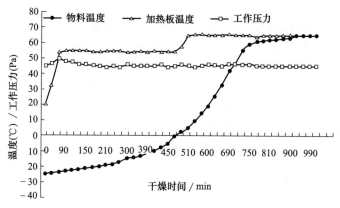

图 11-2　草莓粉冷冻真空干燥工艺曲线

中呈缓慢的上升趋势，随着升华的进行，物料温度逐渐升高。当升华干燥进行到 480min 左右时，物料的温度突破 0℃，此时，升华干燥基本结束，在 50min 之内，将加热板温度升高至 65℃ 进行解析干燥。在解析干燥前期，物料的温度升高较快，当解析干燥进行到 720～840 min 时，物料温度已接近加热板的温度，上升趋势不明显，再延长 60～120min 后，干燥过程结束。

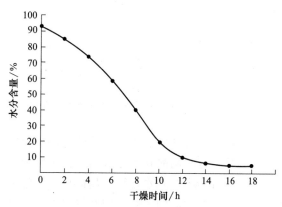

图 11-3　草莓浆冷冻真空干燥过程中水分含量变化曲线

由图 11-3 得出，前 12h 的水分含量降低较快，干燥曲线迅速下降，所以干燥速率较大；在 12h 以后，水分含量下降较慢，曲线下降趋势减小；干燥进行到 14h 后，水分含量变化很小，曲线变化趋于平缓，此时干燥速率较小。综上所述，干燥在前 12h 为冷冻真空干燥主要干燥阶段，整个干燥过程中排除水分的速率最大。

11.1.1.6　冷冻真空干燥草莓粉质量稳定性

（1）营养成分稳定性　冷冻真空干燥草莓粉产品采用塑料薄膜真空包装，防止冻干草莓粉和空气接触。在室温下避光贮藏数个月，每隔一个月观察制品的品质，测定水分含量、总糖含量、维生素 C 含量、草莓红色素、湿润性等指标，数据见表 11-2。

表 11-2　冻干草莓粉贮藏期间品质变化数据

| 存放时间 /月 | 水分 /% | 总糖 /(g/100g) | 总塘保留率 /% | 维生素 C /(mg/100g) | 维生素 C 保留率 /% | 色价 | 菌落总数 /(CFU/g) | 大肠菌群 /(MPN/100g) |
|---|---|---|---|---|---|---|---|---|
| 新鲜草莓 | 91.12 | 115.13 | | 975 | | 0.63 | | |
| 草莓粉 | 3.85 | 80.62 | 70.03 | 586 | 60.10 | 0.68 | $5 \times 10^2$ | <30 |
| 1 | 3.86 | 78.41 | 97.26 | 545 | 93.06 | 0.68 | $6 \times 10^2$ | <30 |
| 2 | 3.90 | 77.91 | 96.64 | 543 | 92.62 | 0.67 | $5 \times 10^2$ | <30 |
| 3 | 4.08 | 77.24 | 95.81 | 535 | 91.30 | 0.66 | $6 \times 10^2$ | <30 |
| 4 | 4.52 | 72.24 | 89.60 | 503 | 85.90 | 0.62 | $8 \times 10^2$ | <30 |
| 5 | 4.76 | 68.55 | 85.03 | 471 | 80.42 | 0.62 | $7 \times 10^2$ | <30 |
| 6 | 4.85 | 66.04 | 81.92 | 459 | 78.38 | 0.62 | $8 \times 10^2$ | <30 |

注：新鲜草莓中总糖、维生素 C 含量均以干重计

根据上表的测定结果可以看出，在适宜的贮藏条件下，冻干草莓粉中总糖和维生素 C 在前

三个月的贮藏过程中基本稳定，虽然含量有所降低，但降低程度不大。在贮藏过程中，冻干草莓粉的色价、菌落总数和大肠菌群数测定结果较为稳定。所以冻干草莓粉的适宜贮藏期为三个月。

（2）冻干草莓粉抗结性　由于冻干草莓粉产品本身具有很强的吸湿性，加上粉粒间的吸附作用会造成粒子群的黏聚，所以草莓粉在贮藏期间有可能出现结块现象，从而破坏了草莓粉的流动性。在冻干草莓粉打散过程中，可向粉体中添加一定量的抗结剂，以防止草莓粉结块，提高其流动性。选择 $SiO_2$ 作为抗结剂，我国《食品添加剂使用卫生标准》规定，固体饮料中 $SiO_2$ 的最大添加量为 0.2g/kg。图 11-4 是抗结剂不同添加量的冻干草莓粉流动性变化曲线。曲线表明，$SiO_2$ 的添加量为 0.1g/kg，可以保证冻干草莓粉具有良好的抗结性。

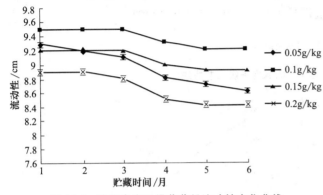

图 11-4　冷冻真空干燥草莓粉流动性变化曲线

**11.1.1.7　冷冻真空干燥草莓粉生产和贮藏中应注意的问题**

要求预冻温度在 −26℃ 以下，时间在 5h 以上。预冻不完全，有部分溶液还未完全形成固态，在升华过程中极易溶解周围的产品，从而导致全部萎缩。

升华干燥阶段升温过快，或由于板层温度差异太大，导致产品还有较多水分时超过产品共熔点或部分共熔点，就会引起制品萎缩。也有部分产品出箱后出现小的部分圆点溶解状，这种制品在贮存过程中会慢慢萎缩。

冻干草莓粉中的残水含量应越低越好。包装时要尽量减少水、氧、微生物对食品的侵蚀，降低湿度、光照对食品的影响。控制包装间的温度为 20～25℃，相对湿度为 10%～20%，不超过 40%，尘埃颗粒在 40 个/m² 以下，还可以在包装袋内用可透性袋封入石灰、活性炭、硅胶等干燥剂，防止物料吸湿。

应尽量减少冻干草莓粉与氧接触的机会。包装容器有良好的密封性，如有条件，包装时可抽除容器中的氧气，用氮气置换，使容器顶隙中的氧的质量分数在 1% 以下。适当添加抗氧化剂。

光的照射也会加速草莓红色素的分解褪色。故一般采用低温贮存，用有色或不透明的包装容器，使物料避光。

**11.1.2　草莓片的冻干**

与王伟的工艺路线不相同，苑社强等[7]研究的是先将草莓片冻干后粉碎成草莓粉的工艺。他们在 LG-0.2 冷冻真空干燥机上进行实验。其工艺流程为：原料预处理→清洗→目选分级→杀菌→速冻贮藏→切割→装盘→预冻→真空干燥→气流粉碎→真空包装→成品。

经过流动水冲洗的草莓再流入气泡清洗机中，再经过 100mg/L 的 $NaClO_2$ 溶液杀菌后，进行速冻，存放在 −18℃ 的低温库中待用。

由于新鲜草莓皮薄多汁，切片时易碎、流汁，速冻、冻干后会结团，碎片多。所以进行冻干时，草莓在低温库中经过升温至 −6℃ 左右时被切割成片、装盘，较佳的物料厚度为 (12±2)mm。在温度为 −30～−25℃ 预冻约 2.5h，每分钟降温 0.24～0.3℃，然后抽真空干燥。冻干曲线如图 11-5。经济合理的冷冻真空干燥工艺参数：干燥仓压力为 40Pa、升华温度为 80℃、解析温度为 60℃。干燥结束立即进行气流粉碎。

黄松连[8]在日本真空株式会社生产的 DF-2000 冷冻真空干燥机上进行了草莓片的冻干工艺的确定。其工艺流程为：速冻草莓粒→（−10±2）℃冷藏48h→切片→铺盘→速冻→升华干燥→解析干燥→挑选→包装→成品→入库。

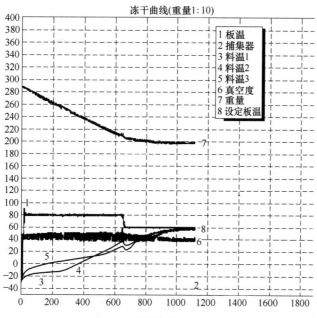

图 11-5　草莓片的冻干曲线 1

单体速冻的草莓粒，在（-10±2）℃条件下冷藏 48h 回软后切片。草莓片的规格为 6～7mm，在盘中摆放的标准为 12～14kg/m² 左右，厚度 25～30mm。草莓预冻到-25℃，维持 2h 左右。然后将速冻好的草莓片移到干燥槽内抽真空至 40Pa 左右，开始加热升华干燥。冻干升华阶段媒体温度控制在 100℃，时间 5h，真空度控制 150Pa 以下。在升华干燥结束后，为进一步去除草莓的结合水，适当提高物料温度和真空度，使物料温度接近板温并趋于稳定维持 2h。真空度保持在 40～70Pa，草莓片的水分控制在 3％以下。冻干曲线如图 11-6 所示。

### 11.1.3　整体草莓果的冻干

东北大学的王琼先[9] 在 ZLG-0.2 型冻干机上进行了整体草莓果的冻干实验。

#### 11.1.3.1　草莓果共晶点温度及热导率的测定

采用电阻法测量草莓的共晶点，测量时将万用表的两个电极插入草莓果的边缘，将草莓放入 ZLG-0.2 型冻干机的干燥箱中。温度测量由热电偶和温度显示仪完成，热电偶的探头插入草莓的中心处。启动压缩机制冷，温度降至 0℃左右开始测量记录。用不同的草莓重复测量实验。依据实验数据绘制的温度与时间的关系曲线及电阻随温度变化的曲线如图 11-7、图 11-8 所示。

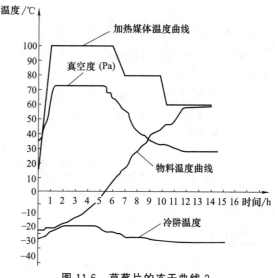

图 11-6　草莓片的冻干曲线 2

由图中曲线可知，电阻值在-8～0℃之间变化比较缓慢，在-10℃左右变化趋势较陡，在-13℃以后变化又较慢，说明此时已全部冻结。实际记录到-15℃时，拿出一个草莓切开看时发现从外到里已完全冻透，这说明草莓的共晶点是在-10℃左右。由温度时间曲线图可知，草莓温度在-10℃左右保持时间最长，在-0.5～-4.0℃之间次之，这说明-0.5～-4.0℃为草莓的冰点，可查得一般水果的冰点为-0.8～

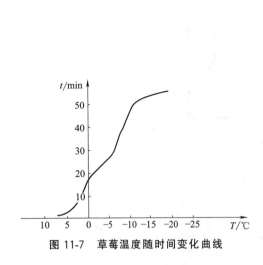

图 11-7 草莓温度随时间变化曲线

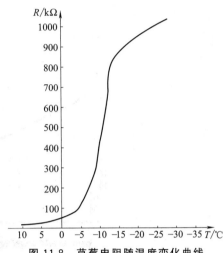

图 11-8 草莓电阻随温度变化曲线

—4.5℃之间，可见这种测量方法是合理的。

热导率是衡量物质导热能力的一个重要指标，直接影响物体内热流的大小，其值与物料的几何形状无关，而与物料的成分、内部结构、密度和温度有关。测量草莓的用的是平极稳态一维导热法。

测量结果草莓的热导率为：$\bar{\lambda}=0.03627\mathrm{W}/(\mathrm{m \cdot ℃})$

#### 11.1.3.2 冻干草莓果的前处理

草莓果的冻干工艺主要包括：前处理、预冻、干燥和后处理。

草莓是一种柔软多汁的浆果食品，强度、硬度都不如其他固体食品，草莓怕碰、怕挤，否则会引起草莓腐烂变质。所以前处理时宜小心轻拿轻放。先将有碰伤和腐烂的草莓挑出，再把直径大小基本一致的草莓在清水中轻轻漂洗一至两遍，然后捞出放在带孔的盘中沥干。

#### 11.1.3.3 预冻

草莓在冻干前后形状体积保持不变，这一定型过程是由预冻来实现的。预冻质量的好坏将直接影响到整个干燥过程及最终产品的质量。预冻过程主要是要控制好草莓的预冻温度、预冻时间和速率。

由于已经测得草莓的共晶点温度为—10℃左右，而共晶点温度是草莓液完全结晶的温度，所以在预冻过程中必须保证草莓的各部分温度都被冷冻至—10℃以下。将草莓在不同环境中冻结，其结果列于表 11-3。

表 11-3 草莓果冻结实验条件及结果

| 冷冻速率/(℃/min) | 冷冻时间/h | 干燥时间/h | 干燥效果 |
| --- | --- | --- | --- |
| 0.28 | 1.5 | | 干燥至第 10 小时冒泡，成品抽缩 |
| 0.28 | 3 | 16 | 效果好，外观鲜艳无变化 |
| 冰箱冷冻 | 一晚 | 15 | 效果好，外观无变化 |

由表 11-3 中数据可以看出，冰箱冻结速率慢于冻干箱中的冻结速率，但冰箱冻结后干燥时间稍短。冻结时间不足对冻干过程影响很大，为了使草莓完全冻结，预冻时间达到 3h。在冻结实验中，每隔一定时间取出一个草莓果剖开观察，发现冻结界面是以球面从外向里推进的。

实验中把草莓放置在小木片上，使之冷冻至—30℃左右，以达到完全冻结。另外，由于冻结速率对干燥速率有一定影响，所以选择了比较合理的冻结速率，即：0.28℃/min。实验中采用直径为 30mm 的草莓果，冻结时间为 3h。

#### 11.1.3.4　升华干燥阶段

升华干燥阶段是整个干燥过程中时间最长、也是最关键的步骤，直接影响干燥效果。草莓预冻达到要求后开始直接抽真空进行升华干燥，随着表层冰面的升华，吸收一定的升华热，草莓的温度稍有下降，此时开加热器，给予草莓一定的热量，但是要调节可控电压调整器来控制加热功率，保证草莓冻结层的温度不超过共熔点，已干层温度不超过崩解温度。由实验得知，草莓一般不超过 40℃。所以在加热时一般控制搁板温度不超过 50℃。

实验中，将一部分草莓直接放置在冻干箱中的搁板上，另一部分放在搁板上的小木片上，在同样的条件下进行干燥，实验结果见表 11-4。

**表 11-4　草莓干燥实验条件及结果**

| 加　热　条　件 | 干　燥　效　果 |
| --- | --- |
| 小木片上，辐射及少量传导加热 | 外观鲜艳无变化，复水性好 |
| 直接放在搁板上，传导加热 | 靠近搁板处干燥后抽缩 |

由表 11-4 中实验结果可知，放置在木片上的草莓因供热方式相当于辐射加热，各个部位受热均匀，所以效果好，而直接接触搁板的草莓受热不均，在干燥时因温度过高而融化，发生一些物理化学变化，干后抽缩起皱。

ZLG-0.2 型冻干机上的加热器总功率为 1kW，通过可控硅电压调整器来手动调节升华干燥时的加热量大小。表 11-5 中列出了多次实验加热条件和结果的比较。

**表 11-5　草莓冻干实验工艺及干燥结果**

| 冷冻速率 /(℃/min) | 冷冻时间 /h | 第一阶段搁板 平均温升/(℃/h) | 第二阶段搁板 平均温升/(℃/h) | 干　燥　效　果 |
| --- | --- | --- | --- | --- |
| 0.28 | 3 | 25 | 3.6 | 干燥至第 6 小时冒泡 |
| 0.28 | 3 | 8.7 | 8.7 | 干燥至第 7 小时冒泡 |
| 0.28 | 3 | 4.5 | 6.5 | 干燥 16h 效果完好 |
| 冰箱 | 一晚 | 1.2 | 4 | 干燥 35h，效果完好 |
| 冰箱 | 一晚 | 4 | 1.2 | 干燥 15h，效果完好 |
| 冰箱 | 一晚 | 3.3 | 1.2 | 干燥 15.5h，效果完好 |

由表中的信息可知，草莓在干燥阶段的加热不能过快也不能过慢。过慢时，单位时间内的供热量小于冰的升华热，草莓的温度必然要降低，从而使升华界面温度降低，使干燥速率下降，干燥时间延长；过快时，供热量大于冰的升华热，多余热量的积累就会使冻结层融化，融化成的水受热时变成气泡在真空室中由于压差作用而产生冒泡现象，造成干后草莓的抽缩。所以在实验中须控制好加热速率，以保证冻干草莓的外形不发生变化。

#### 11.1.3.5　解析干燥阶段

升华干燥结束后，还有一部分是在预冻时的不可冻结水，吸附于草莓细胞中，以化学键和草莓相结合，在升华干燥阶段不能去除，只能用提高温度的方法来破坏其结合，使之从草莓中脱附出来。但是，这一干燥过程的升温也不宜过快过高，如过高则会使草莓变性，只能是在一最高温度下保持一段时间，这期间应保持高真空度，以造成较大压差，便于水蒸气的逸出。

#### 11.1.3.6　后处理

待真空室压力不再变化，草莓和搁板温度逐渐趋于一致时，关机，让草莓自然冷却至室温取出，这时的草莓不宜长时间置于空气中，否则吸水变软。新鲜草莓的含水量为 89%，干燥后草莓的含水量为 5%。干燥草莓符合长期存放标准，但干燥后的草莓疏松多孔如同海绵状，具有干燥剂一般的吸水性，且易碎。所以干燥草莓从冻干机中取出后应马上进行真空充气硬包装，便于远途运输和防止被挤碎而影响草莓外观。

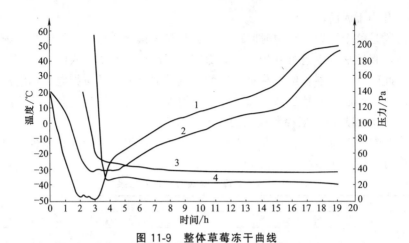

图 11-9　整体草莓冻干曲线

根据以上步骤,确定直径为 30mm 草莓比较理想的冻干曲线如图 11-9 所示。

图中的 1～4 曲线依次为搁板温度、草莓温度、冷凝器温度和冻干箱内压力。由图中曲线可以看出,冻结时间为 3h,升华时间约为 12h,解析时间约为 4h,整个周期为 19h。

干燥后的草莓外观鲜艳、饱满,与新鲜草莓无异,复水后口感好。

## 11.2　山楂冻干

山楂,主产于山东、河南、江苏、浙江等地。酸甜可口,能生津止渴,具有很高的营养和药用价值。山楂含糖类、蛋白质、脂肪、维生素 C、胡萝卜素、淀粉、苹果酸、枸橼酸、钙和铁等物质,具有降血脂、血压、强心和抗心律不齐等作用。山楂内的黄酮类化合物牡荆素,是一种抗癌作用较强的药物,山楂提取物对癌细胞体内生长、增殖和浸润转移均有一定的抑制作用。

山楂虽然营养丰富,药用价值显著,但新鲜山楂果实直接食用不是很方便,而且鲜山楂的保质期也是有限的。所以山楂除了被制成山楂片、果丹皮、山楂糕、红果酱、果脯、山楂酒外,在休闲食品和绿色食品倍受宠爱的今天,山楂的冷冻干燥加工产品就成了山楂食品的重要发展方向。

河北农业大学的韩哲[10]对山楂提取物在不同温度和浆液浓度的条件下的稳定性进行了研究,考察了冷冻真空干燥、60℃热风干燥和自然干燥三种干制条件对山楂果实中活性成分的影响,结果表明,干燥过程可以造成活性成分至少 24.68% 的分解。三种干制条件中,冷冻真空干燥后活性成分的损失最小。

赵雨霞[11]将山楂粉碎成山楂浆,然后在 GLZ-0.4 型实验室用冷冻真空干燥机上进行了山楂浆冻干制山楂粉的实验。

### 11.2.1　山楂浆共晶点和共熔点温度测定

用电阻测定法测定山楂浆液的共晶点和共熔点温度。采用自制的共晶点和共熔点测试装置,不锈钢电极直径为 2.5mm,长度为 20mm,两极电间的距离为 15mm,插入物料的深度 10mm。测温热电偶的测量端位于两电极的中间部位。电极和热电偶装配后,将物料置于冷冻干燥机内的搁板上,降低搁板温度,冻结物料,测试物料的共晶点温度。在共晶点温度测试后,升高搁板温度,物料融化,测试物料的共熔点温度。

山楂浆液的共晶点温度和共熔点温度测量结果如图 11-10、图 11-11 所示。图中测量点的时间间隔为 1min。从图中可以明显看出,山楂浆液的共晶点温度为 -20℃,山楂浆液的共熔点温度为 -14℃。

### 11.2.2　山楂浆含水率的测定

采用由 OHAUS 公司生产的 MB45 卤素水分测定仪测量。开始仪器测量样品的重量，内部的卤素加热单元和水分蒸发器快速干燥样品，在干燥过程中，仪器持续测量并显示结果，干燥完成后，结果以水分含量（%）和物料的失重率与干燥时间的关系两种方式显示。

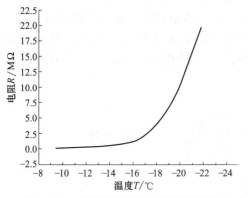

图 11-10　山楂浆液共晶点温度测量图

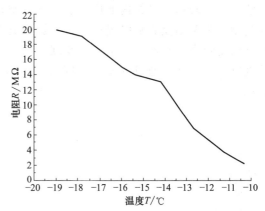

图 11-11　山楂浆液共熔点温度测量图

取少量山楂浆液放入水分测量仪中烘干。烘干温度为 100℃，湿度在 60s 不变测量结束。测量结果见表 11-6。

表 11-6　含水量测量结果

| 物料 | 质量/g | 时间/min | 含水量/% | 固体量/% | 回潮率/% | 残留量/g |
|---|---|---|---|---|---|---|
| 山楂浆液 | 0.519 | 21:43 | 73.60 | 26.40 | −278.83 | 0.137 |

### 11.2.3　山楂浆料的冻结

山楂浆的冻结采用的是真空蒸发冻结方法。将装有山楂浆物料的容器置于冻干机内搁板上，将干燥箱内抽成真空。由于水分均匀地分布在这些物质中，抽空时水分蒸发，随着压力的降低而蒸发量加大，由于外界没有提供蒸发所需的热量，故蒸发时吸收物质本身的热量而使之冻结。抽空冻结后的物料状态如图 11-12 所示。由图中可以看出，物料表面凸凹不平，内部有许多孔隙，孔隙之间相互连通。

将盛有山楂浆液的玻璃培养皿置于冻干箱的搁板上，将测温探头置于物料底部，将箱内抽成真空，抽真空过程中温度随时间的变化如图 11-13 所示。山楂浆液厚度不仅影响降温速率，还影响其最终冻结温度。厚度太小，降温速率快，可达到的最终温度较高；厚度太大，降温速率慢，可达到的最终冻结温度也高。显然，可达到的最低温度是呈非线性变化的。

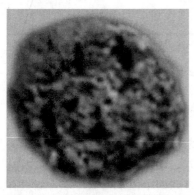

图 11-12　山楂浆液物料抽真空冻结
后的实物照片

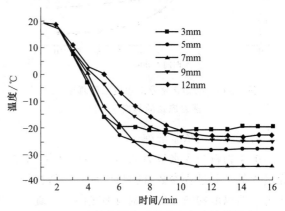

图 11-13　山楂浆厚度对抽真空自冻结的影响

山楂浆的厚度与降温速率之间的关系如图 11-14 所示，山楂浆液能达到的最低温度和厚度之间的关系如图 11-15 所示。

将盛有厚度为 7mm、不同含水率的山楂浆液的玻璃容器置于冻干箱的搁板上，将测温探头置于物料底部，将箱内抽成真空，抽真空过程中温度随时间的变化如图 11-16 所示。山楂浆液初始含水率不仅影响降温速率，还影响其最终冻结温度。初始含水率越低，降温速率越慢，最终温度越高，越不易冻结。实验现象表明，含水量越低，起泡现象越不明显，有利于静止抽真空冻结，而且通过浓缩水分降低后，有利于后期的干燥过程，可以减少干燥时间，节约能源。

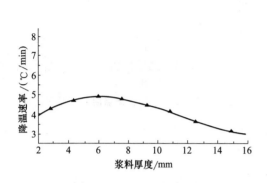

图 11-14 山楂浆液厚度对真空蒸发冻结速率的影响

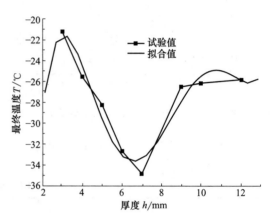

图 11-15 山楂浆液厚度对真空蒸发冻结最终温度的影响

降温速率和冻结最终温度与山楂浆液初始含水率之间的关系如图 11-17 所示。根据计算可得，当山楂浆的含水率低于 64％时，最终冻结温度高于 $-20℃$，不能用真空蒸发冻结方式。

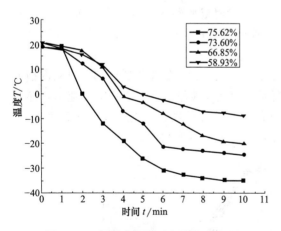

图 11-16 初始含水率对山楂浆液真空蒸发冻结的影响

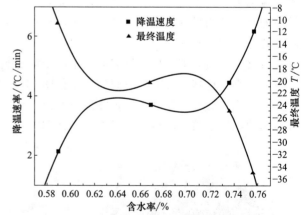

图 11-17 山楂浆液初始含水率对降温速率以及最终温度的影响

### 11.2.4 山楂浆液冻干

冻干物料为含水量为 73.6％并且含有 46.71％糖的山楂浆液。除物料本身特性外，影响其干燥过程的主要过程参数有物料厚度、物料初始温度、加热方式、加热温度、冻结方式以及真空室压力。所以取物料厚度、搁板加热温度、真空室压力、冻结方式四个因素，取冷冻干燥过程的干燥时间作为指标，进行四因素三水平正交实验，实验结果见表 11-7。

表 11-7　山楂浆液冻干正交试验结果数据表

| 因素 | 厚度/mm | 压力/Pa | 加热温度/℃ | 冻结方式 | 干燥时间/h | 含水量/% |
|---|---|---|---|---|---|---|
| 试验 1 | 5 | 15 | 5 | 搁板 | 6.8 | 3.59 |
| 试验 2 | 5 | 45 | 10 | 冰箱 | 4.5 | 2.61 |
| 试验 3 | 5 | 75 | 15 | 抽真空 | 4.5 | 4.47 |
| 试验 4 | 7.5 | 15 | 10 | 抽真空 | 7.33 | 1.92 |
| 试验 5 | 7.5 | 45 | 15 | 搁板 | 5 | 2.34 |
| 试验 6 | 7.5 | 75 | 5 | 冰箱 | 4.8 | 4.29 |
| 试验 7 | 10 | 15 | 15 | 冰箱 | 7.917 | 2.19 |
| 试验 8 | 10 | 45 | 5 | 抽真空 | 18 | 5.2 |
| 试验 9 | 10 | 75 | 10 | 搁板 | 8.833 | 4.38 |

不同冻结方式对应的冻干曲线见图 11-18～图 11-20。

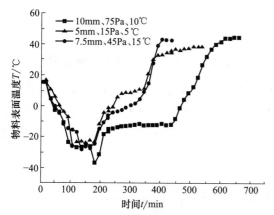

图 11-18　搁板冻结方式下不同操作条件的冻干曲线

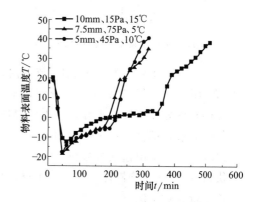

图 11-19　冰箱冻结方式下不同
操作条件的冻干曲线

九个试验中，以试验 2 和 3 干燥时间最短，但试验 3 为抽真空冻结，可以节约能源。条件为厚度 5mm、真空室压力 75Pa、加热温度为 15℃，抽真空快速冻结。其次是试验 6，条件为 7.5mm、真空室压力为 75 Pa、加热温度为 5℃，冰箱冻结。四个因素的主次顺序是：物料厚度、冻结方式、加热温度、真空室压力。

四个因素中，最重要的因素是物料厚度，厚度越大，升华干燥和解析干燥的时间越长。因此，从最佳工艺条件角度以 5mm 厚的物料装载量为最佳，但这个厚度的物料装载量在冻干过程中可能出现塌陷现象。考虑到生产效率，应该选 7.5mm 厚的装载量。加热温度因素和冻结方式

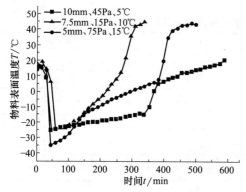

图 11-20　真空蒸发冻结方式下不同操作
条件的冻干曲线

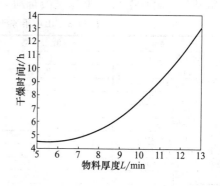

图 11-21　物料厚度对干燥时间的影响

是较次要的影响因素，两者的重要性差不多。影响最小的因素是真空室的压力。

图 11-21～图 11-23 依次是物料厚度、搁板温度和冻干室压强单一因素对干燥时间的影响。

根据图 11-21，可以看出，物料厚 5.5mm 时，干燥时间最短。图 11-22 中表明，最佳的搁板温度为 11.5℃。

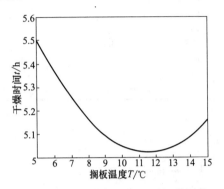

图 11-22 搁板温度对干燥时间的影响

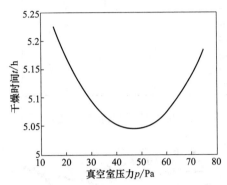

图 11-23 真空室压力对干燥时间的影响

由图 11-23 可见，在 15～45Pa 范围内，干燥时间随着真空室压力的升高而减少，而在 45～75Pa 范围内，随着真空室压力的升高，干燥时间却相应增加。搁板温度并非越高越好，搁板温度是提供升华界面能量的来源，搁板所提供的能量少于或多于升华界面升华所需的热量，都不利于升华的进行，都会增加干燥时间。

### 11.2.5 冻干山楂成分分析

仇田青[12]等人分析评价了冷冻干燥山楂的营养成分。测定项目和方法为：

含水量：烘干法。

总糖度：斐文试剂测定法。

可溶性固形物：以折光计。

果胶含量：重钙法（钙盐法）。

黄酮含量：比色法，卢丁作标准样品，在 510nm 处测吸收光度，

总酸量：用 0.1mol/L NaOH 溶液滴定，

维生素 C：用 2,6-二氯吲哚染料滴定法测定，用硅藻土脱色后滴定，

维生素 $B_1$（此处原文献有误）、$B_2$、E：用瑞典 LKB2150 高压液相色谱法测定，

粗蛋白：凯氏定氮法。

矿物质元素：用 JARELL-ASHICAP9000 型等离子体自动测定仪，

氨基酸：用日立 835-50 氨基酸自动分析仪。

表 11-8 山楂果冻干片与晒干片常规营养成分分析结果

| 样　　品 | 鲜　　果 | 冻干果片[3] | 晒干果片 |
|---|---|---|---|
| 含水量/% | 69 | 4.2 | — |
| 总糖/% | 9.56 | 19.45～28.25 | 16.6 |
| 可溶性固形物/%[1] | | 61～78 | 52 |
| 总酸/%[2] | 4.16 | 10.13～12.07 | 5.40 |
| 果胶/% | 6.86 | 11.37～14.72 | 12.31 |
| 总黄酮/% | 0.6 | 3.72 | 0.475 |
| 维生素 $B_1$/(mg/100g) | 0.16 | 0.22 | 0.16 |
| 维生素 $B_2$/(mg/100g) | 0.235 | 0.237 | 0.118 |
| 维生素 C/(mg/100g) | 82.13 | 60.27 | 9.067 |
| 粗蛋白/% | 2.10 | 7.50 | 2.25 |
| 氨基酸/% | | 2.40 | 2.22 |
| 维生素 E/(mg/100g) | 0.1 | 2.60 | — |

①以折光汁；②以柠檬酸汁；③其中有不同肉色干片。

冻干与晒干山楂常规营养成分分析结果见表 11-8。由表中数据可以看出，冻干果片常规营养成分明显高于晒干果片。其中可溶性固形物高出 17.3％～50％；有机酸高出 1 倍；总黄酮高出近 7 倍；维生素 $B_1$、$B_2$、C 分别高出 37.5％、100％、和 566 ％。冷冻干片在营养成分上是晒干片难以比拟的。另外冻干片尚含有丰富的糖类和果胶。

冻干山楂、烘干山楂中氨基酸含量分析结果见表 11-9。由表 11-9 数据可以看出，冻干果片含有较完全的氨基酸，总量比晒干片略高。

**表 11-9　山楂果冻干片和烘干片氨基酸含量分析**　　　　单位：％

| 氨基酸 | 天门冬氨酸 | 苏氨酸 | 丝氨酸 | 谷氨酸 | 甘氨酸 | 丙氨酸 | 胱氨酸 | 缬氨酸 | 蛋氨酸 | 异亮氨酸 | 亮氨酸 | 酪氨酸 | 苯丙氨酸 | 赖氨酸 | 氨 | 组氨酸 | 精氨酸 | 总量 |
|---|---|---|---|---|---|---|---|---|---|---|---|---|---|---|---|---|---|---|
| 冷干山楂 | 0.22 | 0.10 | 0.13 | 0.29 | 0.12 | 0.13 | 0.04 | 0.17 | 0.14 | 0.16 | 0.16 | 0.18 | 0.18 | 0.11 | (0.64) | 0.07 | 0.20 | 2.40 |
| 烘干山楂 | 0.21 | 0.08 | 0.09 | 0.28 | 0.10 | 0.11 | 0.04 | 0.16 | 0.13 | 0.15 | 0.15 | 0.17 | 0.17 | 0.11 | (0.30) | 0.05 | 0.22 | 2.22 |

冷冻干燥成品含有多种有益元素，如钾、钙、铁、镁、锌、锰、磷、铜等。其中钙 2791 $\mu g/g$，铁 197.5$\mu g/g$，锌 6751$\mu g/g$，磷 1413$\mu g/g$，有害元素铅、钒含量极低。见表 11-10。

**表 11-10　鲜山楂、冻干和烘干山楂片矿物元素含量分析结果**　　　　单位：$\mu g/g$

| 元素 | 钾 | 钙 | 镁 | 铁 | 铝 | 磷 | 锌 | 铬 | 钼 | 铜 | 铅 | 锰 | 钴 |
|---|---|---|---|---|---|---|---|---|---|---|---|---|---|
| 鲜山楂 | 3319 | 648 | 188.1 | 10.78 | 6.433 | 368.6 | 1.879 | <0.0192 | <0.0105 | 1.139 | <0.024 | 1.544 | <0.0115 |
| 冷干片 | 12611 | 2791 | 872.6 | 197.5 | 63.49 | 1413 | 6751 | 18.38 | <0.0254 | 3.583 | <0.058 | 8.794 | 0.128 |
| 烘干片 | 10159 | 3603 | 941.2 | 257.8 | 111.7 | 1282 | 6.398 | 20.87 | <0.0312 | 3.516 | <0.071 | 10.63 | 0.403 |

| 元素 | 钡 | 锶 | 钒 | 镍 | 铈 | 铍 | 镧 | 钇 | 铌 | 钛 | 锂 | 硅 | 钠 |
|---|---|---|---|---|---|---|---|---|---|---|---|---|---|
| 鲜山楂 | 5.02 | 2.28 | 0.029 | 0.317 | <0.919 | 0.0126 | 0.1152 | 0.0495 | <0.0067 | 0.2676 | 0.0304 | <0 | 11.22 |
| 冷干片 | 15.79 | 11.77 | 0.404 | 6.735 | <0.046 | 0.2084 | 0.7545 | 0.203 | <0.0162 | 3.53 | 0.1346 | <0 | 269.5 |
| 烘干片 | 21.61 | 12.84 | 0.515 | 12.76 | — | 0.1919 | 0.6498 | 0.1792 | — | 6.608 | 0.1945 | — | 153.4 |

根据实验结果以及鲜果的出干率，通过计算得到冷冻干燥过程的营养成分保存率，见表 11-11。从得到结果可以看出，冷冻干燥加工工艺比晒干方法的营养成分损失少得多，特别是具有防治心血管疾病的山楂黄酮几乎无太大损失，它的保存率是 98.8％，就是说在利用冷冻干燥加工工艺将鲜果加工成干果片过程中，只有 1.2 ％的黄酮损失，而在晒干加工过程中，大部分的黄酮都损失掉了，只有 20.74％保存下来了。从结果看来，尽管只有维生素 C 损失比较严重，但仍是晒干片的 6.65 倍。

**表 11-11　冻干与晒干山楂果片营养成分保存率分析结果**　　　　单位：％

| 项　　目 | 冷 干 果 片 | 晒 干 果 片 |
|---|---|---|
| 果胶 | 43.50 | |
| 果酸 | 69.67 | 34.57 |
| 维生素 $B_1$ | 36.07 | 26.23 |
| 维生素 $B_2$ | 26.33 | 13.11 |
| 维生素 C | 19.23 | 2.89 |
| 黄酮 | 98.80 | 20.74 |
| 粗蛋白 | 98.30 | 29.49 |

分析结果表明，冷冻干燥山楂片不仅保持了原果的颜色、风味，具有良好的复水性能；而且，其中果胶、总酸、总糖、黄酮以及维生素 $B_1$、$B_2$、C、E 等营养成分明显高于晒干山楂制

品，尤其是维生素 C，用冷冻干燥生产的山楂片的维生素 C 含量，远远高于其他工艺生产的产品的维生素 C 含量，这也是冻干工艺的特殊优点。

## 11.3 香蕉冻干

香蕉是我国最大宗的水果之一，根据 FAO 的数据，中国香蕉总产量 2002 年排在世界第 5 位，2008 年排在世界第 3 位，2012 年产量达千万吨，排第 2 位，仅次于印度。在过去的 20 年间，中国的香蕉产量总体上稳步增长。[13] 我国国产香蕉 99％作为水果鲜食，只有不到 1％的用做加工。

香蕉中各种营养成分含量见表 11-12；香蕉中游离氨基酸含量见表 11-13。香蕉的含糖量很高，成熟时香蕉的含糖量可达 20％，其中主要是蔗糖，还有部分葡萄糖和果糖。香蕉果实中也含有多种维生素、氨基酸以及矿物元素。香蕉果肉中的纤维含量很低，脂肪、钠的含量很低，不含胆固醇，香蕉中钾的含量较多，达 400mg/100g 果肉。所以，香蕉被推荐为保健食品和减肥食品。在东南亚及非洲，也把香蕉煮熟代替粮食食用。

**表 11-12　香蕉的营养成分** （100g 果肉中的含量）[14]

| 热量/J | 蛋白质 | 脂肪 | 碳水化合物 | 粗纤维 | 成分 |
|---|---|---|---|---|---|
|  |  |  | /g |  |  |
| 389.6 | 1.78 | 0.34 | 21.25 | 0.55 | 0.56 |
| 水分 /％ | Ga | P | Fe | 维生素 B | 维生素 C |
|  |  |  | /mg |  |  |
| 75.78 | 15.88 | 43.25 | 0.83 | 0.8 | 3.43 |

注：根据《食物成分表》中央卫生研究院所列 8 种香蕉样品分析平均值计算而得。

**表 11-13　香蕉果实在适熟时游离氨基酸的组成** （mg/100g 鲜重）[14]

| 氨基酸种类 | 天门冬氨酸 | 苏氨酸 | 丝氨酸 | 脯氨酸 | 甘氨酸 | 丙氨酸 |
|---|---|---|---|---|---|---|
| 含量 | 4.2 | 5.1 | 12.2 | 3.9 | 2.3 | 2.1 |
| 氨基酸种类 | 缬氨酸 | 谷氨酸 | 异白氨酸 | 白氨酸 | 酪氨酸 | 苯丙氨酸 |
| 含量 | 24.0 | 4.8 | 1.3 | 28.9 | 2.8 | 1.0 |
| 氨基酸种类 | 氨基丁酸 | 赖氨酸 | 组氨酸 | 精氨酸 | 天冬酰胺 | 谷氨酰胺 |
| 含量 | 7.2 | 0.9 | 5.4 | 5.0 | 33.7 | 15.7 |

注：香蕉品种为矮脚香蕉，丝氨酸含量不稳定。

香蕉果实极易受到机械损伤。采摘前、后处理过程中若处理不当或受到昆虫叮咬、风吹雨打以及在贮存和运输中堆叠、挤压、摩擦等，均可引起机械损伤。受伤后的香蕉，呼吸作用增强，果实提早变黄，而且病菌易从伤口入侵引起腐烂；此外，受伤的香蕉果皮在成熟前虽然看不出明显的症状，但成熟后果面的伤痕处变黑，会严重影响果实的外观。香蕉对温度还非常敏感。低于 11℃下贮存会导致果面变黑、果心变硬，不能正常成熟；温度超过 35℃时，会引起高温烫伤，果皮变黑，果肉糖化。另外，香蕉是一种呼吸跃变型的水果，对乙烯非常敏感，极微量的乙烯即可启动并促进香蕉的成熟[14]。所以，香蕉的长时期贮藏是比较困难的。

由于香蕉的大面积种植，香蕉不适宜长时期贮藏，所以，香蕉果实的加工成为香蕉生产中的重要研究方向。经过不同的加工工艺，香蕉可以加工成香蕉干、油炸香蕉片、香蕉罐头、香蕉酱、香蕉粉、香蕉饮料等。

香蕉加工有其独特的技术难点，所以我国香蕉主要以鲜食为主，加工利用较少。香蕉富含果胶、糖类、单宁及多种酶类，不仅难于贮存，而且加工过程中极易褐变，造成颜色、营养和风味的劣变，严重影响产品的质量。同时果胶和糖类的大量存在，给加工工艺造成困难，这可能是导致香蕉食品加工落后的主要原因。

由于香蕉的上述加工特点，以及人们对绿色食品的信赖、对休闲食品依赖、对高营养和高档次食品的追求，为了保持香蕉加工产品中营养成分和香蕉的原有品色，香蕉的冷冻真空干燥加工成为人们的研究对象。香蕉的冻干研究主要是香蕉片和香蕉粉的冻干。

### 11.3.1　香蕉片的冻干

陈仪男[15]、Hao jiang[16]和崔清亮等人[17]分别对香蕉片的冷冻干燥进行了实验研究。

#### 11.3.1.1　香蕉片的共晶点和共熔点温度

采用电阻法测量了香蕉的实际共晶点和共熔点温度。由香蕉片电阻随温度变化的曲线（见图11-24和图11-25），确定了香蕉片的共晶点和共熔点分别为−33.5℃和−22.0℃。由此进而确定香蕉片的最终冻结温度为−43～−38℃，而升华干燥阶段前期，产品温度控制在共熔点以下，防止冰晶融化，影响产品质量。

#### 11.3.1.2　香蕉片的冻干工艺

香蕉片冻干的工艺流程为：香蕉→去皮→切丁（厚度为5～7mm）→浸泡（护色剂浸渍10min）→装盘（单层排放，单机物料湿重1.62kg）→预冻（冻结至终温为−43～−38℃）→冷冻干燥→出仓→称重→检测→包装。

（1）物料厚度对香蕉冻干品的影响　选择了适宜成熟度的香蕉进行3个不同厚度的试验，结果见图11-26。图中显示，3～5mm（物料单层平放，单机物料湿重1.50kg）、5～7mm（物料单层平放，单机物料湿重1.62kg）、7～9mm（物料单层平放，单机物料湿重1.80kg）3种不同厚度的物料在升华阶段，物料的温度变化无明显差别；进入解吸阶段，由于物料厚度越薄，水分与结合水逸出阻力越小，呈现出升温越快的现象；在解吸阶段的后期及进入物料温度平衡阶段时，厚度为3～5mm与厚度为5～7mm的温度几乎趋于一致，厚度为5～7mm的温度最早进入平衡阶段，而厚度为7～9mm的温度进入平衡阶段约滞后了3h多。物料厚度为5～7mm的冻干品外观呈现表面光滑，颜色较好，维生素C受破坏较少，同时单位时间产量最高。这说明了供试的香蕉物料厚度应取得适宜，取得过薄者暴露于空间的单位面积增大，而取得过厚者延长了干燥所需时间，能耗大，两者均易加剧维生素C的破坏。因此，试验结果表明了香蕉物料适宜厚度为5～7mm。

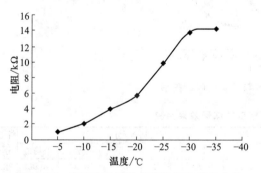

图 11-24　香蕉片降温时电阻随温度变化曲线

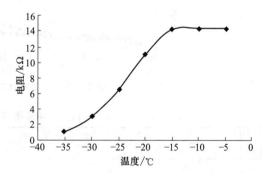

图 11-25　香蕉片升温时电阻随温度变化曲线

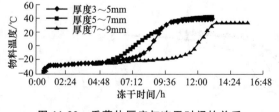

图 11-26　香蕉片厚度与冻干时间的关系

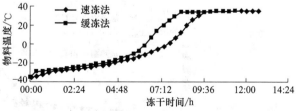

图 11-27　香蕉不同冻结方式与冻干时间的关系

（2）冻结方法对香蕉冻干品的影响　采用两种冻结方式，一是缓冻：将物料于温度为−20℃的冰柜中进行冻结；二是速冻：将物料直接在冻干机的冻结仓中进行冻结。两种冻结方式对香蕉冻干时间和产品质量的影响见图 11-27 和图 11-28。

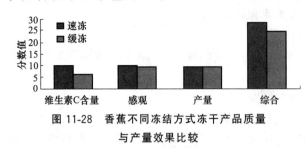

图 11-28 香蕉不同冻结方式冻干产品质量
与产量效果比较

图 11-27 显示，香蕉物料采用缓冻方法所需的冻结时间长，形成的冻结冰晶颗粒少而大，且孔道大，从而使原料的水分蒸发加快，相应就缩短了干燥升华的时间；而采用速冻方法所需的冻结时间较少，冰晶形成颗粒小而多，虽然孔道多，但孔道小，阻力大，不利于水汽的排出，因而所需的干燥升华时间较长，因此，采用缓冻方法所需的干燥时间比采用速冻方法所需的短。由图 11-28 可看出，香蕉采用缓冻方法虽然其冻干品产量略高，但冷冻速度缓慢易引起香蕉中的酶发生褐变，影响了香蕉的色泽和维生素 C 的保存，所以其维生素 C 含量和外观色泽较差，冻干效果综合评价较速冻方法的差，由此表明香蕉的冻结采用速冻方法的效果优于采用缓冻方法。

（3）干燥室真空度对香蕉冻干品的影响　由于香蕉冷冻干燥主要以传质控制为主，在相同的加热温度下，真空度越高，越有利于传质，由图 11-29 可以看出，干燥室采用 20～30Pa 真空度比采用 30～40Pa 真空度，物料总体的干燥时间明显较快达到平衡点。两个供试真空度处理的冻干品维生素 C 含量及产量的测量结果（表 11-14）显示，采用 20～30Pa 真空度处理的冻干品维生素 C 含量及产量高于 30～40Pa 真空度的，采用 20～30Pa 真空度处理的综合评价得分，明显高于采用 30～40Pa 真空度处理的。为此，确定干燥室的真空度 20～30Pa 为香蕉冻干过程参数的较佳工艺条件。

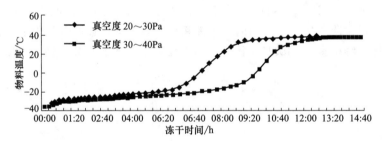

图 11-29　干燥室真空度与干燥时间的关系

表 11-14　干燥室不同真空度的冻干效果比较

| 真空度 /Pa | 冻干品维生素 C 含量/分 | | | | | | 产量指标/分 | | | | | | 综合得分/分 |
|---|---|---|---|---|---|---|---|---|---|---|---|---|---|
| | I | II | III | IV | V | 平均值 | I | II | III | IV | V | 平均值 | |
| 20～30 | 9.38 | 9.49 | 9.67 | 9.81 | 9.25 | 9.52 | 9.21 | 8.72 | 8.93 | 9.10 | 8.84 | 8.96 | 28.84 |
| 30～40 | 7.90 | 7.26 | 7.67 | 7.93 | 7.41 | 7.63 | 7.20 | 7.53 | 7.94 | 7.38 | 7.86 | 7.58 | 15.21 |

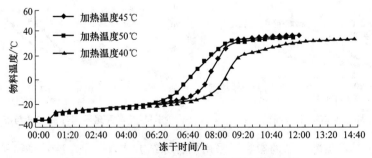

图 11-30　不同加热板温度与冻干时间的关系

（4）加热板温度对香蕉冻干品的影响　由图 11-30 加热板温度与干燥时间相关性可以看出，加热板温度越高，在解析时物料温度升得越快。从表 11-15 的数据可以看出，加热板温度为 45℃ 的处理比 40℃、50℃ 处理的冻干品的维生素 C 含量高；加热板温度为 45℃ 处理的产量与加热板温度为 50℃ 处理的差异不显著，但该处理的产量明显高于加热板温度为 40℃ 处理；以综合评价的结果来看，加热板温度控制于 45℃、进入平衡阶段降为 40℃ 为香蕉冻干过程参数为最佳工艺条件。

表 11-15　不同加热板温度的冻干效果比较

| 加热板温度/℃ | 冻干品维生素 C 含量/分 | | | | 产量指标/分 | | | | 综合得分/分 |
|---|---|---|---|---|---|---|---|---|---|
| | Ⅰ | Ⅱ | Ⅲ | 平均值 | Ⅰ | Ⅱ | Ⅲ | 平均值 | |
| 40 | 7.08 | 6.73 | 7.28 | 7.03 | 7.75 | 7.94 | 7.23 | 7.64 | 14.67 |
| 45 | 9.31 | 9.49 | 9.68 | 9.49 | 9.38 | 9.17 | 9.62 | 9.39 | 18.88 |
| 50 | 6.81 | 7.16 | 6.59 | 6.85 | 9.58 | 9.87 | 9.31 | 9.59 | 16.44 |

### 11.3.2　香蕉粉的冻干

将香蕉制成香蕉粉是香蕉加工生产的一个新方向。香蕉粉可以直接食用，也可以作为食品工业原料或添加剂，其应用范围相当广泛。目前在国外需求量很大，在国内亦存在相当广阔的潜在市场。香蕉中含有大量的水分，干燥脱水是制粉过程的关键工序之一。目前，传统果蔬制粉干燥主要采用转鼓干燥、喷雾干燥等方法。对香蕉这类热敏性物料，采用上述方法制粉时易使物料温度过高，破坏产品的营养成分、色泽和风味。所以，采用冷冻真空干燥方法是香蕉制粉的必然选择。

余凤强等人[18]在 DH-03H 冷冻干燥设备上进行了香蕉粉冷冻干燥研究，其主要工艺流程为：前处理→预冻结→升华干燥→解析干燥→包装。

#### 11.3.2.1　香蕉浆共晶点测定

为了确定冻结温度，首先利用电阻法测定了香蕉浆的共晶点温度。香蕉浆电阻随温度变化曲线见图 11-31（图中 $x$ 坐标轴为电阻值的对数值）。

从图 11-31 可以确定香蕉浆的共晶点温度约为 $-10℃$。

#### 11.3.2.2　冻干前护色处理

由于香蕉是热敏性物料，容易褐变，对干燥实验影响不大，但影响干燥品质。在实验中，采用了 $0.3\% NaHSO_3$、$0.3\%$ 柠檬酸和 $0.4\% NaCl$ 的护色液[19]。实验后制品颜色呈浅黄色，口感好，香味正常。这表明用这种配比的护色液效果良好。

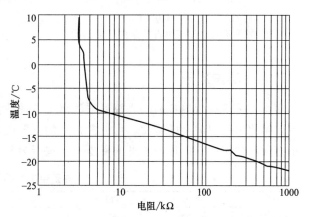

图 11-31　香蕉浆电阻值随温度变化曲线

#### 11.3.2.3　香蕉粉冻干工艺

（1）物料厚度　由于香蕉浆是高黏性的浆状物，比较难控制物料厚度的均匀程度。在实验中发现，干燥后的制品在某些厚度部位出现夹层、未干透等现象，影响了制品的质量，也影响了实验结果的准确性。在实际生产中必须保证物料厚度的均匀一致。

（2）升华段加热温度对冻干过程的影响　实验表明，搁板的加热温度在适当的范围内（≤20℃），干燥时间随搁板温度的增高而缩短。这说明，提高搁板加热温度是强化升华干燥过程的有效措施之一。实验发现，当工作压力在 40Pa 左右时，加热温度升高，干燥时间缩短，但缩短幅度很小。在压力较高（55Pa）的情况下，在升华阶段后期，加热温度越高，接近升华界面

物料的温度越接近共熔点温度（见图 11-32），因而要对搁板的加热温度加以限制，否则会造成

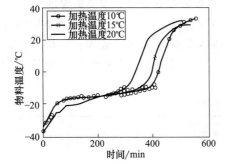

图 11-32　压力为 55Pa 不同加热温度
的香蕉粉冻干曲线

制品融化。实验表明，加热温度 20℃适合干燥。

（3）升华段工作压力对升华过程的影响　冻干过程就是热质传递的耦合过程。工作压力对冻干过程的影响就是对热质传递的影响。确定一个合适的工作压力，需要充分权衡热质传递的平衡关系。

实验表明，在某一加热温度下，工作压力在 25～40Pa 时，干燥时间随压力升高而缩短，表明压力升高其有效传热系数随之加大，传给物料的热量增加；工作压力在 40～55Pa 时，干燥时间随压力升高而延长，说明压力升高，升华面水汽分压增大，传质能力减弱。由图 11-33 可知，工作压力对干燥时间的影响很明显，可预见在传导加热时存在一个干燥时间最短的最佳工作压力。实验判定该压力值在 40Pa 左右。

实验的指标是总干燥时间，通过数据分析确定最优工艺为：物料厚度 8mm，加热温度 20℃和工作压力 40Pa。图 11-34 是该工艺条件下的冻干曲线。

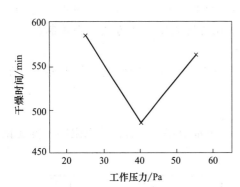

图 11-33　不同工作压力香蕉浆的干燥时间

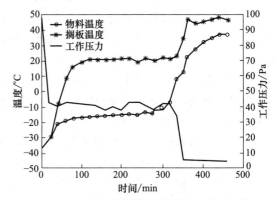

图 11-34　香蕉粉最优工艺条件下冻干曲线

## 11.4　禽蛋冻干

禽蛋是传统的营养食品。一枚新鲜的禽蛋，在适宜的环境温度下，不需要外界供给任何营养就可以孵化出一只健全的雏禽，可见禽蛋中的营养成分之丰富和全面。禽蛋营养成分在蛋白和蛋黄中有明显的不同。以最为常见的禽蛋——鸡蛋为例，其营养成分列于表 11-16、表 11-17。

表 11-16　鸡蛋中不同部分的化学成分　　　　　　　　　　　　　　　　　　　单位：%

| 项目 | 水分 | 蛋白质 | 脂肪 | 碳水化合物 | 灰分 | 矿物质 |
| --- | --- | --- | --- | --- | --- | --- |
| 鸡蛋白 | 85～88.2 | 10.8～11.6 | 0.14～0.5 | 0.7 | 0.6～0.8 |  |
| 鸡蛋黄 | 49.0 | 16.7 | 31.6 | 1.2 |  | 1.5 |

表 11-17　鸡蛋中氨基酸含量　　　　　　　　　　　　　　　　　　　单位：mg

| 缬氨酸 | 亮氨酸 | 异亮氨酸 | 苏氨酸 | 苯丙氨酸 | 色氨酸 | 蛋氨酸 | 赖氨酸 |
| --- | --- | --- | --- | --- | --- | --- | --- |
| 866 | 1175 | 639 | 664 | 715 | 204 | 433 | 715 |

禽蛋中的蛋白质不仅含量高，而且是比较理想的优质蛋白质，含有 18 种氨基酸，包括人类自身不能合成的 8 种必需氨基酸。禽蛋中的脂肪主要集中在蛋黄中，很容易消化。蛋黄中还含有磷脂，对人体的生长发育非常重要。禽蛋中磷和铁元素的含量较多，而磷和铁分别是人体骨骼和

血红蛋白的重要成分。禽蛋中的维生素主要有维生素 A、$B_1$、$B_2$ 等。维生素 A 对人的视力发育和保护有重要意义，每 100g 禽蛋中有维生素 A 1440 国际单位[20]。

禽蛋营养丰富，但禽蛋却不易长期保存和运输。由于禽蛋的蛋壳很薄很脆，容易破裂。即使蛋壳不破裂，微生物也可能入侵到禽蛋内部。微生物入侵进入蛋内后，在丰富的营养和适宜的温度条件下，迅速繁殖，可引起鲜蛋腐败变质。另外，在较高的温度下贮存较长时间也会导致新鲜禽蛋在生理、物理、化学等方面发生变化，最后变成腐败禽蛋。再有，禽蛋所处环境湿度大，会有利于微生物繁殖，增加禽蛋腐败的可能性。在遭遇湿度较大环境或雨淋、水洗后，禽蛋壳下膜容易脱落，气孔暴露，也能导致微生物侵入蛋内使禽蛋腐败。

我国是养禽大国，禽蛋产量居世界首位。近年来鸡蛋出口量仅占总产量的 0.34% 左右，原因在于我国蛋品深加工水平低。随着时间的推移，受温度、湿度、空气、细菌等因素的影响，鲜蛋会产生生理活动，进而出现变质和破损。又由于它的特殊结构，更不适宜长途运输。因此造成了很多不必要的浪费。禽蛋妥善保存和深加工是防止禽蛋腐败，促进禽蛋产业发展的尽必要途径。

随着禽蛋工业的发展，出现了类似奶粉加工的蛋粉生产。它的出现不仅解决了鲜蛋易变质、易破损的弊端，还能明显地减轻重量，有利于食用、贮藏和运输。我们还可以根据各种需要制成不同组分的蛋粉。目前国内加工蛋粉主要有热风喷雾干燥和冷冻真空干燥，以热风喷雾干燥为主，少部分使用真空干燥、浅盘干燥、滚筒干燥等。冷冻真空干燥虽然制造成本高，但由于它是在低温环境下脱水，在保持食品原有的风味、延长贮存期限（冻干食品采用真空或充氮包装和避光贮藏，可保持 5 年不变质），提高溶解性等方面较热风干燥、微波干燥等诸多脱水方式优越。目前，我国对蛋粉的冷冻真空干燥研究较少。主要有鸡蛋粉的冻干和鹌鹑蛋的冻干。

### 11.4.1 鸡蛋的冻干

赵雨霞[21]用北京速原干燥设备公司生产的 GLZ-0.4 冷冻真空干燥机对鸡蛋粉的冻干进行了实验研究，描述了鸡蛋冻干的过程。通过用电阻法测定了蛋清、蛋黄以及全蛋混合液的共晶点温度，用 OHAUS 公司生产的 MB45 卤素水分测定仪测定冻干前后样品的水分，分析探索了鸡蛋粉的冷冻真空干燥工艺。

#### 11.4.1.1 材料的准备

选用优质鲜蛋，用棕刷刷洗蛋表的菌类和污物，然后用清水冲净，晾干后即可打蛋做实验。全蛋液和蛋清直接打入托盘（450mm×295mm），待积料至 5mm 厚后将其搅拌均匀。蛋黄中含有较多的脂质，将其萃取出来冻干或加水稀释冻干效果更佳。整蛋黄放在托盘（295mm×65mm）中（厚 5mm），稀释蛋黄放在培养皿中（厚 10mm）进行冻干。

#### 11.4.1.2 水分测量

将蛋清、蛋黄以及整蛋混合液分别取少量放入水分测定仪中烘干。烘干温度为 100℃，烘至湿度在 60s 内不变时结束。测定结果见表 11-18。

**表 11-18 蛋液烘干测定数据**

| 物料 | 质量/g | 时间/min | 湿度/% | 固体量/% | 回潮率/% | 残留量/g |
|------|--------|----------|--------|----------|----------|----------|
| 蛋清 | 0.604 | 12.73 | 86.75 | 13.25 | −655.00 | 0.080 |
| 蛋黄 | 0.501 | 6.00 | 39.92 | 60.08 | −66.45 | 0.301 |
| 稀释的蛋黄 | 0.534 | 20.08 | 67.04 | 32.96 | −203.41 | 0.176 |
| 全蛋 | 0.790 | 20.67 | 74.56 | 25.44 | −293.03 | 0.201 |

#### 11.4.1.3 共晶点温度测定

用电阻测定法测定鸡蛋的共晶点，不锈钢电极直径为 2.5mm，长度为 20mm。两极电间的距离为 15mm，插入物料的深度 10mm。测温热电偶的测量端位于两电极的中间部位。电极和热电偶装配后，将物料置于冷冻干燥机内的搁板上，降低搁板温度，冻结物料，测试物料的共晶点温度。在共晶点温度测试后，升高搁板温度至物料融化，测试物料的共熔点温度。全蛋液电阻随温度变化的曲线见图 11-35、图 11-36。

根据电阻与温度的关系，确定蛋白共晶点温度为−17～−14℃，蛋黄的共晶点温度为−23～−20℃，全蛋液的共晶点温度为−22～−20℃，共熔点温度为−15℃。

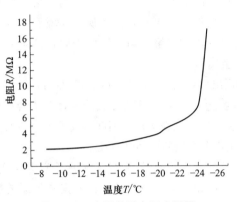

图 11-35　全蛋共晶点温度测量

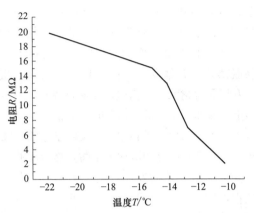

图 11-36　全蛋共熔点温度测量

#### 11.4.1.4　冻干工艺

将托盘放在冻干机的搁板上，温度探头放入样品中。根据测得的共晶点温度，将物料在−30℃下冻结并保持 2h 左右后进入升华干燥阶段，升华干燥阶段保持产品温度在共晶温度以下，待产品温度有明显升高后进入解析干燥阶段。解析干燥过程产品的温度不高于对应物料的共熔点温度。冻干曲线如图 11-37～图 11-39 所示。

图 11-37 中曲线 3 是测温探头放在托盘边缘处测得的物料温度，曲线 4 是测温探头放在托盘中心测得的物料温度。

图 11-38 中曲线 3 是蛋黄的冻干温度，曲线 4 是稀释后的蛋黄冻干温度。

图 11-39 中曲线 3 是全蛋液预先冻结后直接放到搁板上测得的物料温度，曲线 4 是测温探头放在托盘边缘处测得的物料温度，曲线 5 是测温探头放在托盘中心测得的物料温度。

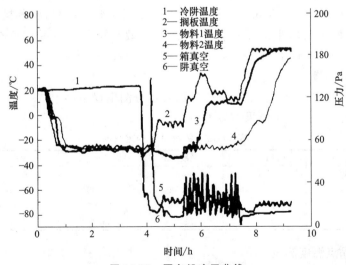

图 11-37　蛋白粉冻干曲线

冻干过程分三个阶段进行。第一阶段为物料冻结阶段，要求物料的最终冻结温度应降至该物料的共晶温度以下。为保证待干物料全部冻结，物料在共晶温度以下保持 2h 左右。在此降温冻

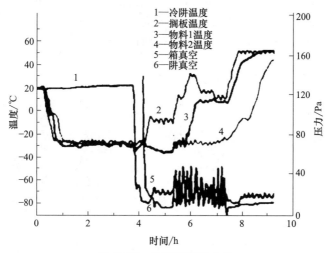

图 11-38　蛋黄粉冻干曲线

结阶段，如果托盘与搁板接触良好，物料中心温度与物料边缘温度相差不大；如若不然（见图 11-39），物料中心降至 −30℃ 要比边缘慢40min。第二阶段为升华干燥，在此阶段如果物料是预先固化并直接放在搁板上，搁板温度需要严格控制，以防止物料未干部分的温度高于共晶点而融化，如图 11-40 中曲线 3，如果物料是放在托盘中，则影响不太大，如图 11-37 搁板温度从 −30℃ 升到 30℃，曲线 4 所示的物料未干部分温度都在 −25℃ 左右。图 11-37、图 11-39 中与托盘接触部分的物料温度上升较快，说明这部分

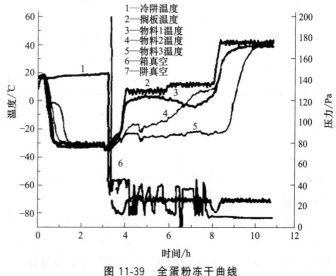

图 11-39　全蛋粉冻干曲线

干燥速率大，升华干燥时间蛋白粉为 2h，全蛋粉为 3h。而物料中心处升华干燥时间蛋白粉为4h，全蛋粉为 5h。稀释后的 10mm 厚料层需干燥 4~5h，未稀释的 5mm 厚蛋黄需干燥 3.5~4.5h，说明密度、黏度对干燥速率的影响不可忽视。升华干燥阶段采用真空调节，即允许通过开启真空度调节阀向冻干箱放进微量干燥（无菌）空气对系统进行真空调节。目的在于增大箱阱间压差，加快干燥。第三阶段为解析干燥阶段，目的是去除部分存在于材料的结合水。由于高温、低压有利于解析作用，所以解析干燥宜在最高允许温度下进行。当产品的含水率达到规定标准时，二次干燥结束，冻干完成。5mm 厚的蛋溶液此阶段需 1~2h。全程干燥时间与物料厚度有关，3mm 厚蛋液的冻干时间比 5mm 厚的冻干时间短 1.5~2h。通过多次实验与综合分析，发现在冻干的整个过程中，由于托盘使用一段时间后两边微微翘起而影响了传热，降低了干燥速率，从而增加了制造成本。在实际生产过程中可以预先将蛋液固化成一定形状（如圆柱体、正方体或者异形体）后直接放到搁板上，或者将托盘制成网格式。这样不仅可避免因接触不好而造成的浪费，还可以扩大传热面积，能缩短干燥时间 1h 以上。蛋粉的冻干工艺，如图 11-40 所示。图中的温度均为物料温度，蛋白粉和全蛋粉的干燥时间以物料尺寸 450mm×295mm×5mm 为例，蛋

黄粉的干燥时间以物料尺寸 295mm×65mm×5mm 为例。干燥时间可根据物料厚度适当增减。稀释的蛋黄干燥速率大，所以建议将蛋黄稀释后再冻干，如图 11-38 中 10mm 厚的溶液在 −20℃ 升华干燥 4.5h，然后解析干燥 1.5h 左右，含水量即可达标（≤4%）。

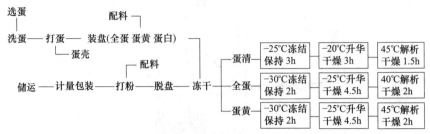

图 11-40 蛋粉冻干工艺

### 11.4.1.5 冻干蛋粉的性质

冻干后的蛋粉为多孔状物质，且与托盘接触部分的孔径偏大。蛋白粉呈乳白色，有光泽，略带腥味，蛋黄粉呈淡黄色，细腻，稀释的蛋黄冻干后颜色略浅；全蛋粉颜色较蛋黄粉深些，略带腥味。将少量蛋清、蛋黄、全蛋粉分别放入烧杯中，冲入 60℃ 的温开水。蛋清复水效果很好，蛋黄和全蛋粉略差。全蛋粉复水后有与鲜蛋同样的功能。将冻干后的蛋清、蛋黄以及整蛋混合粉分别取少量放入水分测量仪中烘干。烘干温度为 100℃，烘至湿度在 60s 内不变时结束。测量结果见表 11-19。

表 11-19 蛋液烘干测定数据

| 物料 | 质量/g | 时间/min | 湿度/% | 固体量/% | 回潮率/% | 残留量/g |
|---|---|---|---|---|---|---|
| 蛋清 | 0.604 | 12.73 | 86.75 | 13.25 | −655.00 | 0.080 |
| 蛋黄 | 0.501 | 6.00 | 39.92 | 60.08 | −66.45 | 0.301 |
| 稀释的蛋黄 | 0.534 | 20.08 | 67.04 | 32.96 | −203.41 | 0.176 |
| 全蛋 | 0.790 | 20.67 | 74.56 | 25.44 | −293.03 | 0.201 |

### 11.4.2 鹌鹑蛋的冻干

鹌鹑蛋营养丰富，是理想的天然补品。据测定，每 100g 鹌鹑蛋含水分 72.9g、蛋白质 12.3g、脂肪 12.3g、碳水化合物 1.5g、钙 72mg、磷 238mg、铁 2.9mg 等，这些都是人体不可缺少的营养成分[22]。尤为突出的是，其卵磷脂含量比鸡蛋高 6.8%，对神经衰弱、高血脂病等有一定的辅助治疗作用。[23]

宋丹等[24]采用冷冻真空干燥技术，利用北京松源华兴发展有限公司生产的 LGJ-10 冷冻干燥机，以正交实验方法，研究了蛋粉的最佳制备技术和工艺参数。

### 11.4.2.1 工艺流程

鹌鹑蛋→洗蛋→去蛋壳→搅拌→过滤→预冻→冷冻→干燥→成品→包装。

### 11.4.2.2 原料预处理

洗蛋时把表面的异物洗去。搅拌、过滤蛋液除去碎蛋壳、系带、蛋黄膜等，使蛋液组织状态均匀一致。

### 11.4.2.3 电阻法测定共晶点

将物料固定在低温冰箱内，再把两根铜芯线插入物料中作为电极，并引至冰箱外与多功能电表相连接。用万用表测出物料在 −20℃ 时的电阻数值，以后记录每降低 1℃ 的阻值，记录的数据绘制成图，见图 11-41。分析图 11-41 的曲线可知，其阻值骤变点即 −30℃ 点为鹌鹑蛋液的共晶点。

### 11.4.2.4 鹌鹑蛋液冻干工艺

物料冻结阶段，要求物料的最终冻结温度应降至该物料的共晶点以下。在此降温冻结阶段，让托盘与搁板接触良好，物料中心温度与物料边缘温度的差距就不会太大。

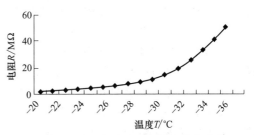

图 11-41　鹌鹑蛋液电阻随温度变化曲线

一般情况下，蛋液速冻时（每分钟降温 $10 \sim 50℃$）冰晶较小，在显微镜下可见；相反，慢冻时（每分钟降温 $10℃$ 以下），形成的冰晶肉眼可见，粗冰晶在升华后留下较大孔隙，可提高冻干速率，而细晶在升华后留下的间隙较小，使下层升华受阻，速冻的成品粒子细腻，外观均匀，比表面积大，多孔结构好，溶解速度快，但成品的吸湿性相对也较强些。实验中发现，要使待干物料全部冻结，物料在所设温度下需要保持 2h 左右。

冷冻干燥时，物料的干燥是由外层向内层推进，冻干时间随冻结物料厚度的增加而延长。减少物料厚度，可降低热、质传递通过干燥层的阻力，使干燥速率提高。但蛋液太薄，蛋粉颗粒较大，复水性受影响。物料在干燥后期出现的裂痕有助于提高干燥速率，因为这在一定程度上增加了物料与外界的接触面积。因此，在实际生产过程中可将物料托盘制成网格状。

干燥时间越长含水量越小，蛋粉色泽和气味也较好。干燥初期表面有足够的水分，干燥速率很大，该阶段主要是表面的冰晶升华；而干燥后期物料表面出现已干的局部区域，随着干燥的进行，局部干区逐渐扩大，内部水分的升华所需时间较长。另外，由于干燥速率的计算是以总表面积为依据的，虽然每单位冷冻表面上的干燥速率并未减低，但以总表面积为基准的干燥速率却已降低。因此在实际生产过程中，并不是时间越长越好，不能一味追求产品的质量，还要考虑成本问题，根据市场的需求而定。

冷冻温度选择 $-30℃$，形成的冰晶会比较大，但不影响产品的复水性及风味，而且可以节约能源。厚度选择 4mm，除了比较薄缩短干燥时间，在干燥过程中可以产生一些裂痕给水分的升华提供了渠道。在厚度为 4 mm 时，干燥后期蛋层边缘会翘起，这也有利于水分的升华，促进了冷冻干燥过程。干燥时间的选择，基于节约能源降低成本考虑，选定 16h。

冷冻真空干燥鹌鹑蛋全蛋粉的工艺，虽然制造成本较高，但有效保证了它的营养成分不被破坏，同时在保持食品原有的风味、延长贮存期限，提高溶解性等方面较热风干燥、微波干燥等诸多脱水方式优越。生产的蛋粉呈粉末状或极易松散的块状，均匀淡蛋黄色，具有蛋粉的正常气味，无异味和杂质。

## 11.5　库尔勒香梨冻干

香梨分布于天山南麓，以库尔勒所产为最佳。库尔勒香梨，维吾尔语叫"奶西姆提"。在港澳获得"蜜梨"之美誉。在国内多次名梨评比中，均名列前茅。香梨肉白质细，脆甜渣少，汁液特多，香气浓郁。果实含有果糖、葡萄糖、蔗糖等，总糖含量 10.04%，含酸 0.033%，灰分 0.12%，维生素 C 每百克含 4.4mg，含水量 85.5%，可食部分占 83.6%。[25]

香梨在贮藏期间，因贮存温度较高或二氧化碳浓度过高等原因，易发生黑心病。香梨若采收早，则品质不佳，耐藏性差；若采收晚，则成熟度高，贮期易衰老，引起黑心病[26]。库尔勒香梨的冻干，可以延长其保质期，减轻重量，便于运输。香梨冻干制品可作为休闲食品，也可作为多种保健食品和药品的原料，具有很高的经济价值。东北大学张世伟、张茜[27]进行了香梨冷冻干燥的研究。

### 11.5.1　香梨冻干前处理

香梨的前处理工序是挑选质量较好，成熟度一致的香梨，先清洗、待沥干后去皮、去核，称重，测水分含量，再切成厚度一致的薄片，然后直接铺在托盘上。

### 11.5.2 库尔勒香梨含水量

库尔勒香梨的含水量用由 OHAUS 公司生产的 MB45 卤素水分测定仪测量。香梨的含水量经过仪器多次测量取平均值，香梨的含水量为 87%。

### 11.5.3 库尔勒香梨共晶点和共熔点

采用电阻法测量物料的共晶点。用 DT98 系列数字万用表做电阻计，热电偶做测温元件，冷冻在冻干机的冻干室中完成。在测定过程中，为防止直流电通入使物料局部融化，应使两电极柱间距大一些，并且测量过程尽量间断进行，缩短测量时间。$-5℃$ 时用万用表测物料电阻值，以后每降 $1℃$ 测一次阻值，直到电阻变得无穷大为止，重复操作数次然后取平均值。香梨电阻随温度变化如图 11-42 所示。

由图 11-42 可知，香梨的共晶区为 $-23\sim-17℃$，取香梨的共晶点温度为 $-20℃$，为验证测定的准确性，将香梨速冻至 $-20℃$ 并保温 2h，剖分香梨后，证明其内部已完全冻透。从热力学数据表查知共晶区下限 $-23℃$ 下水的饱和蒸气压为 77.31Pa，即在高于此真空度条件下可以直接升华除去水分，实际操作中干燥箱压强控制在低于 75Pa。

用电阻法测定香梨共熔点。先将物料冷冻至 $-30℃$，然后开始升温，并测其电阻值，见图 11-43。可知香梨的共熔点为 $-15℃$，所以升华时物料冰晶的温度不能超过此温度。

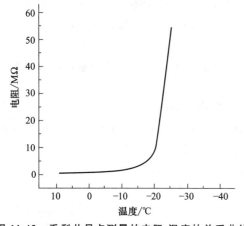

图 11-42 香梨共晶点测量的电阻-温度的关系曲线

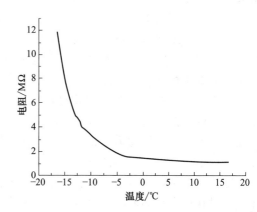

图 11-43 香梨共熔点测量的电阻-温度的关系曲线

### 11.5.4 冻干香梨片厚度

香梨片厚度的确定是在装料量和冻干时间之间取得平衡。理论上讲，物料厚度越薄，越有利于冻干过程的进行，所需时间越短，但一次产量也低。实验中对厚度分别为 2mm、4mm 和 6mm 的香梨片进行冻干实验研究，不同厚度物料的冻干实时曲线如图 11-44，所需时间如表 11-20 给出。比较而言，由于升华和解析干燥时间基本与厚度成正比，辅助时间基本相同，所以梨片厚度 6mm 的生产效率最高。但厚度增大使工艺过程控制的难度增大，制品质量不易保证；同时，香梨实际尺寸的大小决定了切割制取 6mm 厚梨片的成品产出率远低于 4mm。因此，采用 4mm 厚梨片的冻干工艺更切合生产实际。

表 11-20 香梨物料厚度对冻干时间的影响

| 厚度/mm | 预冻速率/(℃/min) | 升华时间/h | 解析时间/h | 复水率/% |
|---|---|---|---|---|
| 2 | 1.2 | 4.5 | 1.5 | 80.3 |
| 4 | 0.9 | 7.5 | 2 | 87.5 |
| 6 | 0.7 | 10.5 | 2.5 | 75.3 |

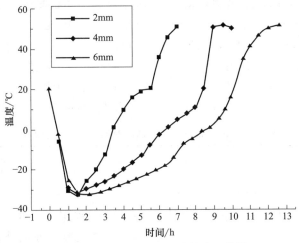

图 11-44 不同厚度香梨片的冻干曲线

### 11.5.5 香梨片冻结

香梨片冻结有速冻和缓冻两种方式。速冻方式是首先将搁板和空托盘经 0.5h 降温至 −35℃，再将香梨片快速铺入托盘内，1h 后搁板温度达 −37℃，梨片温度为 −35℃。缓冻方式是将香梨片及托盘在常温下放入冻干箱内，控制搁板降温速率在 1～2℃/min，待 1.5h 后搁板温度达 −36℃，梨片温度为 −28℃。两种冻结方法后，均进行正常的升华和解析干燥，并对冻干制品进行品质检测。

利用 Motic AE31 型号的倒置生物显微镜，对冻干后的制品进行切片显微观测，发现速冻香梨片的显微孔径大多在 5～8μm 左右，而缓冻香梨片的显微孔径大多在 9～12μm 左右，参见图 11-45。从而直接说明了速冻使梨片内产生的冰晶较小，孔道细小曲折，因此也使升华干燥速度慢、时间长，而且复水效果也差些。表 11-21 对比了两种冻结方式对冻干时间和制品质量的影响。

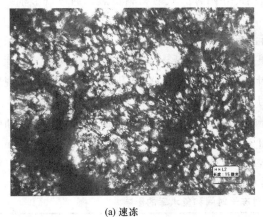

(a) 速冻

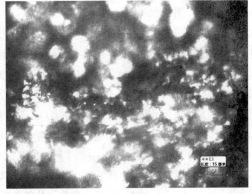

(b) 缓冻

图 11-45 冻干香梨片的显微镜观测图像

表 11-21 预冻方式对冻干时间和制品质量的影响

| 冻结方式 | 升华时间/h | 复水比/% | 外观 | 显微孔径/μm |
| --- | --- | --- | --- | --- |
| 速冻 | 8.5 | 80.2 | 黄色、不酥脆 | 5～8 |
| 缓冻 | 7.5 | 87.5 | 浅黄、酥脆 | 9～12 |

冻结最终温度常以物料的共晶点做依据，已测得香梨片的共晶点温度为−20℃，冻结的最终温度应比共晶点温度低5～10℃，但搁板和物料的温度相差约10～15℃，所以冻结的最终温度为−35～−30℃。将厚4mm的香梨片放入托盘内，分别在−30℃、−32℃和−35℃下预冻，当冷阱温度为−40℃时，抽真空至绝对压力为10Pa，并在20～60Pa范围内进行干燥。研究发现−35℃下预冻时间最短，−30℃下干燥时间最长，而且−35℃下预冻冻结干燥后的香梨片复水率最大，见表11-22。所以−35℃为相对较好的冻结最终温度。三种冻结温度的冻干曲线如图11-46所示。

表11-22　冻结最终温度对冻结时间和复水率的影响

| 冻结温度/℃ | −30 | −32 | −35 |
| --- | --- | --- | --- |
| 冻结时间/h | 2.5 | 2 | 1.5 |
| 复水率/% | 80.6 | 83.1 | 87.5 |

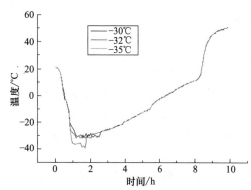

图11-46　不同冻结温度的香梨冻干曲线

由图11-46可知，当其他条件相同，只是冷冻物料的冻结最终温度不同时，对干燥过程的影响很小，可以忽略。原因是物料刚开始干燥时，物料的表面即界面，此时的传质阻力小，传质速率大，物料中冰升华所需热量除一部分来自加热板外，自身的降温也提供一部分热量。不论初始温度的大小，均在很短的时间内使界面温度趋于相同。

所以香梨片冻结工艺确定为，先将装有香梨片的托盘放置到冻干箱内的搁板上，设定搁板温度为−35℃。装入物料后，制冷约1.5h后测得的香梨片的温度为−30℃，这时物料已经完全冻透，预冻阶段结束，预冻时间共为1.5h。

### 11.5.6　冻结香梨片升华干燥

香梨在冻干箱内已达到预冻温度后，制冷机停止对冻干箱制冷，开始对冷阱制冷，在3～5min内冷阱温度降至−40℃，这时启动真空泵抽真空，当冻干箱内真空度达到40Pa时，系统对搁板加热，升华干燥阶段开始。主要采用辐射和热传导两种方式对物料供热，通过调节辐射板和导热板的温度来调节加热量。

加热板温度的控制是关键因素，如控制不当，将会使产品出现熔化、冒泡、崩解等现象。原则上应使升华温度低于其冰晶体刚出现熔化的温度，也就是低于香梨的共熔点温度。因此，在20℃、25℃和30℃三个搁板温度对香梨片进行升华干燥实验，30℃时升华香梨片开始出现褐变并明显萎缩；20℃和25℃时升华香梨片都表现为正常的浅黄色，但25℃升华时制品的复水率太低（见表11-23），所以取升华温度为20℃。实验过程中发现，真空度一直很低，这说明加热的速度太快，冰大量升华，超过了冷阱的捕水能力。所以分三个阶段对搁板加热，先在30min内升至0℃恒温2h，当物料温度接近搁板温度时，继续对搁板加热，在30min内升至10℃恒温1.5h，当物料温度再次接近搁板温度时，再继续对搁板升温，在30min内升至20℃恒温2.5h。

表11-23　香梨片升华温度对冻干时间和复水率的影响

| 搁板温度/℃ | 20 | 25 | 30 |
| --- | --- | --- | --- |
| 升华干燥时间/h | 7.5 | 8 | 8.5 |
| 复水率/% | 87.5 | 79.1 | 56.8 |

为了缩短升华干燥的时间，可采用循环压力法，真空度控制在20～60Pa，除去物料97.5%的水分的升华干燥时间共为7.5h。

### 11.5.7　香梨片解析干燥

解析温度及时间的确定，直接影响物料的最终含水量，所受限制是物料的最高耐热温度而不是融化问题。在真空度保持 30Pa 不变的条件下，进行 50～70℃ 的解析干燥试验。实验结果列于表 11-24。在样品温度达到 55℃ 时，香梨片表面就有少量硬结小块，局部颜色变深，造成品质下降。为保证产品质量，在解析干燥阶段搁板温度不要超 55℃，香梨片温度不要超过 50℃，真空度保持 30Pa 不变。当物料温度接近加热搁板的温度时，冻干结束，解析时间为 2h。

表 11-24 香梨片解析温度对冻干时间的影响

| 温度/℃ | 50 | 55 | 60 | 70 |
|---|---|---|---|---|
| 解析干燥时间/h | 2 | 2 | 1.5 | 1 |
| 复水率/% | 87.5 | 82.3 | 56.5 | 53.1 |
| 外观(颜色、形状) | 浅黄、酥脆 | 黄、有硬块 | 褐变、变形 | 褐变、变形 |

当加热板温度较低时，由于热通量较小，物料的底部温度及界面温度都很低，与物料的共熔点温度有一定差距。当界面温度很低时，传质推动力小，使干燥时间增长。此时，提高加热板温度增加热通量，物料的界面温度上升，传质推动力提高，加快了水蒸气的逸出速度，因此，干燥时间有所减少。但是，在升华阶段后期，界面温度已接近物料的共熔点。如果再提高加热板温度强化热量的输入，实验中发现，物料底部"气垫区"略微融化，造成产品质量下降。同时实验中还发现，进一步提高加热板温度，会造成物料收缩变形，脱离加热板，造成物料与底部接触不好，传热不均匀，对缩短冻干时间没有实质性影响。香梨冻干曲线见图 11-47。

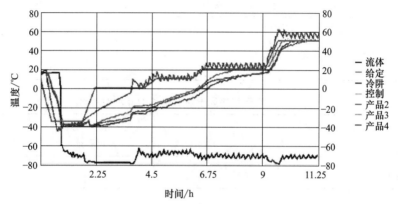

图 11-47 香梨片冻干曲线

### 11.5.8 循环压力法对冻干时间的影响

实验中将厚 4mm 的香梨片放入托盘中，分别在真空度为 20～60Pa、30～70Pa 和 4～80Pa 的范围内干燥，研究发现 20～60Pa 时干燥时间最短，干燥的效果最好，复水时间最短，所以实际生产中应采用干燥室循环压力为 20～60Pa。从实验中还可以看出，利用循环压力法进行冻干与利用恒压方法进行冻干相比，升华时间有明显的缩短，大约缩短了 1/3 左右(见表 11-25)。图 11-48 显示不同的恒定压力和循环压力下制品内部的温度变化，曲线显示温度随循环压力的波动而波动，由此可见样品内部的温度场以及升华界面处的水蒸气压力也是循环波动的，曲线还呈现在高压阶段温度下降，低压阶段温度上升的变化趋势。实验结果充分说明采用循环压力对于冻干香梨是提高冻干速率，缩短干燥时间，减少电耗，降低冻干生产成本的有效手段。

表 11-25 循环压力法与恒压方法比较

| 冻干方法 | 预冻速率/(℃/min) | 升华压力/Pa | 升华时间/h | 解析时间/h | 复水率/% |
|---|---|---|---|---|---|
| 循环压力 | 0.9 | 20～60 | 7.5 | 2 | 87.5 |
| 恒压方法 | 0.9 | 45 | 10 | 2.5 | 85.2 |

注：冻干物料为库尔勒香梨，厚 4mm。

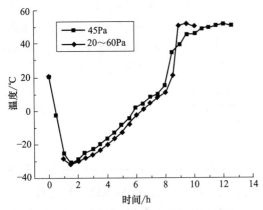

图 11-48　不同压强下香梨片的冻干曲线

### 11.5.9　冻干香梨片后处理

冻干后香梨片极易吸潮，一夜之间就回潮了，冻干后的香梨片放在磨口玻璃瓶，瓶中放入袋装干燥剂后存放，效果也不好，香梨片仍有不同程度的回潮。吸潮后的香梨片能攥成团，压成块，容易变质。因此，冻干香梨片的贮运价值与冻干后处理密切相关。当香梨片完全冻干时，真空封装后存放，效果很好，大约可以存放 30 天。

### 11.5.10　冻干香梨片性状

冻干水果的复水性是衡量其品质的重要指标之一。复水是将冻干香梨片浸泡在恒温的水中。表 11-26 数据表明：水温低，则复水时间长；水温高，香梨片表面褐变严重，发生糊化。在 50℃左右的温水中，香梨片的复水效果最好。冻干香梨片与热风干燥香梨片的复水性对比（见表 11-27）：冻干香梨片的复水时间短，仅需 10min，而热风干燥则需要 1h，冻干香梨片复水性强，能吸收冻干样品质量 6 倍多的水，而热风干燥只能吸收本身质量 2 倍多的水。

表 11-26　冻干香梨片的复水率

| 水温/℃ | 复水时间/min | 复水率/% | 持水能力/% |
| --- | --- | --- | --- |
| 25 | 35 | 79.8 | 48.7 |
| 50 | 10 | 87.5 | 55.9 |
| 75 | 5 | 85.3 | 52.6 |

表 11-27　冻干与热风干燥香梨片的复水性对比

| 加工方式 | 香梨片质量（干基）$m_干/g$ | 复水时间/min | 复水香梨片的质量 $m_复/g$ | 复水比 |
| --- | --- | --- | --- | --- |
| 冻干 | 5 | 10 | 4.98 | 99.6% |
| 热风干燥 | 5 | 20 | 1.78 | 35.6% |

冻干香梨片的感观评定见表 11-28。

表 11-28　冻干香梨片的感观评定

| 颜色 | 外形 | 组织 | 口感 | 风味 |
| --- | --- | --- | --- | --- |
| 浅黄 | 饱满 | 疏松 | 酥脆 | 香梨原有风味 |

成分检测：

① 重金属元素含量：铜（Cu）检不出；铁（Fe）检不出；锰（Mn）检不出；砷（Sn）$<$ 0.1mg/kg；汞（Ng）$<$0.01mg/kg；铅（Pb）$<$0.1mg/kg。

② 矿物质含量：镁（Mg）$>$60mg/kg；钾（K）$>$510mg/kg；钠（Na）$>$80mg/kg；钙（Ca）$>$80mg/kg；磷（P）$>$140mg/kg；硫（S）$>$6mg/kg；硅（Si）$>$30mg/kg。

③ 微生物含量：细菌总数$<$100 个/mg；大肠菌数$<$6 个/mg；致病菌检不出。

④ 水分含量：冻干香梨片的水分含量不高于 4%，平均 2%。

## 11.6　菠菜冻干

菠菜原产于亚洲西部。盛唐时由伊朗传入我国，现已成为我国南北各地的一种主要蔬菜。菠菜中含有极高的有益于人体的营养成分，它含有 10 种氨基酸是动物蛋白所不能取代的。每 100g

食用部分含蛋白质 2.5g、脂肪 0.4g、碳水化合物 3g、钙 70mg、铁 2.5mg、胡萝卜素 3.9mg、硫胺素 0.04mg、核黄素 0.13mg、尼克酸 0.6mg、抗坏血酸 31mg。菠菜已是我国人们烹调喜爱的主要绿叶菜之一，也是重要的出口速冻蔬菜种类[28]。菠菜物美、价廉、产量大，但菠菜是一种容易腐烂，难于保存和运输的蔬菜。因此，在边远的山区、在远洋航行、在长途旅行中都难于吃到新鲜菠菜。

菠菜采收后仍然有呼吸，其对 $CO_2$ 的呼吸强度为 269.8mg/(kg·h)，呼吸强度随温度而变化，其温度系数是在 0.5～10℃ 范围内为 3.2，在 10～20℃ 范围内为 2.5。有人做过实验，在真空冷却时，每蒸发蔬菜质量 1% 的水分，大约可使蔬菜温度下降 6℃。采用札幌大叶菠菜 10kg，真空度抽到近 600Pa，处理 8min，产品温度从 20.2℃ 下降到 0.5℃，减量率为 3.4%。菠菜在 0～5℃ 下运输也只能坚持 1～2 天，时间再长就腐烂了。菠菜和其他蔬菜一样，在贮存过程中要放出呼吸热，一般按产品呼吸释放 $CO_2$ 的毫克数来计算，每产生 1mg $CO_2$ 相当于释放 10.67J 的热量。在不同的温度下呼吸热不同，菠菜在 0℃ 时呼吸热每 24h 为 4750kJ/吨，在 21.1℃ 时为 48500kJ/吨。

从上述特性我们可以看到，菠菜的呼吸强度高，含水量大，即使在低温下也难于贮运。然而，菠菜产量大、产地广，比较容易加工干燥。虽然干燥后仍呼吸释放 $CO_2$ 而放热，但放热量降低了。将菠菜加工成真空冷冻干燥的产品后，采用小型真空贴体包装，开水一冲即可食用，可大大方便食用、贮存和运输，大大提高了菠菜的商品价值，有利于促进菠菜生产，促使农业增效，农民增收。

东北大学的徐成海教授[29]最早在国内进行了菠菜的冷冻干燥研究。由于当时的冻干设备功能有限，没能给出菠菜的冻干曲线，但详细描述了冻干过程并给出了菠菜冻干的模型，比较了冻干与真空干燥菠菜的性状。

之后，刘玉环[30]、马青[31]以及 Mark Lefsrud[32]先后分别进行了菠菜和菠菜片段的冻干实验。

### 11.6.1　菠菜段的冻干

#### 11.6.1.1　菠菜段的冻干工艺流程

鲜菠菜→挑选→清洗→切段→烫漂→冷却→沥水→装盘→冻结→升华干燥→解析干燥→检查→真空包装→成品入库

#### 11.6.1.2　菠菜段冻干的前处理

选用叶片肥大的鲜嫩菠菜，剔除黄叶、病斑叶及虫蛀叶。将挑选好的原料在气泡清洗池中进行清洗，洗去表面粘有的泥土及其他杂质。之后沥去表面的水分，用切菜机切成 1cm 长段片。将切段后的菠菜浸在 80～85℃ 的热水中漂烫 1～2min，目的是破坏菠菜中的氧化酶的活性，以便保持菠菜的原有色泽和营养成分，同时消灭原料表面的微生物、虫卵，除去原料组织内的空气，有利于减少维生素和胡萝卜素的损失。漂烫还可以破坏蔬菜表面的蜡质，使蔬菜中的水分更易于挥发，有利于蔬菜的冷冻干燥。漂烫结束后，立即将菠菜取出，再浸入冷水中快速冷却至室温，以保持其脆度。

经冷却捞出后的菠菜表面会滞留一些水滴，这对冻结是不利的，容易使冻结后的菠菜相互黏结，不利于进一步的干燥。在振动沥水机上进行振动沥水或在流动空气中自然风干，除去表面水滴后将菠菜均匀摊放在不锈钢料盘上，装料厚度约 20～25mm。菠菜冷冻干燥时，热量通过干燥层向内传导，蒸汽通过干燥层向外逸出。因此，料层过厚受热不足，物料不能完全均匀地干燥；而料层厚度过小，干燥的时间虽短，但受热过量，物料部分融化使产品变味变形，营养成分损失，影响产品的质量和产量。

#### 11.6.1.3　菠菜段共晶点测定

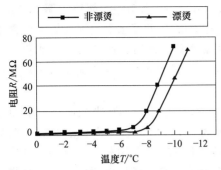

图 11-49 菠菜冷冻温度与电阻的关系

为确定菠菜的冷冻真空干燥工艺，首先要知道菠菜的共晶点温度。用电阻法测定菠菜的共晶点温度，随着温度的降低，电阻在不断增大（见图 11-49）。由图 11-49 可知，漂烫的菠菜共晶点为 −8℃，非漂烫的菠菜共晶点为 −7℃。经过漂烫的菠菜比没有漂烫的共晶点低。

#### 11.6.1.4 菠菜段冻结

掌握了菠菜的共晶点，在冷冻时只需比共晶点低 4～5℃，保证蔬菜内部液体完全冻结，而不必过分冷冻，这样可以节省能源。

将菠菜段放进冰箱，或放在冻干机的干燥室中降温，保持低温一段时间，就可以冻结。从冷冻干燥的效果来看，采用慢速冷冻物料中水的结晶体小，在干燥过程中有利于水分的挥发。速冻容易使物料中水分结晶体增大，不易蒸发，干燥速率减慢。慢速冷冻时间长，会造成设备利用率低，同时，经过切割后的蔬菜如果冷冻时间太长，易因酶促而发生褐变，而速冻缩短了冷冻时间，有利于提高产品质量。因而蔬菜在 0℃以上时，宜采用快速速冻，在接近结晶区时要采用慢速冷冻，使晶体细小，尽量减少蔬菜内部组织结构的破坏，从而提高冻干蔬菜的质量。

另一种冻结方式，是利用大型冻干机（GLW-50 型冷冻干燥机）[32]，将洗涤干净的菠菜直接放置在冻干机的干燥室中，铺料厚度 8～9mm，密闭后开启主真空阀抽真空 30min，使干燥室的真空度逐渐升高。由于菠菜中的水分在低压环境中直接升华变成水蒸气被排出，菠菜的温度下降而冻结。

#### 11.6.1.5 菠菜段升华干燥和解析干燥

菠菜段在冻干机的干燥舱内冻结后，真空度经抽空 10min 后，维持在 70～100Pa 之间，利用加热板辐射的热量进行加热，使物料的表面结晶水，通过吸收升华潜热而升华为水蒸气，由表及里地向外逸出，使物料中的自由水脱出，为常速干燥阶段。此阶段升华的速率最大可达到 0.2℃/min，一般在 0.1℃/min 左右较为合适，时间在 5h 左右。此时菠菜的含水量为 8%～12%。

解析干燥阶段，传质（水汽通过干燥层逸出的过程）是通过升华时对应的饱和蒸气压与环境真空度的压差来实现扩散的。渗透压差越大，传质的动力越大，传质的速度越快，但需要补充的升华潜热也要相应加大。所以，适当提高升华的温度和传热系数，减少水汽逸出时的阻力至关重要。因此，通过调节系统加热板温度，提高适宜的升华潜热，保持舱内真空度在 60～80Pa 之间，料温按 0.1℃/min 升高，持续 2h 左右，这时调节系统加热板温度至 55℃，物料温度可达到 40℃，经 1h 后物料温度上升到接近加热板温度，干燥基本结束。菠菜冷冻干燥曲线见图 11-50。

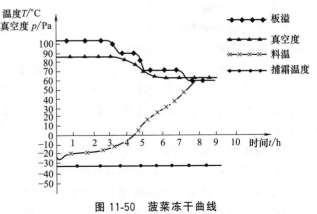

图 11-50 菠菜冻干曲线

需要指出，菠菜经过切割成 1cm 长的段片时，将出现叶、菜茎等不同密度、不同大小和形状的情形，有的还带有菠菜根，在这种情况下，为了达到最终含水均匀，需要在解析干燥后期进行"匀化"处理。在解析干燥后期，一般菜叶中的水分在 6%左右，而根茎水分在 10％ 左右，这时菠菜基本干燥，形状基本确定，为尽快除去根茎中的水分，可采取真空度在 400Pa 左右，加热板温度控制在 55℃ 左右，时间为 20min，这样可迅速除去根茎中残留的高水分，达到叶茎根同时干燥的目的，缩短干燥时间。

**11.6.1.6  冻干菠菜的后处理**

干燥结束后，立即进行称量包装。根据产品的等级、保存期限、客户要求等进行拣选、计量、检查等处理后，及时将合格的菠菜用聚乙烯复合塑料袋迅速进行抽气或充氮密封包装。同时若需要压块的，一般在解析干燥的最后阶段，温度为 50℃ 时，可不经过回软立即压块。否则脱水菠菜转凉变脆。压缩后的压缩比为 5.9，即每千克的体积（L），压缩前为 8.9，压缩后为 1.5。冻干菠菜吸水性极强，为防止产品吸潮而变质，要求包装环境中相对湿度要在 35％ 以下，包装好之后，立即入库，贮藏库要避光、干燥、清洁卫生、相对湿度控制在 30％～40％ 之间。

**11.6.1.7  冻干菠菜的性状**

脱水菠菜一般需复水后才可烹调食用，其复水后恢复原来新鲜状态的程度是衡量产品品质的重要指标之一。冻干菠菜在 70～80℃ 热水中浸泡 50s 即可烹调或直接食用，其复水后的形状、颜色与新鲜菠菜基本一样，并能保持新鲜菠菜原有风味。而热干菠菜则需浸泡 2h。

冻干菠菜的营养成分保持不变。从表 11-29 可以看出，不同的加工方法菠菜保存维生素 C 的含量不同，且差异非常显著。

**表 11-29  干菠菜中维生素 C 含量**

| 品 名 | 冻干 | 热干 | 阴干 | 晒干 |
|---|---|---|---|---|
| 维生素 C/％ | 93 | 59 | 7 | 4 |

从菠菜不同加工方式来分析，冻干菠菜的复水时间短，仅需 50s，而热风干燥则需要 2h。另外，冻干蔬菜复水性强，能吸收冻干蔬菜质量 6 倍多的水，而热风干燥只能吸收本身质量 2 倍多的水，见表 11-30。

**表 11-30  菠菜的复水性**

| 加工方式 | 菠菜(干基)$m_干$/g | 复水时间 | 复水菠菜质量 $m_复$/g | 复水比 $R_复$ |
|---|---|---|---|---|
| 冻干菠菜 | 5.00 | 50s | 37.8 | 7.56 |
| 热风干燥菠菜 | 5.00 | 2h | 19.3 | 3.86 |

**11.6.2  菠菜浆冻干制菠菜纸**

蔬菜纸简称菜纸，是近年来在国外悄然流行的一种蔬菜深加工食品。日本是最早研制开发蔬菜纸的国家，目前日本的菜纸已实现了规模化生产，其加工工艺和设备已进入第四代。主要有两种生产工艺：一是压模成型法，这种方法是将浆料平铺在成型板上，经两次烘烤成型；二是辊压成型法，即浆料经由两个反向旋转的压辊，直接压成所需形状，切片成型后干燥得到成品[33]。这些方法都是采用加热干燥，会破坏蔬菜中的维生素和天然色素等热敏性营养素，成品还会出现干缩及褐变现象。而冷冻干燥技术则可以避免上述工艺的不足。南昌大学的高金燕进行了冻干菠菜浆制菠菜纸的研究[34]。

**11.6.2.1  菠菜浆冻干制菠菜纸的工艺流程**

菠菜→清洗→切分→烫漂→打浆→均质→铺料→预冷冻→抽真空→解析干燥→升华干燥→破真空→冻干→成品包装。

**11.6.2.2  冻干前处理**

选用鲜嫩成熟度适中、新鲜的菠菜，去其残叶，用清水洗净并沥干。将沥干水后的菠菜切成 3～4cm 的小段。将切分好的菠菜放在沸水中漂烫 1～2min，迅速捞出并用凉水冷却，沥干水分。

用高速组织打碎机将处理好的菠菜打浆，并用胶体磨均质进一步磨碎，使其粒度在 200 目以下。

### 11.6.2.3 菠菜浆预冻

将菠菜浆按 $10kg/m^2$ 铺料，注意厚薄均匀。在低温下进行预冻。

预冻温度应低于物料的低共熔点，对于菠菜的预冷冻还应考虑冷冻的速率。因为预冷冻速率的大小会影响冻结物料冰晶的大小，从而影响物料的质构、升华速率。通常，慢冻冰晶大，产品外观粗糙，升华速率快，复水性好，速冻则正好相反。依据实验参数，将菠菜预冻温度设定为 $-25℃$，将菠菜放入低温冰柜冻结 4h。

### 11.6.2.4 冻结菠菜浆升华干燥和解析干燥

将冻结后的菠菜浆，送入美国 Virtis 公司生产的冷冻干燥机（主要性能技术指标：干燥面积 $0.0625m^2$；冷阱最低温度 $-85℃$；干燥室内真空度 $<13.33Pa$；搁板加热）的干燥箱，开启真空泵，使系统真空度达到 10Pa 以下。抽真空进行 1h 后，开始给搁板加热，搁板温度不得超过物料低共熔点。

升华所需的时间取决于升华速率的快慢。升华速率的大小除了与物料本身的物性有关，还与供热量多少以及冻干箱内的压力关系密切。冻干箱内的压力参数必须结合传热和传质两个方面。通过实验摸索和结合实验的冷冻设备，将菠菜浆冻干的压力设在 $10\sim20Pa$ 为宜。

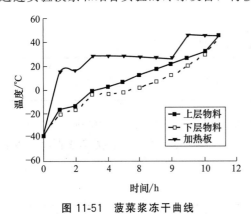

**图 11-51 菠菜浆冻干曲线**

解析干燥用于干燥去除结合水，搁板温度可以略高些。由于冻结物料内的冰晶升华干燥后，会使物料内留下许多空穴。残余的水分是冻结水，分布在物料的基质内，这些水分可能以玻璃态形式存在，还有一部分以结合水的形态存在。与其他干燥工艺相似，解析干燥内的水分不会流动，需要通过提高温度的方法才能释放结合水，当残余水含量达到单分子层吸附水量时，最有利于物料的保存。结合产品质量和生产成本两因素，将菠菜的解析干燥设定在为 $29\sim38℃$。冷冻干燥后，保证产品的残余水量在 $3\%\sim5\%$ 时为宜。菠菜浆的冻干曲线见图 11-51。

### 11.6.2.5 菠菜纸的性状

冷冻真空干燥后的成品，通常呈多孔性。因此，极易吸潮。当进行破坏干燥室真空操作时，不可随意将外周空气放入，产品很容易吸收空气中的水分和氧气。所以，破坏真空时，应在相对湿度小于 $50\%$ 的环境中操作或通过引入惰性气体来破坏真空。

菠菜样品经冷冻干燥后，菠菜纸质地均匀细致，成纸性良好，色泽深绿，口感细腻、适口。利用冷冻干燥技术生产蔬菜纸，可以视为将新技术应用于蔬菜纸的加工。既保持了蔬菜的营养价值，又增加蔬菜产品的附加值和花色品种。上述菠菜纸制备实验的冷冻干燥工艺参数，对于其他蔬菜纸的冷冻干燥也具有一定借鉴作用，也可为实际生产提供参考数据。

## 11.7 海带冻干

据分析，海带的营养成分中，每 100g 干品含粗蛋白 8.2g、脂肪 0.1g、粗纤维 9.8g、甘露醇约 17g、褐藻酸 24g、钾 4.36g、钙 2.25g、铁 0.15g、碘 0.34g、核黄素 0.36mg、尼克酸 1.6mg 及其他成分。

海带中含丰富的碘，食用后可治缺碘性疾病。海带中所含的碘都是富集自海水，含量比海水高达 10 万倍。吃海带增加碘还能降低血液中胆固醇。有人做过调查，在缺碘地区，居民患乳腺癌比例较高。吃一些海带，增加食物中碘的含量，有预防乳腺癌的作用。吃海带有降血脂作用，日本学者认为那是因为海带中含有硫酸多糖。因这种多糖体有阻止血液凝固作用，而且也能增强血液中的脂肪酶的活性，从而降低了血脂。海带中的褐藻酸钠还有使人体阻吸和排除放射性元素及某些重金属离子的作用[35]。

海带冻干后能很好地保持其营养成分，作为食品原料有很广阔的应用领域。采用冷冻真空干燥技术将海带加工成粉，作为营养强化添加剂，添加到面包、面条、饼干、蛋糕、茶叶、豆腐等食品中，使人们既吃到了美味，又得到了营养。特别值得重视的是医治了缺碘病人，提高了人口素质。海带的冻干有海带丝的冻干[36]和海带浸取液冻干制备速溶茶[37]。

### 11.7.1 海带丝的冻干

#### 11.7.1.1 海带原料及冻干前处理

选用大连产的海带，分三种情况进行冷冻干燥实验：①采用鲜海带；②将鲜海带煮到100℃后保持10～30min，即用熟海带；③采用腌咸的海带。冷冻干燥的工艺流程基本相同。

冻干海带的前处理：挑选整齐均匀的海带，称重；用清水清洗，除去海带表面的污物和黏稠液；清洗干净的海带在切丝机上切丝；将海带丝装入离心机中，脱去浮水；海带丝装在不锈钢托盘里，均匀堆叠。

#### 11.7.1.2 海带丝预冻和冷冻干燥

将装有海带丝的不锈钢盘，送入日本产 DF-05 型冻干机的冻干箱内，预冻1h，搁板最低温度达−40℃，海带丝全部冻透。

海带丝冻透后冻干箱停止制冷，利用电磁阀将制冷工质导入捕水器系统，待捕水器温度降至−15℃后，开启真空泵抽真空，当真空度抽至50Pa左右，打开电加热器，补充升华热。控制搁板温度不高于−10℃，大约3h左右，这一段时间是纯升华干燥。然后逐渐升温，在升华干燥和解析干燥之间的过渡段大约需2h，作为解析干燥时间，温度和真空度都比较高，这段时间内温度可达80℃，真空度达15Pa，共需2h。具体冻干工艺曲线如图11-52所示。

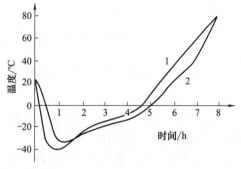

**图 11-52 海带的冷冻干燥工艺曲线**
1—搁板温度；2—制品温度

冻干后，将海带丝粉碎、过筛。海带粉真空包装即成高含碘的食品原料。

#### 11.7.1.3 干海带丝的成分测定和比较

冻干海带丝经辽宁省商检局食品化工商检认可实验室、辽宁大学分析测试中心检测，以及与普通晒干海带碘含量的比较列于表11-31中。从表中可以看到，普通晒干海带每100g含碘量为24mg，冷冻干燥鲜海带每百克含碘量为31mg。冷冻干燥熟海带每100g含碘量为34mg，冷冻干燥腌咸的海带每百克含碘量为46mg。可见冻干海带碘含量比晒干海带碘含量高。

从表11-31中还可以看到，冷冻干燥海带蛋白质的含量明显比晒干海带蛋白质含量高得多。这就又一次证明了冷冻真空干燥技术的优点。这种优点不仅普通晒干不能比，热风干燥也不能比。因为热风干燥表面温度高，容易出现表面硬化现象和部分物质流失现象，使得食品中部分营养损失掉了。从研究结果可知，每1kg鲜海带冷冻干燥后可得到135g海带丝。如果制成粉，估计能得125g海带粉，可含碘39～42mg。

### 11.7.2 海带浆液的冻干

#### 11.7.2.1 海带浆液冻干的前处理

将海带浸泡、洗涤干净，切碎后加水打浆。加0.2%的盐酸。加热至100℃，煮1h。滴加碳酸氢钠溶液，调节海带浆液的pH值至pH＝7。将上述浆液过滤，得海带浸提液。

表 11-31  干海带成分比较

| 营养成分 | 冷冻干燥海带含量/(mg/100g) | | | 晒干海带/(mg/100g) |
| --- | --- | --- | --- | --- |
| | 鲜海带 | 熟海带 | 腌海带 | |
| I | 31 | 34 | 46 | 24 |
| Ca | 1631.3 | 3068.8 | 2610.0 | 1177.0 |
| K | 2087.5 | 903.1 | 634.4 | — |
| Fe | 15.3 | 58.3 | 13.5 | 150 |
| P | 187 | 176 | 211 | — |
| 蛋白质 | 13090 | 11460 | 13380 | 8220 |

将广东乌龙茶破碎成粉，加水加辅料（纤维素酶和果胶酶），在 40℃下保温过夜。将上述茶水煮沸，过滤，得茶叶提取液。

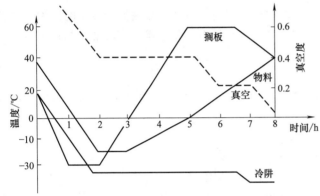

图 11-53  海带浆与茶叶提取液混合液的冻干曲线

海带浸提液与茶叶提取液按 1：5 的比例混合，得到没有海带腥味的混合液。浸提海带时加入酸，目的是有效地提取海带的内容物。由于茶叶本身就有一定的脱腥作用，所以不必对海带进行脱腥处理。当二者比例适当时，即不会影响得到的产品的风味。

11.7.2.2  海带浆液的冻干

把前处理后得到的混合液，放进DF-03 冷冻干燥机中，按照图 11-53 所示的工艺曲线进行冷冻干燥。干燥后破碎成粉，得到产品海带速溶茶。

采用冷冻干燥法加工海带浆和茶叶提取液的混合液，营养损失小，风味浓厚，复水性好。所得产品为海带和茶叶的有效成分的浸出物制备的速溶茶，对水温要求不高，在低温下也可速溶而且溶后无剩余杂物。可广泛用于旅游、宾馆、饭店和家庭饮用。

## 11.8  海参冻干

海参营养成分丰富，蛋白质含量高，富含人体所需的各种氨基酸及微量元素。然而海参遇到空气快速氧化，6h 后就会失去原貌，因此，海参的深加工变得异常重要。传统的干海参加工方法导致水溶性及热敏性等营养活性物质损失太大，水发时间长，食用不便。

白洁[38]等人通过试验得出冻干海参工艺流程为：盐渍海参、取出筋和口器、清洗、发制、速冻、冻干、成品包装。

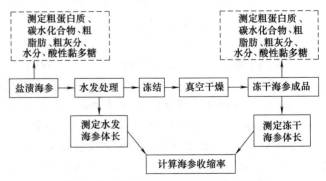

图 11-54  海参的冷冻真空干燥工艺流程

### 11.8.1  盐渍海参冻干的实验研究

云霞[39]等人对采用盐渍水发后的海参进行了冻干试验研究，给出的工艺流程如图 11-54 所示。实验中使用的材料系辽宁长海县 3 年生刺参。

实验中，选择了不同的冻结温度、不同的冷阱温度、不同的最终干燥温度，考察了这些参数对冻干时间及物料性状的影响，结果依次列于表 11-32～表 11-34 中。

**表 11-32　冷冻温度对海参冻干时间及冻干后外观的影响**

| 冷冻温度/℃ | 真空干燥时间/h | 海 参 外 观 |
| --- | --- | --- |
| −20 | 18 | 保型差、孔隙大 |
| −25 | 18 | 保型好、孔隙适中 |
| −35 | 20 | 易产生冰塌和翘曲现象 |
| −40 | 22 | 冻塌和翘曲严重 |

表 11-32 中的结果表明，将冷冻温度控制在−25℃时冻结海参较为合适，不仅冻干后海参能够保持原有形状、海参体壁孔隙适中，而且真空干燥时间相对较短。温度高于−20℃，冻干后的海参体壁孔隙较大，影响外观；温度低于−35℃，升华干燥速度明显减慢，且冷冻干燥时易使海参体壁产生冰塌，使冻干后的海参变形。

**表 11-33　真空度与冷阱温度对海参冻干时间及冻干后性状的影响**

| 冷阱温度/℃ | 真空度/Pa | 真空干燥时间/h | 干燥效果 | 复水效果 |
| --- | --- | --- | --- | --- |
| −23～−25 | 40～50 | 24 | 一般 | — |
| −25～−27 | 30～50 | 22 | 一般 | — |
| −27～−29 | 20～30 | 20 | 较好 | 一般 |
| −29～−31 | 10～20 | 18 | 较好 | 较好 |
| −35～−40 | 3～10 | 20 | 较好 | |

由表 11-33 可以看出，为合理利用冷阱捕捉水的能力及减少加热能源和制冷能源的消耗，将冷阱温度控制在−31～−29℃范围内，真空度维持在 10～20Pa，此时的真空干燥时间最短，仅为 18h，且海参的干燥效果和复水效果均比其他条件好。

**表 11-34　冻干最终温度对海参干燥时间及冻干后外观的影响**

| 冻干最终温度/℃ | 真空干燥时间/h | 渗 参 外 观 |
| --- | --- | --- |
| 40 | 30 | 保型好、孔隙适中 |
| 50 | 24 | 保型好、孔隙适中 |
| 60 | 18 | 保型好、孔隙适中 |
| 70 | 17 | 保型较好、孔隙适中 |
| 80 | 16.5 | 保型较差、出现轻微冰塌 |

表 11-34 中列出的实验结果表明，如果冻干最终温度低，真空干燥时间就长；如果冻干最终温度高，真空干燥时间则短。但此时海参表面的冰还未来得及升华，其内部的冰就已经溶化，也就是海参体壁产生了冰塌现象，造成冻干后的海参变形。为使冻干后的海参外观形状保持不变，并尽量缩短海参的真空干燥时间。在冷冻温度−25℃、真空度 10～20Pa 的条件下，最佳冻干最终温度为 60℃。

经过实验研究得出的海参冻干工艺曲线如图 11-55 所示。

云霞的研究还对冻干前后的海参成分进行了检测对比，检测数据列于表 11-35 中。

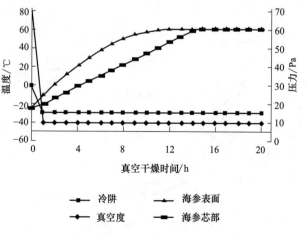

**图 11-55　海参冷冻真空干燥工艺曲线**

表 11-35　海参冻干前后营养成分比较　　　　　　　　　　单位:%

| 成　分 | 盐渍海参 | 冻干海参 |
|---|---|---|
| 粗蛋白质 | 75.91±0.37 | 74.56±0.36 |
| 碳水化合物 | 6.35±0.17 | 5.26±0.29 |
| 粗脂肪 | 1.11±0.01 | 1.05±0.03 |
| 粗灰分 | 5.37±0.02 | 5.35±0.01 |

表 11-35 中的数据表明，冻干海参的营养成分与盐渍海参的营养成分没有显著性差异，利用冷冻干燥工艺在低温下加工海参，能较好地保留其营养成分。

### 11.8.2　鲜海参及海参浆的冻干研究

东北大学的彭润玲[40]博士对新鲜海参冻干进行了详细研究。实验中使用的是辽宁大连的鲜活刺海参。将鲜活海参取出内脏清洗干净后，进行了 5 种前处理，分别为：

样品 1，鲜海参。

样品 2，海参清水煮，小火慢煮到水温达 60℃。

样品 3，海参清水煮开后，再煮 30min，然后水发。

样品 4，海参在 CDEB-23 多功能食品粉碎机中以 $3\times10^4$ r/min 打浆，再往海参浆中加入等质量的水，形成海参浆液。

样品 5，煮海参汤液减压浓缩所得浓缩液。

首先用电阻测定法采用自制测量装置测定了海参的共晶点温度，鲜海参肉（含水量 86.27%）、海参浆液和海参浓缩液的共晶点依次为−35℃、−25℃ 和−30℃。

海参的冻干实验是在 GLZ-0.4 冷冻真空干燥机上完成的。

在冻结实验中进行了真空蒸发冻结（抽真空自冻结）实验。在不预冷的情况下，将常温的物料放入冻干箱内，直接抽真空。随着冻干箱内压力降低，物料内的自由水分蒸发加剧，由于外界不提供蒸发潜热，蒸发水分吸收物料本身的热量使之降温而实现冻结。图 11-56 为鲜海参肉（切成边长为 16mm 的小方块）、海参浆液和浓缩液（装于 $\phi$60mm 培养皿，料厚 8mm）的抽真空自冻结过程，真空度为 15Pa。实验发现鲜海参肉，采用真空蒸发无法实现自冻结，而海参浆液可实现真空自冻结，最低温度达−34℃；海参浓缩液也可实现真空自冻结，最低温度为−32℃，均低于其共晶点温度。

海参打浆液厚度分别为 3mm、6mm、9mm、12mm、15mm 时，真空自冻结过程中温度随时间的变化如图 11-57 所示，海参浆液厚度不仅影响降温速率，还影响其最终冻结温度。厚度太

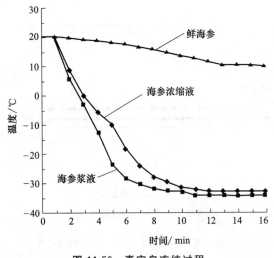

图 11-56　真空自冻结过程

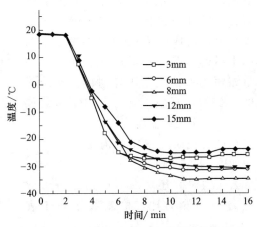

图 11-57　海参浆液厚度对真空自冻结的影响

小，可冻结的最终温度高，厚度太大，不仅降温速率慢，可达到的最终冻结温度也高。通过对试验结果的统计分析可知，厚度约为 8mm 时，降温速率最快。

样品 1 用冰箱冻结到 −40℃ 后放入冷冻干燥机中进行冻干，工艺如图 11-58 所示，冻干过程中海参内部温度随时间的变化曲线为 3，表面温度随时间的变化曲线为 4，二次干燥阶段搁板控制温度提高到 60℃，干燥 900min 后，结束干燥，干燥后含水率为 5.69％，达到生物材料冻干要求，但干燥总时间很长，为 3200min，若实际生产则干燥效率太低，成本太高。

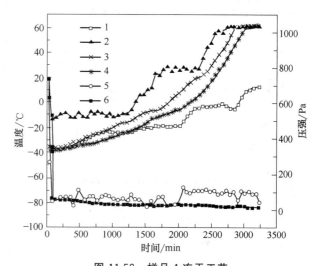

**图 11-58　样品 1 冻干工艺**
1—冷阱温度；2—搁板温度；3—海参内部温度；4—海参
表面温度；5—未吐肠海参表面温度；6—干燥箱压力

为采用辐射加热，样品 2 和样品 3 冰箱冻结到 −40℃ 后，在 LGS-2 冷冻干燥机上进行冻干，冻干工艺如图 11-59 所示，二次干燥阶段搁板控制温度未超过 40℃。

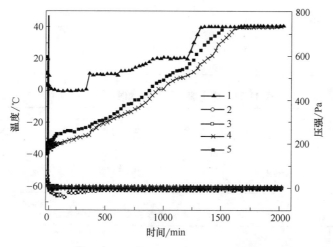

**图 11-59　样品 2 和 3 的冻干工艺**
1—搁板温度；2—冷阱温度；3—样品 3 内部温度；
4—样品 2 内部温度；5—干燥箱压力

样品 4 和 5 采用真空自冻结，冻结速率快，形成冰晶小，有利于得到较小的粉体粒径，且比搁板和冰箱冻结耗时少，装料厚度为 8mm，在 GLZ-0.4 冷冻干燥机采用真空自冻结的冻干工艺如图 11-60 所示，二次干燥阶段搁板控制温度未超过 40℃，以最大限度保存海参各种活性物质。

整个海参冻干后的感观、复水特性及口感是评价冻干质量的指标，因此对样品 1、2 和 3 整个海参冻干过程形态结构变化和冻干后复水性能进行了检测，结果如表 11-36 所示。

将冻干海参浸泡在 22℃ 的纯净水中，观察复水过程中海参形态的变化，检测结果列于表 11-37。

样品 3 和 2 不同之处是煮的温度高，且时间长，煮后体长缩小 56％，水发后，膨胀至活体

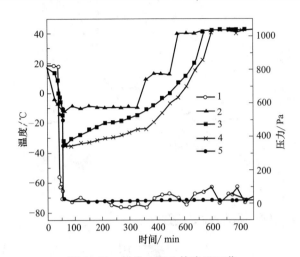

图 11-60　样品 4 和 5 的冻干工艺

1—冷阱温度；2—搁板温度；3—样品 4 内
部温度；4—样品 5 内部温度；5—真空度

海参的 56.6%，皮厚为 5.2mm，比处理 2 海参厚，刺明显，颜色较深，冻干后颜色为深灰色，冻干后收缩率为 8.8%，240min 复水后可恢复至冻干前状态，颜色为黑褐色，切口处无白茬，为奶黄色，口感好，无发棉，发渣感。

处理 4 和处理 5 海参冻干后为海参粉，其营养成分和粉体粒径是评价干燥质量的指标。因此对处理 4 号和处理 5 海参检测了冻干后的营养成分和粉体粒径，检测结果见表 11-38。

将海参打浆后冻干不仅完整保留了海参的营养活性，营养成分均衡合理，且可干燥成粒径较小的超细粉末，有利于人体的吸收。海参浆液和浓缩液冻干后粉体的显微照片如图 11-61 所示。

表 11-36　海参冻干过程形态结构变化

| 样品 | 鲜海参体长 /mm | 煮后 | | 水发后 | | 冻干后 | | 收缩率 /% |
| | | 体长 /mm | 皮厚 /mm | 体长 /mm | 皮厚 /mm | 体长 /mm | 皮厚 /mm | |
| --- | --- | --- | --- | --- | --- | --- | --- | --- |
| 1 | 148 | — | | | | 140 | 1.2 | 5.4 |
| 2 | 155 | 90 | 4.5 | — | | 87 | 4.0 | 5.52 |
| 3 | 150 | 66 | 4.0 | 85 | 5.2 | 81 | 4.6 | 8.8% |

表 11-37　冻干海参不同复水时间下的感观

| 复水时间/min | 样品 1 | 样品 2 | 样品 3 |
| --- | --- | --- | --- |
| 60 | 有白茬,皮厚 1.2mm | 有白茬,皮厚 4.1mm | 白茬严重,皮厚 4.6mm |
| 120 | 无白茬,皮厚 1.3mm | 稍有白茬,皮厚 4.3mm | 有白茬,皮厚 4.8mm |
| 180 | 发棉,皮厚 1.3mm | 无白茬,皮厚 4.5mm | 无白茬,皮厚 5.0mm |
| 220 | 发棉,皮厚 1.3mm | 无白茬,皮厚 4.6mm | 无白茬,皮厚 5.2mm |

表 11-38　冻干后海参粉营养成分和粉体粒径

| 成分或粒径 | 样品 4 | 样品 5 |
| --- | --- | --- |
| 水分/% | 5.84 | 7.73 |
| 蛋白质/% | 54.75 | 33.68 |
| 脂肪/% | 2.37 | 1.93 |
| 灰分/% | 27.01 | 50.28 |
| 总糖/% | 6.05 | 4.18 |
| 平均粒径/μm | 8 | 6 |

海参浓缩液的检测结果可知，海参在用热水煮的过程中，会流失很多水溶性营养成分。将海参浓缩液冻干不仅保存了这些流失的营养成分，且可以做成粒径很小的海参粉。

### 11.8.3　海参微波冻干

Xu Duan 等人研究了海参的微波冻干[41]，并与热风干燥、普通冻干进行了对比。将海参煮沸 20min，然后用滤纸吸干表明的水分。经过水煮的海参分别进行了热风干燥、普通冻干和微波冻干。用于冻干的海参装入盘中，并在 −25℃预冻至少 8h。

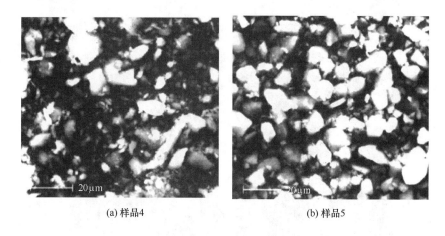

(a) 样品4　　　　　　　　　　　　(b) 样品5

**图 11-61　海参粉扫描电镜照片**

热风干燥 AD：将海参均匀地摆放在盘式干燥机的干燥床上，热空气以 1.5m/s 的速率和 20％的相对湿度吹过干燥床。热空气的温度控制并保持在 60℃，直到样品最终的含水量达到期望的 7％。

普通冻干 FD：冻结后的海参被放入冻干箱内，搁板加热温度 60℃，干燥箱内的压力设为 50Pa，捕水器的温度为 −40℃，直到样品最终的含水量达到期望的 7％。

微波冻干 MFD：冻结后的海参在冻干箱内冻干，实验中选用了 3 种微波水平（1.6W/g、2W/g 和 2.3W/g），冻干箱内压力为 50Pa，捕水器的温度为 −40℃，直到样品最终的含水量达到期望的 7％。

用上述不同干燥方法处理得到的干燥样品，浸泡在 25℃ 蒸馏水中 2h，然后放在吸滤瓶的布氏漏斗上的滤纸上面，抽滤吸水 30s，去除表面水分，得到复水海参样品。为复水样品称重，复水样品与干燥样品的质量比即为复水比。

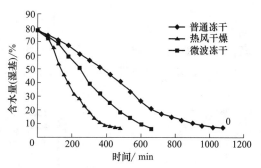

**图 11-62　海参的三种不同干燥方法的工艺曲线**

三种不同干燥过程的工艺曲线如图 11-62 所示，三种不同干燥方法的能耗及产品的质量列于表 11-39 中。鲜海参和三种干燥方法干燥的海参的扫描电镜照片如图 11-63 所示。

**表 11-39　干燥方法对海参能耗和产品质量的影响**

| 干燥方法 | 硬度/(g/mm²) | 复水比 | 能耗/(kJ/kg H₂O) |
|---|---|---|---|
| AD | 146.56±2.62 | 1.89±0.32 | 8864.8±73.2 |
| FD | 90.34±1.83 | 3.85±0.48 | 72628.6±168.8 |
| MFD | 100.46±2.02 | 3.16±0.43 | 49566.8±105.6 |

从 SEM 图像可以看出，与新鲜海参相比，干燥的海参呈现出多孔的特殊结构，大多数胶原质纤维断裂，构成大体上均匀的多孔排列。热风干燥的海参孔隙率要低于冻干海参，导致热风干燥的海参复水能力下降。而普通冻干与微波冻干的海参在微观结构上没有明显的区别。

实验结果表明，热风干燥在保持海参质量方面不如冻干而且能耗高；普通冻干和微波冻干同样都能够保持海参的质量，而微波冻干相比之下耗时少、耗能低。实验中还发现，当微波水平达到 2.3W/g，干燥时间虽然缩短（见图 11-64），但产品的复水率下降，这可能是由于微波能量水

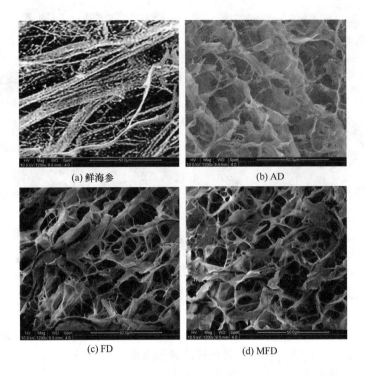

(a) 鲜海参        (b) AD

(c) FD        (d) MFD

**图 11-63　鲜海参和三种干燥方法干燥的海参的 SEM 图像**

平高，导致海参肉变硬，也可能导致干燥过程中冰融化。所以微波冻干过程中在不同的干燥阶段，微波能量水平应该进行调节优化，以确保产品的质量。

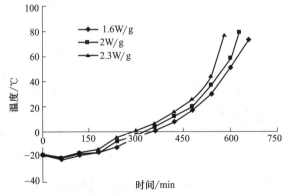

**图 11-64　海参的不同能量水平微波冻干工艺曲线**

## 参 考 文 献

[1]　徐成海，关奎之，张世伟. 食品真空冷冻干燥技术的现状及发展前景的探讨 [J]. 真空，1996（4）：1-5.

[2]　高福成. 现代食品工业高新技术 [M]. 北京：中国轻工业出版社，2001：491.

[3]　李秋庭，丘华，杨洋. 我国冷冻干燥食品的发展现状及对策 [J]. 广西大学学报：自然科学版，2002，27：21-24.

[4]　史伟勤. 食品真空冷冻干燥国内外最新进展 [J]. 通用机械，2004（12）：10-11.

[5]　王伟. 真空冷冻干燥草莓粉工艺研究 [D]. 保定：河北农业大学，2007.

[6]　张余诚，孙晋快，房士宝. 真空冷冻干燥制取脱水草莓片 [J]. 冷饮与速冻食品工业，1999（3）：4-5.

[7]　苑社强，牟建楼，徐立强，等. 冷冻真空干燥工艺生产草莓粉的技术研究 [J]. 制冷学报，2007（5）：59-62.

[8]　黄松连. 草莓片的真空冷冻干燥工艺的研究 [J]. 广西轻工业，2007（6）：16.

[9]　王琼先. 球块状物料真空冷冻干燥过程的研究 [D]. 沈阳：东北大学，1995，3：46-74.

[10]　韩哲. 山楂果实及其提取物中主要多酚的稳定性研究 [D]. 保定：河北农业大学，2006.

[11]　赵雨霞. 几种浆态物料冻干过程传热传质特性的研究 [D]. 沈阳：东北大学，2007.

[12]　仇田青，韩云，管正学. 低温冷冻干燥山楂果片的分析研究和营养评价 [J]. 自然资源，1993，(5)：58-62.

[13]　万连步. 香蕉 [M]. 山东科学技术出版社，2005：1-4.

[14]　吴振先. 香蕉贮藏保鲜及加工新技术 [M]. 北京：中国农业出版社，2000，10：6.

[15]　陈仪男. 冻干香蕉过程参数优化的研究 [J]. 制冷学报，2006 (2)：21-43.

[16]　Hao Jiang, Min Zhang, Arun S. Mujumdar. Microwave Freeze-Drying Characteristics of Banana Crisps [J]. Drying technology, 2010, 28：1377-1384.

[17]　崔清亮，郭玉明，许雷. 香蕉真空冷冻干燥工艺的试验研究 [J]. 山西农业大学学报，2008 (2)：208211.

[18]　余凤强，陈人人，张进疆，等. 香蕉粉真空冷冻干燥实验研究 [J]. 干燥技术与设备，2004 (2)：34-36.

[19]　潘慧生. 香蕉酱加工中护色的研究 [J]. 仲恺农业技术学院学报，1995 (1)：93-95.

[20]　董开发，徐明生. 禽产品加工新技术 [M]. 北京：中国农业出版社，2002，1：139-163.

[21]　赵雨霞，徐成海，彭润玲. 真空冷冻干燥鸡蛋粉的实验研究 [J]. 干燥技术与设备，2006 (2)：87-90.

[22]　程瑛琨，鄂晨光，刘明石. 鸡蛋、乌鸡蛋、鹌鹑蛋营养成分的测定比较 [J]. 饲料工业，2005 (7)：10-12.

[23]　张京芳，陈锦屏. 鹌鹑蛋黄粉加工工艺研究 [J]. 食品科技，2005 (6)：37-40.

[24]　宋丹，麻成金，马美湖. 鹌鹑蛋液真空冷冻干燥研究 [J]. 四川食品与发酵，2007 (4)：16-18.

[25]　王蕴. 民族地区旅游资源开发 [M]. 兰州：甘肃民族出版社，1992，9：119-120.

[26]　马岩松. 果蔬贮运保鲜金点子 [M]. 沈阳：辽宁科技出版社，2000，9：72.

[27]　张茜. GLZ-0.4 型实验室用冻干机的性能研究 [D]. 沈阳：东北大学，2006.

[28]　李庆典. 蔬菜栽培 [M]. 北京：中国广播电视大学出版社，2001，6：103.

[29]　徐成海，姜曾奎. 真空冷冻干燥菠菜的实验研究 [J]. 真空与低温，1992 (1)：27-29.

[30]　刘玉环，杨德江，秦良生. 菠菜段片的冷冻干燥加工工艺及曲线研究 [J]. 食品工业科技，2006 (4)：145-149.

[31]　马青，陈志华，陈朋引. 绿叶蔬菜冻干试验研究 [J]. 粮食与食品工业，2005 (5)：31-33.

[32]　Mark Lefsrud, Dean Kopsell, Carl Sams. Dry Matter Content and Stability of Carotenoids in Kale and Spinach During Drying [J]. Hort Science, 2008 (6)：1731-1736.

[33]　李莉，廖洪波，李景辉，等. 蔬菜纸的研究进展 [J]. 食品科技，2001 (4)：22-24.

[34]　高金燕. 冷冻干燥技术在蔬菜纸加工中的应用 [J]. 食品科技，2006 (8)：105-107.

[35]　许运江. 海带的功效与食用 [M]. 山东画报出版社，1994，7：3-7.

[36]　徐成海，王琼先. 真空冷冻干燥高含碘食品原料的实验研究 [J]. 真空与低温，1996 (2)：106-108.

[37]　黄曙光，胡益民，朱军，等. 用真空冷冻干燥设备生产海带速溶茶 [J]. 食品科学，1995 (3)：27-28.

[38]　白洁. 冻干海参的研究 [C]. ∥上海：第八届全国冷冻干燥学术交流会论文集，2005，11：99-100.

[39]　云霞，韩学宏，农绍庄，等. 海参真空冷冻干燥工艺 [J]. 中国水产科学，2006 (4)：662-666.

[40]　彭润玲，几种生物材料冻干过程传热传质特性的研究 [D]. 沈阳：东北大学，2007，12：68-73.

[41]　Duan Xu, Zhang Min, Arun S. Mujumdar. Microwave freeze drying of sea cucumber, Journal of food engineering [J]. 2010, 96：491-497.

# 12　溶液冻干技术制备无机纳米粉体材料

　　无机纳米粉体或由无机纳米粉体复合的材料，包括非金属材料纳米粉体、金属纳米粉体、金属化合物纳米粉体及其复合材料等，能表现出许多优秀的性能，成为当今炙手可热的先进功能材料。

　　冷冻真空干燥作为粉末制备技术，是由 F. J. Schnettler 等人在 1968 年首次引进到陶瓷粉末制备中的[1]。Schnettler 等人用冷冻真空干燥方法制备出了均匀分布的陶瓷粉体，他们发现用这种方法可以很好地控制粉体的尺寸和性质，用这些陶瓷粉体可以制出高密度、具有特殊光电磁等性质的陶瓷产品。

　　20 世纪 80 年代对金属氧化物类精细、功能陶瓷的研究成为材料科学的一个新的热点，各种具有特殊光、电、磁、微波、超导性质的功能陶瓷材料，甚至用做半导体器件基片及封装材料用的精细结构陶瓷的开发,都普遍要求提供颗粒小、表面活性强、粉体团聚弱、烧结温度低的高品质粉体材料。冷冻真空干燥方法,恰好能够满足这些要求,所以受到研究者的青睐而得以迅速发展。

## 12.1  溶液冻干法制备纳米粉体的一般过程和前体的确定

在溶液冷冻干燥法制备纳米粉体中,为获得成分准确、颗粒大小均匀的纳米粉体,进行冷冻干燥的对象应该是均匀的溶液或胶体。胶体或溶液中的溶质不一定是最终期望的粉体的成分,可以是一种中间态的物质,而这种中间态物质在冷冻干燥过程中或/和干燥物煅烧分解时能转化为期望的粉体成分,这种中间态物质在化学法制备纳米粉体中就被称为前体。

冻干技术制备纳米粉体其过程一般为[2,3]:将所期望制备粉体成分的或其前体成分的溶液或溶胶冻结成固溶体或制成凝胶,再使固溶体或凝胶冻干。由于固溶体或凝胶中的溶剂成分的蒸气压比溶质的高,抽真空可使冻结物中的溶剂升华,只留下难挥发的溶质成分,即干燥的粉体,必要时再通过热处理分解制得所期望成分的纳米粉体。所以,一般采用冷冻真空干燥法制备纳米粉体要经过四个步骤,即:制取前体溶液或溶胶、前体溶液或溶胶的冻结、冻结物的冷冻真空干燥和干燥物的后处理。

冷冻真空干燥法制备纳米粉体的研究中,前体溶液的确定是至关重要的,往往令人大伤脑筋。从保证所制备粉体的品质、降低成本以及防止产生污染及腐蚀设备等角度出发,制备纳米粉体时选择前体应遵循如下原则[4]。

第一,前体的制取过程不应过于复杂。前体制取如果涉及的步骤较多,制备条件不容易实现,则可能难以保证所制备前体的纯度和产量,操作过于复杂,造成制备成本增加。以烧结实体材料(如结构陶瓷)为目的的制粉,所选择的前体最好是低分子量的物质,以保证陶瓷产量和防止过度的体积变化。

第二,前体在所选定的溶剂中应该能均匀地分散。为了获得化学成分准确和均匀的纳米粉体,前体必在所选定的溶剂中有很好溶解能力,能够在溶剂中以分子级分散。当溶液的温度降低时,前体溶质的溶解度最好不要有大幅度的减小。这样才能在之后的冻结过程中不至于造成溶质在冻结物中离析,而导致所制备粉体质量不能满足应用要求。

第三,前体溶液在冷冻过程中不容易在过冷的状态下形成玻璃态。

因为一旦溶液形成玻璃态,将会造成升华困难,延长干燥时间,增加能耗和制粉成本。

第四,前体在冷冻真空干燥和/或干燥后煅烧过程能够彻底分解成所期望的组分。前体的分解反应能够进行彻底,没有多种反应途径,没有固体、液体副产物,即伴生产物届时应该是气态的,以防止非目标成分残留在最终的粉体中而成为污染源。同时要求前体分解时产生的气体,对设备没有严重的腐蚀、对环境没污染或经处理后不污染环境、不腐蚀设备。

第五,前体的干燥粉体在热处理中不会发生熔化和不产生离析。前体的干燥粉体在热处理中应该不会发生熔化和不产生离析,而且不熔化、不离析的条件也不应该太苛刻。这样能保证粉体的化学成分的均匀性和粉体的颗粒粒度均匀细小。

第六,有合适的溶解前体的溶剂。溶解前体的溶剂对冷冻真空干燥工艺及所制备的纳米粉体的性能也有影响。从理论上讲,为了便于冷冻真空干燥过程实现,溶剂溶解前体后所构成的溶液其共晶温度不应过低。另外,溶剂本身在抽真空的过程中不应发生腐蚀、爆炸等破坏性作用,在所选定的工艺条件下有较高的蒸气压,即易升华。在加热过程中不应分解生成难挥发的物质。溶剂升华的相变潜热不应过大,以免干燥过程消耗大量的能量。综合各方面的因素,目前人们在实践中更多使用的溶剂是水或有机醇类以及它们的混合物。

第七,前体溶液的浓度要适中。前体溶液的浓度对制备纳米粉体的工艺和粉体品质有很大影响。浓度高有利于加快干燥和节省能源，但可能在冻结过程中造成离析，致使最终所获得的粉体成分或/和颗粒不均匀。当前体溶液的浓度高于共晶浓度时，在冻结过程中，随着温度的下降，则先有部分溶质析出（一般情况下，溶质在溶剂中的溶解度随温度降低而减小），这个过程就不属于冷冻干燥过程了。所以被用于进行冷冻干燥的前体溶液，其浓度必须在共晶浓度以下。另外，溶液的浓度大小对干燥后得到的粉体的颗粒尺寸也会造成影响，如果前体溶液比较稀，溶液中溶质少，在干燥后期由已经干燥的物质形成的框架结构中，颗粒之间的距离可能会比较远，颗粒之间就不容易因短距离扩散而结合成大颗粒，所以浓度稀会有利于制备出细小颗粒的纳米粉体。

第八，以硫酸盐、硝酸盐等强酸盐为前体不适合工业生产。在溶液冷冻干燥法制备无机金属化合物尤其是金属氧化物的研究中，人们曾经选择以硫酸盐或硝酸盐为前体。因为这两种强酸的盐最常见，易得且价廉。将此类盐的溶液冷冻干燥后，进行热处理使其分解，可获得对应的金属或金属氧化物粉体，即：

$$M_m(SO_4)_n \longrightarrow nSO_2 + mM_pO_q + O_2$$

$$M(NO_3)_n \longrightarrow nNO_2 + M_pO_q + O_2$$

或

$$M(NO_3)_n \longrightarrow nNO_2 + M + O_2$$

上述反应式中，M 代表金属元素。

由以上盐分解化学过程可知，硫酸盐、硝酸盐分解均有气体生成，产生气体有利于粉体细化，对制备的粉体纳米化有贡献。但这两种盐分解产生的气体分别是硫和氮的氧化物，是大气污染和产生酸雨的罪魁，是大气污染检测中重点检测和限制排放的对象，并且这两类气体一旦与水结合后，都生成酸性较强的酸溶液，会对金属设备产生较强的腐蚀作用。

另外，对于有可变化合价的金属，其硝酸盐分解时，可能会生成两种或更多种类的氧化物，如硝酸镍分解就生成两种镍的氧化物，这样就得不到纯净的金属化合物。而一些金属的硫酸盐分解温度高，也不适合用来制备金属氧化物纳米粉体。所以，以硫酸盐或硝酸盐为前体，通过冷冻干燥法制备纳米粉体，难以实现工业化。

其他常见的盐类，或者难以分解生成金属或金属氧化物（如盐酸盐等），或者在水中的溶解性很差（如碳酸盐、磷酸盐等），多数都不适合作为溶液冷冻干燥法制备无机金属化合物纳米粉体的前体的选择对象。

## 12.2　溶液冻干法制备纳米粉体的特点

利用冷冻真空干燥技术制备纳米粉体时，根据造粒过程以及被冷冻对象形态的不同又可分为溶液法和溶胶法。

溶胶冻干法制备纳米粉体，其前体在溶剂中的分散是胶体颗粒级别的，所制备粉体的颗粒的粒径主要受控于前体的化学制备，如前体的化学成分特点、制备前体时的温度、搅拌速度、pH值、化学试剂滴加的速度和滴加的顺序、分散过程中分散保护剂的使用等多种因素及各种因素的协调作用。溶胶法制粉采用冻干工艺的主要目的是防止颗粒干燥过程中发生硬团聚。溶液冻干法制备粉体，其前体在溶剂中是分子级分散的，前体溶液是均匀连续相的，造粒过程发生在前体溶液的冻结物的冷冻真空干燥过程。溶液冻干法制备纳米粉体与其他制备纳米粉体的方法以及其他物料的冻干有许多不同之处。

### 12.2.1　溶液冻干法制备纳米粉体在方法上的特点

纳米粉体的化学制备方法有气相法、液相法和固相法。化学液相法是常用的方法，包括沉淀法、溶胶-凝胶法、微乳液法、溶剂热法和冷冻真空干燥法等。溶液冷冻真空干燥法与其他粉体制备方法相比，具有如下特点。

#### 12.2.1.1 溶液冻干法制备的粉体无硬团聚

采用液相法制备纳米粉体最后都要涉及粉体的干燥过程，普通的干燥方法，常常导致所制备的粉体颗粒在干燥的过程中发生团聚。许多采用冻干法制备纳米粉的实验事实都表明，采用冻干法制备的纳米粉体，通过透射电镜检测都是无硬团聚的粉体。对此，有许多理论解释，比较简单的解释为：水溶液在非冻结条件下干燥时，在干燥的末期，颗粒之间液态水的表面张力能够使粉体颗粒之间产生较大引力，从而导致粉体颗粒硬团聚[5]。而冻干是在冻结状态下进行的，没有液相，所以不会因液体张力而造成粉体团聚。

#### 12.2.1.2 溶液冻干法制备的粉体粒径小且均匀

其他液相法（如微乳液法、沉淀法、溶胶法等）制备纳米粉体，其造粒过程发生在干燥过程之前的胶体颗粒的化学制备过程，干燥之前颗粒已经形成。而溶液冻干法制粉时，在冻结前，被冻结物是分子级分散的均匀分散系，造粒过程发生在干燥阶段。在冻结阶段，溶液中分子级的溶质（即造粒物质）会随着冰晶的析出而迁移，使溶液浓缩，直至共晶浓度后而完全冻结。冻结后分子级溶质成分被固定在冰晶的界面缝隙中，不再能够迁移，失去宏观运动自由度。在随后的升华干燥阶段，由于水分子的升华，处于升华前沿的分子级溶质脱离水分子的束缚作用，在化学键或范德华力的作用下而相互结合成颗粒。由于作用力的作用大小和作用半径有限，能够相互结合的微观粒子的数目是有限的，所以溶液冻干制备的粉体颗粒比较小。又由于整个干燥过程中，使微观粒子结合成粉体颗粒的作用力大小和作用半径是基本一致的，所以溶液冻干法制备的纳米粉体粒径又是均匀的。

#### 12.2.1.3 溶液冻干法制备的纳米粉体能保证粉体的化学组成

溶液冻干法制粉可以按照设定的化学路径选取前体溶液，冻干中，水分子升华被除去，剩余干燥物质的化学组成可以实现计量化[2,3]。只要选取了合适的前体溶液，在溶液中不必添加分散剂、保护剂等非目标组分。而且，采用溶液冻干法制备的粉体本身颗粒即是纳米级别的，无需再进行研磨。其后处理过程简单，因而不会掺入杂质。所以，与其他方法相比，溶液冻干法更能保证所制备的粉体的化学组成。

#### 12.2.1.4 溶液冻干法制备的粉体为非晶体颗粒，粉体活性强

经过实验研究表明，采用溶液冻干法直接制备的各类粉体都是非晶体形态的[6]。图 12-1 为溶液冻干法制备的金属银纳米粉体的 XRD 曲线[7]，曲线中没有明显的特征峰，显示粉体为非晶体粉末。冻干直接得到的粉体之所以是非晶体，其原因是：冻干的造粒过程是在干燥阶段，溶液中溶质微粒在脱离了溶剂分子的固定作用后，要彼此结合成颗粒，但此时微粒之间的结合是偶然的、非定向的。而且，由于冻干是在低温下进行的，微观粒子的自身能量低，迁移半径小，没有能力在一定方向上有规律地排列，只能随机地排列，所以表现为非晶体，多数为球形颗粒。正因为它们是非晶体形态的物质，颗粒表面原子剩余价键多，所以表现出不同于晶体颗粒的特殊性质，如催化活性、烧结活性、光敏性等。溶液冻干法直接获得的粉体在煅烧时，微粒获得足够能量，在微观上重新排列，能转化为纳米晶体颗粒。许多研究者的实验也证实了这一点[7~12]。图 12-2 为溶液冻干法制备镍纳米粉体的 XRD 曲线[12]，其中，a 为溶液冻干后获得的粉体的 XRD 曲线，曲线上没有特征峰，说明溶液冻干后得到的粉体是非晶体；b 和 c 分别是上述粉体经加热不同温度后再进行检测得

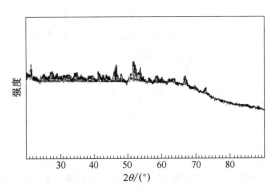

**图 12-1　溶液冻干法制备的金属
银纳米粉体的 XRD 曲线**

到的曲线，表明非晶体粉体在加热后向晶体转化。

### 12.2.1.5　冻结速率影响粉体粒度

对于足够稀的水溶液，在缓慢冻结过程中，随着温度的降低，首先从溶液中析出的是冰晶，而溶质微粒不断迁移集中。随着冰晶的不断析出，溶液的浓度逐渐增大，至达到共晶浓度为止。此后，不再有冰晶析出，共晶浓度的溶液一起冻结。所以溶液在缓慢冻结时，冻结物的成分是不均匀的，这种现象就是偏析[13]。由于偏析现象的存在，在随后的干燥阶段，当共晶浓度的冻结物处于干燥前沿时，比较集中的溶质会在脱离束缚的瞬间相互作用而结合成相对较大的颗粒。

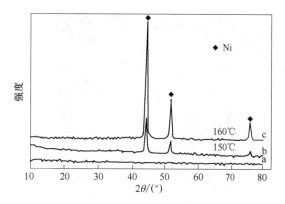

**图 12-2　溶液冻干法制备镍纳米粉体的 XRD 曲线**

a—溶液冻干后获得的粉体的 XRD 曲线
b、c—冻干粉体加热后产物的 XRD 曲线

若是将溶液快速冷冻，冻结前沿的移动速率大于溶液中溶质微粒的迁移速率时，溶液整体形成集中的共晶浓度之前就被完全冻结。冻结后，冻结物中的溶质的浓度就较低，溶质微粒之间的距离就比较远，干燥阶段，形成的粉体颗粒自然就比较细小。所以溶液的冻结速率快，有利于制备颗粒细小的粉体。制备的几种粉体的实验研究结果，证实了这一点[7,11,14]。

### 12.2.2　溶液冻干法制备纳米粉体在物料方面的特点

冻干技术应用在食品、医药、生物制品和营养品等方面时，一般是为了保持被干燥物质的生物活性、保证良好的外观形态、防止被干燥物质受热变性、使干燥后的物体能够快速复水等。而溶液冻干技术应用于制备纳米粉体时，被冻干的物料是分子分散性的纯溶液，因而又不同于其他物料冻干的特点。

### 12.2.2.1　前体多为无机盐溶液

目前采用溶液冻干法制备的纳米粉体多为无机纳米粉体，被冻干的对象一般为无机盐的稀溶液，溶液中的主要成分是水。一般选择可溶性的无机盐作为前体，所以溶液中不必添加分散剂、助溶剂。由于不担心前体在冻结和干燥过程中的变化，所以也不必像生物制品的冻干那样需要添加冻干保护剂、赋形剂等。

作为冻结物料的无机盐水溶液，因为其中不含有蛋白质、糖类等高分子有机物，所以溶液的表面张力相对较小，直接抽真空不会出现起泡、外溢的现象。所以，在采用冷冻真空干燥法制备纳米粉时，可以在冰箱中或冻干机中预冻结，可以用液氮或干冰冻结，也可利用直接抽真空的方法制冷冻结，即真空蒸发冻结[15]。

### 12.2.2.2　干燥过程中需要蒸发去除的溶剂量大

食品、药品和生物制品在冷冻真空干燥加工时，多数情况下，原料中的主要成分是非升华的物质，加工结束后将被保留在产品中。所要除掉的水是相对少量的，而且其中有一部分是结合水，需要在解析干燥阶段除去。有时，为了保证产品的形状和干燥速率，要调整干燥工艺或者添加赋形剂，以防止产品崩塌。

而溶液冻干制备纳米粉体时，其前体溶液中含水比例大，冻结物中的大量成分是需要除掉的水，剩余的物质量少，干燥产品崩塌是难免的。例如溶液冷冻真空干燥法制备氧化铜、氢氧化镍纳米粉体时，除掉的水分的质量分数依次为95％和96.5％以上[4]。因此，溶液冷冻干法制备纳米粉体时，溶液的冻结过程需要冷量大，而冻结物的冷冻真空干燥过程，需要的热能也多。而且，溶液冻干制备粉体时，冻结物中的水大部分是非结合水，在冻干过程的升华干燥阶段被除

**图 12-3　冷冻干燥法制备的纳米粉体
在金属盘中干燥后的实物照片**

去，所以升华干燥时间长。

**12.2.2.3　已经干燥的物质对干燥传质的阻力小**

一般食品、生物制品或药品的冻干，影响干燥速率的主要因素之一是升华前沿的水分子在向物料表面迁移时受到的传质阻力，即已干层的阻力。

溶液冷冻真空干燥制备纳米粉体的实验中发现，由于冻结物中大量的水升华掉，剩余的干燥物质很少，通常只是在容器中薄薄地铺一层粉体，而且这一层粉体是疏松的，有许多孔隙（见图 12-3)[4]。因此，干燥过程中，已经干燥的物质对后续溶剂分子的蒸发传质阻力很小。所以，冻结物的干燥速率主要是由供热控制的。

**12.2.2.4　干燥产品的热敏性小能够耐热**

有些生物制品、药品等物料的加工，之所以选择冻干技术就是因为这些物品本身具有热敏性，受热可能变质。因此它们冻干中，要控制干燥温度。一方面要防止冻结物融化，另一方面要防止已经干燥的产品受热变质。

与生物制品、药品等物质的干燥相比，溶液冻干制备的纳米粉体产品能够耐受相对较高的温度，有的产品还可以再进行高温煅烧。因此，溶液冻干法制备纳米粉体时，其干燥温度不必控制得很低，其供热速率只要保证冻结物质不熔化就可以。为了加快干燥速度，缩短干燥时间，解析干燥阶段的最终温度可尽量提高。

**12.2.2.5　干燥产品可随气流流动**

一般食品、生物制品等冻干产品多是块体物质，而制备纳米粉体时的干燥产品是极其细小的颗粒物质。这些纳米级别的颗粒由于表面作用，相互之间有斥力。所以干燥的纳米粉体聚集松散而且质量很轻，极易被流动气体带动、飘浮。实验中发现，在冻干进行中，处于表面的已经干燥的粉体能够在表面漂移。干燥结束时，若对干燥室放气略快，干燥粉体将随气流在干燥室内飞舞，最后吸附在室壁和各种设备表面上，难以收集。所以，冻干法制备纳米粉体结束时，放气宜缓慢进行，进气口不可直接对着粉体产品。

为了加快干燥速率，经常采用的工艺是循环压力法。在纳米粉体制备时，若采用循环压力法，则需考虑气流对已经干燥的粉体的影响，压力变化范围不能太大。否则会气流会将干燥的粉体吹起，或将被真空泵抽走。

**12.2.2.6　冻结速率对干燥速率的影响**

一般认为，物料在冻结阶段的冻结速率慢，将能缩短升华周期。对于其他种类物料的冻干确实如此。这是由于缓慢冻结过程导致结晶出大冰晶，而大冰晶升华后便在干燥物料中留下大的孔隙，可成为升华干燥阶段气体蒸发逸出的通道。但是，溶液冷冻真空干燥法制备纳米粉体工艺中，干燥的粉体本身就是多孔隙的物质，其孔隙远大于冰晶升华后留下的孔隙。所以，纳米粉体制备时，冻结速率对干燥速率的影响在这一点上与其他物料的冻干有所不同。正因为如此，冻干法制备纳米粉体时，不用考虑玻璃化转变的问题。

此外，冻干后的制品无需真空或低温保存，使用时也不需要复水。

## 12.3　冻干法制备氧化铝纳米粉体

### 12.3.1　氧化铝纳米粉体的性能与应用

在纳米氧化铝材料中，由于极细的晶粒及大量的处于晶界和晶粒内缺陷中心的原子，因而纳米氧化铝在物理化学性能上表现出与常规氧化铝的巨大差异，具有奇特的性能。例如：常规氧化铝的烧结温度一般为 $2073 \sim 2173K$[16]，而纳米氧化铝在一定条件下烧结温度可降至 $1423 \sim 1773K$，致密度可达 $99.7\%$。将纳米氧化铝粉体通过高压成型及致密化烧结可获得纳米氧化铝块体，在陶瓷基体中引入纳米氧化铝分散相并进行复合，不仅可大幅度提高其断裂强度和断裂韧性，明显改善其耐高温性能，而且能提高材料的硬度、弹性模量和抗热震、抗高温蠕变等性能。纳米氧化铝由于具有高强度、高硬度、耐高温、抗磨损、耐腐蚀、抗氧化、绝缘性好、表面积大等优异的特性，在电子、化工、医药、精细陶瓷及航天航空等领域应用前景十分广阔[17]，且需求量呈现出日益增长的势头。

自 20 世纪 80 年代中期德国的 Gleiter 等[18]采用气相法制得纳米氧化铝粉末以来，已经有许多研究者分别用各种方法制备出了纳米氧化铝粉体，包括蒸发法、激光法、沉淀法、水解法、球磨法等。这里介绍以次醋酸铝溶液为前体冻干制备氧化铝纳米粉体的研究。

### 12.3.2　冷冻真空干燥法制备氧化铝纳米粉体的过程[19]

这里制备纳米氧化铝的原料选用是无机盐硫酸铝、碳酸钙和乙酸，制备次醋酸铝溶液的机理是：

$$Al_2(SO_4)_3 + 2CH_3COOH + 3CaCO_3 + H_2O \longrightarrow 3CaSO_4\downarrow + 2CH_3COO(OH)_2Al + 3CO_2\uparrow$$

具体操作是在一个较大的玻璃容器中，依次加入适量冰醋酸、十八水合硫酸铝和碳酸钙同时充分搅拌到无气泡生成，加去离子水，静置 2h 后，吸滤除去硫酸钙沉淀，得到次醋酸铝的透明的滤液。向此溶液中滴加醋酸至溶液的 pH 值约为 7，然后将此溶液稀释备用。

将上述前体不同浓度溶液分别盛放容器中，并置于冷冻干燥机内的搁板上，进行直接冻结和冷冻干燥。

冻结过程采用了不同的降温速率。令溶液从室温下开始缓慢降温（控制制冷机组同时对冻干机搁板和捕水器制冷，则搁板降温速率较慢，约为 $0.5℃/min$）和快速降温（控制制冷机单独对搁板制冷，则搁板降温速率较快，约为 $2℃/min$）；或者是先将搁板预冷至低温，然后再将常温下的培养皿放置其上，令溶液过冷降温。降温至 $-40℃$ 以下时溶液完全冻结。为确保溶液冻实，冻结过程常持续至搁板温度达 $-50℃$。

在样品的冻结过程中，溶液温度逐渐降低，当物料的指示温度下降到 $-0.2℃$ 左右时，溶液底部开始出现透明性的冰晶，并逐渐向上增长。之后溶液表面也开始出现冰晶，并逐渐向下生长。在这个过程中，溶液的温度仍然继续降低。当容器外部周围上下两头的冰晶生长到相互接头后，开始向内部延伸。透明性冰晶生长完整后，过一段时间，从容器的底部开始出现白色、不透明的固体，并且逐渐向上生长，生长过程非常迅速，在 $1 \sim 2min$ 内就上下贯通了。这样整个冻结物便成为雪白色的、不透明的冻结物体了。

干燥过程从冻干室抽真空开始，3min 之内冻干室压强降至 120Pa，继续抽真空 15min，压强可降至极限压力 30Pa 左右。由于抽真空的同时停止对搁板制冷，搁板温度自然回升，同时由于水分升华，1h 后室内压强回升至 40Pa 左右，此后便维持不变。10h 左右后，搁板温度能够自然回升至 $-5℃$，如果溶液装载量多而要求减缓升温速度，可对搁板间断制冷；在此期间前体冻结物上层已经干燥成粉；由于自然升温速率降低，可改用辐射加热使之升温，但控制未完全干燥的中下层冻结物不融化，直至全部干燥；最后快速升温至 $50℃$ 以上，对粉体进行升华干燥，持续 4h 后，结束干燥，解除真空取出样品。干燥所需时间主要取决于升华干燥时间的长短，这与冻干时溶液的装载量有直接关系。实验中所用总的时间为 $12 \sim 36h$ 不等，图 12-4 给出的是浓度为 1.5mol/L、装载量为溶液深度 20mm 的样品 A 的冻干曲线。

冷冻干燥后得到次醋酸铝白色粉体，图 12-5 是冷冻真空干燥后从冷冻干燥机中取出的次醋酸铝样品。

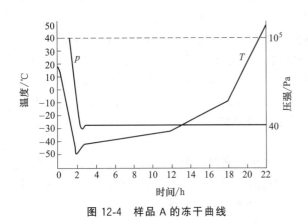

图 12-4　样品 A 的冻干曲线

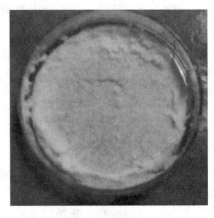

图 12-5　干燥后次醋酸铝样品的照片

将冻干得到的次醋酸铝白色纳米粉末放入一个类似马弗炉的真空装置中，在约 300℃、200Pa 的条件下煅烧，使其分解为氧化铝白色粉末。次醋酸铝煅烧分解的机理为：

$$2CH_3COO(OH)_2Al \xrightarrow{\triangle} 2CH_4\uparrow + 2CO_2\uparrow + H_2O + Al_2O_3$$

### 12.3.3　氧化铝样品的检测及分析

将煅烧后的氧化铝粉体样品直接喷金处理，利用扫描电子显微镜（SEM）对其进行微米量级上的观测，从而确定粉体颗粒的团聚情况。图 12-6 是两种不同样品的 SEM 图像，其中图（a）

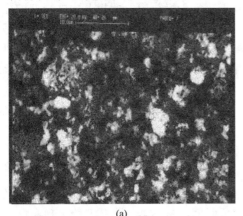

(a)

(b)

图 12-6　氧化铝样品的 SEM 图像

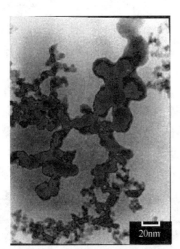

图 12-7　样品 A 的 TEM 照片

对应的是浓度为 1.0mol/L、装载量深度为 20mm 的样品；图（b）对应的是浓度为 1.5mol/L、装载量深度为 40mm 的样品。从中可以看出，团聚形成的颗粒团尺寸在 10～200μm 范围内。

利用透射电子显微镜（TEM）对所制得的氧化铝粉体样品进行纳米尺度的观察，图 12-7～图 12-9 依次对应是溶液浓度为 1.0mol/L、装载量深度为 20mm 的样品（设为样品 A）、溶液浓度为 1.5mol/L、装载量深度为 40mm 的样品（设为样品 B）和浓度为 0.2mol/L、装载量深度为 20mm 的样品（设为样品 C）的 TEM 图像。从中可以看出，样品 A 分散后的粉体微粒粒径均匀，形状规则，粒径尺寸在 10～20nm 范围内。样品 B 分散后颗粒粒径尺寸在 5～50nm 范围内。样品 C

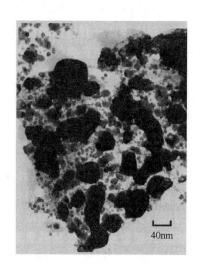

图 12-8　样品 B 的 TEM 照片

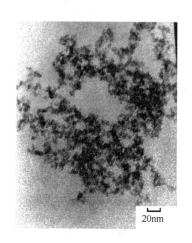

图 12-9　样品 C 的 TEM 照片

分散后的粉体微粒非常粒径均匀，形状很规则，粒径尺寸在 10nm 左右。

下面是结合上述检测结果，对影响所制粉体品质的主要因素的分析。

在最初制备次醋酸铝溶液时，为了尽量地使硫酸根离子和钙离子沉淀除去，根据溶度积规则，应该使此两种离子在溶液中的浓度尽量大，所以在反应阶段应少加入水；但考虑到 $Al_2(SO_4)_3 \cdot 18H_2O$ 在水中的溶解度（约 30g/100g 水），还应加入足量的水，综合以上两个因素，确定加入水至 200mL，制成约 2mol/L 的次醋酸铝溶液。

另一方面，从理论分析可知，冷冻真空干燥时的溶液浓度对干燥后粉体颗粒的粒径有明显的影响。根据溶液的冷冻相变规律，当溶液的初始浓度高于其共晶浓度时，首先析出的是溶质次醋酸铝，则会形成大粒径的颗粒；如果溶液的浓度低于其共晶浓度，则首先凝固的是溶剂成分水，溶液的浓度增大直至达到共晶浓度后，溶剂与溶质一起冻结，即形成低共晶混合物。所以冻干时，为防止溶质首先析出，初始溶液的浓度应不大于共晶浓度，而且浓度低，所得到的粉体颗粒的粒径较小。因此在冻干实验之前将溶液稀释。当然，溶液稀释后增加了冻干阶段的负担。

图 12-7 与图 12-8 是装载溶液深度相同但浓度不同的溶液所制备出的粉体，二者对比可知，浓度稀的溶液所制备的粉体的颗粒粒度更细小，粒度更均匀一些。

冻结速率对所制粉体的粒径及颗粒间的团聚有直接的影响。对于稀溶液，如果降温的传热速率远远小于溶质在溶液中的传质速率，则首先析出的是纯净的冰；如果传热速率接近于溶质的传质速率，则析出物的空间生长速率与溶质的空间迁移速率相当，析出的固相物以冰晶的形式由低温面向高温区生长，溶液中来不及扩散迁移走的溶质次醋酸铝以共晶浓度溶液的形式就留在冰晶间隙中，冻结过程最后形成的是纯净冰晶与共晶体微观上的分区混合物。在这种情况下，降温速率越慢，冰晶生长得越粗大，共晶体也越粗大，冰晶与共晶体的界面越明显，干燥后制得的粉体团聚颗粒也就越大；反之，降温速率越快，冰晶成分来不及迁移较远的距离，只能就地就近凝结析出，所形成的冰晶就越细小，剩余溶液所形成的共晶体也越细小，密集地分布在冰晶间隙间，干燥后制得的粉体颗粒也就越小。综上所述，冻结速度对冻结后固相物的组成和均匀程度有很大的影响，冻结速度越快，所得到的固相物浓度分布越均匀，微观晶粒越细小，干燥后所得到的粉体颗粒越小。

对比图 12-6（a）、（b）可以看出，图 12-6（b）的样品浓度大、装载量多、冻结降温速率相对较小，所形成的团聚颗粒明显偏大，最大颗粒尺度达 $200\mu m$；反之，图 12-6（a）的样品浓度低、装载量少、冻结降温速率相对较大，所形成的团聚颗粒小，颗粒尺度均在 $10\mu m$ 以下。

实验表明，真空条件下低温煅烧，以及煅烧时有大量气体放出，均能有效保证粉体颗粒在煅烧分解时不发生再结晶和硬团聚，可以很好地保持粉体的分散性和表面活性。这是由于，在高温煅烧时，粉体颗粒获得足够的能量，高能量的微观粒子有能力重新排列，实现晶型改变。当部分微观粒子的能量高过相应化学键的活化能时，粒子之间也有可能形成化学键，从而使粉体发生硬团聚。而真空条件下煅烧一般可降低煅烧的温度，即低温煅烧，所以可以避免再结晶和硬团聚的发生。当煅烧时有气体生产时，一方面气体挥发要带走一些热量，可降低粉体的能量，另一方面，一些原子形成气体分子挥发掉，造成粉体颗粒中微观上的空位，颗粒间距离相对增大，难以键合。所以，煅烧时有气体生产也有利于避免再结晶和硬团聚的发生。实验中还发现，无论团聚的颗粒大小如何，在进行 TEM 观察前的制样过程中，均可发现团聚颗粒很容易被分散，说明所形成的不是硬团聚，这对于所制粉体的进一步利用，如烧结成型为块体氧化铝陶瓷材料，是十分有利的；同时也意味着冷冻真空干燥工艺条件可相对放宽。

由样品的 TEM 图像可以看出，粉体微粒粒径均匀，形状规则，粒径尺寸在 $10\sim20nm$ 范围内，分散性好，无硬团聚。在实验中发现，前体溶液的浓度、前体溶液的冻结速率和冻结物在干燥过程中的升温情况，以及前体溶液在载物容器中的装载量，都对最终所制备的粉体的性质有影响。在上述实验条件下，前体溶液浓度小、前体冷冻中溶液装载量浅、冷冻速率快的工艺，更有利于制备颗粒细小、粒度均匀并团聚程度小的纳米粉体。

## 12.4 冻干法制备氢氧化镍和金属镍纳米粉体

### 12.4.1 氢氧化镍和镍纳米粉体的性能与应用

氢氧化镍 $[Ni(OH)_2]$ 是多种一次和二次电池的正极活性材料，应用十分广泛。近年来，随着移动通讯、笔记本电脑和电动交通工具的快速发展，人们对电池的性能也提出了更高的要求，如更大的放电容量、更长的使用寿命、更小的体积及具备大电流放电性能等。

纳米氢氧化镍材料具有优异的电催化活性、高的放电平台与高的电化学容量，引起了学术界的广泛关注[20]。氢氧化镍作为电池的正极材料，对其性能的提高起着关键性的作用。有研究表明，纳米氢氧化镍比微米球形氢氧化镍具有更加优越的性能，更高的质子迁移速率、更小的晶粒电阻、更快的活化速度、更高的放电平台与电化学容量。例如，锌空气电池正极氧还原催化材料中[21]，含有 $10\%MnO_2$ 和 $10\%$ 纳米 $Ni(OH)_2$ 的复合氧还原催化电极，显示出比单一 $MnO_2$ 更优良的氧还原催化活性。

Ovshinsky[22]提出，无序化材料可以明显提高电极的电化学性能，而非晶材料具有非常多的表面活性点，是理想的无序化材料，因此，非晶材料是理想的高性能电极材料。

目前已经报道的制备纳米氢氧化镍粉体的方法有循环吸收-氧化法、固相沉淀转化法、超声配位-沉淀法、反胶团微乳液法、均相沉淀法、无水乙醇溶剂法和高能球磨法等。

纳米氢氧化镍至今仍然没有实际应用于电池生产中，纳米氢氧化镍制备中存在的主要问题是纳米氢氧化镍纳米晶粒的大小、形态及内部结构没有优化；洗涤困难，干燥时容易产生硬团聚以及纳米氢氧化镍晶粒间的电阻较大。而采用溶液冻干法，能够制备出颗粒细小、均匀，无硬团聚的无序纳米氢氧化镍粉体。

另外，超细金属镍粉具有极大的体积效应和表面效应，在磁性、内压、热阻、光吸收、化学活性等方面显示出许多特殊的性能，被广泛应用于催化剂、烧结活化剂、导电浆料、电池、硬质合金等方面。目前制备超细镍粉的方法很多，主要有羰基镍热分解法、蒸发-冷凝法、加压还原法、电解法、喷雾热解法等，这些方法都有各自的特点，但同时都具有一定的局限性。这里介绍采用冷冻真空干燥制备非晶体氢氧化镍纳米粉体和金属镍纳米粉体的工艺。

### 12.4.2　冷冻真空干燥法制备氢氧化镍的原理

以可溶性含镍无机盐为原料，在溶液中与强碱发生反应：

$$Ni^{2+} + 2OH^- \Longrightarrow Ni(OH)_2\downarrow$$

生成的氢氧化镍用氨水溶解，发生反应为：

$$Ni(OH)_2 + 6NH_3 \Longrightarrow [Ni(NH_3)_6](OH)_2$$

将得到的 $[Ni(NH_3)_6](OH)_2$ 纯溶液冻结，并真空干燥。干燥过程中随着氨气分子的蒸发，存在下列平衡：

$$[Ni(NH_3)_6]^{2+} + 2OH^- \Longleftrightarrow Ni(OH)_2\downarrow + 6NH_3\uparrow$$

此平衡的平衡常数

$$K = \frac{\left[\dfrac{p(NH_3)}{p^\ominus}\right]^6}{\dfrac{c[Ni(NH_3)_6]^{2+}}{c^\ominus} \cdot \left[\dfrac{c(OH^-)}{c^\ominus}\right]^2} \tag{12-1}$$

这个平衡可以看成是由

$$[Ni(NH_3)_6]^{2+} \Longleftrightarrow Ni^{2+} + 6NH_3\uparrow$$

与

$$Ni^{2+} + 2OH^- \Longleftrightarrow Ni(OH)_2\downarrow$$

两个平衡加和来的。这两个平衡的平衡常数依次为：

$$K_1 = \frac{\left[\dfrac{p(NH_3)}{p^\ominus}\right]^6 \cdot \left[\dfrac{c(Ni^{2+})}{c^\ominus}\right]}{\dfrac{c[Ni(NH_3)_6]^{2+}}{c^\ominus}} = \frac{1}{K_f} \tag{12-2}$$

$$K_2 = \frac{1}{\dfrac{c(Ni^{2+})}{c^\ominus} \cdot \left[\dfrac{c(OH^-)}{c^\ominus}\right]^2} = \frac{1}{K_{sp}} \tag{12-3}$$

由于氨络合物 $[Ni(NH_3)_6]^{2+}$ 前体的冷冻干燥是在真空条件下进行的，这里假设从络合物中游离出来的氨气都直接进入冻结物上方空间，而不残留在固体冻结物中。所以，在这两个平衡常数表达式中没有出现氨气的浓度。将式（12-1）与式（12-2）、式（12-3）联立，则有：

$$K = K_1 \cdot K_2 = \frac{1}{K_f \cdot K_{sp}} = \frac{\left[\dfrac{p(NH_3)}{p^\ominus}\right]^6}{\dfrac{c[Ni(NH_3)_6]^{2+}}{c^\ominus} \cdot \left[\dfrac{c(OH^-)}{c^\ominus}\right]^2} \tag{12-4}$$

即：

$$p(NH_3) = \sqrt[6]{\frac{1}{K_f \cdot K_{sp}} \cdot \frac{c[Ni(NH_3)_6]^{2+}}{c^\ominus} \cdot \left[\frac{c(OH^-)}{c^\ominus}\right]^2} \cdot p^\ominus \tag{12-5}$$

其中 $K$ 为总的平衡常数，$K_f$ 和 $K_{sp}$ 分别为络合物 $[Ni(NH_3)_6]^{2+}$ 的稳定常数和金属氢氧化物 $Ni(OH)_2$ 的溶度积常数，在一定温度下都是常数，其数据都可以由化学手册中查到。而 $p^\ominus$ 和 $c^\ominus$ 分别为标准压强和标准物质的量浓度，而且

$$p^\ominus = 101325Pa, c^\ominus = 1mol/L$$

$c[Ni(NH_3)_6]^{2+}$ 和 $c(OH^-)$ 为对应离子平衡时物质的量浓度，$p(NH_3)$ 为平衡时氨气在冷冻干燥室内的分压强。由于溶液是被稀释后进行冷冻干燥的，溶液初始时的 pH 值约为 9~11，因此溶液中 $OH^-$ 浓度似取为 $1 \times 10^{-4} mol/L$。溶液中 $[Ni(NH_3)_6]^{2+}$ 的初始浓度可由溶液配制过程来计算，下述实验中初始浓度为 $0.04mol/L$。对于 $[Ni(NH_3)_6]^{2+}$，$K_f = 5.5 \times 10^8$，对于 $Ni(OH)_2$，其常温时溶度积常数 $K_{sp} = 2.0 \times 10^{-15}$。通过式（12-5）可以计算出络合物离子开始脱氨时所要求的氨气的分压强：$p_K = 7.3 \times 10^4 Pa$（$p_K$ 中的 K 表示开始）。

计算结果表明，当冻干室的氨气分压强低于 $7.3 \times 10^4 Pa$，金属络合物 $[Ni(NH_3)_6]^{2+}$ 就开

始脱氨分解了。我们在进行冷冻干燥实际工艺中，冷冻干燥室内的总压强最后都能达到 30Pa，而其中多数为水蒸气，氨气的分压强就非常低了。所以从理论上讲，金属络合物 $[Ni(NH_3)_6]^{2+}$ 在实际操作中均能脱氨，而转化为对应的金属氢氧化物 $Ni(OH)_2$。

### 12.4.3　冷冻真空干燥法制备氢氧化镍的过程

首先，称取适量 NaOH 固体溶于水中制成 100mL 溶液（浓度为 1.0mol/L）；称取适量 $NiCl_2 \cdot 6H_2O$ 粉末溶于水中制成 100mL 溶液（浓度为 0.4mol/L）。取上述方法配制的 100mL $NiCl_2$ 溶液注入 500mL 平底烧瓶中，用磁力搅拌器搅拌的同时，加入已经配制好的 1.0mol/L 的 NaOH 溶液 80mL，并继续搅拌 20min 得到绿色的 $Ni(OH)_2$ 沉淀[4]。

将所制备的 $Ni(OH)_2$ 沉淀用去离子水和酒精分别洗涤多次，并用 0.5mol/L 的硝酸银溶液检测沉淀表面是否还残留有吸附的 $Cl^-$。沉淀洗涤干净后，向沉淀中加入 25% 浓氨水，同时进行磁力搅拌至多数沉淀溶解。用滤纸过滤掉极少量不溶解的物质，得到蓝色镍氨配合物前体溶液，将所制备的配合物溶液用去离子水和 1∶5 的稀氨水稀释成 1000mL 透明溶液（镍氨配合物浓度低于 0.04mol/L）待用。

对前体溶液的冻结采用了两种方式。一是将稀释后的配合物溶液盛放在直径约 150mm 玻璃培养皿中，使溶液深度约为 20mm，送入已经预冷的冷冻干燥机中的搁板上冷冻，即直接冷冻。二是用气体压缩机带动喷雾器将稀释后的溶液喷雾，雾滴在空气中飞行约 10～20cm 的距离落入到液氮中。液氮被盛放在 35cm×50cm 的珐琅盘中，并不断机械搅拌。喷到液氮中的雾滴被急速冷冻成粒径约在 0.5mm 左右的固体球型小冰珠，将冻结后的固体小冰珠用不锈钢盘盛放置于冷冻干燥机内的搁板上，这就是溶液的喷雾冷冻。喷雾冷冻过程中，由于是在敞开的体系中进行操作，液氮不断挥发，须及时补充。为保证雾滴大小均匀，须控制好气泵出气压力，使气流比较稳定。

在压强约为 30Pa 的条件下对上述冻结物进行冷冻真空干燥，冷冻真空干燥过程工艺曲线如图 12-10 所示。在干燥过程中，发现直接冷冻的样品在干燥进行一段时间后，整体一侧翘起，在冻结物与容器底部之间有较大孔隙。这种情况会导致搁板向物料传导热量受阻，降低冷冻真空干燥速度。为此，在重复实验过程中，在容器底部垫上了导热能力较差的纸板，而提高搁板温度，形成上层搁板向下层物料辐射加热，干燥速度明显加快了。

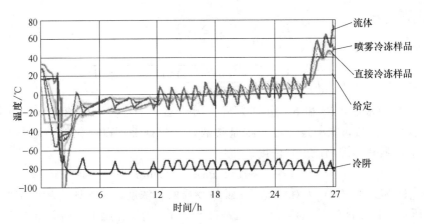

**图 12-10　氢氧化镍冷冻干燥工艺曲线**

干燥过程中由真空泵抽出的尾气用稀硫酸溶液吸收。干燥结束后，得到两种粉体：直接冷冻真空干燥制备的粉体 D 和喷雾冷冻真空干燥的 E。图 12-11 是样品 D 刚刚冷冻真空干燥结束时的照片。

### 12.4.4　氢氧化镍粉体检测及分析

对上述工艺制备的纳米粉体从化学成分、颗粒粒径及粒径分布、颗粒形貌、颗粒晶体类型以及粉体的物理、化学性能等方面进行检测。

上述制备的粉体样品 E 的 X 射线衍射分析（XRD）谱图如图 12-12 所示，图中没有明显的特征峰。可以断定，所制备的氢氧化镍为非晶体。对于非晶态物质，不能通过 X 射线衍射分析确定其化学成分。

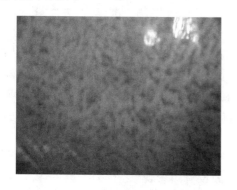

图 12-11　干燥后样品 D 的照片

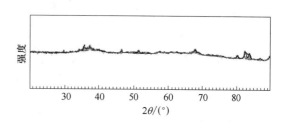

图 12-12　样品 E 的 XRD 谱图

在 SEM 或 TEM 里，可以用特征 X 射线能谱来分析材料微区的化学成分。每一种元素都有它自己的特征 X 射线，根据特征 X 射线的波长和强度，能得出定性的分析结果，这就是 X 射线能谱分析（EDS）。在进行 SEM 检测的同时，为样品做了 X 射线能谱分析，谱图如图 12-13 所示。图中显示，样品中含有 Ni 和 O 元素（用此 X 射线能谱仪不能分析出原子序数在 Be 以下的元素，包括 H 元素），不含有 Cl 和 Na 等杂质元素。这意味着前体溶液制取过程中，沉淀洗涤彻底，通过洗涤能够除去吸附在沉淀表面的杂质离子，说明上述所采用的制备方法能够保证所制备的氢氧化镍粉体的纯度。

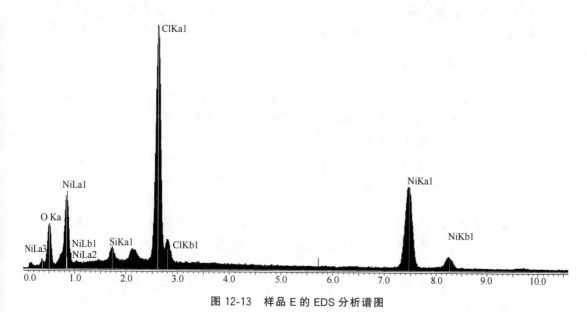

图 12-13　样品 E 的 EDS 分析谱图

EDS 分析只能确定样品中所含有的元素组成，并不能确定这些元素构成物质成分。对于用 X 射线衍射不易检测的非晶体物质，这种情况下，差热分析是简便而准确的物质成分检测手段。

样品 B 的差热分析（DTA）和热重分析（TG）曲线如图 12-14 所示。DTA 曲线表明，被检测样品在温度为 280℃附近有一个主要的吸热峰，这与氢氧化镍的分解温度相吻合。对应的 TG

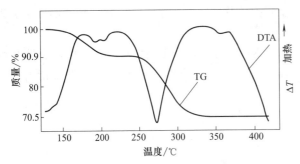

图 12-14　样品 B 的差热分析与热重分析曲线

曲线表明被检测样品在 280℃附近有失重，经计算失重率为 20.1%，与氢氧化镍热分解的理论失重率（19.4%）接近。以上数据的吻合，可以定性地确定样品的化学成分为氢氧化镍。

透射电镜测试是表征纳米粉体颗粒大小和形状的最直观的方法。由样品 D 的透射电镜照片（如图 12-15 所示）可以看出，镍氨配合物溶液直接冷冻真空干燥得到的粉体的颗粒直径在 10～80nm 之间，其中大多数颗粒直径在 20～50nm 之间，颗粒是球形的，颗粒之间几乎没有团聚。仔细观察照片中许多颗粒图像不实，可能颗粒上有孔穴。由样品 E 的透射电镜照片（如图 12-16 所示）可以看出，镍氨配合物溶液喷雾冷冻真空干燥得到的粉体的颗粒直径在 5～50nm 之间，多数颗粒的直径在 5～30nm 之间。颗粒为球形，颗粒分散程度很好，颗粒之间没有团聚现象。

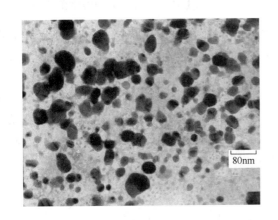

图 12-15　样品 D 的 TEM 照片

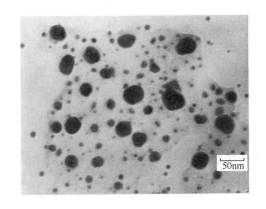

图 12-16　样品 E 的 TEM 照片

两种冷冻方式制备的氢氧化镍粉体的虽然都是球形的颗粒，但相比之下，由喷雾冷冻真空干燥制备的粉体颗粒更细小一些，颗粒之间团聚程度更小一些。原因可能是喷雾冷冻中前体溶液小雾滴被液氮急速冷冻成独立的小冰珠。由于是在保持冻结的状态使氨气和水分子升华，来实现使 $[Ni(NH_3)_4]^{2+}$ 脱氨、脱水的目的，每个固体小冰珠中的溶质被固定在冰珠的框架结构内，难以迁移到其他冰珠中与其他冰珠中的溶质相互作用而联结，所以获得的是无团聚的、粒径均匀的球型纳米颗粒。个别粒子直径较大的原因，可能是在喷雾时有少数小液滴汇聚成大液滴所造成的，应通过改进喷雾工艺加以避免。对于直接冷冻，前体溶液在冷冻过程中冻结速度较慢，溶质有足够的时间迁移联结成较大的颗粒，或迁移后颗粒之间距离很近，在干燥过程中，距离较近的颗粒能够因表面能大而相互结合成大颗粒。

图 12-17 是氢氧化镍粉体样品的扫描电镜（SEM）照片，照片显示，干燥后得到的粉体是纳米颗粒的松散堆积物。

由此可见，选择镍氨配合物为前体，用镍氨配合物的稀溶液，分别采用直接冷冻和喷雾冷冻方式进行冻结并冷冻真空干燥后，都得到了纯净的非晶体氢氧化镍纳米粉体。其中直接冷冻真空干燥得到的是粒径较小无硬团聚的球形粉体颗粒，而喷雾冷冻真空干燥得到的是粒径更加细小，而且无团聚的球形粉体颗粒。

### 12.4.5　镍纳米粉体的制备

北京工业大学的席晓丽等[12]，同样以镍氨配合物溶液为前体，采用向液氮中喷雾冷冻然后冻干的方法，先制备出了浅绿色的非晶体氢氧化镍粉体，然后在此基础上，用氢气在 160℃还原此氢氧化镍粉体 6h，得到颗粒大小在 100nm 以内的均匀的球形镍纳米粉体。粉体经日本电子株式会社（JEOL）生产的场发射扫描电镜下观察，得到的图像如图 12-18 所示。

图 12-17　样品 D 的 SEM 照片

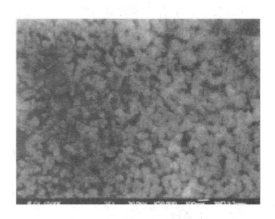

图 12-18　镍粉的 FESEM 图像

虽然经冻干直接得到的氢氧化镍为非晶体纳米粉体，但在较高温度下用氢气还原后得到的镍粉体为晶体，其 X 射线衍射图如图 12-2 所示。X 射线衍射图中只有镍的吸收峰，表明所制备的镍粉体的纯度很高。这是由于用氢气还原氢氧化镍，其化学反应的产物除了镍以外都是可挥发的物质。

## 12.5　冻干法制备氢氧化铜和氧化铜纳米粉体

### 12.5.1　氢氧化铜和氧化铜纳米粉体的性能及应用

纳米氢氧化铜［$Cu(OH)_2$］如同其他尺寸进入纳米量级的粒子一样，具有许多特殊的性能，如体积效应、表面效应等，与普通氢氧化铜相比具有更高的表面活性、触杀性，其制备和应用有着广阔的前景[23,24]。

氢氧化铜本身是波尔多液中的一种主要成分，可以用来给植物杀菌。如果以纳米氢氧化铜粉体配制波尔多液，由于纳米颗粒细小，相同质量的粉体，纳米级的颗粒就比微米级的颗粒在植物表面触杀的面积大，同时由于纳米级颗粒本身的表面活性强，具有更大的触杀能力，所以可以大大减少药品的使用量。这在人们十分重视食品安全，尽力减少农药在农产品中残留的今天，是非常有意义的。

氧化铜（CuO）粉体作为重要的工业材料，在气敏元件、磁性存储介质、太阳能转换、半导体和催化剂等领域有着广泛的应用[25,26]。随着粉体颗粒尺寸的减小，纳米氧化铜表现出不同于大颗粒氧化铜的独特的性能，如高比表面积，高而均匀的表面活性，非同寻常的光、电和催化性能等。因此，在实际应用中，人们希望通过控制氧化铜颗粒的尺寸优化其物理化学性质。

纳米氧化铜有很强的抗菌性能，可抗细菌和真菌。纳米氧化铜粉末可很容易地混入到塑料、合成纤维、黏合剂和涂料等中，即使是在苛刻的环境中也可长期保持高活性。可用于木制品防护漆、船舶防污漆，并且还可作为不同涂料的添加剂，这种氧化铜的其他应用包括光学镜的抛光剂、制陶添加剂和不同原料的着色剂及颜料。

由于氧化铜在液体中是非常稳定的金属氧化物，所以成为纳米流体中添加物的最佳选择之一。实验表明，以大约 4% 的体积份额在乙二醇中添加氧化铜纳米粒子，形成的纳米流体热导率比单纯的乙二醇提高 20％以上[27]。

过渡金属氧化物是重要的半导体材料，在磁性存储介质、太阳能转换和催化剂领域有广泛应用。在这些氧化物中，氧化铜由于它是基本的高临界温度超导体备受关注。在光电转换和光热转换领域有广泛的应用[28]。

关于纳米氢氧化铜粉体制备的研究报道很少，而关于制备纳米氧化铜粉体则陆续有一些报道，如凝胶法、混合溶剂前体法、微波辐射法以及溶剂热法等。但许多制备纳米氧化铜的方法中，是先制备了纳米氢氧化铜，再由氢氧化铜分解制备纳米氧化铜。

下面介绍以铜氨配合物为前体，采用冷冻真空干燥法，制备纳米氢氧化铜粉体和氧化铜粉体。

### 12.5.2　冷冻真空干燥法制备氢氧化铜及氧化铜纳米粉的原理

以可溶性含铜无机盐为原料，在溶液中与强碱发生反应：

$$Cu^{2+} + 2OH^- = Cu(OH)_2\downarrow$$

生成的氢氧化铜用氨水溶解，发生反应为：

$$Cu(OH)_2 + 4NH_3 = [Cu(NH_3)_4](OH)_2$$

将得到的 $[Cu(NH_3)_4](OH)_2$ 纯溶液冻结，并真空干燥。干燥过程中随着氨气分子的蒸发，存在下列平衡。

$$[Cu(NH_3)_4]^{2+} + 2OH^- \Longleftrightarrow Cu(OH)_2\downarrow + 4NH_3\uparrow$$

这个平衡可以看成是由

$$[Cu(NH_3)_4]^{2+} \Longleftrightarrow Cu^{2+} + 4NH_3\uparrow$$

与

$$Cu^{2+} + 2OH^- \Longleftrightarrow Cu(OH)_2\downarrow$$

两个平衡的加和。经类似于式（12-5）的推导，得到

$$p(NH_3) = \sqrt[4]{\frac{1}{K_f \cdot K_{sp}} \cdot \frac{c[Cu(NH_3)_4]^{2+}}{c^\ominus} \cdot \left[\frac{c(OH^-)}{c^\ominus}\right]^2} \cdot p^\ominus \tag{12-6}$$

其中 $c[Cu(NH_3)_4]^{2+}$ 和 $c(OH^-)$ 为对应离子平衡时物质的量浓度，$p(NH_3)$ 为平衡时氨气在冷冻干燥室内的分压强。$K_f$ 和 $K_{sp}$ 依次为络合物离子 $[Cu(NH_3)_4]^{2+}$ 的稳定常数和金属氢氧化物 $Cu(OH)_2$ 的溶度积常数。对于 $[Cu(NH_3)_4]^{2+}$，其稳定常数 $K_f = 2.09 \times 10^{13}$；对于 $Cu(OH)_2$，其常温时溶度积常数 $K_{sp} = 2.2 \times 10^{-22}$。溶液中 $OH^-$ 浓度近似取为 $1 \times 10^{-4}$ mol/L。实验时，溶液中 $[Cu(NH_3)_4]^{2+}$ 离子的初始浓度为 0.05mol/L。代入式（12-6）计算得出络合物离子开始脱氨时所要求的氨气的分压强 $p_K = 5.8 \times 10^4$ Pa。

计算结果表明，当冻干室的氨气分压强低于 $5.8 \times 10^4$ Pa，金属络合物 $[Cu(NH_3)_4]^{2+}$ 就开始脱氨分解了。实际工艺中冷冻干燥室内的总压强最后能达到 30Pa，远小于 $p_K$。所以从理论上讲，金属络合物 $[Cu(NH_3)_4]^{2+}$ 能脱氨，而彻底转化为对应的金属氢氧化物 $Cu(OH)_2$。

将得到的金属氢氧化物 $Cu(OH)_2$ 煅烧分解生成氧化铜，化学反应为：

$$Cu(OH)_2 = CuO + H_2O$$

### 12.5.3　冷冻真空干燥法制备氢氧化铜和氧化铜纳米粉体的过程

称取适量 $CuSO_4 \cdot 5H_2O$ 固体溶于水中制成浓度为 0.5mol/L 的溶液 200mL，将配制的 $CuSO_4$ 溶液注入 1000mL 平底烧瓶中，用磁力搅拌器搅拌的同时，加入 1.0mol/L 的 NaOH 溶液 220mL，并继续搅拌 20min 得到蓝色的 $Cu(OH)_2$ 沉淀。沉淀系统静置 1h，使沉淀陈化[11,14]。

将所制备的 $Cu(OH)_2$ 沉淀用去离子水和 1∶5 的稀氨水分别离心洗涤多次，并用 0.5mol/L 的氯化钡溶液检测洗涤用水，直到没有硫酸根离子。沉淀洗涤干净后，向沉淀中加入 25％的浓氨水，同时进行磁力搅拌至沉淀几乎全部溶解。停止搅拌，将得到的液体系统静置 2h，待不溶物完全沉降后，用吸管汲取上面的溶液——深蓝色的铜氨配合物溶液（不采用滤纸过滤，因为铜

氨配合物溶液能够溶解纤维素滤纸）。将所制备的配合物溶液用去离子水和 1:2 的稀氨水稀释成 1000mL 透明溶液待用（浓度低于 0.05mol/L）。

对前体的冻结采用三种方式。一是将稀释后的配合物溶液盛放在直径约 150mm 玻璃培养皿中，使溶液深度约为 20mm，送入冷冻干燥机中搁板上进行直接冷冻。二是用喷雾器将稀释后的配合物溶液喷雾到液氮中，冻结成粒径约在 0.5mm 左右的固体球型小冰珠，即喷雾冷冻。然后，将冻结后的固体小冰珠用不锈钢盘盛放置于冷冻干燥机内。三是将稀释后配合物溶液盛放在直径约 150mm 玻璃培养皿中，使溶液深度为 15mm，放在预冷到 −20℃ 的冷冻干燥机中，直接抽真空使溶液因真空蒸发而冻结，即真空蒸发冻结。进行真空蒸发冻结的溶液，在抽真空 3min 左右时开始沸腾，之后约 1min 开始结冰，并停止沸腾而开始凝固，在几十秒内就完全冻实，同时冷阱中捕水器表面结霜量明显增多了。此时冷冻干燥机制冷流体的温度为 −20.5℃，搁板控制温度为 −20.2℃，而物料温度降低到 −23℃ 以下。物料的温度比冷冻干燥机制冷流体的温度还低，这说明物料冻结是由于真空蒸发造成的，而不是被制冷流体冷冻所致。冻结物表面不像直接冷冻的冻结物那样平整，而是成为凸凹不平的不规则的表面，并且物料中有大量贯通孔隙。图 12-19 中的 (a)、(b)、(c) 依次是冻结前装在培养皿中的前体溶液和前体溶液真空蒸发冷冻冻结后的上、下表面照片。

在压强约为 30Pa 的条件下对上述冻结物进行冷冻真空干燥，干燥过程中由真空泵抽出的尾气用稀硫酸溶液吸收。冷冻真空干燥过程中，为了加快干燥速度，采用了循环压力法。开启压力调节控制程序，令冷冻干燥室内的压力在 20~50Pa 之间循环调节。直接冷冻真空干燥的过程工艺如图 12-20 所示。干燥结束后，喷雾冷冻真空干燥得到的蓝色粉体在马弗炉中温度为 400℃ 条件下煅烧，得黑色粉体。

　　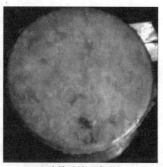

(a) 溶液冻结前　　　　　　(b) 冻结后的上表面　　　　　　(c) 冻结后的下表面

**图 12-19　铜氨配合物前体溶液冻结前后的照片**

上述工艺所制备得到的氢氧化铜和氧化铜粉体样品编号见表 12-1。图 12-21 是真空蒸发冷冻并冷冻真空干燥后得到的氢氧化铜粉体样品的照片。

**表 12-1　制备的 $Cu(OH)_2$ 和 $CuO$ 粉体编号表**

| 样品来源 | 直接冷冻真空干燥 | 喷雾冷冻真空干燥 | 真空蒸发冷冻真空干燥 | 喷雾冷冻真空干燥并煅烧 |
|---|---|---|---|---|
| 成分性质 | 蓝色 $Cu(OH)_2$ 粉 | 蓝色 $Cu(OH)_2$ 粉 | 蓝色 $Cu(OH)_2$ 粉 | 黑色 $CuO$ 粉 |
| 编号 | F | G | H | I |

### 12.5.4　氢氧化铜和氧化铜粉体检测和分析

对喷雾冷冻真空干燥得到的蓝色粉体样品 G，进行差热分析和热重分析，以确定中间产物的化学成分。对喷雾冷冻真空干燥得到的样品 G 及煅烧后得到的黑色粉体样品 I，进行了 X 射线衍射分析以确定最终产物的成分和晶体类型。将四种样品分别通过透射电子显微镜（TEM）观察粉体的粒度和颗粒形状。

　　冷冻真空干燥直接制备的氢氧化铜样品 G 和煅烧后的氧化铜样品 I 的 X 射线衍射图谱如图 12-22 和图 12-23 所示。由谱图可知，由冷冻真空干燥法制备的直接获得的 Cu(OH)₂ 粉体样品，在测试实验中 X 射线扫描的角度内没有明显的衍射峰，说明由冷冻真空干燥直接获得的 Cu(OH)₂ 粉体也是非晶体；由煅烧获得的氧化铜粉体样品 I，在 $2\theta$ 等于 35.5°、38.7°、48.8°、61.5° 以及 68.1° 处有明显的衍射峰，与立方晶型氧化铜的标准特征峰吻合，这证明所制备的样品 I 为晶体，其化学成分确实是所预期的氧化铜，根据特征峰的半高宽及 Scherrer 公式[29]：

$$D_C = \frac{K \cdot \lambda}{\beta \cdot \cos\theta}$$

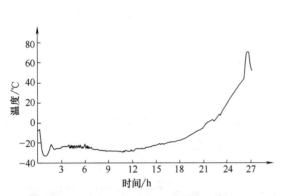

图 12-20　直接冷冻干燥过程工艺曲线

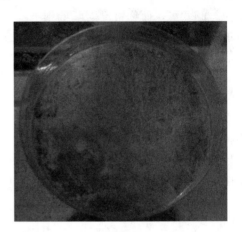

图 12-21　干燥后样品 H 的照片

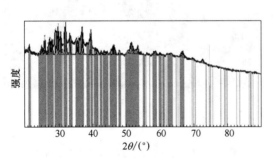

图 12-22　样品 G 的 XRD 谱图

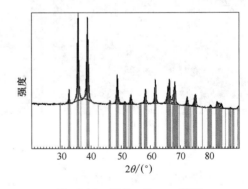

图 12-23　样品 I 的 XRD 谱图

　　计算出氧化铜纳米粉的平均粒径约为 40nm。其中，$D_C$ 为平均晶粒度；$K$ 为 Scherrer 常数 0.89；$\lambda$ 为 X 光波长，对于 Cu 靶 $\lambda$ 为 0.1542nm；$\beta$ 为由晶粒大小引起的衍射线条变宽时的半峰宽；$\theta$ 为衍射角。

　　因由冷冻真空干燥法直接制备的粉体样品 F、G、H 经 X 射线衍射检测，均为非晶体，不能由 X 射线衍射确定其化学成分，所以在进行粉体 TEM 检测的同时，为样品 F、G、H 做了 X 射线能谱（EDS）分析，由谱图（见图 12-24）可知，样品中含有 Cu 和 O 元素（用该 X 射线能谱仪不能分析出原子序数在 Be 以下的元素，包括 H 元素），其中所含 Cu 元素物质的量比例较大，是因为承载样品用的支持体是铜制品。由谱图也可知，样品中不含有 S 和 Na 等杂质元素，说明上述所采用的制备氢氧化铜粉体方法能够保证所制备的粉体的纯度。

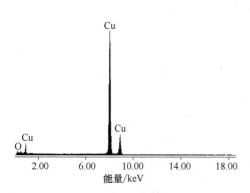

图 12-24　氢氧化铜纳米粉 EDS 分析谱图

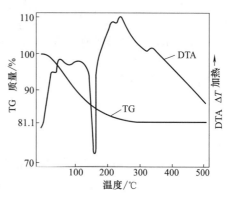

图 12-25　样品 F 的 DTA 和 TG 曲线

　　制备的氢氧化铜粉体，经 XRD 检测已经证明是非晶态的结构，所以采用差热分析和热重分析来进行检测，热分析谱图如图 12-25 所示。标准的氢氧化铜 DTA 曲线中，其吸热峰出现在 157℃[30]，与本文获得的氢氧化铜 DTA 曲线的主吸热峰相吻合。对应地 TG 曲线表明被检测样品在 160℃附近有失重，经计算失重率为 18.9%，与氢氧化铜热分解的理论失重率（18.4%）接近。以上数据的吻合，可以定性地确定样品的化学成分为氢氧化铜。这说明在冷冻真空干燥过程中，确实是如所预期的那样，由于冷冻真空干燥始终是在真空条件下进行，氨气不断被真空泵抽走，致使 $[Cu(NH_3)_4]^{2+}$ 的稳定平衡被破坏，达到干燥终点时，$[Cu(NH_3)_4]^{2+}$ 转变为氢氧化铜粉体。

　　通过铜氨配合物溶液冷冻真空干燥得到的粉体，须经过煅烧分解才能得到氧化铜纳米粉体。分解条件主要是温度，热分解温度过高，可能会使产品氧化铜部分颗粒团聚长大，导致颗粒增大和颗粒不均匀；而温度过低，可能导致氢氧化铜分解不彻底，得不到成分纯净的氧化铜纳米粉。根据图 12-25 中的 DTA 曲线，在 350～500℃没有吸热峰，所以选取分解温度为 400℃。

　　透射电镜测试是表征纳米粉体颗粒大小和形状的最直观的方法。图 12-26～图 12-29 分别是所制备氢氧化铜样品 F、G、H 及氧化铜样品 D 的 TEM 照片。从图 12-26 中可以看出，通过前体溶液直接冷冻方式而获得的氢氧化铜粉体是 200nm 以上的、带有均匀的 10nm 左右孔隙的多孔结构的颗粒，整体颗粒形状不规则。形成这种结构可能是由于溶液在冷冻过程中冻结速度较慢，溶质有足够的时间迁移联结成较大颗粒的骨架结构，在干燥过程中，由于是在冷冻的前提下使氨气和水分子蒸发，整个骨架结构不变，在原来这两种分子所占据的位置就形成了孔隙。

　　从图 12-27 中可以看出，通过前体溶液喷雾冷冻方式而获得的氢氧化铜粉体是绝大部分粒子的直径在 20～40nm 之间，颗粒为球形，颗粒间没有明显的团聚现象。但有个别粒子的直径较

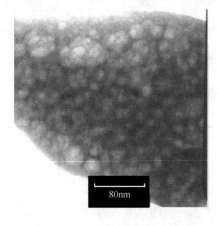

图 12-26　样品 F 的 TEM 照片

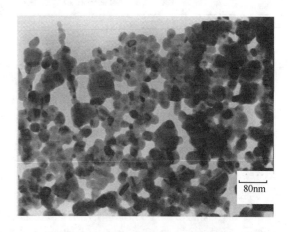

图 12-27　样品 G 的 TEM 照片

大，达到 80nm 左右。前体溶液急速冷冻过程中，溶液小雾滴被液氮急速冷冻成独立的小冰珠。由于是在保持冻结的状态使氨气和水分子升华，来实现使 $[Cu(NH_3)_4]^{2+}$ 脱氨、脱水的目的，每个固体小冰珠中的溶质被固定在冰珠的框架结构内，难以迁移到其他冰珠中与其他冰珠中的溶质相互作用而联结，所以获得的是无团聚的、粒径均匀的球型纳米颗粒。个别粒子直径较大的原因，可能是在喷雾时有少数大液滴产生所造成的，通过改进喷雾工艺应可以避免。

从图 12-28 中可以看出，通过前体溶液真空蒸发冷冻方式而获得的氢氧化铜粉体粒子直径在 5～50nm 之间，颗粒大小比较均匀，形状多为规则的球形。

从图 12-29 中可以看出，由前体溶液喷雾冷冻真空干燥后的产物经煅烧得到的粉体样品 I，是无硬团聚的、均匀的、粒径约为 20～50nm 的球形颗粒，观察到的粒径与 X 射线衍射分析的结果相吻合。

通过以上检测分析可知，以浓度小于 0.05mol/L 的铜氨配合物溶液为前体，采用冷冻真空干燥法，通过三种冷冻方式，制备出了 F、G、H、I 四种典型粉体样品。通过 TEM、SEM、XRD、EDS、DTA 及 TG 检测，各样品的化学成分与预期的化学反应结果相同，是化学成分较纯净的氢氧化铜和氧化铜粉体，颗粒形貌是带有均匀的纳米级孔隙的多孔颗粒材料或均匀、球型纳米颗粒等。具体颗粒性质列于表 12-2 中。

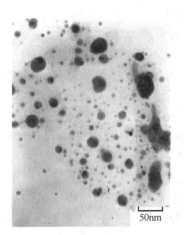

图 12-28　样品 H 的 TEM 照片

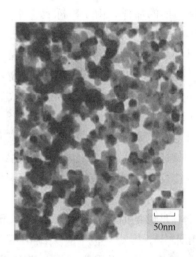

图 12-29　样品 I 的 TEM 照片

表 12-2　铜氨配合物溶液冷冻真空干燥制备的纳米粉体颗粒的性质

| 样品冻结方式及编号 | 直接冷冻<br>蓝色 Cu(OH)₂ 粉<br>F | 喷雾冷冻<br>蓝色 Cu(OH)₂ 粉<br>G | 真空蒸发冷冻<br>蓝色 Cu(OH)₂ 粉<br>H | 喷雾冷冻并煅烧<br>黑色 CuO 粉<br>I |
|---|---|---|---|---|
| 粒径 | 200nm 以上 | 多数为 20～40nm | 10～80nm | 20～50nm |
| 形状 | 多孔,非晶体 | 球形,非晶体 | 球形,非晶体 | 立方晶体 |
| 团聚 | 无硬团聚 | 无硬团聚 | 无硬团聚 | 无硬团聚 |

## 12.6　冻干法制备银纳米粉体

### 12.6.1　银纳米粉体的性能及应用

现在，人们已经尽力回避使用有机抗菌剂，因为一些不安全的带有芳香官能团的有机氯化合物会导致严重的问题[31]。与有机抗菌材料和天然抗菌材料相比，无机抗菌材料在抗菌范围、抗菌持久性、耐热性、安全性、表观特征以及无污染等方面有优秀的表现。许多金属离子具有抗菌效果，包括常见的金属离子，如锌、铜、钙、银等，其中银（Ag）的抗菌效果最好而且对人体的危害最小。而且，当细菌被银离子杀灭后，银离子又从细菌尸体中游离出来，再与其他菌落接触，周而复始地进行杀菌，因而银作为杀菌剂具有持久性的特征，所以银作为一种最常用的无机抗菌剂被广泛应用于抗菌和防霉制品中。纳米银材料作为抗菌剂时，由于其粒径小，其表面原子的比例增多，而且表面原子的活性增强，表面积大，容易跟病原微生物发生密切接触，从而能发挥其更大的生物效应，因而一般比同类常规无机抗菌材料有更强的抗菌活性。在以前的研究中，还证明纳米银材料对禽流感病毒还有较好的杀灭作用[32]。

由平均晶粒尺寸小于 100nm 的金属银、铜超微粒子凝聚而成的三维纳米金属块体材料，表现出不同于常规多晶粗晶金属材料的独特的力学性能，例如低弹性模量、高硬度和高强度等[33,34]，研究还表明纳米银可以将烧结温度由 850℃ 减少到 250℃。这对金属材料力学性能的基础研究和发展高强高硬新型金属材料，都具有十分重要的意义。

纳米级银粉由于具有很高的表面活性及催化性能而被用于催化剂。石川[35] 采用浸渍方法制备银担载量为 3%～15% 的 Ag/H-ZSM-5 催化剂，考察其在 $CH_4$ 选择还原 NO 反应中的活性和选择性。结果表明分子筛中在银担载量高于 7% 的催化剂样品上，NO 转化率显著提高。分子筛外表面纳米银颗粒的形成，提高了银催化剂在 $CH_4$ 选择还原 NO 反应中的活性。

最近，日本开发出一种利用纳米银粉喷墨打印的方法制造微细精密电路。它有许多优点：制作时间短，材料利用率高，适于多品种小批量生产。含银颗粒的墨水具有良好的分散稳定性，放置很长时间也不沉淀。将墨水涂于衬底上即可形成具有金属光泽的膜，具有良好导电性能。在 300℃ 空气中加热 30min，其电导率与纯银膜相当。墨水性能可以适应各种喷墨设备。由于固化的墨水可以重溶，因而固态墨水残迹可用规定的溶剂去除。

因为银天然具有高导电性和导热性且抗氧化能力强，所以银粉是电子工业的主要材料，银粉和银片用于微电子工业已 40 年。用做厚膜电子浆料的银粉，如平均颗粒尺寸小于 100nm，印刷直径 100mm 的单晶硅太阳能电池，每公斤银粉可印刷 1.5 万片。如果改用平均颗粒尺寸 100～500nm 的银粉，每公斤只能印刷不到 1.1 万片。目前国内电子工业用银粉平均尺寸通常在 100～500nm，研究颗粒尺寸小于 100nm 的银粉已势在必行。

目前，研究银纳米材料制备的报道比研究氧化铝、氢氧化镍以及氧化铜制备的多。其中大多数是研究制备分散在液相中的银纳米粒子（silver nanoparticle），而研究银纳米粉体（silver nanopowder）制备的并不多。下面介绍银氨溶液冷冻干燥法制备银纳米粉体的方法。

### 12.6.2　冷冻真空干燥法制备银纳米粉的原理

以可溶性含银无机盐为原料，在溶液中与强碱发生反应：

$$2AgNO_3 + 2NaOH = Ag_2O + 2NaNO_3 + H_2O$$

生成的氧化银用氨水溶解，发生反应为：

$$Ag_2O + 4NH_3 + H_2O = 2[Ag(NH_3)_2]^+ + 2OH^-$$

将得到的 $[Ag(NH_3)_2]^+$ 络合物溶液冻结，并真空干燥。干燥过程中随着氨气分子的蒸发，存在下列平衡。

$$2[Ag(NH_3)_2]^+ + 2OH^- = Ag_2O(棕色) + 4NH_3\uparrow + H_2O$$

经类似于式（12-5）的推导，得到

$$p(NH_3) = \sqrt[4]{\frac{1}{K_f^2 \cdot K_{sp}} \cdot \left\{\frac{c[Ag(NH_3)_2]^+}{c^{\ominus}}\right\}^2 \cdot \left[\frac{c(OH^-)}{c^{\ominus}}\right]^2} \cdot p^{\ominus} \tag{12-7}$$

其中 $c[Ag(NH_3)_2]^+$ 和 $c(OH^-)$ 为对应离子平衡时物质的量浓度，$p(NH_3)$ 为平衡时氨气在冷冻干燥室内的分压强。$K_f$ 和 $K_{sp}$ 依次为络离子 $[Ag(NH_3)_2]^+$ 的稳定常数和金属氧化物

$Ag_2O$ 的溶度积常数。溶液中 $OH^-$ 浓度近似取为 $1 \times 10^{-4}$ mol/L。实验时，溶液中 $[Ag(NH_3)_2]^+$ 的初始浓度为 0.1mol/L。对于 $[Ag(NH_3)_2]^+$，其稳定常数 $K_f = 1.1 \times 10^7$；对于 $Ag_2O$，其常温时溶度积常数 $K_{sp} = 2.0 \times 10^{-8}$。代入式（12-7）计算得出络合物离子开始脱氨时所要求的氨气的分压强 $p_K = 81.2$Pa。

计算结果表明，当冻干室的氨气分压强低于 81.2Pa，金属络合物 $[Ag(NH_3)_2]^+$ 就开始脱氨分解了。实际工艺中冷冻干燥室内的总压强最后能达到 30Pa，远小于 $p_K$。所以从理论上讲，金属络合物 $[Ag(NH_3)_2]^+$ 能脱氨分解，而转化为对应的金属氧化物 $Ag_2O$，氧化银再脱氧分解成银：

$$2Ag_2O \Longrightarrow 2Ag(黑色) + O_2\uparrow$$

### 12.6.3 冷冻真空干燥法制备银纳米粉体的过程

称取适量 $AgNO_3$ 溶解于水中制成 100mL 浓度为 1mol/L 溶液，将配制的 $AgNO_3$ 溶液注入 500mL 平底烧瓶中，并加入 1mol/L 的 NaOH 溶液 110mL，并搅拌，产生大量深棕色沉淀。沉淀沉降后，用去离子水洗涤多次。取少量洗涤用水，用硫酸酸化后，加入二苯胺的浓硫酸溶液，检测洗涤用水中的硝酸根离子的浓度变化。将沉淀彻底洗涤后，放置备用。在进行前体溶液冻结前，向沉淀中加入浓氨水，同时搅拌，直到沉淀全部溶解，得到无色透明溶液。将得到的无色溶液用稀氨水稀释至 1000mL（Ag 的浓度约为 0.1mol/L）。

银氨配合物前体的配制要在即将开始冷冻真空干燥实验前进行，因为银氨配合物不宜长久保存，否则会因分解而发生爆炸。银氨配合物前体溶液一旦配制后，要保持温度不能过高，而且不能过分振动。

对前体的冻结采用了两种方式，一是将稀释后的银氨配合物溶液盛放在直径约 150mm 玻璃培养皿中，使溶液深度约为 15mm，送入冷冻干燥机中搁板上直接冷冻；二是用喷雾器将稀释后的溶液喷雾到液氮中，冻结成直径约在 0.5mm 左右的小冰珠，将冻结后的小冰珠用钢盘盛放，置于冷冻干燥机内的搁板上，进行急速冷冻[7]。

在压强约为 30Pa 的条件下对上述冻结物进行冻干。干燥过程中由真空泵抽出的尾气用稀硫酸溶液吸收。直接冷冻方式的冷冻真空干燥过程工艺如图 12-30 所示。这个过程中，银氨配合物溶液中的游离态的氨气和水分子首先升华而被真空泵抽走，随着冻结物中氨气浓度的减少，冻结物表面开始出现棕色斑点，并且斑点逐渐扩大，这是银氨配合物逐渐脱氨而转变成棕色的氧化银表现。到了干燥阶段的后期，无色透明的冻结物完全转化成深色的粉末状物质，此时对干燥机的搁板进行加热至 50℃，粉体的颜色由棕转黑，逐渐加深。图 12-31 是喷雾冷冻真空干燥制备的银纳米粉体的照片。

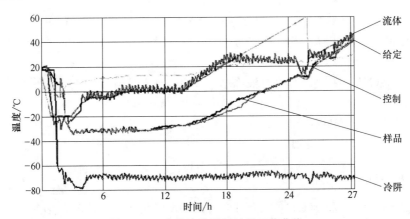

图 12-30 直接冷冻干燥过程工艺曲线

将由喷雾冷冻所制备的黑色粉体少量，在不超过 100℃ 的温度下，分别加热 10min 和 20min。加热 10min 得到热处理后的银灰色粉体，加热超过 10min 后粉体明显聚集并逐渐熔化，加热 20min 后得到大块银白色晶体颗粒。所制备的不同银纳米粉体样品编号见表 12-3。

表 12-3  由各种工艺条件制备的银纳米粉体的颜色及编号

| 粉体来源 | 直接冷冻真空干燥 | 喷雾冷冻真空干燥 | 喷雾冷冻真空干燥热处理 10min | 喷雾冷冻真空干燥热处理 20min |
|---|---|---|---|---|
| 粉体颜色 | 黑色 | 黑色 | 银灰色 | 银白色 |
| 样品编号 | J | K | L | M |

### 12.6.4  银纳米粉体的检测及分析

为了确定所制备的粉体的化学成分，首先对冷冻真空干燥后的黑色粉体样品 K 和热处理 10min 后的银灰色粉体样品 L 分别进行了 X 射线扫描，得到粉体的 XRD 谱图如图 12-1 和图 12-32 所示。由 XRD 谱图可看出，冷冻真空干燥后直接得到的黑色的粉体没有明显的特征衍射峰，说明由冷冻真空干燥直接得到的粉体不是晶体，而是非晶体。但由黑色粉体热处理 10min 得到的样品 L，有特征衍射峰，而且由其特征衍射峰可知粉体的成分为纯净的银，并且其颗粒是立方晶体。根据样品 L 的特征峰的半高宽及 Scherrer 公式[29]，计算出银纳米粉的平均粒径约为 40nm。

图 12-31  喷雾冷冻真空干燥制备的银纳米粉

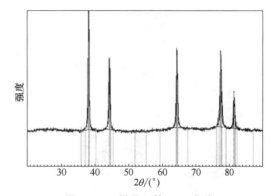

图 12-32  样品 L 的 XRD 曲线

为了确定样品 K 的化学组成，在进行透射电子显微镜检测时，对样品 K 进行了 X 射线能谱（EDS）分析。因为承载样品用的支持体（铜网）是铜制品，所以由谱图（见图 12-33）中除了可看到银的特征峰外，还有铜的特征峰。由谱图也可知，样品中不含有 Na 等杂质元素。

以上化学成分分析的结果表明：

① 冷冻真空干燥过程中，银配合物能够在上述工艺条件下脱除氨气，生成固体粉末；

② 最后所制备的粉体是金属银的粉体；

③ 所采用的制备方法能够保证所制备的银粉体的纯度。

制备粉体的颗粒粒径一般可以通过透射电子显微镜直接观察，对于晶体微粒也可以通过 X 射线扫描得到的谱图进行测算。

由于冷冻真空干燥直接所得到的粉体是非晶体颗粒，所以只能通过透射电子显微镜直接观察。样品 J 和 K 的透射电子显微镜的照片如图 12-34 与图 12-35 所示。由照片可以看出，直接冷冻方式所制备的银纳米粉体的颗粒尺寸约为 5～40nm，颗粒粒径比较均匀，颗粒间没有硬团聚；而由喷雾冷冻方式所制备的银纳米粉体的颗粒尺寸约为 5nm 左右，颗粒粒径非常小、高度均匀，并且颗粒之间没有团聚现象。两种冷冻方式所制备粉体产生这种差异的主要原因与前文中讨论的相同，这里不再赘述。

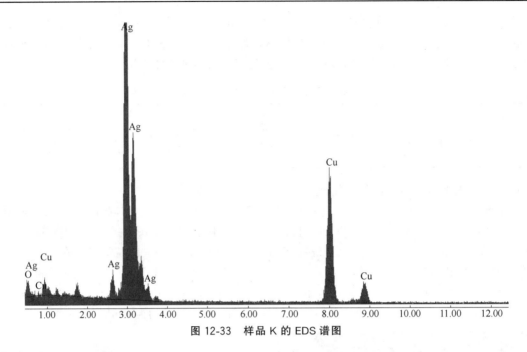

图 12-33　样品 K 的 EDS 谱图

图 12-34　样品 J 的 TEM 照片

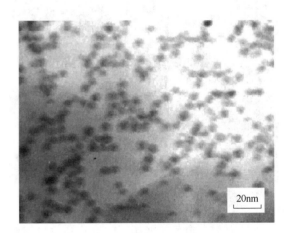

图 12-35　样品 K 的 TEM 照片

需要说明的是，在对喷雾冷冻真空干燥所制备的非常细小的银钠米粉体进行透射电镜观察时发现，当用比较强的电子束照射样品 K 时（为了更清楚地观察颗粒形态），部分颗粒开始聚集并且边缘移动、扩大，许多小颗粒被"侵吞"掉了，如图 12-36 所示。产生这种现象是由于喷雾冷冻真空干燥所制备的银钠米粉体颗粒非常小，粉体的物理性能发生了改变，熔点降低，当较强的电子束照射到细小的颗粒时，小颗粒熔化合并成大颗粒的结果。

喷雾冷冻真空干燥所得银纳米粉热处理后的样品 L 的透射电镜照片如图 12-37 所示，由照片可知，热处理后颗粒形状不再是球形，而是倾向于立方体，颗粒也长大为 $10\sim50nm$，与通过 X 射线衍射检测中衍射峰半高宽计算的结果相符。

扫描电子显微镜（SEM）是观察粉体形貌的最常用的有效手段。样品 K 和 L 的 SEM 照片如图 12-38 和图 12-39 所示。照片显示粉体均为松散的、非团聚粉体。

用新制备的样品 K 配制成浓度分别为 $1mol/L$、$0.1mol/L$、$0.01mol/L$ 的溶液，并用配制的溶液进行了细菌敏感性抑菌实验，其结果列于表 12-4。

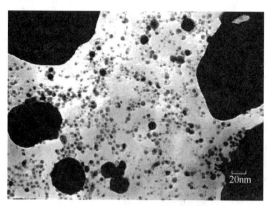

图 12-36　样品 K 受强电子束照射时产
生的熔化现象的 TEM 照片

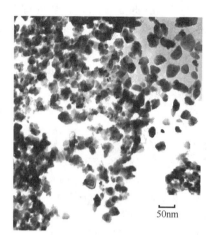

图 12-37　样品 L 的 TEM 照片

图 12-38　样品 K 的 SEM 照片

图 12-39　样品 L 的 SEM 照片

表 12-4　样品 K 的溶液抑菌实验结果

| 检测项目 | 细菌敏感性试验抑菌圈/mm | |
| --- | --- | --- |
| 浓度/(mol/L) | 金黄色葡萄球菌(G⁺) | 致病性大肠杆菌(G⁻) |
| 1 | 13 | 12 |
| 0.1 | 10 | 10 |
| 0.01 | 8 | 7 |

注：($G^+$) 革兰阳性，($G^-$) 革兰阴性。

　　由表中实验结果可得，由喷雾冷冻真空干燥所制备银纳米粉体有抑菌、杀菌效应。当银纳米粉体的浓度为 $0.01mol/L$ 时，就有明显的抑菌作用。因为采用喷雾冷冻真空干燥法制备的银纳米粉体颗粒的非常细小，颗粒表面积大、表面能高，外干颗粒表面的银原子有异常活性，所以杀菌能力很强。

　　总之，选择银的氨配合物为前体，用银氨配合物的稀溶液，分别采用直接冷冻和喷雾冷冻方式进行冻结并冷冻真空干燥后，都得到了纯净的非晶体银纳米粉体。喷雾冷冻真空干燥得到的是粒径非常细小、无团聚的粉体，直接冷冻得到的是粒径在 $5\sim40nm$ 的、无硬团聚的粉体。由喷雾冷冻真空干燥得到的细小粉体，在 $100℃$ 以下的温度下进行热处理 $10min$ 后，得到的粉体粒径转变为 10~50nm 的立方晶体，热处理时间超过 10min 后，粉体熔化成大块颗粒。

由喷雾冷冻真空干燥所制非常细小的粉体配制成的溶液，有明确的抑菌效应，当溶液的浓度稀释至 0.01mol/L 时，抑菌作用仍然很明显。

# 参 考 文 献

[1] F. J. Schnettler, F. R. Monforte, W. W. Rhodes. A Cryochemical Method for Preparing Ceramic Materials [J]. Sci. Ceram. , 1968 (4): 79.

[2] 陈祖耀；万岩坚，喷雾冷冻干燥制备复合氧化物超细粉的研究 [J]. 无机材料学报，1989 (2): 157-163.

[3] 陈祖耀，钱逸泰，万岩坚. 低温冷冻干燥超微粉制备陶瓷超导材料 [J]. 低温物理学报，1988 (1): 8-11.

[4] 刘军. 真空冷冻干燥法制备无机功能纳米粉体的研究 [D]. 沈阳：东北大学，2006.

[5] 李革胜，静态冷冻干燥技术制备 TiO₂ 微粒子 [D]. 沈阳：中国科学院金属研究所，1994.

[6] 聂祚仁，翟立力，席晓丽，等. 冷冻干燥法制备的前驱体研究 [J]. 纳米科技，2006 (1): 29-31.

[7] 刘军，徐成海，真空冷冻干燥法制备银纳米粉体的实验研究 [J]，真空科学与技术学报，2007 (1): 37-41.

[8] K. Traina, M. C. Steil, J. P. Pirard. Synthesis of La₀.₉Sr₀.₁Ga₀.₈Mg₀.₂O₂.₈₅ by successive freeze-drying and self-ignition of a hydroxypropylmethyl cellulose solution [J]. Journal of the European Ceramic Society, 2007, 27: 3469-3474

[9] 张鑫，赵惠忠，马清，等. 真空冷冻干燥法制备纳米尖晶石 [J]. 稀有金属材料与工程，2005 (1): 78-81.

[10] Carolina Tallon, Rodrigo Moreno, M Isabel Nieto. Synthesis of γ-Al₂O₃ nanopowders by freeze-drying [J]. Materials Research Bulletin, 2006, 41: 1520-1529.

[11] 刘军，张世伟，徐成海. 铜氨络合物冷冻干燥法制备氧化铜纳米粉体的实验研究 [J]. 真空，2008 (5): 6-9.

[12] 翟立力，席晓丽，聂祚仁，等. 冷冻干燥法制备超细镍粉的研究 [J]. 粉末冶金工业，2006 (3): 10-13.

[13] McGrath P J, Laine R M. Theoretical Process Development for Freeze-Drying Spray-Frozen Aerosols [J], Journal of American Ceram Society, 1992 (8): 1223-1228.

[14] 刘军，徐成海，窦新生. 冷冻干燥法制备氢氧化铜纳米粉 [J]. 材料与冶金学报，2006 (1): 50-52.

[15] 张世伟、徐成海，刘军. 溶液真空蒸发冻结过程的热动力学理论与实验研究 [C] //第九届全国冷冻干燥学术交流会论文集，2008.

[16] 曾方允. 真空冷冻干燥法制备纳米氧化铝粉体的研究 [D]. 沈阳：东北大学，2004.

[17] 江东亮，精细陶瓷材料 [M]. 北京：中国物资出版社，2000.

[18] 德 H. Gleiter，纳米材料 [M]. 崔平，译. 北京：原子能出版社. 1994.

[19] 刘军，徐成海，窦新生. 真空冷冻干燥法制备纳米氧化铝陶瓷粉的实验研究 [J]. 真空，2004 (4): 80-83.

[20] Reinser D E, Salkind A J, Strutt P R, et al. Nickel hydroxide and other nanophase cathode materials for rechargeable batteries [J]. Journal of Power Sources, 1997, 65: 231-234.

[21] 何平，计亚军，唐敏，等. 氢氧化镍结构及其复合电极电催化性能研究 [J]. 南京航空航天大学学报，2005 (5): 664-668.

[22] Ovshinsky S R, Fetcenko M A, Fierro C. Enhanced Nickel hydroxide positive electrode material for alkaline rechargeable electrochemical cell: US: 5523182 [P]. 1996-6.

[23] 方国，刘祖黎，胡一帆，等. CuO-SnO₂ 纳米晶粉料的 Sol-Gel 制备及表征 [J]. 无机材料学报，1996，11 (3): 537-541.

[24] 李光，冯伟骏，李喜孟. 功率超声作用下纳米氧化铜粉体的制备 [J]. 材料导报，2003 (17): 44-47.

[25] Toshiro Maruyama. Chemically and electrochemically deposited thin films for solar energy materials [J]. Solar Energy Materials and Solar Cells, 1998, 56: 85-92.

[26] Fierro G, Morpurgo S, Jacono M L. Thermo chemistry of manganese oxides in reactive gas atmospheres [J]. Applied Catalysis A : General, 1998, 166: 407-417.

[27] Osman Sezgen, Jonathan G Koomey. Interactions between Lighting and space conditioning energy use in US commercial buildings [J]. Energy, 2000, 25: 793-805.

[28] Hui Wang, Jin-Zhong Xu, Jun-jie Zhu. Preparation of CuO nanmoparticles by microwave irradiation [J]. Journal of Crystal Growth, 2002, 244: 88-94.

[29] Scherrer P. Gottinger Nachrichten, 1918, 2 (98).

[30] [日] 神户博太郎. 热分析 [M]. 刘振海，译. 北京：化学工业出版社，1979: 137.

[31] Sang Young yeo, Hoon Joo lee, Sung Hoon jeong. Preparation of nanocomposite fibers for permanent antibacterial effect [J]. Journal Of Materials Science, 2003, 38: 2143-2147.

[32] ZHANG Ruo-yu, XIA Xue-shan, HU Liang, et al. The Study on the Character of Diatomite Carrying Argent and Its Inactivation of AIV [C] // The 18th Iupac International Conference on Chemical Thermodynamics and the 12th National Conference on Chemical Thermodynamics and Thermal Analysis, 2004: 17-21.

[33] Chokshi A H, Rosen A, Karch J, et al. On the validity of the hall-petch relationship in nanocrystalline material [J]. Scripta Metall, 1989, 23: 1679-1684.

[34] Nieman G W, Weertman J R, Siegel R W. Microhardness of nanocrystalline palladium and copper produced by inert-gas condensation [J]. Scripta Metal, 1989, 23: 2013-2018.

[35] 石川, 程漠杰, 曲振平, 等. 纳米银催化的甲烷选择还原 NO 反应研究 [J]. 复旦大学学报, 2002 (3): 269-273.

# 第❻篇　冷冻真空干燥技术展望

## 13　冷冻真空干燥技术的发展趋势

### 13.1　冻干机的发展趋势

冻干机是实现冷冻真空干燥过程的主要设备，设计、制造冻干机涉及机械设计、机械制造、制冷、真空、液压、流体、电气、传热传质等诸多学科的知识。目前国内外冻干机的发展较快，设备功能已经比较完备，其发展趋势应该体现在三个方面。

（1）发展连续式的冻干设备

连续式冻干设备可以实现大规模生产，在短时间内能生产出大量产品，对于药品、血液制品的生产来说非常重要，特别适合有疫情发生或备战情况下，满足市场需求。连续式冻干设备可以节省冻干过程的辅助时间，节省人力，节省电能，实现节能、降耗、降低产品的生产成本好销售价格。

（2）进一步实现冻干设备的现代化

冻干设备的现代化，主要表现在程序化、自动化、可视化；安全性、可靠性、可以实现远程控制、故障诊断、设备维修。科研和实验用冻干机要求测试功能齐全，测试结果准确可信；生产用冻干机要求性能稳定，保证冻干产品质量。

（3）完善冻干设备的优化设计

冻干设备优化的目的一是节省冻干机的制造成本，包括节省材料、加工工时、装配工时、维修方便；二是提高设备性能，包括冻干箱内制冷、加热搁板的温度均匀性，冻干箱和捕水器（冷阱）内空间真空度的均匀性，捕水器内冷凝管外表面结霜的均匀性；三是冻干机整体结构紧凑、占地面积合理、外表美观大方。

### 13.2　冻干工艺的发展趋势[1]

冻干工艺是很复杂的技术，不同冻干物料的冻干工艺有很大区别，生物产品冻干主要要求保持产品的活性；药品冻干主要要求保持纯洁性；食品冻干主要要求营养成分基本不变；纳米材料冻干除了保持材料的原有特性之外，还要求纳米颗粒的均匀性。到目前为止，对于同一种物料，不同生产厂家应用的冻干工艺也不完全相同，生产成本也有区别，采用的冻干保护剂、添加剂、赋形剂等也不一样，生产的产品质量也有区别。为此，冻干工艺应该做深入细致的研究工作。

① 制定统一的冻干产品质量的检测标准，给出统一的检测方法。

② 优化工艺设计，对于同种产品，制定标准冻干工艺曲线，以便降低冻干产品的成本。

③ 优化冻干过程中使用的保护剂、添加剂、赋形剂的品种和用量，研制新型冻干保护剂、

添加剂、赋形剂，节约成本。

④ 开发新产品、新工艺的研究，提高产品的成品率，降低能耗。

⑤ 加强信息交流，克服保守主义，避免大多数人走弯路。

## 13.3　冻干理论研究的发展趋势

冷冻真空干燥过程包括冷冻、升华干燥和解析干燥三个阶段。这三个阶段中每个阶段都包含着复杂的传热传质过程。冻干理论研究实际上就是研究每个阶段的传热传质特性和控制、强化传热传质速率的方法。理论研究不仅可以指导工艺试验，优化冻干工艺，减少新产品的开发时间，而且还有助于提高产品质量，降低生产成本，改进冻干设备结构和性能。冻干过程传热传质理论研究发展趋势可以分为以下几个方面。

### 13.3.1　由稳态向非稳态方向发展

冻干过程中，干燥箱中升华界面处的固气相变和冷凝器冷管上的气固相变处都是非稳态温度场和流场，冻干机内气体和水蒸气的流动也是非稳态流动。假定它们是稳态过程建立的模型与实际情况很可能会有很大的差别，要想建立精确的冻干模型，就必须考虑这些非稳态因素的影响。从国外研究进展可以看出，冻干模型已经由一维稳态向多维非稳态形式转化，比传统的稳态模型较精确。但是这些模型还是假设物料内部是处于热平衡状态的。所以这些模型对于描述液态产品和均质的尺寸单一的固态产品是比较精确的，对于细胞结构复杂，形状尺寸复杂的生物材料来说，还是不适用的。目前研究生物材料冻干过程保存细胞活性的传热传质理论的人不多，邹惠芬等建立的角膜在冻干过程的传热传质模型是二维非稳态模型，也是假定角膜内部是均质的，有均一的热导率、密度和比热容，表面和界面温度保持不变，也没有考虑角膜尺寸的变化。因此，以后的研究者应该尽可能向多维非稳态方向发展，应该考虑到温度场和流场的非稳态特性和相变问题，应使模型更精确，更符合实际情况。

要解决这些问题，今后的研究者可将一些比较先进的研究非稳态传热传质的先进理论引用到冻干过程传热传质理论的研究中来。比如：2003 年 Lin 提出非平衡相变统一理论证明，传递到相变界面处的热量一部分作为相变潜热引起相变，一部分转变为水蒸气和干燥混合气体的动量和能量，在有些情况下，不用于相变的这部分热量显得非常重要。冻干过程中，升华界面和冷凝管上都有相变。要想建立准确的冻干模型，这些因素也应该考虑进去。另外，Bird 等在 20 世纪 60 年代提出的直接模拟蒙特卡罗 DSMC（Direct Simulation Monte Carlo）方法也是研究非稳态热质传递的一种方法，1998 年 Nance 等证明，该方法对于研究稀薄气体的流动传热问题是一种强有力的工具。2004 年贺群武等用 DSMC 方法在给定进出口压力边界条件下，计算研究了壁面温度与流体入口温度不同时，二维 Poiseume 微通道内气体压力、温度和分子数密度分布规律。当壁面温度高于流体入口温度时，气体与壁面在通道进出口处均存在温差，但其发生机理不同；气体进入通道后压力迅速上升到达峰值，然后再沿程降低，沿程压力偏离线性分布最大值位于入口的 $x/L=0.05$ 处；气体可压缩性与稀薄性均得到增强，但压力沿程分布非线性程度增加。冻干过程，正是稀薄气体在各种通道内的流动传热问题，因此，可把 DSMC 引用到冻干过程的研究中来，建立比较精确地描述冻干过程非稳态热质传递的模型。

### 13.3.2　由宏观向介观方向发展

在宏观领域与微观领域之间，存在着一个近年来才引起人们较大兴趣的介观领域。在这个领域里出现了许多奇异的崭新的物理性能。介观领域的传热无法用宏观领域的热力学定律描述，也不能用微观领域的统计热力学描述。微尺度效应很快深入到科学技术的各个领域。冻干领域当然也不例外，再加上冻干物料种类的不断增加，如人体组织器官的保存需要保持活性，很有必要研究细胞间的热质传递，冻干法制备金属氧化合物和陶瓷纳米粉、药用粉针制剂、粉雾吸入剂的制备等，有必要研究冻干过程中微尺度热质传递。

　　然而建立的冻干模型大都是研究宏观参数，研究生物材料冻干过程的保持细胞活性传热传质模型的，还没有考虑生物材料细胞之间的热质传递的复杂性，没有考虑到生物细胞膜本身是半透膜这一特性。这很可能是保持细胞活性最关键的一个因素。不仅宏观参数会影响冻干过程的热质传递，另外产品的微观结构及微尺度下的超常传热传质都有可能是影响冻干速率及冻干产品质量的重要因素。例如冻干生物材料（特别是要求保持生物细胞的活性）时，生物材料冻结和干燥过程，生物体内已冻结层和未冻结层，已干层和未干层中的微尺度热质传递过程常常会牵涉到一系列复杂因素，如细胞液组分、溶液饱和度及 DNA 链长、蛋白质性能、细胞周期、细胞热耐受性、分子马达的热驱动、细胞膜的通透性等一系列化学和物理因素，这些因素都有可能影响细胞的活性。其中，最重要、也最易受到温度影响（损害）的部位是细胞膜，其典型厚度为 10nm。细胞膜的功能是将细胞内、外环境分开，并调节细胞内外环境之间的物质运输。细胞的脂双层膜主要是一个半透膜，它含有离子通道及其他用以辅助细胞内外溶液输送的蛋白质。长期以来人们采用各种各样的途径，如低温扫描电镜、X 射线衍射以及数学模拟等方法，对发生在细胞内外的传热传质进行了研究，但迄今对此机制的认识仍严重匮乏。目前重要的是，需要发展一定的工程方法来评价和检测细胞内物质和信息的传输过程，了解其传输机理，这样才有可能真正揭示冻干过程的传热传质机理，建立冻干过程微尺度生物传热传质模型，各种生物组织和器官的冻干就会比较容易。冻干产品在质量和数量上都将会有非常大的飞跃。

　　要研究冻干过程微尺度生物传热传质应该试图从以下几方面着手：

　　① 将先进的探索微观世界的透射电镜、扫描电镜和原子力显微镜应用到监控冻干过程中来；

　　② 从细胞和分子水平上揭示热损伤和冻伤的物理机制；

　　③ 建立各类微尺度生物热参数的测量方法并实现其仪器化；

　　④ 建立微尺度生物传热传质模型；

　　⑤ 将上述微尺度传热传质模型与冻干过程的宏观热质传输模型结合建立冻干过程（即低温低压条件下）微尺度传热传质模型。

### 13.3.3　由常规向超常规方向发展

　　刘登瀛等已用试验验证了多孔材料内在一定加热条件下存在非 Fourier 导热效应[2]，非 Fick 扩散效应的存在，提出了对多数干燥过程均应考虑非 Fourier 效应，在冻干过程的升华干燥阶段，已干层中的热质传递正是多孔介质内的热质传递过程，但就目前建立的冻干模型而言还没有考虑产品内部结构的影响，更没有考虑产品内部超常热质传递。然而对于结构比较复杂的生物材料来说，其内部细胞与细胞之间的热质传递本身是微尺度热质传递过程，再加上又是在低温低压下，很可能存在一些奇异的非 Fourier 效应、非 Fick 效应等。若用常规的热质传递规律建立这些物料冻干过程的传热传质模型，很可能会与实际情况相差太远。因此，有必要研究冻干过程超常传热传质，建立冻干过程的超常传热传质模型，这样冻干生物材料保持细胞活性的研究才有一定的理论基础。

### 13.3.4　由分立向协同方向发展

　　冻干过程实际上是低温低压条件下传热传质耦合过程，是多种因素协同作用的结果。可是当前的研究者大都在研究某一因素，例如温度或压力对干燥过程的影响，或者研究它们的共同影响，却没有把各种因素协同起来研究，寻求最优的冻干工艺。过增元院士提出的传递过程强化和控制的新理论——场协同理论[3]指出：在任何传递过程中至少有一种物理场（强度量或强度量梯度）存在，同时任何传递过程都不可能是孤立进行的，不论在体系内部还是在体系和外界之间，必同时伴有其他变化的发生。也就是说一种场可能引起多种传递过程，反之多种场也可能引起同一种传递过程。例如，对流换热过程受温度场和质流场相互作用的影响，而在萃取分离过程中至少存在有化学势场、温度场、重力场和质流场之间的相互作用。因此，对于任何一个传递过程，无论在体系内还是体系外，都可以人为地安排若干种"场"来影响它。通过不同场之间的恰当配合和相互作用使目的过程得到强化，称为"场协同"。冻干过程中至少存在有温度场、压力场、质流场之间的相互作用。1974 年，Mellor 讨论了冻干过程中压力对热质传递的影响，认为压力的影响是双重的，循环压力法可提高升华速率，这其实就是在用比较简单的方法寻求压力场、温度场和质流场之间的协同。但没有建立描述这种过程的模型，无定量描述。利用场协同理论可寻找压力场、温度场和质流场之间的更恰当的配合和相互作用，强化冻干过程中的热质传递，提高升华速率。

### 参 考 文 献

[1]　徐成海，张世伟，彭润玲，等. 真空冷冻干燥的现状与展望（二）[J]. 真空，2008，45（2）：1-11.

[2]　蒋方明，刘登瀛. 非傅里叶导热现象的双元相滞后模型剖析 [J]. 上海理工大学学报，2001，23（3）：197-200.

[3]　刘伟，刘志春，过增元. 对流换热层流流场的物理量协同与传热强化分析 [J]. 科学通报，2009，54（12）：1779-1785.

## 14　冷冻真空干燥技术的节能途径

虽然冷冻干燥现在被公认为是一种先进的干燥技术，但冷冻干燥仍然不能成为干燥技术应用的主流。限制其全面推广的瓶颈，乃是冷冻干燥技术耗时耗能问题。冷冻干燥技术确实提高了许多产品的附加值，但由于冷冻干燥过程中耗时长、耗能多也增加了成本。为此，很多研究者在理论、工艺、设备等环节上进行了实验研究与探索，在保证冷冻干燥产品质量的前提下，寻求节能降耗的方法。

任何技术领域里的节能都不外乎从两个方面入手，即开源与节流。开源就是寻找新的节能途径；节流就是堵住跑、冒、滴、漏。

对于冻干技术来说，开源应该是：从理论上寻找最佳传热传质途径；从工艺上根据被冻干物料的特性，寻找最佳冻干时间；从设备上寻找降低成本的方法。节流应该是：从理论分析上堵住热损失的途径；从工艺安排上尽量减少辅助工艺时间；从设备设计和制造上尽量减少热损失，实现能量的综合利用，增加被抽气体通道的通导能力，严格控制设备的漏气率等。目前已经涉及的节能技术有下面的一些方法。

### 14.1　探索冻干节能新工艺

#### 14.1.1　浆液态物料真空蒸发冻结节能技术

##### 14.1.1.1　浆液物料的真空蒸发冻结

与传导冷冻相比，浆液物料的真空蒸发冻结在节时、节能方面有明显的优势。所谓真空蒸发冷冻就是利用浆液态物料可流动且其中液态水含量高的特点，令一部分水在降低外部压强条件下，因环境蒸气压降低而蒸发并带走大量热量，从而使剩余浆液物料降温冻结的方法。具体的操作方法为：将含有足够水分的浆液物料放在冷冻干燥机冻干箱的搁板上，不必为冻干箱的搁板制冷，待捕水器温度下降至一定温度后，直接为冻干箱和冷阱抽真空，即可使浆液物料冻结。一般浆液物料真空蒸发冻结的过程中都经历如下几个阶段：

① 随着浆液物料中的水分的蒸发，浆液物料的质量下降、温度降低；

② 随着冻干箱内压力继续下降和浆液物料温度降低，浆液物料不仅从表面发生汽化，而且也从内部发生汽化，即浆液物料沸腾；

③ 由于沸腾，大量水汽化，并带走了大量的热量，一方面补偿了冻干箱内的蒸气压强，另一方面，更迅速地降低了浆液物料的温度，对应温度下浆液物料的平衡饱和蒸气压也降低，因而浆液物料停止沸腾；

④ 浆液物料表面水分继续汽化，浆液物料继续降温；

⑤ 浆液物料再次沸腾，温度急降，在沸腾的同时瞬间冻结。

14.1.1.2　浆液物料的真空蒸发冻结的特点

（1）过冷现象的存在　由于存在过冷现象，浆液物料冻结后温度一般要低于其共晶点温度。之所以存在过冷现象，一是由于结晶的动力学速度慢于水分子蒸发引起降温的热力学速度，即由于温度降低速度太快，晶体形成滞后，结晶的形成需要有晶核的存在，当浆液物料温度降低至其共晶点温度时，晶核还没有来得及形成，所以浆液物料并不凝固；二是由于浆液物料处在沸腾的状态下，蒸发的气泡引发浆液物料的流动，流动的分子撞击冲散了可能形成晶核的分子微团，阻碍了晶种的形成。因而当温度已经降低到共晶温度以下时，浆液物料仍然呈可流动的液态，且温度持续下降。这时系统是非平衡态，不会长期稳定存在。当晶核形成以后，会在整个浆液物料系统内迅速蔓延形成共晶物，所以整个系统瞬间固化，成为温度低于共晶点的固化物。当浆液物料冻结后，固态物料在真空条件下会继续升华。这时如果没有供给升华热补偿，则冻结物的温度会继续降低。当冰的温度对应的饱和蒸气压接近真空室压力时，冰的温度不再下降。

真空蒸发冻结的浆液物料冻结后温度低，将给后续的升华干燥带来问题。浆液物料冻结物温度低，升华干燥速率就慢。而且，冻结物受热后主要以传导的形式进行热量传递，没有对流，所以物料不能被迅速加热升高温度。此外，过冷现象容易导致玻璃态冻结。所以，在实际生产中若采用真空蒸发冻结的工艺，需想办法防止过冷现象。

防止过冷现象的方法主要有三：一是加快结晶速率。具体的方法可以在浆液物料中事先加入晶种，用加入的晶种做晶核，以加快结晶的速率。二是提前关闭箱阱阀。在抽真空使浆液物料温度降低到一定值后，关闭箱阱阀，增大冻干箱压力，降低水分蒸发速率，减小浆液物料温度降低的梯度，等待晶种形成后，浆液物料会自行冻结。若采用此方法，需要待温度降低到共晶温度以下一定值才能关闭箱阱阀，否则冻结的动力不足，可能导致不能冻结或冻结速率太慢。这个值到底应该是多少，与物料种类及其含水量有关，与设备参数有关，须由实验中摸索。三是提前加热。由于浆液物料真空蒸发冻结后，因升华热得不到补偿会导致物料温度持续下降，所以在物料冻结前，就提前为搁板加热，使物料及时获得升华热，防止温度继续下降。

（2）可能发生起泡溢出现象　对于鸡蛋液、糖浆、乳品之类表面张力较大的浆液物料，若采用真空蒸发的方法冻结，会在抽真空的时候产生发泡的现象，即物料中产生大量气泡并向上涌起，会导致物料从容器中溢出。对于这样的物料若一定要采用真空蒸发的冻结方法，可采用如下两种方法：一是在冻干设备中增加离心设备，将盛装浆液物料的容器放置在离心机上。在抽真空之前，先启动离心机，达到一定转速后，再启动真空泵，在将要发生冻结时，停止或减缓旋转。二是将磁力搅拌器的转子放在浆液物料中，浆液物料盛装在非铁制容器中，容器放置在磁力搅拌器上，开启搅拌器，待浆液物料旋转达到一定速度后，再开启真空泵抽真空，可防止浆液物料发生起泡溢出现象。如果用后一种方法，可由搅拌器中的加热系统代替搁板加热，而且在发生冻结时，应及时停止搅拌。

（3）冻结后的浆液物料构成　这里所说的构成包括物理形态、温度分布和化学成分。真空蒸发冷冻中，其物料冻结是在沸腾的同时发生的。沸腾起到了搅拌的作用，冻结物内外温度和组成均匀，不易出现偏析现象。这对于一些粉体的冻干制备是非常重要的。

普通传导制冷冻结的液态物料，在外观上看是连续的、表面是比较光滑的，如图14-1是盛装在玻璃容器中的化学试剂溶液经搁板传导制冷冻结后的照片。与搁板传导冻结成的物料形态不同，真空蒸发冻结成不规则且内部有大量孔洞的形状。图 14-2 是盛装在玻璃容器中的化学试剂溶液真空蒸发冻结后的实物照片。

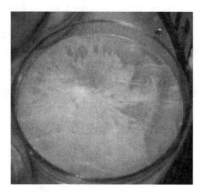 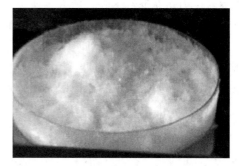

图 14-1　溶液经搁板传导制冷冻结后的实物照片　　　图 14-2　溶液经真空蒸发制冷冻结后的实物照片

（4）可减少环节，简化设备，节时节能，减少投入　冻干工艺中若采用真空蒸发冻结方法，可将物料直接放置在冻干箱内的搁板上，直接抽真空冻结并干燥直至冻干结束，即在同一个设备中连续地进行操作，可减少工艺环节。物料不必事先在另外专门的冷冻设备中预先冻结，也不使用液氮等制冷剂；冷冻干燥机中搁板里也不必提供制冷系统，操作过程不必进行搁板先制冷后加热的转换，可避免因冷热转化而造成的能量损耗和时间消耗，简化生产设备和减少生产投入并缩短生产周期。

真空蒸发冻结的节能不仅表现在冻结过程，而且也表现在干燥过程。首先，真空蒸发冻结过程中，已经有一定比例的水从物料中蒸发除去，减少了干燥过程中的升华量；其次，真空蒸发冻结的浆液态物料形状是不规则的且内部有大量孔隙，这种形状既增大了升华表面，又为内部冰晶的升华提供了传质通道，可减小干燥过程中的传质阻力，提高干燥速率，达到节时节能的目的。

（5）适合于冻结较大量物料的加工　在冷阱冷凝器捕集能力、盛装的浆液物料表面积等参数一定并取值适当时，盛装的浆液物料深度增加，则浆液物料传导制冷方式冻结的耗时、耗能也明显增大；浆液物料同样增多，真空蒸发冻结的时间和能耗的增加量，与传导冷冻相比都小。也就是说，一定范围内，较大量浆液物料的冻结更适合于采用真空蒸发冷冻方式。这说明，对于较大加工量的实际生产，采用真空蒸发冻结方式单位数量物料耗时、耗能较少。

（6）对捕水器要求高　真空蒸发制冷对冻干机的捕水系统有更高的要求。如果捕水能力差，则冻结操作过程中箱阱之间蒸汽压力差小，浆液物料不易迅速冻结。所以，采用真空蒸发冻结方式，必须保证捕水器有足够大的捕水能力，箱阱之间应该有较大的通导能力，以确保捕水器能够在短时间内凝结大量水蒸气，干燥仓内水的饱和蒸气压足够低，使溶液能够快速、完全地冻结。为解决这个问题，对于大型冻干机可以考虑使用交替除霜的捕水器。

### 14.1.1.3　影响真空蒸发冻结的因素[1]

不仅浆液态物料可以采用真空蒸发冻结技术，具有一定含水量的固态物料，例如豆腐、海参、螺旋藻等，也可采用真空蒸发方式冻结。上述特点中一些特点也适合于固态物料的真空蒸发冻结。固态物料的真空蒸发冻结同样可以达到节时节能目的。

这里，以液态物料（水，生物酶溶液），浆态物料（螺旋藻，山楂浆），固态物料（豆腐，海参）三种不同类型物料的真空蒸发冻结，说明真空室压力、物料含水量和尺寸等对降温速率和冻结最终温度的影响规律。

（1）真空室压力的影响　在容器中盛装纯水深度为 7mm，真空室极限压力不同时，真空蒸发冻结过程温度随时间的变化如图 14-3 所示。随着压力的增加，曲线的变化趋平缓，可冻结的最终温度升高，冻结的平均速率减小，但在冻结初始阶段五条曲线几乎重合，降温速率的差别不大。这是因为在降温初始阶段，水还没有冻结，蒸发快（对于水有沸腾现象），吸收的热量大，物料降温速率快，水温和压力达到三相点（0.01℃，610Pa）时开始冻结。冻结后冰开始升华，此时真空室压力还在继续下降，冰升华速率很快，冰升华要吸收升华潜热，所以冰的温度还会继续下降，但此时的降温速率受真空室内压力的影响较大，当冰的温度对应的饱和蒸气压接近真空室压力时，冰的温度不再下降。

压力不同时，螺旋藻和水真空蒸发冻结所能达到的最终温度如图 14-4 所示。图中离散点为实测值，实线为回归方程曲线。回归方程分别为

纯水： $\{T\}_℃ = \dfrac{14.89889 - 266.73249}{1 + e^{(\{p\}_{Pa} + 57.7546)/29.81074}} - 14.89889$

螺旋藻： $\{T\}_℃ = \dfrac{10.883 - 287.39}{1 + e^{(\{p\}_{Pa} + 57.280)/29.118}} - 10.883$

式中，$T$ 为冻结最终温度；$p$ 为真空室压力。相关系数 $R$ 分别为 0.9977 和 0.9994，拟合效果显著。利用回归方程，当物料要冻结的温度已知时可计算真空室所需的压力，例如，螺旋藻共晶点为 $-16℃$（NETZSCH DSC 204 F1 差示扫描量热仪测得的），若要采用真空冻结将其冻结到比其共晶点温度低 5℃，即 $-21℃$，根据螺旋藻的回归方程，真空室的压力应低于 37.95Pa。

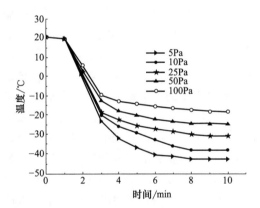

图 14-3　真空室极限压力对真空
蒸发冻结纯水的影响

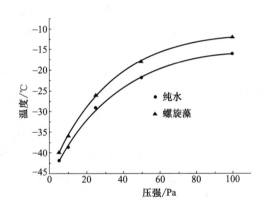

图 14-4　纯水和螺旋藻真空蒸发冻结
可达最终温度与压力间的关系

螺旋藻真空蒸发冻结的最终温度比水的略高，是因为螺旋藻在真空蒸发冻结过程中由于藻丝没有沸腾现象，蒸发速率较慢，但藻丝的存在增加了活化的汽化核心密度，扩大了微液膜的蒸发面积，起到了强化传热的作用。同时藻丝的存在有利于晶核的形成。最终导致螺旋藻和水可冻结的最终温度差别不是很大。

（2）物料尺寸的影响

① 固态物料尺寸的影响。含水量为 84.48% 的豆腐尺寸不同时，真空蒸发冻结过程温度随时间变化关系如图 14-5 所示。随着尺寸的增加，曲线斜率变小，降温速率减慢，但边长小于 20mm 时，变化不明显。当边长太小，如为 5mm 时，虽然最初降温速率比较快，但可达到的最终温度比较高，因为此时搁板温度（初始温度为室温 20℃ 左右）的影响显得比较大；当边长太大时，表层物料冻结后，截断了内部水分逸出的通道，此时表层物料进行着类似于冻干中的升华干燥过程，物料内部温度还会继续下降一段时间，如图 14-5 中边长为 20mm、30mm 的豆腐所对应的温度曲线，但物料中心靠近底部的温度最低只能到 0.2℃，无法冻透。

降温速率和冻结最终温度与豆腐尺寸之间的关系如图 14-6 所示，离散点为实测值，实线为回归方程曲线。回归方程分别为：

$$\{T\}=5.06078-1.82391\{d\}+0.08475\{d\}^2-9.64481\times10^{-4}\{d\}^3$$
$$\{c\}=1.49392+0.18239\{d\}-0.00848\{d\}^2+9.6448\times10^{-5}\{d\}^3$$

式中，$T$ 为冻结的最终温度，℃；$c$ 为降温速率，℃/min；$d$ 为豆腐的尺寸，mm。相关系数均为 0.9995，拟合效果显著。由这两个回归方程，可得豆腐真空蒸发冻结的最佳尺寸为 14.76mm，此时降温速率为 2.64℃/min，可冻结的最终温度为 −6.49℃，与试验结果（尺寸为 15mm 时，降温速率最快为 2.62℃/min，可冻结的最终温度最低为 −6.19℃）相吻合。

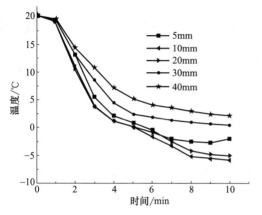

图 14-5　豆腐尺寸对真空蒸发冻结的影响

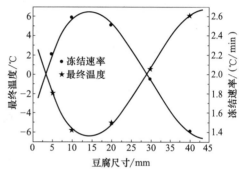

图 14-6　豆腐尺寸与降温速率和冻结最终温度之间的关系

② 浆液态物料厚度的影响。生物酶溶液装量厚度不同时，真空蒸发冻结过程中温度随时间的变化如图 14-7 所示，厚度小时，降温速率比较快，厚度较大时，降温速率较慢，但对可达到的最终冻结温度的影响不大。从图 14-7 中可明显看出在物料厚度超过 10mm 时，物料温度在 0℃附近时，曲线斜率小，降温速率慢，之后降温速率又会突然增加，这是因为在 500Pa 左右，蒸发速率非常快，物料上层会先冻结，物料下层来不及冻结，但之后冻结层上面空间的压力还在继续减小，冻结层上下压差产生的压力大于冻结层的强度极限时，会引起二次爆沸（实验过程中可观察到此现象），造成降温速率又一次突然增加。山楂浆厚度不同时，真空蒸发冻结过程中温度随时间的变化如图 14-8 所示，山楂浆厚度不仅影响降温速率，还影响其最终冻结温度。厚度太小，虽然降温速率快，但可达到的最终温度较高；厚度太大，不仅降温速率慢，可达到的最终冻结温度也高。

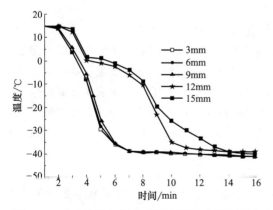

图 14-7　生物酶溶液厚度对真空蒸发冻结的影响

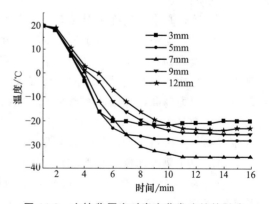

图 14-8　山楂浆厚度对真空蒸发冻结的影响

山楂浆和生物酶溶液的厚度与降温速率之间的关系如图 14-9 所示，图中离散点为实测值，实线为回归方程曲线。回归方程分别为山楂浆：$\{c\}=2.57577+0.8681\{h\}-0.09648\{h\}^2+0.00273\{h\}^3$

生物酶溶液：$\{c\}=11.41608-0.50899\{h\}$

式中，$c$ 为降温速率，单位取 ℃/min，$h$ 为物料厚度，单位取 mm。山楂浆和生物酶回归方程相关系数分别为 0.99822 和 0.99691，拟合效果显著。根据回归方程可求出物料不同厚度（3～15mm）时的降温速率，根据山楂浆回归方程可得山楂浆的厚度为 6.35mm 时，降温速率最快为 4.89℃/min，与实验结果（厚度为 7mm 时，降温速率最快为 4.9℃/min，冻结最终温度为 -34.7℃）相吻合。

③ 物料含水量的影响。含水量不同时，边长为 10mm 的豆腐真空蒸发冻结过程温度随时间的变化如图 14-10 所示。随着含水量的降低曲线越来越平缓，降温速率越慢，可冻结的最终温度越高。当豆腐含水量小于 54.1% 时，无法采用真空蒸发冻结。这是因为含水量越小，真空蒸发冻结时，可汽化的水分越少，汽化速率越慢，汽化吸收的潜热越少，降温速率越慢。

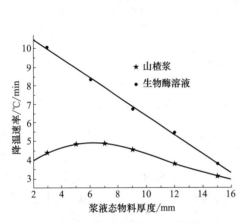

图 14-9　山楂浆和生物酶溶液的厚度
对真空蒸发降温速率的影响

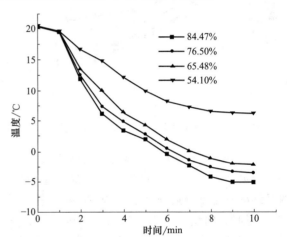

图 14-10　含水量对豆腐真空蒸发冻结的影响

④ 物料性质的影响。物料性质也是影响真空蒸发冻结的重要因素，不同物料降温速率不同，可冻结的最终温度不同，有的物料根本无法采用真空蒸发冻结。例如含水量为 92.96% 的海参，采用抽真空无论如何也无法达到冻结的目的，这是因为海参虽然含水量高，但大部分水为结合水，自由水的比例太小。

综上所述，真空蒸发冻结对液态、浆态和固态物料都可使用，但要考虑物料的性质，结合水含量高的物料，无法采用真空蒸发冻结。自由水含量大的浆态和固态物料适合采用真空蒸发冻结，要想对液态物料采用真空蒸发冻结，应采取一定的措施防止爆沸现象的发生。物料自由水含量越高，降温速率越快，可冻结的最终温度也越高，含水量小于一定值时，无法采用真空蒸发冻结。真空室压力越高，降温速率越小，可冻结的最终温度越高，压力和冻结最终温度之间的关系符合玻耳兹曼（Boltzmann）函数。固态物料尺寸不仅影响降温速率，还影响最终冻结温度。液态和浆态物料的装料厚度是影响真空蒸发冻结的一个重要因素。

14.1.1.4　浆液物料及浆液物料冻干的产品

浆液态物料冻干具有与其他固态为主物料的冻干明显不同的特点。根据浆液态物料的冻干特点，可以采取特殊的冻结方式，可解决冻干产品质量优但耗能高、耗时长的矛盾，达到降低成本的目的。用于冻干的浆液态物料有很多，包括农产品、水产品、畜牧产品、化工产品及其粉碎打浆物质、浸取物、提取物等。表 14-1 列出的是部分用于冻干的浆液态物料及其主要冻干产品。

表 14-1　冻干浆液物料及其产品

| 浆液物料 | 冻干产品举例 |
| --- | --- |
| 蔬菜汁 | 苦瓜粉,菠菜纸,山药粉,西红柿粉 |
| 水果汁 | 山楂粉,草莓粉,银杏粉,猕猴桃粉 |
| 水产品粉碎成浆 | 海参粉,海带粉 |
| 农产品粉碎成浆 | 速溶咖啡,芦荟粉 |
| 农牧渔产品浸提液 | 海参浓缩液,速溶茶 |
| 化学试剂溶液、溶胶 | 纳米氧化铜粉末,纳米银粉,纳米二氧化钛 |
| 生物体液 | 脐带血粉,干血浆 |
| 农牧产品 | 奶粉,鸡蛋粉,蜂胶粉,蜂王浆粉 |
| 医药化学品溶液、溶胶 | 辛伐他汀粉 |
| 中药粉碎浆液物料 | 双黄连粉针剂,阿糖胞苷脂质体粉针剂 |

这里所说的浆液态物料是指含有足够水分的可流动、以液体性状为主的物料。浆液态物料冻干时,由于其中以水为连续液态相,而水在冻结时需要的冷量大,耗能多;另外,对于单方向(或多方向)传导制冷的情况,冻结后,冰的导热慢,阻碍冷量的传入,使得冷冻速度慢,所以普通传导冷冻不仅耗能多而且耗时也长,产品成本自然就高。

14.1.2　强化和控制冻干工艺参数实现节能

冷冻干燥工艺耗能高,其主要原因是干燥在低温、低压下进行,干燥速率慢、时间长,设备运转、物料加热、维持低压和捕水系统制冷等,耗费能量。在冻干工艺中,如果能够采用各种方法,强化干燥速率,无疑是令冻干节能的最重要的途径。国内外学者敏锐地看到了强化干燥速率对节能的重要性,研究出许多强化干燥速率的手段,刘永忠[2]教授评述了这些手段的实施和需要解决的问题。

14.1.2.1　控制物料冻结方式、冻结速率和冻结温度水平的抑制

被干燥物料的冻结方式与冻结速率是影响冻结物料内冰晶形成的形状和尺寸的关键因素,冻结温度则影响物料中的水分冻结率。固体物料与液体物料的冻结特性存在显著差异。

对于固体物料,冻结速率快,在冻结物料中可形成较小的冰晶颗粒,因而冰晶升华后,物料内形成的孔隙尺寸较小,干燥速率低;慢冻方式可在冻结物料中形成大颗粒的冰晶,冰晶生长形成的较大尺寸连通孔隙有利于干燥后期升华水蒸气的逸出。然而慢速冻结方式将导致物料内溶质的重新分布和局部浓缩效应,冰晶的成长还可能造成物料骨架的机械损伤,引起冻干制品不可逆的质量损失。通常采用折中的物料冻结方式,即半快速冻结法。对于保留物料生物活性物质要求较高的物料,冻结速度不宜太低,应在综合考虑保留活性物质和冻干速率基础上,确定出最佳冻结速率。冻结温度越低,物料中水的冻结率越高。由于未冻结水在解析干燥阶段脱除,未冻结水的分数愈大,则解析干燥时间愈长。因此,选择物料的适宜冻结温度水平也是在强化干燥速率中需要考虑的因素之一。

由于液态物料在冻结前都没有固有的骨架结构,冻结后浓缩的液体基质或赋形剂构成了干物料固体骨架,慢速冻结容易形成大颗粒的冰晶,冰晶升华后形成的水气逸出通道尺寸较大,有利于提高干燥速率。然而,液体物料在冻结过程中容易形成玻璃态结构,这将产生阻碍干燥的不利影响,使干燥时间延长,并导致产品品质降低。因此,在冷冻干燥操作中,物料冻结温度必须低于玻璃态转化温度,或者干燥前,需要采用在液体物料中加入添加剂或泡沫化液体物料等方法进行预处理,以避免物料中玻璃态结构的形成。对于不同种类的赋形剂、玻璃态转化温度对干燥过程的影响以及干制品品质的影响还需深入研究。

因此，针对不同的物料，必须在保证产品品质的前提下选择和优化冻结速率和冻结温度水平，不能仅仅只从强化干燥速率处入手。

#### 14.1.2.2 干燥层传热与传质速率的强化

在干燥过程中，通过物料干燥层向升华界面传递升华所需热量是冷冻干燥的常用加热方式，干燥层也是升华水蒸气逸出的必由之路。因此，提高物料干燥层的有效热导率，增强干燥层传质性能就成为提高冷冻干燥速率的重要因素。

(1) 气体置换法　图 14-11 显示出冻干牛肉的有效热导率与孔隙中所填充的气体种类和气体压力之间的关系。可见在通常冷冻干燥操作的压力范围内，轻质气体（如 He、$H_2$）可明显地提高物料干燥层的热导率。因此，在冷冻干燥过程中，如果物料干燥层的有效热导率较小，可采用轻质气体填充物料干燥层，替代物料孔隙中的水蒸气和空气，以提高物料干燥层的有效热导率。在实际使用中，需要考虑附加气体装置和循环使用轻质气体的成本以及操作安全性等问题。这种方法一般用于升华热量主要来源于干燥层传热的情形。

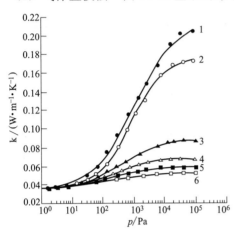

**图 14-11　冻干牛肉的有效热导率与气体种类和气体压力的关系**
1—$H_2$；2—He；3—Ne；4—$N_2$；5—$CO_2$；6—R$_{22}$

(2) 最佳压力法　对于冰的升华过程，压力越低，升华速率越大。但是对于实际多孔物料而言，干燥室压力升高，物料多孔干燥层有效热导率增加，加强了干燥层的热量传递。

干燥室压力降低，水蒸气在多孔干燥层内的扩散系数增加，将有利于升华水蒸气的逸出。干燥室压力对冷冻干燥过程具有正反两方面的影响。

如果冷冻干燥是传热控制过程，则干燥速率随着干燥室压力升高而提高。然而在某一干燥室压力下，冷冻干燥过程可能由传热控制转变为传质控制，再提高干燥室的压力将导致干燥速率降低。因此，干燥速率最大值所对应的干燥室压力应是使干燥过程由传热控制转变为传质控制的压力值。

冷冻干燥过程的速率控制步骤与被干燥物料的种类、环境气体种类、物料孔隙结构特性、物料加热方式以及冷冻干燥设备等因素有关。由于物料种类、操作条件实现方法和冻干设备的差异，使得在某一具体冷冻干燥设备得到的最佳干燥室压力值未必可移植于其他冻干设备的冷冻干燥操作。最佳压力法的实施有赖于对物料性质、冻干过程限制条件以及冻干设备的特性的全面了解和掌握，可以通过冷冻干燥实验数据分析和数学模拟进行探索。

(3) 循环压力法　循环压力法是在冷冻干燥过程中周期性地升高和降低干燥室压力以提高干燥速率的方法。在干燥室压力升高期，物料干燥层的有效热导率和物料外部气体对流传热系数增加，通过干燥层的传热量增加，物料升华界面温度和水汽分压也相应提高；随后压力突然降低，使升华界面与表面之间形成较大压力差，导致物料干燥层孔隙内气体快速逸出。如此交替变化操作压力，即构成了循环压力冷冻干燥过程。

研究和实践表明，与恒定压力的冷冻干燥过程相比，循环压力法可缩短干燥时间 1/5～1/4；在循环压力法中，存在最佳的循环压力波幅、循环压力周期和循环压力波形，研究发现，改变循环压力周期和维持高压时间对冻干时间几乎没有影响，而压力波形的变化则对冻干时间产生显著的影响，方波波形的压力变化比斜坡波形需要更长的干燥时间。循环压力法与优化恒压法的对比和分析结果表明，从有效性和经济性方面考虑，循环压力法并不优于干燥室压力优化的恒压法。其原因是无论何种操作参数的循环压力冷冻干燥都是偏离最优操作条件的冷冻干燥过程的，而且在循环压力冷冻干燥过程中，升高操作压力未必总是强化物料干燥层的传热，有时干燥室压力的升高反而会阻碍干燥层传热。

应用循环压力法要求冷冻干燥过程必须是传热控制过程，若干燥过程是传质控制或操作压力对物料多孔干燥层的有效热导率影响很小，则循环压力法就失去了应用价值。另外，增加压力循环波动调节和控制装置也增加了干燥设备的复杂性。

（4）极限表面温度法　在干燥过程中，使物料表面温度始终维持在物料所容许的最高表面温度的加热方法，称为极限表面温度法。这种方法的实质是在物料内部最大限度地提高温度梯度以增强传热。在传热控制过程的前提下，如果使物料的冻结层表面和干燥层表面都达到了物料的极限容许温度，则外部向升华界面提供的热量达到最大值，此时物料的干燥速率也最大。然而在传质控制的冷冻干燥过程中，极限表面温度操作方法有可能使物料升华界面温度接近或超过物料的共熔点温度限制，这时就要根据物料的冷冻干燥特性对加热温度参数进行折中和调整，以满足物料容许温度的限制。

在应用极限表面温度时，需要考虑干燥室压力与加热温度的最优配合以及初始干燥阶段物料温升控制等方面的因素。

### 14.1.2.3　冻结层传热的强化

在冷冻干燥过程中，物料冻结层热导率比干燥层有效热导率高1～2个数量级，通过干燥层导热传至升华界面的热量是有限的，如果同时通过干燥层和冻结层加热物料，则传热控制冻干过程的干燥速率将大大提高。

土豆和胡萝卜的冷冻干燥研究表明，与单纯辐射加热方式相比，辐射与冻结层导热组合的加热方式可以有效缩短干燥时间，通过冻结层的传热量是表面辐射传热量的10.3倍，但搁板加热温度不宜太高，干燥室压力应维持在系统可以达到的最低压力值。

尽管通过冻结层传热可明显提高干燥速率，然而冻结层与加热面保持良好的热接触以及控制冻结表面的干燥层形成是应用这种方法的最大挑战。Luikov曾对毛细管内冰在辐射加热和接触加热条件下的升华过程进行了可视化实验研究，研究表明接触导热加热方式可使加热板与模型物料之间形成了气垫层，在气垫层上的温差有12℃之多，气体层阻碍了物料与加热面的接触。

目前，通过冻结层加热法仅见于冷冻干燥实验研究报道。保持冻结层与加热面良好的热接触以及控制冻结表面的干燥层形成是应用这种方法需要解决的关键问题。

### 14.1.2.4　表面辐射加热

冷冻干燥过程中各种操作阶段的能耗分配如图14-12所示[2]。可见，冷冻真空干燥的耗能耗时主要集中在升华干燥阶段。采用溶液冷冻干燥法制备纳米粉体时，水溶液冻结物中需要除去的溶剂量大，所以纳米粉制备的升华干燥过程耗能比例会更大。解决制纳米粉升华过程的节能问题，更有实际应用价值。

关于冷冻干燥过程的传热传质研究，已有许多人建立了形形色色的数学模型。但几乎全部是从冰界均匀后退模型发展衍化而来，这些模型描述的升华干燥阶段，物料有已干层和冻结层2个区域，由2个区域的界面处升华出的水蒸气扩散穿过已干层而被排走，热量则透过上部已干层和/或下部冻结层传到升华界面，提供升华潜热。冻结干燥过程的进程受导热层的传热控制或者受已干层的内部传质控制。

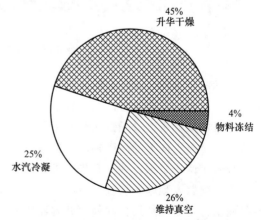

**图14-12　冷冻干燥过程的能量消耗份额分配**

45%
升华干燥

4%
物料冻结

26%
维持真空

25%
水汽冷凝

影响冻结物中水分子的升华速率的因素，主要有对蒸发前沿的供热速率和蒸发前沿的水蒸气在已经干燥的物料中的迁移速率。一般冻结物真空干燥之所以有耗能高、耗时长，是因为有保持冻结状态、防止热敏性干燥产品变性与提高干燥速率之间的矛盾。

在升华干燥阶段，当冻干机的捕水能力足够的情况下，干燥过程为传热控制。为了提高干燥速率，需要为冻结物的蒸发干燥前沿提供充足的热能。一般在冻干机中是由物料下方的搁板为其上的物料供热，热量由物料的下表面经冻结层传导达到干燥前沿。提高搁板温度显然能够加快干燥速率，但搁板温度过高，会导致冻结物的熔化。为此，人们又采用了上表面辐射加热的工艺，即由上层搁板为下层物料供热，热量通过物料的已干层达到蒸发前沿。但，一般对于食品、生物制品和药品等物料的干燥，上层搁板的温度也不可太高，否则可能引起热敏性物料的变性，同时表面干燥层对辐射来的热量也有较大的阻挡作用。所以，上表面辐射加热工艺对于一般物料的干燥速率的提高也是有限的。

溶液冷冻干燥制粉方法中的冷冻干燥过程与上述以固体物料为主要对象的描述模型有很大不同[3]。最主要的差别在于，固体物料是以固态物质作为连续相，至少是可以构成骨架的多孔介质。而有待去除的水分是以分散相的形态分布于固态物质孔隙之中。但稀溶液冻结物恰恰是以有待去除的溶剂部分作为连续相，而要求保留的固态物质是均匀分散其中的离散相。这样，已干层中的剩余物质无法独立地保持原有的形貌和结构，崩塌和沉淀堆积在所难免。当溶液浓度相对较高和盛装深度较大时，尚可以在冻结层上方形成一定厚度的松散堆积层，如图 14-13（a）所示。而对于溶液浓度低、盛装深度浅的试验样品，常常出现直至冷冻干燥结束固态产物也未将盛装容器底面覆盖满的现象，如图 14-13（b）所示。此时，关于连续已干层的存在和层内有传热传质过程的基本假设已很难成立。

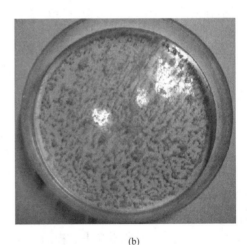

(a)                                            (b)

图 14-13 冻干结束时纳米粉样品形态

实际冻干过程，若是将盛放溶液冻结物的托盘直接放置在搁板上，通过搁板升温将其加热。虽然上层搁板的下表面可以通过辐射方式为下层搁板上的冻结物上表面供应一定的热量，但更主要的还是本层搁板透过托盘底板和下部冻结层传向升华表面的传导热量。这样，实际在冻结层内形成了一个由上向下的温度梯度，紧贴托盘底板的冻结层处温度最高，而升华前沿的温度不高。这就导致了两个结果，一是升华热供给不够，干燥速率慢，二是严格限制了搁板温度的提升。实验过程中就曾发现因搁板温度过高而使冻结层底部发生熔化和/或底部首先发生升华，产生的水蒸气将上部整个冻结层托起而离开容器底面的现象。为了防止冻结层融化，保证所制备粉体的性能，一般采用低温缓慢升华的工艺，因此，升华干燥的时间普遍很长，能耗多，制备成本高。

在制备纳米粉体时，由于干燥后的粉体一般为非热敏性物质，可以接受更高的温度，冻结物干燥中主要是考虑防止冻结物熔化因素。另外，干燥后的粉体量少且疏松，对干燥传质阻力小，对来自上表面的热量辐射阻挡也小，所以更适合于采用上表面辐射加热的供热方式。在具体操作上，对于有多层搁板的冻干机，可以在冻结物与其下面的搁板之间垫加隔热板（如聚苯乙烯保温板），使冻结层的底面不受热，热量完全由上层搁板辐射达到升华前沿（见图14-14）。因为热量不是像传导加热那样穿过冻结层到达升华前沿，而是从上面直接辐射到达被干燥的物质表面，所以可以适度提高搁板的温度，也不至于导

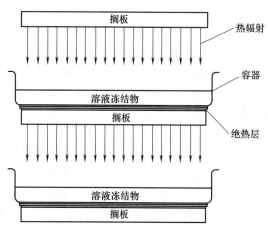

图14-14　制备纳米粉时完全上表面辐射加热示意图

致冻结层融化。而由于热源温度高，处于升华前沿的水分子就可以及时获得足够的升华热。实践证明，这种单方向的上表面辐射加热，可使干燥速率明显加快，节省能耗。

冷冻干燥过程涉及物料内部的传热过程与传质过程以及升华相变过程的耦合。各种提高干燥速率、降低能耗的方法均有其优势和局限性。因此，对于冷冻干燥具体工艺途径的选择，需根据被干燥物料及设备的特性，确定不同强化干燥速率降低能耗的方法，或者需对几种方法进行组合和改进。冷冻干燥物料的多样性和干燥过程的限制条件决定了冷冻干燥过程速率强化方法的复杂性和多变性。

## 14.2　开发冻干机节能设计新技术

### 14.2.1　冻干机的优化设计

在冷冻真空干燥过程中，冻干箱内的压力与温度是重要的工艺参数。被冻干物料所处的压力与温度环境，影响着物料的干燥速率和成品质量。为了获得良好的冻干产品，通常需要进行各种物料的冻干曲线研究，以确定该物料在冻干过程中所使用的压力和温度等工艺参数。

对于同一批物料的冻干，尽管冻干过程中使用的操作参数相同，但是由于各物料所处冻干箱内的位置不同，因此各物料所处的压力和温度环境也必然会有所差别。当这种差别超过一定的阈值时，就会出现同一批次冻干产品含水率严重不均的现象，最终只有部分产品达到质量要求，成品合格率较低。

对于同一个冻干箱而言，通常靠近真空系统抽气口附近的水蒸气较容易排出，搁板边缘的温度相对较低。这往往会导致冻干过程中出现抽气口附近的产品过干而搁板边缘产品含水率过高的现象，最终只能通过后续的操作来区分合格与不合格产品，造成很大的时间、人力、物力等浪费。在大型的食品冻干机中，由于整个冻干箱体积庞大，流道复杂，流通路径较长，这种现象更加明显和突出。

为了获得良好的冻干产品质量，一方面要求单个产品具有较好的品相、复水性等，这主要靠合理的冻干工艺参数来保障；另一方面则是要求同一批冻干产品具有均匀的含水率，这就需要保证冻干过程中各物料所处的温度和压力环境相差不大，即需要保证冻干箱内具有较均匀的温度场和压力场（或流场）分布。而冻干箱内温度场压力场与冻干箱内部搁板结构等参数密切相关，因此需要对冻干箱进行优化设计，保证冻干箱内二场的均匀分布。

捕水器也是真空冷冻干燥过程中影响冻干产品质量的重要部件。当捕水器设计不合理，温度场不均匀时，就会出现捕水器表面积大而捕水量小的现象，即有部分表面积为无效捕水表面积。

例如水蒸气集中凝结在捕水器入口处，形成大块冰块，这一方面浪费了捕水器后端的捕水表面积，另一方面还会导致捕水器入口处流导减小，阻碍气体的排出，延长物料的冻干时间。而捕水器的造价目前几乎相当于冻干箱的造价，且运转功耗较大，因此也有必要对捕水器进行优化设计，保证捕水器区域具有均匀的温度场分布。

前文中详细介绍了冻干箱和捕水器的结构设计方法。但是设计出来的产品是否能够具有良好的压力场和温度场分布，以往只能依靠实验或经验进行反复测试和改进，这需要消耗大量的人力、物力和财力等资源，而且耗时很长。

随着现代设计方法的高速发展，数值模拟和数学建模等方法逐渐进入实用领域。使用数值模拟和数学建模等方法，在第6章设计的基础上对冻干箱和捕水器内的压力场温度场进行研究，就能通过理论方法分析出相应的压力场和温度场分布情况，进而优化冻干箱内搁板面积、间距、位置等结构，优化冻干箱抽气口位置，优化捕水器内制冷管分布、表面积等，保证二场的均匀性，使得被冻干物料含水率均匀，从而提高产品质量，减少资源消耗，进一步降低生产成本。

### 14.2.2 压力场温度场优化设计方法

#### 14.2.2.1 数值模拟法

数值模拟是通过数值求解控制流体流动的微分方程，得出流场在连续区域上的离散分布，从而近似模拟流体的流动情况。

对于压力场和温度场的数值模拟，目前通常采用 CFD（Computational Fluid Dynamics，计算流体动力学）软件进行。CFD 在最近 20 年中得到了飞速的发展，CFD 软件一般都能包含多种优化的物理模型，如定常或非定常流动、层流、紊流、不可压缩和可压缩流动、传热、化学反应等。对每一种物理问题的流动特点，都有相适应的数值解法，可对显式或隐式差分格式进行选择，使得计算速度、稳定性和精度等方面都达到最佳。

目前 CFD 软件主要可分为 3 大类[4]。第 1 类是针对具体问题的专用程序，如 TPS-2D 和 TPS-3D 等；第 2 类是针对一种类型问题编制的程序，专业性较强；第 3 类是 CFD 软件包，具有完善的前处理和后处理系统，其求解器部分可以容纳大量的物理模型，可用于分析涉及流体力学的各类问题，并可以处理各种不同的、简单的或十分复杂的几何形体。该类大型商业软件较成熟的有 FLUENT、ANSYS（CFX）、PHOENICS、FIDAP、FLOW3D、STAR-CD 等。其优点在于不必深入研究控制方程，只需要研究问题的物理本质、问题的提法、边界（初值）条件和计算结果的合理解释等重要方面。

CFD 软件包是我们常用的数值模拟软件。各种 CFD 软件包虽然在使用细节上不尽相同，但大致应用思路与使用步骤基本一致，且大部分 CFD 软件包的前处理和后处理文件可以互相导入和导出。下面以 FLUENT 软件为例，介绍压力场和温度场的数值模拟优化设计方法。

（1）FLUENT 软件概述　FLUENT 软件是目前处于世界领先地位的商业 CFD 软件包之一，最初由 FLUENT Inc. 公司发行。2006 年 2 月 ANSYS Inc. 公司收购 FLUENT Inc. 公司后成为全球最大的 CAE（Computer Aided Engineering，计算机辅助工程）软件公司。

FLUENT 是一个用于模拟和分析复杂几何区域内流体流动与传热现象的专用软件。FLUENT 提供了灵活的网格特性，可以支持多种网格。用户可以自由选择使用结构化或者非结构化网格来划分复杂的几何区域。例如针对二维问题支持三角形网格或四边形网格；针对三维问题支持四面体、六面体、棱锥、楔形、多面体网格；同时也支持混合网格。用户还可以利用 FLUENT 提供的网格自适应特性在求解过程中根据所获得的计算结果优化网格[5,6]。

FLUENT 通过菜单界面与用户进行交互，用户可以通过多窗口的方式随时观察计算的进程和计算结果。计算结果可以采用云图、等值线图、矢量图、剖面图、XY 散点图、动画等多种方式显示、存储和打印，也可将计算结果保存为其他 CFD 软件、FEM（Finite Element Method）

软件或后处理软件所支持的格式。FLUENT 还提供了用户编程接口，运行用户可以在 FLUENT 的基础上定制、控制相关的输入输出，并进行二次开发。

针对不同的计算对象，CFD 软件都包括 3 个主要功能部分：前处理、求解器、后处理。其中前处理是完成计算对象的建模、网格生成的程序；求解器是求解控制方程的程序；后处理是对计算结果进行显示、输出的程序。FLUENT 软件基于 CFD 软件群的思想设计，其软件包主要由 GAMBIT、Tgrid、Filters、FLUENT 几部分组成，其中 GAMBIT、Tgrid、Filters 为前处理器，FLUENT 为求解器且带有强大的后处理功能。

（2）FLUENT 软件模拟优化流程　FLUENT 软件模拟优化压力场和温度场的流程主要包括几何建模、网格生成、网格导入与调整、物理模型选择与设置、材料物理属性设置、边界条件设置、执行求解，结果显示与后处理等几大步骤，如图 14-15 所示。以 GLZ-0.4 型冻干机空载预冻时冻干箱温度场模拟为例，介绍模拟优化的流程。

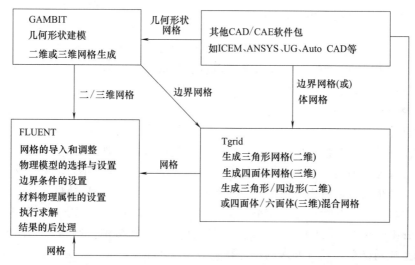

**图 14-15　FLUENT 软件模拟优化流程**

① 几何建模。进行冻干箱和捕水器的模拟优化时，首先要根据第 6 章的设计结果，在其基础上建立一个几何模型。在几何模型的建立过程中，要考虑到三维问题是否可以简化为二维问题、轴对称问题或者面对称问题。模型简化后将大幅减少网格生成步骤中的网格数量，减小 FLUENT 软件的运算量，提高模拟计算的速度，节省模拟优化的时间。

FLUENT 的几何建模通过前处理软件完成。对于简单的几何模型，可以使用 GAMBIT 直接生成。复杂几何模型的建立通常先采用其他的三维软件（如 Solidworks，Pro/E，UG，AutoCAD 等）绘制，然后通过相应接口导入 GAMBIT 中。对于异常复杂的结构，现在还可以通过 CT 扫描等技术，生成对应的几何模型，然后导入到 GAMBIT 中，再进行最后的修改和完善。FLUENT 还能直接利用其他 CAD/CAM 软件包生成的网格模型进行数值求解，此时的几何建模将在相应的 CAD/CAM 软件包中进行，详见网格生成部分的内容。

GLZ-0.4 型实验室用冻干机冻干箱底面直径为 550mm，长为 570mm。搁板间距不可调，为 90mm、搁板宽度为 300mm，搁板长度为 450mm，搁板厚度为 25mm。搁板距离冻干箱前端面 40mm，距离冻干箱后端面 80mm。

在实际工作时，冻干箱内的压力在 40Pa 左右，可认为冻干箱内的换热只是辐射换热，对流换热和热传导可以忽略。无辐射性介质的辐射换热问题，由于要考虑表面向整个空间各个方向上的能量交换，故采用封闭腔模型进行模拟。

图 14-16 是 GLZ-0.4 型实验室用冻干机空载预冻时冻干箱温度场模拟的几何模型[7]。

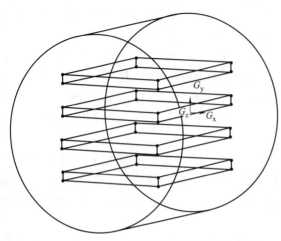

图 14-16　GLZ-0.4 型冻干机冻干箱几何模型

② 网格生成。网格生成的目的在于将连续的几何模型离散化，流体力学与热力学等基本方程组就在这些离散化的网格单元上求解。由于几何模型的形状可能会各种各样，所以网格生成的工作非常复杂而且繁琐。网格划分的好坏，不但影响模拟过程收敛的速度，还影响最终模拟结果的准确程度乃至成败，因此网格生成是一个很重要的步骤。网格质量的好坏，常常与操作者的经验有很大关系。

如图 14-15 所示，FLUENT 软件网格的生成可以在 GAMBIT 中进行，也可以在其他 CAD/CAM 软件包中进行。GAMBIT 生成的面网格或体网格可以直接导入 FLUENT 中，而其他 CAD/CAM 软件包生成的面网格或体网格则需要通过 Filters 软件接口导入。FLUENT 还可以先利用 GAMBIT 或者其他 CAD/CAM 软件包生成边界网格，然后用 Tgrid 继续生成剩余部分网格，最后再导入到 FLUENT 中进行下一步的处理。

网格可分为结构化网格和非结构化网格两大类。从严格意义上讲，结构化网格是指网格区域内所有的内部点都具有相同的毗邻单元。它可以很容易地实现区域的边界拟合，适于流体和表面应力集中等方面的计算。结构化网格生成速度快、网格质量好、数据结构简单、区域光滑、与实际的模型更容易接近，但是其适用范围比较窄、只适用于形状规则的图形。非结构化网格与结构化网格相对应，是指网格区域内的内部点不具有相同的毗邻单元，即与网格剖分区域内的不同内点相连的网格数目不同。其特点是适应范围宽，但是网格生成速度较慢、网格质量不稳定、数据结构较复杂。在 FLUENT 软件中，同一个几何造型允许既有结构化网格，也有非结构化网格，二者分块分别生成网格后，直接调入进行计算。

网格单元的形状有三角形、四边形、四面体、六面体、棱锥、楔形、多面体等基本类型。网格单元的大小可以由用户初始指定，也可以在计算过程中根据计算结果自适应粗化或者细化。

对于冻干箱和捕水器而言，网格的选择主要由二者几何模型的复杂程度来确定。由于冻干箱内物料的形状通常不规则，因此装载有物料的冻干箱网格生成一般采用非结构化网格。而对于未载有物料的冻干箱和捕水器，其网格选择则要看具体的几何结构。

图 14-17 为 GLZ-0.4 型实验室用冻干机空载预冻时冻干箱温度场模拟的计算网格。由于主要计算区域（搁板）附近的几何模型非常规则，所以计算网格划分采用二维非结构化网格，过疏的网格划分将使计算结果与实际偏差过大，而网格过密，不仅会使计算时间过长，而且由于计算截断误差的累积，使得计算结果偏大。通常认为，网格的疏密程度以能准确反映出场的变化情况但又不耗费太多的计算时间为宜。

网格生成后还需要对几何模型的边界进行简单设定，便于后续 FLUENT 计算时加载各物理参数。如设定边界的种类为入口边界、出口边界、开放边界及固壁边界等；设定边界的类型为压力边界、速度边界、热边界、对称边界等。例如，图 14-17 中网格进行边界设定时，冻干箱圆筒状外壳内表面与搁板外表面就会被设定为固壁边界（热边界），然后在

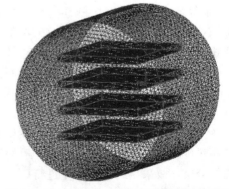

图 14-17　GLZ-0.4 型冻干机冻干箱计算网格

后续的 FLUENT 设置中加载上具体的温度参数。

③ 网格导入与调整。将前处理软件建立的网格模型读入 FLUENT 前，需要在 FLUENT 中首先选择求解器版本类型，如二维单精度、二维双精度、三维单精度、三维双精度等。具体选择标准要看模型的几何特征与求解要求。如包含很大热传导率和高纵横比网格的问题，采用单精度求解器就可能会使边界信息无法有效传递，从而导致收敛性和精度下降，甚至发散，此时就需要考虑使用双精度求解器。

网格模型读入 FLUENT 后，能够显示出网格文件的一些基本信息，如各类网格的个数、面的个数、节点的个数等。网格读入后，注意一定要进行网格检查，确认相应的网格信息。如确定计算域的大小是否符合要进行分析的计算域尺寸；确认最小网格体积或面积是否大于 0，如果出现负体积或负面积的网格，就要重新进行网格划分；确认计算域的长度单位是否正确等。

④ 物理模型选择与设置。将连续的几何模型离散为网格模型后，为了进行相应的数值求解，还需要选择采用何种控制方程。

基本流场的控制方程为质量守恒方程 ［式 （14-1）］、动量守恒方程 ［式 （14-2）］ 与能量守恒方程 ［式 （14-3）］ 所组成的方程组[8,9]。

$$\frac{\partial \rho}{\partial t} + \nabla \cdot (\rho v) = S_m \tag{14-1}$$

$$\frac{\partial(\rho v)}{\partial t} + \nabla \cdot (\rho vv) = -\nabla p + \nabla \cdot (\tau) + \rho g + F \tag{14-2}$$

$$\frac{\partial(\rho E)}{\partial t} + \nabla \cdot [v(\rho E + p)] = \nabla \cdot \left[ k_{eff} \nabla T - \sum_j h_j J_j + (\tau_{eff} \cdot v) \right] + S_h \tag{14-3}$$

式中，$\rho$ 为密度；$t$ 为时间；$v$ 为速度矢量；$S_m$ 为源项，表示加入到连续相的质量，也可是其他自定义的源项；$p$ 为流体微元体上的压力 （静压）；$\tau$ 为因分子黏性作用而产生的作用在流体微元体表面上的黏性应力张量；$g$ 为作用在流体微元体上的重力体积力；$F$ 为作用在流体微元体上其他外部体积力 （如外加电场力、磁场力等） 或其他模型的相关源项 （如多孔介质、相间相互作用力或其他自定义源项）；$E$ 为流体微团的总能，即内能与动能之和，$E = h - \frac{p}{\rho} + \frac{v^2}{2}$，其中 $h$ 表示焓；$k_{eff}$ 为有效热导率，即根据湍流模型定义而得的湍流热导率 $k_t$ 与层流热导率 $k$ 之和，$k_{eff} = k_t + k$；$T$ 为温度；$J_j$ 为组分 $j$ 的扩散通量；$S_h$ 为包括化学反应热和其他体积热源的源项。

如果流动包含不同组分的混合或相互作用，则需要加入组分质量守恒方程。如果流动处于湍流状态，则还需要附加湍流输运方程。其具体方程这里不做描述。

在 FLUENT 中流场控制方程的选择通过设置求解器等来完成。图 14-18 为 FLUENT 中的基本求解器界面。FLUENT 在 6.3 版本之后提供 3 种求解方法：压力基隐式求解 （Pressure Based、Implicit）、密度基隐式求解 （Density Based、Implicit） 和密度基显式求解 （Density Based、Explicit）。压力基求解器按顺序依次求解动量方程、压力修正方程、能量方程和组分方程及其他标量方程 （如湍流方程）。密度基求解器同时求解连续性方程、动量方程和组分方程，然后顺序求解其他标量方程 （如湍流方程）。

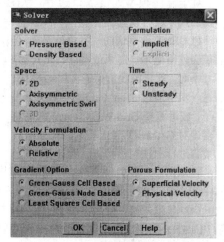

图 14-18 基本求解器 Solver 对话框

使用 FLUENT 软件对冻干箱和捕水器进行数值模拟前，需要通过 M. Knudsen 气流判别式[式（14-4）]对气流状态进行判别，进而确定选择何种控制方程，如何设定基本求解器，是否设置紊流模型等。

$$\frac{\lambda}{D} > \frac{1}{3} \text{ 时为分子流}$$

$$\frac{\lambda}{D} < \frac{1}{100} \text{ 时为黏滞流;} \qquad (14-4)$$

$$\frac{1}{100} < \frac{\lambda}{D} < \frac{1}{3} \text{ 时为黏滞-分子流（过渡流）}$$

式中，$\lambda$ 为气体分子平均自由程，m，$\lambda = \dfrac{KT}{\sqrt{2}\,\pi\delta^2\,\overline{p}}$；$T$ 为气体的温度，K；$D$ 为管道直径，m；$K$ 为玻尔兹曼常数，$K = 1.38 \times 10^{-23} \text{J/K}$；$\overline{p}$ 为平均压力，Pa；$\delta$ 为气体分子有效直径，$3.72 \times 10^{-10}$ m。

在实际问题中，除了要计算流场，有时还需要计算温度场或浓度场等，因此会用到其他物理模型，如 Multiphase 多相流、Radiation 辐射、Species 组分输运与化学反应、Discrete Phase 离散相、Solidification&Melting 凝固和融化、Acoustics 声学等。这些模型在完成基本求解器设定后再根据实际情况进行相应设定。

对于冷冻真空干燥机的冻干箱和捕水器，因工作时其内部处于真空状态，因此模拟其内部换热时需要重点关注辐射换热。

FLUENT 中的辐射换热共有 5 种模型：离散换热辐射模型（DTRM）、P-1 辐射模型、Rosseland 辐射模型、表面辐射模型（S2S）和离散坐标（DO）辐射模型。辐射模型的选择常考虑下列几点：光学厚度、散射率与发射率、颗粒效应、半透明介质与镜面边界、非灰体气体辐射、局部热源、封闭腔体内没有参与性辐射介质情况下的辐射传热、外部辐射等。针对以上 8 点，5 种辐射模型具体所适用的情况各不相同。

本例中冻干箱温度场模拟时选用的是 DTRM 辐射模型。

⑤ 材料物理属性设置。材料物理属性的设置比较简单，主要是设定流体的物理性质。当所计算的流体为数据库中已有类型时，直接进行选择即可，也可对选定流体进行物理参数的修改。如果数据库中没有此种流体，则可以手动输入各属性值，并在数据库中添加一种新物质。

⑥ 边界条件设置。对于网格生成过程中设定的各种边界，FLUENT 在计算之前需要逐个设定其初始值。如设定压力边界的压力值，速度边界的流体速度值、方向及温度，热边界的温度值等。对于湍流模型速度入口边界，则还需要设定湍流强度与水力直径。

本例中冻干箱圆筒状外壳内表面与搁板外表面将在这一步设定具体温度值与发射率。根据冻干箱预冻实验，将搁板温度设定为 223K，箱内壁温度设定为 243K。搁板与箱都是不锈钢材料，将其发射率设定为 0.66。

⑦ 执行求解。FLUENT 的求解过程实际上是控制方程在网格模型各个节点的迭代计算过程。

求解前可以通过改变差分方式来改变计算精度。如为了提高计算精度，可以将差分方式由一阶迎风修改为二阶迎风或 QUICK 格式。

FLUENT 求解之前需要进行初始化，即确定迭代计算的开始点。初始解对求解的影响比较大，因此给出的初始解要尽量接近真实解。

残差是 FLUENT 求解过程中判断结果收敛的重要标准，它的值越小表示计算的精度要求越高。FLUENT 求解前还需要进行残差收敛标准的设定。只有当各个方程的残差都达到设定标准时，才认为收敛，软件停止运算。求解过程中，可以通过残差监控图监测各个方程的残差变化情况。

FLUENT 求解速度的快慢，与几何模型的复杂程度，网格划分的方式，差分方式、残差的设定标准等密切相关，通常模型越复杂、残差标准越小，则求解速度越慢。

⑧ 结果显示与后处理。FLUENT 提供的图形工具可以很方便地处理 CFD 求解结果中所包含的信息，并观察相应的结果绘制成等值线图、云图、速度矢量图、迹线以及某个剖面上的物理量分布 XY 点线图等。

图 14-19 是 GLZ-0.4 型实验室用冻干机空载预冻时冻干箱温度场模拟的温度场云图。通过后处理软件，可以很方便地读取及观察冻干箱内任意位置的温度场计算结果，确定均温区的范围。图 14-20 与图 14-21 为 X＝0mm 截面的温度场云图和等温线图。

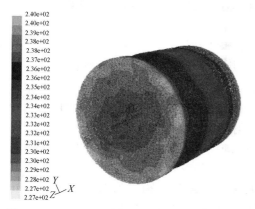

图 14-19　GLZ-0.4 型冻干机冻干箱温度场云图

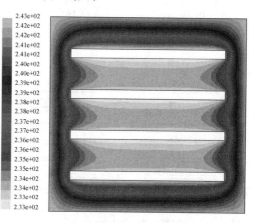

图 14-20　冻干箱 X＝0mm 截面温度场云图

进行冻干机冻干箱及捕水器优化设计时，可以按照上述流程，在第 6 章结构设计的基础上，利用 FLUENT 软件进行模拟，得出压力场与温度场的分布。然后根据模拟结果，进行搁板位置、间距、尺寸，抽气口位置，制冷管分布、表面积等参数的优化调整以获得均匀的冻干箱压力场温度场和捕水器温度场。

### 14.2.2.2　数学建模法

数学建模（Mathematical Modeling）就是使用数学方法解决实际应用问题，是一种运用数学思维、语言和方法，通过抽象、假设与简化建立起能近似描述并"解决"实际问题的模型的一种数学手段。建立的数学模型是一种模拟，是用数

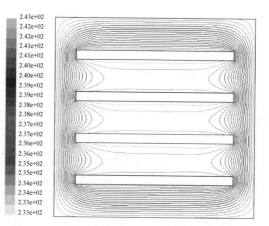

图 14-21　冻干箱 X＝0mm 截面温度场等温线图

学符号、数学式子、程序、图形等对实际问题本质属性的抽象且简洁的描述，它或能解释某些客观现象，或能预测未来的发展规律，或能为控制某一现象的发展提供某种意义下的最优策略或较好策略。数学模型一般并非现实问题的直接翻版，它的建立常常既需要人们对现实问题深入细微的观察和分析，又需要人们灵活巧妙地利用各种数学知识。

数学建模通常包括模型准备、模型假设、模型建立、模型求解、模型分析、模型检验及模型应用等几个步骤。

对于冻干箱与捕水器的结构优化设计，也可以采用数学建模的方法，针对某一类结构进行简化与假设，建立起数学模型。如果模型检验合格，就能利用其结果分析压力与温度的分布情况，

进而指导该类结构的相关优化设计。下面以大型冻干机冻干箱内水蒸气压力分布为建模目标，简单介绍数学建模方法在冻干箱与捕水器优化设计中的应用。

大型冻干机为提高生产效率和产量，冻干箱内常采用多层大面积搁板的结构布置形式，而且为提高冻干箱的容积利用率，搁板间距也相对较窄，冻干箱的抽气口又常常布置在冻干箱体的一侧，从而造成由搁板物料蒸发面到冻干箱抽气口间形成曲折狭长的流动迁移通道，产生较为明显、不可忽略的流动阻力。大型冻干机内升华干燥阶段的水蒸气流量又恰恰是较大的，于是实际上在狭长的通道内会形成明显的水蒸气压力差，最终导致冻干箱内不同搁板甚至同一搁板内外不同位置处物料的干燥速率不同。

通过建立冻干箱内物料外部水蒸气流动的数学模型，就能计算确定冻干过程中水蒸气压力分布的规律以及各影响因素参数间的相互关系，明确不同部位物料干燥速率的定量分析方法，为冻干箱搁板结构、抽气口位置等的设计提供理论依据。

（1）结构与简化模型　大型冻干机的物料搁板通常采用如图 14-22 所示的多层矩阵排列方式[10]。由几层甚至十几层大面积搁板垂直排列成一组，各层间留有等距的层间通道，在冻干箱内平行布置一组、两组或更多组搁板，每组两侧及两组之间，留有组间抽气通道。冻干箱的抽气口一般布置在与组间抽气通道直接相对的箱体后部（如图 14-22 中 a）或上、下部（如图 14-22 中 b 与 b'），也有少数布置在箱体侧面（如图 14-22 中 c、d 与 d'），采用双冷凝器交替工作的冻干机还可以有两个抽气口。

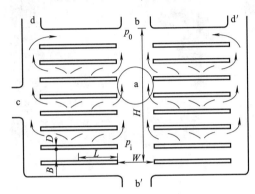

图 14-22　大型冻干机物料搁板排列结构示意图

冷冻干燥过程中，搁板上物料所升华出的水蒸气，首先沿着各搁板的层间通道流向搁板组两侧的组间抽气通道，然后再沿着组间抽气通道流向抽气口。很明显，在同一层搁板上靠近抽气通道处物料升华出的水蒸气很容易进入组间抽气通道，而搁板中部物料放出的水蒸气远离两侧组间抽气通道，不但迁移路程长，而且迁移过程中还要不断汇合沿程物料所放出的水蒸气，共同流向组间抽气通道，流动阻力自然较大，导致层间通道内搁板中部处水蒸气分压力明显高于搁板边缘处。同样道理，进入组间抽气通道的水蒸气也要汇同沿程其他层搁板所流出的水蒸气共同流向冻干箱抽气口，导致在组间通道内水蒸气的压力分布不均。其最终结果是靠近抽气口处的搁板边缘水蒸气压力最低，物料干燥得快；而远离抽气口处的搁板中部水蒸气压力最高，物料干燥得慢。这正是大型冻干机中物料干燥速率分布不均的主要原因。

首先通过对单侧层间通道内的水蒸气流动和压力分布进行建模计算，寻求冻干机结构和工艺参数对其水蒸气压力分布的影响规律，再将所得结论推广应用于组间抽气通道，从而提出计算分析整个冻干箱内水蒸气压力分布的方法。

单侧层间通道内气体流动的简化模型如图 14-23，在层间通道宽度方向沿中线建立 $x$ 轴坐标，取搁板中点位置为坐标原点，即通道有效长度为半搁板宽度 $L$，当搁板两侧组间抽气通道相差较大时，坐标原点应取在水蒸气分别向两侧流动的分界点处，对于只有一侧组间抽气通道而另一侧封闭的搁板，则坐标原点应取在封闭端处，$L$ 应为搁板全宽。沿通道高度方向，建立 $y$ 轴坐标，$y = B/2$ 位置是上层搁板的下

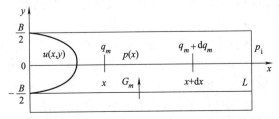

图 14-23　单侧层间通道内气体流动的简化模型

底面，而 $y = -B/2$ 位置是本层物料的上表面，水蒸气由此面均匀流出，进入层间通道。与 $xoy$ 平面垂直的搁板长度方向认为是无限大，只取单位长度进行研究。

（2）假设与数学方程　为简化计算，做如下基本假设：

① 在整个通道内，水蒸气由物料表面均匀恒速流出，不受通道内水蒸气压力分布影响；物料表面放气速率 $G_m$ 可根据冻干过程一段时间内的脱水总量除以搁板面积和时间来计算。

② 不考虑冻干箱内永久气体的影响；不考虑水蒸气在通道内 $y$ 方向的流动，而只研究沿通道 $x$ 方向的一维流动，并假设为定常层流流动，流动速度的分布按平板间泊谡叶流动计算。

③ 水蒸气密度与压力的关系按理想气体状态方程处理。

同时定义如下参数及其单位：

$B$——层间通道高度，m；

$D$——搁板厚度，m；

$L$——通道单侧长度，m；

$W$——组间通道宽度，m；

$H$——最远端搁板层到抽气口的平均距离，m；

$u$——水蒸气流动速度，m/s；

$\mu$——水蒸气的运动黏度，Pa·s；

$p(x)$——层间通道内某处的水蒸气压力，Pa；

$q_m$——通道截面的质量流量，kg/s；

$G_m$——物料表面的放气速率，kg/(m²·s)；

$M$——水蒸气的摩尔质量，kg/mol，水蒸气为 0.018kg/mol；

$R_m$——普适气体常数，8.3145J/(mol·K)；

$T$——水蒸气温度，K；

$p_i$——第 $i$ 个层间通道出口处的水蒸气压力。

描述水蒸气在层间通道内流动的数学方程如下：

水蒸气流动速度分布为

$$u(x,y) = -\frac{1}{2\mu} \cdot \frac{dp}{dx} \cdot \left[ \left( \frac{B}{2} \right)^2 - y^2 \right] \tag{14-5}$$

层间通道内任一截面 $x$ 处的水蒸气质量流量为

$$q_m(x) = \int_{-\frac{B}{2}}^{\frac{B}{2}} \rho u(x,y) \cdot dy = -\frac{MB^3}{12\mu R_m T} \cdot p \cdot \frac{dp}{dx} \tag{14-6}$$

式中利用了理想气体状态方程 $\rho = \dfrac{pM}{R_m T}$。

从质量守恒定律出发，考察层间通道 $x \sim x + dx$ 段的质量增量，有

$$dq_m = -\frac{MB^3}{12\mu R_m T} d\left( p \frac{dp}{dx} \right) = G_m \cdot dx \tag{14-7}$$

从而得到表述通道内水蒸气压力分布的控制方程为

$$\frac{d^2}{dx^2}(p^2) = -\frac{24\mu R_m T G_m}{MB^3} \tag{14-8}$$

利用边界条件 $\qquad\qquad x = 0, \dfrac{dp}{dx} = 0; \quad x = L, \quad p = p_i$

可解得
$$p(x) = p_i \sqrt{1 + \alpha - \alpha \left(\frac{x}{L}\right)^2} \qquad (14\text{-}9)$$

其中定义层间通道特征系数
$$\alpha = \frac{12\mu R_{\mathrm{m}} T G_m L^2}{M B^3 p_i^2} \qquad (14\text{-}10)$$

并可求得层间通道内任一截面 $x$ 处和通道出口 $x = L$ 处的水蒸气质量流量分别为
$$q_m(x) = G_m \cdot x; \quad q_m(L) = G_m \cdot L \qquad (14\text{-}11)$$

上述分析方法与计算结果还可进一步推广应用于组间抽气通道内的压力分布计算。参照图 14-22 所标注符号，以组间通道宽度 $W$ 代替层间通道宽度 $B$；以最远端搁板层到抽气口的平均距离 $H$ 代替层间通道单侧长度 $L$；以坐标 $z$ 表示某一层搁板位置距最远端搁板层的距离；将每层搁板在出口的总放气量 $G_m L$ 均分在搁板层间距 $B + D$ 宽度内，并考虑组间通道两侧均有搁板放气；则相对于组间抽气通道的放气率 $G_z$ 为
$$G_z = \frac{2 G_m L}{B + D} \qquad (14\text{-}12)$$

以 $p_0$ 表示组间抽气通道末端即冻干箱抽气口处的水蒸气压力，则组间通道内水蒸气压力 $p_i(z)$ 分布计算式为
$$p_i(z) = p_0 \sqrt{1 + \beta - \beta \left(\frac{z}{H}\right)^2} \qquad (14\text{-}13)$$

式中组间抽气通道特征系数
$$\beta = \frac{12\mu R_{\mathrm{m}} T G_z H^2}{M W^3 p_0^2} \qquad (14\text{-}14)$$

（3）建模结果分析与讨论

① 利用上述计算结果，可以方便地计算出大型真空冷冻干燥机内任一确定位置处的水蒸气压力。首先根据真空系统和捕水器在冻干箱抽气口处所能产生的最低水蒸气压力值 $p_0$，以及 $H$、$W$、$B$、$D$、$L$、$G_m$ 等相关结构和工艺参数，由式（14-12）～式（14-14）计算出冻干机内任一层搁板通道出气口处的水蒸气压力值 $p_i$。再代入式（14-9）、式（14-10）中，即可求出对应搁板任意位置处的水蒸气压力值 $p(x)$。例如在一般情况下，最远端搁板层（$z = 0$）的中间部位（$x = 0$）是冻干箱中水蒸气压力最高之处，可计算其压力值为
$$p_{\max} = p_0 \sqrt{1 + \beta} \sqrt{1 + \alpha} \qquad (14\text{-}15)$$

② 某一层搁板层间通道内外的最大水蒸气压力差为
$$\Delta p = p(0) - p_i = p_i (\sqrt{1 + \alpha} - 1) \qquad (14\text{-}16)$$

定义该层间的最大压力偏差率
$$\delta = \frac{\Delta p}{p_i} = \sqrt{1 + \alpha} - 1 \qquad (14\text{-}17)$$

从 $\delta$-$\alpha$ 关系曲线图 14-24 可以看出，要使层间通道的压力偏差率 $\delta$ 小，层间特征系数 $\alpha$ 的取值也对应地不能大。同理可定义组间抽气通道内的最大压力偏差率，它和组间通道特征系数 $\beta$ 的关系与式（14-17）相同。

整个冻干箱内的最大压力偏差率应为
$$\delta_{\max} = \frac{p_{\max} - p_0}{p_0} = \sqrt{1 + \alpha} \sqrt{1 + \beta} - 1 \qquad (14\text{-}18)$$

要使 $\delta_{\max}$ 小于一定值，必须同时控制 $\alpha$、$\beta$ 的取值。

③ 水蒸气压力沿某一层搁板层间通道的分布只与所定义的层间通道特征系数 $\alpha$ 的取值有关，压力分布趋势 $\dfrac{p(x)}{p_i} \sim \dfrac{x}{L}$ 如图 14-25 所示。从 $\alpha$ 的定义式（14-10）可以看出，影响因素不仅有层

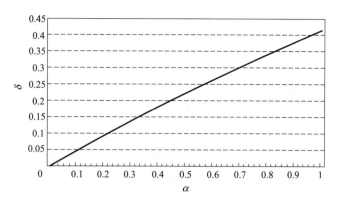

图 14-24　最大压力偏差率与特征系数的关系

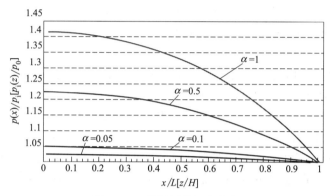

图 14-25　层间通道压力分布

间通道的几何结构参数 $B$、$L$，还有过程工艺参数 $G_m$、$p_i$，且它们相互之间有制约关系，各参数幂次的不同表示它们对压力分布的影响作用不同。

层间通道特征系数 $\alpha$ 与层间通道长度 $L$ 和高度 $B$ 两个几何结构参数的关系为：$\alpha \propto \dfrac{L^2}{B^3}$，这与一般概念上保持 $\dfrac{L}{B}$ 恒定即可保持层间通道内压力分布规律不变的等比例相似准则略有不同。例如将 $L$ 和 $B$ 等比例地缩小 $1/2$，会使 $\alpha$ 增大一倍，而不是保持不变。为降低 $\alpha$ 取值，减小层间通道内外水蒸气压差，适当增大通道高度 $B$ 比缩短通道长度 $L$ 更有效。

层间通道特征系数 $\alpha$ 与冻干过程工艺参数 $G_m$、$p_i$ 的关系为 $\alpha \propto \dfrac{G_m}{p^2_i}$。可以看出，当物料表面水蒸气放出量 $G_m$ 增大时，$\alpha$ 成正比例随之增大，层间通道内外压差变大；当通道出口压力 $p_i$ 下降时，虽然特征系数 $\alpha$ 和相对偏差率 $\delta$ 显示为急剧增大，但层间通道内外的最大压差 $\Delta p$ 增长并不快，且其值不超过 $\Delta p_{\max} = p_i \sqrt{\alpha}$。

④ 同样道理，水蒸气压力沿组间抽气通道的分布也仅与所定义的组间通道特征系数 $\beta$ 的取值有关，压力分布趋势 $\dfrac{p_i}{p_0} \sim \dfrac{z}{H}$ 也如图 14-25 所示。其影响因素包括几何结构参数和过程工艺参数，它们相互之间的制约关系以及与 $\beta$ 的关系和上述讨论结果相同。

⑤ 借助水蒸气压力分布计算的结果，可以对大型冻干机内不同搁板部位处的物料干燥速率进行近似的定量分析。研究表明：物料内水分的升华速率 $G_m$ 与物料上表面处的水蒸气压力 $p$ 间近似呈 $G_m \propto \sqrt{p_v - p}$ 的关系，其中 $p_v$ 为升华界面处的水蒸气饱和蒸气压力，冻干过程中近似为

常数。代入不同部位处的水蒸气压力值 $p$，即可比较出物料干燥速率的相对差别。

⑥ 上述计算结果可以作为冻干机结构、工艺参数设计的理论参考依据。例如，设计中通常规定最远端搁板层的层间通道特征系数 $\alpha$ 与组间通道特征系数 $\beta$ 相等，如果指定了冻干箱内最大压力偏差率 $\delta_{max}$ 的取值，则各结构参数间应满足 $\dfrac{LW^3(B+D)}{2H^2B^3}=1+\delta_{max}$ 的关系。

（4）模型检验与应用　利用上述建模结构，分别对 2 种大型食品真空冷冻干燥机内部的水蒸气压力分布进行了验算。

① 模型检验 1。50m² 食品冷冻真空干燥机　模型检验 1 是某公司生产的 LG-50 型 50m² 食品冷冻真空干燥机。其搁板系统的排列布置方式与图 14-22 所示结构完全相同。二组搁板左右对称布置，每一组由 16 块辐射加热板组成。每二层辐射加热板之间悬吊一个物料托盘，每个托盘及搁板的总宽度均为 0.6m。二组搁板中间及两侧均有宽敞的组间抽气通道，通往水蒸气捕集器的抽气口。抽气口布置在中央组间通道下部（图 14-22 中 b′处），且沿整个搁板长度方向（图中垂直于纸面方向）呈条形开设，因此各层搁板流出的水蒸气可以从中央及两侧抽气通道直接垂直向下流入抽气口。

表 14-2 为该设备的结构参数、选择确定的工艺参数及压力分布计算的数据结果。从中可以看出，组间通道特征系数 $\beta$ 取值极小，说明宽敞的组间通道能够保证水蒸气流的顺利流过，在各层搁板两侧的出口基本不产生可测量的压力差。整个冻干室中的水蒸气压力分布相当均匀，最大压力偏差率 $\delta_{max}$ 仅为 4.7%，实际存在压力差值为 2.5Pa。压力差主要是由于层间通道特征系数 $\alpha$ 略有偏大所致，即压力差主要存在于各层托盘中部与边缘之处。通过调整托盘在二层搁板间的位置来加大 $B$ 值，还可以进一步减小 $\alpha$ 值，降低层间压力偏差率和层间压力差。例如取 $B=0.03m$、$D=0.06m$ 时，最大压力差 $\Delta p_{max}=1.5Pa$。

表 14-2　模型检验 1 的结构参数、工艺参数和计算结果

| 结 构 参 数 | 工 艺 参 数 | 计 算 结 果 |
|---|---|---|
| $B=0.025m$<br>$D=0.065m$<br>$L=0.3m$<br>$W=0.38m$<br>$H=1.6m$<br>$i=1\sim15$ | $p_0=50Pa$<br>$G_m=1kg/(m^2\cdot h)=2.78\times10^{-4}kg/(m^2\cdot s)$<br>$T=310K=37℃$<br>$\mu=8.8\times10^{-5}Pa\cdot s$<br>$G_z=1.85\times10^{-3}kg/(m^2\cdot s)$ | $\beta=5.2\times10^{-3}$<br>$\alpha=0.097$<br>$\delta_{max}=0.050$<br>$p_{max}=52.5Pa$<br>$\Delta p_{max}=2.5Pa$ |

② 模型检验 2。200m² 食品冷冻真空干燥机　模型检验 2 是一个干燥面积近 200m² 的大型食品冻干机，搁板及托盘系统的排列布置方式与模型检验 1 相同。二组搁板的两侧及中间均留有相同宽度的组间抽气通道，2 个抽气口分别设置在两侧抽气通道的上方（图 14-22 中 d 及 d′处）。但是，由于最上层辐射加热板与真空冻干箱板间的间距太小，使得二组搁板排出的水蒸气无法通过中央抽气通道流通到两侧抽气口处，所以只能全部由抽气通道排出，相当于搁板只有一侧抽气通道。同时，抽气口设置在 8m 长（图 14-22 中垂直于纸面方向）的冻干箱的中部，箱体两端下部搁板的水蒸气，需要沿两侧抽气通道迁移 4.5m 左右，才能到达抽气口。而且由于排气口的通导面积相对抽气通道狭小得多，致使越靠近抽气口处，折算的组间抽气通道的放气率越大，所以使得平均放气率 $G_z$ 达到正常值的 5 倍左右。这些因素都增大了整个冻干箱内的压力分布不均匀性。

在进行箱内压力分布计算时，重点研究箱体两端搁板层间水蒸气向两侧抽气通道的流动。表 14-3 为模型检验 2 的结构参数、工艺参数及计算结果。从中可以看出，箱体内最大压力偏差率接近 18.8%，最大压力差 $\Delta p_{max}=9.4Pa$，已经超出正常工作所允许的偏差范围。

表 14-3　模型检验 2 的结构参数、工艺参数和计算结果

| 结 构 参 数 | 工 艺 参 数 | 计 算 结 果 |
|---|---|---|
| $B=0.03$m<br>$D=0.065$m<br>$L=0.6$m<br>$W=0.38$m<br>$H=4.5$m<br>$i=1\sim19$ | $p_0=50$Pa<br>$G_m=1$kg/(m²·h)$=2.78\times10^{-4}$kg/(m²·s)<br>$T=310$K$=37$℃<br>$\mu=8.8\times10^{-5}$Pa·s<br>$G_z=8.78\times10^{-3}$kg/(m²·s) | $\beta=0.196$<br>$\alpha=0.181$<br>$\delta_{max}=0.188$<br>$p_{max}=59.43$Pa<br>$\Delta p_{max}=9.43$Pa |

实际冻干实验中也确实发现，冻干产品明显存在有干燥程度不均的现象，从而间接说明了计算结果的正确性。后来通过增加、合理排布抽气口，才使箱体内压力分布趋于均匀，干燥程度接近一致，证实了通过数学建模指导冻干机结构优化设计的可行性和先导性。

在本例中，可以根据箱体内最大压力偏差率 $\delta_{max}$ 的要求，反向推算出层间特征系数 $\alpha$ 与组间通道特征系数 $\beta$ 的取值，进而确定冻干箱内隔板与抽气口的配置方式，实现相关参数的优化。

在冻干机的设计过程中，针对某一类型冻干箱或捕水器结构建立的数学模型，一旦被证实可靠，就可以应用该模型，对此类设备的结构设计进行指导，在较短的时间内、较少的资源消耗下，获得优化的设备结构，进而保证获得均匀的压力场与温度场分布，产出含水率均匀的冻干产品，提高冻干产品的质量。

## 14.3　开展冻干机能量的综合利用

### 14.3.1　采用冻干机能量回收法实现节能

改进冻干设备以利用冻干机制冷装置的冷凝器中排出来的热量，是降低冻干设备运行能耗较好的方法。这意味着制冷装置在一定的温度范围内可作为热泵使用，从而使装置具有较高的性能指标，不仅节省了升华热而且节约了制冷机冷凝器的冷却水量以及压缩机的功率消耗。华中科技大学的郑贤德教授等[11]研究了这种冻干机能量的回收技术。

#### 14.3.1.1　冻干机热回收系统流程

图 14-26 由真空冷冻干燥箱 1、水汽凝结器 2、真空泵 3、制冷压缩机 4、冷凝器 5、热力膨胀阀 6、载热介质循环泵 7、辅助电加热器 8、排气加热器 9、冷却冻干箱的蒸发器 10 以及电磁阀等控制系统组成。系统中的真空冷冻干燥箱 1 与水汽凝结器 2 分别由两套制冷机来制冷，其中冷却冻干箱的制冷系统在图中仅标出蒸发器 10，当需要降温时，利用载热介质来冷却搁板。在升华阶段，搁板需要加热，蒸发器 10 不工作，此时电磁阀 11 关闭。而在常规冻干机中是利用辅助电加热器 8（或采用蒸汽加热器）来加热载热介质，此时，相应于图中电磁阀 13 开，阀 12 关。当利用制冷机排气热量作为升华时的加热源时，水汽凝结器 2 的制冷装置按一般热泵系统运行，此时电磁阀 13 关，阀 12 开，利用制冷压缩机的排气加热器 9 来加热载热介质。这样的系统既节约了升华时所需的电加热量，又节约了冷凝器冷却水耗量。

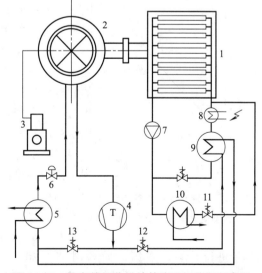

图 14-26　具有热回收系统的冻干机流程示意图

### 14.3.1.2 热回收能量分析

冻干机的主要能量平衡情况为通过制冷机使制品冻结，并将取出的热量以及消耗的能量同时排给冷却水系统，然后对制品提供升华热，产生水蒸气，蒸汽又被捕捉同时又放出几乎相同的热量，捕捉蒸汽所获得的热量与制冷机所消耗的能量又都排放到冷却水系统中去。

如果水汽在-20℃时升华，水汽凝结器的温度为-60℃，则理论上升华1kg的水汽所需提供的热量约为2814kJ，而所需的冷量为2855kJ，其制冷系数为0.4，则压缩机排气所能排出的热量约为10000kJ。但是对于间断式冻干的冻干机，由于搁板的升温所提供的热量远比上述值多得多，因此利用排气加热就比连续式冻干机更为有利。

按一般生物制品的冻干工艺，在升华第一阶段的初期，在较短时间内将搁板温度从-40℃升至10~20℃，此阶段所需的加热量大，而后搁板温升较慢，由于制品的升华量在前一阶段亦较大，在计算热量时，我们可以假定升华量为平均值。若不考虑搁板上浮霜所需的热量，则升华时所需提供的热量（W）可按下式计算：

$$Q_1 = \sum m_i c_i \Delta t_i + L_g$$

式中    $m_i$——各种固体物质的质量，如搁板、箱壁、托盘、制品瓶、瓶塞等，kg；

     $c_i$——各种固体物质的比热，kJ/(kg·K)；

     $\Delta t_i$——各种固体物质单位时间内温升，K/s；

     $L$——冰的升华潜热容，kJ/kg；

     $g$——单位时间内冰的升华量，kg/s。

利用排气加热，一般都采用载热介质，它在升温时所需的热量（W）为：

$$Q_2 = m_g c_g \Delta t_g$$

式中    $m_g$——载热介质质量（kg）；

     $c_g$——载热介质比热容，kJ/(kg·K)；

     $\Delta t_g$——载热介质单位时间的温升，K/s。

制冷压缩机所能提供的排气加热量即为制冷系统中冷凝器的热负荷（kW）可表示为：

$$Q_k = Q_0 + N$$

式中    $Q_0$——制冷量，kW；

     $N$——压缩机所消耗的功率，kW。

在冻干机的制冷系统中，当制冷压缩机和制冷工质选定之后，排气加热量与运行工况有关，图14-27示出采用R22时1/3F76制冷压缩机的排气加热量随蒸发温度变化时的关系曲线。

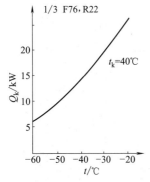

**图 14-27 排气加热量随蒸发温度变化的关系曲线**

对冻干机来说，在整个升华阶段，水汽凝结器所需的制冷量是随升华速率而定的，如需维持水汽凝结器温度不变，则制冷机的制冷量应随升华的速率需要而变化。通常冻干机在第一阶段升华时由于升华速率大致不变（温度上升，但干燥层阻力增大），所以水汽凝结器的温度变化不大，但在后期有些下降，水汽凝结器的温度一般保持在-55~-60℃，而制冷机的冷凝温度随升华过程中搁板温度的升高而增大。从制冷压缩机的运行特性可知，当蒸发温度一定，冷凝温度变化时，制冷量与轴功率变化方向相反，因而对制冷压缩机所能提供的排气加热量的影响并不很大。

对8m²冻干机升华时各阶段所需的加热量和所能提供的排气加热量进行计算。在第一阶段升华开始3h，搁板温度从-40℃升至10℃所需总加热量为14.53kW，而水汽凝结器的两台制冷压缩机所能提供的排气加热量为0.72kW（相应的冷凝温度及蒸发温度为25℃及−55℃），在第一阶段升华后7h，搁板从10℃升至30℃，所需总的加热量为8.46kW，而排气所能提供的热量为14.92kW（相应的冷凝温度及蒸发温度为40℃及−55℃），在第二阶段升华对排气加热量更大于升华时所需要的加热量。由此可知，在升华开始3h内，排气加热量小于升华所需的热量，如果改变冻干曲线，使搁板升温从−40℃升至10℃为4h，则升华所需的加热量为10.93kW，与排气加热量大致相当。因此当冻干曲线需要在较短时间内使搁板较快升温，单靠排气加热的热量是不够的，必须采用辅助电加热器或蒸汽加热器。相反，在3h以后的升华阶段，排气加热量却大于升华所需的热量，这是因为搁板温升速率较慢，而排气加热量比冰的升华热要大得多，所以这时应采取措施，不能将排气加热量全部供给搁板。其方法有三：一是对于水汽凝结器只使用一台制冷机，可以调节进入排气加热器制冷剂流量，使部分制冷剂进入排气加热器，另一部分进入冷凝器，其流量调节可用搁板温度来控制，只要在排气管道上装两只比例调节阀即可；二是水汽凝结器由多台制冷压缩机供冷时，可采用分级调节，即根据加热量的大小，可以全部用制冷压缩机排气供热或部分供热，此时只要在排气管路上装通断阀即可，当全部切断时，用电加热器加热，这时需要的加热量已不大；三是当所需的热量小于一台制冷压缩机的排气量时，即可切断通路或由电加热器加热。因而可以根据具体情况采用不同的排气调节方法。

德国莱宝海拉斯公司在试验GT200型冻干机时，对测量结果进行分析，发现应用这个系统可以节能40%，节约的程度主要取决于升华量和第一次干燥的过程参数。按成品效益分析，对于一般制品及过程，运行两年即可回收投资。

采用排气提供冻干机中升华时所需的热量，对于间接加热系统亦不需要增加更多的设备，只需增加一个排气加热器及必要的控制阀门即可，而有利于节约电耗。从计算分析中可知，每冻干一批制品，即可节电87kW·h，节水17t，若每年按冻干200批计算，一年可节电1740kW·h，节水3400t，设备及控制阀门的费用在1～2年内可回收。

### 14.3.2 探索冻干设备能量的合理利用

#### 14.3.2.1 冷干设备制冷系统的㶲分析

㶲分析的目的是揭示整个冻干设备中能量利用的薄弱环节[12]，寻找出冻干设备中制冷系统的冷凝器、蒸发器、真空系统中的捕水器、加热系统的换热器等装置的㶲损失、㶲损失系数或㶲损失的分布情况等，从而掌握各装置㶲效率低的原因所在，以给出减小㶲损失的可能性或方向。制冷系统是冻干设备中最重要的装置，无论是食品冻干机、药品冻干机，还是实验用冻干机，从冻干过程开始到结束，制冷系统都一直在运行，其性能好坏直接影响着冻干机工作性能，它的耗能多少，直接影响着冻干机是否节能。因此，对制冷系统的㶲分析值得重视。

通常冻干机捕水器用的制冷系统都是最简单的直冷系统。捕水器在真空系统中也称为冷凝器，专抽水蒸气的冷凝式真空泵。而在制冷系统中则为蒸发器。无论在真空系统中还是在制冷系统中它都是冻干机的重要部件，它的能耗在冻干机中所占的比例很大。这里仅从制冷系统的角度出发，通过㶲分析，找出节能方向。

捕水器的制冷系统如图14-28所示。取$T_0$和$T_r$分别表示环境（冷却水）和捕水器的温度，冷凝器和捕水器（蒸发器）内的传热㶲损失占很大的比例[13]。这是研究节能的重点部位。

对有限温差的传热过程，已知逆流换热器内任一个微元区间，相对于单位传热量的传热㶲损失为

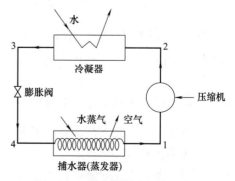

**图14-28 捕水器制冷系统示意图**

$$\frac{\delta E_{L}}{\delta Q} = T\left(\frac{T_{h} - T_{L}}{T_{h}T_{L}}\right) = \frac{T\Delta T_{m1}}{T_{h}(T_{h} - \Delta T)}$$

式中 $\Delta T$ 代表热冷流体间的温度差,在冷凝器中 $T = T_{0}$,在捕水器中 $T = T_{r}$,$T_{h}$ 表示流体温度。

由此可见,为减少冷凝器与捕水器内传热过程的㶲损失,必须采用较小的 $\Delta T$。但是,如果不采取相应的强化传热措施(如加大传热系数),较小的温差 $\Delta T$,将要求较大的传热面积,增加了设备的投资。

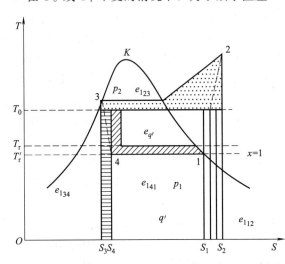

在 $T_{0}$ 或 $T_{r}$ 不变的情况下,为了减小温差 $\Delta T$,在捕水器内要求提高蒸发温度;在冷凝器内则要求降低工质的冷凝温度。结合图 14-29,可以进一步分析得到减小㶲损失的途径。从图 14-29 可见,提高捕水器内蒸发温度 $T_{4}$,即相应提高压力 $p_{4}$;降低冷凝器内工质冷凝温度 $T_{3}$,即相应地降低 $p_{3}$。冷凝器内工质的平均温度主要取决于冷凝器进口处过热蒸汽的过热温度。因此,设法降低 $T_{2}$,将是减少冷凝器内㶲损失的一种措施。而降低冷凝压力 $p_{2}$,就能降低温度 $T_{2}$。

**图 14-29 蒸气压缩制冷循环过程中㶲损失的图示法**

在冷凝器和捕水器中,发生相变的物质是恒温的,而冷却介质是变温的,由图 14-30 可见,这时相变介质的平均温度设为 $T_{m2}$,两种介质温差 $\Delta T$ 较大,传热㶲损失也较大。为避免这种情况,可以采用非共沸混合物质作为介质,利用这种工质在发生相变时温度也发生变化的特点,来减少这两种介质之间的温差。参看图 14-30 中的点划线,这种非共沸混合物的平均温度为 $\Delta T_{m1}'$,这时两种介质的温度差为 $\Delta T'$,显然比原先的 $\Delta T$ 小,在相同的热量下,恒温 $T_{m1}$ 时的 $E_{L}$ 与非共沸混合物时的 $E_{L}'$ 之比值为:

$$\frac{E_{L}}{E_{L}'} = \frac{\dfrac{T_{m1}'}{T_{m1}}}{\dfrac{\Delta T'}{\Delta T}}$$

经重新组合后

$$\frac{E_{L}}{E_{L}'} = \frac{\dfrac{T_{m2}}{T_{m1}} - \dfrac{\Delta T'}{\Delta T}\left(\dfrac{T_{m2}}{T_{m1}} - 1\right)}{\dfrac{\Delta T'}{\Delta T}}$$

计算结果示于图 14-31 中,由图可知:

当 $\dfrac{\Delta T'}{\Delta T} < 1$ 时,采用非共沸混合物对于减少㶲损失是有利的。$\dfrac{\Delta T'}{\Delta T}$ 越小,越有利,而且当

$\dfrac{T_{m2}}{T_{m1}}$ 越大时,采用非共沸混合物也越有利。

医药用冻干机冻干箱的制冷系统多为间冷式,并且经常用到双级或复叠式制冷系统,其㶲损失会更大,更需要进行㶲分析。

### 14.3.2.2 强化冻干设备的传热

冷冻干燥设备的制冷系统中有冷凝器和蒸发器,加热系统中有加热器,真空系统中有捕水

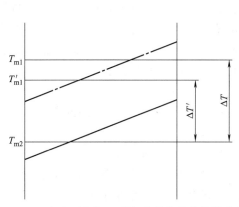

图 14-30　相变时恒温工质与非共沸混合物的比较

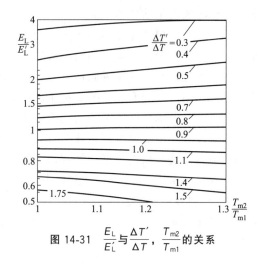

图 14-31　$\dfrac{E_L}{E'_L}$ 与 $\dfrac{\Delta T'}{\Delta T}$，$\dfrac{T_{m2}}{T_{m1}}$ 的关系

器，这些都是换热器，研究这些换热器的强化传热技术就是研究节能技术。

目前多数间冷间热式冻干机中都采用了板式换热器，提高了传热系数，是节能的有效措施。而对捕水器强化传热的研究相对较少一些。捕水器是带有气-固相变的换热器，当前研究相变换热器的强化传热方法中都只研究到气-液相变换热。两者是有很大差别的。汽-固相变过程中既没有膜状凝结也没有珠状凝结过程，有的应该是物理吸附。

根据捕水器的具体情况，采用增加换热面积强化传热的方法是可行的，即无源强化传热技术中的扩展表面法。通过减小捕水器中换热管的直径，增加翅片的办法，扩展加大换热表面积。

图 14-32 给出了几种新型翅片的结构形状，这些结构形状，对于既结霜又化霜的捕水器来说，只有（h）、（j）形可用。因为其他形状在化霜时都会积水，这些水再冷却时结冰，不但消耗能量，而且还增加了再结霜的热阻。

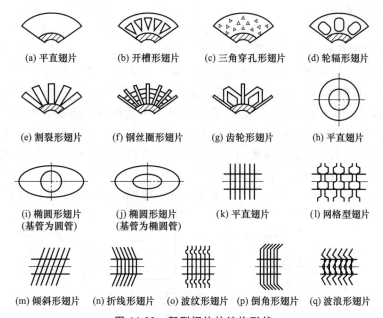

| | | | |
|---|---|---|---|
| (a) 平直翅片 | (b) 开槽形翅片 | (c) 三角穿孔形翅片 | (d) 轮辐形翅片 |
| (e) 割裂形翅片 | (f) 钢丝圈形翅片 | (g) 齿轮形翅片 | (h) 平直翅片 |
| (i) 椭圆形翅片<br>（基管为圆管） | (j) 椭圆形翅片<br>（基管为椭圆管） | (k) 平直翅片 | (l) 网格型翅片 |
| (m) 倾斜形翅片 | (n) 折线形翅片 | (o) 波纹形翅片 | (p) 倒角形翅片　(q) 波浪形翅片 |

图 14-32　新型翅片的结构形状

强化捕水器传热的另一个研究方向是提高霜层的密度和热导率。冰的密度和热导率比霜大很多，创造条件，使捕水器的翅片管上结冰，不结霜。沈阳速冻设备有限公司生产的食品冻干机捕

水器上已经实现了结冰不结霜。

强化传热也包括充分利用传热表面积。有些捕水器在水蒸气入口处结霜很多，接近出口处结霜较少，造成部分冷量损失和面积浪费。应该通过优化设计，使水蒸气与翅片管表面接触碰撞的机会尽量均等，水蒸气在凝固前在捕水器内的流导尽量均匀一致。设计成变截面等流导的捕水器，充分利用冷凝表面积，提高捕水效率，减少传热面积的浪费，实现节能。

### 14.3.2.3 降低冻干设备的能量损失

能量综合利用的一方面是开源，另一方面是节流。开源即是找出可以再利用的废弃能源加以利用；节流即是找出浪费能源的缺口，堵塞流失能量的通道。

早在第四届全国冻干会议上林秀诚教授[14]等人就提出了冻干机能量综合利用的观点。冻干机冷凝热回收一直受到很多人的关注。冻干机上采用制冷压缩机排气热量加热物料确实是节约能源的好办法。也可以利用真空泵冷却水带出的热量作为加热系统的热媒，以达到节能的目的。

冻干设备能源浪费主要体现在制冷和加热系统的管路上，采用性能好的保温材料和合理的绝热层厚度是行之有效的办法。从冻干工艺过程中考虑节能，应尽量使冷冻与真空干燥分开，特别是医药用冻干机，冷冻与真空干燥分开可以减少冻干机中搁板等原件，减少从室温降到低于物料共晶点温度、再从如此低温升高到物料允许的最高温度这段过程中的能量损失。

研制、开发连续式冻干机也是减少能源浪费的措施之一。

### 14.3.2.4 改变冻干设备的加热方式

冻干设备加热系统的加热方式分直热和间热两种，在大型冻干设备中多采用间热式。近几年来越来越多的冻干设备采用水作为载热流体（也称水加热系统），现在也正在采用蒸汽做尝试（也称二次蒸汽加热系统）。在冻干设备中，加热系统是主要的耗能系统，而受加热工质影响的搁板温度的均匀性也是影响冻干设备综合能耗和冻干物料加工时间的关键技术性能指标，应用二次蒸汽加热在这两方面会降低冻干设备的能耗。徐言生等[15]研究分析了 SZDG75 型大型冻干设备应用二次蒸汽加热的节能问题。

（1）水加热系统和二次蒸汽加热系统的冻干设备及工作原理　水加热系统的冻干设备如图14-33所示。当加热搁板处于恒温或需要升温时，一次蒸汽源通过一次蒸汽源加热器 1 对恒温循环水罐 2 进行加热，加热调节阀 5 调节恒温循环水罐 2 和直接从加热搁板 8 回水的比例（此时冷却调节阀 4 处于全直通状态），使加热搁板 8 的温度稳定在设定值。混合后的循环水通过循环水泵 6 供给加热搁板 8，通过加热搁板 8 辐射换热提供冻干物料所需热量，循环水出水温度下降，从加热搁板 8 出来的水一部分回到恒温循环水罐 2 被加热，另一部分通过旁路直接流向加热调节阀 5 继续循环。当加热搁板 8 需要降温时，冷却水系统开启，加热调节阀 5 将恒温循环水罐 2 支路截止，从加热搁板 8 出来的水全部流向旁路，一部分经冷却换热器 3 进行冷却，另一部分直接回水，冷却调节阀 4 调节两者的比例，使加热搁板 8 的温度下降到设定值。混合后的循环水经加

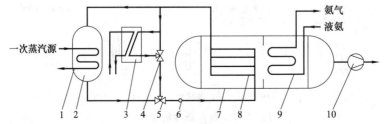

**图 14-33　水加热系统冻干设备示意图**

1—一次蒸汽源加热器；2—恒温循环水罐；3—冷却换热器；4—冷却调节阀；5—加热调节阀；
6—循环水泵；7—干燥仓体；8—加热搁板；9—水汽凝结器；10—真空机组

热调节阀 5、循环水泵 6 供给加热搁板。加热搁板 8 的温度在 40～120℃可控。

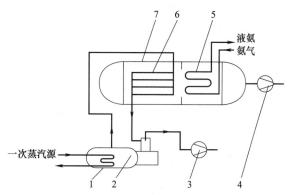

二次蒸汽加热系统的冻干设备如图 14-34 所示。当加热搁板处于恒温或需要升温时，一次蒸汽源通过一次蒸汽源加热器 1 对二次蒸汽发生器 2 进行加热，在整个工作过程中，二次蒸汽发生器 2 中的水处于饱和状态，加热过程中将产生饱和水蒸气，饱和水蒸气进入加热搁板 6，通过加热搁板 6 辐射换热提供冻干物料所需热量，水蒸气凝结成水，凝结水回到二次蒸汽发生器。水环真空泵 3 主要用于使蒸汽加热系统形成真空条件和抽除系统中的不凝性气体。只要控制一次蒸汽源

图 14-34　二次蒸汽加热系统冻干设备示意图
1—一次蒸汽源加热器；2—二次蒸汽发生器；3—水环真空泵；
4—真空机组；5—水汽凝结器；6—加热搁板；7—干燥仓体

的蒸汽量，便可控制二次蒸汽发生器 2 中的饱和水和饱和水蒸气的温度，从而控制加热搁板的温度。当一次蒸汽源的蒸汽量减少或关闭时，二次蒸汽发生器 2 中饱和水蒸气的温度会下降，加热搁板 6 的温度也会相应下降。加热搁板 6 的温度在 40～120℃可控。

（2）SZDG75 型食品冻干设备两种加热方式的对比分析　SZDG75 型食品冻干设备参数如表 14-4 所示。

表 14-4　SZDG75 型食品冻干设备参数

| 加热搁板面积<br>/m² | 加热搁板温度<br>/℃ | 水汽凝结器温度<br>/℃ | 极限压力<br>/Pa | 加热方式 |
| --- | --- | --- | --- | --- |
| 75 | 40～120 | −15～−40 | 13 | 间热辐射式 |

SZDG75 型食品冻干设备采用间热辐射加热方式，无论采用何种载热流体，在相同冻干物料条件下，其总的蒸汽耗气量相同，因此能耗的差别主要在真空机组、制冷系统等用电设备上。水加热系统及蒸汽加热系统主要用电设备功率如表 14-5。

表 14-5　两种加热系统主要用电设备额定功率　　　　　　　单位：kW

| 加热系统 | 循环水泵 | 真空机组 | 制冷系统 | 总装机功率 |
| --- | --- | --- | --- | --- |
| 水加热 | 11 | 24.7 | 110 | 145.7 |
| 二次蒸汽加热 | 3 | 24.7 | 110 | 145.7 |

分别用两种加热系统的 SZDG75 型食品冻干设备进行小葱的冻干对比实验，小葱装盘厚度为 20mm。冻干过程中的能耗曲线分别如图 14-35、图 14-36 所示。

应用水加热系统，冻干小葱总时间约为 16h，其中升华干燥阶段的高温段时间为 6h，降温段时间为 4h，升华干燥阶段共 10h；解析干燥阶段时间为 6h。在整个冻干过程中，循环水泵和真空机组的运行功率基本不变，分别保持在 9.5kW 和 17.5kW 左右。由于冻干小葱在各阶段干燥速率不同，因而水汽凝结器所需制冷量也不同，同时由于制冷系统采用的螺杆机组可以调节制冷量的大小，因而制冷系统的运行功率在各阶段也随之改变。在升华干燥阶段的高温段，制冷系统的运行功率维持在 98kW 左右，在解吸阶段维持在 57kW 左右。实测小葱冻干过程总电耗为 1672kW·h。

应用二次蒸汽加热系统，冻干小葱总时间约为 15h，其中升华干燥阶段的高温段时间为 6h，降温段时间为 3.5h，升华干燥阶段共 9.5h；解析干燥阶段时间为 5.5h。在整个冻干过程中，水

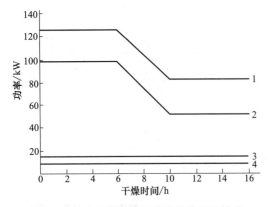

图 14-35　水加热系统冻干设备的运行功率

1—总运行功率；2—制冷系统运行功率；3—真空
机组运行功率；4—循环水泵运行功率

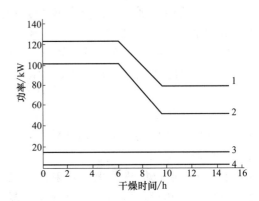

图 14-36　二次蒸汽加热系统冻干设备的运行功率

1—总运行功率；2—制冷系统运行功率；3—真空
机组运行功率；4—水环真空泵运行功率

环真空泵和真空机组的运行功率基本不变，分别保持在 3kW 和 17.5kW 左右。同前述原因，在升华干燥阶段的高温段，制冷系统的运行功率维持在 100kW 左右，在解吸阶段维持在 57kW 左右。实测小葱冻干过程总电耗为 1496kW·h。

从实验结果来看，采用蒸汽加热系统比采用水加热系统节能约 11%。节能的主要原因在于：

① 在水加热系统中，水作为载热流体，其循环水泵消耗了一定的电能。而在二次蒸汽加热系统中，蒸汽作为载热流体，本身不需要消耗动力，仅需要水环真空泵抽除系统管路中的不凝性气体，水环真空泵虽然消耗一定的电能，但比水加热系统中的循环水泵功率要小。

② 在整个冻干过程中，在不同干燥阶段，水加热系统和二次蒸汽加热系统的真空机组和制冷系统的运行功率基本相同，但后者冻干时间缩短了 1h。其冻干时间缩短的主要原因是由于二次蒸汽加热系统中二次蒸汽为潜热换热，加热搁板进出口温度相同，同时各层加热搁板蒸汽流量分配均匀，因此加热搁板的温度均匀性好，物料冻干速度均匀。实测全部加热搁板中的最高温度点与最低温度点的温度相差在 1℃ 以内。而水加热系统中水为显热换热，其加热搁板进出水必然存在一定的温差，同时各层加热搁板间水流量分配很难均匀，各层搁板间必然存在一定的温度差，使得各层物料冻干速度有一定的差距。实测全部加热搁板中最高温度点与最低温度点的温度相差达 3℃。因此，为保证已干物料的温度控制在允许温度以下，只有延长低温加热段（也即解吸阶段）工作时间，以便使全部物料干燥。

采用二次蒸汽加热系统，一方面由于其搁板温度均匀性好，可以有效地缩短物料冻干加工时间，同时还由于二次蒸汽系统无循环动力消耗，使采用二次蒸汽加热系统的冻干设备的总电耗比水加热系统低。同水加热系统相比，二次蒸汽加热系统还因蒸汽热容量小，升温、降温迅速，也不需要冷却水系统。

## 14.4　开发适合冻干机应用的新能源

世界上的能源越来越紧缺，除了节约能源之外，开发新能源、廉价能源非常重要。目前太阳能是很有发展前途的新能源之一，可以尝试太阳能在冻干机上的应用。

### 14.4.1　太阳能在冻干机上的应用

到达地球表面的太阳辐射能量约为 $8.5 \times 10^{16}$ W，这个数量相当于目前全世界总发电量的几十万倍。我国大部分地区太阳能辐射量都比较大，2/3 的国土年辐射时间超过 2200h，年辐射总量超过 5000MJ/m²，青藏高原年辐射总量达 $9 \times 10^9$ J/m²。我国的太阳能资源可划分为 5 个资源带，如表 14-6 所示。

表 14-6　我国太阳能资源划分

| 地区分类 | 全年日照时数/h | 年太阳能辐射总量/(MJ/m²) | 相当燃烧标煤/kg[①] | 包括的地区 |
|---|---|---|---|---|
| 一 | 3200～3300 | 6700～8400 | 230～280 | 宁夏甘肃北部,新疆东南部,青海西藏西部 |
| 二 | 3000～3200 | 5900～6700 | 200～230 | 河北山西北部,内蒙古宁夏南部,甘肃中部,青海东部,西藏东南部,新疆南部 |
| 三 | 2200～3000 | 5000～5900 | 170～200 | 山东,河南,河北东南部,山西南部,新疆北部,吉林,辽宁,云南,陕西北部,甘肃东南部,广东和福建南部,江苏和安徽北部,北京 |
| 四 | 1400～2200 | 4200～5000 | 140～170 | 湖北,湖南,江西,浙江,广东,广东北部,陕西,江苏和安徽三省的南部,黑龙江 |
| 五 | 1000～1400 | 3400～4200 | 110～140 | 四川和贵州 |

① 指于每平方地表水平面获得的太阳能相当的标准煤量。

从表 14-6 可见,我国大部分地区都可以利用太阳能。冻干机上利用太阳能主要是制冷和加热系统。

**14.4.2　太阳能制冷系统在冻干机上应用的选择**

太阳能制冷系统有两类:①直接以太阳能辐射热为驱动能源,主要有吸收式制冷、吸附式制冷和喷射式制冷;②以太阳能产生的机械能为驱动能源,主要有压缩式制冷、光电式制冷和热电制冷等。无论哪类制冷系统,目前都无法直接用在冻干机上。但是,对于大型食品冻干机用的冷库,可以将太阳能制冷系统用在双级压缩机或复叠式制冷机的高温级。图 14-37 为太阳能固体吸附式制冷系统与单级压缩式制冷系统组成的复叠式制冷系统。也可以看成用太阳能制冷系统为单级压缩制冷系统的冷凝器提供低温冷却水,以进一步降低制冷温度。

**14.4.3　太阳能加热系统在冻干机上的应用**

太阳能集热器技术成熟,成本不高,无论是医药用冻干机还是食品用冻干机都可以选用。图 14-38 给出的是强制式太阳能热水器系统,工作温度高达 70～120℃,可直接作为冻干机热源,对物料加热干燥。

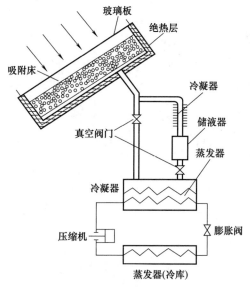

图 14-37　太阳能制冷系统在冻干机上的应用

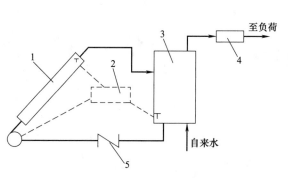

图 14-38　强制循环式太阳能热水系统

1—集热器;2—控制器;3—水箱;
4—辅助加热;5—止回阀

# 参 考 文 献

[1] 彭润玲，徐成海，张世伟. 抽真空自冻结实验研究 [J]. 真空科学与技术学报，2007 (5)：450-453.

[2] 刘永忠，冷冻干燥速率强化技术 [J]. 现代化工，2002 (4)：59-64.

[3] 刘军，真空冷冻干燥法制备无机功能纳米粉体的研究 [D]. 沈阳：东北大学，2006.

[4] 谢龙汉，赵新宇，张炯明. ANSY SCFX 流体分析及仿真 [M]. 北京：电子工业出版社，2012.

[5] 于勇，张俊明，姜连田. FLUENT 入门与进阶教程 [M]. 北京：北京理工大学出版社，2008.

[6] 韩占忠. FLUENT——流体工程仿真计算实例与分析 [M]. 北京：北京理工大学出版社，2009.

[7] 张茜，徐成海. GLZ-0.4 型实验室用冻干机的性能研究 [D]. 沈阳：东北大学，2006.

[8] 张兆顺，崔桂香. 流体力学 [M].（第 2 版）. 北京：清华大学出版社，2006.

[9] 王德喜，徐成海. 提高冻干角膜活性的实验研究 [D]. 沈阳：东北大学，2004.

[10] Shiwei Zhang, Jun Liu. Distribution of Vapor Pressure in the Vacuum Freeze-Drying Equipment [J]. Mathematical Problems in Engineering，2012，Article ID 921254，1-10.

[11] 郑贤德，林秀诚，赵鹤皋. 冻干机的能量回收 [J]. 流体工程，1989 (3)：62-64.

[12] 徐成海，张志军，刘军. 冷冻真空干燥设备节能方向的探讨 [C] //上海：第九届全国冷冻干燥学术交流会论文集，2008，12：154-160.

[13] 吴存真，张诗针，张志坚. 热力过程分析 [M]. 杭州：浙江大学出版社，2004，7：215-223.

[14] 林秀诚. 工业用冻干机研制 [C]. 椒江：全国第四届冷冻干燥学术交流会论文集，1990.

[15] 徐言生，龙建佑，李玉春，等. 二次蒸汽加热系统在真空冷冻干燥设备中的应用研究 [J]. 真空科学与技术学报，2007 (4)：359-362.